Fossilien: Bilder frühen Lebens

W0265831

Verständliche Forschung

Fossilien: Bilder frühen Lebens

Mit einer Einführung von Hans D. Pflug

Erschienen bei Spektrum der Wissenschaft in Heidelberg

Inhaltsverzeichnis

Bild 1: Der metallisch-bunte Hirschkäfer lebte im Mittel-Eozän vor ungefähr 50 Millionen Jahren. Diese Insektengruppe gehört fossil zu den größten Besonderheiten; in der Grube Messel, einer der berühmtesten Fossil-Lagerstätten der Welt, wird sie jedoch in Ölschiefer eingebettet relativ häufig gefunden. Die Oberkiefer bilden nicht ein so mächtiges „Geweih“, wie wir es von dem einheimischen Hirschkäfer kennen.

Einführung: Evolution im Spiegel der Erdgeschichte

Von Hans D. Pflug

Aus Fossilien und fossilen Lebensspuren läßt sich erstaunlich viel über das Leben der Vergangenheit herauslesen. Aber nicht aus allen Zeiten sind Fossilien erhalten, die Überlieferung hat Lücken, und zwar unglücklicherweise häufig dort, wo es Schlüsselfragen der Evolution zu beantworten gilt. Das beginnt bereits mit der Frage nach der Entstehung des Lebens. Den vorliegenden Indizien zufolge hat sich die Erde vor etwa 4,6 Milliarden Jahren gebildet. Früheste Überreste irdischer Minerale sind aus einer Zeit vor 4,2 Milliarden Jahren überliefert. Bisher hat man allerdings nur einige wenige Körner aus dieser Zeit gefunden. Immerhin ist damit angezeigt, daß damals bereits eine feste Erdkruste entwickelt und die Erdoberfläche zumindest bereichsweise in Land und Meer gegliedert war.

Die ersten Sedimentgesteine traten viel später, etwa zwischen 3,8 und 3,5 Milliarden Jahren, auf, dann aber gleich in mächtigen Abfolgen und in einer Vielzahl verschiedenartiger Bildungen: Sandsteine, Quarzite, Grauwakken, Carbonat- und Kieselablagerungen, Sulfide, Sulfate und Phosphate. Die meisten dieser Sedimente sind offenbar in küstennahen Flachmeeren abgelagert worden und leiten sich aus der Abtragung naher Festlandsgebiete ab. Verwitterung, Abschwemmung, Ablagerung – diese grundlegenden Prozesse auf der Erdoberfläche waren also schon damals im Gange (Bild 2).

Bemerkenswert ist das Vorkommen kohlenstoffreicher Tonschiefer, weil der Kohlenstoff Bestandteil organischer Moleküle ist und damit den vorliegenden Analysen zufolge aus Biomasse stammen muß. Bis zu fünf Prozent kann der Kohlenstoffgehalt an der Gesteinsmasse ausmachen. Das ist nicht viel weniger als in vergleichbaren Ablagerungen der Gegenwart. Es muß also in sehr früher Zeit bereits florierendes Leben gegeben haben. Nur Organismen mit angemessener photosynthetischer Leistung können solche Mengen an Biomasse produzieren. Das sind solche Lebewesen, die wie die Cyanobakterien (früher als Blaualgen bezeichnet) ihren Wasserstoff aus der Spaltung von Wasser gewinnen können. Denn Wasser ist auf der Erde weit verbreitet und in riesigen Mengen verfügbar. Demgegenüber ist das übrige Angebot an verwertbarem Wasserstoff (zum Beispiel in Form von Schwefelwasserstoff) verschwindend gering und für die globale Biomasseproduktion unbedeutend.

Die Wurzeln des Lebens müssen also tiefer hinabreichen, in eine Vergangenheit, von der uns bis heute nur wenig bekannt ist. Vermutlich muß sich bereits vor vier Milliarden Jahren der wichtige Evolutionsschritt zur Photosynthese vollzogen haben. Damit wurde es Organismen möglich, Räume in küstennahen Flachmeeren zu besiedeln, dort Lebensgemeinschaften aufzubauen und mit ihrem Stoffwechsel aktiv in die Umwelt einzugreifen.

Die frühe Erde

Die Zustandsbedingungen auf der jungen Erde waren von denen der heutigen in zwei wesentlichen Punkten verschieden: So war das Erdinnere noch viel heißer, und dementsprechend stark war der Ausstoß an Magmen, Gas und Wasser an die Erdoberfläche. Aus den hauptsächlichen Entgasungsprodukten Kohlendioxid und Wasserdampf hat sich die frühe Atmosphäre aufgebaut. Ihre Geschichte ist im nachfolgenden Aufsatz von M. Schidlowski eingehend geschildert.

Den Kalkulationen der Astrophysiker zufolge war die Sonne damals um mehr als ein Viertel kühler als heute (Bild 3a). Das ist eine erstaunliche Feststellung. Denn wäre das heute so, lägen die globalen Temperaturen tief unter dem Gefrierpunkt, und die Erdoberfläche wäre eine lebensfeindliche Kältewüste. In den urzeitlichen Sedimenten fehlt aber jede Spur von Vereisung. Vielmehr deuten alle Indizien darauf hin, daß die Temperaturen stets im Bereich von flüssigem Wasser lagen, im Durchschnitt sogar höher waren als heute. Als Wärmeregulator war hier offenbar die Erdatmosphäre wirksam. Kohlendioxid ist ein Treibhausgas, das die Sonnenwärme gut absorbiert und die Rückstrahlung in den Weltraum verhindert oder zumindest vermindert. Was der Sonne an Strahlungsintensität fehlte, wurde durch die Speicherkraft des Kohlendioxids mehr als ausgeglichen.

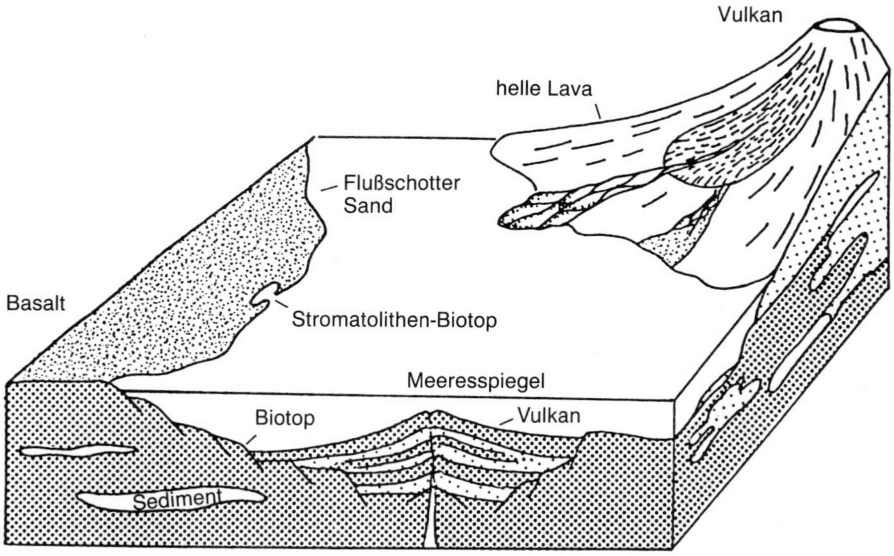

Bild 2: Mögliche Lebensräume im frühen Archaikum, dem unteren Präkambrium. Chemoautotrophe Bakterien kamen auf dem Meeresboden in Nähe der hydrothermalen Quellen vor, photoautotrophe Bakterien, beispielsweise Cyanobakterien, waren in küstennahen Flachmeerbereichen angesiedelt. Die Darstellung zeigt eine Landschaft, wie sie von australischen Forschern aus einem 3,5 Milliarden Jahre alten Gesteinsvorkommen rekonstruiert wurde.

In der Folgezeit aber hat sich die Strahlungsenergie der Sonne ständig erhöht. Im gleichen Maße hätte die Temperatur auf der Erdoberfläche zunehmen müssen, sogar bis über den Siedepunkt des Wassers hinaus. Daß das nicht passiert ist, hängt anscheinend mit der geschichtlichen Entwicklung der Atmosphäre zusammen: In dem Maße, in dem die Sonne heißer wurde, hat sich offenbar der Gehalt an Kohlendioxid in der Atmosphäre verringert, die Konzentrationen an Stickstoff und Sauerstoff hingegen sind angestiegen (Bild 3b). Da diese beiden Gase schlechte Wärmespeicher sind, wirken sie der Aufheizung durch die Sonne entgegen. Pflanzen scheinen an der Wärmeregulierung maßgebend beteiligt zu sein. Sie entziehen der Atmosphäre laufend Kohlendioxid, das sie für ihre Photosynthese brauchen, und setzen dafür Sauerstoff in die Atmosphäre frei. So tragen die Pflanzen selber dazu bei, ihren Lebensraum in bewohnbarem Zustand zu halten.

Daß die Erde von Anfang an eine lebensfreundliche Entwicklung genommen hat, ist noch mehreren anderen Umständen zuzuschreiben. Der günstige Abstand zur Sonne ist eine generelle Voraussetzung für moderate Oberflächentemperaturen. Eine Mindestgröße ist erforderlich, damit ein Planet eine Gas- und Wasserhülle festhalten kann. Wichtig ist auch die innere Energiequelle der Erde, die ständig Wärme produziert und nach außen abgibt. Sie leitet sich vorwiegend von der Zerfallsenergie der im Erdinneren gespeicherten radioaktiven Elemente ab. Ihr Anteil am Energiehaushalt der Erdoberfläche ist zwar winzig, verglichen mit dem der Sonne. Dennoch ist der Einfluß gewaltig, denn mit diesem Energiefluß werden ständig Stoffe aus dem Erdinneren zutage gefördert, unter anderem Magmen, Kohlendioxid und Wasser. Von zentraler Bedeutung ist der Wasseraustausch zwischen den unterirdischen und oberirdischen Reservoiren: Im Stoffkreislauf wird Wasser ständig mit Gesteinsablagerungen in die Tiefe gebracht und von dort durch Vulkane zurückgeliefert. Eine Schlüsselrolle kommt dabei den im Wasser gelösten Stoffen zu. Über Gasaustauschprozesse nimmt die Hydrosphäre Einfluß auf die Atmosphäre. Kohlendioxid wird in gewaltigen Mengen im Meerwasser gelöst und nachfolgend teilweise als Carbonat ausgefällt oder als Gas wieder freigesetzt – je nach wechselnden Umweltbedingungen.

Die zahlreichen Einzelkreisläufe der Hydrosphäre setzen sich zu einem komplexen, vernetzten und erdumgreifenden Gesamtkreislauf zusammen. Ein solches Fließsystem hat die bemerkenswerte Eigenschaft, sich selbst zu regulieren und regulierend in die Umwelt einzugreifen. Schwächere, kurzfristige Einflußschwankungen werden abgepuffert, auf langfristige Zustandsänderungen stellt sich das System so um, wie sich die Energieflüsse umverteilen. Alte Wirkungsmuster verschwinden, neue erscheinen und bauen sich aus. Ein Beispiel dafür liefert die Gesteinsverwitterung, wie sie sich auf der Landoberfläche vollzieht. Unter dem Einfluß kohlensauren Wassers werden hier die Silikatgesteine zersetzt und in Carbonate umgewandelt. Der Prozeß beschleunigt sich noch, wenn bei verstärkter Sonneneinstrahlung die Umgebungstemperatur ansteigt. Dies löst aber eine gegenläufige Reaktion aus: Denn wenn verstärkt Kohlendioxid (CO_2) im Gestein festgelegt wird, reduziert sich dementsprechend dessen Gehalt in der Atmosphäre. Als Folge davon schwächt sich der Treibhauseffekt ab, was auf eine Erniedrigung der atmosphärischen Temperaturen hinausläuft. Im ständigen Zusammenspiel beider gegenläufiger Prozesse stellt sich ein Gleichgewichtszustand ein, bei dem die Temperaturen um einen mittleren Wert pendeln. Diese müssen notwendigerweise im Bereich flüssigen Wassers liegen, da sonst das System nicht funktioniert. Die Art der Regulierung ist allerdings bei weitem nicht so wirkungsvoll wie die der Photosynthese und war wohl nur im strahlungsarmen Anfangsstadium der Erde zur Steuerung der Temperaturen ausreichend. Nachfolgend muß bald ein leistungsfähiger Regulator hinzugetreten sein, nämlich die photosynthetische Sauerstoffproduktion der Organismen.

Die Vorgeschichte des Lebens hat vermutlich zugleich mit der Entstehung der Erde ihren Anfang genommen. Aus dieser Zeit gibt es zwar auf der Erde selbst keinerlei Überlieferung, wohl aber in den kohligen Meteoriten, wie sie heute noch auf die Erde niedergehen. Die Mutterkörper dieser Meteoriten sind etwa gleichzeitig mit der Erde, also vor rund 4,6 Milliarden Jahren, entstanden. In ihnen hat sich der Urzustand unverändert erhalten, und damit ein Stück frühester Entwicklung in unserem Sonnensystem. Interessanterweise finden sich im Gestein viele organische Verbindungen, darunter auch solche, die als Bausteine der Zelle wichtig sind, zum Beispiel Aminosäuren, Nucleinsäuren, organische Pigmente, Lipide, Kohlenhydrate. Aus diesem Untersuchungsbefund lassen sich die Bedingungen ermitteln, die zu den Synthesen geführt haben: flüssiges Wasser als Medium, ein reduzierendes Milieu, Energie aus dem Zerfall radioaktiver Elemente und katalytisch wirksame Stoffe wie Chrom, Nickel oder Eisen. Unter diesen Bedingungen kann zum Beispiel aus den Komponenten Kohlendioxid und Wasser die Verbindung Formaldehyd (H_2CO) entstehen. Diese wiederum kann sich in einer katalytisch beeinflußten Reaktion zu Kohlenhydraten umformen. Solche und ähnliche Prozesse dürften sich auch auf der jungen Erde abgespielt haben. Sie fanden dort günstige Bildungs- und Existenzbedingungen, wo heißes Wasser aus der Tiefe ins Meer übertritt. In diesen untermeerischen Quellenbezirken könnten sich auch die weiteren Vorstufen des Lebens entwickelt haben. Eine wichtige Evolutionsstufe war erreicht, als die katalytischen Reaktionen im kontrollierten Innenmilieu einer Membranhülle stattfanden und als Funktionsträger Enzyme eingesetzt wurden, Proteine von enormer katalytischer Wirkungskraft. Diese Organisationsform hat sich nachfolgend als zukunftsträchtig und ausbaufähig erwiesen.

Die ersten Zellen und damit auch ersten Lebewesen waren vermutlich am Meeresboden angesiedelt, und zwar in der Nähe der Thermalquellen, wo zusammen mit Wasser vulkanischen Ursprungs auch Stoffe angeliefert wurden, deren chemische Energie sich nutzen ließ, wie zum Beispiel Schwefelwasserstoff und Methan. Aber bereits im Laufe des Archaikum, des unteren Präkambrium, hatten sich die Biotope bis in küstennahe Flachmeere ausgedehnt, wo Energie aus der Sonnenstrahlung zur Verfügung stand (Bild 2). Als besonders erfolgreich erwies sich die Form der Photosynthese, bei der Wasser und Kohlendioxid als Ausgangsstoffe dienen und molekularer Sauerstoff als „Abfallprodukt" anfällt. Unter den Prokaryoten (den Organismen ohne Zellkern) beherrschen die Cyanobakterien dieses Verfahren, und tatsächlich wurden Fossilreste solcher Organismen in Schichten des Archaikum wiederholt gefunden. Mit dieser Photosynthesetechnik gewann die Lebewelt Einfluß auf die Atmosphäre. Der Gehalt an Kohlendioxid wurde erniedrigt, der von Sauerstoff erhöht.

In der Folgezeit mußten die photosynthetisch aktiven Organismen immer leistungsfähiger werden, so wie die Strahlungsintensität der Sonne zunahm. Grundsätzlich steigen die Anforderungen proportional mit wachsendem Strahlenfluß. Außerdem muß die Biosphäre Kapazitäten aufbauen, um jederzeit kurzfristige Intensitätsschwankungen der Sonnenstrahlung ausgleichen zu können. Das bedingt eine hohe Leistungsreserve, die überdies laufend verstärkt werden muß. Denn die Schwankungen stehen in Relation zur Gesamtstrahlung, wachsen also mit dieser in ihren absoluten Beträgen. Im Gegensatz dazu wird der Energiebeitrag aus dem Erdinneren immer schwächer, so wie dort der radioaktive Zerfall fortschreitet (Bild 3c). In der Folge solcher Prozesse verlagerte sich der Lebensraum immer weiter in Richtung des größeren Energieangebotes, das heißt in die lichtdurchfluteten Zonen der Küstenmeere hinein.

Der Sauerstoffgehalt der Atmosphäre wurde immer wieder durch vulkanische Aktivität abgesenkt; mit den Förderprodukten gelangten große Mengen reduzierender Substanzen an die Erdoberfläche, zum Beispiel Schwefelwasserstoff (H_2S) und Pyrit (FeS_2). Diese reagieren mit molekularem Sauerstoff zu Sulfaten und Eisenoxiden, der damit der Atmosphäre und Hydrosphäre entzogen wurde. Der weitaus größte Teil, nämlich 95 Prozent, des im Verlauf der Erdgeschichte photosynthetisch produzierten Sauerstoffs ist auf diese Weise wieder verbraucht worden, nur fünf Prozent sind der Atmosphäre zugute gekommen. Das ist ein über die Erdgeschichte gemittelter Durchschnittswert. Tatsächlich muß das Verhältnis in der Frühzeit der Erde besonders ungünstig gewesen sein, solange der Ausstoß von Stoffen aus der Tiefe noch stark war. Den Indizien zufolge hatten die photosynthetisch aktiven Organismen bereits vor 3,5 Milliarden Jahren riesige Mengen von organischen Kohlenstoffverbindungen produziert, von denen ein Teil zur Ablagerung gekommen ist. Wahrscheinlich war dieses abgelagerte Reservoir damals schon auf 80 Prozent des heutigen angewachsen. Aber vom dabei freigewordenen Sauerstoff ist nur

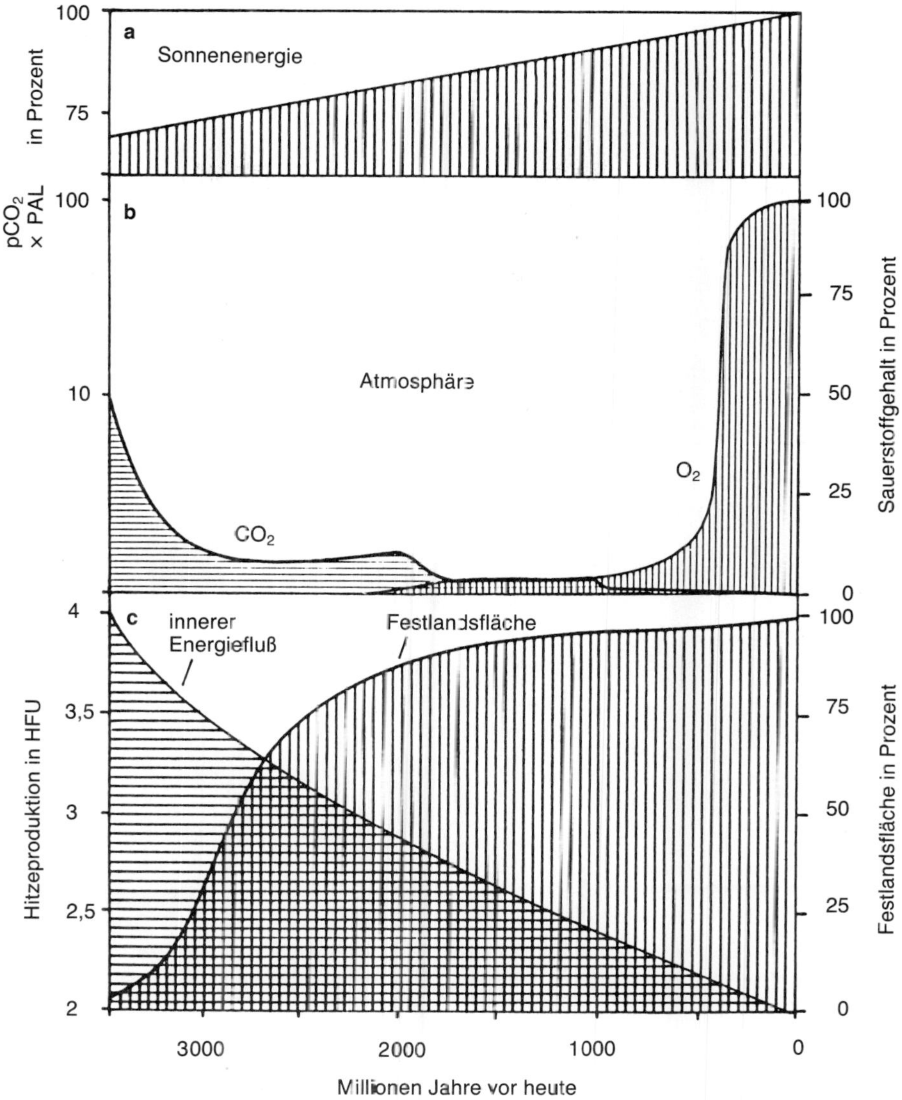

Bild 3: In den Diagrammen sind langfristige Zustandsänderungen der Erdgeschichte dargestellt, eine Zeitskala ist am unteren Bildrand angegeben. Diagramm a zeigt, wie sich die Intensität der Sonnenstrahlung erhöht hat; sie lag anfangs etwa 30 Prozent unter dem heutigen Wert. Auf der linken Kurve im Diagramm b läßt sich ablesen, wie der Gehalt an Kohlendioxid (CO_2) in der Atmosphäre abgenommen hat. Die Skaleneinheiten $CO_2 \times PAL$ geben an, um wieviel höher die CO_2-Partialdrücke in der Vergangenheit jeweils waren, verglichen mit dem der heutigen Atmosphäre (PAL = 1). Die Skala ist logarithmisch. Rechte Kurve: Der Sauerstoffgehalt in der Atmosphäre hat sich im durchschnittlichen Mittel laufend erhöht. In der Skala ist der heutige Wert (PAL) gleich 100 Prozent gesetzt. Diagramm c, linke Kurve: Die Hitzeproduktion im Erdinneren hat abgenommen (1 HFU = 1 Heat Formation Unit = 1 μkal $cm^{-2}sec^{-1}$). Diagramm c, rechte Kurve: Die Festlandsfläche hat sich in demselben Zeitraum vergrößert. In der Skala ist die heutige Fläche gleich 100 Prozent gesetzt.

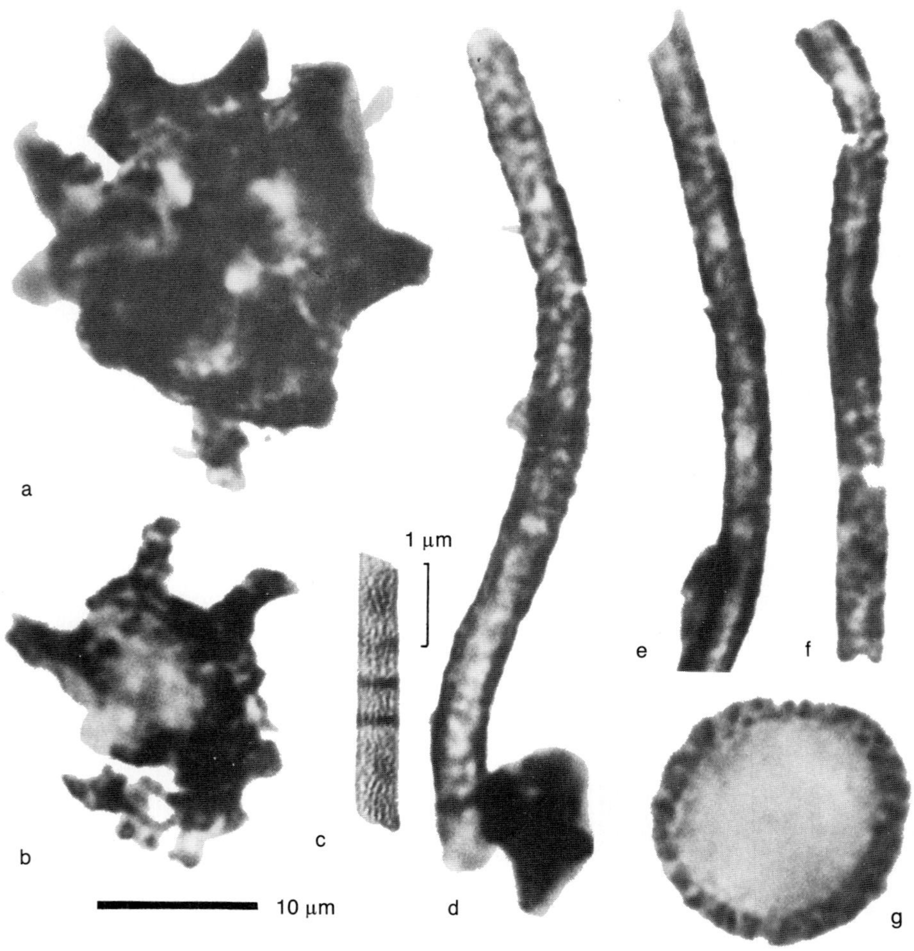

Bild 4: Mikroorganismen der Gunflint-Bändereisen-Formation von Ontario in Kanada. Das Vorkommen ist etwa zwei Milliarden Jahre alt. Die Photos a und b zeigen Organismen, die als einzellige Algen gedeutet werden. c entspricht der Zellscheide eines Eisenbakteriums. Das Gebilde ist so klein, daß es nur im Elektronenmikroskop sichtbar wird. Der Maßstab rechts vom Objekt entspricht einem Mikrometer (1 µm = 1/1000 mm). Die Mikrofossilien der Photos d bis g werden als Cyanobakterien gedeutet. Diese Organismen und die Algenartigen (Abbildungen a, b) sind im Lichtmikroskop erkennbar (Maßstab links unten).

verschwindend wenig in die Atmosphäre übergegangen. Der Sauerstoffgehalt betrug seinerzeit vermutlich noch nicht einmal ein Hundertstel der heutigen Konzentration. Fast die gesamte Sauerstoffproduktion ist also an die vulkanischen Förderprodukte gegangen. Die Prozesse haben einen bestimmenden Einfluß auf die frühe Evolution der Biosphäre. Darüber unterrichtet der Beitrag von P. Cloud.

Die Ära der Bändereisen-Formation

Die Festlandsmasse hatte sich gegen Ende des Archaikum beträchtlich vergrößert (Bild 3c). Zugleich hatten sich in den vorgelagerten Flachmeeren neue Lebensgemeinschaften formiert, in denen Cyanobakterien und Eisenbakterien dominierten (Bilder 4c–g). Diese bezogen ihre Nährsalze, zum Beispiel Phosphate, aus den Zuflüssen vom Festland, hatten sich also in ihrer Stoffversorgung von den untermeerischen Thermen unabhängig gemacht. Mit den kontinentalen Fließgewässern gelangte auch viel gelöstes Eisen in die Meeresbecken. Dieses wurde von den Eisenbakterien oxidiert und setzte sich als Hydroxid auf dem Meeresboden ab. Diese Ablagerungen, die sogenannten Bändereisenerz-Lagerstätten, sind uns mit riesigen Vorkommen in weltweiter Verbreitung überliefert. Sie decken heute etwa drei Viertel des Weltbedarfs an Eisenerz.

Den für die Oxidation des Eisens notwendigen Sauerstoff haben die Eisenbakterien offenbar von den Cyanobakterien, ihrem Partner in der Lebensgemeinschaft, bezogen. Da diese ihr Aktivitätsoptimum erst bei höheren Temperaturen erreichen als Eisenbakterien, bestimmte die jeweilige Wassertemperatur, ob der produzierte Sauerstoff vollständig an Eisen gebunden wurde oder ob freier Sauerstoff als Überschuß verblieb. In letzterem Fall gelangte ein Teil davon in die Atmosphäre, ein anderer wurde im Wasser festgehalten, unter anderem in Schleimstoffen, die in großen Mengen von den Mikroben, besonders von den Eisenbakterien, abgeschieden wurden. So konnte sich im Biotop eine sauerstoffhaltige Zone, eine sogenannte Sauerstoff-Oase, ausbilden. In diesem Milieu konnten sich aerobe Lebensformen entwickeln, das heißt solche, die Sauerstoff zum Leben brauchen und bei der Atmung einsetzen. Dieser Stoffwechsel ist vierzehnmal effizienter als die Gärung. Tatsächlich hat man in der Bändereisen-Formation früheste einzellige Algen gefunden, also eukaryotische Organismen (Bilder 4a und b). Alle Eukaryoten sind mehr oder weniger von Sauerstoff abhängig.

Von Bedeutung für die Entwicklung dieser Lebewesen war der Umstand, daß Bakterienschleime wirksame Filter für ultraviolette (UV-)Strahlen sind. In dieser Beziehung bot also der Lebensraum ausreichend Schutz; denn solange sich noch kein Ozonschirm (aus O_3) in der höheren Atmosphäre ausgebildet hatte, muß die Strahlung enorm stark gewesen sein und besonders lebensbedrohend für eukaryotische Organismen. Diese sind in dieser Beziehung viel empfindlicher als zum Beispiel Cyanobakterien. Der Ozonschirm hat sich offenbar erst im Laufe der Erdgeschichte aufgebaut, und zwar in gleichem Maße, wie der Gehalt an Luftsauerstoff angestiegen ist. Heute breitet sich eine annähernd geschlossene Ozonschicht in der Stratosphäre etwa 25 Kilometer über dem Erdboden aus. Ozon absorbiert wirksam die kurzwellige Sonnenstrahlung zwischen 300 und 200 Nanometer; der Bereich unter 200 Nanometer wird vom atmosphärischen Sauerstoff absorbiert. Solange es diese Abschirmung noch nicht gegeben hat, war ein Leben auf dem Land kaum möglich, und die hauptsächlich besiedelten Räume waren die Meere. Ein Organismus, der dem vollen UV-Licht der Sonne ausgesetzt wäre, ginge innerhalb kürzester Zeit zugrunde. Unter Wasser sind Lebewesen gut geschützt, in klarem Wasser etwa ab einer Tiefe von zehn Metern.

Entstehung und Frühentwicklung der vielzelligen Lebewelt

Noch vor etwa zwei Milliarden Jahren stand die Lebensgemeinschaft der Bändereisen-Formation in Blüte. Danach begann sie zu zerfallen. Offenbar war der Sauerstoffgehalt in der Luft auf einen Wert angestiegen, der neue Umweltbedingungen geschaffen hatte. In Konsequenz rückten die Eisenbakterien auf das Festland vor, wo sie zusammen mit anderen Mikroorganismen eine Bodenflora entwickelten. Von dieser Zeit ab erscheinen fossile Bodenbildungen vermehrt in den geologischen Schichtprofilen. Die Cyanobakterien dehnten ihren Lebensraum bis in die Gezeitenzone am Rand der Meere aus. Dort bauten sie mächtige und vielgestaltige Riffkörper auf, die Säulen- und Kegelstromatolithe. Die Vorkommen gewannen im Proterozoikum, dem oberen Präkambrium, an weltweiter Verbreitung, so daß sie als Charaktergesteine dieser Epoche gelten können (Bilder 5 und 6).

Die eukaryotischen einzelligen Algen (Bilder 4a und b) konnten den Cyanobakterien nicht nachfolgen. Für sie war der Gezeitenbereich offenbar immer noch zu stark strahlungsbelastet. Sie zogen sich ins tiefere Wasser küstenferner Bereiche zurück, wo sie unter einer größeren Wassersäule Schutz fanden. In diesem Biotop scheinen sich nachfolgend auch die vielzelligen Pflanzen und Tiere entwickelt zu haben. Das Geschehen ist im Artikel von G. Vidal in Einzelheiten dargestellt.

Die fossile Überlieferung der Tierwelt reicht bis in eine Zeit vor 800 bis 900 Millionen Jahren zurück. Zwar hat man in diesen Schichten noch keine Körperreste gefunden, aber Kriechspuren und Kotpillen, also Darmausscheidungen, wie sie von wurmartigen Organismen stammen könnten, die kaum Zentimetergröße gehabt haben dürften (Bild 7). Offenbar hatten sich noch keine Hartskelette entwickelt, die Körperstrukturen blieben daher nicht erhalten. Aber aus dem, was übriggeblieben ist, lassen sich einige wichtige Rückschlüsse ziehen: Bodenkriecher müssen bereits einen Hautmuskelschlauch entwikkelt haben sowie einen durchgängigen Darmkanal und eine sekundäre Leibeshöhle, die eine von den Körperbewegungen unabhängige Darmperistaltik ermöglichte. Mit Annäherung an die kambrische Formation werden die überlieferten Befunde zunehmend reichhaltiger. Einzelheiten darüber finden sich in dem Beitrag von M. A. S. McMenamin über „Das Erscheinen der Tierwelt".

Aus denselben Schichten sind stellenweise auch große Blattalgen und formenreiche Planktongemeinschaften überliefert. Aber die Funde sind durchweg auf wenige kleine Vorkommen beschränkt. Offenbar gab es im Präkambrium für Eukaryoten nur wenig Lebensraum, der ihren spezifischen Existenzbedingungen entsprach. Einerseits mußte das Becken tief genug sein, um vor UV-Strahlung zu schützen, andererseits mußte es nahe genug zur Küste liegen, von wo die Versorgung mit Phosphaten, Stickstoffverbindungen und anderen lebenswichtigen Nährstoffen kam.

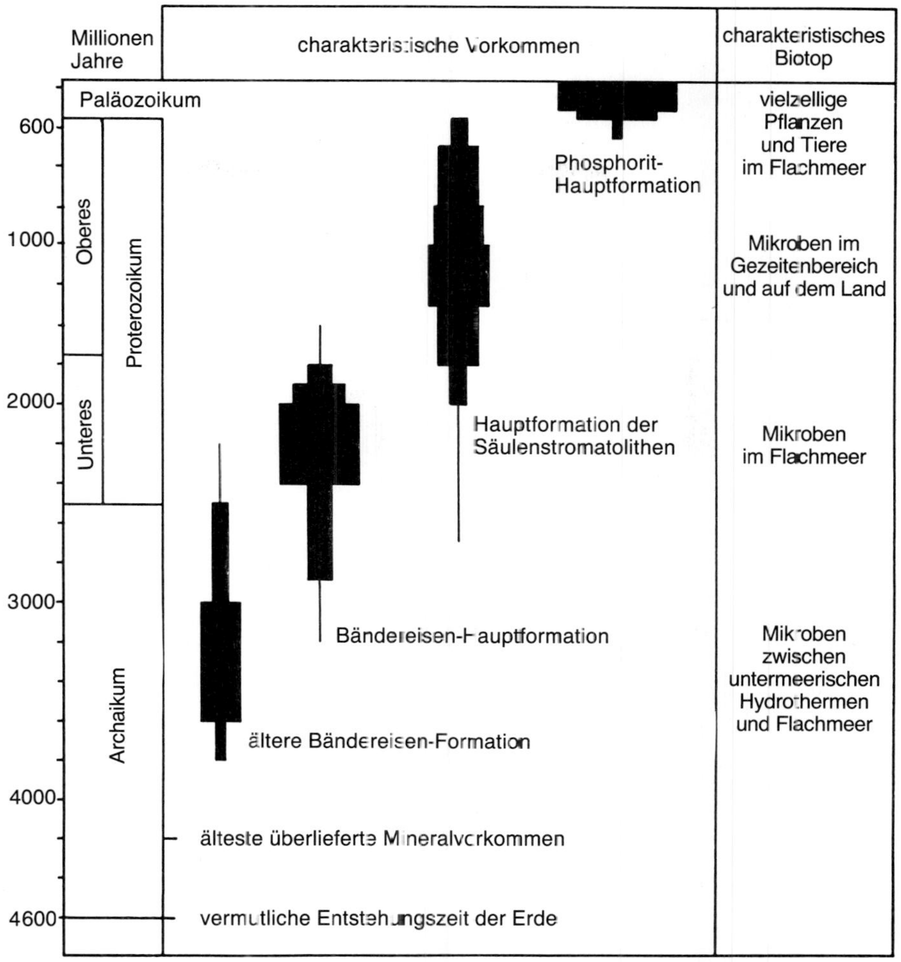

Bild 5: Im Laufe des Präkambrium hat sich der Lebensraum der Mikroorganismen von den hydrothermalen Thermen der untermeerischen Vulkangebiete in Richtung zum Flachmeer und schließlich über die Gezeitenzone bis auf das Land vorgeschoben. Im jüngsten Präkambrium dringen erstmals vielzellige Tiere und Pflanzen in die küstennahen Flachmeere ein. Vom „Ausbreitungszug" der Biosphäre zeugen charakteristische Gesteinsvorkommen.

Erst gegen Ende des Präkambrium gelang es diesen Lebensgemeinschaften, ins küstennahe Flachmeer vorzurücken, vermutlich weil mit fortschreitendem Aufbau des Ozonschirms die Strahlenbelastung dort auch für höhere Lebensformen erträglich wurde (Bilder 7 und 8). Bei der neuen Bewohnerschaft fällt ein Merkmal besonders auf: die Entwicklung solider Körperhüllen. Die Vielfalt der Baumuster ist erstaunlich groß: Gehäuse, Schalen, Hautüberzüge. Desgleichen groß ist die Vielzahl der Baumaterialien: Hartproteine, Cellulose, Chitin und andere organische Substanzen, vielfach mit Einlagerungen von Kalk, Phosphat oder Kieselsäure in wechselnden Anteilen und Kristallformen. Man findet das in ähnlicher Weise bei den verschiedensten Vertretern, Einzellern, Kalkalgen und den meisten Tieren, soweit sie nicht vergraben im Boden leben. Alle diese verschiedenen Körperhüllen haben eine Eigenschaft gemeinsam: Sie sind wirksame Filter für kurzwellige Strahlen. Man möchte daraus schließen, daß sich zu Beginn des Kambrium vor etwa 550 Millionen Jahren die Strahlenbelastung im Flachmeer gerade um soviel verringert hatte, daß dort eukaryotische Lebewesen frei existieren konnten, wenn sie sich mit einer strahlenabsorbierenden Hülle schützten.

Was einen wichtigen Fortschritt der kambrischen Tierwelt ausmacht, war die Fähigkeit, die Hartteile mit Muskeln zu kombinieren, so daß sie sich als Hebel bewegen lassen, wie zum Beispiel in den Gliedmaßen. Auf diese Weise lassen sich kleine Muskelkontraktionen in lange Wege übersetzen, was schnelle Bewegungen ermöglicht. Das setzt aber einen hohen Krafteinsatz voraus, der aus einem Energiespeicher spontan mobilisiert werden muß. Bei Eukaryoten gibt es dafür besondere energiespeichernde Moleküle, die Phosphagene. Ihr Vorteil gegenüber anderen molekularen Energiespeichern ist, daß sie Energie sofort bereitstellen, wenn sie gebraucht wird. Die vielzelligen Tiere mit Muskelaktivität und Nervensystem haben darüber hinaus noch be-

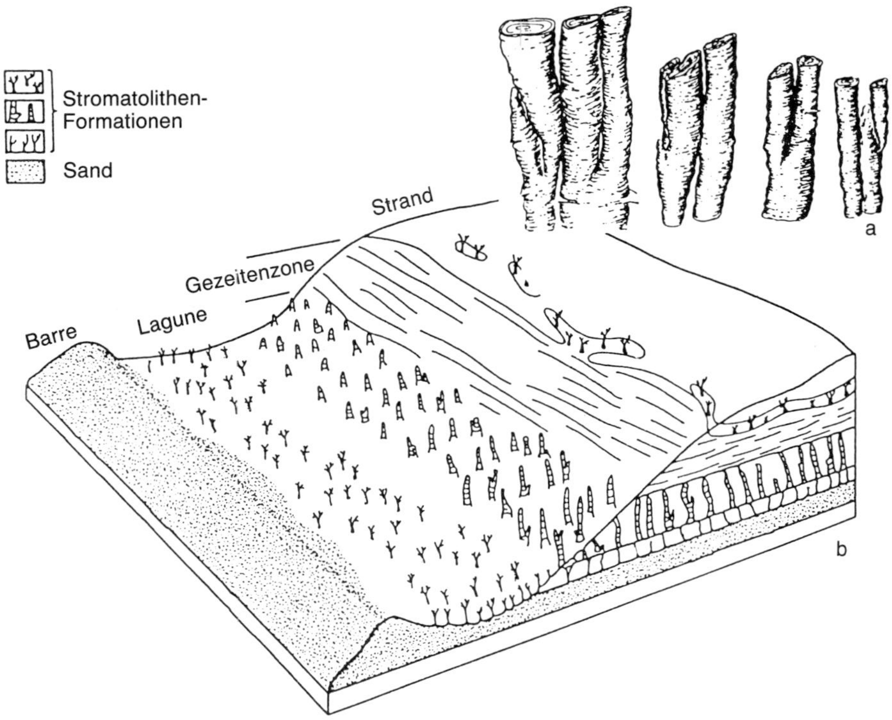

Bild 6: Säulenstromatolithe (Teilabbildung a) bestehen vorwiegend aus Carbonatgesteinen und treten im Proterozoikum in großer Formenvielfalt und in weltweiter Verbreitung auf. Ihr Hauptproduzent waren photoautotrophe Bakterien nach Art heutiger Cyanobakterien. Deren Lebensraum stellten die küstennahen Flachmeere und die Gezeitenzone dar (Abbildung b). Rekonstruktionen nach Art der Abbildung a gehen auf Arbeiten von I. N. Krylov und anderen sowjetischen Geologen zurück. Das vorzeitliche Landschaftsbild (Abbildung b) ist von den australischen Forschern K. Grey und A. M. Thorne ermittelt worden.

sondere Phosphagene, die den eukaryotischen Einzellern fehlen. Wegen ihres hohen Energieumsatzes sind sie besonders auf eine gleichmäßige Phosphatversorgung angewiesen. Aber letzten Endes braucht jedes Lebewesen Phosphate, denn das Element Phosphor ist praktisch an jedem regulatorischen System der Zelle irgendwie beteiligt.

Wichtigstes Phosphormineral in der Natur ist Calciumphosphat, das vorwiegend in der Kruste des Festlandes vorkommt. Es wird bei der Gesteinsverwitterung freigesetzt und gelangt über die Oberflächenabflüsse ins Meer. Das Festland hat sich im Laufe der Erdgeschichte zunehmend vergrößert, entsprechend mehr Phosphate sind in den Kreislauf gelangt. Trotzdem ist das Angebot insgesamt begrenzt geblieben. Das hängt vor allem mit der geringen Wasserlöslichkeit des Calciumphosphats zusammen. In gesättigtem Seewasser ist weniger als ein Teilchen pro eine Million Teilchen (1 ppm) enthalten. In der Biosphäre ist deutlich die Tendenz ausgeprägt, allen verfügbaren Phosphor in der Nahrungskette zu binden und über kontrollierte Kreisläufe zirkulieren zu lassen. Ganz ist das jedoch nie gelungen. So bleiben Phosphorverbindungen ein begrenzender Faktor, der einer schrankenlosen Ausbreitung der Lebewelt entgegensteht. Das jeweilige Phosphorangebot bestimmt letzten Endes, wieviel Biomasse maximal produziert werden kann.

Ein deutlicher Fortschritt in der „Phosphorwirtschaft“ gelang offenbar an der Wende zum Kambrium. Zugleich mit den neuen Lebensgemeinschaften des Flachmeeres trat eine neuartige Lagerstätte in der Erdgeschichte auf, der Knollenphosphorit (Bild 5). Das Gestein setzt sich großenteils aus phosphatischen oder phosphatisierten Hartteilen von Organismen zusammen. Bereits im Unterkambrium haben sich daraus riesige Lagerstätten in weltweiter Verbreitung aufgebaut. Mit den Vorkommen ist angezeigt, daß ein neuartiger zusätzlicher Phosphorkreislauf in Gang gekommen ist, der teils über die Nahrungskette, teils über kalte Meeresströme verläuft. Dabei wurde der Umstand ausgenutzt, daß in kaltem Wasser die Löslichkeit für Phosphate etwas größer ist als in warmem. Tiere in vielfältigen Formen und Anpassungen bewohnten nun den gesamten Schelf, von der Küste bis zum offenen Meer. Fundstätten, wie die Burgess-Schiefer in Nordamerika, belegen das eindrucksvoll. Dieses Vorkommen ist im Aufsatz von S. C. Morris und H. B. Whittington anschaulich beschrieben.

Die Eroberung des Festlandes

Die große Entfaltung der Lebewelt im Kambrium erklärt sich aus dem Zusammenspiel einer Anzahl verschiedener Umweltänderungen. Diese lassen sich mehr oder weniger auf eine gemeinsame Ursache zurückführen, nämlich die zunehmende Strahlungsintensität der Sonne. Als indirekte Reaktion darauf stieg der Sauerstoffgehalt der Luft an, und in Konsequenz davon hat sich der Ozonschirm immer mehr verstärkt. Mit den steigenden Energieumsätzen hat sich auch die chemische Verwitterung auf dem Festland intensiviert, so daß von dort mehr gelöste Stoffe in Umlauf gebracht wurden.

Die kambrischen Ereignisse sind ein anschauliches Beispiel dafür, daß die Entwicklung des Lebens nicht immer kontinuierlich und gleichmäßig abgelaufen ist, sondern in ausgeprägten Stufen, die sich in der Erdgeschichte als Umbrüche bemerkbar machen. Jeder große Umbruch leitete eine neue geologische Ära ein. So stand das Kambrium am Beginn des Altpaläozoikum, und in dieser Ära begannen sich die vielzelligen Tiere und Pflanzen im Flachmeer auszubreiten. Der nächste stärkere Umbruch ereignete sich im Oberdevon. Damals haben sich die ersten Sumpfwälder auf dem Festland etabliert. Ihre Ahnen, die ersten Landpflanzen, leiten sich vermutlich von Algen ab, die das Wasser zur Silurzeit, etwa 60 Millionen Jahre davor, verlassen haben. Wenn die vorliegenden Befunde richtig gedeutet sind, dann stehen wir vor einem eigenartigen Phänomen: Danach scheinen im frühen Erdaltertum Großalgen verschiedener systematischer Zugehörigkeit mehr oder weniger gleichzeitig den Weg aufs Land angetreten zu haben. Ein ähnlicher Vorgang ist von dieser Gruppe weder aus der Zeit davor noch danach überliefert (Bild 9).

Die Umstellung auf das Landleben kam zunächst nur schrittweise voran. Viele der frühen Landpflanzen waren amphibische Lebensformen. Sie fußten im flachen Wasser, trieben aber aufrechte Sprosse über die Wasseroberfläche hinaus in den Luftraum. Warum sind die Wasserpflanzen überhaupt zum Landleben übergegangen, das heißt zu einem Dasein, das für einen Wasserbewohner viele Beschwernisse mit sich bringt und diesen zu neuen komplizierten Stoffwechseltechniken zwingt? Ein Vorteil für die Photosynthese auf dem Lande ist das höhere Angebot an Lichtenergie. Dadurch läßt sich die Produktionsleistung an Biomasse und damit auch der Energieumsatz beträchtlich steigern. Aber warum ist es den Pflanzen erst im Silur und somit erst in einem relativ späten Zeitabschnitt der Erdgeschichte gelungen, das Land zu besiedeln, und nicht bereits früher? Vielzellige Algen hat es schon vor über einer Milliarde Jahren gegeben. Vermutlich aber hat sich Sauerstoff in der Atmosphäre erst im Paläozoikum so stark angereichert, daß der Ozonschirm in der höheren Atmosphäre stark genug entwickelt war. Bei Landpflanzen sind die Blätter besonders empfindlich gegen UV-Strahlen. Möglicherweise erklärt sich damit die Merkwürdigkeit, daß die frühesten Landpflanzen unbeblättert waren.

Zur Karbonzeit (vor etwa 345 bis 280 Millionen Jahren) hatte sich in den Sumpfwäldern bereits eine große Artenvielfalt entwickelt, in denen alle Hauptgruppen der Gefäßpflanzen vertreten sind; Bärlappgewächse, Schachtelhalme, Farne und Samenpflanzen. Der Aufsatz von D. Heyler und C. M. Poplin behandelt ein Lebensbild dieser versunkenen Wälder. Ihr Ablagerungsprodukt begründete eine neuartige Lagerstätte der Erdgeschichte, die Kohle. Zwischen Kohlenbildung und Entwicklung der Atmosphäre besteht ein direkter Zusammenhang: Im gleichen Maße wie Kohlenstoffverbindungen im Untergrund gespeichert wurden, reicherte sich Sauerstoff in der Atmosphäre an. Denn die Komponenten entstammen den Kohlendioxid- und Wassermolekülen, die durch Photosynthese gespalten worden sind.

Die Atmosphäre zur Karbonzeit muß mindestens drei Viertel des heutigen Sauerstoffgehaltes gehabt haben. Dieser Anteil ist Voraussetzung dafür, daß Wälder flächenhaft abbrennen können. Spuren frühester Waldbrände sind in Kohleflözen des Karbon vielfach überliefert; sie sind an Brandlagen aus Holzkohle zu erkennen, die sich über weite Flächen erstrecken können.

In der Permzeit (vor ungefähr 280 bis 250 Millionen Jahren) gelang es den Pflanzen, sich über die See- und Sumpfgebiete hinaus auf das trockene Land auszudehnen. Pioniere dabei waren Neuentwicklungen unter den Nacktsamern (Gymnospermen), vor allem Koniferen und Ginkgo-Bäume. Verglichen mit charakteristischen Vertretern der Steinkohlewälder, zum Beispiel den Siegel- und Schuppenbäumen, sind das modern anmutende Baumgestalten mit großflächiger Krone, dichter Beblätterung und entsprechend leistungsfähigerer Photosynthese. Hinzu kam ein verbessertes Wurzelsystem, das den Wasserbedarf der Pflanzen auch aus kapillarer Bodenfeuchtigkeit decken kann. Ihr Lebensraum, das trockene Festland, ist geologisches Abtragungsgebiet. Dort wird abgelagerte Biomasse nicht im

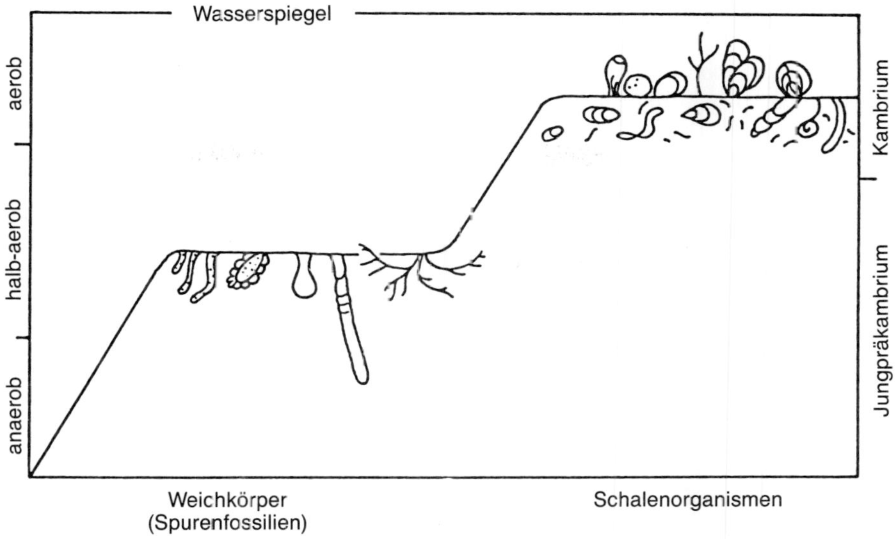

Bild 7: Das Schema zeigt zwei Stufen in der Evolution der frühen Meerestiere. Charakteristisch für die jungpräkambrischen Vorkommen sind Spuren bodengrabender Tiere mit Weichkörper, von denen selbst meist nur wenig überliefert ist. Im Kambrium haben die Tiere neuen Lebensraum im Flachmeer hinzugewonnen. Zuvor ist offenbar der Sauerstoffspiegel drastisch angestiegen und die UV-Strahlenbelastung auf der Erde durch die Ausbildung des Ozonschirms entsprechend gesunken. Schalenorganismen können jetzt auch an der Bodenoberfläche existieren. Das präkambrische Biotop ist nach einem Vorkommen aus dem Proterozoikum in Wyoming, USA, von V. N. Kauffman rekonstruiert worden, die Darstellung des kambrischen Biotops stammt von den Geologen D. C. Rhoads und J. W. Morse.

Untergrund gespeichert, sondern durch Verwesungsprozesse am Ort unter anderem in Kohlendioxid und Wasser zurückverwandelt. Als Konsequenz davon bildete sich ein oberirdischer Kreislauf heraus, der keinen direkten Bezug mehr zum Erdinneren hat, aber stark in die Prozesse auf der Erde eingreift. Hauptagentien sind die Humussäuren, die unter anderem bei der Zersetzung von Holz frei werden. Sie greifen das Gestein an und beschleunigen die chemische Verwitterung. Die gelösten Stoffe gelangen mit den Abflüssen ins Meer. Der Verwitterungsrückstand bildet eine Bodenkrume, die vom Wurzelwerk der Pflanzen stabilisiert wird; sie hält das Niederschlagswasser fest und verteilt es in geregelter Weise auf Versickerung, Verdunstung und Abfluß. Letzterer erfolgt über ein lineares Gewässernetz, strömt also nicht mehr in ungeregelten Schichtfluten ab, wie das in vegetationslosem Ödland der Fall ist. Blieb bis dahin viel Gesteinsschutt auf dem Festland liegen, sorgten die Flüsse jetzt für einen nahezu vollständigen Abtransport ins Meer. In den geologischen Sedimenten prägt sich der Unterschied deutlich aus. Anstelle von unvollständig verwitterten Gesteinen wie Grauwakken, Arkosen und ähnlichen Schuttablagerungen erscheinen nun vermehrt reine Quarzsandsteine und Tonsteine in den geologischen Profilen. Bei diesen ist das Ausgangsmaterial stärker zersetzt, ausgelaugt, ausgewaschen und nach Korngröße klassiert worden. Durch diese Prozesse bedingt erhöhte sich der Anteil chemischer Sedimente, der Carbonate, Sulfate, Oxide und Hydroxide.

Die Tiere folgten den Pflanzen mit zeitlicher Verzögerung in die neuen Siedlungsräume. So erschienen pflanzenfressende Reptilien erst in den Landwäldern der Trias. Offenbar mußten sich die Waldgesellschaften erst konsolidieren, bevor sie auch anspruchsvolleren Konsumenten eine Existenz bieten konnten. Davor waren die pflanzenfressenden Vierfüßer auf die Sumpfwälder beschränkt. Dort hatten sich im Perm schon mehrere Stämme der Reptilien, darunter auch Pflanzenfresser, entwickelt.

Auf die nachfolgende Geschichte der Saurier brauche ich hier nicht einzugehen. Über die Landsaurier wird in den beiden Aufsätzen von E. Buffetaut und R. Ingavat-Helmcke sowie D. J. Mossman und W. A. S. Sarjeant detailliert berichtet. Meeressaurier werden von T. Bürgin und Mitverfassern vorgestellt, und über „Die fliegenden Saurier“ gibt P. Wellnhofer in einem seiner Beiträge ein umfassendes Bild.

In der mittleren Kreidezeit vor etwa 120 Millionen Jahren erschienen die frühesten bedecktsamigen Blütenpflanzen (Angiospermen). Darüber unterrichtet der nachfolgende Aufsatz von H. J. Schweitzer. Die Angiospermen breiteten sich im Laufe der Oberkreide schrittweise in den Wäldern aus und gewannen auch neuen Lebensraum hinzu.

In der Überlieferung der Oberkreide steht den 500 Nacktsamerarten und 2000 Farnen schon eine Übermacht von schätzungsweise 20000 Angiospermenarten gegenüber. Ihre Zahl hat sich aber nachfolgend bis zum Jungtertiär noch verzehnfacht. Diese Florenentwickung war als Motor der tierischen Entwicklung wirksam. In enger Wechselbeziehung vollzog sich die Evolution der Blütenpflanzen mit den Insekten. Das gilt besonders für solche Insekten, die im Dienst der Blütenbestäubung stehen. Unter diesen stellen die Käfer eine Pioniergruppe dar. Erste Vertreter erschienen in der Permzeit gleichzeitig mit Neuentwicklungen unter den Nacktsamern. Käfer waren vermutlich auch die hauptsächlichen Bestäuber der frühen Angiospermen. Deren Blütenmorphologie war auf die Belange der Käfer abgestellt: große flach-schüsselförmige und radiärsymmetrische Formen mit herausragenden Staubblättern.

Bereits in der Trias erschienen zwei weitere Gruppen, die heute als Blütenbestäuber eine große Rolle spielen: Fliegen und Hautflügler (Hymenopteren), zu denen heute unter anderem Bienen und Wespen gehören. Eine vierte Gruppe, vertreten durch die Schmetterlinge, kam erst in der Unterkreide hinzu. Über die Insektenwelt des Mesozoikum gibt es insgesamt nur spärliche und lückenhafte Informationen. Erst das Alttertiär bietet reichhaltigere Fundstätten. Dazu gehören das Fossilvorkommen von Messel und die Claiborne-Formation im südöstlichen Nordamerika, beide datieren aus dem mittleren Eozän. Aus dieser Zeit gibt es viele Funde von Käfern in schönen Erhaltungsformen (siehe Bilder 1 und 11). Offenbar haben Käfer damals noch die Hauptrolle als Bestäuber insektenblütiger Angiospermen gespielt. Daneben finden sich fossile Fliegen und die von diesen bevorzugten Blüten, kleine, regelmäßig gebaute Formen mit leicht zu erreichenden Staubblättern und Nektarien. Auch einige für Bienen typische Blüten kommen vor. Es sind dies bilateralsymmetrische Formen mit glockenförmiger Blütenkrone. Unbekannt aus dem Eozän sind noch die auf Schmetterlinge eingerichteten, engen und tiefen Röhrenblüten. Überhaupt sind die meisten Blüten des Eozän noch unspezialisierte Formen, die von Käfern, Fliegen und Hautflüglern gleichermaßen genutzt wurden. Eine Hauptphase der Spezialisierung setzte erst nachfolgend ein. Dabei kam es zu einer engen Koevolution zwischen Blüte und Tier. Im Resultat schlossen sie sich beide zu einer Funktionsgemeinschaft zusammen. Im Zuge dieser Koevolution bildeten sich viele neue Insektenfamilien heraus, besonders unter den Hautflüglern und Schmetterlingen. Zugleich entstanden mehrere neue Pflanzenfamilien wie zum Beispiel die Orchideen und Korbblütler. So verbinden sich die Produktionskraft der Pflanzen und die Ortsbeweglichkeit der Tiere zu einer leistungsfähigen Kombination.

Der Koevolution sind auch die Wirbeltiere angeschlossen. Unter anderem spielen sie bei der Verbreitung von Früchten und Samen eine wichtige Rolle. Bezeichnenderweise sind die meisten Säugetiere und Vögel Pflanzenfresser oder Allesfresser, und fast die gesamte Nahrung für pflanzenfressende Säuger und Vögel stellen die bedecktsamigen Blütenpflanzen. Ihr Erscheinen hat also zu einer völligen Umstimmung des Nahrungshaushaltes geführt. Besonders eindrucksvoll ist das im Jungtertiär zu sehen, wo sich die Grasgesellschaften der Steppen und Savannen ausbreiteten und nachfolgend die herdenbildenden und grasfressenden Säugetiere aufkamen. Pflanzenfressende Vierfüßer (Tetrapoden) hat es zwar schon sehr früh gegeben, bereits unter den frühen Reptilien des Oberkarbon sowie den Brückenechsen und säugetierähnlichen Reptilien der Perm-/Triaszeit. Aber was an Entwicklungen in der Erdneuzeit erschien, ist unvergleichlich mehr und mannigfaltiger als alles Vorhergegangene. Besonders bedeutungsvoll war das Inventar der mit dieser Entfaltung verbundenen evolutionären Neuerungen. Dazu gehören zum Beispiel hochdifferenzierte und spezialisierte Kaugebisse, die eine mechanische Aufbereitung der Pflanzenstoffe ermöglichen, sowie der Einsatz spezieller En-

Bild 8: Diese frühesten tierischen Körperfossilien stammen aus dem Jungpräkambrium von Namibia in Afrika und haben ein Alter von etwa 620 Millionen Jahren. Sie gehören zu den Petalonemae, einer Gruppe altertümlicher, schwierig zu deutender Tiere, die bereits vor dem Kambrium wieder verschwanden und keine heute noch lebenden Nachkommen hinterlassen haben. Einige Vertreter hatten ein schwach mineralisiertes Außenskelett entwickelt und waren schon in Flachmeerbereichen angesiedelt. Die gesamte Vorläuferschaft der kambrischen Tierwelt wird gemeinhin als Ediacarische Fauna bezeichnet, so benannt nach einem Fundort in Australien. a *Pteridinium*, b *Ernionorma*, c, d *Rangea*.

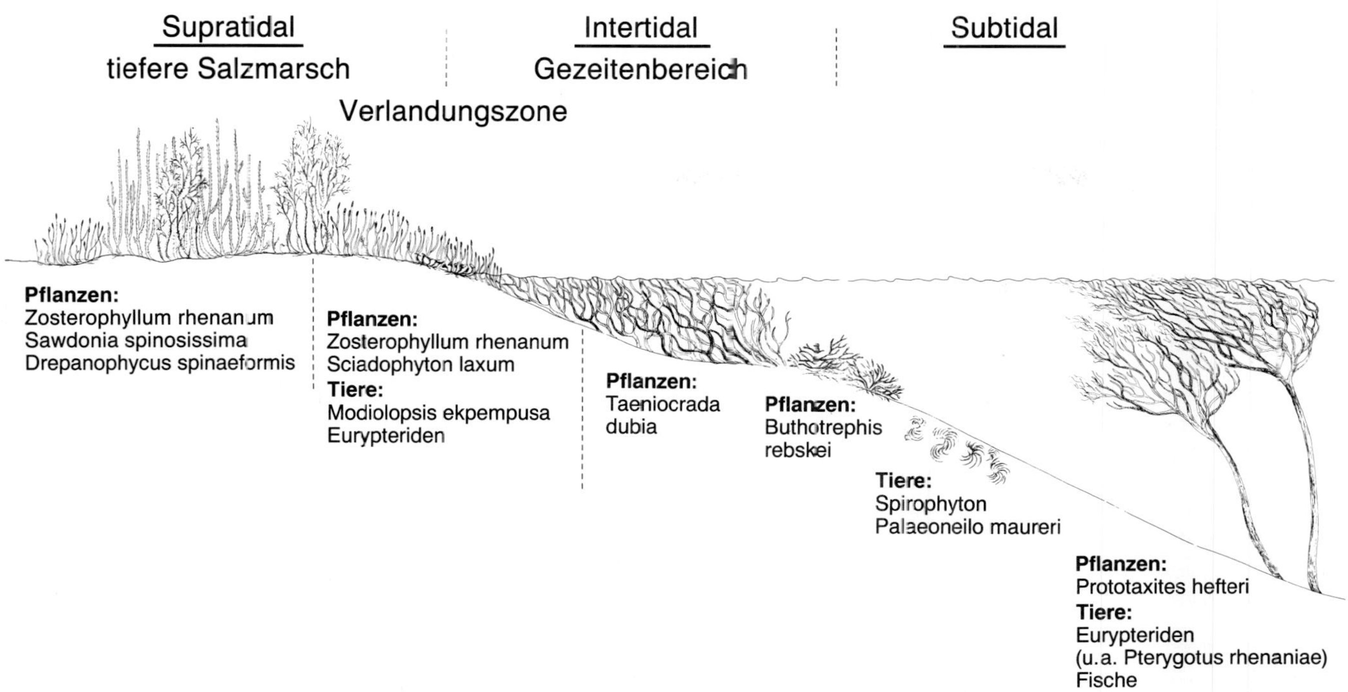

Bild 9: Besiedlung der Meeresküste im Unterdevon durch frühe Landpflanzen. Der Paläobotaniker H.-J. Schweitzer von der Universität Bonn hat dieses Lebensbild nach seinen Funden im Steinbruch Köppen bei Waxweiler im Rheinland rekonstruiert. *Prototaxites* und *Buthotrephis* sind Blattalgen, die das tiefere Wasser besiedelten. Im gleichen Milieu finden sich unter anderem spinnenartige Gliederfüßer (*Eurypterus*), Fraßspuren von Würmern (*Spirophyton*) und die Wattmuschel *Palaeoneilo maureri*. In der Gezeitenzone wuchs die Gefäßpflanze *Taeniocrada*. Auch *Zosterophyllum* und *Sciadophyton* waren Gefäßpflanzen der Verlandungszone. Hier kam die Muschel *Modiolopsis* mit Kümmerformen vor. Die Marschen oberhalb des Tidenhubes waren mit höherwüchsigen Gefäßpflanzen wie *Drepanophycus* und *Sawdonia* bestanden.

zyme, mit denen sich die Cellulose der pflanzlichen Zellwände verdauen läßt. Damit wurde eine reiche Nahrungsquelle erschlossen. Das Beispiel der Säugetiere zeigt, wie verschiedene Entwicklungen ineinandergreifen können. Bei entsprechend vergrößertem Nahrungsangebot steht ein Teil der Energieproduktion dem Körper als Wärmeenergie zur Verfügung, wodurch sich die Lebensleistung erheblich verbessert: Eine Erhöhung der Körpertemperatur um zehn Grad Celsius steigert den Stoffwechselumsatz um das Zwei- bis Dreifache. Mit den erhöhten Anforderungen aus Energieumsatz und Nahrungsbeschaffung wurden Verbesserungen in den Organsystemen notwendig, stärkere Lungen, ein muskulöses vierkammeriges Herz, ein Haarkleid zur Konstanthaltung der Körpertempertur, Kleinhirn und Großhirnhemisphären zur Steigerung der geistigen Fähigkeiten und motorischen Koordination. Allerdings muß diese Entwicklung mit Abhängigkeiten bezahlt werden: Warmblütige (homoiotherme) Tiere sind mehr als andere auf eine gleichmäßige Nahrungsversorgung angewiesen. Viele Konsumenten sind auf eine bestimmte Pflanzennahrung spezialisiert, ihr Schicksal ist damit eng an das der Pflanze gekoppelt.

Die Angiospermenwelt hat das Landschaftsbild der Erde von Grund auf verändert. Einen Hauptanteil daran haben die Gräser. Erst mit ihrer Hilfe konnten sich geschlossene Vegetationsdecken formieren, die bis in die extremen Klimabereiche der Halbwüste hinein vordringen. Merkwürdigerweise ist es den Nacktsamern niemals in der Erdgeschichte gelungen, vergleichbare krautige Pflanzen hervorzubringen. Vor der Kreidezeit war nur etwa ein Zehntel der Landoberfläche mit Vegetation bedeckt, am Ende des Tertiärs waren es zwei Drittel. In Folge davon muß sich die Albedo, das Rückstrahlungsvermögen des Landes, um fünf bis zehn Prozent verringert haben. Die verstärkte Abgabe von Verdunstungswasser durch die Pflanzen muß einen günstigen Einfluß auf die Regulierung der Luftfeuchtigkeit genommen haben, was wiederum zu einer ausgeglicheneren Verteilung der Niederschläge führte. Im Ergebnis ist das Land zum Hauptlebensraum der Erde geworden. War bis zum Ende der Kreidezeit das Phytoplankton im Meer der Hauptproduzent von Biomasse und molekularem Sauerstoff, so ging danach die Vormacht auf die Landpflanzen über.

Tiefgreifenden Einfluß nahm die Landvegetation auch auf die geologischen Kreisläufe. Auf dem Lande formierten sich geschlossene Verwitterungsflächen aus Bleicherden, aus denen die für die Porzellanherstellung wichtigen Kaolin-Lagerstätten entstanden sind. Diese finden sich erstmals in Profilen der Oberkreide.

Gräser und laubabwerfende Gehölze zersetzen den Boden viel schneller und intensiver als immergrüne Koniferen. Durch die chemische Verwitterung wurden Alkali- und Erdalkaliverbindungen in Lösung gebracht und mit dem abfließenden Wasser ausgewaschen. Die Stoffe gelangten ins Meer, wo sie dann zum Beispiel als Carbonat abgelagert wurden. Mit verstärkter chemischer Verwitterung auf dem Lande fiel also mehr Sediment im Meer an. Das ist in den geologischen Profilen deutlich ausgeprägt. Offensichtlich ist die Sedimentationsgeschwindigkeit im Laufe der Erdgeschichte gestiegen, im Mesozoikum schätzungsweise um das Dreifache, im Känozoikum sogar um das Vier- bis Fünffache gegenüber dem Paläozoikum. Mit den verstärkten Stofflieferungen wurden auch mehr Nährsalze wie Phosphate und Nitrate ins Meer gebracht, wodurch sich dort die Lebensbedingungen verbesserten. Interessanterweise kam es in der Kreide gleichzeitig mit dem Aufstieg der Angiospermen auf dem Land zu einer explosiven Entfaltung des Planktons im Meer. Die Ausbreitungswelle wurde vor allem von kalkschaligen Einzellern getragen. Ihre Überreste sind uns in mächtigen Ablagerungen aus feinkörnigem Kalk überliefert, die der Kreideformation ihren Namen gegeben haben. Aus der organischen Biomasse sind riesige Erdöl-Lagerstätten hervorgegangen. Sie repräsentieren über die Hälfte aller bekannten Erdölvorräte auf der Welt.

Aber was sich mit der Entwicklung des Angiospermenstammes auf dem Land vollzieht, hat eine noch weitaus größere Dimension. Säugetiere und Vögel machten diesen ersten Ausbreitungszug noch nicht mit. Erst zu Beginn des Tertiärs erschienen sie vermehrt in den Wäldern, entfalteten sich dann aber rapide zu großer Artenfülle. Zur Vor- und Frühgeschichte dieser neuzeitlichen Lebewelt haben unter anderem zwei berühmte Fossilvorkommen unserer Heimat Wesentliches beigetragen. Dem sind zwei nachfolgende Aufsätze gewidmet. Über den Solnhofener Urvogel berichtet P. Wellnhofer, über „Die Säuger von Messel" schreibt G. Storch.

Zyklen und Umbrüche

Die Zeit nach dem Präkambrium wurde von der Evolution der großkörperigen vielzelligen Tiere und Pflanzen beherrscht und heißt deshalb Phanerozoikum (Zeit des sichtbaren Lebens). In ihrer Geschichte zeichnet sich ein eigenartiges Muster ab. Kurzfristige Phasen sprunghafter Veränderungen wechseln mit ereignisarmen Zeiten. Zwei Umbruchphasen treten besonders hervor, eine liegt an der Wende vom Präkambrium zum Kambrium, die andere zwischen Perm und Trias. Nicht ganz so stark, aber doch bedeutend sind zwei weitere Umbrüche, einer zwischen Devon und Karbon, der andere zwischen Oberkreide und Tertiär. Dazwischen gab es noch eine Reihe anderer, teils deutlicher, teils schwächer ausgeprägter Umbrüche.

Dem Geologen dienen sie als Grenzmarken bei der Gliederung der Formationstabelle, deshalb liegen die Umbrüche an Formationsgrenzen oder in deren Nähe (Bild 10).

Im Ablauf der Umbrüche zeichnen sich einige interessante Regelmäßigkeiten ab. Danach läßt sich das Phanerozoikum in zwei Abfolgen gliedern. Die erste, die paläozoische Abfolge begann mit dem Kambrium, das heißt, sie folgte dem großen Umbruch am Ausgang des Präkambrium und endete mit dem Umbruch am Ausgang des Perm. Die nachfolgende mesozoisch-känozoische Abfolge setzte mit der Trias ein und ist heute noch nicht abgeschlossen. Sie müßte noch 50 Millionen Jahre in die Zukunft reichen, wenn man für die durchschnittliche Dauer einer Abfolge 300 Millionen Jahre zugrundelegt. Das ist der nach vorliegenden Indizien beste Näherungswert. Beide Abfolgen sind sich in einigen Zügen so ähnlich, daß man die jüngere als Wiederholung der älteren ansehen könnte. So folgten beide auf eine Zeit mit „pangäischem Erdbild". Bei diesem eigenartigen Zustand sind die Kontinente zu einer großen Festlandsmasse zusammengeschlossen, der Meeresspiegel ist auf Tiefstand gesunken, und weite Bereiche der Schelfe liegen bis an den Rand des Kontinentalsockels trocken. Von den Flachmeeren haben sich nur kleine, voneinander isolierte Vorkommen gehalten; ein Teil davon ist zu unwirtlichen Salzlagunen degradiert. Auf dem Kontinent hat sich Trockenheit ausgebreitet. Hauptursache dafür ist die ungünstige Geographie der pangäischen Erde: Bei vergrößerter Landfläche und entsprechend verkürzter Küstenlinie können die Niederschläge das Landesinnere nicht mehr erreichen. Als Ergebnis davon versiegen die Fließgewässer, der Grundwasserspiegel sinkt, viele Feuchtgebiete, Sümpfe und Seen trocknen aus. Überdies geraten in dieser Zeit die globalen Durchschnittstemperaturen auf einen Niedrigstand, was aber andere, besondere Gründe haben muß, wie zum Beispiel episodische Intensitätsschwankungen in der Sonneneinstrahlung. Für die Lebewelt ist die Pangäazeit eine Krisenzeit. Viele Biotope verändern sich zum Ungünstigen hin oder werden völlig unbewohnbar. Dementsprechend verringert sich

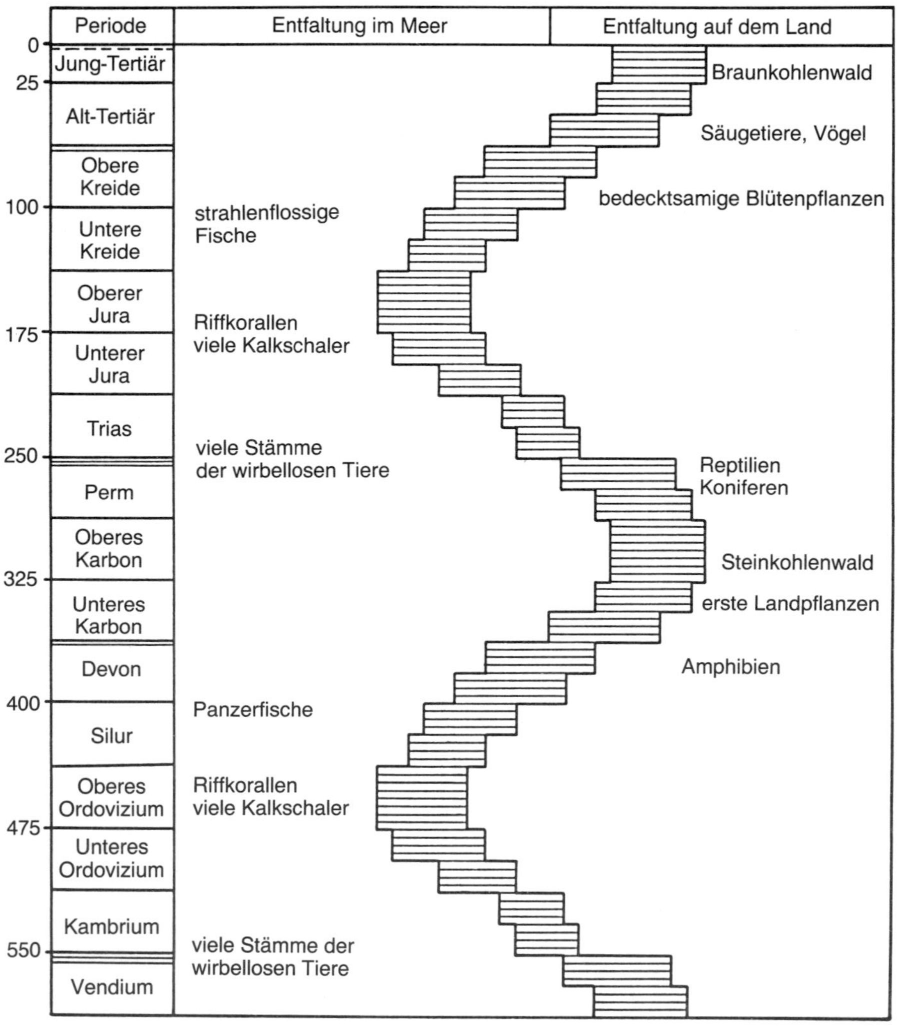

Bild 10: In der Lebensgeschichte der letzten 600 Millionen Jahre ist ein zyklischer Wechsel ausgeprägt. Auf eine Entfaltungsphase in den Meeresbiotopen folgte jeweils eine in den Landbiotopen. Die Biosphäre reagierte damit offenbar auf zyklische Veränderungen in der Hydrosphäre: Das Volumen des globalen Wasserkörpers wuchs oder schrumpfte, die Küstenlinien verlagerten sich see- oder landwärts, wurden länger oder kürzer, und das Mengenverhältnis zwischen Meerwasser und Süßwasser veränderte sich. Als Konsequenz davon kam es in der Biosphäre zu einem Wechsel von mehr marin und mehr kontinental bestimmten Abfolgen. Das Kurvenband im Bild zeigt, wie sich dabei das Schwergewicht der Entwicklung mehrmals vom Meer zum Land und wieder zurück verlagerte. Die Breite des Kurvenbandes entspricht in etwa der jeweiligen Vielfalt an Leitfossilien. Das sind die Tier- und Pflanzenfamilien mit befristeter, auf einen bestimmten Zeitabschnitt beschränkten Lebensdauer.

der Artenbestand in den Lebensgemeinschaften. Manche davon verschwinden sogar ganz.

Mit den Umbrüchen kommt es zu weiteren drastischen Änderungen. Das Klima schlägt von trocken-kühl auf trocken-heiß um. Die Zerspaltung des Festlandes setzt ein, und damit lebt die Magmenförderung aus der Tiefe auf. Die von den untermeerischen Vulkanen zugeführten Stoffe wirken sich verändernd auf die Chemie des Meerwassers aus. Das alles bedeutet für die Biosphäre zusätzliche Belastungen. Erst in der Folgezeit, wenn der Meeresspiegel wieder schrittweise ansteigt und der kontinentale Randsockel wieder mehr und mehr überflutet wird, kann sich eine neue Lebewelt ausbreiten. Wenn sich die Festlandsfragmente voneinander lösen und die Küstenlinien sich dementsprechend verlängern, werden die Niederschläge auf dem Land wieder regelmäßiger und ergiebiger. Damit erweitert sich auch der Lebensraum auf dem Land.

Vom Oberdevon an machte sich in der paläozoischen Abfolge eine rückläufige Entwicklung bemerkbar. Der Meeresspiegel geriet mit diesem und jedem folgenden Umbruch auf ein deutlich tieferes Niveau, die Kontinente rückten zusammen, bis im Oberperm das Pangäastadium wieder erreicht war.

Der Umbruch am Ende der Oberkreide (vor ungefähr 65 Millionen Jahren) hat mit dem im Oberdevon (vor etwa 350 Millionen Jahren) viel Ähnlichkeit. Für beide ist charakteristisch, daß die Biosphäre ihr Hauptgewicht vom Meer aufs Land verlagerte, so wie die zurückweichende Küstenlinie das Land freigab. In die neue Landschaft der Süßwasserbiotope zog jeweils eine Welt neuartiger Landpflanzen, Wirbeltiere und Insekten ein, breitete sich dort aus und entfaltete sich zur Blüte. So kam es zur Bildung von Steinkohlenwäldern im Karbon und von Braunkohlenwäldern im Tertiär.

So wie in diesem Beispiel ist mehr oder weniger für alle Umbruchzeiten bezeichnend, daß die Lebensräume eine Umverteilung erfahren: Küstenmeere werden zu Land oder umgekehrt. Die Verschiebungen folgen offensichtlich Pulsationen der irdischen Kruste, das heißt Serien von Pressungs- und Dehnungsstößen, die episodisch auftreten und dabei global Wirkung zeigen. Die Vorgänge werden häufig von großen Vulkanausbrüchen begleitet, die Festland und Meeresboden über weite Areale hinweg mit Förderprodukten überfluten. Mit den darin enthaltenen reduzierenden Stoffen wie Sulfiden und zweiwertigem Eisen wird die Biosphäre weltweit belastet, da diese viel freien

Bild 11: Den ausgezeichneten Erhaltungszustand von Fossilien aus dem Messeler Ölschiefer verdeutlicht dieser Rüsselkäfer. In Messel wurde das überwiegend aus Chitin aufgebaute Außenskelett der Insekten durch günstige Bedingungen bei der Einbettung konserviert; normalerweise werden solche organischen Verbindungen nicht oder nur schlecht überliefert.

Sauerstoff abbinden. In Folge bilden sich über dem Meeresboden sauerstoffuntersättigte Zonen heraus. Wo diese bis in die Biotope vordringen, gehen viele Bodenbewohner zugrunde.

Fallen solche Ereignisse in eine Zeit mit gestörtem Wasserhaushalt, das heißt in eine solche mit tiefliegendem Meeresspiegel und Trockenheit auf dem Land wie zum Beispiel an der Perm/Trias-Wende, wirkt sich die Belastung besonders stark aus. Die verarmte Vegetation kann nicht genügend Sauerstoff nachliefern, um die hohen Verluste auszugleichen. Die Folgen finden sich in den Sedimenten der Triaszeit deutlich verzeichnet: Der Gehalt an organischem Kohlenstoff ist dort so gering wie in keiner anderen Formation. Das zeugt von einer geringen Produktionskraft der damaligen photosynthetisch aktiven Organismen. Andererseits sind hier die abgelagerten Mengen von Sulfaten (SO_4^{2-}) enorm groß. Die darin enthaltene Sauerstoffmenge entspricht etwa 90 Prozent des gesamten heutigen Luftsauerstoffs. Bilanziert man Verluste und Nachlieferungen, so ergibt sich, daß der Luftsauerstoffgehalt bereits kurz vor der Trias beträchtlich abgesunken sein muß, zeitweilig sogar bis auf zwei Drittel des heutigen Pegels, was in etwa einem Rückfall auf den Stand vor dem Devon entspricht. Das muß auch auf die zeitgenössische Tierwelt Auswirkungen gehabt haben, und tatsächlich ist die Perm/Trias-Wende eine Haupt-Aussterbezeit der Tiere. Auffällig hoch ist die Aussterberate bei den Lebewesen mit starkem Sauerstoffverbrauch: Auf dem Land waren das die Reptilien, im Meer die Kopffüßer (Cephalopoden). Auch in den folgenden Umbrüchen des Erdmittelalters reagierten beide Tiergruppen mit hohen Aussterberaten und mit ähnlicher Aussterbecharakteristik. Nach jedem Umbruch kam es in beiden Stämmen jeweils zu einer Erholung, die zu neuen Entwicklungen führte. Das wiederholte sich im Mesozoikum mehrmals hintereinander, und zwar besonders deutlich in den Umbrüchen am Ende der Trias, des Jura, der Unterkreide und Oberkreide. Möglicherweise haben hierbei Schwankungen des Luftsauerstoffs eine Rolle gespielt. Aber daneben müssen noch andere Einflüsse wirksam gewesen sein, worüber im nachfolgenden noch gesprochen wird.

Den Berechnungen zufolge muß der CO_2-Spiegel in der Trias beträchtlich angestiegen sein. Aus den Vulkanen wurden offenbar große Mengen Kohlendioxid (CO_2) gefördert, vermutlich mehr, als in der Photosynthese verbraucht werden konnte. Schätzungen besagen, daß der Kohlendioxidgehalt der Atmosphäre sich zeitweilig bis auf das Drei- oder Vierfache des heutigen Werts erhöht hat. In der Folge muß sich die Erdoberfläche enorm erwärmt haben, und zwar bis in hohe geographische Breiten. Die in den Gesteinen überlieferten Indizien scheinen das zu bestätigen.

Erst danach, als sich der Wasserhaushalt normalisiert hatte und die Land-

und Meerespflanzen sich ausbreiten und stärker produktiv werden konnten, hat sich offenbar der Sauerstoffgehalt in der Atmosphäre wieder erhöht. Damit hängt vielleicht das Erscheinen der riesenhaften Landreptilien und der Flugsaurier zu Beginn der Jurazeit zusammen. Großwüchsige Tiere und solche mit starker Bewegungsaktivität haben einen hohen Sauerstoffbedarf.

Schwankungen in der Zusammensetzung der Atmosphäre haben offenbar eine wichtige Rolle in den Umbrüchen gespielt. Aber das erklärt nicht alles. Möglicherweise haben sich die Vorgänge bis auf den Ozonschirm ausgewirkt. Schwächt sich dieser um ein Prozent ab, kann die UV-Strahlenbelastung auf der Erde um ein bis 2,5 Prozent ansteigen. Kritische Zielscheibe dieser Strahlung sind die Nucleinsäuren im Zellkern der Lebewesen, dort können Schäden und genetische Veränderungen (Mutationen) entstehen. Schwache chronische Dosen könnten am ehesten einen Einfluß auf die Evolution nehmen; das sind solche Konzentrationen, die einerseits die Erbanlage nicht in ihrer Funktion beeinträchtigen, andererseits aber über mehrere Generationen hinweg wirksam sind, so daß sich Ketten von Vorwärtsmutationen in den Populationen aufbauen können. Solche vielfachen Evolutionsschritte könnten letzten Endes zu neuen Bauplänen führen. Derartige Entwicklungen – gemeinhin als Makroevolution bezeichnet – treten besonders häufig in den geologischen Umbruchzeiten auf.

Auffällig ist, daß in den Umbrüchen ganz verschiedenartige Ereignisse zusammenfielen: Veränderungen in der Lithosphäre und Hydrosphäre, drastische Klimaschwankungen, starke Vulkanausbrüche und merkwürdigerweise auch Einschlagsereignisse großer Meteoriten. Das Bild ist komplex, und die Zusammenhänge sind oftmals schwer zu entwirren. Das machen drei Beiträge deutlich, die in diesem Band dem Massensterben in der Oberkreide gewidmet sind. D. Russel bringt den Untergang der Dinosaurier mit einem Meteoriteneinschlag in Zusammenhang. Aber S. Stanley und P. Ward, die sich mit den Aussterbeereignissen im Meer beschäftigen, halten andere, vor allem klimatische und ökologische Ursachen für wahrscheinlicher. Die unterschiedlichen Deutungen widersprechen sich nicht notwendigerweise. Sie lassen sich zum Beispiel miteinander vereinbaren, wenn man davon ausgeht, daß die verschiedenartigen Ursachen zu einer gemeinsamen Wirkungskette gehören. Meteoriten trafen die Erde gehäuft in bestimmten Phasen der Geschichte, das ist im Befund der überlieferten Einschlagskrater erkennbar. Offenbar gelangte in diesen Phasen jeweils ein starker Schub interplanetarischer Materie ins Schwerefeld der Erde. Primär sind davon der Ozonschirm und andere Teile der höheren Atmosphäre betroffen. In der Folge davon mußte es zu kritischen Veränderungen im irdischen Strahlenklima und bei anderen Umweltbedingungen kommen. Mehr als die kraterbildenden Einschläge sind solche Einflüsse dazu angetan, in der Evolutionsgeschichte eine Zäsur zu hinterlassen. Denn im Gegensatz zu den Einschlagsereignissen waren sie weltweit und auch längerfristig wirksam und betrafen mehr oder weniger alle Biotope.

Rückblick und Ausblick

Es bleibt die Feststellung, daß sich in der Erdgeschichte eine Abfolge von Umbrüchen und Zyklen abzeichnet, die einer einsinnigen, langfristigen Entwicklung aufgeprägt ist. Vermutlich sind alle diese Vorgänge irgendwie kausal miteinander verbunden, also Wirkungen eines übergeordneten Mechanismus, der über das engere irdische Geschehen hinausreicht. So wie sich die Ereignisse auf die Umwelt ausgewirkt haben, finden sie ihren Spiegel in der Geschichte der Lebewelt. Denn die Organismen müssen sich notwendigerweise allen Zustandsänderungen anpassen. Andererseits greift die Biosphäre mit regulierenden und stabilisierenden Wirkungen in die Umwelt ein.

Vorrangige Einflußgröße in der Erdgeschichte ist ganz offensichtlich die Sonne. So wie deren Strahlungsenergie im Laufe der Zeit angestiegen ist, mußte die irdische Atmosphäre mit Sauerstoff angereichert werden, der einer Aufheizung entgegenwirkt. Hauptproduzenten des Sauerstoffs sind die Pflanzen. Da die Anforderungen an den Sauerstoffhaushalt mit der Zeit größer geworden sind, mußte die Biosphäre ihren Energieumsatz und ihr Energiepotential steigern. Im frühen Präkambrium zum Beispiel ließ sich der Sauerstoffgehalt der Luft noch allein mit Hilfe der relativ leistungsschwachen Photosynthese von Bakterien regulieren. Heutzutage würde deren Produktionskraft dazu bei weitem nicht ausreichen. In Konsequenz ist die Entwicklung zu immer größeren, komplexeren und leistungsfähigeren Lebensformen gegangen. Zugleich wuchs die Formenvielfalt, und die Lebewelt gewann an Ausbreitung auf der Erde sowie an Einfluß auf die Stoffkreisläufe. Das betraf alle ihre Glieder, heterotrophe und autotrophe Organismen, Tiere und Pflanzen, denn sie alle sind Teil eines gemeinsamen Wirkungssystems, das ständig auf ein dynamisches Gleichgewicht mit der Umwelt hinwirken muß. Der Entwicklungstrend zieht sich als roter Faden durch die irdische Geschichte. Aber das kann so nicht bis in alle Zukunft weitergehen. Irgendwann muß die regulierende Kraft der Biosphäre zwangsläufig an ihre Grenzen stoßen. Eine erste Krise ist absehbar für den Zeitpunkt, wenn der Luftsauerstoff einen Gehalt von 27 Prozent überschreiten sollte. Von da ab neigt auch lebend-feuchtes Holz zur Selbstentzündung, so daß jederzeit und überall Waldbrände entstehen könnten. Eine Landvegetation im heutigen Sinne wäre dann nicht mehr möglich.

Die Strahlungsintensität der Sonne wird aber den Kalkulationen zufolge noch weiter zunehmen. Im Verlauf der Entwicklung könnte irgendwann alles irdische Wasser zum Verdampfen kommen und die Erde zu einer Wärmehölle werden, vergleichbar mit dem heutigen Zustand auf der Venus. Es sei denn, bis dahin hätte die Biosphäre völlig neuartige Mechanismen und Fähigkeiten entwickelt, dieser Entwicklung gegenzusteuern oder ihr auszuweichen.

Die Geschichte der Erdatmosphäre

Die Geschichte der Atmosphäre und die Entwicklung des Lebens sind eng miteinander verknüpft. Schon lange weiß man, daß der Sauerstoff der Luft biologischen Ursprungs ist. Aber erst in jüngster Zeit fügen sich die geologischen und paläontologischen Befunde zu einem detaillierten Bild.

Von Manfred Schidlowski

Spätestens seit Raumsonden die Gashüllen unserer Nachbarplaneten im Sonnensystem erkundeten, ist offensichtlich, daß die Erdatmosphäre einen kosmischen Sonderfall darstellt (Tabelle 1). Zum Beispiel bestehen die Gashüllen von Mars und Venus hauptsächlich aus Kohlendioxid (chemische Formel: CO_2; C steht für Kohlenstoff, O für Sauerstoff, und der Index 2 besagt, daß zwei Atome Sauerstoff mit einem Atom Kohlenstoff verknüpft sind). Dagegen setzt sich die Erdatmosphäre zu 99 Prozent aus Stickstoff und Sauerstoff zusammen. Ihr Gehalt an Kohlendioxid beträgt verschwindende 0,033 Prozent. Die Erde ist freilich noch in einer anderen Hinsicht ein Ausnahmeplanet: Auf ihr hat sich Leben entwickelt. Der Verdacht liegt somit nahe, daß sich das Leben und die Besonderheiten der irdischen Lufthülle gegenseitig bedingen.

Auffallend an der Zusammensetzung der Erdatmosphäre ist besonders der hohe Sauerstoffgehalt (20,9 Volumenprozent). Sauerstoff war, wie wir heute wissen, kein Bestandteil der Uratmosphäre, die die Erde nach ihrer Entstehung vor 4,5 Milliarden Jahren besaß. Ein Indiz dafür ist paradoxerweise das Leben selbst. Um entstehen zu können, brauchte es zunächst eine sauerstoff-freie Umgebung; denn die Anwesenheit von gasförmigem Sauerstoff hätte verhindert, daß sich aus einfachen Molekülen die als Aminosäuren bezeichneten Bausteine der Eiweißstoffe (Proteine) bilden konnten.

Auch geologische Befunde bestätigen, daß es in der frühen Erdatmosphäre keinen Sauerstoff gab. So finden sich in mehr als zwei Milliarden Jahre alten Schottergesteinen (Konglomeraten) aus dem frühen und mittleren Präkambrium Minerale wie Pyrit (FeS_2; Fe = Eisen, S = Schwefel) und Uraninit (UO_2; U = Uran), die von gasförmigem Sauerstoff zersetzt werden (Bild 3). Tatsächlich treten diese Minerale in jüngeren Konglomeraten nicht mehr auf (Bild 9).

Die Abwesenheit von atmosphärischem Sauerstoff bezeugen schließlich auch die für die frühe Erdgeschichte charakteristischen gebänderten, eisenhaltigen Kieselschiefer, die man nach der brasilianischen Stadt Itabira, in deren Nähe sich die reichsten Vorkommen dieser Eisenerze finden, auch als Itabirite bezeichnet (Bild 4). Sie bestehen aus abwechselnd rot und bläulich gefärbten Schichten. Die rote Färbung rührt von dem Eisenoxid Fe_2O_3 (Roteisenerz oder „Hämatit") her, das in Form feinverteilter Kriställchen in kieselsäure-haltiges Material eingebettet ist. Die bläulichen Bänder bestehen aus nahezu reinem Fe_2O_3. Die Itabirite wurden ursprünglich als eisenhaltiger Schlamm aus dem Meer abgeschieden und weisen darauf hin, daß die Ozeane im frühen und mittleren Präkambrium offensichtlich große Mengen an gelöstem Eisen enthielten (Bild 10). Heute ist die Eisenkonzentration in den Ozeanen verschwindend klein. Der Unterschied beruht darauf, daß atmosphärischer Sauerstoff zweiwertiges Eisen, das bei der Verwitterung aus dem Gestein gelöst wird, sofort in unlösliche Verbindungen des dreiwertigen Eisens überführt (Bild 10). Nur in einer sauerstoff-freien Umwelt konnte das im Grundwasser gelöste Eisen durch die Flüsse ins Meer gelangen, so wie andere Elemente, beispielsweise Natrium, Kalium, Calcium und Magnesium, noch heute von den Kontinenten heruntergewaschen werden und den Salzgehalt des Meeres bedingen. Auch die Itabirite kommen nicht in Ablagerungen vor, die jünger als zwei Milliarden Jahre sind.

Zusammensetzung der Uratmosphäre

Es fragt sich also, welche Gase die Uratmosphäre anstelle des Sauerstoffs enthielt. Sicher waren die Elemente Stickstoff und Kohlenstoff vertreten. Aber in welcher Form lagen sie vor? Als Verbindungen mit Wasserstoff, das heißt als Methan (CH_4, H = Wasserstoff) und Ammoniak (NH_3, N = Stickstoff)? Oder trat der Stickstoff, wie heute, in elementarer Form auf, während der Kohlenstoff, wie auf unseren Nachbarplaneten Mars und Venus, als Kohlendioxid vorlag? Da Wasserstoff das häufigste Element im Kosmos ist, vermuteten Harold C. Urey und seine Mitarbeiter in den fünfziger Jahren, daß die wasserstoffhaltigen Gase Methan und Ammoniak in der Uratmosphäre dominierten. Aus diesem Grund hat auch Stanley L. Miller für seine Aufsehen erregenden Experimente, bei denen er Aminosäuren auf nicht-

Bild 1: Die ersten Organismen, die die am höchsten entwickelte (wasser-spaltende) Form der Photosynthese praktizierten und dabei Sauerstoff freisetzten, waren die Cyanobakterien (alte Bezeichnung: Blaualgen oder Cyanophyceen). Die Mikrophotographie zeigt ein fossiles Cyanobakterium, das Stanley A. Tyler und Elso S. Barghoorn von der Harvard-Universität in der Gunflint-Formation im Süden der kanadischen Provinz Ontario entdeckten. Die Formation ist ungefähr zwei Milliarden Jahre alt. Cyanobakterien brachten den ersten Sauerstoff in die Erdatmosphäre und bereiteten so allen höheren Lebensformen den Weg (Bild 9).

biologischem Weg unter Bedingungen herstellte, wie sie vermeintlich in der Uratmosphäre vorlagen, Gemische aus Wasserdampf, Methan und Ammoniak verwendet. Dabei bedachte man freilich nicht, daß das Stoffgemisch, aus dem die Erde entstand, möglicherweise anders zusammengesetzt war als die Materie des Weltalls. Die kosmische Materie hatte sich nämlich teilweise schon entmischt, bevor sich einzelne Fraktionen zu Planeten zusammenballten; auch die Materie der Erde besteht aus einer derartigen Fraktion.

Dafür spricht unter anderem die Konzentration der chemisch äußerst beständigen Edelgase auf der Erde. Die fünf Edelgase Helium, Neon, Argon, Krypton und Xenon stammen aus zwei Quellen: aus dem radioaktiven Zerfall unbeständiger Elemente (wie Uran oder Thorium) oder aus dem Prozeß, bei dem sich die verschiedenen Elemente im Innern aktiver Sterne (wie der Sonne) durch Kernverschmelzung aus Wasserstoff bilden. Uns interessiert hier nur der Anteil der sogenannten „Uredelgase", der auf die letztere Art entstand. Er ist auf der Erde um einen Faktor zwischen 10^{-7} und 10^{-11} geringer als im Kosmos. Beispielsweise gehören Helium, Neon und Argon zu den zehn häufigsten Elementen im Weltall, während sie auf der Erde so selten sind, daß sie zusammen mit den anderen Edelgasen erst gegen Ende des letzten Jahrhunderts entdeckt wurden.

Wenn unter den Stoffen, aus denen sich die Erde bildete, die Edelgase nur in so geringer Konzentration vertreten waren, muß man annehmen, daß andere leichtflüchtige, gasförmige Elemente wie Wasserstoff und Stickstoff gleichfalls unterrepräsentiert waren. Vermutlich ballte sich die Erde also aus schweren, nichtflüchtigen Komponenten der Urmaterie des Sonnensystems zusammen und enthielt zunächst keine nennenswerte Atmosphäre (Bild 2). Die Lufthülle entstand erst nachträglich, indem die äußere Schale des jungen Planeten, der heutige Erdmantel, allmählich ausgaste. Dieser Vorgang ist immer noch nicht völlig abgeschlossen, wie das Vorkommen von Uredelgasen in den Ausdünstungen (Exhalationen) aktiver Vulkane zeigt.

	Venus	Erde	Mars
Masse in Gramm	$5{,}3 \times 10^{23}$	$5{,}3 \times 10^{21}$	$2{,}4 \times 10^{19}$
Luftdruck an der Oberfläche in Bar	100	1	0,06
Temperatur an der Oberfläche in Grad Celsius	480	15	−60
Zusammensetzung			
Kohlendioxid	93−98 %	0,03 %	95,32 %
Stickstoff	2−5 %	78,08 %	2,70 %
Argon-40	~30 ppm	0,93 %	1,60 %
Argon-36	~30 ppm	31 ppm	5,5 ppm
Sauerstoff	~30 ppm	20,94 %	0,13 %
Kohlenmonoxid	~20 ppm	0,05−0,2 ppm	0,07 %
Wasserdampf	0,1 %*	1,00 %*	0,03 %*
Neon	~15 ppm	18 ppm	2,5 ppm
Krypton	~1 ppm	1ppm	0,3 ppm
Xenon	−	0,08 ppm	0,08 ppm
Ozon	−	0,02−10 ppm	0,03 ppm

ppm = parts per million = Tausendstel Promille (10^{-6}) *variabel

Tabelle 1: Die Erdatmosphäre und die Gashüllen unserer Nachbarplaneten Mars und Venus sind grundverschieden in ihrer Zusammensetzung. Die Hauptbestandteile der irdischen Lufthülle, Stickstoff und Sauerstoff, fallen auf Mars und Venus kaum ins Gewicht. Dagegen enthält die Erdatmosphäre nur eine verschwindend kleine Menge an Kohlendioxid, das in den Gashüllen von Mars und Venus mit über neunzig Prozent vertreten ist. Der hohe Sauerstoffgehalt der irdischen Lufthülle hängt mit dem Leben auf der Erde zusammen. Grüne Pflanzen und einige andere Lebewesen bilden aus Kohlendioxid und Wasser organische Substanzen und setzen dabei Sauerstoff frei. Den geringen Anteil an Kohlendioxid in ihrer Lufthülle verdankt die Erde letztlich ihrem günstigen Sonnenabstand. Auf Grund dieses Abstandes liegt die mittlere Erdtemperatur zwischen dem Gefrier- und Siedepunkt des Wassers, so daß große Teile der Erdoberfläche von einer Wasserhülle (der Hydrosphäre) bedeckt sind. Da sich Kohlendioxid in Wasser löst, sammelt es sich in den Ozeanen und verbindet sich dort mit dem Calcium, das bei der Verwitterung aus dem Gestein des Festlandes herausgelöst und ins Meer gespült wurde, zu schwerlöslichem Kalk (Calciumcarbonat, $CaCO_3$), der sich absetzt und Kalksedimente bildet. Würde man allen Kohlenstoff, der in den Carbonaten der Sedimente und in der Gesamtheit des lebenden und fossilen organischen Materials enthalten ist (also den gesamten Carbonat-Kohlenstoff und organischen Kohlenstoff), in Kohlendioxid zurückverwandeln, so erhielte man das Hunderttausendfache der Menge, die die Erdatmosphäre gegenwärtig enthält. Die Lufthüllen von Erde und Venus würden sich dann fast gleichen.

Gase wie Methan oder Ammoniak könnten nur aus einem Erdmantel ausgegast sein, der metallisches Eisen enthielt. Beide Gase wären im Kontakt mit zweiwertigem Eisen (das gegenüber der metallischen Form zwei Elektronen verloren hat und zweifach positiv geladen ist) nicht stabil und würden sich überwiegend zu Stickstoff (N_2), Wasser (H_2O) und Kohlendioxid (CO_2) umsetzen. Tatsächlich enthielt der Erdmantel jedoch zweiwertiges und nicht metallisches Eisen. Zu diesem Schluß zwingt unter anderem das weithin anerkannte und plausible „inhomogene Akkretionsmodell" (Bild 2).

Es besagt, daß sich zunächst eine Urerde bildete. Sie enthielt in der Tat metallisches Eisen. Wegen seines hohen Gewichtes konzentrierte es sich beim anschließenden „Durchschmelzen" des Urplaneten (vor allem infolge der Umwandlung von Gravitations- in Wärmeenergie und durch den wärme-erzeugenden radioaktiven Zerfall unbeständiger Elemente) jedoch im Planeteninneren und bildete den Erdkern. Die leichteren Elemente reicherten sich dafür im Mantel an. Im Laufe der Zeit lagerte sich kosmischer Staub auf dem ursprünglichen Erdmantel ab und bildete den heutigen oberen Erdmantel, aus dem sich später die Erdkruste absonderte. Dieser kosmische Staub stammte aus bereits abgekühlter Materie des Sonnensystems und enthielt daher Eisen, das schon mit anderen Elementen reagiert und sich dabei in zweiwertiges Eisen umgewandelt hatte. Entsprechend liegt in den Gesteinen des Erdmantels (dessen Zusammensetzung sich seit der Entstehung der Erde nur unwesentlich geändert haben dürfte) überwiegend zweiwertiges Eisen vor. Daneben gibt es sogar etwas dreiwertiges Eisen (es besteht aus dreifach positiv geladenen Ionen). Diese Spuren von dreiwertigem Eisen machen zusätzlich deutlich, daß kein metallisches Eisen im Erdmantel vorhanden gewesen sein kann: Es hätte mit dem dreiwertigen Eisen reagiert und wäre in den zweiwertigen Zustand übergegangen.

William W. Rubey stellte als erster Mengenbilanzen für die Verteilung der Stoffe im äußeren Teil der Erdkugel und in der Atmosphäre auf. Danach dürfte die Zusammensetzung der Uratmosphäre den Entgasungsprodukten heutiger Vulkane geähnelt haben. Das bedeutet, daß sie Kohlenstoff kaum in Form von Methan (CH_4), sondern ganz überwiegend in Form von Kohlendioxid (CO_2) enthielt. Dafür spricht auch die Tatsache, daß sich bereits vor 3,8 Milliarden Jahren Carbonatgesteine (überwiegend Kalke) abgelagert hatten, deren Hauptbestandteil das aus dem Kohlendioxid gebildete Carbonat (CO_3^{2-}) ist.

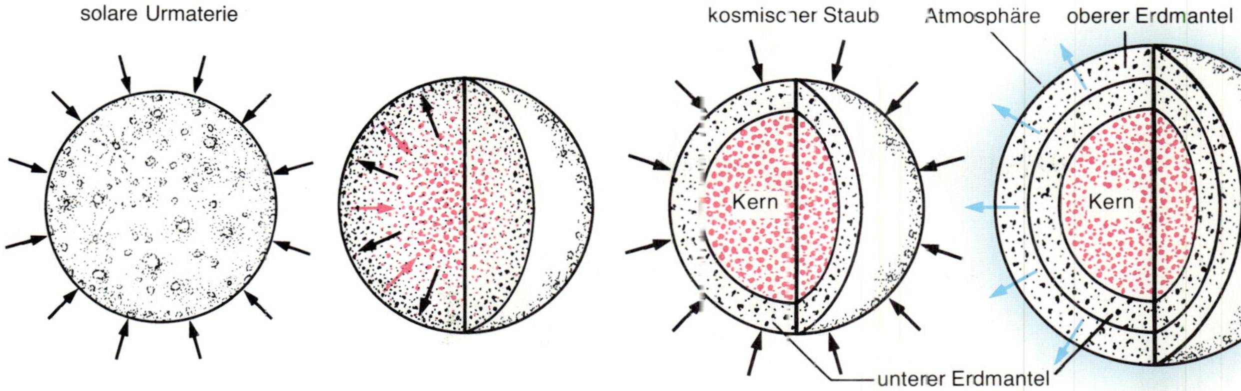

Bild 2: Das inhomogene Akkretionsmodell beschreibt die frühe Entwicklung der Erde als mehrstufigen Prozeß. Bei der Kondensation des Sonnennebels bildete sich die Erde als Kugel, die durch Anlagerung solarer Urmaterie stetig wuchs (ganz links). Unter anderem enthielt sie auch metallische Elemente wie Eisen und Nickel. Da sie sich aus schweren, nichtflüchtigen Komponenten des Urnebels zusammenballte, besaß sie zunächst vermutlich keine nennenswerte Atmosphäre. Während der folgenden hundert Millionen Jahre heizte sich diese Urerde durch Umwandlung von Gravitations- in Wärmeenergie, durch den wärmeerzeugenden radioaktiven Zerfall und die beim Aufprall einschlagender Meteoriten freiwerdende Energie so weit auf, daß sie schließlich zu schmelzen begann. Schwere Elemente wie Eisen und Nickel konzentrierten sich bei der nun einsetzenden Entmischung und Auftrennung der Erdbestandteile (zweites Bild von links) im Erdkern, während sich die leichteren Elemente in der Hülle anreicherten und den heutigen unteren Erdmantel bildeten. Auf dem so entstandenen Protoplaneten lagerte sich in der Folgezeit kosmischer Staub ab, der sich zu dem heutigen oberen Erdmantel verdichtete (drittes und viertes Bild von links). Dieser Staub stammte aus bereits abgekühlter Materie des Sonnensystems und enthielt daher Eisen, das mit anderen Elementen reagiert hatte und dabei vom metallischen in den zweiwertigen Zustand übergegangen war. Durch Ausgasung des oberen Erdmantels entstand schließlich die Uratmosphäre der Erde (ganz rechts). Entgegen früheren Annahmen dürfte sie Kohlenstoff und Stickstoff nicht in Form der Wasserstoff-Verbindungen Methan (CH_4, C = Kohlenstoff, H = Wasserstoff), und Ammoniak (NH_3, N = Stickstoff) enthalten haben, da diese Gase in Gegenwart von zweiwertigem Eisen chemisch nicht stabil sind. Man kann daher davon ausgehen, daß die Uratmosphäre der Erde im wesentlichen aus Kohlendioxid (CO_2) und Stickstoff (N_2) bestand.

Nach dem heutigen Stand der Forschung kann man also davon ausgehen, daß die Uratmosphäre hauptsächlich aus Wasserdampf, Kohlendioxid und Stickstoff bestand. In Spuren waren auch Gase wie Schwefelwasserstoff (H_2S), Schwefeldioxid (SO_2), Chlorwasserstoff (HCl, Cl = Chlor), Fluorwasserstoff (HF, F = Fluor), Wasserstoff (H_2), Kohlenmonoxid (CO), Methan (CH_4), Ammoniak (NH_3) und Edelgase (vor allem Argon) vorhanden.

Die Entwicklung der Atmosphäre

Damals wie heute war Wasserdampf kein dauerhafter Bestandteil der Lufthülle. Oberhalb einer bestimmten Konzentration kondensierte er zu Wasser. Das geschah freilich nur, weil sich die Erdoberfläche zu dem Zeitpunkt, als der erste Wasserdampf aus dem Erdmantel ausgaste, bereits genügend abgekühlt hatte. Wasserdampf absorbiert nämlich die Wärmestrahlung, die in geringem Maß im Sonnenlicht selbst enthalten ist, größtenteils aber beim Auftreffen des Sonnenlichts auf die Erdoberfläche entsteht, und heizt sich dabei auf. Hätte sich Wasserdampf zu irgendeinem Zeitpunkt in hoher Konzentration in der Erdatmosphäre angereichert, hätte dies zu einem sich selbst verstärkenden Treibhauseffekt geführt, und auf der Erde wäre eine „Wärmehölle" wie auf der Venus entstanden, wo Temperaturen um 480 Grad Celsius und ein Druck von etwa hundert

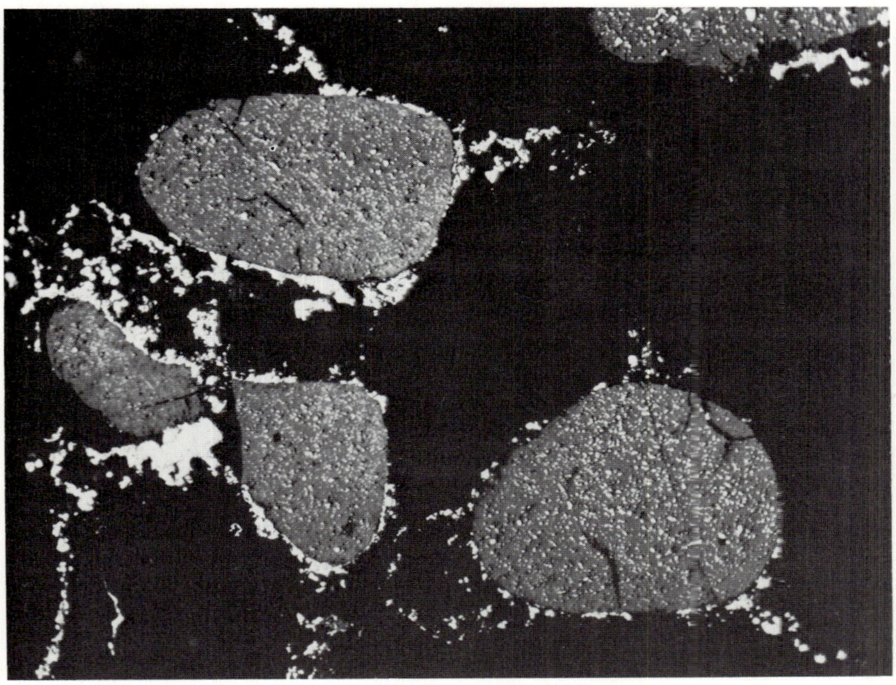

Bild 3: Körnchen von Uraninit, einem Uranerz der Zusammensetzung UO_2 (U = Uran, O = Sauerstoff), die man in zweieinhalb Milliarden Jahre alten Schottersedimenten (Konglomeraten) in Südafrika gefunden hat, beweisen, daß die damalige Erdatmosphäre keinen Sauerstoff enthielt. Aus der abgerundeten Gestalt der Körnchen (typisch ist die Pfeffernußform des rechts unten abgebildeten Exemplars) und der Art ihrer Ablagerung muß man schließen, daß sie wie Kieselsteine oder Gold-Nuggets über weite Strecken in Flüssen transportiert wurden — ein Vorgang, der nur in Abwesenheit von Sauerstoff möglich war. Sauerstoff überführt das vierwertige Uran des Uraninits nämlich rasch in den sechswertigen Zustand. Der dabei entstehende Uranyl-Komplex $[UO_2]^{2+}$ ist im Gegensatz zum Uraninit in Wasser gut löslich. (Das beim radioaktiven Zerfall des Urans entstandene Blei — es liegt in Form winziger Partikel von Bleisulfid vor — ist auf der mikroskopischen Aufnahme als helle Sprenkelung gut zu erkennen.)

Bild 4: Gebänderte Eisensteine wie dieser, der aus einer Eisenerz-Lagerstätte am Oberen See (USA) stammt und über zwei Milliarden Jahre alt ist, machen deutlich, daß das Meer über Jahrmilliarden einen „Puffer" darstellte, der den von den ersten Photosynthese treibenden Organismen erzeugten Sauerstoff abfing und nicht in die Atmosphäre gelangen ließ. In einer sauerstoff-freien Umwelt wurden die bei der Verwitterung gebildeten löslichen Verbindungen des zweiwertigen Eisens von den Kontinenten heruntergewaschen und ins Meer gespült. Daher enthielten die Ozeane vor über zwei Milliarden Jahren im Gegensatz zu heute große Mengen an gelöstem zweiwertigem Eisen. Dieses verband sich mit dem von den ersten Photosynthese treibenden Organismen erzeugten Sauerstoff zum unlöslichen Oxid des dreiwertigen Eisens (Fe_2O_3, Fe = Eisen), das als eisenreicher Schlamm zu Boden sank. Aus ihm bildeten sich durch Entwässerung und Verfestigung die gebänderten Eisensteine der frühen Erdgeschichte (vergleiche Bild 9). Die bläulichen Bänder bestehen aus nahezu reinem Roteisenerz oder Hämatit (Fe_2O_3), während es sich bei den roten Lagen um Kieselschiefer handelt, die durch Einlagerungen feinverteilter Hämatit-Kristalle rot gefärbt sind. Die Bänderung kam dadurch zustande, daß sich kieselsäure- und eisenoxid-reiche Sedimente im Wechsel ablagerten. Die Aufnahme stammt von Harold L. James.

Bar (also das Hundertfache des Luftdrucks an der Erdoberfläche) herrschen. Die Erde entging diesem Schicksal letztlich wohl nur deshalb, weil sie weiter von der Sonne entfernt ist als die Venus und weil die Erdoberfläche dadurch von Anfang an entsprechend kühler war.

Kohlendioxid löst sich in Wasser. Indem Wasserdampf kondensierte und niederregnete, „wusch" er auch das Kohlendioxid aus der Atmosphäre. Dieser Nebeneffekt war sehr wichtig; denn er stellte sicher, daß das zweite Gas, das einen Treibhauseffekt hervorrufen kann, – Kohlendioxid –, gleichfalls nicht überhand nahm. Das Kohlendioxid sammelte sich in den Ozeanen, wo es teilweise mit Wasser reagierte und Carbonat-Ionen bildete (Bild 10). Diese verbanden sich mit Metall-Ionen (meist Calcium), die bei der Verwitterung aus dem Kontinentalgestein herausgelöst und ins Meer gespült worden waren, zu den bereits erwähnten Ablagerungen von festem Carbonatgestein (meist Kalkstein, $CaCO_3$; Ca = Calcium).

Später, als sich die ersten Lebensformen auf der Erde gebildet hatten, kam ein weiterer Prozeß hinzu, durch den Kohlendioxid gebunden und dem Ozean und der Atmosphäre entzogen wurde. Es handelt sich um die Photosynthese, mit deren Hilfe Cyanobakterien (alte Bezeichnung: Blaualgen) und grüne Pflanzen die von ihnen benötigten Stoffe aus Kohlendioxid, Wasser und Sonnenlicht synthetisierten. Die Ablagerungen, die sich aus diesen von lebenden Organismen aufgebauten „organischen" Stoffen bildeten, sind beispielsweise das Erdöl, Erdgas und die Kohle. Zur Unterscheidung von dem carbonatischen Kohlenstoff, der in den Kalken gespeichert ist, spricht man hier von organischem Kohlenstoff. Natürlich zählt dazu auch der Kohlenstoff, der in allen heute existierenden Lebewesen (der Biomasse) enthalten ist.

Würde man den carbonatischen und organischen Kohlenstoff auf der Erde vollständig in Kohlendioxid-Gas zurückverwandeln, erhielte man $2{,}0 \times 10^{23}$ Gramm Kohlendioxid, das heißt das Hunderttausendfache der Menge, die die Erdatmosphäre gegenwärtig enthält ($2{,}6 \times 10^{18}$ Gramm). Dieser Wert stimmt erstaunlich gut mit den annähernd $5{,}3 \times 10^{23}$ Gramm Kohlendioxid überein, die insgesamt in der Gashülle der Venus anzutreffen sind (Tabelle 1). Gegenüber einer solchen Menge Kohlendioxid würde der Stickstoffgehalt der Erdatmosphäre auf nur noch etwa ein Prozent schrumpfen – gleichfalls ein Wert, wie er auf den Planeten Venus und Mars gefunden wurde. Ursprünglich dürften demnach auf Venus, Erde und Mars die gleichen Gase mit etwa gleichen Häufigkeiten vorgelegen haben. Dank des günstigen Sonnenabstands der Erde wurden der irdischen Lufthülle jedoch Kohlendioxid und Wasserdampf kontinuierlich entzogen. Das erklärt die Sonderstellung der Erdatmosphäre hinsichtlich des niedrigen Kohlendioxid-Gehalts. Doch wie kam der Sauerstoff in die Erdatmosphäre?

Sauerstoff aus nicht-biologischen Quellen

Kann der Sauerstoff aus dem Erdinneren ausgegast sein? Mit etwa 46 Gewichtsprozent ist er das häufigste Element der Gesteinshülle der Erde, der sogenannten „Lithosphäre". Die wichtigsten gesteinsbildenden Minerale, die Silicate, kann man sich sogar als dicht gepackte Gitter von kugelförmigen Sauerstoffatomen vorstellen, in deren Lücken die kleineren Atome des Siliciums, Aluminiums und anderer Metalle sitzen. Aber der Sauerstoff ist in den Silicat-Mineralen chemisch so fest gebunden, daß er sich bei den in der Erdkruste und im Erdmantel herrschenden Bedingungen nicht aus diesen Verbindungen lösen läßt.

Bild 5: Stromatolithenkalke lassen sich in der Erdgeschichte um bis zu 3,4 Milliarden Jahre zurückverfolgen. Die bogenförmigen, nach oben gewölbten, teilweise ineinandergreifenden Lamellen deutet man – ausgehend vom Aufbau heutiger Algenkolonien – als Reste übereinandergewachsener fossiler Algenrasen. Bei diesen Algen dürfte es sich aller Wahrscheinlichkeit nach um Blaualgen (Cyanobakterien) gehandelt haben (Bild 1). Viele Stromatolithenkalke enthalten teilweise noch Abbauprodukte des grünen Blattfarbstoffs (des Chlorophylls). Das hier abgebildete Fundstück stammt aus dem heutigen Simbabwe und ist rund 2,6 Milliarden Jahre alt.

In den wichtigsten „jungfräulichen" Gesteinen, die aus dem Magma des Erdmantels erstarrt sind, überwiegt darüber hinaus zweiwertiges gegenüber dreiwertigem Eisen. Das zeigt, daß die Lithosphäre, obwohl die Silicate, aus denen sie besteht, reich an Sauerstoff sind, nicht völlig an diesem Element gesättigt ist. Wäre dies der Fall, dann müßte das gesamte Eisen vollständig aufoxidiert worden sein und jetzt ausschließlich im dreiwertigen Zustand vorliegen.

In diesem Fall dürften auch die vulkanischen Exhalationen keinen Wasserstoff (H_2) oder Schwefelwasserstoff (H_2S) enthalten, da diese beiden Gase von Sauerstoff in Wasser (H_2O) und Schwefeldioxid (SO_2) umgewandelt werden. Tatsächlich beträgt der Anteil des Sauerstoffs an den Gasen, die in den basaltischen Magmen im Erdmantel gelöst sind, nur 10^{-7} bis 10^{-5} Bar. Der Sauerstoff in der Atmosphäre kann also nicht aus dem Erdinneren stammen.

Denkbar wäre, daß der Sauerstoff in die Erdatmosphäre kam, indem Wasserdampf (H_2O) und Kohlendioxid (CO_2) direkt durch Sonnenlicht in Wasserstoff, Sauerstoff und Kohlenmonoxid (CO) aufgespalten wurden. Der bei dieser sogenannten „Photolyse" entstandene Wasserstoff könnte wegen seines geringen spezifischen Gewichts aus der Erdatmosphäre ins Weltall entwichen sein. Da sich jedoch aus Sauerstoff und Wasserstoff wieder Wasser zurückbildet, hätten nach vorliegenden Modellrechnungen nur etwa zehn Prozent der Wasserstoff-Moleküle entweichen können, ehe sie vom Sauerstoff wieder eingefangen und in Wasser zurückverwandelt werden konnten. Man kennt die Menge des aus Wasserdampf durch Photolyse gebildeten Wasserstoffs, die heute aus der irdischen Lufthülle pro Jahr ins Weltall gelangt: Es sind 25 000 Tonnen. Die Menge an freiem Sauerstoff, die dabei zurückbleibt und sich in der Atmosphäre anreichert, beträgt etwa 200 000 Tonnen. Verglichen mit dem Gehalt der Lufthülle an Sauerstoff ist dieser jährliche Zuwachs verschwindend klein. Nimmt man an, daß er während der ganzen Erdgeschichte von 4,5 Milliarden Jahren konstant war – und nichts spricht gegen diese Annahme – dann kann er höchstens drei Prozent zum heutigen Gesamt-Sauerstoffbudget von etwa $3{,}2 \times 10^{22}$ Gramm beigetragen haben (siehe Bild 8).

Unter der Annahme, daß der Sauerstoff in der frühen Atmosphäre aus der Photolyse von Wasserdampf stammte

Bild 6: Das Auftreten der ältesten kontinentalen Rotsedimente markiert den Zeitpunkt, von dem an die Atmosphäre in nennenswerten Mengen Sauerstoff enthielt. Es gibt solche Rotsedimente erst seit etwa zwei Milliarden Jahren. Die hier abgebildeten roten Sandsteine und Schiefer der Naukoweap-Formation im Grand Canyon sind etwa 1,3 Milliarden Jahre alt. Die rote Färbung rührt von dem im Gestein enthaltenen Oxid des dreiwertigen Eisens, Fe_2O_3, her. Erst der atmosphärische Sauerstoff überführte das ursprünglich zum größten Teil zweiwertige Eisen der Erdkruste in Oxide des dreiwertigen Metalls.

und der gesamte dabei freigesetzte Wasserstoff ins Weltall entwich, ergibt sich nach einem von Lloyd V. Berkner und Lauriston C. Marshall entwickelten Modell für die Uratmosphäre ein Sauerstoffgehalt von etwa einem Promille des heutigen Wertes. Dieser Gehalt kann sicher als oberste Grenze gelten. Denn in dem Modell von Berkner und Marshall ist nicht berücksichtigt, daß nur ein Teil des Wasserstoffs entweichen konnte. Außerdem haben nach James C. G. Walker die Vulkane mehr Wasserstoff, Schwefelwasserstoff und andere Gase, die Sauerstoff binden, freigesetzt, als Sauerstoff bei der Photolyse des Wasserdampfs entstand. Daher könnte der Sauerstoffgehalt der Uratmosphäre in Wirklichkeit um den Faktor 10^{-13} geringer gewesen sein als der heutige Wert.

Eine biologische Sauerstoffquelle: die Photosynthese

Die ersten Lebewesen auf der Erde ernährten sich aus der „Ursuppe" der Meere, die auf nicht-biologischem Weg entstandene Nährstoffe enthielt. Als dieser Nahrungsvorrat der weiteren Ausbreitung des Lebens Grenzen setzte, gingen einige Lebewesen dazu über, mit Hilfe der Sonnenenergie die benötigten Nährstoffe selbst aus Kohlendioxid herzustellen. Die wirkungsvollste Methode entwickelten die Cyanobakterien (früher als Blaualgen oder „Cyanophyceen" bezeichnet) und grünen Pflanzen, die das allgegenwärtige Wasser als Wasserstoffquelle nutzten, um nach der folgenden Gleichung Kohlenhydrate aufzubauen:

$$CO_2 + 2H_2O^* \xrightarrow{\text{Lichtenergie}} CH_2O + H_2O + O_2^*$$

Die Verbindung CH_2O symbolisiert den Grundbaustein der Kohlenhydrate, der etwa im Traubenzucker, $C_6H_{12}O_6$, sechsmal vorhanden ist. Bei dieser sogenannten Photosynthese entsteht pro Kohlenstoffatom, das in ein Kohlenhydrat eingebaut wurde, genau ein Sauerstoff-Molekül (O_2), das, wie die Markierung durch den Stern verdeutlichen soll, aus dem Wasser stammt. Nachdem alle anderen Versuche, den Sauerstoffgehalt der Atmosphäre zu erklären, keine befriedigenden Resultate lieferten, muß man die Photosynthese als den Prozeß betrachten, durch den sich der Sauerstoff in unserer Lufthülle ansammelte.

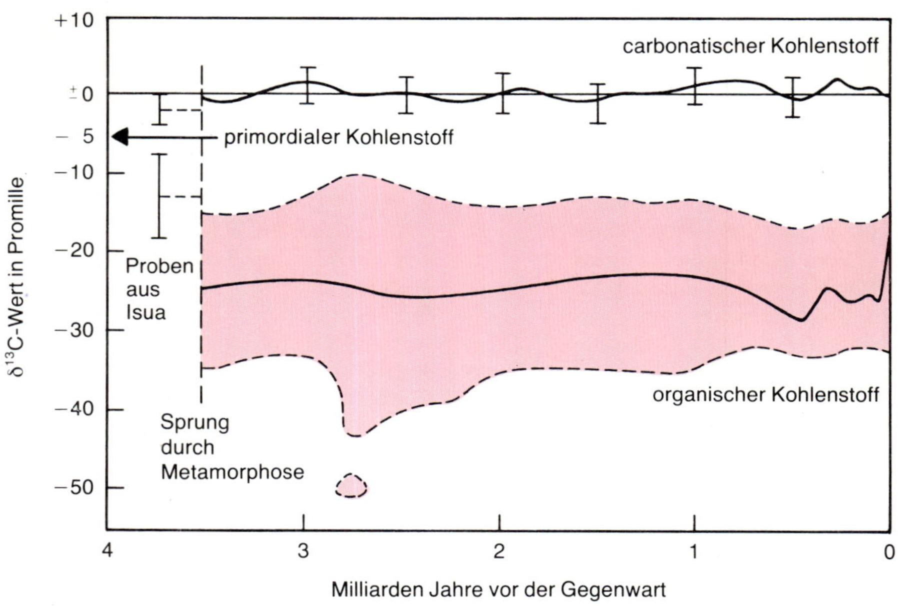

Bild 7: Kohlenstoff biologischen Ursprungs (organischer Kohlenstoff), wie er beispielsweise in Kohle und Erdöl vorliegt, liefert wertvolle Aufschlüsse darüber, wie sich der irdische Vorrat an photosynthetisch erzeugtem Sauerstoff im Laufe der Zeit angesammelt hat. Organischer Kohlenstoff unterscheidet sich hinsichtlich seiner Isotopen-Zusammensetzung von dem in Kalken vorkommenden Carbonat-Kohlenstoff: Er enthält einen etwas kleineren Anteil an dem schweren Kohlenstoff-Isotop ^{13}C. (Als Isotope bezeichnet man Atome mit den gleichen chemischen Eigenschaften, aber unterschiedlicher Masse; das natürliche Kohlenstoff-Isotopengemisch enthält die Isotope ^{12}C und ^{13}C etwa im Verhältnis 99 zu 1.) Als Maß des ^{13}C-Gehalts einer Substanz dient der δ^{13}C-Wert (sprich: Delta-C-13-Wert); er beträgt für organischen Kohlenstoff im Durchschnitt −25, für Carbonat-Kohlenstoff etwa 0 Promille. Organischer und Carbonat-Kohlenstoff sind beide durch Fraktionierung aus „primordialem" Kohlenstoff mit einem δ^{13}C-Wert von −5 Promille (Pfeil links oben) hervorgegangen. Dieser primordiale Kohlenstoff ist in Form von Kohlendioxid aus dem Erdmantel ausgegast. Im Text ist erklärt, wie man aus den drei genannten Isotopen-Werten den Anteil des organischen Kohlenstoffs am gesamten Kohlenstoff in den Sedimenten berechnen kann. Da der organische Kohlenstoff bei der Photosynthese gebildet wurde und dabei pro Atom Kohlenstoff genau ein Molekül Sauerstoff (O_2) entsteht, erhält man über die Menge an organischem Kohlenstoff auch die an photosynthetisch erzeugtem Sauerstoff. Wie die Abbildung zeigt, haben sich die δ^{13}C-Werte für organischen und Carbonat-Kohlenstoff während der letzten dreieinhalb Milliarden Jahre der Erdgeschichte im Mittel nicht geändert. Somit ist auch der Anteil des organischen Kohlenstoffs am gesamten Kohlenstoff in den Sedimenten gleichgeblieben. Da der Kohlenstoff-Gehalt der Sedimente stets bei etwa drei Prozent lag, bedeutet das nichts anderes, als daß die Menge des photosynthetisch erzeugten Sauerstoffs im selben Maß zugenommen hat wie die Menge der Sedimente insgesamt. Da man die zeitliche Entwicklung der irdischen Sedimentmasse gut abschätzen kann, läßt sich somit auch der Anstieg des irdischen Vorrats an photosynthetisch erzeugtem Sauerstoff berechnen (Bild 8). Die Schwankungsbreite der gemessenen Isotopen-Werte ist im Falle des Carbonat-Kohlenstoffs in Form von Standardabweichungen angegeben, im Falle des organischen Kohlenstoffs dagegen als Gesamt-Streubereich, in den sämtliche Meßwerte fallen (farbiges Band). Die Daten für die Proben, die aus dem ältesten bekannten Gestein auf der Erde, der Isua-Formation in Grönland, stammen, fallen offensichtlich aus dem Rahmen. Der Grund dafür ist, daß dieses Gestein lange Zeit bei hohen Drucken und Temperaturen unter jüngeren Sedimenten begraben war, so daß es eine chemische und mineralogische Umwandlung (Metamorphose) erfahren hat, bei der sich die Isotopen-Zusammensetzung verschob.

Bilanz des Kohlendioxids und Sauerstoffs

Nachdem wir wissen, daß pro Sauerstoff-Molekül, das sich bei der Photosynthese bildet, ein Kohlenstoffatom in ein Kohlenhydrat eingebaut wird (also ein „organisches" Kohlenstoffatom entsteht), sollte die Menge des organischen Kohlenstoffs auf der Erde der Menge des durch die Photosynthese freigesetzten Sauerstoffs entsprechen. Wie aber läßt sich der gesamte organische Kohlenstoff auf der Erde bestimmen?

Dazu gibt es eine indirekte Methode. Der Kohlenstoff, den die Sedimentgesteine der Erdkruste enthalten, besteht aus zwei Anteilen: dem gerade erwähnten organischen Kohlenstoff (C_{org}) und dem im Kalkstein ($CaCO_3$) und Dolomit (magnesium-haltiger Kalkstein) gespeicherten Carbonat-Kohlenstoff (C_{carb}). Die Quelle für beide bildet das aus dem Erdmantel ausgegaste Kohlendioxid. Nun besteht aber das Element Kohlenstoff aus zwei stabilen Atomsorten mit den gleichen chemischen Eigenschaften, aber unterschiedlicher Masse, nämlich zu rund 99 Prozent aus dem Kohlenstoff mit der Atommasse 12 (^{12}C) und zu etwa einem Prozent aus dem Kohlenstoff mit der Atommasse 13 (^{13}C). Solche Atome mit den gleichen chemischen Eigenschaften, aber unterschiedlichen Massen heißen Isotope. Da die Photosynthese trei-

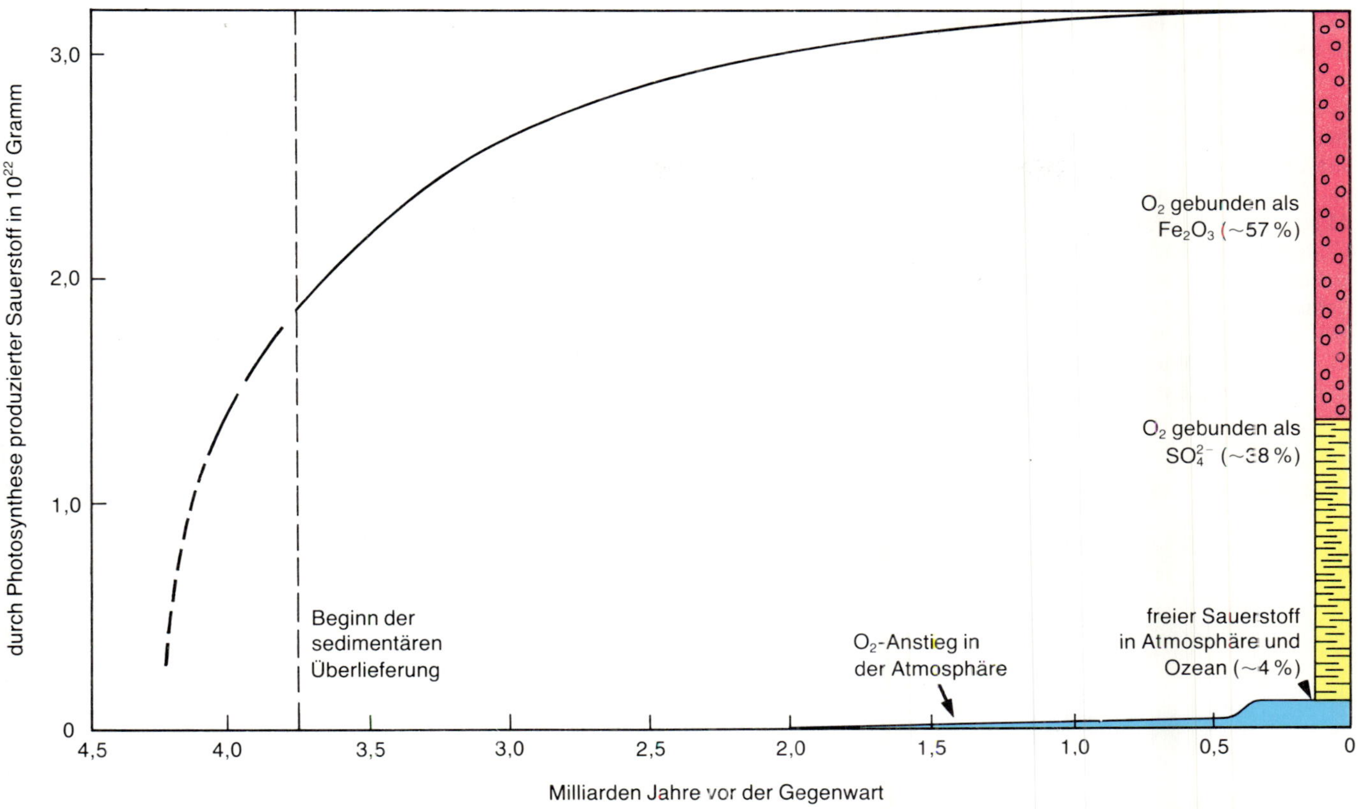

Bild 8: Berechneter Anstieg des irdischen Vorrats an photosynthetisch erzeugtem Sauerstoff seit der Bildung der ersten bekannten Sedimente vor 3,8 Milliarden Jahren. Die heutige Gesamtmenge an (freiem und gebundenem) Sauerstoff biologischen Ursprungs beträgt etwa 3,2 × 10^{22} Gramm. Wie die Budgetsäule am rechten Bildrand zeigt, entfallen davon nur 1,2 × 10^{21} Gramm auf die Atmosphäre und den Ozean – das entspricht knapp vier Prozent des Gesamtvorrats. Fast der ganze Rest steckt in der Erdkruste – und zwar in Form des Eisenoxids Fe_2O_3 sowie verschiedener Sulfate (sie enthalten das Ion SO_4^{2-}, S = Schwefel). Ein gewisser (hier vernachlässigter) Prozentsatz des photosynthetisch erzeugten Sauerstoffs wurde wahrscheinlich bei der Oxidation reduzierender vulkanischer Gase verbraucht. Wollte man diesen Verlust berücksichtigen, so würde sich die an Eisen gebundene Teilmenge verkleinern, da sie im Gegensatz zu den beiden anderen nicht unabhängig bestimmt wurde. Die gezeigte Kurve basiert auf einem Modell, das die Zunahme der Sedimentmasse im Laufe der Erdgeschichte beschreibt. Daneben stützt sie sich auf die Tatsache, daß organischer Kohlenstoff, dessen Menge ein direktes Maß der biologischen Sauerstoff-Produktion ist, während der gesamten Erdgeschichte mit konstanter Häufigkeit in den Sedimenten auftritt (siehe Bild 7).

benden Pflanzen geringfügig das leichtere Kohlenstoffisotop mit der Masse 12 bevorzugen, ist dieses in der organischen Kohlenstoff-Fraktion der Sedimente stärker vertreten als in Carbonat-Gesteinen.

Als Maßstab für das Mengenverhältnis der beiden Kohlenstoff-Isotope $^{13}C/^{12}C$ verwendet man den $\delta^{13}C$-Wert (sprich: Delta-C-13-Wert). Er gibt die Abweichung des ^{13}C-Gehalts einer Substanz vom ^{13}C-Gehalt eines Standards in Promille an. Als Standard hat man einen marinen Kalkstein aus der Kreide-Formation gewählt, dessen $\delta^{13}C$-Wert vereinbarungsgemäß gleich null ist (die Werte aller sedimentären Carbonate streuen um ±2 Promille um diesen Standard). Es stellte sich nun heraus, daß der durchschnittliche $\delta^{13}C$-Wert des organischen Kohlenstoffs, der in den Sedimenten der Erdkruste enthalten ist, −25 Promille beträgt, während der $\delta^{13}C$-Wert des aus dem Erdmantel ausgasenden Kohlendioxids bei etwa −5 Promille liegt. Damit hat man Daten an der Hand, mit denen sich der Anteil des organischen Kohlenstoffs an der Gesamtmenge des in den Sedimenten der Erdkruste gespeicherten Kohlenstoffs berechnen läßt. Von 100 Atomen Kohlenstoff, der in Form von Kohlendioxid aus dem Erdmantel ausgaste und einen $\delta^{13}C$-Wert von −5 besaß, (er sei als primordialer [Ur-]Kohlenstoff, C_{prim}, bezeichnet) wurden x Atome (x steht für eine vorläufig unbekannte Zahl) zu organischem Kohlenstoff mit einem $\delta^{13}C$-Wert von −25, während die verbleibenden 100 − x Atome als Carbonat-Kohlenstoff mit einem $\delta^{13}C$-Wert von 0 endeten. Das läßt sich durch die folgende Gleichung ausdrücken:

$$100 \text{ Atome } C_{prim} \times (-5) = x \text{ Atome } C_{org} \times (-25) + (100-x) \text{ Atome } C_{carb} \times 0$$

Diese Gleichung geht nur dann auf, wenn x = 20 ist. Folglich ist etwa ein Fünftel (20/100) des gesamten Kohlenstoffs, der in den Ablagerungen der Erdkruste vorkommt, organischer Herkunft. Die restlichen vier Fünftel sind Carbonat-Kohlenstoff. Die Gesamtmasse der Sedimente beträgt 2,4 × 10^{24} Gramm. Etwa drei Prozent davon, also 7,2 × 10^{22} Gramm bestehen aus Kohlenstoff, von dem nach der obigen Isotopen-Massenbilanz-Gleichung ein Fünftel, also ungefähr 1,4 × 10^{22} Gramm, organischer Kohlenstoff ist. Hochrechnungen, die auf einigen tausend Direktbestimmungen von organischem Kohlenstoff in Sedimenten beruhten, ergaben in Übereinstimmung damit Werte zwischen 1,2 und 1,4 × 10^{22} Gramm. Wählen wir den unteren dieser beiden Grenzwerte, dann entspricht das 3,2 × 10^{22} Gramm Sauerstoff, der durch Photosynthese entstanden sein muß.

Das ist eine weit größere Menge, als in der heutigen Atmosphäre vorliegt (vergleiche Budgetsäule in Bild 8). Tatsächlich enthält die Atmosphäre nur etwa vier Prozent dieser Menge. Der weitaus größte Teil wurde nach seiner Freisetzung wieder in Sedimenten gebunden. Dabei hat sich der Sauerstoff mit zweiwertigem Eisen zum Oxid des dreiwertigen Eisens (Fe_2O_3, Fe = Eisen) und mit Sulfiden (Schwefelverbindungen, die ein zweifach negativ geladenes Schwefelatom enthalten) zu Sulfat (SO_4^{2-}) umgesetzt.

Der zeitliche Verlauf der Freisetzung des Sauerstoffs

Nach diesem Verfahren läßt sich nicht nur ermitteln, wieviel Sauerstoff insgesamt bis heute durch biologische Prozesse freigesetzt wurde. Kennt man die Masse der Sedimente, die sich zu jedem Zeitpunkt der Erdgeschichte abgelagert haben und kann man ihren Gehalt an organischem Kohlenstoff bestimmen, so läßt sich die Sauerstoffmenge, die auf biologischem Weg entstand, während der gesamten Erdgeschichte verfolgen. Die Anhäufung der Sedimente läßt sich durch ein Modell beschreiben, dessen Ableitung hier zu weit führen würde. Danach ergibt sich die Sedimentmasse M_t, die zu einem beliebigen Zeitpunkt t während der Erdgeschichte vorlag, in guter Näherung aus der heutigen Sedimentmasse $M_{tp} = 2{,}4 \times 10^{24}$ Gramm nach der Gleichung:

$$M_t = M_{tp} \times (1 - e^{-\lambda t})$$

Dabei bedeutet e die Eulersche Zahl (ungefähr 2,72) und λ (sprich: Lambda) die irdische Entgasungskonstante, die angibt, mit welcher Geschwindigkeit Kohlendioxid aus dem Erdinneren ausgast. Die Gleichung beschreibt eine Kurve, die zunächst steil ansteigt, mit wachsendem t abflacht und schließlich dem Wert M_{tp} zustrebt. Entsprechend ist die Sedimentmasse, kurz nachdem sich die Erde vor 4,5 Milliarden Jahren gebildet hatte, am schnellsten und dann immer langsamer angewachsen.

Wir haben in den letzten Jahren das Verhältnis der Kohlenstoffisotope $^{13}C/^{12}C$ auch in den alten Sedimenten bis hin

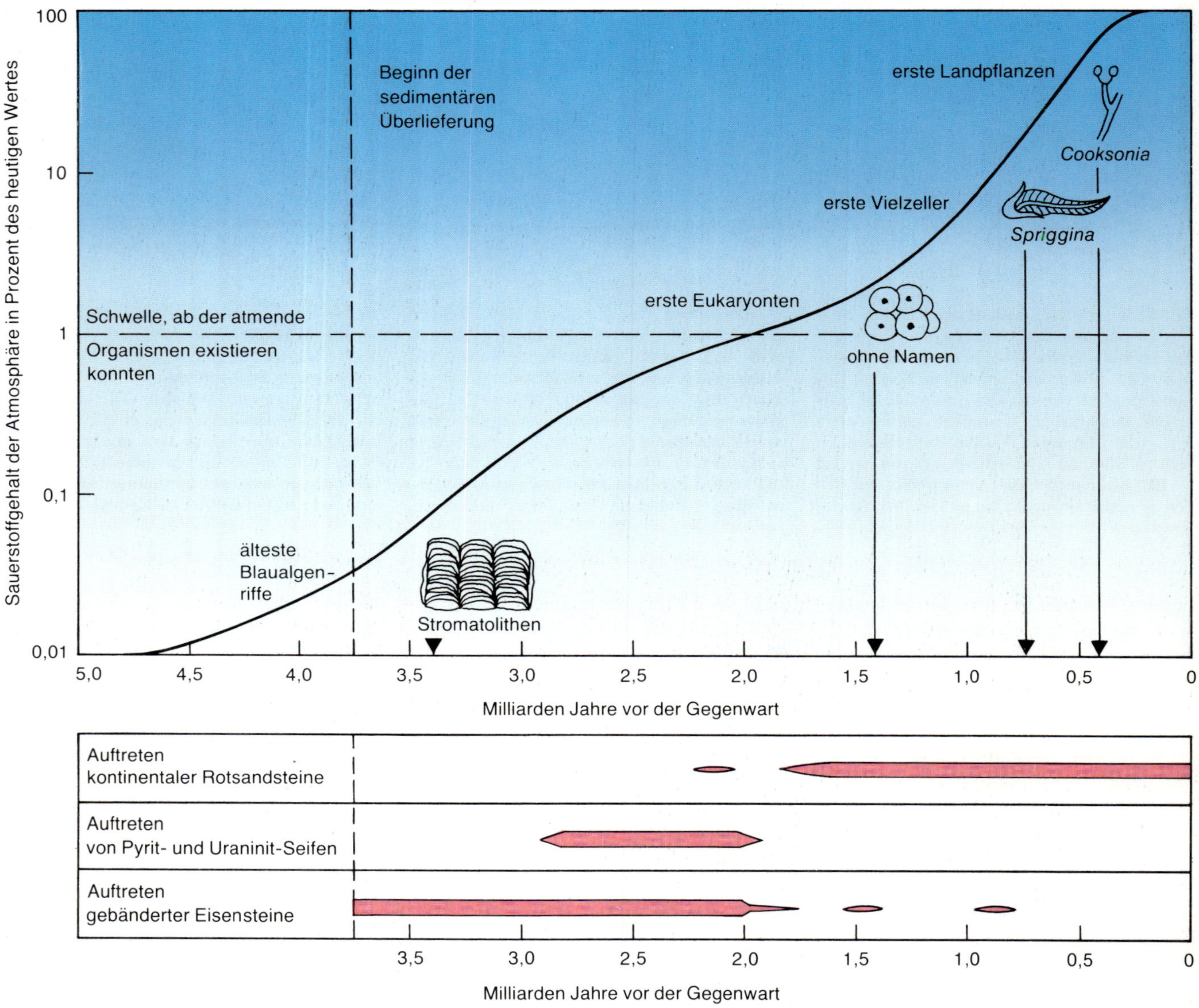

Bild 9: Der Anstieg des Sauerstoffgehalts der Erdatmosphäre läßt sich anhand paläontologischer (oben) und geologischer Daten (unten) in groben Umrissen rekonstruieren. So kann man aus dem ersten Auftreten von Stromatolithenkalken und gebänderten Eisensteinen schließen, daß vermutlich bereits vor mindestens 3,4 Milliarden Jahren die ersten Sauerstoff produzierenden Cyanobakterien existierten. Doch erst vor etwa zwei Milliarden Jahren enthielt die Atmosphäre so viel Sauerstoff, daß sich keine Schottersedimente aus Uraninit (UO_2) und Pyrit (FeS_2) und keine gebänderten Eisensteine mehr bilden konnten und stattdessen die ersten kontinentalen Rotsedimente entstanden. Vor 1,3 bis 1,5 Milliarden Jahren traten dann erstmals Eukaryonten auf – das sind Lebewesen mit Zellkern, die Sauerstoff atmen. Spätestens zu diesem Zeitpunkt muß die Sauerstoffkonzentration in der Atmosphäre ein Prozent des heutigen Wertes betragen haben; denn dies ist die kritische Konzentration, bei der sauerstoffatmende Organismen gerade noch existieren können. Da mit der Sauerstoff-Atmung eine äußerst ergiebige Energiequelle erschlossen war (vergleiche Bild 11), vollzog sich die weitere Entwicklung des Lebens von nun an mit schnellen Schritten. Allerdings dauerte es noch etwa fünfhundert Millionen Jahre, bis sich die äußerst komplizierten Mechanismen der geschlechtlichen Vermehrung herausgebildet hatten – eine Voraussetzung für das Auftreten der ersten Vielzeller. Vor etwa 400 Millionen Jahren schließlich eroberten die Pflanzen das Land, und vor 350 Millionen Jahren dürfte annähernd die heutige Sauerstoff-Konzentration in der Atmosphäre vorgelegen haben, da die Entwicklung des Lebens seither bemerkenswert gleichmäßig und stetig verlief.

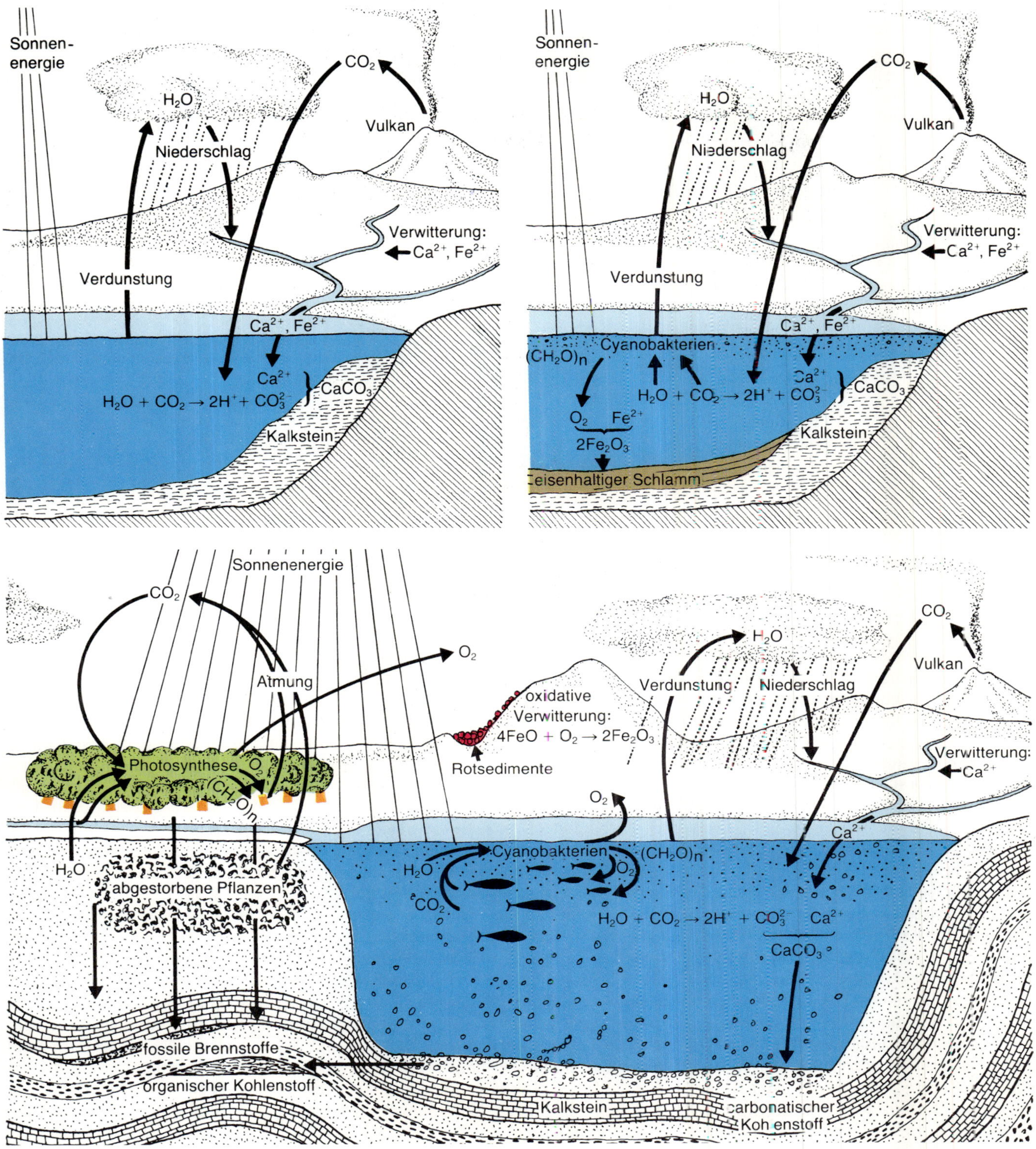

Bild 10: Drei Szenarien, die wesentliche Stadien der Entwicklung der Atmosphäre sowie die zugehörigen Formen der Verwitterung und Sedimentation zeigen. Vor mehr als 3,8 Milliarden Jahren (oben links) als es noch kein Leben auf der Erde gab, wurde das aus dem Erdinnern ausgegaste Kohlendioxid nur dadurch der Atmosphäre entzogen, daß es sich im Meerwasser löste. In den Ozeanen sammelten sich auch Metallionen, die bei der Verwitterung aus Gesteinen der Kontinentalkruste herausgelöst worden waren – unter anderem Fe^{2+} und Ca^{2+}. Die Calciumionen verbanden sich mit den aus Kohlendioxid und Wasser gebildeten Carbonationen (CO_3^{2-}) zu Kalkstein (Calciumcarbonat, $CaCO_3$), der sich am Meeresboden absetzte. Mit dem Erscheinen von Lebewesen und speziell der Cyanobakterien änderte sich dieses Bild in einem wesentlichen Punkt (oben rechts): Die Organismen verbrauchten einen Teil des ins Meer gelangenden Kohlendioxids, um daraus unter Verwendung von Wasser und mit Hilfe des Sonnenlichts organische Substanzen (speziell Kohlenhydrate, $[CH_2O]_n$) zu synthetisieren, deren Abbauprodukte von diesem Zeitpunkt an als organischer Kohlenstoff ebenfalls im Sediment zu finden sind. Der bei der Photosynthese freiwerdende Sauerstoff überführte das im Meer gelöste zweiwertige Eisen in das schwerlösliche dreiwertige Oxid Fe_2O_3. Dieses setzte sich als eisenreicher Schlamm ab, aus dem später die gebänderten Eisensteine oder Itabirite hervorgingen (siehe Bild 4). Erst als die Meere von zweiwertigem Eisen „leergefegt" waren, konnte der Sauerstoff in die Atmosphäre gelangen. Nun verband er sich direkt mit dem zweiwertigen Eisen in den Gesteinen des Festlandes (unten): Es entstanden die kontinentalen Rotsedimente, deren kräftige Färbung von dreiwertigem Eisen herrührt (Bild 6). Später entwickelte sich eine Landflora, die gleichfalls Sauerstoff an die Atmosphäre abgab. Bei der Atmung oder Verwesung wurde der größte Teil dieses Sauerstoffs wieder verbraucht und eine entsprechende Menge Kohlendioxid freigesetzt. Auf diese Weise entstand der bekannte biologische Sauerstoff-Kreislauf. Ein Teil des abgestorbenen organischen Materials wurde allerdings stets unter Sedimenten begraben, bevor es wieder durch Sauerstoff oxidiert werden konnte. In seiner konzentriertesten Form tritt dieser sedimentäre organische Kohlenstoff heute in Kohle- und Erdöllagerstätten auf.

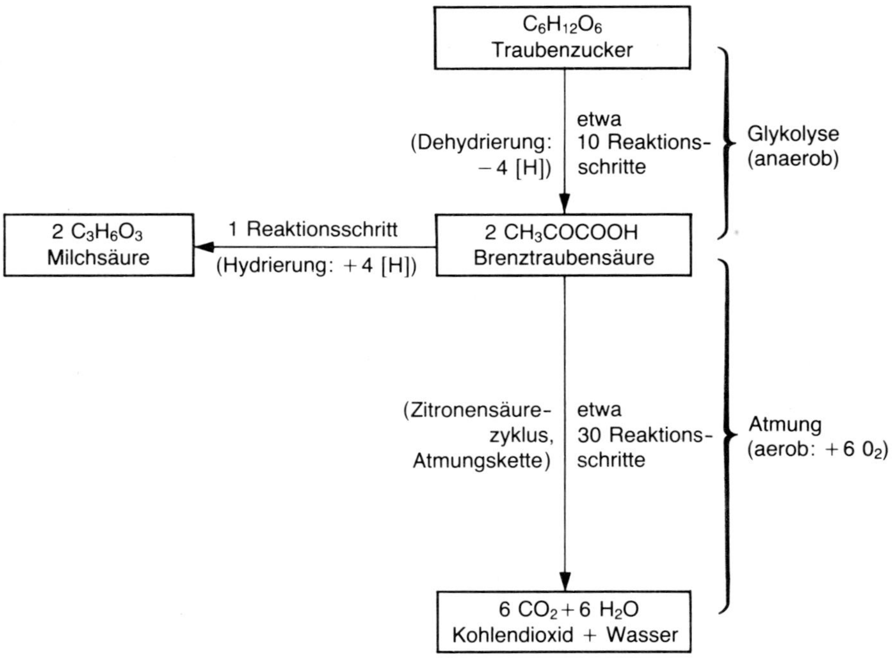

Bild 11: Schema der energieliefernden Prozesse von Gärung und Atmung. Beide beginnen mit der gleichen Reaktionsfolge aus etwa zehn Einzelschritten, der Glykolyse, in deren Verlauf Traubenzucker in zwei Moleküle Brenztraubensäure gespalten wird. Während bei der Gärung jedoch bereits im nächsten Schritt als Endprodukt die Milchsäure entsteht, folgen bei der Atmung noch etwa dreißig weitere Schritte (sämtliche Reaktionen des Zitronensäurezyklus und der Atmungskette). Offensichtlich ist die Atmung eine entwicklungsgeschichtlich junge Errungenschaft, die der „archaischen" Gärung gleichsam aufgepfropft wurde. Sie ermöglichte den Lebewesen, die sie „erfanden", das Vierzehnfache der Energie zu gewinnen, die bei der Gärung frei wird. Die bessere Versorgung mit Energie war eine der Voraussetzungen dafür, daß sich höhere Lebensformen entwickeln konnten.

Gärung: $C_6H_{12}O_6 \longrightarrow 2\ C_3H_6O_3$ $(\Delta G_0' = -199\ \text{kJ})$

Atmung: $C_6H_{12}O_6 + 6\ O_2 \longrightarrow 6\ CO_2 + 6\ H_2O$ $(\Delta G_0' = -2848\ \text{kJ})$

zu den ältesten bekannten Ablagerungen von Isua in Grönland untersucht, die vor 3,8 Milliarden Jahren entstanden sind. Sieht man von den Gesteinen ab, die nach ihrer Ablagerung noch eine chemische oder mineralogische Umwandlung erfuhren, so hat sich gezeigt, daß die $\delta^{13}C$-Werte des organischen wie des Carbonat-Kohlenstoffs während der ganzen Erdgeschichte im wesentlichen gleich geblieben sind (Bild 7).

Da auch die Konzentration des gesamten Kohlenstoffs in den Sedimenten stets bei ungefähr drei Prozent lag, sollte die Menge des organischen Kohlenstoffs und damit auch die des durch Photosynthese erzeugten Sauerstoffs in der gleichen Weise zugenommen haben wie die Menge der Sedimente insgesamt. Bild 8 zeigt die so errechnete Zunahme der durch Photosynthese gebildeten Sauerstoff-Menge im Verlauf der Erdgeschichte.

Nach diesem Modell hatten sich vor 3,8 Milliarden Jahren bereits fünfzig bis sechzig Prozent der bis heute von den Pflanzen produzierten Sauerstoff-Menge gebildet. Diese Aussage erscheint auf den ersten Blick unvernünftig; denn wie wir beispielsweise aus dem Vorkommen der Minerale Pyrit und Uraninit in mehr als zwei Milliarden Jahre alten Schottergesteinen wissen, gab es damals kaum freien Sauerstoff in der Atmosphäre. Wo also blieb der durch Photosynthese erzeugte Sauerstoff?

Auf diese Frage gibt es zwei einander ergänzende Antworten. Zu Anfang der Entwicklung des Lebens, also vor über drei Milliarden Jahren, wurde von den damals existierenden primitiven Bakterien wahrscheinlich eine ursprünglichere Form der Photosynthese betrieben, wie sie heute noch von purpurnen und grünen Schwefelbakterien (Chromatiaceen und Chlorobiaceen) praktiziert wird. Dabei entsteht kein freier, gasförmiger Sauerstoff. Stattdessen werden sauerstofffreiche Verbindungen wie Sulfat (SO_4^{2-}) ausgeschieden. So konnte das Reservoir des bei biologischen Prozessen „freigesetzten" Sauerstoffs wachsen, ohne daß Sauerstoff selbst in die Atmosphäre gelangte. Es ist jedoch festzuhalten, daß durch die Tätigkeit solcher Bakterien erstmals ein „mildes" Oxidationsmittel wie Sulfat in größeren Mengen in die alte Umwelt kam, was durch das Auftreten von sulfat-haltigen Lagen in den ältesten Sedimenten direkt bestätigt wird. Wir gehen vielleicht nicht fehl in der Annahme, daß die Zeit dieser einfacheren und weniger effektiven Photosynthese das „Goldene Zeitalter" der photosynthetischen Schwefelbakterien war.

Darüber hinaus gab es vor mehr als zwei Milliarden Jahren Leben nur im Meer. Die damaligen Ozeane enthielten große Mengen an zweiwertigem Eisen. Sauerstoff, der bei der Photosynthese frei wurde, dürfte mit den zweifach positiv geladenen Eisenionen zum Eisenoxid Fe_2O_3 reagiert haben, bevor er in die Atmosphäre entweichen konnte. Das unlösliche Eisenoxid fiel aus und setzte sich als eisenreicher Schlamm ab, aus dem die gebänderten Eisensteine oder Itabirite entstanden (Bild 10). Derartige Eisensteine treten bereits in den ältesten bekannten Sedimenten auf: der Isua-Formation in West-Grönland mit einem Alter von etwa 3,8 Milliarden Jahren.

Größere Mengen Sauerstoff konnten nach diesen Überlegungen erst dann in die Atmosphäre gelangen, als die Ozeane von zweiwertigem Eisen „leergefegt" waren. Als danach Sauerstoff in nennenswerten Mengen in der Atmosphäre vorkam, reagierte er auch mit dem zweiwertigen Eisen, das in den Gesteinen der Kontinente vorlag: Es entstanden die ersten kontinentalen Rotsedimente, deren Färbung vom enthaltenen Eisenoxid Fe_2O_3 herrührt (Bilder 6 und 10). Gleichzeitig war das Meer von der weiteren Eisenzufuhr abgeschnitten, da der Sauerstoff in der Atmosphäre zweiwertiges Eisen, das bei der Verwitterung aus den Gesteinen herausgelöst wurde, sofort in unlösliches Fe_2O_3 überführte – lange bevor es über die Flüsse das Meer erreichen konnte.

Allerdings verband sich Sauerstoff mit dem zweiwertigen Eisen, das im Gestein der Kontinente vorlag, sehr viel langsamer, als er mit dem im Meer gelösten Eisen reagiert hatte. Dadurch sammelte sich ein Überschuß an freiem Sauerstoff in der Atmosphäre an, der nicht schnell genug abgebaut werden konnte. Maßgebend für den Zeitpunkt, zu dem der erste Sauerstoff in der Atmosphäre auftrat, war also nicht der Beginn der Sauerstoff-Produktion durch Pflanzen und Bakterien, die Photosynthese betrieben. Entscheidend war vielmehr, daß irgendwann der von den Pflanzen erzeugte Sauerstoff nicht mehr schnell genug gebunden und in die Ablagerungen (die geochemischen Reservoire der Erdkruste) überführt werden konnte.

Auch heute enthält die Erdkruste zweiwertiges Eisen und Sulfide noch in solchen Mengen, daß diese den gesamten in der Atmosphäre enthaltenen Sauerstoff aufbrauchen würden, wenn sie augenblicklich mit ihm reagieren könnten. Die Umsetzung erfolgt jedoch so langsam, daß der dabei verbrauchte Sauerstoff durch die Photosynthese der Pflanzen und das Begraben von organischen Kohlenstoffverbindungen im Sediment wieder ersetzt werden kann. Man spricht in einem solchen Fall, bei dem sich Verbrauch und Neubildung eines Stoffes die Waage halten, von einem stationären Gleichgewicht.

Mit „verbrauchtem" Sauerstoff ist hier freilich nur der Sauerstoff gemeint, der der Atmosphäre ein für allemal entzogen wurde. Für den Sauerstoff, der beispielsweise bei der Atmung oder der Verbrennung organischer Substanzen gebunden wird, entsteht eine äquivalente Menge Kohlendioxid, aus dem die Pflanzen den Sauerstoff unmittelbar zurückgewinnen können. Atmung und Verbrennung sind daher in unserer Aufstellung der „sauerstoffverbrauchenden" Reaktionen nicht berücksichtigt.

Ab wann die Atmosphäre tatsächlich nennenswerte Mengen Sauerstoff enthielt, ist freilich noch immer umstritten. Das liegt unter anderem an der Ungenauigkeit der geologischen Sauerstoff-Barometer. So kann man aus dem Auftreten der kontinentalen Rotsedimente nur ablesen, daß überhaupt erste Spuren von Sauerstoff in der Atmosphäre vorhanden waren. Genaue Angaben über die Konzentration lassen sich nicht machen, da schon ganz geringe Mengen Sauerstoff genügen, um die beobachtete Rotfärbung hervorzurufen. So sind auch die lockeren Gesteinsformationen auf dem Mars kräftig rot gefärbt, obwohl die Marsatmosphäre nur 0,13 Prozent Sauerstoff enthält, der durch Photolyse von Wasserdampf entstanden ist.

Neben den geologischen Befunden gibt es jedoch einige paläontologische Daten, die ein annähernd quantitatives Sauerstoff-Barometer darstellen (Bild 9). Alle Lebewesen, deren Zellen einen Kern besitzen, atmen Sauerstoff. Solche Lebewesen traten erstmals vor 1,3 bis 1,5 Milliarden Jahren auf. Spätestens zu diesem Zeitpunkt muß die Konzentration des Sauerstoffs in der Atmosphäre ein Prozent des heutigen Wertes betragen haben; denn erst ab dieser Konzentration können Sauerstoff atmende Organismen existieren. Ab dem Oberkarbon, also seit etwa 350 Millionen Jahren, dürfte annähernd die heutige Sauerstoffkonzentration in der Atmosphäre vorgelegen haben. Ihr Wert hat, wie man aus der gleichmäßigen Entwicklungsgeschichte der Säugetiere schließen kann, während der letzten zweihundert Millionen Jahre vermutlich kaum geschwankt.

Auswirkungen des Sauerstoffs auf das Leben

Das Leben hat also den Sauerstoffgehalt der Atmosphäre hervorgebracht und sorgt auch heute noch dafür, daß er bestehen bleibt. Andererseits hatte die Anwesenheit des Sauerstoffs in der irdischen Lufthülle Auswirkungen auf das Leben selbst. Es kann kein Zweifel darüber bestehen, daß der steigende Sauerstoffgehalt der Atmosphäre Lebewesen, die ihren Energiebedarf durch den unergiebigen Prozeß der Gärung deckten, dazu veranlaßte, die wesentlich wirksamere Atmung zu „erfinden".

Bild 11 zeigt den Zusammenhang zwischen Gärung und Atmung. Beide beginnen mit der gleichen Reaktionsfolge aus etwa zehn Einzelschritten, der sogenannten Glykolyse, in deren Verlauf Traubenzucker in zwei Moleküle Brenztraubensäure gespalten wird. Im nächsten Schritt entsteht bei der Gärung bereits als Endprodukt die Milchsäure. Dagegen folgen bei der Atmung auf die Glykolyse noch etwa dreißig weitere Schritte (sämtliche Reaktionen des Zitronensäurezyklus und der Atmungskette). Das zeigt, daß die Atmung der „archaischen" Gärung gleichsam aufgepfropft wurde und eine entwicklungsgeschichtlich junge Errungenschaft ist.

Die Atmung ermöglichte den Lebewesen, die sie „erfanden", das Vierzehnfache der Energie zu gewinnen, die bei der Gärung frei wird. Offenbar war die bessere Versorgung mit Energie die Voraussetzung dafür, daß sich höhere Lebensformen entwickeln konnten.

Auf diese Weise läßt sich erklären, warum das Leben ungefähr drei Milliarden Jahre benötigte, um den vergleichsweise kleinen Schritt vom Einzeller zum mehrzelligen Organismus zu tun, während sich die offensichtlich viel schwierigere Entwicklung bis zur heutigen Organisationshöhe in nur siebenhundert Millionen Jahren vollzog. Erst als vor etwa 1,4 Milliarden Jahren genügend Sauerstoff in der Atmosphäre vorhanden war und die Atmung als energie-liefernder Prozeß zur Verfügung stand, konnte die Höherentwicklung des Lebens einsetzen. Daß es dann immer noch über fünfhundert Millionen Jahre dauerte, bis schließlich vor siebenhundert Millionen Jahren die ersten vielzelligen Organismen auftauchten, mag daran gelegen haben, daß es, wie Lynn Margulis argumentiert, viel Zeit kostete, die äußerst komplizierten Mechanismen zu entwickeln, die mit der geschlechtlichen Vermehrung der Vielzeller zusammenhängen.

Zum Schluß sei noch angemerkt, daß das Leben auf der Erde nicht nur dafür sorgt, daß in der Atmosphäre ein stationäres Sauerstoff-Gleichgewicht herrscht. Das Leben ist auch für einige andere „Ungereimtheiten" in der irdischen Lufthülle verantwortlich. So liegen dort Stickstoff, Methan und Sauerstoff nebeneinander vor. Das sollte auf die Dauer nicht möglich sein, da Methan – über eine Reihe von Zwischenstufen – zu Kohlendioxid und Wasser aufoxidiert wird und Stickstoff direkt mit Sauerstoff zu Stickstoffdioxid reagiert, das sich wiederum mit Wasser zu Salpetersäure umsetzt. Nur weil bestimmte Mikroorganismen die Salze der Salpetersäure (die Nitrate) in Stickstoff zurückverwandeln und auch Methan durch die Tätigkeit methan-bildender Bakterien ständig neu produziert wird, bleibt der Gehalt der Atmosphäre an Stickstoff und Methan konstant.

Auch dieses Beispiel zeigt die enge Verknüpfung zwischen dem Leben und der Zusammensetzung der irdischen Lufthülle. So gesehen, stellt die Atmosphäre keine unabhängige Komponente der Erdoberfläche dar. Sie erscheint weitgehend mitgeprägt durch die Biosphäre – den vom Leben bewohnten und gestalteten Bereich.

Die Biosphäre

Das Leben auf der Erde hat seit jeher die Lebensbedingungen selbst und damit die Geschichte der Litho-, der Hydro- und der Atmosphäre machtvoll beeinflußt. Einer der Schlüsselprozesse war dabei die Schaffung einer sauerstoffhaltigen Atmosphäre.

Von Preston Cloud

Von allen dynamischen Systemen unseres Planeten hat zwar die Biosphäre als letztes Gestalt angenommen, aber die stärksten Wechselbeziehungen entfaltet. Sie ist einzigartig in unserem Sonnensystem. Andere Planeten und Monde besitzen einen Kern, einen Mantel und sogar eine Kruste und eine Atmosphäre. Auf dem Titan, dem größten Mond des Saturn, könnte es Seen aus flüssigem Methan geben; und vom Mars an auswärts findet man sogar vielfach Wasser, allerdings nur als Eis.

Aber nur auf der Erde existieren Strukturen mit der Fähigkeit, sich selbst zu vermehren, sich durch Mutation oder genetische Neukombination zu wandeln und solche Veränderungen an die Nachkommen weiterzugeben. Strukturen, die derlei vermögen, gelten per Definition als belebt, und sie sind es, die überall auf der Erdoberfläche, dicht darunter und darüber, mit der Litho-, Hydro- und Atmosphäre verwoben die Biosphäre bilden.

Vielfalt und Wechselwirksamkeit der Biosphäre übersteigen unsere gegenwärtigen Einsichten bei weitem. Der Gen-Pool in seiner Gesamtheit besitzt geradezu schwindelerregende Variationsmöglichkeiten. Bislang haben die Biologen rund 2 Millionen Arten katalogisiert: etwa 1,5 Millionen Tierarten und 0,5 Millionen „Pflanzenarten", die Bakterien mit eingeschlossen. Alljährlich werden ungefähr 10000 neue Arten entdeckt und beschrieben. Die meisten davon sind Insekten, doch gehören riesige Tiefsee-Muscheln ebenso dazu wie zahlreiche fossile Lebensformen aus dem Legionenheer noch unerforschter Pflanzen und Tiere vergangener Epochen.

Tatsächlich, um es gelinde auszudrükken, strotzt die Erde geradezu vor Lebensformen. Entsprechend der Vielfalt möglicher ökologischer Nischen haben sich die Organismen – in geologischen Maßstäben gedacht – oftmals rasch verändert. Hier sehen wir die Evolution am Werk. Klimatische und geographische Isolation sowie großräumige Variable wie die Bewegungen der lithosphärischen Platten und die Intensität der Sonneneinstrahlung üben dabei die Selektionsdrücke aus, die einem ansonsten zufällig anmutenden Prozeß Richtung geben.

Betrachten wir beispielsweise die Kette der Hawaii-Inseln. Sie entstand, als eine lithosphärische Platte über einen „heißen Fleck", einen aufsteigenden Konvektionsstrom im Erdmantel, hinwegdriftete. Die älteste Insel liegt dabei am Nordwest-Ende, die jüngste am Südost-Ende der Kette. So ist Kauai 5,6 Millionen Jahre alt, Oahu 3,3 Millionen und Maui 1,8 Millionen Jahre. Die große Insel Hawaii am Südost-Ende tauchte erst vor 700000 Jahren auf und wächst noch immer. In diesem erdgeschichtlich kurzen Zeitraum von 5,6 Millionen Jahren haben sich die Abkömmlinge einiger zufällig eingewanderter Taufliegen (Gattung *Drosophila*) derart aufgefächert, daß jetzt ein Viertel der insgesamt rund 2000 *Drosophila*-Arten hier – und nur hier – zu finden ist.

Im selben Zeitraum entwickelten sich auf der Inselkette mehr als 1000 verschiedene Arten von Landschnecken, und zwar in den voneinander isolierten Tälern, die sich an den vulkanischen Hängen herabziehen. Aus unbekannten finkenartigen Urahnen, die ein günstiger Wind einst auf diese Inseln verschlagen hatte, ging schließlich auch eine ganz neue Familie von Vögeln hervor: die Zuckervögel. Sie zählt heute rund zwei Dutzend Arten.

Ein Räderwerk von Wechselwirkungen

In der langen Geschichte der Biosphäre war allerdings die Entstehung und erste Entfaltung des Lebens das weitaus wichtigste Ereignis; denn damit begann die Biosphäre mit der Erdoberfläche in Wechselwirkung zu treten. So werde ich mich hier nicht sonderlich mit der faszinierenden Vielgestaltigkeit und Komplexität der irdischen Lebewesen oder mit Einzelheiten der Evolution befassen. Stattdessen möchte ich mich allein darauf konzentrieren, in welch folgenschwerer Weise das Leben Geschichte und Oberfläche unserer Erde gewandelt hat und wie es selbst wieder verändert wurde, seit die Erdoberfläche vor 4 Milliarden Jahren erstmals Leben ermöglichte.

Heute gibt es im Bereich der Oberfläche, genauer einige Dutzend Meter unter oder bis rund 10 Kilometer über ihr, kaum ein Fleckchen, das so heiß, so kalt, so trocken, so verschmutzt oder so stark ionisierenden Strahlen ausgesetzt ist, daß es sich wirklich bar jeden Lebens zeigt. Dies war jedoch nicht immer der Fall.

Die Hauptarbeit der Biosphäre haben auch nicht jene Mitglieder zu Lande und zu Wasser geleistet, die heute am augenfälligsten sind: die wohlbekannten vielzelligen Pflanzen und Tiere. Vielmehr hatte das Reich der Mikroben, jener anspruchslosen, morphologisch einfachen, aber biochemisch vielfältigen und anpassungsfähigen Massen der Kleinsten, schon immer die geochemisch aktivsten Mitglieder.

Die Bio-, die Hydro- und die Atmosphäre treten untereinander und mit der

Bild 1: Die *Landsat*-Aufnahme zeigt das Große Barriereriff in der Gegend um Kap Melville (Mitte links) im Nordosten Australiens. Das Riff, in erster Linie ein Werk der Korallen und Algen, ist ein lebendes Beispiel dafür, wie die Biosphäre in großem Maße mit der Litho-, Hydro- und Atmosphäre in Wechselwirkung tritt. Als fast 2000 Kilometer langer natürlicher Wellenbrecher erstreckt es sich vom Wendekreis des Steinbocks nordwärts bis in die Torres-Straße, die Meerenge zwischen Australien und Neu-Guinea. Das Riff verläuft in einem Abstand von 15 bis 150 Kilometer parallel zur Küste von Queensland, wobei sich zwischen dem Außenriff und der Strandzone des Festlandes noch zahlreiche andere Riffstrukturen erheben. Die abgebildete Fläche ist 60 Kilometer breit.

äußeren Erdkruste in allumfassende, fortwährende Wechselwirkungen – eine Sache von Kreisläufen in Kreisläufen in Kreisläufen.

Ein gutes Drittel aller chemischen Elemente unterliegt einem biologischen Recycling. Auch können einige Organismen vergleichsweise seltene Elemente weit über den Normalgehalt hinaus anreichern.

Sämtliche Lebewesen nutzen neben Wasserstoff, Sauerstoff, Kohlenstoff und Stickstoff auch Phosphor, Schwefel, Calcium, Kalium, Magnesium, Natrium, Eisen, Mangan, Kobalt, Kupfer sowie Zink. Und sie führen all diese Elemente wieder dem Kreislauf zu. Die meisten Organismen verwenden auch Chlor in irgendeiner Weise. Daneben wird rund ein Dutzend weiterer Elemente für besondere biologische Funktionen benötigt. Mikroorganismen können sogar in einem Milieu mit solch aggressiven Substanzen wie Schwefelsäure, Phenol oder Schwefelwasserstoff leben und diese auch nutzen. Nicht zuletzt bewirken biologische Prozesse auch enorme Anreicherungen von Silicium, Eisen, Mangan, Schwefel und Kohlenstoff in der Erdkruste.

Gesteinsverwitterung, Bodenbildung und das Zustandekommen vieler Sedimentgesteine sind ebenfalls wichtige Teileffekte mikrobieller und anderer biologischer Aktivitäten. Der Sauerstoff der Atmosphäre stammt zu einem überwältigenden Teil aus der Photosynthese der grünen Pflanzen, die zudem mit ihren Überresten Kohlenstoff in Böden und Sedimente einbringen und damit der Atmosphäre entziehen.

Die pflanzenfressenden Haustiere, die uns mit ihrem Protein lebensnotwendige Aminosäuren liefern, kommen nicht ohne die Funktionen ihrer Verdauungsbakterien aus – wir übrigens auch nicht. Und viele der Pflanzen, von denen sich letztlich ja alle Tiere ernähren, sind auf Stickstoff fixierende Bakterien und Blaualgen angewiesen. Diese Blaualgen (Cyanobakterien) sind die nächsten Verwandten der Bakterien und Relikte aus der Frühzeit der Erde. Die Biosphäre wirkt sich also tiefgreifend und allüberall auf den Rest der Erdoberfläche aus, spricht aber selbst wieder hochempfindlich auf die Rückkoppelung mit anderen Sphären an.

Erste Lebensspuren

Für unseren öden und leeren Planeten war das erste Leben eine dramatische Neuerung, die einen beispiellosen, folgenschweren geologischen Prozeß einleitete. Man kann zwar nicht mit Sicherheit sagen, wie und wann genau auf der Erde das Leben entstand, ist aber auch nicht mehr auf bloße Mutmaßungen angewiesen. So gibt es heute Hinweise auf die nichtbiologischen Quellen, denen wahrscheinlich die ersten organischen, aber noch nicht lebenden Makromoleküle entstammten, sowie auf die autokatalytischen Prozesse, die diese Moleküle zu Bestandteilen der ältesten Zellen zusammengebaut haben dürften.

Mit einiger Sicherheit waren jedenfalls die ersten Lebensformen unseres Planeten biochemisch einfach, einzellig (oder gar nicht zellulär), dabei wahrscheinlich kugelförmig und auf extrazelluläre Nährstoffe angewiesen. Würde man solche Objekte als Fossilien finden, so ließen sie sich vermutlich aufgrund ihres Aussehens nicht von anderen ähnlichen, aber nichtbiologisch entstandenen Strukturen unterscheiden.

Innerhalb bestimmter Grenzen kann man auch abschätzen, wann und unter welchen Bedingungen die Protobiosphäre zu existieren begann. Selbst einige der nachfolgenden Schritte und Wechselwirkungen mit der nichtbiologischen Welt lassen sich rekonstruieren. Die biosphärischen Prozesse im Laufe der Erdgeschichte gehören in das weite Feld der Biogeologie. Indizien liefern die Überreste aufgefundener Mikroorganismen sowie sedimentäre, durch deren Aktivitäten gebildete Strukturen, die Geochemie und die Isotopenzusammensetzung biologisch bedeutsamer Elemente sowie die Biogeochemie organischer Substanzen und Produkte.

Die beiden ältesten gewichtigen Funde machte man in West-Australien. An einer Stelle – sie liegt nahe einem Ort, der so einsam ist, daß er North Pole getauft wurde – kommen etwa 3,5 Milliarden Jahre alte Gesteine, die Warrawoona-Gruppe, vor. In ihnen wurden sedimentäre Strukturen entdeckt, die Stromatolithen gleichen. Die kuppelförmig aufgewölbten Lamellen darin deutet man – ausgehend vom Aufbau heutiger Blaualgenkolonien – als Reste übereinandergewachsener fossiler Algenrasen. (Außerdem lassen sich in den Gesteinen Mikrofilamente, ähnlich fädigen Bakterien, erkennen, die aber möglicherweise nicht gleichzeitig mit den sie einschließenden Sedimenten abgelagert wurden.)

Den anderen wegweisenden Fund machte man in 2,8 Milliarden Jahre alten Schichten der Fortescue-Gruppe. Sie bergen die älteste fossile Mikroflora, bei der meines Erachtens zweierlei überzeugend zu erkennen ist – daß sie sowohl biologischer Herkunft ist als auch altersgleich mit den sie einschließenden Gesteinen.

Bild 2: Das bislang älteste bekannte Sedimentgestein der Erde wurde im Gebiet von Isua im Südwesten Grönlands gefunden; es wurde vor 3,8 Milliarden Jahren abgelagert. Die Probe aus einer Formation gebänderter Eisensteine zeigt nicht die rötliche Färbung in den alternierenden dunklen Streifen, wie sie sonst solchen Steinen eigen ist. Die Streifen entsprechen dünnen aufeinanderfolgenden Schichten, die heute gefaltet und gestreckt sind. Formationen dieser Art gehörten einst zu den „Sauerstoff-Senken", die freien Sauerstoff in der frühen Atmosphäre der Erde nicht oder nur in Spuren zuließen. Die rhythmische Bänderung der Probe und das charakteristische Kohlenstoff-Isotopen-Verhältnis deuten bereits auf Lebensvorgänge hin.

Ein drittes wichtiges Relikt bergen 2 Milliarden Jahre alte kieselsäurehaltige Gesteine am Nordufer des Oberen Sees in Kanada. Die Gesteine gehören zur Gunflint-Iron-Formation und enthalten eine Vielzahl und Fülle echter „zeitgenössischer" Mikrofossilien, die einen Vergleich mit der reichsten heutigen Mikroflora nicht zu scheuen brauchen. Zur Mikroflora dieser Formation gehören sogar die ältesten bekannten Fossilien mit einer deutlichen Differenzierung in mindestens zwei Zellformen. Ein häufiges fädiges Mikrofossil gleicht sehr stark den heutigen Süßwasser-Blaualgen aus der Gattung *Nostoc*; andere ähneln hingegen „knospenden" Bakterien (Bild 4, Mitte). Daß sie so alt sind und dennoch lebenden Organismen gleichen, spricht für eine Kontinuität biologischer Funktionsformen von vor 2 Milliarden Jahren bis zum heutigen Tag.

Noch ältere Lebensspuren von Mikroorganismen sind in dieser Hinsicht weniger schlüssig. Die fossilen Überreste in der 2,8 Milliarden Jahre alten Fortescue-Gruppe bestehen aus fädigen Ketten von zellähnlichen Gebilden. Zwar lassen sie keine zelluläre Differenzierung erkennen, aber ansonsten ähneln die dünnen Fäden bestimmten lebenden Blaualgen (Bild 4, rechts).

Die 3,4 bis 3,5 Milliarden Jahre alten Warrawoona-Gesteine weisen an der Stelle, die das beste Material liefert, nicht nur drei verschiedene Arten postsedimentärer Bruchbildungen auf, sondern haben sich auch in ihrer ursprünglichen chemischen Zusammensetzung gewandelt und wurden nachträglich intensiv mit Eisen durchsetzt. Die am besten erhaltenen und häufigsten mikrobiellen Formen dieser Gesteine ähneln den flachen, spiralig verdrehten Stielen des heutigen „gestielten" Eisenbakteriums *Gallionella ferruginea*. Allerdings sind die Anzeichen dafür, daß ihr Alter mit den sie umschließenden Sedimentgesteinen übereinstimmt, nicht überzeugend. In als gleichalt angesehenen Gesteinen gibt es dort jedoch feingeschichtete, wellen- und kuppelförmig aufgewölbte Stromatolith-Strukturen, wie sie heute noch im Flachwasser von Kolonien bestimmter Blaualgen gebaut werden. Diese uralten Stromatolithen sind ein Indiz, jedoch kein Beweis dafür, daß zur Warrawoona-Zeit Mikroben existierten – vielleicht die Vorläufer der Blaualgen oder deren bakteriellen Verwandten.

Einen noch undeutlicheren Hinweis liefert ein noch älterer Fund aus kohligen Sedimentgesteinen des Isua-Gebietes im Südwesten Grönlands (Bild 2). Das Verhältnis der beiden Kohlenstoff-Isotope in diesen 3,8 Milliarden Jahre alten Gesteinen zeigt eine Anreicherung des Kohlenstoff-13 gegenüber dem leichteren Kohlenstoff-12, wie es bei biologischen Prozessen allgemein üblich ist. Demnach könnte bereits so früh Leben auf der Erde existiert haben. Doch ist die beobachtete Fraktionierung, was ihre Ursache anbelangt, nicht schlüssig. Sie könnte zwar das Werk von aeroben oder anaeroben Photosynthese treibenden Organismen oder von Methan assimilierenden Bakterien sein; denkbar wäre aber auch, daß sie auf irgendeinen nichtbiologischen Prozeß zurückgeht.

Bild 3: Roter Tonschiefer, schätzungsweise um 2 Milliarden Jahre alt, überzieht hier etwa 2,5 Milliarden altes Granitgestein am Lake Cambrien in Quebec. Als eines der ältesten bekannten Rotsedimente liegt es unter den jüngsten Formationen gebänderter Eisensteine. Rotsedimente markieren den Übergang von praktisch anoxischen (sauerstofflosen) zu schwach oxischen Bedingungen, bei denen die Atmosphäre bereits ständig etwas Sauerstoff enthielt.

Unwirtliche Anfangsbedingungen

Wie sah in jenen Tagen das Gesicht unserer Erde aus? Bis jetzt hat man nirgendwo auf der Erde ältere Gesteine als die von Isua gefunden, obwohl wesentlich ältere Gesteine vom Mond und in Form von Stein-Meteoriten bekannt sind. Wenn man jedoch das offenbar starke Meteoriten- und Kometen-Bombardement in der Anfangszeit des Sonnensystems berücksichtigt, so läßt sich mit Sicherheit schließen, daß die Erde bis vor 4 Milliarden Jahren für Leben, wie wir es kennen, ausgesprochen unwirtlich war. Dazu haben die anfänglichen Oberflächentemperaturen nahe oder über dem Schmelzpunkt des Eisens ebenso beigetragen wie das Fehlen einer Atmosphäre und einer Hydrosphäre sowie die intensive, ungehemmte Sonneneinstrahlung. Wie das Leben hat sich aber auch die Erde entwickelt, und die Bedingungen änderten sich.

Interpretiert man die geologischen Belege frei unter dem Aspekt grundlegender biologischer Prinzipien, so läßt sich daraus über die Umwelt vor 3,8 Milliarden Jahren folgendes schließen: Die sich damals entwickelnde Atmosphäre war anoxisch, das heißt, ihr fehlte jeglicher dauerhaft freier Sauerstoff. Ihre gasförmigen Hauptbestandteile waren höchstwahrscheinlich Kohlendioxid, Stickstoff, Wasserdampf, Kohlenmonoxid und möglicherweise auch Schwefelwasserstoff. Vielleicht gab es auch Spuren von Wasserstoff, Chlorwasserstoff, Ammoniak und Methan. Es gab weder normalen molekularen Sauerstoff (O_2) oder atomaren Sauerstoff (O), noch trat Ozon (O_3) auf.

Was auch immer sich vorübergehend an freiem Sauerstoff durch Photolyse, durch lichtinduzierte Spaltung von Wasserdampf oder Kohlendioxid bilden konnte, wurde rasch wieder verbraucht – von chemischen Reaktionen, von den aus dem Erdinneren ausgestoßenen reduzierten Gasen und von einer Vielzahl weiterer Sauerstoff-Senken.

Die sich entwickelnde Hydrosphäre war wahrscheinlich salzig, wenn auch weniger als die heutigen Meere, da das Wasser von eishaltigen Kometenkernen verdünnt wurde. Die uralten Sedimentgesteine von Isua geben uns zudem Gewißheit, daß die mittlere Oberflächentemperatur unseres Planeten bis zurück in die Zeiten, in die die geologische Überlieferung zurückreicht, über dem Gefrierpunkt und unter dem Siedepunkt des Wassers lag. Dauerfrost, wie er aus der „schwachen jungen Sonne" der Astronomen zu schließen ist, wurde vermutlich durch den „Treibhaus-Effekt" der Atmosphäre mit ihrem Kohlendioxid, Wasserdampf und Ammoniak vereitelt.

Wie könnte in einem solchen Szenarium nun Leben entstanden sein? Wir brauchen hierfür eine oder mehrere Energiequellen, eine als Matrize dienende Struktur oder einen ebensolchen Mechanismus, um die Asymmetrie, die Händigkeit der Aminosäuren und Zukker zu erklären, weiterhin eine lokale Anhäufung organischer Makromoleküle sowie katalytische Effekte, um den Prozeß gerichtet zu beschleunigen. Experiment, Beobachtung und Überlegung stützen die Ansicht, daß die Energie für die präbiotischen und frühen biochemischen Reaktionen von der Ultraviolett-Strahlung der Sonne bereitgestellt wurde. Möglicherweise gab es noch andere Energiequellen, elektrische Entladungen etwa oder chemische Reaktionen.

Asymmetrische Minerale wie Tone, vielleicht auch das polarisierte Licht, haben möglicherweise die Bildung und Konzentrierung asymmetrischer, organischer Moleküle von noch unbiologischer Herkunft begünstigt. Autokatalytische Effekte waren sicherlich in verschiedener Form möglich: durch das periodische Gefrieren und Auftauen im kurzen Tag-Nacht-Zyklus der sich rasch drehenden jungen Erde, durch Eisen- und Magnesiumverbindungen, durch Kondensationsreaktionen (bei denen Moleküle unter Verlust von Wasser miteinander verknüpft werden) und schließlich durch chemische Selektion.

Wie auch immer die Einzelheiten ausgesehen haben mögen – die Entstehung des Lebens war ein einzigartiges dramatisches Ereignis. Wenn man all die biosphärischen Wechselwirkungen berücksichtigt, dann konnte danach nichts an der Erdoberfläche jemals wieder so sein wie zuvor.

Wie könnte die Biosphäre – mit ihrem so wenig verheißungsvollen, sauerstofflosen Urbeginn – zu dem geworden sein, was sie heute ist? Die zentrale und allgegenwärtige Triebfeder war die Anpassung durch natürliche Selektion, eine Reaktion auf sich ändernde ökologische Herausforderungen und Gegebenheiten. Unter diesen Faktoren möchte ich besonders die Rolle des Sauerstoffs hervorheben.

Stoffwechsel und Sauerstoff

Sauerstoff, vor allem in seiner molekularen Form, war für die junge Biosphäre etwa das, was ganz analog die Kernkraft heute für sie ist: ein Reichtum an Entwicklungsmöglichkeiten, belastet mit dem Fluch, daß er sowohl Nutzen wie Verderben stiften kann.

Die Biosphäre ist ein riesiger Stoffwechselapparat zum Einfangen, Speichern und Übertragen von Energie. Sie führt diese Stoffwechselfunktionen in zweierlei Weise aus: durch Gärung und durch Atmung, wobei beidesmal der Zucker Glucose enzymatisch über Zwischenschritte abgebaut und Energie gewonnen wird.

Eine Gruppe von Organismen, allesamt Bakterien, nutzt lediglich die Gärung. Die meisten anderen Organismen – hauptsächlich höhere Lebewesen, aber auch einige Mikroorganismen – „veratmen" die Glucose. Dieser Stoffwechselweg beginnt mit der von den Gärern ähnlich genutzten Glykolyse und setzt sich dann in einem als Citronensäure-Cyclus bekannten Reaktionskreislauf fort, der schließlich über die sogenannte oxidative Phosphorylierung die Energieausbeute um ein Vielfaches gegenüber der Gärung – exakt um den Faktor 14 – steigert. Die biologische Energie wird dabei in Form von Adenosintriphosphat (ATP) gewonnen.

Aus dem gemeinsamen Anfang ist zu schließen, daß die Gärung die primitve Form des Stoffwechsels, die Atmung hingegen die davon abgeleitete Form ist. Nur so läßt sich erklären, daß beider Vorkommen weitgehend mit der Zweiteilung des Lebens in die Prokaryonten und die nach ihnen entstandenen Eukaryonten übereinstimmt. Prokaryonten sind meist Gärer. Ihren Zellen fehlt – anders als den meist obligat atmenden Zellen der Eukaryonten – ein membranumhüllter Zellkern. Auch in anderer Hinsicht unterscheiden sie sich grundlegend voneinander.

Mit der Atmung als abgeleiteter Form kann man auch am besten erklären, warum der Citronensäure-Cyclus „gärenden" Anfangsschritten gewissermaßen aufgepropft ist. Die Blaualgen sind zwar Prokaryonten, aber dem Stoffwechsel nach Zwischenformen: Einige können die bei ihnen vorhandene oxidative Phosphorylierung abschalten und nur durch Gärung existieren. Als erste Photosynthese treibende „Grünpflanzen" haben sie ihre Bande zu den anaeroben bakteriellen Vorläufern nicht vollständig zerschnitten.

Was als Triebkraft hinter den Wechselwirkungen der Biosphäre mit der Litho-, Hydro- und Atmosphäre steckt, sind daher zwei wesentliche Reaktionen: die Bildung von Glucose mit Hilfe äußerer Energiequellen und ihr Abbau mit der damit einhergehenden Erzeugung von ATP, wie es besonders stark durch die oxidative Phosphorylierung geschieht.

Als die frühen Blaualgen oder Proalgen erstmals unverkennbare Spuren in Form der Gunflint-Mikroflora hinterließen, waren möglicherweise bereits fast 2 Milliarden Jahre seit der Entstehung des Lebens vergangen. Wahrscheinlich besaß die Atmosphäre erst ungefähr 1 Prozent des gegenwärtigen Sauerstoffgehaltes (Bild 5). Doch daß sie ihn hatte, hieß zugleich, daß die anfänglich vorhandenen Sauerstoff-Senken allmählich aufgefüllt wurden und daß der Sauerstoff sich nun in der Hydrosphäre anreichern und in die Atmosphäre entweichen konnte. Ungefähr von da an war die oxidative Phosphorylierung sicherlich eine Lebenstatsache.

Sauerstoff, ein Gift

Hier ist angezeigt, näher darauf einzugehen, wie die Evolution der Biosphäre wohl mit der Entwicklung der anderen großen aktiven Sphären verknüpft war, die die dynamische Erde ausmachen. Obwohl das Beweismaterial noch immer erschreckend unvollständig ist, reicht es doch aus, die mutmaßlich sich entwikkelnden Verknüpfungen zwischen diesen Sphären konsistent, wenn auch vorläufig, zu beschreiben.

Neben dem in Luft und Wasser steigenden Sauerstoffgehalt werde ich mich auch kurz mit der Evolution der eukaryontischen Zelle befassen, denn sie kündigt bereits die vielzelligen Tiere – die Metazoen – an, die rund 700 Millionen Jahre später aus solchen Zellen entstanden. In den Zeiten danach beeinflußte die Plattentektonik tiefgreifend die Evolution der Metazoen und Landpflanzen. Hier jedoch werde ich mikrobielle Prozesse herausstellen, die später durch höhere Algen und Landpflanzen unterstützt wurden.

Was wirklich einer Erklärung bedarf, ist nicht der anfängliche Mangel an atmosphärischem Sauerstoff, sondern dessen Überfluß am Ende. Von praktisch Null stieg der Wert auf vielleicht 7 Prozent des gegenwärtigen Sauerstoffgehaltes zu der Zeit, als die ersten Metazoen erschienen, und dann bis zum

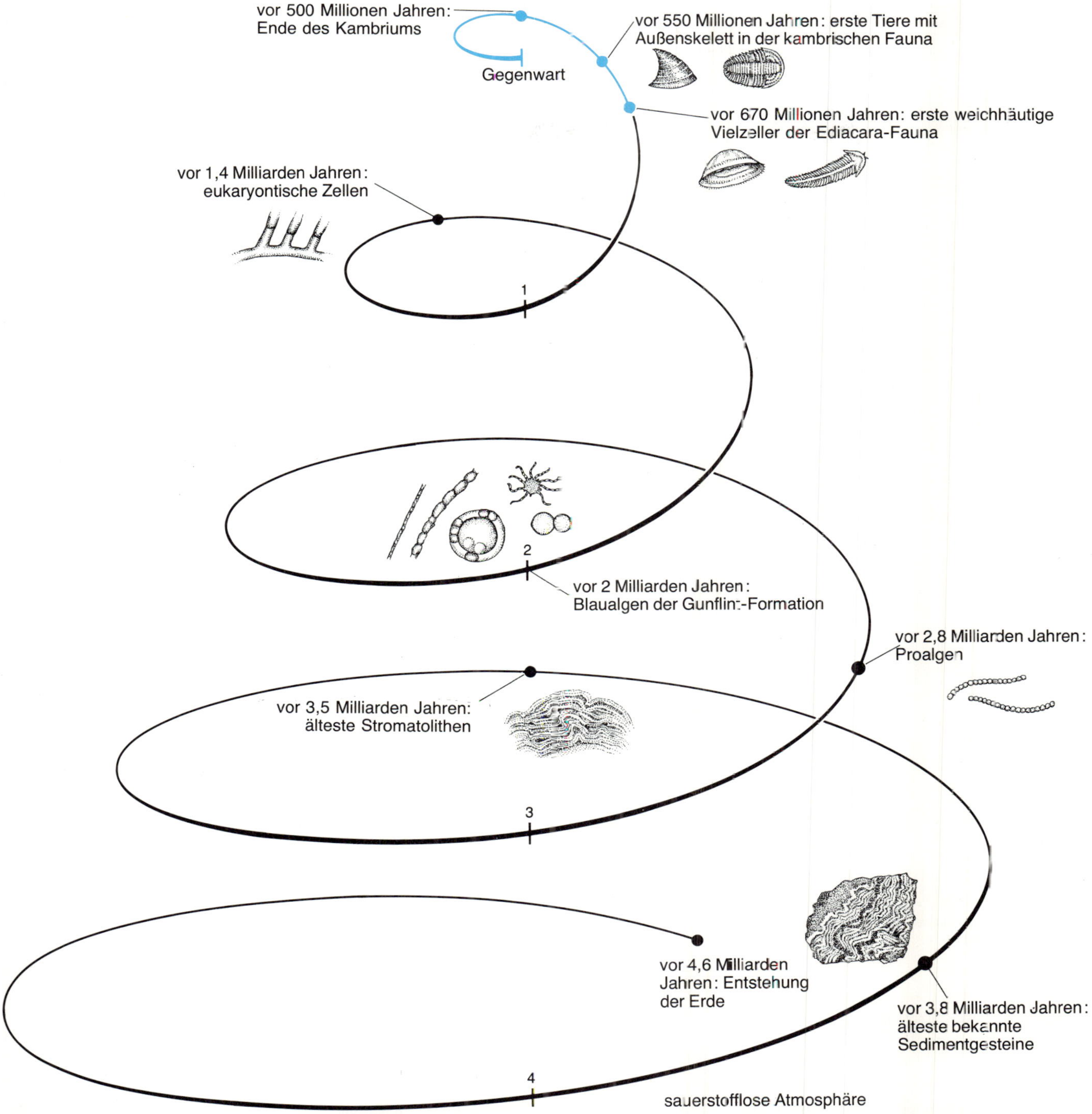

Bild 4: Die aufsteigende Spirale symbolisiert die frühesten Phasen in der biogeologischen Geschichte unserer Erde (schwarz). Sie beginnt vor rund 4,6 Milliarden Jahren, kurz nach der Bildung des Sonnensystems. Aus dieser lebensfeindlichen Zeit ist kein direktes geologisches Zeugnis überliefert. Die ältesten Sedimentgesteine sind etwa 3,8 Milliarden Jahre alt. Damals bestand die sich entwickelnde Atmosphäre vermutlich vor allem aus Kohlendioxid, Wasserdampf, Stickstoff, Kohlenmonoxid, Schwefelwasserstoff und Wasserstoff. Freier Sauerstoff war entweder überhaupt nicht oder, wenn doch, nur in Spuren und vorübergehend vorhanden. Damals hatte sich die feste Erdoberfläche von Temperaturen um den Schmelzpunkt von Eisen auf durchschnittlich solche zwischen Siede- und Gefrierpunkt des Wassers abgekühlt. Die junge Sonne, mit damals nur 60 bis 70 Prozent ihrer heutigen einfallenden Intensität, ermöglichte dennoch, dank dem „Treibhaus"-Effekt der kohlendioxidreichen Atmosphäre, einen Temperaturbereich, der Lebensvorgänge zuließ. Ungefähr 300 Millionen Jahre später in der Erdgeschichte entstanden Stromatolithen, sedimentäre Strukturen, die Ablagerungen ähneln, wie sie auch heute noch von gewissen photosynthetisierenden Blaualgen gebildet werden. Wieder 700 Millionen Jahre später wurden dort, wo heute West-Australien liegt, Sedimente mit winzigen fädigen Strukturen abgelagert. Die mikrobielle Herkunft dieser Mikrofossilien ist überzeugend; es sind vermutlich Proalgen. Vor rund 2 Milliarden Jahren, hier auf der dritten Spiralwindung, finden sich anhäufende Kieselgele einer Eisen-Formation am Oberen See in Kanada fädige Zellketten, Einzelzellen und sogar noch komplexere Strukturen ein. Einige davon zeigen zwei oder drei Zelltypen, die den heute lebenden Blaualgen der Gattung *Nostoc* ähneln. (Blaualgen sind wie Bakterien Prokaryonten, denn ihren Zellen fehlt der für eukaryontische Zellen charakteristische Zellkern.) Damals hatte der Sauerstoffgehalt der Hydro- und der Atmosphäre schätzungsweise etwa 1 Prozent der heutigen Konzentration erreicht. So konnte sich eine schwache Ozonschicht bilden, welche die Erdoberfläche von schädlicher Ultraviolett-Strahlung abschirmte. Die ältesten glaubhaft eukaryontischen Zellen stammen aus der Zeit vor rund 1,4 Milliarden Jahren. Ihr Erscheinen hatte sich durch eine allgemeine Zunahme des mittleren Zelldurchmessers angekündigt. Die ersten bekannten fossilen Vielzeller sind in 670 Millionen Jahre alten Sedimenten der Ediacara Hills in Süd-Australien überliefert. Es handelt sich um eine bemerkenswert vielfältige Gruppe von Meerestieren. Da ihnen ein Außenskelett fehlt, dürfte der Sauerstoffgehalt damals nahe bei 7 Prozent der heutigen Konzentration gelegen haben. Das Erscheinen der Vielzeller kennzeichnet das Ende der frühen geologischen Zeitabschnitte (schwarz). Jetzt beginnt das Phanerozoikum (farbig) – die Zeit vom Kambrium bis heute mit ihren eindeutig durch Fossilen belegten und danach datierbaren Abschnitten. Vielzeller mit einem Außenskelett sind uns erstmals aus dem Kambrium fossil erhalten geblieben.

Schlüsselereignis	Milliarden Jahre vor heute	überlieferte Lebensspuren	Sauerstoffanteil gegenüber heute	Begleitereignisse und Folgen
8. voller Sauerstoffgehalt	0,4	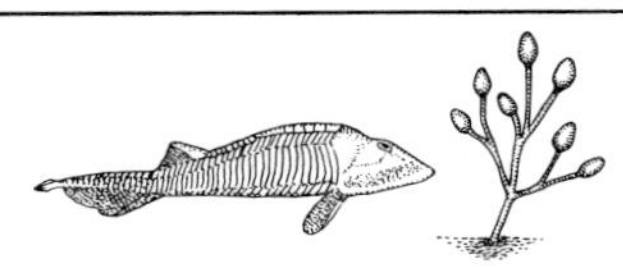 große Fische, erste Landpflanzen	100	biosphärische Evolution bis heute
7. Vielzeller mit Außenskelett	0,55	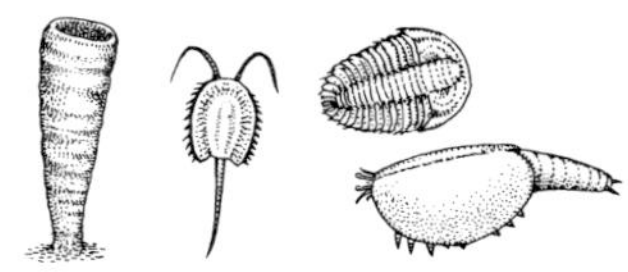 kambrische Fauna	~10	Grabspuren; Höherentwicklung
6. erste fossile Vielzeller	0,67	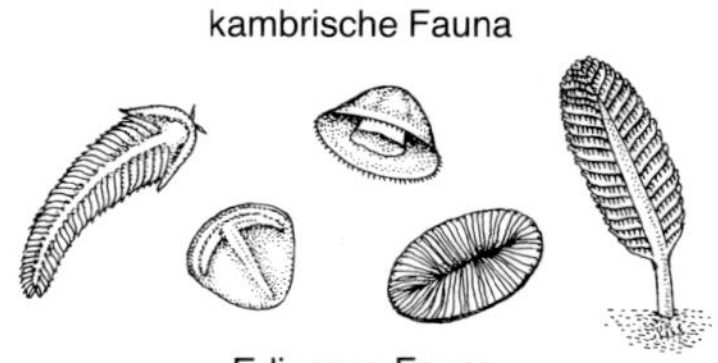 Ediacara-Fauna	~7	fossile Vielzeller und „Fährten"
5. erste fossile eukaryontische Zellen	1,4	 Zellen mit größerem Durchmesser	>1	Rotsedimente nehmen zu, mehrzellige Organismen, Mitose, Meiose, genetische Rekombination
4. sauerstofftolerante Blaualgen	~2,0	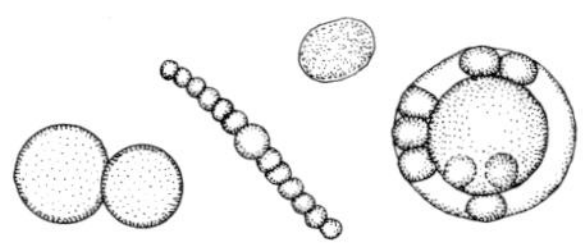 vergrößerte dickwandige Zellen, eingestreut in Zellketten von Blaualgen	~1	Atmungsstoffwechsel, Ozon-Schirm; älteste Rotsedimente überschneiden sich mit jüngsten gebänderten Eisensteinen
3. Photosynthese, wahrscheinlich sauerstofferzeugend	>2,8	 Stromatolithen	<1	Chlorophyll *a* und Cytochrom *b*; Formationen gebänderter Eisensteine und andere Sauerstoff-Senken; Treibhaus-Effekt nimmt ab
2. autotrophe Lebensweise Energiequelle: Methansynthese? Schwefeloxidation?	>3,5	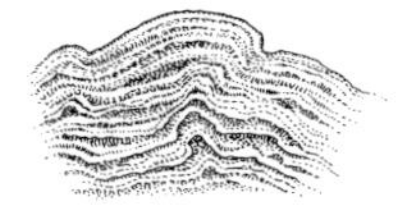 Stromatolithen, Sulfat, „leichter" Kohlenstoff	sauerstofflos	Strukturen, die heutigen ähneln
1. Entstehung des Lebens	(~3,8?)	„leichter" Kohlenstoff	sauerstofflos	Beginn der biosphärischen Evolution

Bild 5: Die Aufstellung zeigt acht Schlüsselschritte in der frühen Biosphäre. Sie beginnt mit der Entstehung des Lebens vor rund 3,8 Milliarden Jahren (1). Dieser Zeitpunkt läßt sich aus dem geänderten Verhältnis der Kohlenstoff-Isotope ableiten: Kohlenstoff-13 nimmt anteilsmäßig gegenüber dem leichteren Kohlenstoff-12 (hier „leichter" Kohlenstoff genannt) ab, was für biologische Prozesse charakteristisch ist. Einige Hundert Millionen Jahre später war zwar weder in der Atmosphäre noch in der Hydrosphäre dauerhaft Sauerstoff vorhanden, doch die ersten Stromatolithen (Bild 4) verraten, daß irgendwelche autotrophen (sich selbst ernährenden) Organismen entstanden waren (2). In wieder 800 Millionen Jahre jüngeren Schichten finden sich weitere Stromatolithen zusammen mit den fossilen Überresten von Organismen, die Blaualgen oder deren Vorläufer zu sein scheinen (3). Hier könnten die Anfänge der Sauerstoff erzeugenden Photosynthese liegen. Mit ihr wurden die Lebewesen vor das Problem gestellt, sich vor dem aggressiven Sauerstoff zu schützen. Formationen gebänderter Eisensteine, die bei ihrer Bildung als große Sauerstoff-Senken wirkten, dürften das Problem allerdings zunächst aufgeschoben haben. Vor rund 2 Milliarden Jahren (4) erschienen Blaualgen, die aus Ketten winziger Zellen bestanden. Einzelne davon sehen mit ihren verdickten Zellwänden wie die Grenzzellen von Blaualgen aus, die darin ihre Stickstoff fixierenden Enzyme vor freiem Sauerstoff schützen. Sie zeigen, daß sich damals Sauerstoff in der Hydrosphäre anzureichern begann und legen auch nahe, daß der Atmungsstoffwechsel als überlegener Energielieferant im Kommen war. Aus ungefähr dieser Zeit stammen die ersten kontinentalen Rotsedimente, was für die Entwicklung einer permanent sauerstoffhaltigen Atmosphäre spricht. In der Spanne bis vor 1,4 Milliarden Jahren entwickeln sich die Eukaryonten mit ihren im allgemeinen größeren und kernhaltigen Zellen (5) – und mit ihnen drei charakteristische Merkmale: die Mitose (die normale Zell- und Kernteilung, bei der sich die verdoppelten Chromosomen in der Äquatorialebene anordnen und von Spindelfasern geleitet auf beide Zellhälften verteilen), die Meiose (die Reduktionsteilung, bei der sich die Zahl der Chromosomen halbiert) und die genetische Rekombination (die Neukombination des Erbgutes durch sexuelle Vorgänge). Aus der Zeit vor 670 bis 550 Millionen Jahren kennt man dann Fossilien, die bereits Mehrzeller sind (6). Sie wurden weltweit gefunden und bilden die sogenannte Ediacara-Fauna, weichhäutige marine Tiere, die teilweise bereits heutigen Formen gleichen (Bild 8). Vor etwa 550 Millionen Jahren entwickelte sich die kambrische Fauna (7), eine weltweite Abfolge sehr alter Organismen, darunter die ersten (oder fast die ersten) wirbellosen Tiere mit einem Außenskelett. Damals dürfte der Sauerstoffgehalt der Atmosphäre schätzungsweise 10 Prozent des heutigen Wertes entsprochen haben. Rund 150 Millionen Jahre später (8) hatte der Sauerstoffgehalt wahrscheinlich den heutigen Level erreicht. Große aktive Meeresfische sowie Pflanzen und wirbellose Tiere auf dem Land sprechen jedenfalls dafür. Ihre Nachkommen haben schließlich alle ökologischen Nischen unseres Planeten besetzt.

heutigen Level, der bereits Mitte des Paläozoikums, des Erdaltertums, nahezu erreicht war (Bild 5). Soviel ist wenigstens klar: Vernachlässigt man den wenigen photolytisch entstandenen Sauerstoff, so beruhte der Anstieg in Hydrosphäre und Atmosphäre (wie er nach dem Auffüllen der wesentlichen Sauerstoff-Senken erfolgte) auf der sedimentären Abtrennung einer äquivalenten Menge an Kohlenstoff. Um zu zeigen warum, möchte ich die Photosynthese vereinfacht mit der Gleichung

$$nCO_2 + nH_2O \rightleftharpoons (CH_2O)_n + nO_2$$

wiedergeben. $(CH_2O)_n$ steht dabei für Kohlenhydrat, für Glucose.

Damit die sauerstoffreiche Atmosphäre der Erde geschaffen und erhalten werden konnte, mußte der Kohlenstoff des Kohlenhydrats jeweils schneller in den Sedimenten begraben werden, als der neu gebildete Sauerstoff in Oxidationsprozessen verbraucht wurde – ein Zyklus, der heute nur 3 Millionen Jahre dauert. Kurzum: Der Gehalt an atmosphärischem Sauerstoff beruht überwiegend auf einer Verzögerung im geochemischen Kreislauf der Photosyntheseprodukte.

Da die Menschen – wie die meisten anderen Eukaryonten – auf die „Veratmung" von Glucose angewiesen sind, erscheint ihnen wahrscheinlich der molekulare Sauerstoff als unbedingt lebensnotwendig. Doch wirkt er auf alle Lebensformen giftig, wenn die Enzyme fehlen, die schädliche Nebenprodukte des oxidativen Stoffwechsels wie etwa Wasserstoffperoxid reduzieren helfen. Auch mußte die Natur in zweierlei Hinsicht findig sein: Sie hatte den Zellkern und andere empfindliche Bereiche in der lebenden Zelle vor Sauerstoff zu schützen und zugleich einen oxidativen Stoffwechselweg zu entwickeln, bei dem nicht Sauerstoff eingebaut, sondern Wasserstoff entzogen wird.

Tatsächlich ist der Sauerstoff nicht für den Lebensprozeß selbst, sondern für eine hohe Energieausbeute unbedingt notwendig. Eukaryontische Organismen brauchen den Sauerstoff ausschließlich, um das für die Energieübertragung wichtige Grundmolekül ATP zu bilden. Würden nichtoxidative Prozesse ebensoviel ATP einbringen wie die oxidativen, so bestünde auch kein Stoffwechselbedarf an Sauerstoff.

Ebenso sicher ist, daß die präbiotische chemische Evolution, die den Grundstock organischer Makromoleküle lieferte, nicht in Gegenwart von freiem Sauerstoff hätte stattfinden können. Die Reaktionen wären nicht abgelaufen; und wenn doch, hätten ihre Produkte nicht überlebt. Auch hätten Lebensformen – ohne die erst später entwickelten enzymatischen Schutzeinrichtungen – nicht in Gegenwart von freiem Sauerstoff überleben können, es sei denn, er wäre nur vorübergehend und dann in verschwindend geringen Konzentrationen vorgekommen.

Diese indirekten, aber gut fundierten biochemischen Schlüsse werden durch geochemische und paläomikrobiologische Indizien gestützt, die die Annahme einer zunächst sauerstofffreien Erde bestärken. Die wenigen glaubwürdigen Fossilien aus der Zeit vor 2 Milliarden Jahren waren kugelige, zu fädigen Ketten aufgereihte Zellen, so klein und einfach, daß sie auf eine prokaryontische Natur und damit eine begrenzte Sauerstoff-Toleranz schließen lassen. Mit solch stattlichen Sauerstoff-Senken wie sulfidischen Gasen, Sulfidmineralen, zweiwertigem Eisen und reduzierenden Gasen aus den ausgedehnten archaischen Vulkangürteln vor 2,5 Milliarden Jahren und früher standen diese winzigen Organismen unter keinerlei Selektionsdruck, Abwehrmechanismen gegen Sauerstoff zu entwickeln. Tatsächlich sollte dieser Druck erst nach der Evolution der Sauerstoff freisetzenden Photosynthese durch die Blaualgen entstehen, und insbesondere nachdem auch die wichtigsten Sauerstoff-Senken abgesättigt waren.

Anfänge der Photosynthese

Das älteste paläontologische Indiz, daß biologisch gebildeter Sauerstoff in einer zuvor anoxischen Hydrosphäre sich anzureichern und damit auch in die Atmosphäre zu entweichen begann, stammt aus der Gunflint-Iron-Formation von vor rund 2 Milliarden Jahren. So zeigt der fossile Mikroorganismus *Gunflintia minuta* in seinen Zellketten gelegentlich vergrößerte Zellen, die in verblüffender

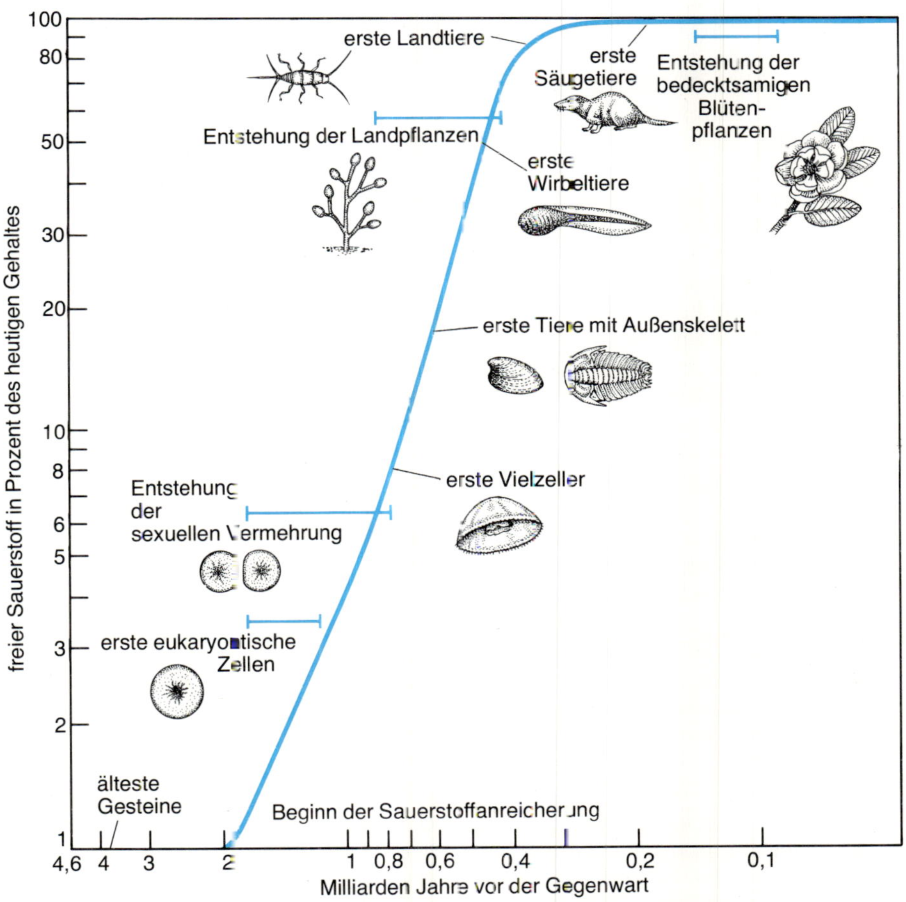

Bild 6: Die Anreicherung von Sauerstoff in der ursprünglich anoxischen Erdatmosphäre ist hier im doppeltlogarithmischen Maßstab dargestellt. Die Kurve zeigt, wie der Sauerstoffgehalt von etwa 1 Prozent des gegenwärtigen Wertes bis heute zugenommen hat. Mit eingezeichnet sind die Schlüsselereignisse in der Evolution der Biosphäre. Läßt sich der genaue Zeitpunkt nicht feststellen, so ist die mögliche Streubreite angegeben. So könnten etwa die einfachsten niederen Landpflanzen zu Beginn des Kambriums (vor 570 Millionen Jahren), aber auch bereits früher erschienen sein. Sporen, die von echten Gefäßpflanzen stammen dürften, tauchen allerdings erst Ende des Ordoviziums, vor 440 bis 430 Millionen Jahren, auf. Die anerkannt ältesten Landpflanzen im modernen Sinne entstanden im Silur und sind vielleicht 420 bis 415 Millionen Jahre alt. Aus der ungefähr gleichen Zeit kennt man skorpionartige Spinnentiere. Primitive Insekten erscheinen erst im Devon vor rund 380 Millionen Jahren.

Weise den dickwandigen Grenzzellen ähneln, wie sie in Abständen in den Ketten lebender Blaualgen wie *Nostoc* zu finden sind. Die Grenzzellen, in der Fachsprache Heterozysten genannt, schützen die für die Stickstoff-Fixierung benötigten Enzyme vor den zerstörerischen Wirkungen des Sauerstoffs. Weder vertragen noch erzeugen sie ihn, denn ihnen fehlen die Photosynthese-Pigmente.

Die Ähnlichkeit ist zu groß, um rein zufällig zu sein. Die Gunflint-Heterozysten lassen darauf schließen, daß vor 2 Milliarden Jahren der Sauerstoff in der Atmosphäre jene Konzentration überschritten haben mußte, die heute gerade das Stickstoff fixierende Nitrogenase-System inaktiviert. Ferner lassen sie darauf schließen, daß zu diesem Zeitpunkt, wenn nicht früher, etwas existierte, das sehr nach den heutigen *Nostoc*-Algen aussah. Solche Organismen konnten vermutlich das Wassermolekül spalten und daraus Sauerstoff freisetzen. Damit lieferten sie das entscheidende Molekül für die einträglichere oxidative Phosphorylierung, die über den Citronensäure-Cyclus dem reinen Gärungsstoffwechsel aufgesetzt wurde.

Wie könnten die ersten Blaualgen oder ihre Vorfahren solche Eigenschaften erworben haben? Und wie haben sie es wohl geschafft, den als Nebenprodukt gebildeten freien Sauerstoff auf Werte zu begrenzen, die sich von primitiven Atmungsenzym-Systemen bewältigen ließen? Antworten auf diese Fragen geben andeutungsweise die Vertreter der sechs Blaualgen-Gattungen, die von aerobem auf anaeroben Stoffwechsel umschalten können. Diese Arten gedeihen nur in Gegenwart von Schwefelwasserstoff, einem reduzierenden Gas, das den Partialdruck des sie umgebenden Sauerstoffs niedrig hält. Sie vertragen nur wenig Sauerstoff und vermögen von Wasser auf Schwefelwasserstoff als Wasserstoff- und damit Elektronenspender umzuschalten. Das Produkt einer solch anaeroben Photosynthese sind zwei Atome Schwefel anstelle von einem Molekül Sauerstoff. Die Schwefel-Atome werden dann von Schwefelbakterien zu Sulfat-Ionen „verarbeitet".

Irgendwelche photosynthetisierenden Schwefelbakterien waren möglicherweise die ersten Organismen, die durch Mutation die Fähigkeit erwarben, ihre als Reaktionsmotor benötigten Elektronen aus der Spaltung von Wasser anstelle aus der von Schwefelwasserstoff zu gewinnen. Gleichzeitig behielten sie aber die Fähigkeit, Schwefelwasserstoff als alternative Energiequelle zu verwerten. Der Erfolg einer solchen Mutante war gesichert, sobald sie das Nebenprodukt Sauerstoff sowohl zu erzeugen als auch zu tolerieren vermochte. Diese Anpassung machte sie ihren ausschließlich anaeroben mikrobiellen Konkurrenten überlegen. Man kann sich leicht weitere Mutationen vorstellen, die einen enzymatischen Schutz vor höheren Sauerstoff-Konzentrationen gewährten, ohne zunächst den Zugriff auf Schwefelwasserstoff als Not-Energiequelle zu verbauen.

Derartige Organismen könnten die Bildung ungewöhnlicher Gesteinsformationen bewirkt haben, die während des frühen und mittleren Präkambriums bis vor etwa 2 Milliarden Jahren entstanden. Es handelt sich dabei um Formationen aus gebändertem, eisenhaltigem Kieselschiefer (Bild 2). Bei fast völliger Abwesenheit von Sauerstoff könnte sich lösliches zweiwertiges Eisen vorübergehend großräumig verteilt haben; es hätte dann als Sauerstoff-Puffer gewirkt und das Wachstum Sauerstoff freisetzender, aber nur beschränkt sauerstofftoleranter photosynthetisierender Mikroorganismen stimuliert – genau wie das heute noch Schwefelwasserstoff vermag.

Solche Proto-Blaualgen dürften wiederum den Sauerstoff geliefert haben, der für eine vorübergehende starke Ausfällung von höherwertigen Eisenoxiden (Hämatit und Magnetit) erforderlich ist, wie sie in dem feingebänderten eisenhaltigen Kieselschiefer vorkommen. Die episodische Ausfällung, die sich in der Bänderung beobachten läßt, geht möglicherweise auf saisonale Wachstumsspitzen der Mikroorganismen zurück oder auf ein episodisches Aufsteigen zweiwertiger Eisen-Ionen aus anaeroben Becken – vielleicht auch auf beides. (Dies soll allerdings nicht heißen, daß alle Eisen-Formationen auf diese Weise entstanden.) Als kein zweiwertiges Eisen mehr nachgeliefert wurde, mußte der Gehalt an Sauerstoff in der Hydrosphäre steigen und damit auch mehr davon in die Atmosphäre entweichen.

Die Ein-Prozent-Marke

Daß sich vor rund 2 Milliarden Jahren die hauptsächlich anoxische Hydro- und Atmosphäre zu einer schwach oxischen entwickelte, wird durch zwei weitere geochemische Befunde gestützt. Zum einen kommt in Afrika und Amerika das leicht oxidierbare Mineral Uraninit verbreitet in Flußschottern vor, die älter als 2,3 Milliarden Jahre sind. Es ist einfach unwahrscheinlich, daß sich unter einer deutlich sauerstoffhaltigen Atmosphäre ein so leicht oxidierbares Mineral verbreitet in Flußablagerungen hätte anreichern können.

Zum anderen ist die gebänderte Eisen-Formation fast ausschließlich auf Gesteine beschränkt, die älter als ungefähr 2 Milliarden Jahre sind. Danach tauchen die ältesten bemerkenswerten Rotsedimente auf: Sandstein meist kontinentalen Ursprungs, dessen Rotfärbung vom Oxid des dreiwertigen Eisens herrührt (Bild 3). Während die gebänderten Eisensteine also darauf deuten, daß die Hydrosphäre allgemein anoxisch war und nur kurzfristig oxidierende Perioden vorkamen, lassen die Rotsedimente auf eine oxidierende Atmosphäre und Hydrosphäre schließen.

Wie hoch mag wohl vor 2 Milliarden Jahren die Konzentration an atmosphärischem Sauerstoff gewesen sein? Verschiedene Überlegungen sprechen dafür, daß sie etwa 1 Prozent der heutigen Konzentration ausmachte. Wird dieser Pegel unterschritten, so können sogenannte fakultative Anaerobier von aerobem auf anaeroben Stoffwechsel umschalten. Über der Ein-Prozent-Schwelle vermag sich dann genug Ozon zu bilden, so daß die kurzwelligere schädliche Ultraviolett-Strahlung der Sonne abgeschirmt wird. Vor rund 1,4 Milliarden Jahren existierten offensichtlich schon Eukaryonten, und das besagt, daß die kritische Schwelle früher erreicht worden war.

Andererseits kommt Uraninit nur in über 2,3 Milliarden Jahre alten Flußschottern vor; und das zeigt, daß die Schwelle bis dahin noch nicht erreicht war. Demnach ist ein beständig über 1 Prozent des heutigen Wertes liegender Sauerstoffgehalt der Atmosphäre ungefähr zwischen diesen Zeitmarken zu erwarten (Bild 6). Der allgemeine Wechsel von gebänderten Eisensteinen zu Rotsedimenten vor 2 Milliarden Jahren läßt darauf schließen, daß damals irgendein Schwellenwert für Sauerstoff für immer überschritten wurde. War das die Ein-Prozent-Marke? Höchstwahrscheinlich.

Wenn auch die Entstehung des Lebens das wichtigste Ereignis in der Evolution der Biosphäre war, so stehen ihm doch zwei Ereignisse nur wenig nach: vor etwas mehr als 2 Milliarden Jahren die Entstehung von Chlorophyll *a*, des „Blattgrün"-Pigments für die Sauerstoff erzeugende Photosynthese, und in der Zeit vor 1,4 bis vor 2 Milliarden Jahren die Entstehung eukaryontischer Zellen. Während in prokaryontischen Zellen die Desoxyribonucleinsäure (DNA) ein einziges langes Chromosom bildet, das wirr gefaltet die Zelle füllt, besitzen eukaryontische Zellen zahlreiche stäbchenförmige Chromosomen, die in einen schützenden membranumhüllten Zellkern eingeschlossen sind.

Bei der Mitose, der normalen Zell- und Kernteilung, scharen sich die paarweise zusammengehörenden Chromosomen unter dem richtenden Einfluß sogenannter Spindelfasern in der Äquatorialebene zusammen. Da sie sich zuvor verdoppelt, das heißt längsgespalten haben, entfällt auf jede Zellhälfte schließlich wieder ein kompletter Chromosomensatz. Die Bewegungen der Chromosomen hängen von kontraktilen Proteinen der Aktomyosin-Gruppe ab, die auch für die Kontraktion der Muskeln verantwortlich ist. Aktomyosin aber kann sich ohne Sauerstoff nicht bilden. Auch die höheren Schritte in der Synthese von Sterinen, Fettsäuren und dem Faserprotein Kollagen hängen von einem ausreichenden Sauerstoff-Gehalt ab. Kollagen ist das häufigste Protein höherer tierischer Organismen und kann bei Wirbeltieren bis zu einem Drittel des Körpergewichtes ausmachen.

Die Eukaryonten

Noch immer ist unsicher, wie genau nun die eukaryontischen Zellen oder die aus ihnen bestehenden Vielzeller entstanden sind. Ein Kapitel in der Ursprungsgeschichte der eukaryontischen Zellen befaßt sich ganz sicherlich mit der Endosymbiose. Dabei verleibte sich ein Organismus andere ein, die sich später zu Zellorganellen wie Mitochondrien und Chloroplasten entwickelten. Ebenso sicher ist, daß immer noch unbekannte Prozesse an der Entstehung des eukaryontischen Zellkerns, der Mitose und der Meiose beteiligt waren. Die Meiose ist die bei einer sexuellen Vermehrung unerläßliche Reduktionsteilung der Chromosomen. Die Kluft zwischen Pro- und Eukaryonten läßt sich jedoch bequem überbrücken; denn alle Lebensformen benutzen den gleichen genetischen Code, das gleiche Energie übertragende Molekül, nämlich ATP, und die gleichen Aminosäuren zum Aufbau ihrer Proteine. Solche universellen Merkmale ergeben nur Sinn, wenn sie einen gemeinsamen Ursprung widerspiegeln.

Welche fossilen Belege hat man nun dafür, daß vor 1,4 bis vor 2 Milliarden Jahren Eukaryonten erstmals in der Biosphäre erschienen? Einmal sind eukaryontische Zellen allgemein größer als prokaryontische. Wie V. V. Timofeev und andere sowjetische Paläomikrobiologen schon lange erkannt haben, wächst in Gesteinen aus dem oberen Jungpräkambrium der mittlere Durchmesser fossiler Mikrobenzellen beträchtlich. James W. Schopf von der Universität von Kalifornien in Los Angeles hat Datenmaterial gesammelt, wonach die größeren Zellen vor rund 1,4 Milliarden Jahren aufkamen; der Durchmesser nahm damals von allgemein weniger als 10 Mikrometer auf häufig mehr als 20 Mikrometer zu (ein Mikrometer = ein Tausendstel Millimeter). G. R. Licari und ich

Bild 7: Der Comanche Point, ein Wahrzeichen des Grand Canyon, erhebt sich 1340 Meter über den Wüstenboden. Dort sind Milliarden Jahre alte Gesteinsfolgen aufgeschlossen. Zuunterst treten Rotsedimente aus Sandstein zutage, der vor etwa 1,1 Milliarden Jahren gebildet wurde. Genau unter dem Gipfel sitzen ebenfalls Rotsedimente, die allerdings vor etwa 300 bis 270 Millionen Jahren entstanden. Am Grat selbst kommen marine Sedimente vor, die sich in einer Zeit abgelagert haben, als das Gebiet am Ende des Erdaltertums von Meer bedeckt war.

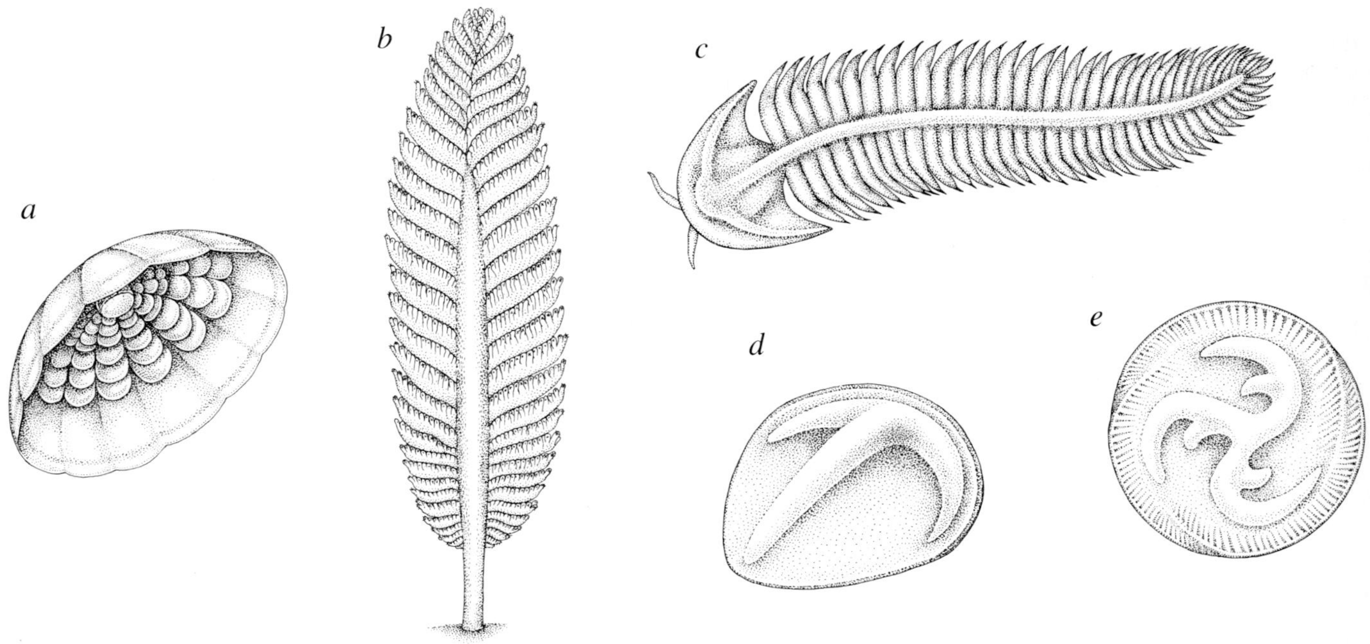

Bild 8: Tiere aus dem Präkambrium, wie sie erstmals in den Ediacara Hills im südlichen Australien entdeckt wurden, sind inzwischen von allen Kontinenten, außer dem antarktischen, bekannt. Am häufigsten kommen Tiere vor, die Quallen (a) oder anderen modernen Hohltieren wie den Seefedern (b) ähneln. Andere Tiere, *Spriggina* beispielsweise (c), ähneln weichhäutigen Gliederfüßern und Ringelwürmern. Wieder andere, *Parvancorina* (d) und *Tribrachidium* (e) etwa, sind mit keinem bekannten Tier vergleichbar. Alle diese Organismen nahmen den Sauerstoff aus dem umgebenden Wasser über ihre Körperoberfläche auf. So war natürlich eine dünne und große stoffwechselaktive Oberfläche von Vorteil.

haben wahrscheinlich 1,3 Milliarden Jahre alte Mikrofossilien aus dem östlichen Kalifornien vermessen und Zelldurchmesser bis zu 60 Mikrometer festgestellt.

Solche Maße sprechen dafür, daß sich damals oder früher die ursprünglich ausschließlich prokaryontische zu einer teilweise eukaryontischen Mikroflora wandelte. Die geologischen „Überlieferungen" aus dem Zeitraum von vor 2 bis vor 1,4 Milliarden Jahren sind allerdings so lückenhaft, daß möglicherweise doch noch ältere Eukaryonten ans Licht kommen. Anscheinend haben die Sauerstoff-Konzentrationen das Auftreten eukaryontischer Zellen irgendwann vor rund 2 Milliarden Jahren oder danach begünstigt.

Alles in allem bestehen kaum begründete Zweifel darüber, daß in dieser Zeitspanne eukaryontische Mikroorganismen, darunter vermutlich auch Grün- und Rotalgen, Fuß gefaßt haben. Damit war der Weg für die biologische „Ausfällung" von Kieselsäure frei, die nur Eukaryonten, Radiolarien mit ihren Kieselskeletten etwa, bewerkstelligen können. (Deshalb übrigens ist es wahrscheinlich, wie es auch sonst den Anschein hat, daß die in den gebänderten Eisenstein-Formationen vorhandene Kieselsäure nicht biologisch, sonder chemisch ausgefällt worden ist.)

Mit der Entstehung eukaryontischer Mikroorganismen war eine der beiden Voraussetzungen für die Evolution der vielzelligen Tiere erfüllt. Die zweite Voraussetzung war, wie Kenneth M. Towe von der Smithsonian Institution betonte, eine ausreichend hohe Konzentration an freiem Sauerstoff für die Biosynthese von Produkten wie dem Kollagen.

Die ersten Vielzeller

In Gesteinen aus der Zeit vor rund 1,4 Milliarden Jahren beginnen die zuvor nur spärlich überlieferten zellulären Überreste häufiger zu werden – so als hätte sich die Evolution beschleunigt. Doch erst in nochmals 700 Millionen Jahren jüngeren Gesteinen findet man Spuren der ältesten Organismen, die allgemeiner Überzeugung nach fossile Metazoen sind und gleichzeitig mit den sie einschließenden Sedimenten abgelagert wurden. Es handelt sich dabei um weichhäutige wirbellose Meerestiere aus dem sogenannten Ediacara-System, das sich dem untersten Paläozoikum (Erdaltertum) zuordnen läßt.

Die Ediacara-Fauna war ursprünglich nur von den namensgebundenen Ediacara Hills im südlichen Australien bekannt. Inzwischen hat man aber Vertreter einer sogar noch größeren Fossilansammlung in gut zwei Dutzend verschiedenen Gebieten auf allen fünf Kontinenten gefunden, begraben in Sedimentgesteinen, die vor 670 bis 550 Millionen Jahren abgelagert worden sind. Die Ediacara-Fauna erscheint nach einer nahezu weltweiten Abfolge glazialer Ablagerungen im oberen Jungpräkambrium. Aus solchen primitiven tierischen Anfängen und aus den zeitgenössischen Algen ging schließlich die uns vertraute Biosphäre hervor.

Mit fast 70 Prozent stellen die Hohltiere, genauer die Nesseltiere, den Löwenanteil unter den Organismen des Ediacara-Systems (Bild 8, links). Davon sind allein Dreiviertel entweder quallenartige Tiere, die frei (planktonisch) im Wasser schwebten, oder frei schwimmende koloniebildende Formen, die an die moderne, zu den Staatsquallen zählende Segelqualle *Velella* erinnern. (*Velella* ist hochseetüchtig, wird aber bei ungünstigem Wind auch an die Küste getrieben.)

Bei den restlichen Hohltieren handelt es sich um koloniebildende seßhafte Formen, den heutigen Seefedern nicht unähnlich. Zu den übrigen Tieren der Ediacara-Fauna gehören marine Würmer, ähnlich den heutigen Polychaeten (Vielborstern), einige ungewöhnliche arthropodenartige (gliederfüßerartige) Tiere ohne Panzer und ein merkwürdiges dreistrahliges, scheibenförmiges Tier, das andeutungsweise wie ein winziger nackter Seestern aussieht (Bild 8, rechts).

Von den primitiven Schwebtieren und Grundbewohnern flacher Meereszonen hinterließen einige am Boden „Fährten" und Körpereindrücke, aber kein einziges Tier hat offenbar senkrechte Gänge in den Grund gegraben. Einige Lebewesen waren ziemlich groß: Quallen erreichten bis zu 1 Meter Durchmesser und Seefedern über 1 Meter Länge; ein flacher mariner Wurm mit Namen *Dickinsonia*

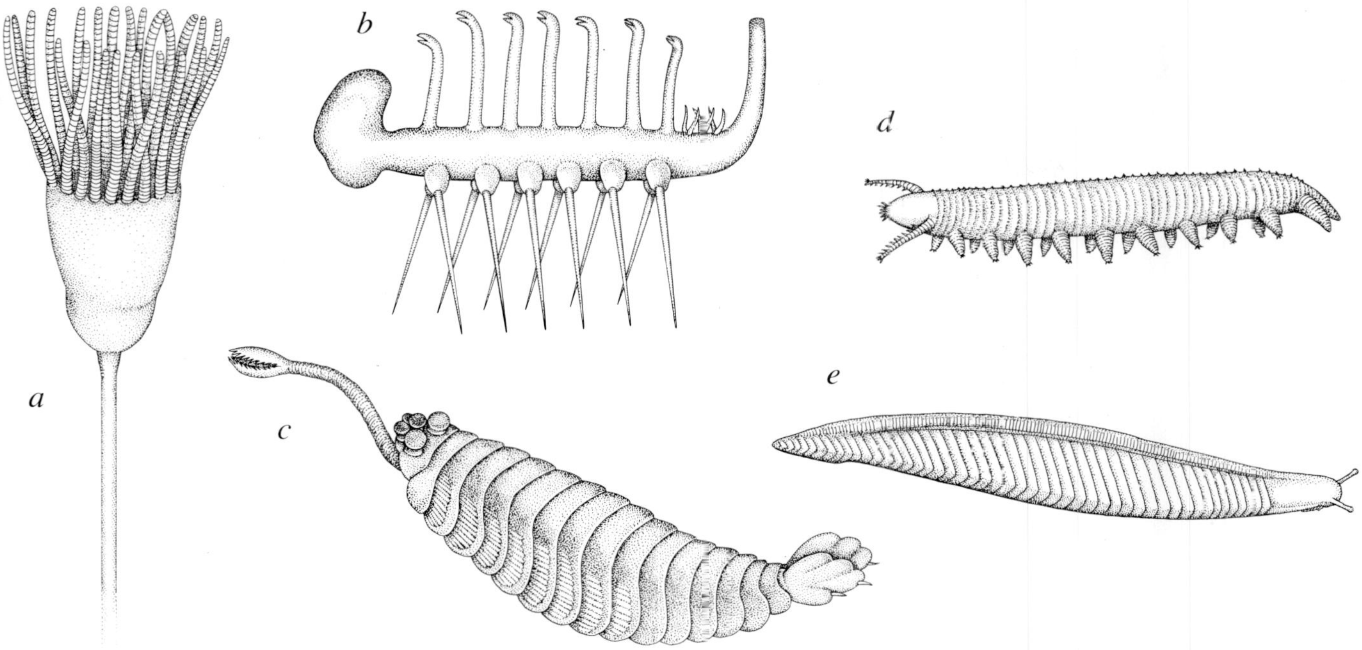

Bild 9: Tiere des Kambriums sind weit häufiger zu finden als die Ediacara-Fauna (Bild 8). Gewöhnlich schützten sie sich mit einem Außenskelett. Doch gibt es auch weichhäutige Tiere, die am besten in einer mittelkambrischen Formation des Mount Robson in Canada erhalten sind. Zu dieser Zeit waren drei neue, heute ausgestorbene Stämme aufgetaucht. Zu ihren Vertretern zählen der seßhafte *Dinomischus* (a), die stelzbeinige, „Unrat" fressende *Hallucigenia* (b) und die räuberische *Opabinia* (c). Ein vierter Neuling namens *Aysheaia* (d) ähnelt dem lebenden Stummelfüßer *Peripatus*. Die wahrscheinlich fortschrittlichste von allen, *Pikaia* (e), wird schließlich als einziger Vertreter der Chordatiere angesehen.

brachte es auf fast 1 Meter Länge, war aber nicht einmal 3 Millimeter dick.

Die Ediacara-Tiere sind zwar primitiv, stellen aber wohl kaum jene Art von fast mikroskopisch kleiner Fauna dar, wie viele Paläontologen sie an der Basis des Metazoen-Stammbaums erwartet haben. Doch im nachhinein sehen diese seltsamen Tiere dem gar nicht so unähnlich, was man erwarten würde, wenn gewisse Sauerstoffverhältnisse im Wasser ihre Evolution ausgelöst hätten.

Wie Rudolf A. Raff und Elizabeth C. Raff von der Indiana University zeigen konnten, vermögen Quallen und ähnliche Hohltiere über ihre Körperoberfläche noch Sauerstoff zu resorbieren, wenn die Konzentrationen höchstens 7 Prozent des heutigen atmosphärischen Sauerstoffgehalts entsprechen. Unter solchen Bedingungen wäre natürlich eine dünne, stoffwechselaktive Oberfläche zusammen mit einer großen Sauerstoff aufnehmenden Fläche von Vorteil. Daher sollte es nicht überraschen, daß in der ältesten bekannten Tierwelt Quallen, dünne flache Würmer und skelettlose Gliederfüßer vorherrschen.

Es gibt Hinweise dafür, daß *Dickinsonia* einen Darm und einen schwach muskulösen Körper besaß. Das wiederum spricht dafür, daß das Tier auch ein inneres Sauerstoff sammelndes System besaß. So errechnete der australische Paläontologe Bruce Runnegar, daß diese fossile Form sogar dann genug Sauerstoff hätte aufnehmen können, wenn der Druck des gelösten Sauerstoffs nur zwischen 6 und 7 Prozent des Wertes betrug, den man heute an der Meeresoberfläche mißt.

Die Tatsache, daß eukaryontische Zellen offensichtlich mindestens 700 Millionen Jahre vor den ältesten bekannten Metazoen auf der Erde erschienen, läßt darauf schließen, daß die kumulative Anreicherung des Sauerstoffs in Hydrosphäre und Atmosphäre auf etwa 7 Prozent des heutigen Pegels letztlich die Evolution von Vielzellern ausgelöst hat. Es ist durchaus möglich, daß dabei der ökologische Streß und die geographische Isolierung durch die damals rasche Plattendrift ebenso fördernd mitgewirkt haben wie die damit zusammenhängenden Klimaveränderungen.

Die ersten Tiere mit phosphat- und kalkhaltigem Außenskelett sind unter den ältesten Fossilien des Kambriums und – allerdings selten – unter den jüngeren Ediacara-Fossilien anzutreffen (Bild 9). Diese undurchlässigen Hüllen verhindern die Aufnahme von Sauerstoff über die Oberfläche. Von da an sind vermutlich irgendwelche Kiemen und Kreislaufsysteme in Funktion getreten, was darauf hinweist, daß der Sauerstoffgehalt vielleicht schon näher bei 10 Prozent des heutigen Gehaltes lag. Der Wettlauf um die wirkungsvollere Nutzung biologischer Energie war in vollem Gange.

Die photosynthetische Sauerstoffproduktion brachte Rückkoppelungen mit sich, und zwar folgenschwere. Der Sauerstoff trieb nicht nur die Evolution der Eukaryonten und Vielzeller voran, er nahm auch auf Kosten des Kohlendioxids in der Hydro- und der Atmosphäre zu. Der zu Anfang höhere Kohlendioxid-Partialdruck erklärt wahrscheinlich, warum in einem guten Teil der marinen Sedimente aus dem Präkambrium Dolomit gegenüber Kalkstein vorherrscht.

Stickstoff dürfte erst nach und nach zur dominierenden Komponente der Atmosphäre geworden sein. Doch stellte er wohl schon immer einen bedeutsamen Anteil. In grauer Vorzeit war er bereits lebenswichtiger Nährstoff der Biosphäre, und das ist er heute noch. Vielleicht ebenso bedeutsam ist er als reaktionsträger Stoff, der den aggressiven Sauerstoff verdünnt.

Der Rest der biosphärischen Geschichte, vom Kambrium an, spiegelt dann wider, wie die eukaryontische Evolution auf die Plattentektonik sowie auf die klimatischen und ökologischen Herausforderungen der sich entwickelnden Erde reagierte. Sie umfaßt eine Fülle faszinierender und oft bedeutsamer Einzelheiten. Die Biosphäre, vom Kambrium an bis heute, mit ihren zunächst fast gänzlich mikrobiellen Anfängen, hat eine lange Entwicklungsgeschichte zu immer ausgeklügelteren, mannigfaltigeren Formen hin – ein Prozeß, der immer noch weitergeht.

Wo wird es enden? Denn enden muß es, und sei es nur, weil sich die Sonne in 4 oder 5 Milliarden Jahren zu einem roten Riesenstern aufblähen wird, der die inneren Planeten verschlingt und alles Leben auf der Erde auslöscht.

Die ältesten Eukaryonten

Alle höheren Organismen, der Mensch nicht ausgenommen, setzen sich aus eukaryontischen, also kernhaltigen Zellen zusammen. Fossilen Funden nach haben sich die Eukaryonten – entgegen früheren Ansichten – nicht in Form einzelliger Grundbewohner, sondern als planktonisch lebende Organismen wohl vor rund 1,4 Milliarden Jahren entwickelt.

Von Gonzalo Vidal

Nach heutiger Auffassung tauchten die ersten Spuren irdischen Lebens vor ungefähr 3,5 Milliarden Jahren auf, rund eine Milliarde Jahre nach der Entstehung unseres Planeten. Die ältesten identifizierbaren Lebensformen waren Prokaryonten: primitive einzellige Mikroorganismen, denen – wie den heutigen Bakterien – ein membranumhüllter Zellkern fehlte. Vielzellige Organismen hingegen, die gänzlich aus eukaryontischen, also kernhaltigen Zellen bestanden, traten erst fast drei Milliarden Jahre später auf.

Irgendwann in dieser riesigen geologischen Zeitspanne müssen sich also die ersten eukaryontischen Zellen aus ihren prokaryontischen Vorfahren entwickelt haben. Wann aber war das?

Noch bis in jüngste Zeit glaubte man allgemein, direkte Beweise für dieses folgenschwere evolutionäre Ereignis ließen sich am ehesten unter den fossilen Überresten von benthonischen Mikroorganismen finden, also solchen, die einst am Bodengrund von Gewässern lebten. Doch nun hat sich herausgestellt, daß die ursprünglichen Eukaryonten planktonische, frei im Meer treibende Organismen waren.

Die Mikrofossilien, die als Überreste der ältesten eukaryontischen Zellen identifiziert wurden, ordnet man seit einiger Zeit als Acritarchen ein, unter einem Begriff, der dem Griechischen entstammt und soviel wie „von unsicherer Herkunft“ bedeutet. Acritarchen sind in vielen Teilen unserer Erde in verschiedenen Sedimentgesteinen zu finden. Radiometrischen Datierungen nach haben einige mindestens ein Alter von 1,4 Milliarden Jahren.

Die Entdeckung präkambrischer Fossilien

Vor 1930 waren die ältesten bekannten Fossilien solche aus Sedimentgesteinen des Kambriums, der ersten Periode des Erdaltertums (Paläozoikums), das nach der derzeit anerkannten Zeitskala vor 570 Millionen Jahren begann. Viele Jahre lang sah man in der Grenze zwischen Kambrium und Präkambrium einen rätselhaft scharfen Faunenschnitt. Denn die kambrischen Gesteine bergen eine vergleichsweise reiche Fossilienwelt ausgestorbener Organismen, unter denen praktisch bereits alle größeren, heute existierenden systematischen Gruppen vertreten sind. Präkambrische Gesteine aus dem ausgehenden Proterozoikum hingegen sind – obwohl den unmittelbar folgenden kambrischen Gesteinen meist recht ähnlich – auffallend arm an irgendwelche Fossilien.

Die einzige bemerkenswerte Ausnahme machen jene lamellig geschichteten Kalkgesteine, die man als Stromatolithen bezeichnet. Man deutet sie heute als sedimentäre Strukturen, die von übereinandergewachsenen Bakterien-Rasen erzeugt wurden (Bild 2). Zwar war damals schon lange bekannt, daß sich Stromatolithen bis weit in das Präkambrium zurückverfolgen lassen, doch wurden sie von den meisten Paläontologen nicht als definitiver Beweis für frühes Lebens angesehen. Auch die bereits Ende des 19. Jahrhunderts veröffentlichten Entdekkungen verschiedener anderer präkambrischer Lebensformen wurden im allgemeinen mit Skepsis betrachtet.

Den ersten überzeugenden Beweis für tierisches Leben im Präkambrium erhielt die Fachwelt 1930, als der deutsche Paläontologe G. Gürich in jungproterozoischen Schichten Namibias Spuren von fossilen mehrzelligen Organismen fand. Im Jahre 1947 entdeckte dann der australische Geologe R. C. Sprigg in den Sandsteinbänken der Ediacara-Berge in Südaustralien zahlreiche Abdrücke von primitiven, wasserlebenden Tieren, darunter von Quallen, verschiedenen Formen von Würmern und möglicherweise Schwämmen. Damals glaubte man, diese Schichten seien dem unteren Kambrium zuzuordnen, doch zeigten dann anschließende Untersuchungen, daß sie ebenfalls aus dem ausgehenden Proterozoikum, also aus dem jüngsten Präkambrium stammen.

Seitdem sind ähnliche tierische Fossilien auch aus entsprechend alten Sedimentgesteinen in England, Kanada, Schweden und der UdSSR geborgen worden. Die Entdeckung dieser Ediacara-Fauna datiert das nachweislich älteste Auftreten von vielzelligen Organismen auf 670 Millionen Jahre zurück. Bis in die fünfziger Jahre waren jedoch – außer den damals zweifelhaften Stromatolithen – keine noch älteren Lebensspuren zu finden.

Daß im Präkambrium bakterielle Lebensformen existierten, haben 1954 erstmals Elso S. Barghoorn von der Harvard-Universität und Stanley A. Tyler von der Universität von Wisconsin anhand winziger Einschlüsse nachgewiesen, die sie in Dünnschliffen von Stromatolithen der Gunflint-Iron-Formation am Oberen See in Kanada mikroskopisch und mikrochemisch analysierten (Bild 3). Die radiometrische Altersbestimmung von Mineralien in diesen Gesteinen ergab, daß sie sich vor etwa 2 Milliarden Jahren gebildet hatten. Damit war der entscheidende Schritt in der Entschleierung präkambrischen Lebens getan. Ihm folgte eine wahre Flut von Veröffentlichungen über Funde von fossilen Mikroorganismen in präkambrischen Ablagerungen der ganzen Welt. Etwa zur gleichen Zeit führte auch Boris V. Timofeev von der Akademie der Wissenschaften in der UdSSR vergleichbare Untersuchungen an präkambrischen und altpaläozoischen Mikrofossilien durch, und seine Pionierarbeit zog eine ebensolche Flut von Veröffentlichungen nach sich.

Getrennte Wege zu frühen Lebensformen

Diese Anfänge in den USA und der UdSSR mündeten schon bald in zwei ganz getrennte, in Fragestellung und Methodik verschiedene Forschungsrichtungen. Die amerikanische Richtung verfolgte die von Charles Doolittle Walcott aufgestellte Hypothese, der Anfang dieses Jahrhunderts als erster die Entstehung von Stromatolithen auf einen biologischen Ursprung zurückgeführt hatte. In den USA und teilweise auch in Euro-

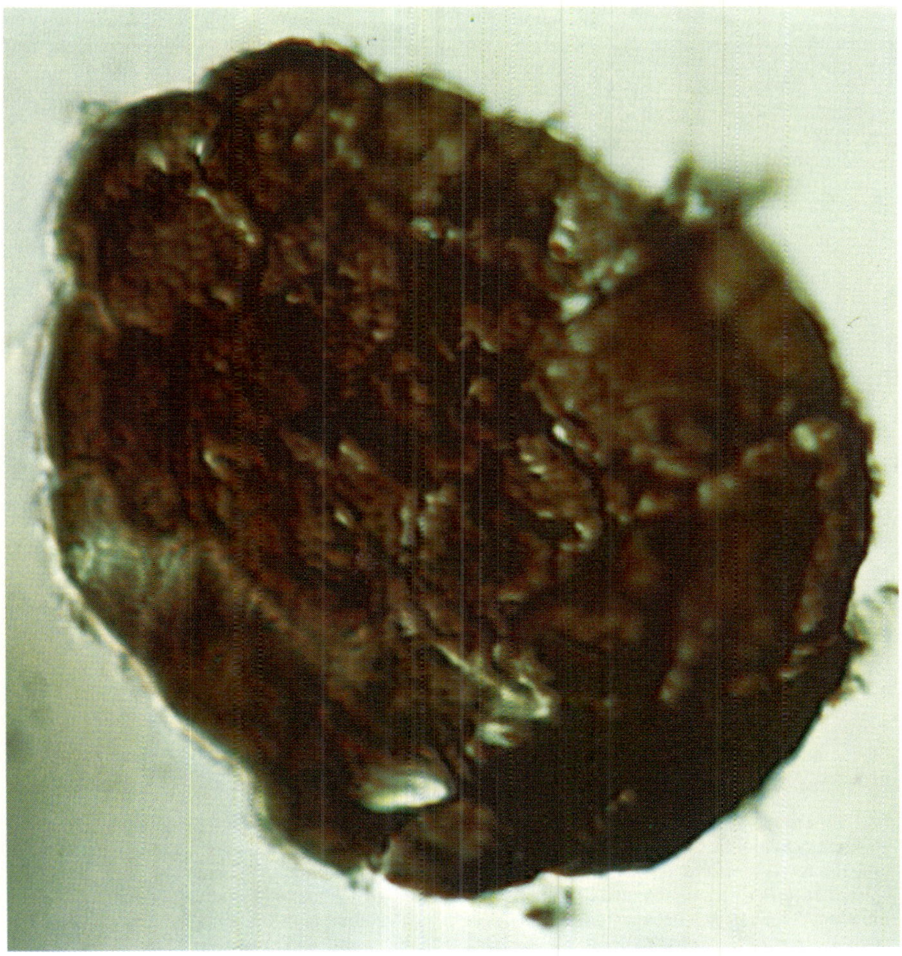

Bild 1: Die Mikrophotographien zeigen die fossilen Überreste von Mikroorganismen, die der Autor als die ältesten Eukaryonten identifiziert hat. Beide Fossilien wurden durch Säurebehandlung aus dem sie umgebenden Sedimentgestein isoliert und als Acritarchen, also Fossilien „unsicherer Herkunft“, eingestuft. Das annähernd kugelförmige Mikrofossil (oben) wird als die relativ derbe Außenwand einer Zyste angesehen, mit der sich ein einzelliges planktonisches Lebewesen während eines Ruhestadiums umgeben hatte. Es ist schätzungsweise zwischen 1,6 und 1,4 Milliarden Jahre alt und war von Tadas V. Jankauskas vom Litauischen Institut für Geologie im südlichen Ural entdeckt worden. Die Mikrophotographie unten zeigt eine Zusammenballung ähnlicher Formen, die etwa 1,4 Milliarden Jahre alt sind. Robert J. Horodyski von der Tulane-Universität in New Orleans hatte sie in der Chamberlain-Shale-Formation in Montana gefunden. Beide Objekte sind ungefähr 2500fach vergrößert.

Bild 2: Stromatolithen bestehen aus feinen aufgewölbten Lagen von Kalkgestein, das sich einst als Sediment in immer neuen übereinandergewachsenen „Algenrasen" angesammelt hatte. Der Algenrasen selbst bestand – wie bei heutigen Stromatolithen auch – aus Photosynthese treibenden Mikroorganismen, hauptsächlich Cyanobakterien (früher als Blaualgen bezeichnet). In diesem Stromatolithen wurde das ursprüngliche Calciumcarbonat teilweise durch Kieselsäure ersetzt. Gewöhnlich bleiben dann Mikrofossilien besser erhalten. Das Gestein stammt aus einer Dolomit-Formation in Nordnorwegen und ist etwa 800 Millionen Jahre alt.

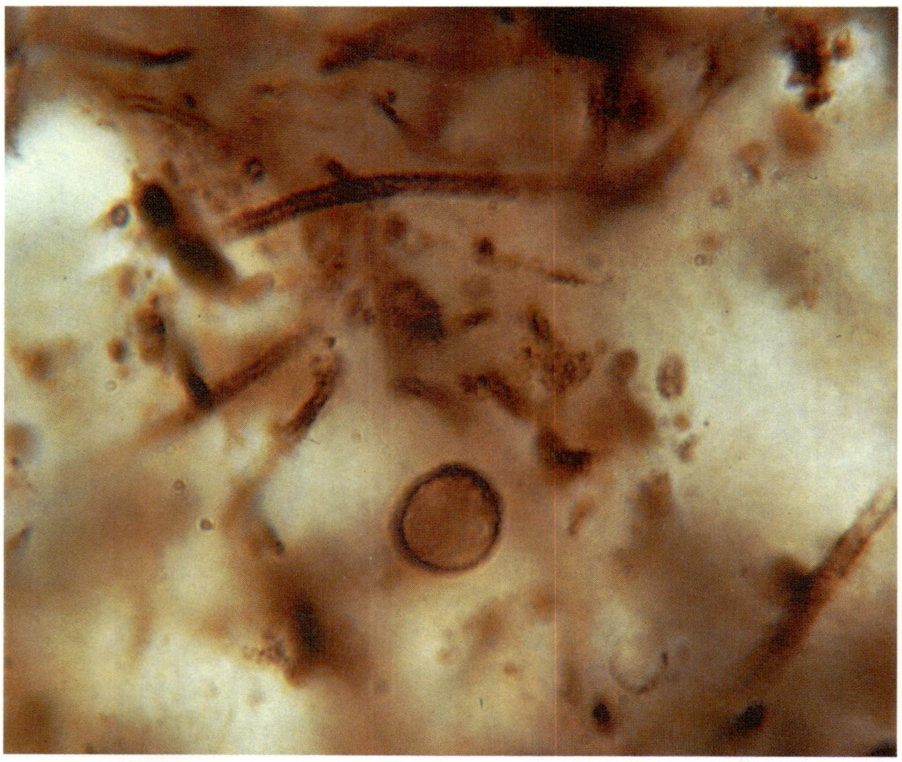

Bild 3: Dieser Dünnschliff eines verkieselten Stromatolithen läßt bei 4000facher Vergrößerung die fossilen Scheiden fädiger und kugeliger Cyanobakterien erkennen. Mikroorganismen wie diese zählen zu den Prokaryonten, denen ein membranumhüllter Zellkern fehlt. Sie sind gewöhnlich als fein verteiltes organisches Material erhalten geblieben, das sich kaum aus der kieseligen Gesteinsmatrix isolieren läßt. Die hier gezeigten Formen stammen aus einer Gesteinsprobe der Gunflint-Iron-Formation in Südontario und sind etwa zwei Milliarden Jahre alt.

pa wurde die Untersuchung der Stromatolithen und der sie hervorbringenden Lebensgemeinschaften von Mikroorganismen zu einem interdisziplinären Forschungsschwerpunkt.

Die russische Forschungsrichtung hingegen ging aus der schon lange etablierten europäischen Schule der Palynologie hervor, die sich sowohl mit lebenden als auch fossilen Sporen, Pollenkörnern und anderen mikroskopisch kleinen Strukturen befaßt. Im Jahre 1931 hatte Alfred Eisenack von der Universität Tübingen begonnen, Mikrofossilien im säureunlöslichen Rückstand altpaläozoischer Gesteine palynologisch zu untersuchen. Seine Isolationsmethode nun auch bei präkambrischen Mikrofossilien anzuwenden, war nur mehr eine logische Fortführung seiner Arbeit.

Die russische Forschungsrichtung konzentrierte sich auf die gut erhaltenen und in der UdSSR weit verbreiteten Sedimentgesteine des Riphäikums, einer Periode des späten Proterozoikums. Dabei gaben die russischen Wissenschaftler geologischen Fragen den Vorrang. So versuchten sie, die Mikrofossilien – gemäß der traditionellen Biostratigraphie – für eine relative Datierung zu benutzen. Paläobiologische Probleme wie die Beziehungen der Mikrofossilien zueinander, zu ihrem Lebensraum und Sedimentationsmilieu sowie zu so globalen Faktoren wie dem Paläoklima und der Entwicklung der Atmosphäre wurden von der russischen Schule gewöhnlich vernachlässigt. Tatsächlich stellten sich einige der anfänglichen paläobiologischen Schlußfolgerungen der russischen Palynologen als unrichtig heraus.

Demgegenüber befaßten sich die Forscher der amerikanischen Richtung, da sie in erster Linie Gesteinsdünnschliffe untersuchten, nur mit einem begrenzten Teil aller überlieferten Fossilien. Dennoch wurde die amerikanische Schule in der paläobiologischen Forschung führend.

Zweifel an den paläobiologischen Interpretationen der russischen Ergebnisse trugen viele Jahre lang dazu bei, deren Bedeutung herabzusetzen. Zwar sind die beiden Forschungsrichtungen noch immer recht verschieden; doch stimmen sie inzwischen, was Ursprung und Evolution früher Lebensformen betrifft, in den Grundzügen allgemein überein.

Stromatolithen

Ein beträchtlicher Teil der präkambrischen Mikrofossilien wurde von amerikanischen und europäischen Wissenschaftlern in Stromatolithen entdeckt, bei denen Kieselsäure das ursprünglich vorhandene Calciumcarbonat ersetzt hat

(Bild 2). Stromatolithen entstehen aus feinem Sediment, gewöhnlich Calciumcarbonat, das sich in einem Teppich aus photosynthetisierenden Mikroorganismen verfängt. Mit jedem neu darübergewachsenen Teppich sammelt sich eine weitere Lage an. Die Struktur dieser Organismen bleibt in Carbonat, da es porös ist, nicht erhalten, gelegentlich jedoch in Kieselsäure, die das Carbonat ersetzt.

Die in solchen silifizierten Stromatolithen entdeckten Mikrofossilien sind Vertreter benthonischer Flachwassergemeinschaften, die fast ausschließlich aus nicht beweglichen prokaryontischen Mikroorganismen, vor allem aus Cyanobakterien (Blaualgen), bestehen (Bild 3). Auch in den „Algenrasen" noch lebender Stromatolithen herrschen Cyanobakterien vor. Solche erst im Versteinerungsprozeß befindlichen Gebilde wurden in flachen Zonen von Süß- und Salzwasser gefunden. Sie sind stets Vergesellschaftungen von grundbewohnenden, also benthonischen Mikroorganismen.

Viele der in präkambrischen Stromatolithen fossil erhaltenen Mikroorganismen ähneln in ihrer Morphologie bemerkenswert heute lebenden Cyanobakterien. Sie sind – außer in der Antarktis – inzwischen auf allen Kontinenten und in verschieden alten präkambrischen Gesteinen gefunden worden; das älteste dürfte über drei Milliarden Jahre alt sein. Vergleichende Untersuchungen an fossilen und lebenden Stromatolithen haben unsere Kenntnisse über frühzeitliche Gemeinschaften benthonischer Mikroorganismen erheblich erweitert. Da aber diese überwiegend aus Cyanobakterien bestehenden Gemeinschaften über Milliarden von Jahren hinweg bemerkenswert stabil geblieben sind, haben sie nur wenige Informationen über die Paläobiologie der planktonischen, im freien Wasser lebenden Organismen geliefert.

Die meisten größeren evolutionären Veränderungen des Präkambriums aber fanden, wie ich hier zeigen möchte, gerade in solchen planktonischen Gemeinschaften statt. Und was noch wichtiger ist, dort haben sich offenbar auch die ersten eukaryontischen Zellen entwickelt und rasch vielfältige Formen hervorgebracht. Beide, die Methoden der russischen Schule und der interdisziplinäre amerikanische Forschungsansatz, haben hier geholfen, die Fossilgeschichte des ersten Planktons zu erhellen.

Acritarchen

Die Untersuchung benthonischer Mikrofossilien beschränkte sich auf Dünnschliffe fein texturierter silikatischer Gesteine, etwa solche aus Hornstein. Nun weiß man aber, daß eine Vielzahl sedimentärer Gesteine, darunter Siltstein,

Bild 4: Diese Sedimentschichten auf der Varanger-Halbinsel in Nordostnorwegen stellen eine mehr oder weniger kontinuierliche, stratigraphische Abfolge des Jungproterozoikums und des Unterkambriums dar. Die Gesteine enthalten fossile Reste von benthonischen (bodenbewohnenden) und planktonischen (freischwebenden) Organismen – von einzelligen Prokaryonten und Eukaryonten bis zu primitiven Vielzellern.

Schiefer und Kalkstein, die fossilen Überreste von Mikroorganismen mit einer vergleichsweise steifen organischen Wand enthalten. Derartige Zysten, kapselartige Außenhüllen, werden von bestimmten, heute lebenden Mikroorganismen im Ruhestadium gebildet.

Vergleiche mit Sedimenten, die sich unter gegenwärtigen Bedingungen abgelagert haben, zeigen, daß sich diese Mikrofossilien führenden Gesteine in flachen bis mitteltiefen Meeresbecken über kontinentalen Plattformen gebildet haben. Die daraus geborgenen Mikrofossilien, als Acritarchen klassifiziert, lassen eine Vielzahl von Formen und Strukturen erkennen. Sie sind gleichmäßig in der verfestigten Matrix der Sedimente verteilt. Acritarchen wurden zwar gelegentlich auch in Dünnschliffen gefunden und beschrieben; doch sind sie gewöhnlich viel zu dünn „gesät", als daß sie sich so erforschen ließen.

Die organischen Hüllen der Acritarchen widerstehen den meisten anorganischen Säuren und Basen. Sie können daher leicht in säureunlöslichen Rückständen einer Gesteinsprobe angereichert und dann untersucht werden.

Daß viele Acritarchen planktonisch lebten, läßt sich aus dem Typ von Sedimentgestein, in das sie eingebettet sind, ableiten. Denn da sie häufig gleichmäßig verteilt in Sandstein, Schiefer, Siltstein und Carbonatgestein zu finden sind, dürften sie einst frei im offenen Wasser umhergetrieben sein. Auch daß viele Formen weltweit in gleich alten Schichten von Sedimentgesteinen vorkommen, weist auf ihren planktonischen Charakter hin. Mit ihrer gleichmäßigen Verteilung innerhalb der Sedimentgesteine und in ihrer äußeren Erscheinung gleichen sie geologisch viel jüngeren Mikrofossilien, die zweifelsfrei planktonisch lebten.

Die meisten Acritarchen waren wahrscheinlich zystenbildende, einzellige Eukaryonten, die Photosynthese betrieben, also irgendwelche Algen. In einigen wenigen Fällen allerdings scheinen sie ihrer Organisation nach charakteristische Prokaryonten zu sein. So ähneln einige Acritarchen den heutigen *Chroococcales*, koloniebildenden, kugelförmigen Cyanobakterien (Blaualgen), die sich massenhaft vermehren können und dann oft sogenannte Wasserblüten der Gewässer hervorrufen (Bild 5).

Die fossilen Formen sind typischerweise besonders zahlreich in ansonsten recht fossilarmen marinen Sedimentgesteinen zu finden, die sich unter eiszeitlichen Bedingungen – vor rund 650 Millionen Jahren während der Varanger-Vereisung gegen Ende des Proterozoikums (Bild 8) – abgelagert hatte. Analog den heute zu beobachtenden Wasserblüten läßt sich schließen, daß das massenhafte Auftreten dieser fossilen Mikroorganismen eine schlagartige Vermehrung gewisser Cyanobakterien gewesen ist, und zwar in Zeiten, in denen die planktonische Produktivität und Vielfalt allgemein recht gering war. Solche Blüte-Bedingungen werden bekanntlich durch erhöhte Konzentrationen von wasserlöslichen organischen und anorganischen Nährstoffen, insbesondere von Stickstoff und Phosphor, hervorgerufen. (Man spricht dann von einer Eutrophierung des Wassers.) Offenbar geht die varangische Fossil-Vergesellschaftung auf eine vergleichsweise plötzliche Zufuhr solcher Nährstoffe zurück, die im Gefolge der verbreiteten Vereisung freigesetzt worden waren.

Die ältesten Eukaryonten

J. William Schopf von der University of California in Los Angeles konnte eine bemerkenswerte Tendenz nachweisen: Die präkambrischen Mikrofossilien werden im allgemeinen mit abnehmendem geologischem Alter immer größer. Nun gehörte zur Evolution der Eukaryonten nicht nur, daß sich die Masse an Desoxyribonucleinsäure (DNA) pro Zelle erhöhte und dieses genetische Material in einen abgegrenzten Kern eingeschlossen wurde, sondern auch, daß sich intrazelluläre Organellen wie Mitrochondrien und Chloroplasten entwickelten. Unter diesen Umständen sollte man erwarten, daß sich auch das Zellvolumen vergrößerte. Die deutliche Größenzunahme fossiler Acritarchen vor etwa 1,4 Milliarden Jahren wird deshalb dahingehend gedeutet, daß sich ungefähr zu dieser Zeit die eukaryontische Organisationsform herausgebildet hat.

Die Diskussion über den Ursprung eukaryontischer Zellen konzentrierte sich großenteils auf die Deutung gewisser sphärischer stromatolithischer Mikrofossilien mit Innenkörperchen, die an Zellkerne oder Organellen erinnern. Außerdem wurden einige Sphäroide, die man in tetraedrisch zusammenhängenden Gruppen gefunden hatte, als gerade bei der Zellteilung fossilierte Eukaryonten angesehen. Solche Sphäroide als Eukaryonten zu deuten, kann heute allgemein nicht mehr überzeugen. Die meisten, wenn nicht sogar alle Sphäroide scheinen Abbauprodukte oder zufällige Zusammenballungen von Überresten sphärischer Prokaryonten zu sein.

Im Gegensatz dazu ist die Fundfolge planktonischer Acritarchen, selbst der ältesten, eindeutig: Sie repräsentiert klar die anfängliche evolutionäre Radiation eukaryontischer Mikroorganismen. Die paläobiologische Fundfolge präkambrischen und altpaläozoischen Planktons ist deshalb so bedeutsam, weil sie uns den weltweiten Entwicklungsstand des Lebens in diesen Zeiten am besten vermittelt. Die globale Verbreitung der meisten Acritarchen in recht scharf begrenzten Zeiträumen vergrößert noch deren Bedeutung, insbesondere für die Stratigraphie.

Die ältesten als Acritarchen eingestuften Mikrofossilien wurden von Tadas V. Jankauskas vom Litauischen Institut für Geologie in Gesteinen des südlichen Urals entdeckt, die wohl dem unteren Riphäikum entstammen und demnach zwischen 1,6 und 1,4 Milliarden Jahre alt sind (Bild 1, oben). Diese Organismen ähneln zwei jüngeren Formen fossiler Eukaryonten, die wahrscheinlich mit heutigen Grünalgen verwandt sind.

Eine Vergesellschaftung von Mikrofossilien aus der Chamberlain-Shale-Formation in Montana, schätzungsweise etwa 1,4 Milliarden Jahre alt, enthält neben fadenförmigen Cyanobakterien und dünnwandigen kugeligen Hüllen von Prokaryonten auch charakteristische dickwandige, kugelige Acritarchen. Robert J. Horodyski von der Tulane-Universität in New Orleans, der sie hauptsächlich untersucht hat, betrachtet auch diese Acritarchen nach Vergleich mit jüngeren Formen als Reste von Eukaryonten (Bild 1, unten).

Die meisten Acritarchen sind mit 10 bis 500 Mikrometer Durchmesser recht groß, außerdem dickwandig, unterschiedlich in der Form und mit verschiedenen äußeren Strukturen ornamentiert. Die größten bekannten Formen sind mit rund 3 Millimeter Dicke, also 3000 Mikrometer Durchmesser, auch mit bloßem Auge deutlich zu erkennen. Einige zeigen Risse in ihren Wänden, vermutlich Öffnungen, durch die am Ende des Ruhestadiums die planktonischen Organismen ihrer Zyste entschlüpft waren. Dagegen werden gewisse kreisrunde Löcher in der Zellwand für Öffnungen gehalten, aus denen möglicherweise lang ausgezogene Zellfortsätze, wie etwa Geißeln der Eukaryonten, herausragten.

Jedenfalls scheinen die meisten der jungproterozoischen und altpaläozoischen Acritarchen zystenähnliche Strukturen zu sein, wie sie bei nichtbeweglichen Stadien der Grünalgen vorkommen. Einige wenige polygonale Formen sind ebenso wie Zusammenballungen von dickwandigen, bläschenartigen Gebilden als Kolonien von Grünalgen gedeutet worden. Kurzum, die bisherigen Befunde sprechen dafür, daß planktonische Eukaryonten seit nunmehr mindestens 1,4 Milliarden Jahren existieren.

Die planktonische Lebensweise geht möglicherweise noch viel weiter in die Vergangenheit zurück. Die ältesten ziemlich sicher planktonischen Formen

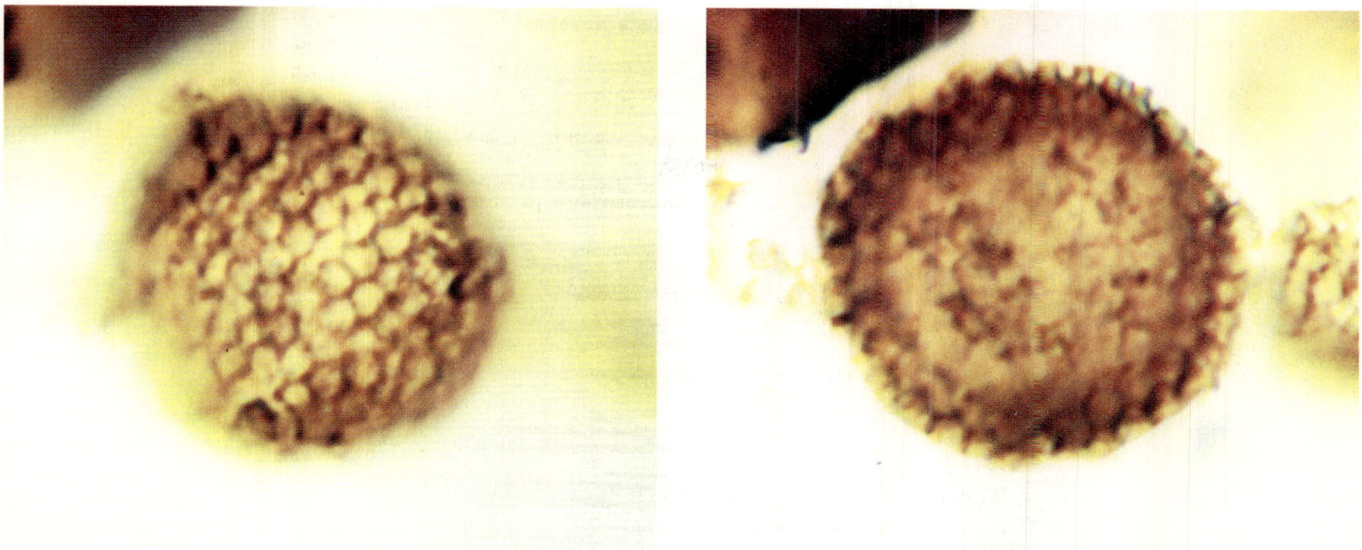

Bild 5: Eine etwa 700 Millionen Jahre alte fossile Zellkolonie aus dem Jungproterozoikum ist auf den beiden Mikrophotographien in zwei unterschiedlich eingestellten Schärfebereichen abgebildet. Das Mikrofossil stammt aus einer Schieferformation Südnorwegens und gleicht in seiner Gestalt den charakteristischen Zellkolonien heute lebender prokaryontischer Cyanobakterien. Die Zellen sind ungefähr 1500fach vergrößert.

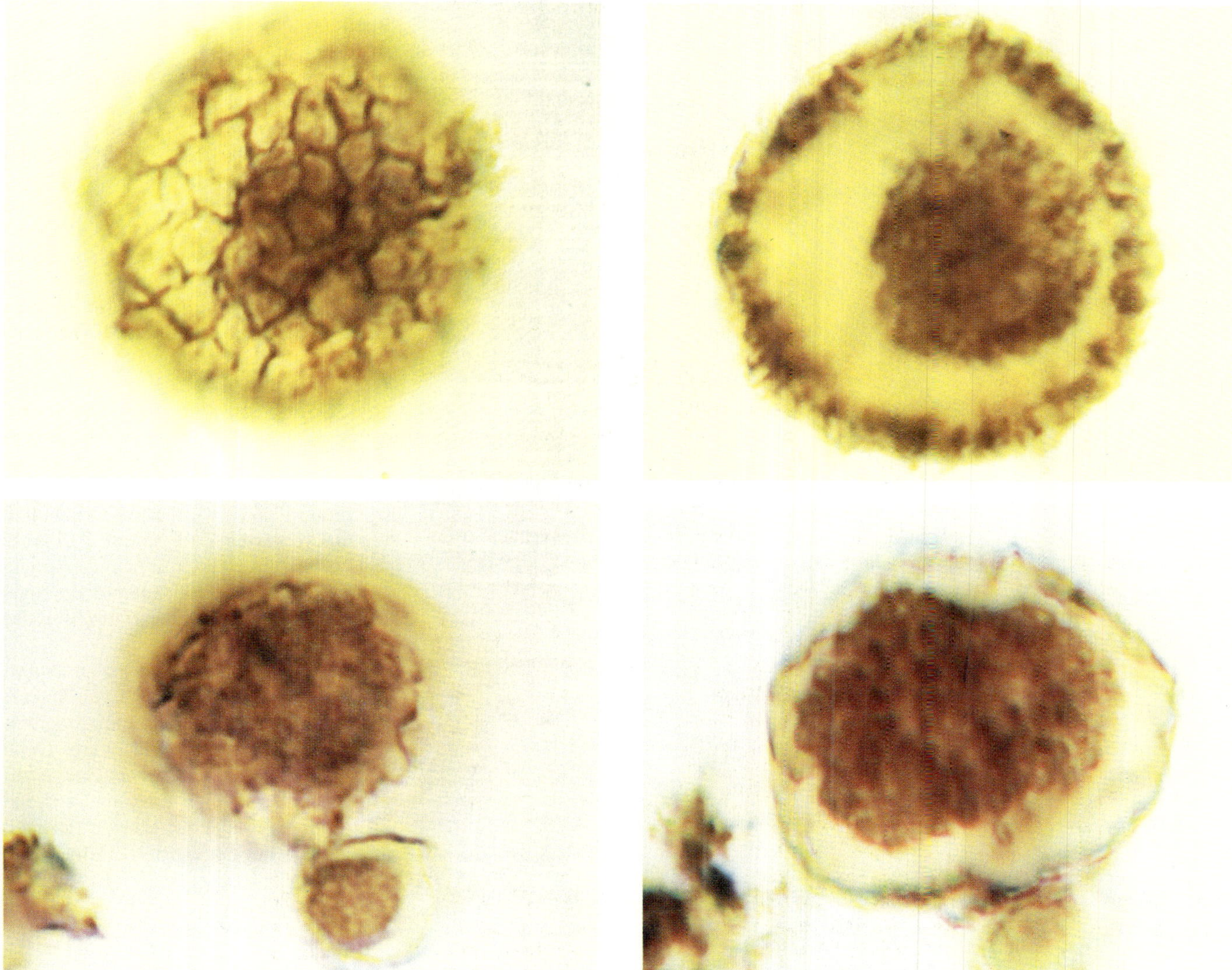

Bild 6: Innenkörperchen sind nicht immer ein zuverlässiges Indiz für die eukaryontische Organisation einer fossilen Zelle. So enthalten beide der in zwei verschiedenen Schärfebereichen photographierten Mikrofossilien koagulierte Reste von intrazellulärem Material. Doch nur der Acritarch oben wurde als eukaryontischer Mikroorganismus identifiziert, während der untere wahrscheinlich ein prokaryontisches Cyanobakterium ist. Beide in Südnorwegen gefundenen Formen stammen aus derselben jungproterozoischen Gesteinsschicht und sind ungefähr 1500fach vergrößert.

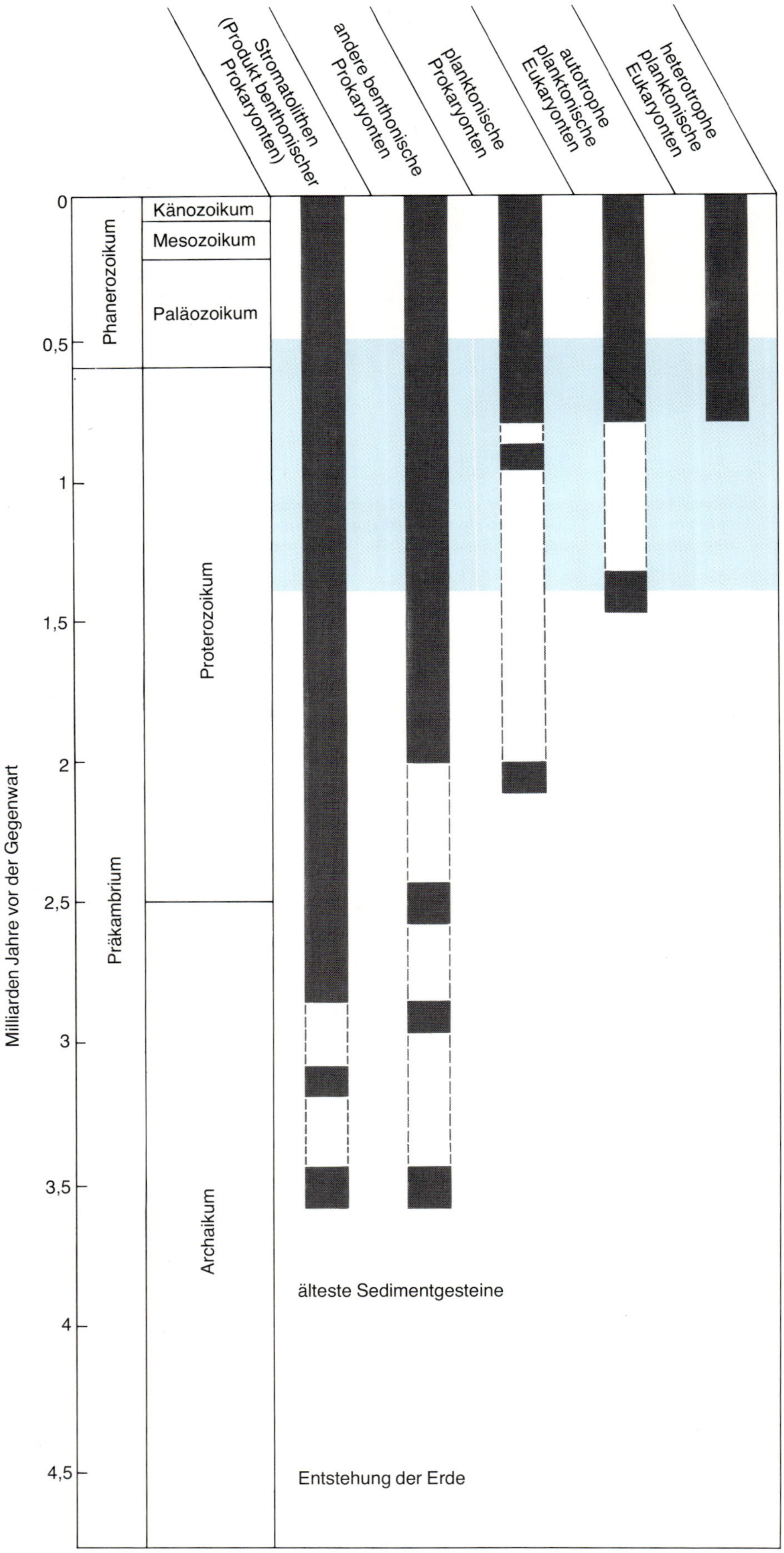

Bild 7: Das Diagramm zeigt, wie weit sich die frühesten Lebensformen innerhalb der geologischen Zeitskala zurückverfolgen lassen. Die Abfolge der Fossilien ist im unteren Bereich lückenhaft (gestrichelte Abschnitte). Autotrophe Organismen wie die photosynthetisierenden planktonischen Lebewesen brauchen nur anorganische Nährstoffe, heterotrophe dagegen organische Substanzen. Der farbig markierte Abschnitt ist in Bild 8 vergrößert dargestellt.

sind relativ große, kugelförmige, einzellige Mikrofossilien aus der zwei Milliarden Jahre alten Gunflint-Iron-Formation (Bild 7). Sehr wahrscheinlich handelt es sich bei ihnen um die Überbleibsel von Prokaryonten.

Das prokaryontische Plankton

Der Lebensraum des Planktons wurde wahrscheinlich erstmals von photosynthetisierenden Prokaryonten besiedelt. Gasvakuolen im Inneren, wie man sie von vielen Cyanobakterien, photosynthetisierenden Bakterien und anderen planktonisch lebenden Mikroorganismen kennt, dienten dabei offenbar als primitive Auftriebskörper. Sie sind eine erste evolutionäre Lösung des Problems, sich im freien Wasser auf und ab zu bewegen. In den heutigen marinen Planktongesellschaften spielen prokaryontische Mikroorganismen nur eine recht untergeordnete Rolle. Sie sind vermutlich im Proterozoikum vom eukaryontischen Plankton aus dem Rennen geschlagen worden.

Dieses Modell zur Evolution des frühen Planktons steht im Einklang mit gängigen Vorstellungen darüber, wie der Sauerstoffgehalt der Atmosphäre im Laufe der Erdgeschichte gestiegen ist. Eukaryontische Zellen mögen sich – so die beiden wichtigsten Alternativhypothesen – entweder direktlinig aus einem prokaryontischen Vorfahren oder aus mehreren durch Endosymbiose entwikkelt haben. (Gemäß der Endosymbionten-Hypothese, deren wichtigster Verfechter Lynn Margulis von der Universität Boston ist, sind die ersten eukaryontischen Zellen entstanden, indem Bakterien sich andere Prokaryonten zunächst als Symbionten einverleibten und sie dann zu eukaryontischen Organellen umfunktionierten.) In jedem Fall aber war die Entwicklung eines Atmungs-Stoffwechsels in einer sauerstoffhaltigen Umgebung Grundvoraussetzung für das Überleben der Eukaryonten.

Die photosynthetisierenden und somit sauerstoffproduzierenden Cyanobakterien sorgten für die erste Zunahme von Sauerstoff in der Erdatmosphäre. Doch waren sie als anaerobe, nicht Sauerstoff atmende Organismen nur unzureichend an höhere Sauerstoffkonzentrationen angepaßt. Einige steigerten offenbar ihre Sauerstoff-Toleranz und damit ihre Überlebensfähigkeit, indem sie sich mit einer dicken schützenden Schleimscheide umgaben.

Der Sauerstoff aus der Photosynthese anaerober Cyanobakterien muß sich erstmals in begrenzten Flachwasserbereichen merklich angereichert haben. Die wachsende Sauerstoffkonzentration

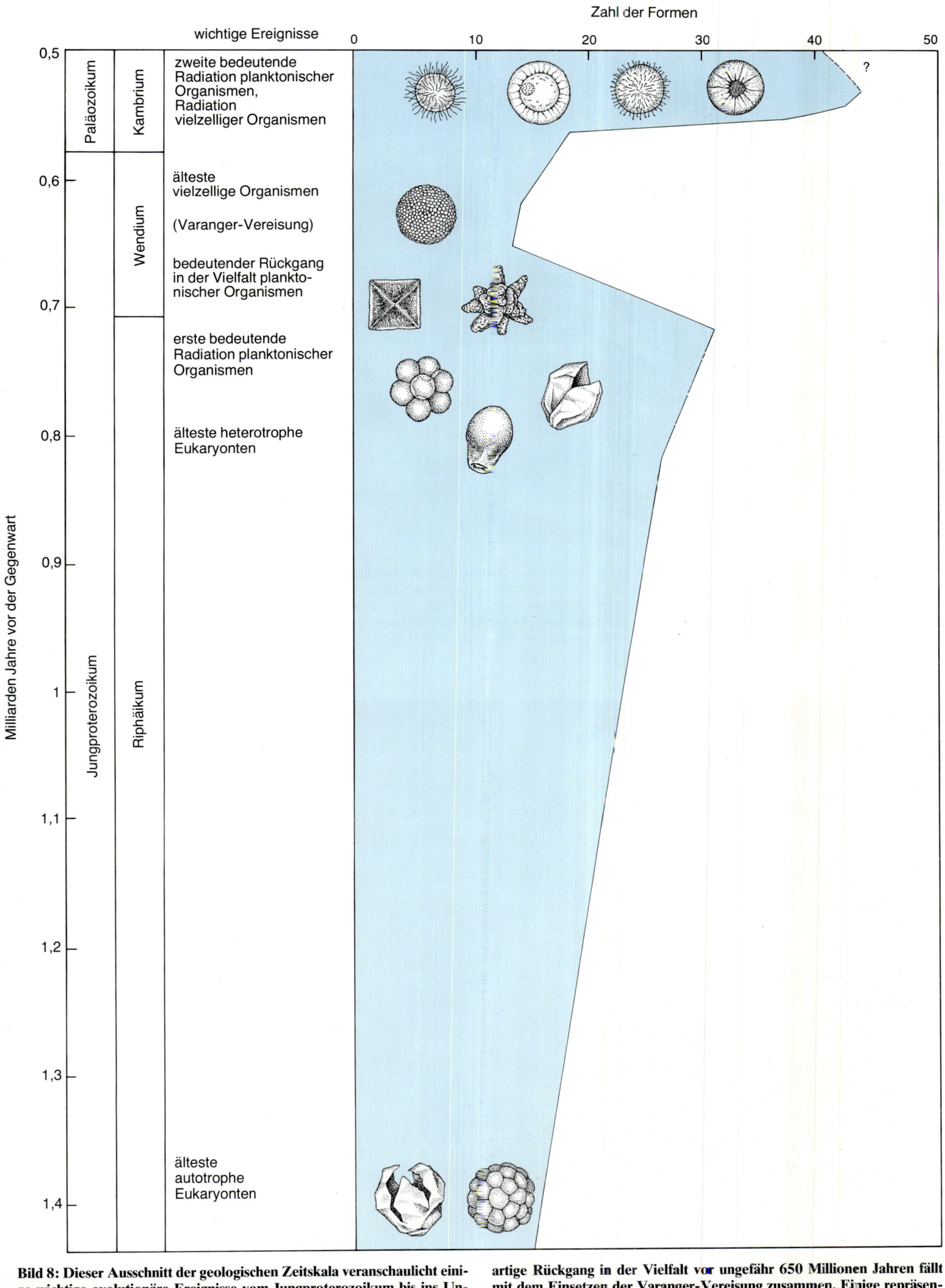

Bild 8: Dieser Ausschnitt der geologischen Zeitskala veranschaulicht einige wichtige evolutionäre Ereignisse vom Jungproterozoikum bis ins Unterkambrium. Das farbige Feld in der Mitte verdeutlicht die Schwankungen in der Formenvielfalt planktonischer Mikroorganismen. Der schlagartige Rückgang in der Vielfalt vor ungefähr 650 Millionen Jahren fällt mit dem Einsetzen der Varanger-Vereisung zusammen. Einige repräsentative Mikrofossilien aus dem dargestellten Zeitraum sind eingezeichnet. Die Größenverhältnisse untereinander blieben dabei unberücksichtigt.

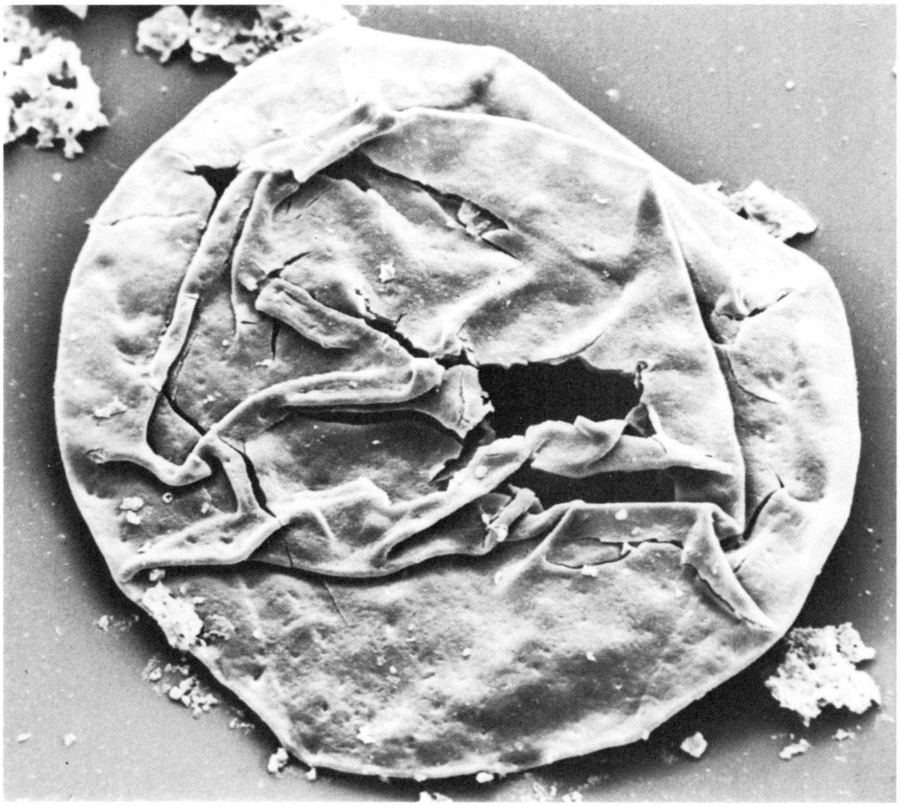

Bild 9: Die charakteristischen Falten, die in dieser Rasterelektronenmikroskop-Aufnahme eines rund 800 Millionen Jahre alten Acritarchen aus Ostgrönland deutlich zu sehen sind, gehen auf Kompaktionserscheinungen im Sediment zurück. Der Durchmesser des Fossils, das der Autor als verlassene Zyste einer freischwimmenden, eukaryontischen Alge identifiziert hat, beträgt ungefähr 300 Mikrometer (ein Mikrometer = ein Tausendstel Millimeter).

Bild 10: Eine komplizierte oktaedrische Form kennzeichnet diesen jungproterozoischen Acritarchen, der aus einer 700 Millionen Jahre alten Schieferformation in Südschweden geborgen wurde. Entsprechende Formen findet man auch in Gesteinen gleichen Alters aus Grönland, Norwegen und der UdSSR. Selbst in viel jüngeren paläozoischen Gesteinen sind sie verbreitet.

dort zwang wahrscheinlich zu neuen Strategien: etwa dazu, in anoxische, äußerst sauerstoffarme Bereiche auszuweichen, äußere Schutzschichten zu bilden oder spezialisierte Zellen – sogenannte Heterozysten – zu entwickeln, in denen die sauerstoffempfindlichen, Stickstoff fixierenden Enzyme untergebracht waren. Die irreversible Sauerstoffanreicherung küstennaher Gewässer dürfte einen erheblichen Selektionsdruck ausgeübt haben, auch die ersten mit Sauerstoff angereicherten Zonen im Schelfbereich zu besiedeln.

Stickstoff-Fixierung in dickwandigen Heterozysten wird auch heute noch von einer Reihe planktonisch lebender Cyanobakterien praktiziert. Demnach ist die planktonische Lebensweise eine wahrscheinlich sehr alte, aber biologisch aufwendige Anpassung bei solchen prokaryontischen Organismen.

Heute spielen Cyanobakterien im Plankton nur eine begrenzte Rolle. Fossilen Zeugnissen nach haben sie aber selbst im Altproterozoikum, also noch ehe ihnen die Eukaryonten Konkurrenz machten, nur einen recht unbedeutenden Anteil der planktonischen Organismen gestellt. Tatsächlich sind die Prokaryonten im allgemeinen wohl nie besonders gut an das Leben im offenen Wasser angepaßt gewesen. Ihre winzigen, spezifisch schweren schleimigen Zellen sinken zu leicht ab.

Das eukaryontische Plankton

Die Cyanobakterien entstanden in einem anoxischen Milieu, in dem sich in zunehmendem Maße der für sie lebensbedrohliche Sauerstoff anreicherte. Die Eukaryonten, die hohe Sauerstoffkonzentrationen nicht nur tolerierten, sondern auch nutzten, wurden zu einer wachsenden Konkurrenz im nun sauerstoffreichen Lebensraum des Planktons. Vor rund 800 Millionen Jahren hatten sich autotrophe (photosynthetisierende) wie auch heterotrophe, von organischen Substanzen lebende Formen durchgesetzt (Bild 8).

Unzureichende Zufuhr mineralischer Nährstoffe läßt Plankton unweigerlich hungern. Die Organismen müssen sich zunächst den durch Erosion vom Festland zugeführten Stickstoff und Phosphor zunutze gemacht haben, indem sie flachmarine Bereiche besiedelten. In einem späteren Stadium mag der Selektionsdruck dahingehend gewirkt haben, Nährstoffe aus etwas tieferen sowie aus nicht mehr über dem Schelf gelegenen Wasserzonen zu gewinnen.

Im oberen Riphäikum, vor 900 bis 700 Millionen Jahren, erhöhte sich – wie die Fossilfunde erkennen lassen – die Vielfalt kugeliger, zystenbildender, acritarchen-artiger Eukaryonten auffällig. Dieser Entwicklungstrend fällt in eine Periode, in der die Urkontinente auseinanderbrachen und sich flache, intrakontinentale Senken bildeten. Die Entstehung solcher Becken durch weitgespannte Bruchsysteme ist sowohl in Nordamerika als auch in Europa in zahlreichen Beispielen belegt.

In diesen großen marinen Becken lagerten sich mächtige Sedimentmassen ab. Die geologischen Veränderungen, die das obere Riphäikum prägten, haben dem Plankton zweifellos neue, mineralische Nährstoffquellen entlang der Kontinentalränder erschlossen. In dieser Periode wurden massenhaft Acritarchen in den Sedimenten eingebettet, die sich in den flachmarinen Zonen bildeten. Die meisten dieser Mikrofossilien sind vielfältig skulptierte, kugelige Formen zystenbildender Eukaryonten. In proterozoischen Turbiditen hingegen – durch unterseeische Trübeströme abgelagerte Sedimente – kommen kaum irgendwelche Fossilien vor. Trotzdem sind darin einige, offenbar an eine planktonische Lebensweise angepaßte Acritarchen zu finden.

In ihrer äußeren Gestalt gleichen jungpaläozoische, 800 bis 900 Millionen Jahre alte Acritarchen einigen altpaläozoischen Formen, und zwar solchen, die – auch wenn sie unterschiedlichen taxonomischen Gruppen angehören – unter

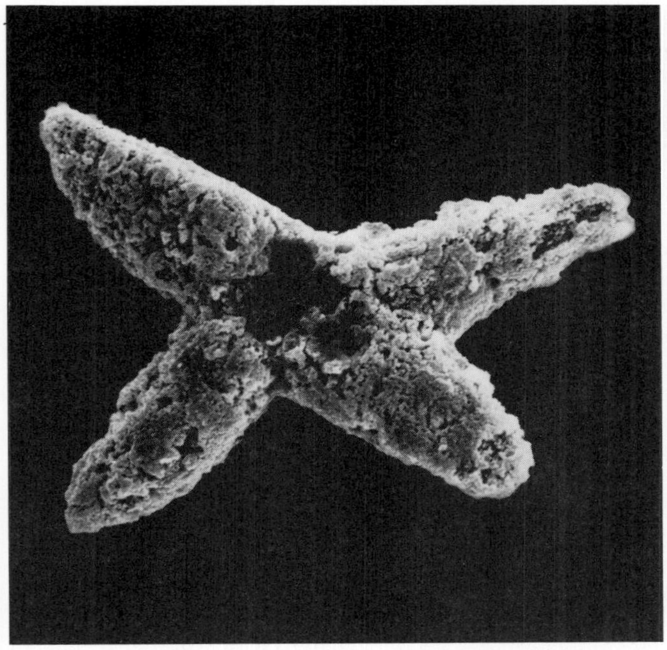

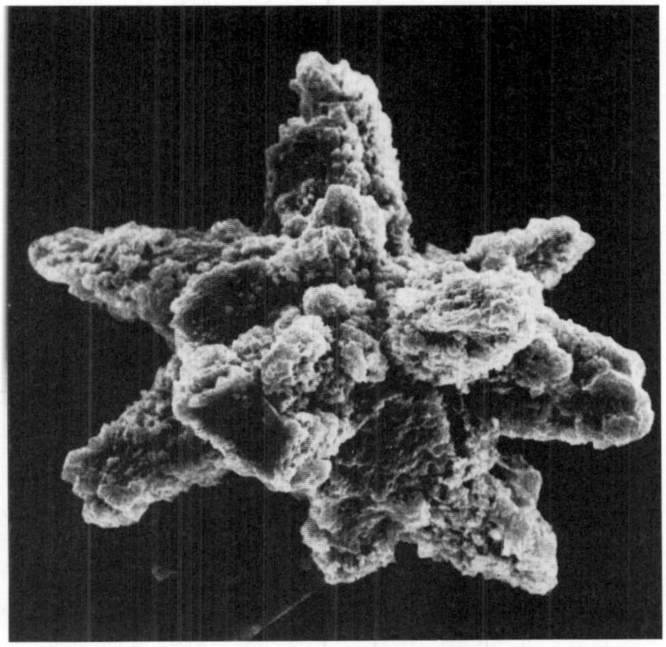

Bild 11: Sternförmige Acritarchen wurden in 700 Millionen Jahre alten Sedimentschichten der Varanger-Halbinsel entdeckt (Bild 4). Ähnliche Mikrofossilien gibt es auch in gleichalten Schichten an anderen Stellen in Skandinavien und in der UdSSR. Diese komplizierten Strukturen mit einem Durchmesser von rund 50 Mikrometern sind wahrscheinlich Reste radial verzweigter Kolonien, die von kugeligen Grünalgen gebildet wurden.

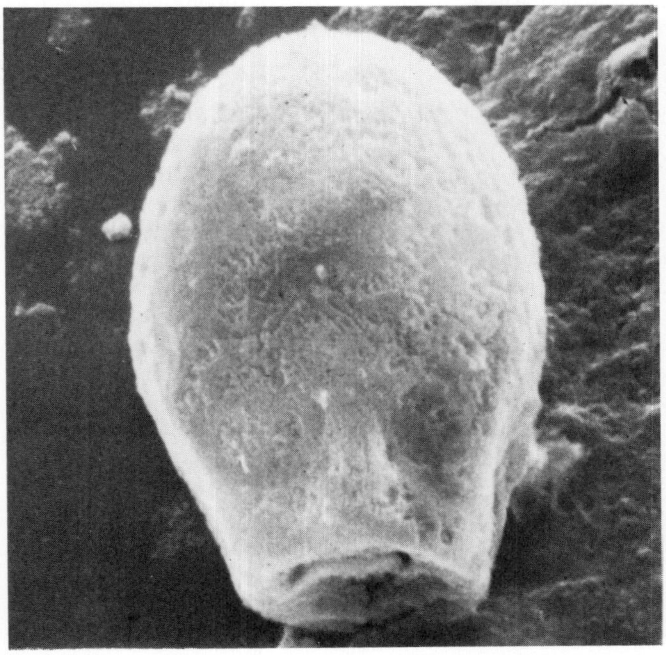

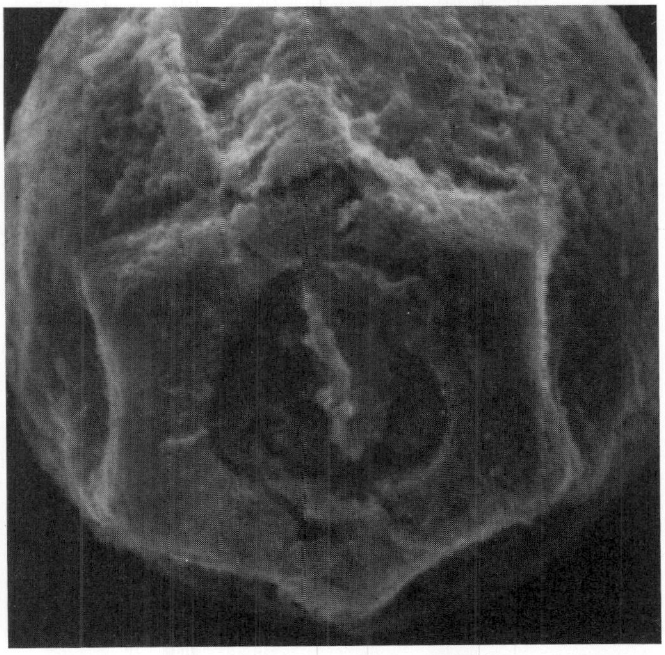

Bild 12: Das vasenartige Mikrofossil (links) zählt zu einem häufigen Typus planktonischer Organismen, der vor ungefähr 800 Millionen Jahren in flachen Küstengewässern in großer Zahl erschienen ist. Es stammt aus dem Grand Canyon in Arizona. Ähnliche Mikrofossilien wurden in Grönland, Brasilien, Saudi-Arabien, Schweden und Norwegen gefunden. Die leicht dreieckige Öffnung an der Basis (rechts) ist offenbar mit einer Art Stopfen verschlossen. Anscheinend konnten sich diese Zellen, vermutlich heterotrophe Eukaryonten, mit Hilfe von Geißeln fortbewegen.

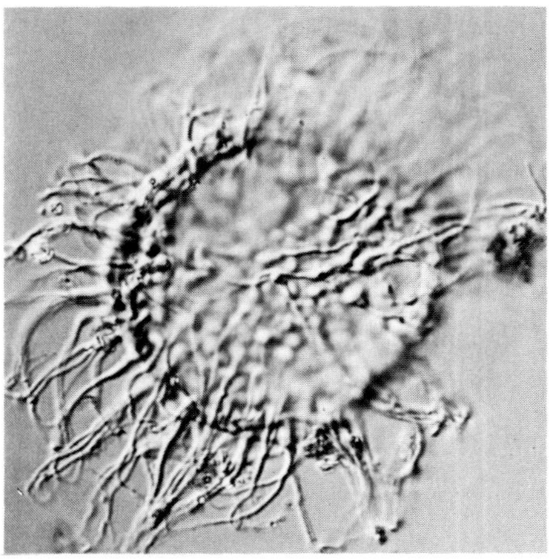

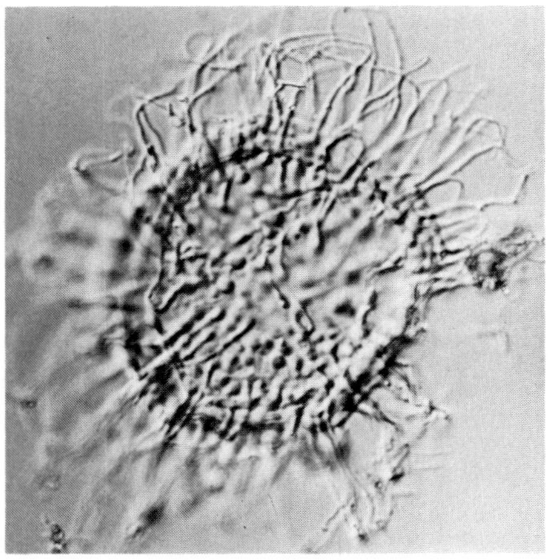

Bild 13: Zahlreiche fadenförmige Fortsätze bedecken die Oberfläche dieses Acritarchen, der in einem ungefähr 550 Millionen Jahre alten Gestein aus Schweden entdeckt wurde. Er verdeutlicht die steigende Formenvielfalt unter den Mikroorganismen des unteren Kambriums, die als zweite Radiation in Bild 8 erkennbar ist. Die beiden Mikrophotographien, aufgenommen in zwei verschiedenen Schärfebereichen, zeigen das Mikrofossil etwa 1500fach vergrößert.

vergleichbaren Umweltbedingungen lebten. Zwar mögen sie nur weitläufig miteinander verwandt sein; doch gehen ihre ähnliche Durchschnittsverteilung und ihr gleichzeitiges Auftreten in weitverstreuten Sedimentschichten darauf zurück, daß die Evolution ähnliche Umweltprobleme wiederholt auf ähnliche Weise gelöst hat.

Im Jungproterozoikum war die grundlegende Anpassung an leicht gewinnbare wasserlösliche Nährstoffe sozusagen experimentell erprobt worden, und die verfügbaren Neuerungen waren wahrscheinlich erschöpft. Zusätzlicher Selektionsdruck förderte dann offenbar die Entwicklung von Schwebe- und Schwimmeinrichtungen. Dafür gab es verschiedene evolutionäre Lösungen.

An Mikrofossilien aus über 800 Millionen Jahren alten Sedimenten läßt sich dies erstmals erkennen. So entwickelten verschiedene planktonische Formen offenbar bläschenartige, vermutlich mit leichteren Flüssigkeiten oder Gasen gefüllte Strukturen, die eine dicke kugelige Wand umgaben. Der Zusammenschluß von Zellen zu mobilen, mit Geißeln versehenen Kolonien mag eine weitere Lösung des Problems gewesen sein, im Wasser schweben zu müssen.

Im Jungproterozoikum vor rund 700 Millionen Jahren wurde dann plötzlich die einfach Kugelsymmetrie vielfach zugunsten polygonal umwandeter Strukturen aufgegeben (Bilder 10 und 11). Die gleiche Anpassung brachte in späteren Perioden ganz ähnlich gestaltete, aber biologisch völlig verschiedene Mikroorganismen hervor.

Solche Ähnlichkeiten, die sich aus der Anpassung an gleichartige Umweltbedingungen ergeben, bezeichnet man als Konvergenzen. Sie sind späteren Parallelentwicklungen vergleichbar, etwa der Ausbildung hydrodynamisch günstiger Flossen bei so verschiedenartigen Meeresbewohnern wie Fischsauriern, Walen, Robben und Pinguinen.

Vor ungefähr 800 Millionen Jahren tauchte weltweit eine neue Gruppe planktonischer Mikroorganismen auf, und das in sehr großer Zahl. Fossil erhalten blieben sie in Form vasenartiger Körperchen mit massiven Außenschalen, die möglicherweise in einigen Fällen mineralisiert worden sind, am ehesten wohl mit Calciumcarbonat oder Kieselsäure (Bild 12). Einige besaßen einen krempenförmigen Kragen. Diese planktonischen Lebewesen werden als heterotrophe Eukaryonten angesehen, die in küstennahen Bereichen lebten und sich von den reichlich vorhandenen planktonischen Algen ernährten. Einige der vasenartigen Zellen hatten an einem Ende „zugestöpselte" Öffnungen, was darauf schließen läßt, daß sie sich mit Hilfe von dort austretenden Geißeln fortbewegten.

Die Evolution noch größerer Eukaryonten ist an den Fossilien unmittelbar jüngerer Sedimentgesteine zu erkennen, die schätzungsweise nur wenig mehr als 600 Millionen Jahre alt sind. Dieselben Gesteine bergen auch die ersten vereinzelten Spuren von Weichtieren.

Stark skulptierte, äußerst mannigfaltige und vermutlich besser schwimmfähige Mikroorganismen erscheinen im untersten Kambrium vor rund 550 Millionen Jahren (Bild 13). Diese ausgeprägte Radiation des Planktons, aus der die ersten echten bedornten Acritarchen hervorgingen, fällt mit dem ersten Erscheinen der Trilobiten, der charakteristischen gepanzerten Gliederfüßer des Erdaltertums, zusammen.

Die Mannigfaltigkeit der proterozoischen und altpaläozoischen Planktonpopulationen in jeweils aufeinanderfolgenden Zeitquerschnitten läßt sich nur näherungsweise schätzen. Dennoch führen solche Schätzungen, ebenso wie jene für das Paläozoikum als Ganzes, Schwankungen in der morphologischen Vielfalt vor Augen, die sich als Spiegelbild beträchtlicher taxonomischer Veränderungen auffassen lassen (Bild 8). So ging während der Varanger-Vereisung im Jungproterozoikum offenbar die Vielfalt planktonischer Organismen erheblich zurück. Die Vereisung brachte einen Überfluß an mineralischen Nährstoffen und damit wahrscheinlich eine Eutrophierung des Wassers in den größeren Becken mit sich. Die erwähnten bakteriellen Wasserblüten waren eine Folge davon.

Gegen Ende der Vereisung stellten sich offenbar wieder normale Nährstoffverhältnisse ein, eine Entwicklung, die mit der raschen Radiation neuer Acritarchen im unteren Kambrium in Beziehung gebracht wird. Diese neue Radiation steht möglicherweise mit weltweiten Schwankungen des Meeresspiegels in Verbindung, die damals aufgetreten sind.

Neue Anstöße für die Biostratigraphie

Eines der Hauptziele bei der Erforschung präkambrischer Mikrofossilien ist die relative Datierung von Gesteinsabfolgen anhand eines biostratigraphischen Systems, das eine weltweite Korrelation erlaubt. Jeder Fortschritt, der – anhand charakteristischer Fossilien – zur Untergliederung präkambrischer Gesteinsabfolgen in klar unterscheidbare Horizonte beiträgt, ist von großer Bedeutung.

Mit Mikrofossilien, wie sie in diesem Artikel beschrieben werden, konnten bereits in dieser Hinsicht eindrucksvolle Resultate erzielt werden. Denn durch solche mikropaläontologischen Forschungen ließen sich proterozoische und unterkambrische Gesteine an weit entfernten Fundstellen unterteilen und untereinander in Beziehung bringen. Dank ihrer planktonischen Lebensweise hatten jungproterozoische und unterkambrische Acritarchen eine so weite geographische Verbreitung erlangt, wie sie erforderlich ist, damit man solche Objekte als Leitfossilien nutzen kann.

Die russische Forschungsrichtung mit ihrem Schwerpunkt auf der Suche nach Leitfossilien und die amerikanische Richtung mit ihrem Schwerpunkt auf der Paläobiologie, der Rekonstruktion vorzeitlicher Ökosysteme und der Evolution der Organismen darin, haben damit letztendlich doch noch zueinander gefunden. Das Jungproterozoikum läßt sich jedenfals als das goldene Zeitalter der einzelligen Lebensformen betrachten.

Das Erscheinen der Tierwelt

Vor etwa 570 Millionen Jahren gestaltete sich die Tierwelt in beispiellosem Maße aus. Neue Körperbaupläne und Lebensweisen erschienen gleichzeitig mit einer neuen, durch verwickelte Nahrungsketten gekennzeichneten Gemeinschaftsform.

Von Mark A. S. McMenamin

Noch etwa Mitte dieses Jahrhunderts stammten die bis dahin ältesten Fossilien allesamt aus dem Kambrium, einem Zeitabschnitt der Erdgeschichte, dessen Gesteine sich vor ungefähr 570 bis 505 Millionen Jahren gebildet haben. Unter den kambrischen Fossilien gab es freilich schon Tiere, die in ihren Bauplänen einer Anzahl heute lebender Tiere glichen. Wo aber waren dann die Vorfahren, die diese Fülle und Formenvielfalt hoch organisierter Meerestiere hervorgebracht hatten? Das plötzliche Erscheinen von Tierfossilien in den tiefsten Schichten des Kambriums einerseits und deren Fehlen in den Schichten des Präkambriums andererseits erhob jedenfalls die Grenze zwischen beiden zum markantesten Wendepunkt der geologischen Zeitskala.

In neuerer Zeit nun hat man in einigen Gebieten der Erde auch präkambrische Tierfossilien geborgen. Doch bleibt die Tatsache bestehen, daß sich das Leben während des Kambriums dann explosiv entfaltet hat.

Kennzeichnend für den Beginn des Kambriums ist das schlagartige Auftreten zahlreicher Großgruppen der Tierwelt. Viele von ihnen haben bis heute überlebt; viele andere aber sind so ungewöhnlich, daß sie sich keinem bekannten Tierstamm der Gegenwart zuordnen lassen (als Stamm bezeichnet man eine Gruppe von Tieren mit gemeinsamem Grundbauplan). Obgleich die meisten Grundbaupläne von Lebewesen unserer Tage schon im Kambrium auftauchten, hat doch die große Mehrheit kambrischer Lebensformen in den heutigen keine Entsprechung mehr; sie sind – im nachhinein betrachtet – als kurzlebige Experimente der Evolution anzusehen (Bild 1). Damals entstand ein höherer Prozentsatz solcher „experimentellen" Tiergruppen als in jedem anderen Abschnitt der Erdgeschichte davor oder danach.

Mit dem Erscheinen solch mannigfaltiger Lebewesen während des Übergangs vom Präkambrium zum Kambrium veränderte sich auch radikal die Art der Beziehungen zwischen Tieren. Im Kambrium entwickelten sich Lebewesen, die bis dahin ungenutzte ökologische Nischen füllten: Statt sich von toter organischer Materie zu ernähren oder eine Symbiose mit den zur Photosynthese fähigen Algen einzugehen, wurden jetzt Tiere, die lebende Materie verzehrten, viel häufiger; Räuber kamen auf. Zwischen den kambrischen Tieren existierte ein Netzwerk von Abhängigkeiten ganz ähnlich dem zwischen heutigen Tieren. Am Übergang vom Präkambrium zum Kambrium entwickelten sich also nicht nur viele heutige Tierstämme, sondern auch die „modernen" Lebensgemeinschafts-Formen.

Übergang in vier Schritten

Dieser Übergang läßt sich in vier Hauptstufen unterteilen. Kennzeichnend für die erste ist das Erscheinen der allerältesten, erst mit ein oder zwei Arten zu belegenden Hartteil-Fossilien und der sogenannten Ediacara-Fauna. Diese umfaßt Fossilien flach gebauter wirbelloser Lebewesen mit einem Weichkörper ohne massives Hartskelett und wurde nach dem ersten großen Fundort, den Ediacara-Bergen in Südaustralien, benannt. In ganz grober Annäherung umspannt diese Entwicklungsstufe die Zeit vor 700 bis 570 Millionen Jahren.

In der zweiten Stufe, die vor etwa 570 Millionen Jahren – vielleicht aber auch 40 Millionen Jahre früher oder später – einsetzte, machten die Ediacara-Faunen den ersten Ansammlungen formenarmer Hartteil-Faunen Platz; darin sind etwa fünf Tierarten mit Hartteilen gemeinsam anzutreffen. Nach ungefähr fünf bis fünfzehn Millionen Jahren endete diese Stufe.

Die dritte, etwa zehn bis zwanzig Millionen Jahre dauernde Entwicklungsstufe ist durch Hartteil-Faunen mit mäßiger Formenvielfalt gekennzeichnet, das heißt, es werden Fossilien von mehr als fünf, aber weniger als fünfzehn Arten solcher Organismen zusammen gefunden. Ferner erscheint erstmalig eine merkwürdige Gruppe vasenförmiger, rasenbildender sessiler Tiere, die in Fachkreisen als Archaeocyatha bekannt sind.

Die vierte Stufe schließlich dauerte wohl fünfzehn bis dreißig Millionen Jahre; auf ihr treten die ersten artenreichen Hartteil-Faunen sowie erstmalig Trilobiten auf. Die Trilobiten, wörtlich Dreilapper, sind ausgestorbene Gliederfüßer (Arthropoden) mit stark verkalktem Rückenpanzer. Er besteht aus drei Abschnitten: dem Kopfschild, dem Mittelstück aus gegeneinander beweglichen Segmenten und dem Schwanzschild. Wie die Gliederfüßer der Gegenwart mußten sich die Trilobiten beim Wachsen häuten. Was man von ihnen als Fossilien antrifft, sind daher normalerweise nur ihre abgeworfenen Panzerhemden.

Die erste Stufe

Die für die erste Stufe kennzeichnende Ediacara-Fauna findet man in Schichten oberhalb der marinen Gletscher-Sedimente des Präkambriums, die als Tillite bekannt sind. Da diese

Bild 1: *Helicoplacus*, ein Lebewesen, das vor rund 510 Millionen Jahren – nur 20 Millionen Jahre nach seinem Erscheinen – ausgestorben ist. Es war quasi ein Experiment der Natur – mit einem Bauplan, wie ihn kein heutiges Lebewesen besitzt. Ein spiralig angeordnetes System von Panzerplatten umhüllte einen spindelförmigen Körper, der bei diesem Exemplar etwa fünf Zentimeter lang war. *Helicoplacus* lebte in der Übergangsperiode vom Präkambrium zum Kambrium, in deren Verlauf mehr Typen an Körperbauplänen entstanden als jemals zuvor oder danach – darunter schon die Mehrheit der heutigen Grundbaupläne. Die meisten erwiesen sich aber, wie der von *Helicoplacus*, als erfolglos.

Tillite von Episoden weltweiter Vereisung zeugen, muß die Ediacara-Fauna nicht lange nach dem letzten Vorstoß der jungpräkambrischen Vereisung ins Leben getreten sein. Zusammen mit den fossilen Überresten dieser Wirbellosen (Bild 2) tauchen Spurenfossilien auf: überlieferte Spuren oder Fährten von Tieren sowie flache Grabbauten an der Oberfläche des damaligen Meeresbodens (Bild 4 oben).

Diese Stufe hat zwar viel weniger Fossilien als die folgenden zu bieten; aber das läßt sich teilweise der Tatsache zuschreiben, daß Lebewesen mit einem Weichkörper schnell zerfallen und deshalb nur ausnahmsweise fossil erhalten bleiben. Ihre Seltenheit ist daher nicht notwendigerweise ein Indiz dafür, daß Ediacara-Arten nicht häufig und weitverbreitet gewesen wären.

In dieser ersten Stufe findet man außerdem ein paar Schalenfossilien wie *Cloudina*, ein röhrenförmiges Fossil aus Namibia mit einer Schale aus Calciumcarbonat (kohlensaurem Kalk), sowie *Sinotubulites*, ein anderes Röhrenfossil aus dem gleichen Material, das in Gesteinen des südchinesischen Präkambriums entdeckt wurde (Bild 2).

Weitere aus dieser Zeitspanne überlieferte Fossilien sind die Sabelliditiden und Vendotaeniden. Bei den Sabelliditiden handelt es sich um fossilierte röhrenförmige Hüllen aus einer ehemals flexiblen organischen Substanz. Sie sind im allgemeinen ein paar Zentimeter lang, aber nur ein bis mehrere Millimeter dick und beherbergten wahrscheinlich wurmartige Tiere, die Nahrungspartikel aus dem Wasser filterten. Die Sabelliditiden sowie die Gattungen *Cloudina* und *Sinotubulites* belegen somit die Existenz von festsitzenden, also sessilen, röhrenbewohnenden Filtrierern.

Die Vendotaeniden sind zwar ebenfalls Röhrenfossilien aus einer ursprünglich flexiblen Substanz, aber mit weniger als einem Zentimeter Länge und nur einem zehntel Millimeter Breite weitaus kleiner als die Sabelliditiden. Diese Hüllen dürften durch Ausscheidungen präkambrischer Bakterienkolonien entstanden sein.

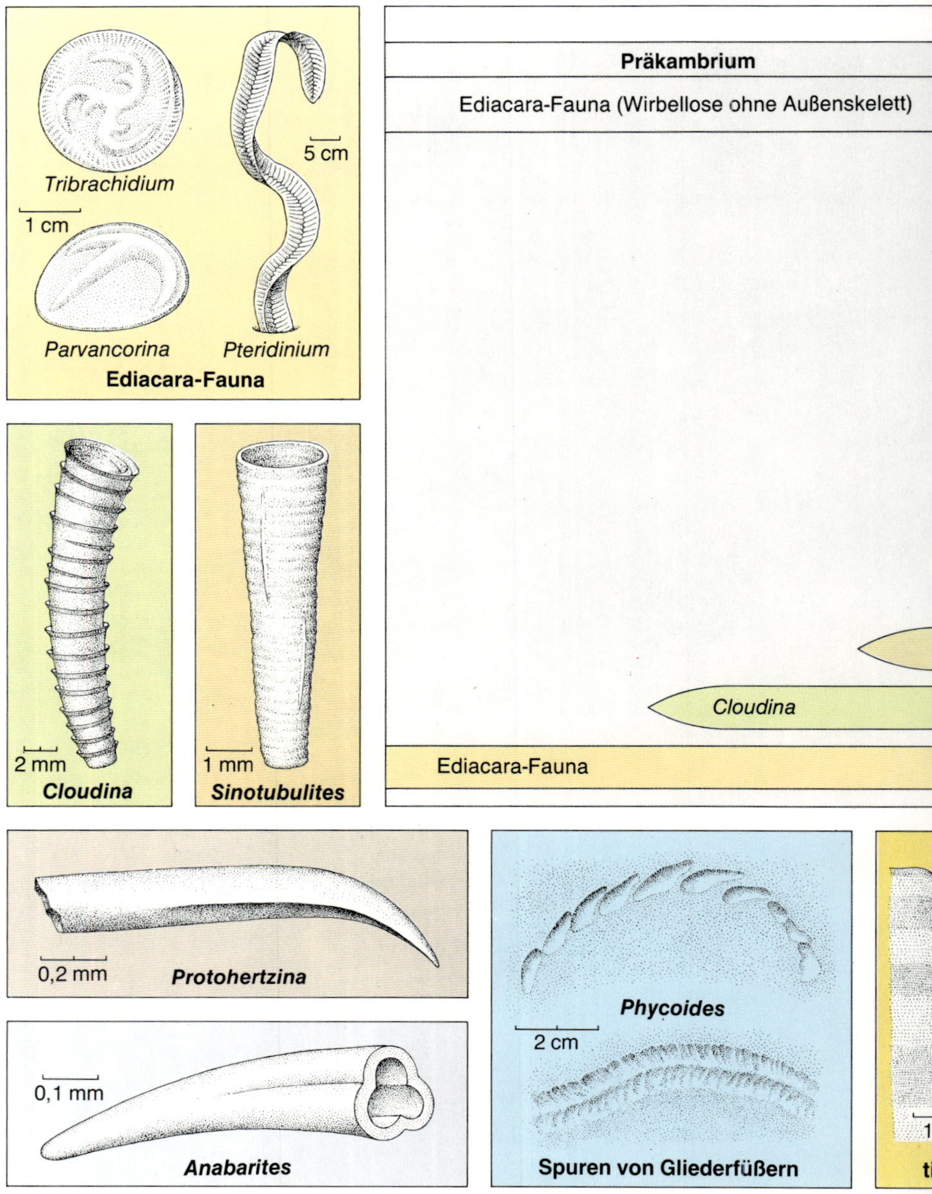

Bild 2: Die Tierwelt wurde während der Übergangsperiode vom Präkambrium zum Kambrium allmählich komplizierter und formenreicher. Alle hier dargestellten Organismen lebten im Meer. Typisch für die erste der vier Übergangsstufen vor 700 bis 570 Jahrmillionen ist die sogenannte Ediacara-Fauna, bestehend aus meist flachgebauten Wirbellosen mit einem Weichkörper ohne massives Außenskelett. In dieser Stufe erschienen auch *Cloudina* und *Sinotubulites*, von denen die röhrenförmigen Kalkschalen überliefert sind. Ein charakteristisches Fossil der zweiten Übergangsstufe ist *Protohertzina*, ein Gebilde aus Calciumphosphat, das an die Greifstacheln heutiger räuberischer Pfeilwürmer (Chaetognathen) erinnert; *Protohertzina* war wahrscheinlich ein Greifstachel eines ähnlichen, urtümlichen Räubers. Ein weiteres ebenso verbreitetes Hartteil-Fossil desselben Zeitabschnitts ist *Anabarites*. Beide sind in Asien, Australien, im Mittleren Osten und in Nordamerika zu fin-

Die zweite Stufe

Zu Beginn der zweiten Übergangsstufe erscheinen Tierfossilien – ganz oder in Bruchstücken – mit Hartteilen aus Calciumphosphat. Die ältesten sind höchstens wenige Millimeter lang. Sie bilden insgesamt eine formenarme Faunengruppe früher Tiere mit phosphatischen Hartteilen. Ein Beispiel ist das fangzahnartige Fossil *Protohertzina* (Bild 2). Es ähnelt in seiner Mikrostruktur stark den scharfen Fangzähnchen der heutigen Pfeilwürmer (Chaetognathen), die einen eigenen Stamm bilden. Die Mundpartie dieser winzigen, aber gefräßigen Räuber ist von einem Kranz chitiniger Greifhaken umgeben. *Protohertzina* diente also vermutlich ähnlichen Lebewesen zu demselben Zweck und ist damit das erste Fossil, das sich mit einiger Zuverlässigkeit als Teil eines räuberischen Tieres identifizieren läßt.

Zusammen mit den Hartteil-Fossilien aus Calciumphosphat erscheinen auch einige aus Calciumcarbonat. Die ursprüngliche Mineralzusammensetzung dieser frühen Hartteil-Fossilien ist übrigens manchmal schwierig zu ermitteln, weil Calciumphosphat irgendwelches in Wirklichkeit aus Calciumcarbonat gebildetes Hartmaterial dermaßen naturgetreu ersetzen kann, daß selbst nur wenige tausendstel Millimeter messende Feinheiten in der Struktur erhalten bleiben.

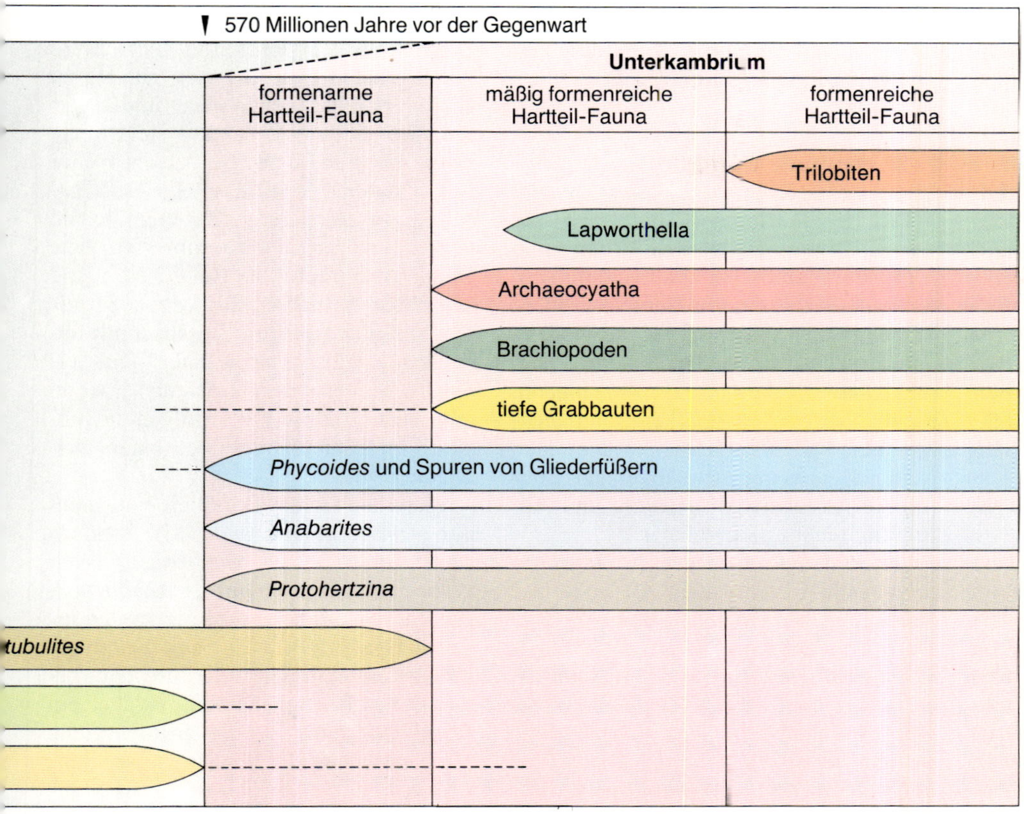

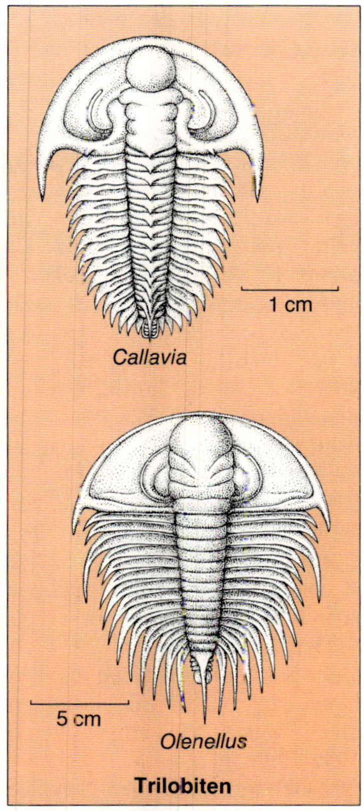

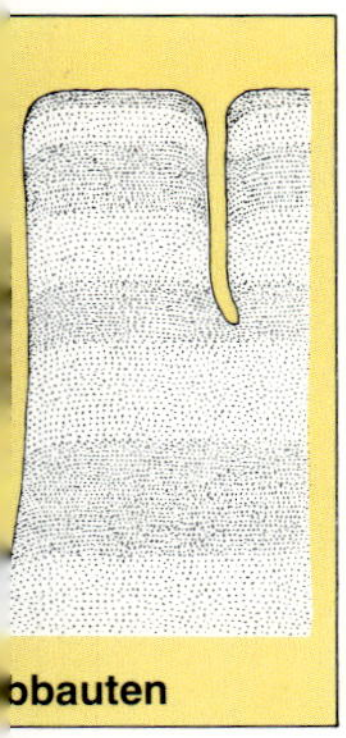

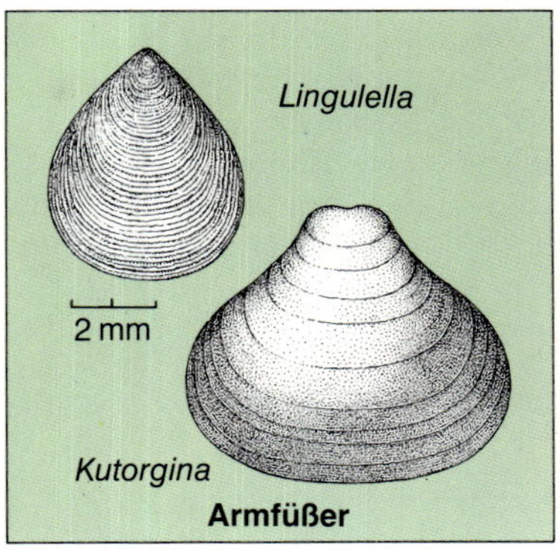

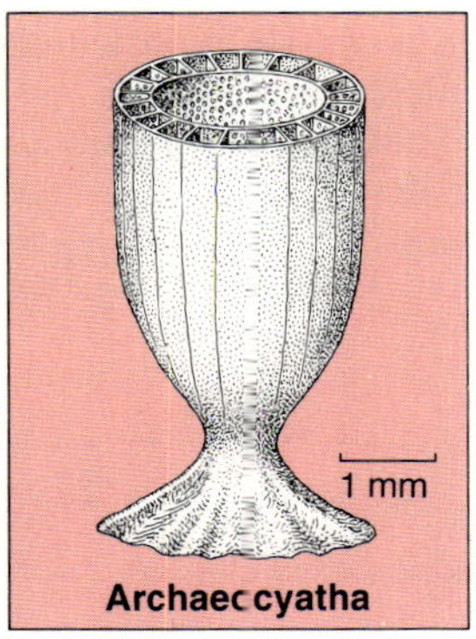

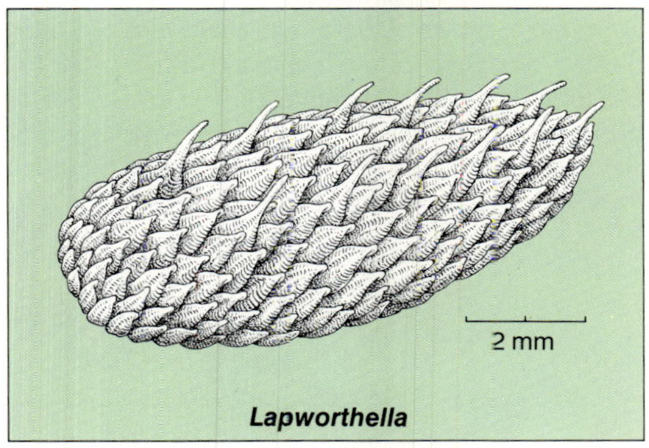

den. In den Gesteinen dieser Stufe werden zudem Spurenfossilien deutlich häufiger und vielfältiger; dabei handelt es sich um von Tieren hinterlassene Kriech-, Lauf- und Grabspuren, also um ehemalige Fährten und Bauten. Es gibt sehr komplizierte Lebensspuren; Beispiele hierfür sind *Phycoides pedum*, das uns eine Reihe von Weide- und Grabbewegungen dokumentiert, und gewisse Fährten aus Folgen von paarigen, schräg zusammenstoßenden Eindrücken, die wahrscheinlich ein urtümlicher Gliederfüßer (Arthropode) hinterlassen hat. Gesteinsbildungen dieser Stufe liefern uns auch die ältesten tiefen vertikalen Grabbauten. Im Verlauf des folgenden Zeitabschnitts kamen die Armfüßer (Brachiopoden) mit ihren zweiklappigen muschelähnlichen Schalen auf sowie die seltsamen Archaeocyatha mit ihrem vasenförmigen, doppelwandigen, aber porösen Skelett aus Kalk. Gegen Mitte dieser dritten Stufe erschien erstmalig *Lapworthella*, ein gepanzertes Tier, dessen Rekonstruktion hier abgebildet ist. Gefunden werden die Sklerite, die einzelnen Stücke des Panzerhemdes. Die vierte Übergangsphase ist durch das Auftreten der Trilobiten gekennzeichnet. Diese Gliederfüßer hatten ein aus drei Abschnitten bestehendes Außenskelett: Kopf- und Schwanzschild sowie ein Mittelteil mit gegeneinander beweglichen Segmenten. Dieser Panzer wurde jeweils abgeworfen, wenn das Tier sich häutete. Die meisten Trilobiten-Fossilien sind in Wirklichkeit solche abgeworfenen Panzerhemden.

Auf etwa demselben stratigraphischen Niveau haben sich schon Art und Anzahl fossiler Lebensspuren und Fährten auf dem Meeresboden-Sediment gewaltig vermehrt (als Stratigraphie bezeichnet man dabei die Gelände-Aufnahme und vergleichende Beschreibung geologischer Schichtfolgen). Erstmalig kommen jetzt tiefe vertikale Grabbauten vor, und es gibt eine Fülle komplizierter Spurenfossilien wie etwa *Phycoides pedum* (Bild 2). In dieser Spur ist uns eine Abfolge von Weide- und Grabbewegungen eines auf dem Meeresboden lebenden Tieres überliefert. Es gibt aber auch Fährten mit schräg zusammenstoßenden paarigen Eindrücken, die von den Gliedmaßen eines krabbelnden oder scharrenden Gliederfüßers ins Sediment gekratzt wurden (Bild 2).

Die Ediacara-Fauna scheint in diesem stratigraphischen Niveau – mit vielleicht einer Ausnahme – erloschen zu sein. Einige Paläontologen glauben allerdings, daß Körperfossilien von Tieren des Ediacara-Typus darin nur deshalb fehlen, weil die Leichen von aasfressenden grabenden Tieren, deren Anzahl und Aktivität zu dieser Zeit deutlich zunahm, lediglich beseitigt worden sind.

Dritte und vierte Stufe

Die dritte Übergangsstufe vom Präkambrium zum Kambrium ist durch mäßig vielfältige Hartteil-Faunen gekennzeichnet. In den meisten Regionen der Erde erscheinen sie in Schichten direkt über denen mit den formenarmen Faunen. Auf der sogenannten Sibirischen Plattform, die sich über Zentral- und Westsibirien erstreckt, werden sie von den ältesten Archaeocyatha begleitet: vasenförmigen Fossilien mit doppelten porösen Wänden aus Calciumcarbonat; der Raum zwischen innerer und äußerer Wand ist durch radial angeordnete und ebenfalls poröse Septen versteift (Bild 2). Die Archaeocyatha ähneln zwar entfernt gewissen Schwämmen und Korallen, aber faktisch sind sie mit keiner jetzt lebenden Tiergruppe verwandt und werden deshalb in einen eigenen Tierstamm gestellt.

Zusammen mit Kalkalgen haben die Archaeocyatha die ältesten bekannten riffartigen Wellenbrecher erzeugt: Ihr Skelettmaterial wuchs zu wallartigen Gebilden zusammen, die man Bioherme nennt. Die dabei mitwirkenden Kalkalgen waren vielzellig und in ihren Verzweigungen und lichtsammelnden Organen mit nadeligen Strukturen aus Calciumcarbonat versteift.

In der vierten Übergangsstufe, die durch ausgesprochen mannigfaltige Hartteil-Faunen gekennzeichnet ist, breiteten sich die Archaeocyatha gewaltig aus und eroberten zahlreiche weit von der Sibirischen Plattform entfernte Gebiete. In Sedimenten dieser Stufe treten dann auch erstmals Fossilien von Trilobiten-Panzern auf (Bild 2).

Weltbürger und Provinzler

Im 19. Jahrhundert ließ sich die Grenze zwischen Präkambrium und Kambrium relativ leicht auffinden, weil die damals erforschten Gebiete größere Schichtlücken oder sogenannte Diskordanzen zwischen den präkambrischen und kambrischen Sedimentschichten aufwiesen. (Solche Lücken kennzeichnen einen Zeitabschnitt, in dem sich Material entweder nicht abgelagert oder infolge gebietsweiser Hebung und Abtragung nicht erhalten hat.)

Den Paläontologen des 20. Jahrhunderts stehen zwar mehr Befunde zur Verfügung – doch ist dadurch ihre Aufgabe, die genaue Grenze festzustellen, komplizierter geworden; denn inzwischen sind viele Gebiete bekannt, wo präkambrische und kambrische Schichtfolgen ungestört ineinander übergehen. Die Lage einer Grenze müssen die Paläontologen aber immer dann ermitteln, wenn sie Informationen von einer Stelle der Erde mit denen von einer anderen vergleichen und das relative Alter der fraglichen Schichtfolgen anhand von Leitfossilien – also biostratigraphisch – bestimmen wollen.

Prä- und frühkambrische stratigraphische Zeitabschnitte auf diese Weise von Ort zu Ort miteinander zu korrelieren ist schwierig, und zwar aus zwei Gründen. Erstens steht überhaupt nur eine begrenzte Anzahl früher Fossil-Arten für eine solche Untersuchung zur Verfügung. Zweitens haben von diesen Arten wiederum viele eine große stratigraphische Reichweite, sind also über Schichten hinweg anzutreffen, die einen langen Zeitabschnitt abdecken; solche „Durchläufer" sind leider nicht besonders brauchbar, wenn man stratigraphische Abfolgen in biostratigraphische Unterabteilungen aufgliedern will.

Viele der frühen Fossilien sind nicht nur stratigraphisch (vertikal), sondern auch geographisch (horizontal) weit verbreitet. Eines davon ist *Anabarites*, ein Röhrenfossil mit drei markanten inneren Graten (Bild 2). *Anabarites* erscheint erstmalig in der Stufe der formenarmen Hartteil-Faunen, ist aber ein Durchläufer bis in die formenreiche Stufe. Man findet ihn in Australien, China, Indien, Kasachstan, in der Mongolei, in Sibirien sowie im östlichen und westlichen Nordamerika.

Die weite Verbreitung einiger Elemente der Ediacara-Fauna und der ersten Hartteil-Faunen ist auf die Lage der Kontinente im Jungpräkambrium und frühen Kambrium zurückzuführen

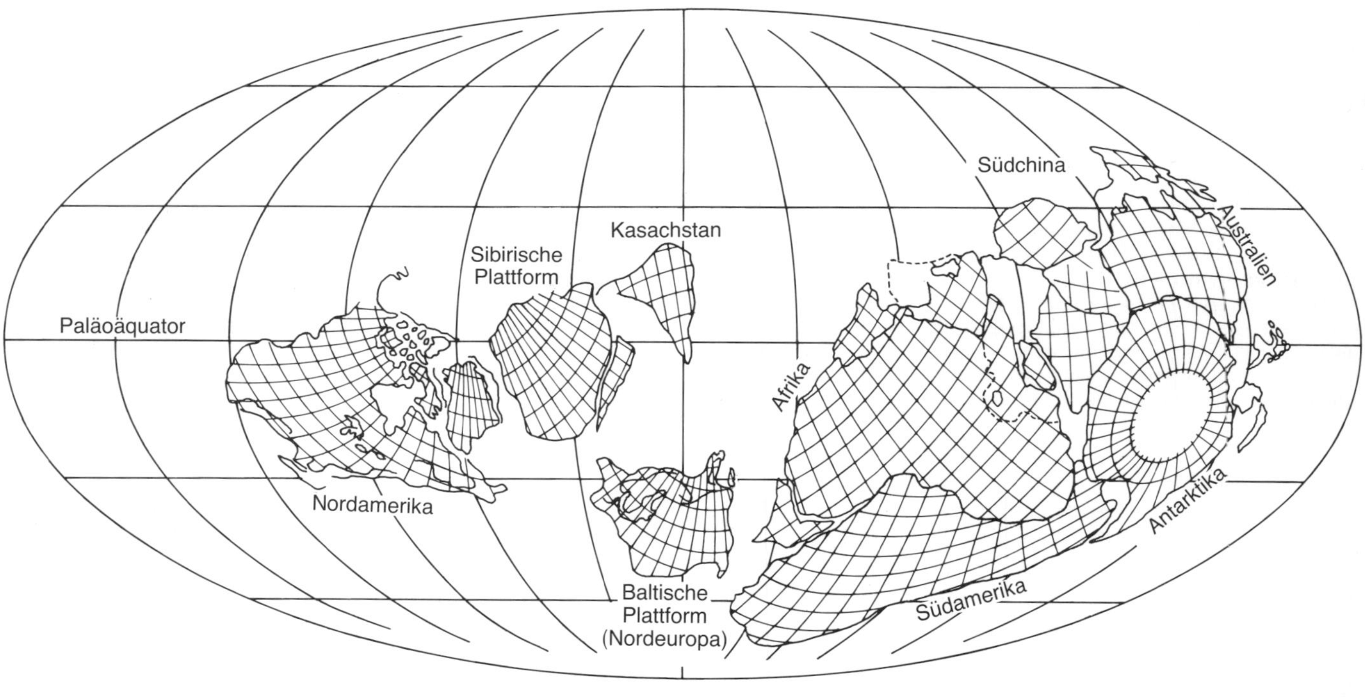

Bild 3: Die Geographie der Erde zur Übergangszeit zwischen Präkambrium und Kambrium. Sie bot die Voraussetzungen für das Anschwellen der Individuen- und Artenzahl der in dieser Periode aufkommenden Lebewesen. Im späten Präkambrium, im Jungpräkambrium also, war ein Großteil der Landmasse in einem einzigen Superkontinent vereint. Als der Superkontinent wahrscheinlich zu Beginn des Kambriums aufbrach, boten sich längs der neuen, ausgedehnten Küstenlinien ausgiebige Kolonisationsmöglichkeiten für die ja im Meer lebenden Organismen. Viele der neu abgetrennten Kontinente lagen in Äquatornähe und wiesen deshalb ein warmes, ausgeglichenes Klima auf. Die wachsende Entfernung zwischen den altkambrischen Kontinenten förderte Unterschiede in den voneinander getrennten Faunengemeinschaften, was sich als sogenannter Provinzialismus bemerkbar machte. Die Gitterlinien auf den Kontinenten kennzeichnen die heutigen Längen- und Breitengrade.

(Bild 3). Die meisten Erdteile lagen damals in Äquatornähe, und man kann mit guter Begründung annehmen, daß im Jungpräkambrium viele der heutigen Kontinente Teile eines einzigen Superkontinents waren.

Zwar haben Gerard C. Bond und seine Kollegen am geologischen Lamont-Doherty-Observatorium der New Yorker Columbia-Universität Hinweise gefunden, wonach Nordamerika während der Übergangszeit vom Präkambrium zum Kambrium loszubrechen begann. Da die neu abgetrennten Kontinente aber in den Frühstadien der Kontinentaldrift noch nahe beieinander und zudem auf ungefähr derselben geographischen Breite lagen, konnten sich die ohnehin im Meer lebenden Tierarten weit verbreiten: Es gab weder breite Ozeane noch extreme Temperaturunterschiede, die sie daran gehindert hätten, von einem Kontinentalschelf zum anderen zu wandern.

Provinzialismus, also Unterschiede im Artenspektrum verschiedener klimatisch entsprechender Bereiche, begann sich weltweit erst herauszubilden, als die ersten verbreiteten Archaeocyatha und Trilobiten erschienen. Die Tendenz zum Provinzialismus wurde zweifellos durch die fortschreitende Vergrößerung der Ozeane zwischen den Kontinenten in frühkambrischer Zeit gefördert.

Überdies hat Allison R. Palmer von der Geologischen Gesellschaft von Amerika aufgezeigt, daß sich zu dieser Zeit eine Reihe sogenannter Carbonatgürtel entlang den Rändern einiger Kontinente zu bilden begann – barriereriff-ähnliche Flachmeerbereiche, die durch Ansammlungen kalkiger Hartteile von Lebewesen entstanden sind. Weil solche Carbonatgürtel den Zugang zur offenen See einschränkten, entwickelten sich die zwischen ihnen und der Küstenlinie heimischen Meerestiere isoliert von ähnlichen Tieren entlang anderer Kontinente weiter. Dieser Effekt ist bei einigen Trilobiten-Gruppen besonders augenfällig.

Da im Jungpräkambrium die meisten Kontinente in Äquatornähe lagen, war dort das Klima nach dem letzten präkambrischen Eisvorstoß wahrscheinlich recht ausgeglichen. Als das Weltklima wärmer wurde, begann sich die Nährstoffversorgung in marinem Flachwasser auf relativ niedrigem Niveau zu stabilisieren. Eine Abnahme der weltweiten Temperaturgegensätze dürfte zusätzlich zur Stabilisierung der marinen Nahrungsressourcen beigetragen haben. Allgemein wird bei einem geringeren Temperaturgefälle zwischen Polen und Äquator das Wasser des Ozeans weniger stark umgewälzt, wodurch wiederum weniger Nährstoffe aus der

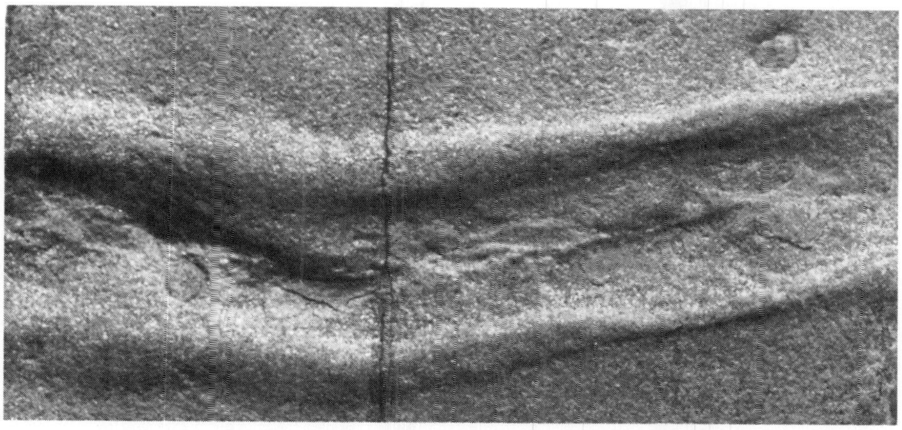

Bild 4: Spurenfossilien liefern ein Indiz für die Organisationshöhe ihrer Erzeuger. Einige im Kambrium entstandene Spuren sind nur einen Millimeter breit und auf flache horizontale Grabtätigkeit im Meeressediment zurückzuführen (oben). Die etwa 1,5 Zentimeter breite Kriechspur (unten) wurde im Kambrium von einem weichtier-ähnlichen Lebewesen erzeugt.

Tiefsee in die Flachmeerbereiche aufsteigen. Eine stetige – nicht saisonal schwankende – Nährstoffversorgung ist für viele Meerestiere entscheidend. Dies gilt besonders für tropische Meerestiere, die an gleichmäßigere Bedingungen angepaßt sind als Organismen, die in Bereichen mit ausgeprägteren jahreszeitlichen Schwankungen leben.

Ernährungsweisen

Aus dem begrenzten Nährstoffangebot im Präkambrium ergibt sich auch eine Erklärung für die abgeplattete Gestalt der Ediacara-Lebewesen. So war die pfannkuchenartige *Dickinsonia* höchstens rund sechs Millimeter dick, obschon ihr Durchmesser einen Meter überschreiten konnte. Je flacher und dünner ein Körper, desto größer ist seine Oberfläche gegenüber dem Volumen, und dies ist wiederum ideal für eine sogenannte photo- oder chemoautotrophe Ernährungsweise, die in relativ nährstoffarmen Lebensräumen begünstigt wird. (Autotrophie bedeutet vereinfacht, daß ein Organismus keine anderen Organismen verzehren muß, um sich zu ernähren.)

Die Photo-Autotrophie von Tieren erfordert eine Symbiose mit Photosynthese treibenden Algen. Im Gewebe des Wirtstieres sind die Algen vor Tieren geschützt, die sich sonst von ihnen ernähren würden; sozusagen als Gegengabe überlassen sie dem Wirt Nährstoffe und verwerten seine Abfallprodukte. Damit eine solche Symbiose überhaupt funktioniert, muß ein wesentlicher Anteil des Wirtskörpers dem Sonnenlicht ausgesetzt sein, damit die Algen wirksam Photosynthese betreiben können. Viele unserer heutigen Riffkorallen und einige tropische Venusmuscheln (wie die bekannte, in Riffen lebende Riesenklaffmuschel *Tridacna*) haben symbiontische photosynthetische Algen in ihrem Gewebe.

Die zweite Ernährungsstrategie, die Chemo-Autotrophie, ist die direkte

Aufnahme energieliefernder Nährstoffe aus dem Seewasser. Auch sie kann manchmal mit einer Endosymbiose verknüpft sein, bei der das Wirtstier Chemosynthese betreibende Bakterien in seinem Inneren beherbergt. Diese Strategie ist zum Beispiel unter Tieren verbreitet, die heute an hydrothermalen Schloten der Tiefsee wohnen, wo heißes, mineralreiches Wasser magmatischen Ursprungs austritt. Manche dieser Tiere scheinen allerdings auch gelöste Nährstoffe direkt, also ohne Hilfe von Bakterien, resorbieren zu können.

Der abgeflachte Körper der Ediacara-Tiere dürfte also eine wirksame Aufnahme von Nährstoffen aus dem Seewasser oder eine wirksame Absorption von Licht durch symbiontische Algen ermöglicht haben. Neuere Untersuchungen von Pamela Hallock-Muller von der Universität von Südflorida in St. Petersburg haben ergeben, daß in nährstoffarmen Gewässern die Wirt-Symbionten-Beziehung außerordentlich begünstigt wird, weil der Wirt seine Abfallprodukte umgewandelt direkt über den Symbionten zurückgewinnen kann, statt sie in seine Umgebung zu entlassen. Die Ediacara-Fauna dürfte also recht gut an die im Jungpräkambrium vorherrschenden marinen Bedingungen – an Flachmeerbereiche mit vermutlich geringem Nahrungsangebot – angepaßt gewesen sein.

Gegen Ende des Präkambriums und während der Übergangsperiode zum Kambrium änderte sich das Nahrungsangebot wahrscheinlich infolge von Veränderungen im Chemismus der Ozeane. Damit wurden andere Ernährungsstrategien bedeutsamer: Die Heterotrophie – also das Fressen anderer Organismen, seien es nun Tiere oder Pflanzen – trat gegen Ende des Präkambriums mehr und mehr in den Vordergrund.

Ein Indiz dafür findet sich beispielsweise unter den Stromatolithen: kuppel-, säulen- oder kegelförmigen Gebilden, die aus übereinandergeschichteten Matten bodenbedeckender Algen entstanden sind.

Immer neue Lagen von Algenmatten, die reich an organischem Material sind, ließen im Wechsel mit Lagen von Sedimentpartikeln, die sich in dem jeweils vorherigen Algenteppich verfangen hatten, die Stromatolithen dem Sonnenlicht entgegenwachsen. Und obwohl jede einzelne Lage weit weniger als einen Millimeter dick war, türmten sich so allmählich große Säulen oder Kuppeln auf; manche präkambrischen Stromatolithen waren immerhin mehr als zehn Meter hoch.

Vor etwa 800 Millionen Jahren aber büßten die Stromatolithen erheblich von ihrer Vielfalt ein, was Stanley M. Awramik von der Universität von Kalifornien in Santa Barbara dem Erscheinen von algenverzehrenden Tieren zuschreibt: Stromatolithen werden leicht zu stark abgeweidet, und nicht mehr schließbare Löcher in der Algenmatte können dann ein weiteres Wachstum des ganzen Gebildes verhindern.

Ein anderes mögliches Indiz für die zunehmende Heterotrophie findet man in fossilführenden Quarziten, also in Sedimentgesteinen aus mikrokristalliner Kieselsäure. Wenn man Dünnschliffe dieser Kieselgesteine unter dem Mikroskop betrachtet, lassen sich in den durchscheinenden Gesteinsscheiben Kleinstfossilien erkennen. Die Hüllen solcher Organismen wurden vor 800 bis 700 Millionen Jahren widerstandsfähiger – vielleicht als Schutz vor neu aufgetretenen weidenden Tieren.

In etwa dem gleichen stratigraphischen Niveau erscheinen auch Spurenfossilien von aas- und schlammfressenden Tieren. Sie wurden von Tieren erzeugt, die fast mit Sicherheit als die Vorfahren der kambrischen Hartteil-Organismen anzusehen sind.

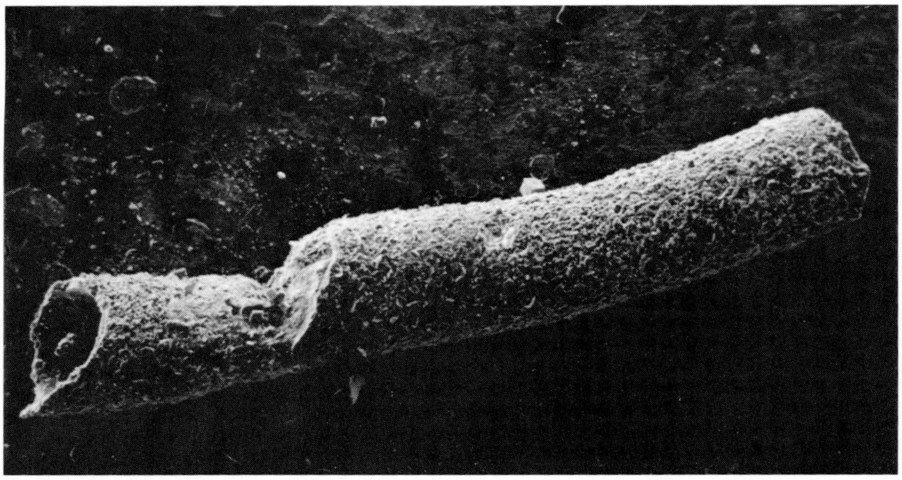

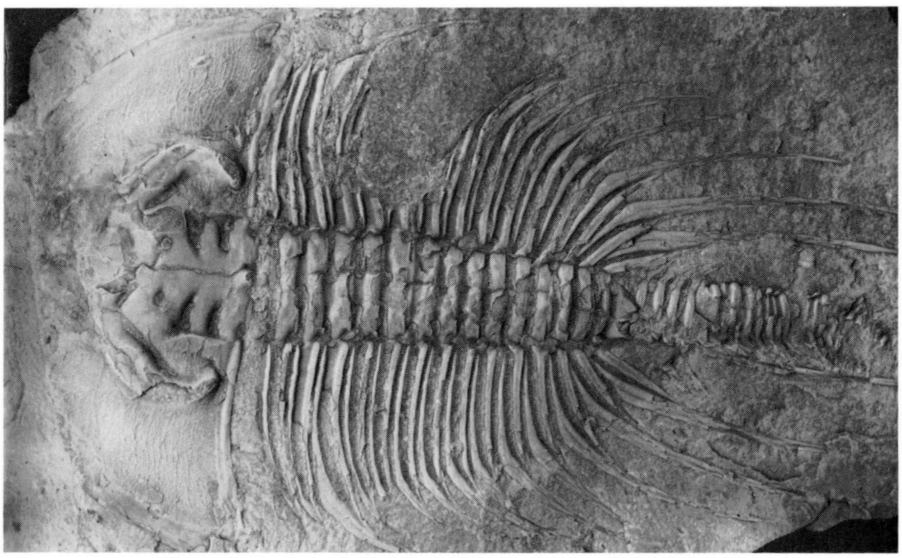

Bild 5: Verletzungen an Tieren sind augenfällige Hinweise auf Beutegreifer während der Übergangsperiode. Die obere Abbildung zeigt eine beschädigte und danach ausgeheilte Schale von *Hyolithellus* in etwa vierzigfacher Vergrößerung, die untere eine ausgeheilte Panzerverletzung am Trilobiten *Olenellus robsonensis* in drei Viertel natürlicher Größe. Daß die Verletzungen ausgeheilt waren, ist entscheidend, weil dies auf eine Beschädigung des lebenden Tieres hinweist und nicht auf eine seiner Leiche oder seines Häutungshemdes.

Fressen und gefressen werden

Der wohl erstaunlichste Aspekt der kambrischen Fauna ist, daß so viele radikal verschiedene Tierformen in einem so kurzen Zeitabschnitt erscheinen. Wie erklärt sich diese plötzliche Vielfalt?

James W. Valentine von der Universität von Kalifornien in Santa Barbara und Douglas Erwin von der Michigan State University vermuten, daß das Ent-

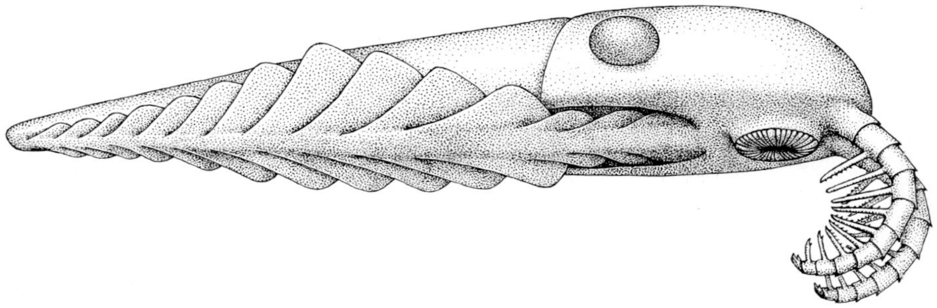

Bild 6: Ein Räuber aus dem Unter- bis Mittelkambrium, der sich hauptsächlich von Trilobiten ernährt haben dürfte, ist *Anomalocaris*. Er war mit 45 Zentimeter Länge viel größer als die meisten Tiere seiner Zeit. Er hatte Greifgliedmaßen, mit denen er sich Nahrung ins Maul stopfen konnte, und schwamm mit Hilfe von Wellenbewegungen seiner „Flossen".

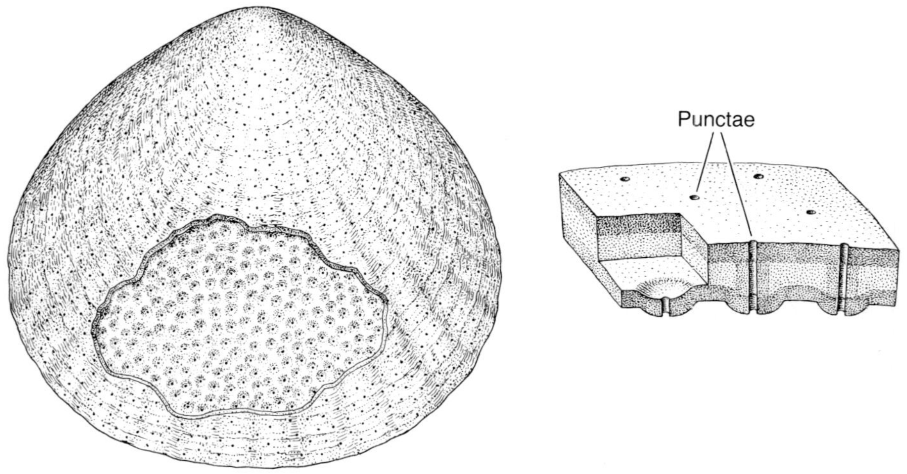

Bild 7: Als Schutzeinrichtung gegen Räuber sind vielleicht die zahlreichen kleinen Punctae, die Poren, zu deuten, die in den Schalen von Brachiopoden (Armfüßern) der Gattung *Mickwitzia* vorkommen. Über sie wurden vielleicht chemische Abwehrstoffe ausgestoßen.

stehen derart vieler neuer genetischer Muster in der Übergangsperiode nur möglich war, weil das Genom (der vollständige Gensatz) vielzelliger Tiere damals weniger kompliziert war als heute. Dadurch würden sich weniger Typen von Mutationen tödlich ausgewirkt haben, weil die Verknüpfungen zwischen verschiedenen Teilen der genetischen Entwicklungsprogramme bei den präkambrischen und frühkambrischen Tieren eben nicht so verwickelt waren wie in heutigen Faunen.

Diese genetische Flexibilität, so argumentieren Valentine und Erwin, ist einer der beiden Gründe dafür, daß so viele höhere systematische Einheiten – nämlich Klassen und die ihnen übergeordneten Stämme – so plötzlich ins Dasein traten. Der zweite Grund ist in den zahlreichen vordem unbesetzten ökologischen Nischen zu suchen. Im Kambrium konnten neue Klassen und Stämme so rasch wie nie wieder erscheinen, weil völlig neue Tiere mangels Konkurrenten zu Begründern neuer Klassen und Stämme werden konnten.

Mit dem sich explosiv entwickelnden Formenreichtum des Kambriums entstanden auch die ersten komplexen, durch Nahrungsketten untereinander verknüpften Tiergemeinschaften. Die neuen Gemeinschaftsformen schufen wiederum Nischen für weitere neuartige Typen von Tieren. Eine Schlüsselstellung beim Aufbau tierischer Gemeinschaften nimmt dabei der Beutefang ein, denn er begründet eine hierarchisch gegliederte Nahrungskette, in der ein Tier für das in der Kette folgende Tier Nahrungsgrundlage ist.

Frühere Annahmen, daß im Kambrium räuberische Tiere unbedeutend waren, sind durch neue Indizien überholt. Im wesentlichen gibt es dafür drei Arten von Belegen: Fossilien von Beutegreifern, Exemplare beschädigter und zum Teil ausgeheilter Beutetiere und schließlich die bei einigen Arten zu erkennenden Schutzeinrichtungen gegen Räuber.

Ein Überrest eines frühkambrischen Räubers ist *Protohertzina* – jenes Fossil also, das an die Fangzähnchen unserer Pfeilwürmer erinnert. Ein weiterer Beutegreifer ist *Anomalocaris*, den Derek Briggs von der Universität Bristol und Harry Whittington von der Universität Cambridge jüngst anhand fast vollständiger Exemplare rekonstruiert haben (Bild 6). *Anomalocaris* ist mit 45 Zentimeter Länge nach kambrischen Maßstäben gigantisch zu nennen und mit keinem einzigen Tier der Gegenwart zu vergleichen. Sein hinten spitz auslaufender Körper sah in etwa wie ein unterseits abgeplatteter Torpedo mit seitlich herausragenden Schwimmflossen aus. Vorn an seinem breiten Kopf saß ein Paar Gliedmaßen, mit dem er Beute in sein gräßlich anmutendes Maul zerren konnte – einen zähnestarrenden Ring, so groß wie eine Ananasscheibe. *Anomalocaris* ist wahrscheinlich ein Beispiel für ein kurzlebiges Experiment mit einem neuen Tierstamm. Briggs und Whittington zufolge dürfte eines der anderen Haupt-Indizien räuberischer Lebensweise im Kambrium, nämlich die an Fossilien belegte Verletzung von Trilobiten, großenteils auf das Konto dieses Beutegreifers gehen.

Es gibt zahlreiche Trilobiten-Exemplare, aus deren Panzer Stücke herausgebissen worden waren. In den meisten Fällen sind die Wunden teilweise ausgeheilt, was dafür spricht, daß hier wohl Beutegreifer ein lebendes Tier und nicht Aasfresser ein abgeworfenes Häutungshemd beschädigt hatten (Bild 5 unten). Es gibt noch weitere Beispiele für solche räuberischen Betätigungen, etwa Bohrlöcher in kleinen Schalenfossilien; bestimmte räuberische Tiere bohren auch heute auf ganz ähnliche Weise Schalen ihrer Opfer an, um das weiche Fleisch der Beute herauszusaugen.

Das dritte Indiz für eine bedeutende räuberische Aktivität im frühen Kambrium ist die Vielzahl von Strukturen mit mutmaßlicher Schutzfunktion. So dienten beispielsweise die Gehäuse und Außenskelette, die sich damals bei einer Reihe neuer Tierstämme erstmals herausbildeten, wahrscheinlich diesem Zweck. Auch die tiefen Grabbauten, die zu Zeiten der wenig bis mäßig formenreichen Hartteil-Faunen so zahlreich wurden, könnten vor Beutegreifern geschützt haben – nämlich vor jenen, die nicht durch das Sediment vorzustoßen vermochten. Mehrere Trilobiten-Arten wiederum entwickelten lange Stacheln, die solchen räuberischen Zeitgenossen wie *Anomalocaris* ein Zupacken erschwert haben dürften.

Außerdem haben Stefan Bengtson vom Paläontologischen Institut in Uppsala, Ed Landing vom New York State Geological Survey und Simon Conway Morris von der Universität Cambridge gezeigt, daß viele kleine Hartteil-Fossilien in Wirklichkeit Sklerite sind, das heißt auseinandergefallene Elemente eines stacheligen Panzerhemdes, das wahrscheinlich die Oberseite langsam kriechender Tiere geschützt hat. Solche Tiere mögen wie kleine marine Stachelschweine oder Igel ausgesehen haben (Bild 2 rechts unten).

Eine weitere Anpassung findet sich in der Klasse der schloßlosen Armfüßer. Wie alle Armfüßer (Brachiopoden) hatten auch sie eine zweiklappige Schale ähnlich den Muscheln, aber einen ganz anders gebauten Weichkörper als diese. Bei den frühen schloßlosen Brachiopoden der Gattung *Mickwitzia* wiesen die Klappen zahlreiche durchgehende Poren, die Punctae, auf. Aus diesen Kanälen wurden vielleicht chemische Abwehrstoffe gegen Räuber und Parasiten abgesondert (Bild 7).

Räuber waren also während des Kambriums ein bedeutender Bestandteil der marinen Umwelt. Außenskelette, die sich ursprünglich wohl nur als Schutz gegen sie herausgebildet hatten, wurden alsdann auch zu einem Schlüsselfaktor bei der Entwicklung einiger neuer Körperbaupläne. So wären etwa die Armfüßer ohne ihre zweiklappige Schale niemals fähig gewesen, einen für ihren Filterapparat effektiven inneren Wasserstrom zu erzeugen.

Eine ökologische Kettenreaktion

Wenn auch die Entstehungsmechanismen der kambrischen Lebensgemeinschaften uns allmählich verständlicher werden, so bleibt doch eine wichtige Frage unbeantwortet: Warum fand die „kambrische Revolution" ausgerechnet zu ihrer Zeit statt und nicht schon Dutzende oder gar Hunderte von Jahrmillionen früher? Diese Frage bereitet um so mehr Kopfzerbrechen, als nicht weniger als 200 Millionen Jahre vor dem Beginn des Kambriums schon aasfressende und weidende Tiere existierten, wie an den Spurenfossilien zu erkennen ist, die sie uns hinterlassen haben.

Eine Antwort ist möglicherweise im Chemismus der damaligen Ozeane zu suchen. Während der Übergangsperiode vom Präkambrium zum Kambrium schwankten der Phosphatgehalt des Seewassers sowie die Konzentrationen der Schwefel- und Strontium-Isotope aus bisher schwer verständlichen Gründen gewaltig. Die in vielen Teilen der Welt vorkommenden mächtigen Phosphatlager dieser Epoche repräsentieren möglicherweise, wie Peter Cook und John Shergold vom australischen Bureau of Mineral Resources, Geology and Geophysics in Canberra annehmen, eine Episode globaler Phosphogenese: Wachsende Verfügbarkeit von Phosphat und anderen Aufbaustoffen hätte demnach Tieren die Bildung phosphatischer Skelette erleichtert.

Ein Schönheitsfehler dieser Hypothese ist allerdings die Tatsache, daß Hartteile aus Kalk an der Wende zum Kambrium offenbar mindestens genauso häufig sind wie solche aus Phosphat. Es dürfte also richtiger sein, die Episode der Phosphatablagerung als Teil eines umfassenderen Ereignisses anzusehen, durch das in den Ozeanen die Menge an verfügbaren Aufbaustoffen mächtig anschwoll. Eine an Nährstoffen reiche Umwelt hätte nicht mehr die zuvor energetisch zweckmäßigeren symbiontischen Beziehungen begünstigt, so daß zunächst die Anzahl von Aas- und Sedimentfressern zugenommen hätte und daraufhin wiederum die von Räubern.

Als solche heterotrophen Organismen eine gewissermaßen kritische Biomasse erreichten, kam vielleicht – so Martin Brasier von der Universität Hull – eine „ökologische Kettenreaktion" in Gang, bei der neu entwickelte Tiere neue ökologische Nischen schufen, die ihrerseits durch noch neuere Tiere aufgefüllt wurden, bis sich schließlich komplexe Lebensgemeinschaften mit reicher Hartteil-Fauna gebildet hatten.

Die Ediacara-Fauna und die übrigen Tiere des Präkambriums entstanden in einer Welt, die durch einen zusammenhängenden Superkontinent, zurückgehende Vereisung und relativ nährstoffarme Meere gekennzeichnet war. Die bemerkenswert individuenstarke und vielfältige Fauna des Kambriums erschien, als der Superkontinent auseinanderbrach, also ausgedehnte tropische Küstenbereiche verfügbar wurden und das Meer nunmehr reiche Nahrung bot.

Noch allerdings läßt sich nicht mit Sicherheit entscheiden, wem genau die kambrische Tierwelt letztlich ihr Erscheinen verdankt: solchen Umwälzungen ihrer globalen Umwelt, einer Reihe glücklicher Veränderungen im genetischen Programm oder irgendeiner Kombination dieser Faktoren mit weiteren, nicht damit zusammenhängenden Einflüssen.

Was auch immer den Anstoß gegeben haben mag, die allerersten kambrischen „Neuheiten" – wie Organismen mit Hartteilen sowie Räuber und Tiefgräber – begannen jedenfalls die Erde im Eiltempo zu besiedeln. Das Zusammenspiel von Umwelteinflüssen (wie nährstoffreichen Gewässern) und biotischen Veränderungen (wie dem Erscheinen von Räubern) verursachte auch eine grundlegende Umgestaltung der Tiergemeinschaften.

Die heutigen Tiere sind ebenso wie der Mensch die direkten Nachfahren jener Tierwelt, die während der „kambrischen Explosion" erstmalig ins Dasein getreten ist und jenen Stil ökologischer Wechselbeziehungen entwickelt hat, der seither – über 570 Jahrmillionen – fast alle Tiergemeinschaften prägt.

Die Tierwelt der Burgess-Schiefer

In den Burgess-Schiefern, einem Gesteinsvorkommen im westlichen Kanada, ist uns eine reichhaltige Lebensgemeinschaft wirbelloser Tiere des Mittelkambriums überliefert. Einige Vertreter verstehen sich als Vorfahren heutiger Tierstämme, bei anderen handelt es sich um eigentümliche, bizarre Formen, die keinen Vergleich in der heutigen Welt finden.

Von Simon Conway Morris und Harry B. Whittington

Bei weitem die meisten fossilen Überreste, die uns aus dem Erdaltertum vorliegen, sind Hartteile wirbelloser Meerestiere – Schalen, Gehäuse oder andere Außenskelette, als Ganzes oder in Teilen. Die Überlieferung ist einseitig, denn von den ungefähr 30 Stämmen der heutigen Tierwelt entwickelt mehr als die Hälfte keine oder nur kleine Hartteile. Dementsprechend gibt es von diesen aus der fossilen Vergangenheit durchweg nur spärliche Zeugnisse.

Glücklicherweise ist der überlieferte Befund nicht überall so einseitig. Man hat einige wenige Vorkommen entdeckt, in denen sich infolge außergewöhnlicher Umstände auch Weichkörper von Tieren ganz vorzüglich erhalten haben. Eine dieser Fundstätten, die Burgess-Schiefer im westlichen Kanada, wird im folgenden beschrieben. Wegen ihres hohen Alters und der großen Vielfalt der Funde ist sie von allen einschlägigen Vorkommen das berühmteste (Bild 1).

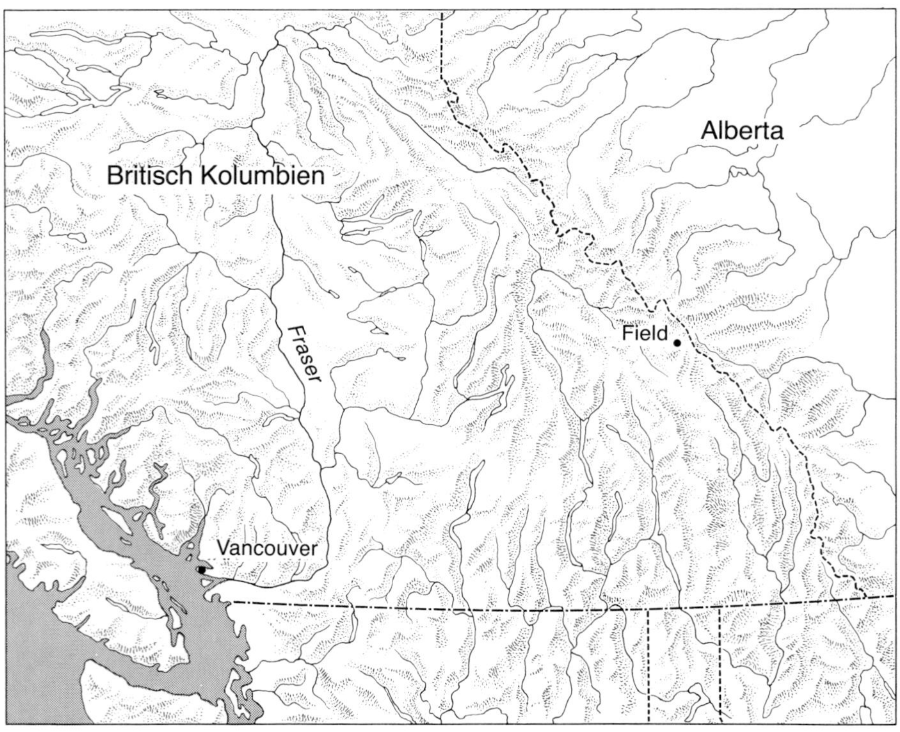

Bild 1: Die Vorkommen der 530 Millionen Jahre alten Burgess-Schiefer liegen ungefähr 560 Kilometer nordöstlich von Vancouver in der Nähe der Ortschaft Field in Britisch Kolumbien (West-Kanada). Im Jahre 1909 war Charles Doolittle Walcott durch Zufall auf diese Ablagerungen gestoßen, die sich als besonders reich an Versteinerungen von Meerestieren erwiesen.

Im Herbst 1909 war der wissenschaftliche Sekretär der Smithsonian Institution, Charles Doolittle Walcott, auf der Suche nach neuen Fossilfundstätten in Britisch Kolumbien (Kanada) unterwegs. Auf einem Saumpfad, der über die westliche Senke zwischen Wapta Mountain und Mount Field in den südlichen Teil der Provinz führt, stolperte er buchstäblich über einen Schieferbrocken. Er sah sich das gut spaltbare Gestein genauer an und fand zu seiner Überraschung Abdrücke von Weichkörper-Organismen, die offenbar keine harte Schale besessen hatten. Im Jahr darauf entdeckte er an der gleichen Lokalität hangaufwärts zwei Aufschlüsse mit fossilführenden Tonschiefern, die über 20 Meter Höhendistanz voneinander getrennt waren. Besonders die untere Schicht (Bild 3) erwies sich als reich an Versteinerungen. Er nannte diese das „Phyllopoden-Lager“. Phyllopoden, die Blattfußkrebse, gibt es auch heute noch. Vertreter der Gruppe waren vermutlich die Vorfahren heute lebender Krebstiere.

Rekonstruktion des Lebensraumes

Bisher hat man in den Burgess-Schiefern insgesamt 120 Arten wirbelloser Meerestiere gefunden. Sie geben uns Aufschluß über eine Tierwelt, die vor 530 Millionen Jahre ihre Blütezeit hat-

Bild 2: Fossilfunde von vier Meerestieren aus den Burgess-Schiefern im westlichen Kanada. Der Trilobit *Olenoides* (links oben) verdeutlicht die gute Erhaltung der Versteinerungen: Die anatomischen Merkmale des Tieres sind bis in Einzelheiten erhalten. *Olenoides* ist 5,5 Zentimeter lang. Im Gegensatz zu den meisten heutigen Gliederfüßlern (Arthropoda) sind alle Gliedmaßen gleich gestaltet, also im einzelnen noch nicht funktionell abgewandelt. *Waptia* (links unten) ist vier Zentimeter lang, gehörte gleichfalls zu den Gliederfüßlern und lebte auf dem Meeresboden. *Opabinia* (rechts oben) zählt zu den Tierarten, die man bisher nur in den Burgess-Schiefern gefunden hat. Mit fünf über den Kopf verteilten Augen konnte das Tier seine Freßfeinde frühzeitig erkennen. Mit seiner steilgestellten Schwanzflosse hielt es den Körper beim Schwimmen im Gleichgewicht. Zur Beutejagd bediente es sich eines Fangapparates. Im Kambrium bevölkerten unsegmentierte wurmartige Organismen in großer Zahl den Meeresboden. Abgebildet (rechts unten) ist *Selkirkia*, die zu den Priapuliden gehört, einer heute sehr seltenen Tiergruppe.

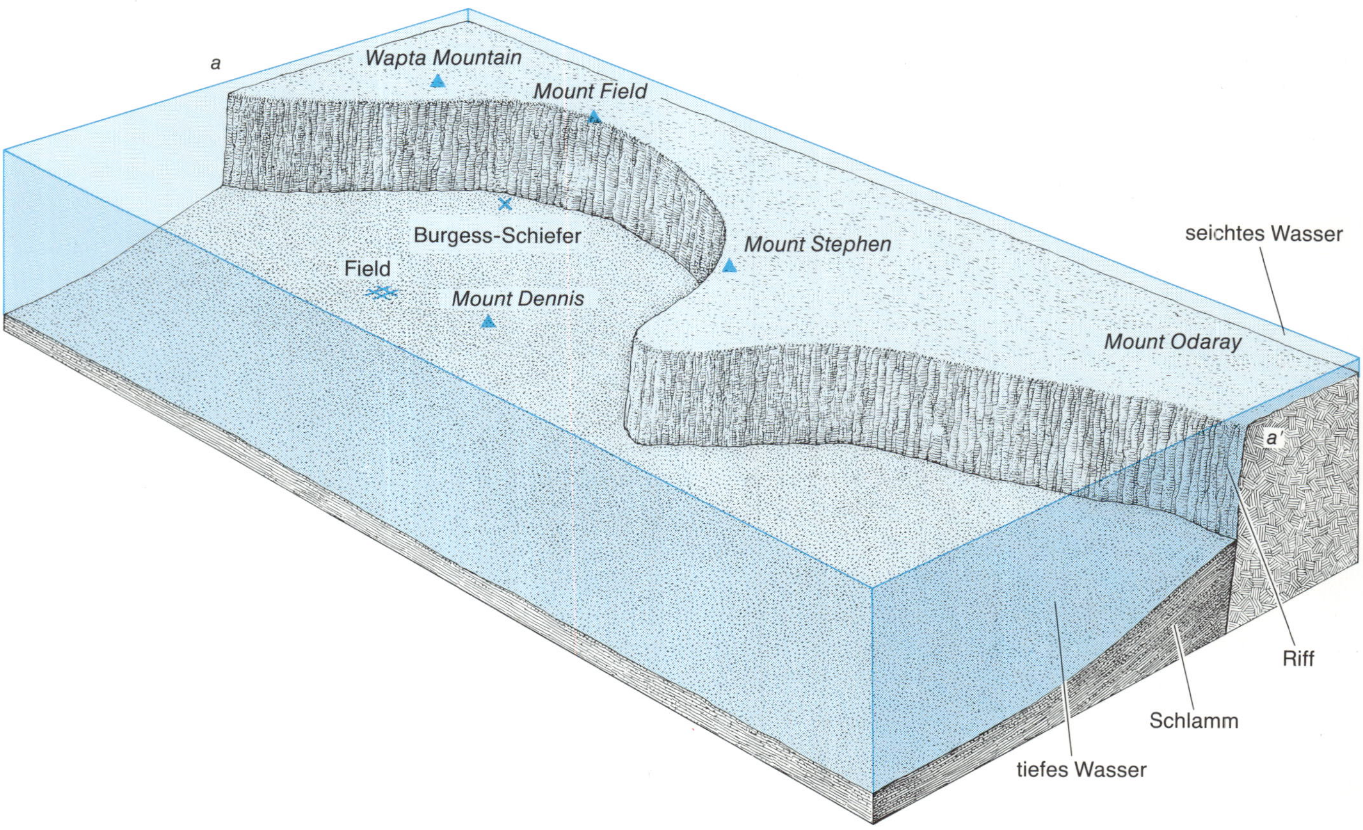

Bild 3: Die Photographie zeigt den Fundort der Burgess-Schiefer. Das Blockdiagramm ist eine Rekonstruktion der Meereslandschaft in Britisch Kolumbien während des Mittelkambriums vor 530 Millionen Jahren. Kalkabscheidende Algen hatten ein 600 Meter hohes, stets von seichtem Wasser bedecktes Riff aufgebaut. Am Fuß dieses tief eingebuchteten Riffs lagerten sich Schlammassen ab, die sich im Lauf der Zeit zu Tonschiefern verfestigten. Dabei bildeten sich an der mit dem farbigen Kreuz bezeichneten Stelle die Burgess-Schiefer aus. Von Norden nach Süden (von *a* nach *a'*) beträgt die Entfernung entlang des Riffs knapp 15 Kilometer. Das Riff ist fünffach überhöht gezeichnet. Die Berggipfel der Rocky Mountains (farbige Dreiecke) zwischen Alberta und Britisch Kolumbien entstanden durch spätere Hebungen und Zertalung.

te. Zehn dieser Fossilformen gehören zu Tierstämmen, die man noch nirgendwo anders gefunden hat. Die Fossilien sind durchweg in hervorragender Qualität erhalten. Es gibt allerdings noch ältere Fundstätten als diese mittelkambrischen Schichten, und zwar in der Ediacara-Formation, die dem späten Präkambrium, das heißt einer Zeit vor ungefähr 600 bis 700 Millionen Jahren, angehört. Der Name Ediacara bezieht sich auf den ersten dieser Fundorte, der in Südaustralien gelegen ist. Dort hat man ebenfalls Tiere mit Weichkörpern, fast ohne Hartteile, entdeckt, vor allem Coelenteraten (Hohltiere).

Die Tiere der Burgess-Schiefer haben auf schlammigem Grund oder im Schlamm gelebt, der sich am Fuß eines etwa 600 Meter hohen Riffs abgelagert hatte (Bild 3). Überreste des Riffkörpers lassen sich heute noch kilometerweit durch Britisch Kolumbien verfolgen. Das Riff hat sich aus Kalkabscheidungen koloniebildender Algen aufgebaut und bildete eine schroffe Erhebung über einem tieferen Wasserbecken, das sich nach und nach mit Sedimenten auffüllte. Das bodennahe Wasser des Bekkens war offenbar reich an Schwefelwasserstoff und arm an Sauerstoff. Das vielfältige Leben der wirbellosen Tierwelt konnte sich daher nur am Rande des Riffs entfalten, an Stellen, wo sich schon mehr Schlamm aufgeschichtet hatte, etwa bis auf ein Niveau, das nur etwa 160 Meter unter dem Meeresspiegel lag.

Wie der Untersuchungsbefund erkennen läßt, muß zeitweilig der Schlamm immer wieder in tiefere, sauerstoffarme Wasserzonen abgerutscht sein. In diesen Rutschmassen saßen die Tiere dann wie in einer Falle fest und verendeten bald nach ihrer Verschüttung. Diese Umstände begünstigten die Erhaltung der Weichteile: Während sich der Schlamm mehr und mehr verdichtete und verfestigte, haben sich die Tierkörper flach zusammengedrückt und ihre Weichteile in dünne Lagen Calciumaluminiumsilikat eingeprägt, die dabei zumeist eine dunkle Farbe angenommen haben. Einige Körperteile der so konservierten Tiere weisen starken Spiegelglanz auf.

Als Folge der Verschüttung sind die Tiere in unterschiedlicher Körperlage in den Schlamm eingebettet und komprimiert worden. So geben die Versteinerungen „vielseitige" Auskunft über die Anatomie der Tiere. Bei Gliederfüßlern (Arthropoda) und Vielborstern (Polychaeta) hat sich Schlamm zwischen die Körperanhänge geschoben und dort dünne Tonschieferblättchen ausgebildet. Diese lassen sich mit dem Mikromeißel leicht entfernen, so daß Feinheiten der Körperanhänge sichtbar werden.

Die Tierwelt der Burgess-Schiefer unterscheidet sich deutlich von den Tiergemeinschaften, die man für gewöhnlich in fossilführenden Schichten des Kambriums findet: In diesen überwiegen Außenskelette von Trilobiten, Schalen von Armfüßern (Brachiopoda) und die Hartteile von Stachelhäutern (Echinodermata), wie zum Beispiel solche von Seelilien. In den Burgess-Schiefern machen diese Tiergruppen nur etwa zwanzig Prozent der Wirbellosen-Gattungen aus (Bild 4). Repräsentieren die Fossilien der Burgess-Schiefer überhaupt eine normale Tiergemeinschaft des Kambriums? Da im Vorkommen sozusagen nur die Momentaufnahme einer Lebensgemeinschaft festgehalten ist, läßt sich die Frage nicht mit Sicherheit beantworten. Mehrere Punkte sprechen jedoch dafür: Die Tatsache, daß sich die in den Burgess-Schiefern vertretenen Tierformen vereinzelt auch in anderen Ablagerungen des Kambriums finden, weist darauf hin, daß Wirbellose mit Weichkörpern ohne Hartteile während dieser Zeit weit verbreitet waren. Der Ablagerungsraum der Burgess-Schiefer unterscheidet sich von anderen Fundstätten aus dem Kambrium dadurch, daß er mit dem offenen Meer eine unmittelbare Verbindung hatte, so daß er von Lebewesen aus verschiedenen angrenzenden Meeresbereichen besiedelt werden konnte. Das spricht für die Annahme, daß die Burgess-Schiefer ein vollständigeres Bild von der Tierwelt des Mittelkambriums bieten als andere Fundstellen.

Die meisten der in den Burgess-Schiefern überlieferten Vertreter gehörten zu einer Lebensgemeinschaft von Meerestieren, die den schlammigen Meeresboden bewohnten (Bild 5).

Rüsselwürmer und Vielborster

Die vorherrschende Gruppe unter den bodenbewohnenden Tieren in den Burgess-Schiefern sind die Priapuliden (Rüsselwürmer). Die heutigen Vertreter dieser Tiergruppe werden wenig beachtet, nur ein paar Spezialisten interessieren sich dafür. Die in Bild 5 mit Nummer 4 bezeichnete Form heißt *Ancalagon*. Sie kann als Vorfahre der rezenten Kratzer (Acanthocephala) gelten, die heute und offenbar schon seit Millionen Jahren parasitisch leben. Die Acanthocephalen besitzen keinen Darm, sondern nehmen Nahrung über ihre äußere Körperwand auf, da sie in der Darmwand ihrer Wirte leben. Denkt man sich diese Schmarotzer wieder mit allen ursprünglichen Organen

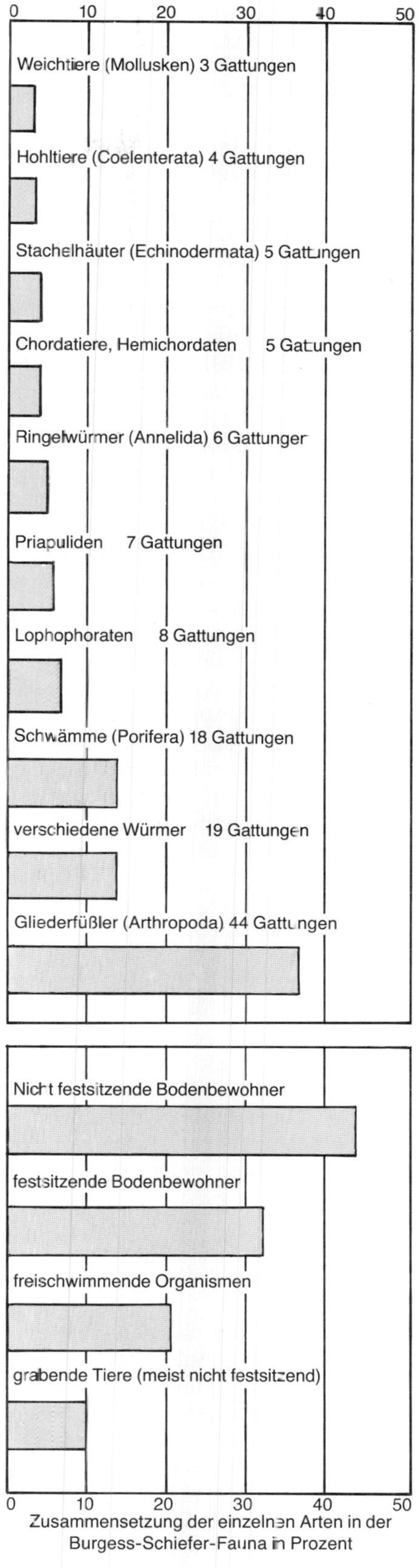

Bild 4: Die obere Hälfte des Diagramms gibt den prozentualen Anteil der einzelnen Stämme an der Tierwelt der Burgess-Schiefer wieder. 40 Prozent der insgesamt 119 Gattungen sind Gliederfüßler. 27 Prozent machen die „Würmer" aus. In der unteren Hälfte kann die prozentuale Verteilung der Tierarten auf die verschiedenen Lebensräume direkt abgelesen werden. Etwa 40 Prozent der Tiere lebten auf dem Meeresboden, während 30 Prozent den Schlamm als Lebensraum bevorzugten.

ausgestattet, wie sie ihre frei lebenden Vorfahren gehabt haben müssen und die sie im Laufe der Evolution offenbar verloren haben, so stimmt eine solche Rekonstruktion bemerkenswert gut mit *Ancalagon* überein.

Die in den Burgess-Schiefern entdeckten Formen *Louisella* (Bild 6 unten und Nummer 9 in Bild 5) und *Selkirkia* (Bild 2 rechts unten) sind weitere Vertreter der Priapuliden; am häufigsten kommt die Fossilform *Ottoia* (Nummer 7 in Bild 5) vor. Einige Exemplare sind so gut erhalten, daß man die Muskulatur und den Darminhalt deutlich erkennen kann. *Ottoia* ernährte sich von Schalentieren und scheint dabei Brachiopoden und Hyolithiden bevorzugt zu haben. Die Hyolithiden (Bild 7 und Nummer 6 in Bild 5) gehören vermutlich zu den Weichtieren (Mollusca). Sie bildeten ein konisches Gehäuse aus, in das sie sich zurückziehen und das sie mit einem Deckel, dem Operculum, verschließen konnten. Da die Kiefer ihres Verfolgers *Ottoia* zu schwach waren, um die Gehäuse aufzubrechen, wurde die Beute als Ganzes verschlungen. Die Weichteile wurden verdaut und die Gehäuse unversehrt wieder ausgeschieden. Im Darm einer fossilen *Ottoia* fanden sich auch die Reste eines Exemplars der gleichen Art. Offenbar neigte *Ottoia* – wie manche der heute lebenden Priapuliden – zum Kannibalismus.

Ein anderer Fund, *Canadia* genannt (Bild 6 oben), gehört zu den Vielborstern (Polychaeta), einer Gruppe segmentierter „Würmer". Mit feinen Borstenbüscheln konnte sich das Tier fortbewegen. Diese sind noch deutlich als helle, reflektierende Blättchen auf der Schieferfläche ausgeprägt.

Schwämme, Hohltiere und Stachelhäuter

Schwämme sind in den Burgess-Schiefern mit mindestens 15 verschiedenen Gattungen vertreten. Sie bildeten kleine Kolonien auf dem Meeresboden wie zum Beispiel *Choia* (Nummer 25 in Bild 5) oder entwickelten büschelartige Wuchsformen wie *Vauxia* (Nummer 5 in Bild 5). Schwämme ernähren sich von organischen Schwebepartikeln, die ihnen vom Wasser zugetragen werden.

Bestimmte Armfüßer (Nummer 11 in Bild 5) haben sich in den Schwammkolonien einen vorteilhaften Lebensraum erobert, indem sie sich an den langen Skelettnadeln des Schwammes *Pirania* (Nummer 12 in Bild 5) festsetzten. In dieser Position ragten sie über die eigentliche Schlammzone hinaus und konnten das im klaren Wasser enthalte-

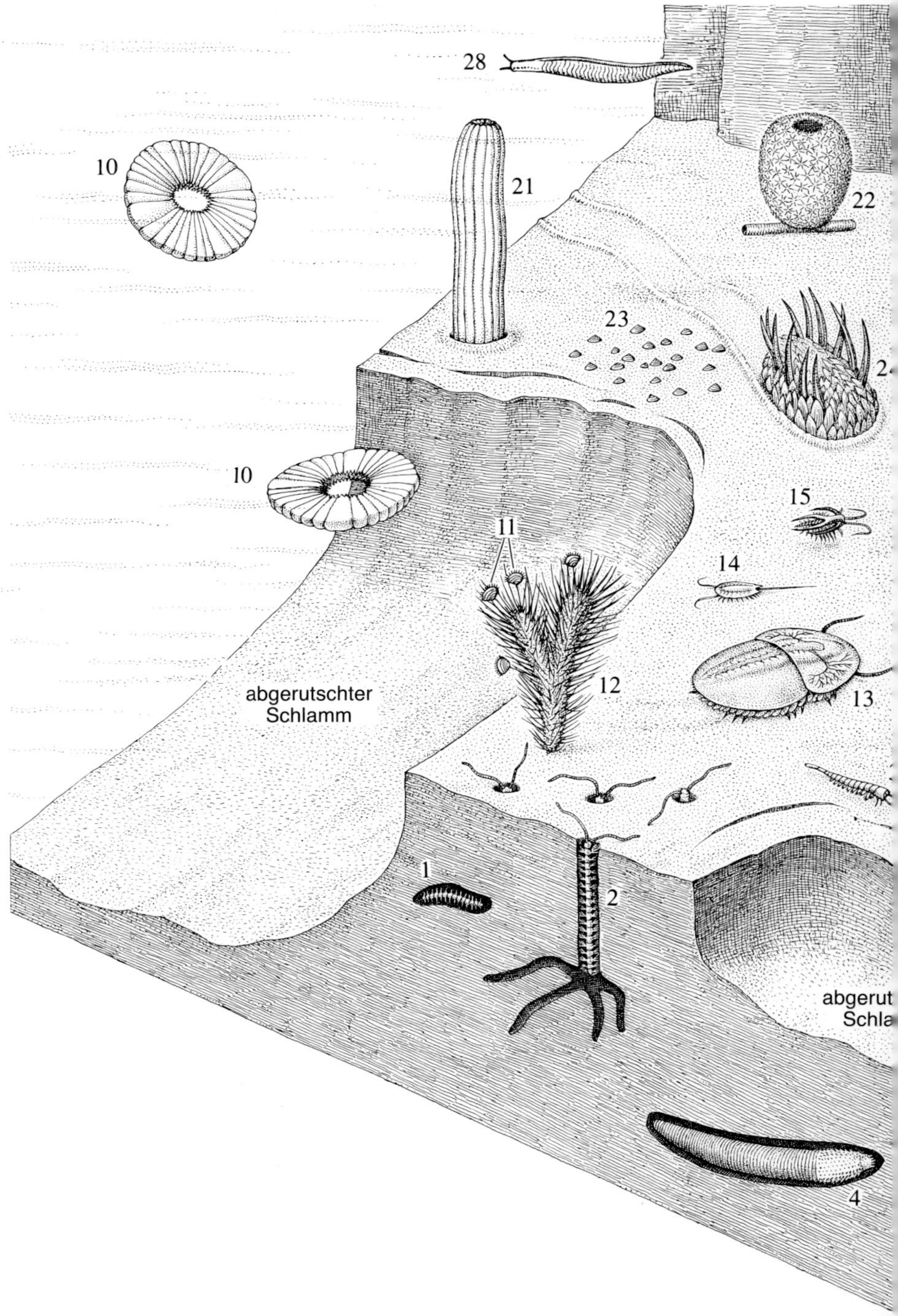

Bild 5: Diese Rekonstruktion des Lebensraumes mit einem guten Fünftel der in den Burgess-Schiefern gefundenen Tierarten gibt einen Überblick über das Aussehen und die Lebensweise der Tiere. Bewußt wurde darauf verzichtet, die Tierarten entsprechend ihrer Häufigkeit darzustellen, wie sie aus Bild 4 zu ersehen ist. Jede Art ist mit einer Zahl gekennzeichnet. Die meisten festsitzenden Tiere sind Schwämme. Zu ihnen zählt *Pirania* (12), auf deren Skelettnadeln sich Armfüßer (11) festsetzten, wodurch sie sich in klarerem und nahrungsreicherem Wasser befanden. Die koloniebildende *Choia* (25) gehört ebenfalls zu den Schwämmen wie *Eiffelia* (22), und auch die grazile *Vauxia* (5) und die kräftige *Chancelloria* (27) sind Vertreter dieser Gruppe. Das Hohltier *Mackenzia* (21) und der Stachelhäuter *Echmatocrinus* (16), ein primitiver Vertreter der Haarsterne, der sich an die leere Wohnröhre eines Wurmes angeheftet hat, waren festsitzende Lebensformen. Zu den Tieren, die in Erdlöchern hausten oder Gänge gruben, gehört der Vielborster *Peronochaeta* (1), der sich

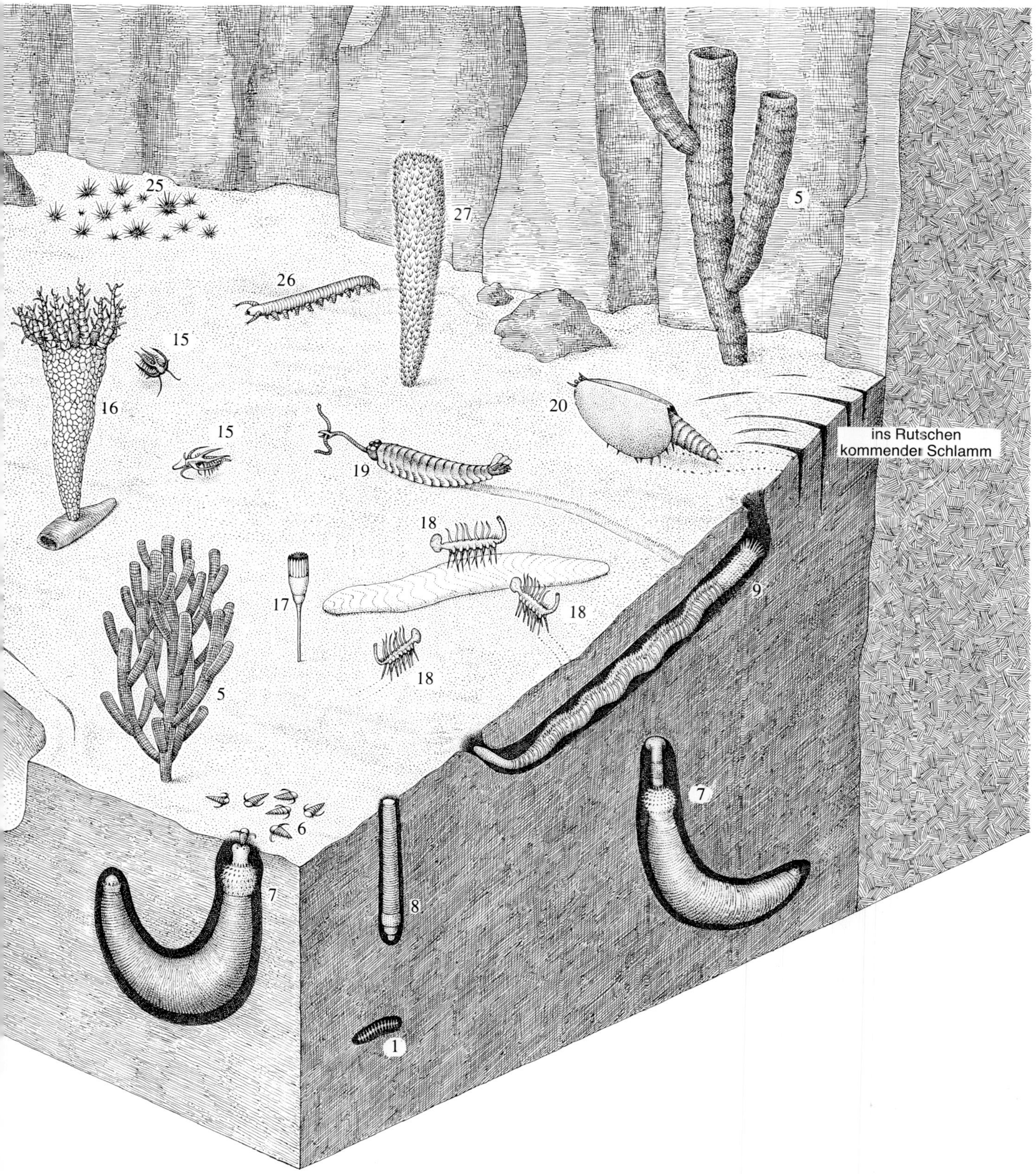

von den Nahrungspartikeln ernährte, die er im Schlamm fand. Der Vielborster *Burgessochaeta* (2) nahm seine Nahrung mit langen Tentakeln auf. Zu den Priapuliden gehören vier Vertreter: *Ancalagon* (4), der als Vorfahre einiger heute lebender Parasiten anzusehen ist; *Ottoia* (7), die (links) gerade das Weichtier *Hyolithes* (6) frißt, während ein Artgenosse (rechts) dabei ist, eine Höhle herzustellen; ferner *Selkirkia* (8), in einem Gang sitzend, mit dem Kopf nach unten; und *Louisella* (9), die mit wellenförmigen Bewegungen des Körpers ihren Kiemen sauerstoffreiches Wasser zufächelte. *Peytoia* (10), die wie eine Scheibe Ananas aussieht, ist ein freischwimmendes Hohltier. Zu den Weichtieren, die auf dem Meeresboden wohnten, gehören *Scenella* (23), die ihre Weichteile unter einer Schale verbirgt, die wie ein Chinesenhut aussieht, und *Wiwaxia* (24) mit ihrem stachelbewehrten Schuppenkleid. Von den Gliederfüßlern werden mehrere Vertreter im Bild gezeigt: *Yohoia* (3), die mit besonderen Greiforganen ausgestattet war, *Naraoia* (13, ein atypischer Trilobit mit einigen Larvalmerkmalen, *Burgessia* (14) mit ihrem langen Schwanzstachel, *Marrella* (15), die vermutlich dicht über dem Meeresboden schwamm, das urtümliche Krebstier *Canadaspis* (20) sowie *Aysheaia* (26), ein Tier mit Stummelfüßen, das an den heute an Land lebenden Onychophor *Peripatus* erinnert. Vertreter bisher unbekannter Stämme sind *Dinomischus* (17), der Aasfresser *Hallucigenia* (18, dargestellt, wie er einen toten Wurm frißt) und *Opabinia* (19) mit ihrem zweigabeligen Greiforgan. *Pikaia* (28) ist der einzige Vertreter der Chordatiere.

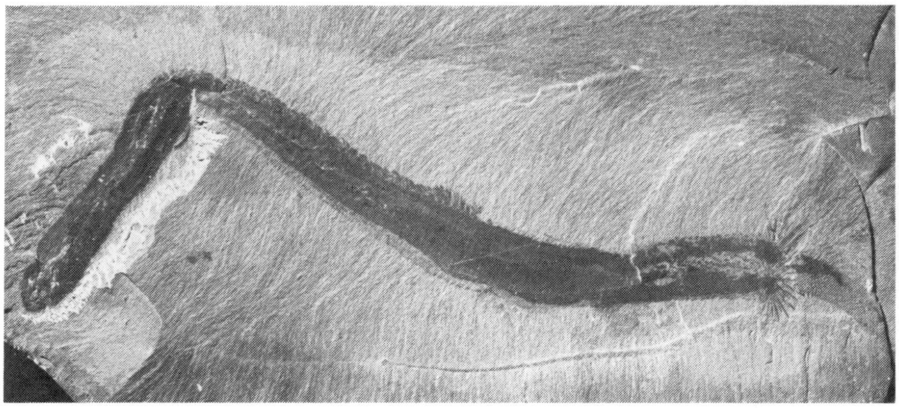

Bild 6: Einige Würmer aus den Burgess-Schiefern lassen sich den bekannten Ringelwürmern (Anneliden) sowie den weniger häufigen Priapuliden zuordnen. Ein typischer Ringelwurm ist der Vielborster (Polychaet) *Canadia* (oben). Seine feinen Borstenbündel, die wahrscheinlich der Fortbewegung dienten, sind besonders gut erhalten. Ein charakteristischer Vertreter der Priapuliden ist mit *Louisella* im Bild unten (und als Nummer 9 in Bild 5) dargestellt.

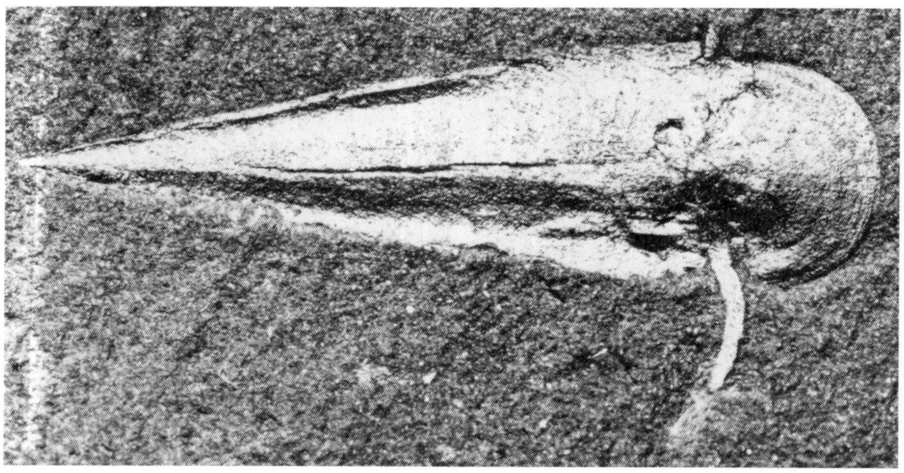

Bild 7: *Hyolithes* gehört vermutlich zu den Weichtieren. Der Weichkörper steckte in einem konischen Gehäuse, das sich mit einem Deckel verschließen ließ. Hyolithen wurden vielfach zur Beute von *Ottoia*, einem in Erdlöchern lebenden wurmartigen Lebewesen, das die Tiere als Ganzes verschlang, die Weichteile verdaute und das Gehäuse wieder ausschied.

ne reichhaltige Nahrungsangebot gut nutzen.

In den Burgess-Schiefern finden sich nur wenige Hohltiere (Coelenteraten). Dazu gehören die festsitzende *Mackenzia* (Nummer 21 in Bild 5) und die an eine Ananasscheibe erinnernde, frei umherschwimmende *Peytoia* (Nummer 10 in Bild 5).

Auch die Stachelhäuter (Echinodermata) sind nicht sehr zahlreich. Als Beispiel für die Untergruppe der Seegurken (Holothuroidea) ist die freischwimmende *Eldonia* zu nennen, deren Körper eher einer Qualle ähnlich sieht und die mit einem Paar mundständiger Tentakeln ihre Beute fing. Sie lebte offenbar in Schwärmen aus vielen Individuen. Zu den festsitzenden Stachelhäutern gehört die Seelilie *Echmatocrinus* (Nummer 16 in Bild 5), die als einer der frühesten Vertreter der Haarsterne gilt.

Gliederfüßler – der artenreichste Stamm

Die Gliederfüßler (Arthropoda) bilden den artenreichsten Stamm in den Burgess-Schiefern. Sie sind dort mit 44 Gattungen vertreten und bestreiten damit nach ihrem Vorkommen 40 Prozent der gesamten Tierwelt (Bild 4). *Olenoides* (Bild 2 links oben) gehört zu den Trilobiten. Die Funde sind wegen der besonders guten Erhaltung der Körperanhänge von Bedeutung. Am Vorderende besaß *Olenoides* ein Paar lange, feingliedrige Fühler und am Hinterende dünne paarige Cerci, das sind antennenähnliche, vielgliedrige Anhänge. An den Fossilien lassen sich bis zu 16 Beinpaare erkennen, die alle ähnlich ausgebildet sind. Das körpernächste Gelenksegment in den Laufbeinen, die Coxa, war mit zahlreichen Dornen ausgestattet und trug eine Art Fadenkieme. *Olenoides* lebte von weicher Nahrung, beispielsweise von kleinen Würmern, die er einfing, mit Hilfe seiner Gliedmaßen in Stücke zerteilte und portionsweise zum Munde führte.

Marrella, der in den Burgess-Schiefern häufigste Gliederfüßler (Nummer 15 in Bild 5), besaß einen keilförmigen Kopf, auf dem sich zwei Paar lange hornförmige, nach hinten gebogene Stacheln befanden. Mit Hilfe ihres Antennenpaares suchte *Marrella* tastend ihre Umgebung ab und strudelte sich mit federartigen Anhängen Nahrungspartikel vor den Mund. Jedes ihrer Beine war mit einer Art Fadenkieme ausgestattet.

Der interessanteste Gliederfüßler, der in den Burgess-Schiefern vorkommt, ist wohl *Aysheaia*, eine Form mit plumpem Körper und Stummelbeinen (Bild 8 und Nummer 26 in Bild 5). Dieses Tier aus dem Mittelkambrium kann als Vorläufer der heute lebenden Tausendfüßler und Insekten gelten. Die meisten anderen Gliederfüßler der Burgess-Schiefer sind weder untereinander noch mit Gliederfüßlern späterer Erdepochen direkt verwandt. Die Vielfalt ihrer anatomischen Strukturen ist wohl das Ergebnis einer fortgeschrittenen Spezialisierung, die ihnen zu einer enormen Ausbreitung verholfen hat, wie man sie für die Zeit des Kambriums bisher nicht für möglich gehalten hatte. Mit wachsender Spezialisierung wurde für sie aber die Umstellung auf veränderte Lebensbedingungen immer schwerer. So

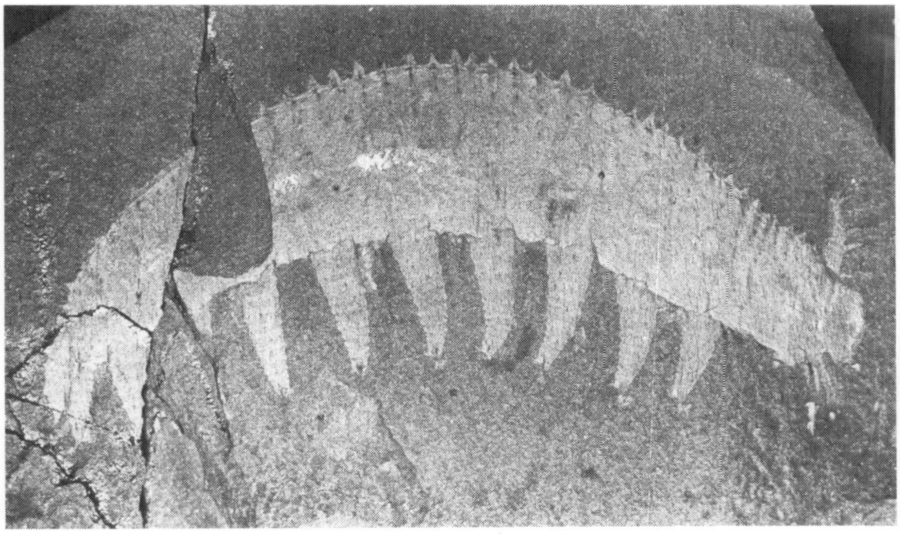

Bild 8: ***Aysheaia*, ein vor 530 Millionen Jahren im Mittelkambrium auf schlammigem Meeresboden lebendes Tier, erinnert an die heute auf dem Land in Feuchtgebieten vor allem der Südkontinente lebenden Stummelfüßler (Onychophoren), zu denen *Peripatus* zu rechnen ist. Die Ähnlichkeit im Aussehen spricht für eine Verwandtschaft dieser beiden Gattungen. *Aysheaia* könnte als Vorfahre der heutigen Tausendfüßler und Insekten in Frage kommen.**

Bild 9: ***Wiwaxia* scheint eher den Weichtieren (Mollusca) zuzurechnen zu sein als den Vielborstern (Polychaeten), da ihr raspelartiges Freßorgan zu der mit scharfen Hornzähnchen besetzten Zunge (Radula) von Schnecken große Ähnlichkeiten aufweist. Ein charakteristisches Merkmal dieser Gattung aus den Burgess-Schiefern sind zum einen das Schuppenkleid und zum anderen zahlreiche lange Stacheln zum Schutz gegen ihre Feinde.**

ist in späteren Erdepochen die Vorherrschaft auf andere Gliederfüßler übergegangen.

Tiere unsicherer systematischer Stellung

Zu den Tieren, deren Zuordnung problematisch ist, gehören die Formen *Wiwaxia* und *Pikaia*. Möglicherweise ist *Wiwaxia* (Bild 9 und Nummer 24 in Bild 5) eine primitive Schnecke. Ihr Körper war über und über mit großen Schuppen bedeckt; die auf dem Rücken waren mit langen, gebogenen Stacheln besetzt und sollten wohl vor Freßfeinden schützen. Bei einigen der aufgefundenen Exemplare fehlten sie und sind anscheinend abgebissen worden. Mit einem raspelartigen Organ, das an die mit Hornzähnchen besetzte Zunge (Radula) von Schnecken erinnert, hat das Tier vermutlich vom felsigen Meeresgrund Nahrungspartikel abgeschabt. Vom Lebewesen *Pikaia* (Nummer 28 im Bild 5) gibt es etwa 30 gut erhaltene Exemplare. Die Körper lassen in der Längsachse des Rückens einen Skelettstab erkennen. Die Muskelsegmente sind zickzackförmig angeordnet und erinnern an die Muskulatur von Fischen und der Lanzettfischchen (*Amphioxus*). Wegen der großen Ähnlichkeit des Körpers mit den Lanzettfischchen, den primitivsten heute lebenden Chordatieren, muß *Pikaia* wohl zu diesem Stamm gezählt werden.

Zehn oder mehr Gattungen wirbelloser Tiere aus den Burgess-Schiefern gehören offenbar zu Stämmen, die es heute nicht mehr gibt. Als Beispiel betrachten wir zunächst *Hallucigenia* (Bild 10 oben und Nummer 18 in Bild 5), ein Tier, das sich mit sieben paarigen und spitz zulaufenden Borsten wie auf Stelzen über dem Meeresboden bewegte. Zusätzlich saßen auf dem Körper des Tieres sieben Tentakel, von denen jede in ein Paar verstärkte spießförmige Enden auslief. Dienten sie der Nahrungsaufnahme? Und wenn ja, hatten sie dann eine direkte Verbindung zum Verdauungskanal des Tieres? Wir wissen es nicht. In der Fossilien-Sammlung der Harvard-Universität gibt es die Versteinerung eines großen wurmartigen Tieres, dem zahlreiche Individuen von *Hallucigenia* ansitzen. Vermutlich waren diese seltsamen Lebewesen Aasfresser.

Opabinia (Bild 2 rechts oben und Nummer 19 in Bild 5) war mit fünf über den Kopf verteilten Augen ausgestattet, so daß sie Freßfeinden vermutlich leicht ausweichen konnte, wenn sie relativ dicht über dem Meeresboden schwamm. *Opabinia* hielt dabei mit ih-

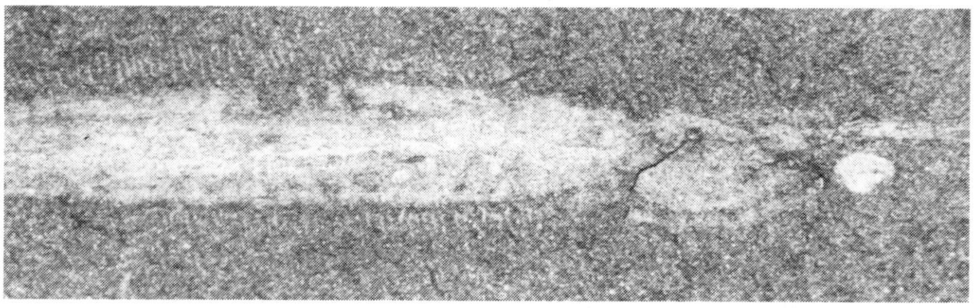

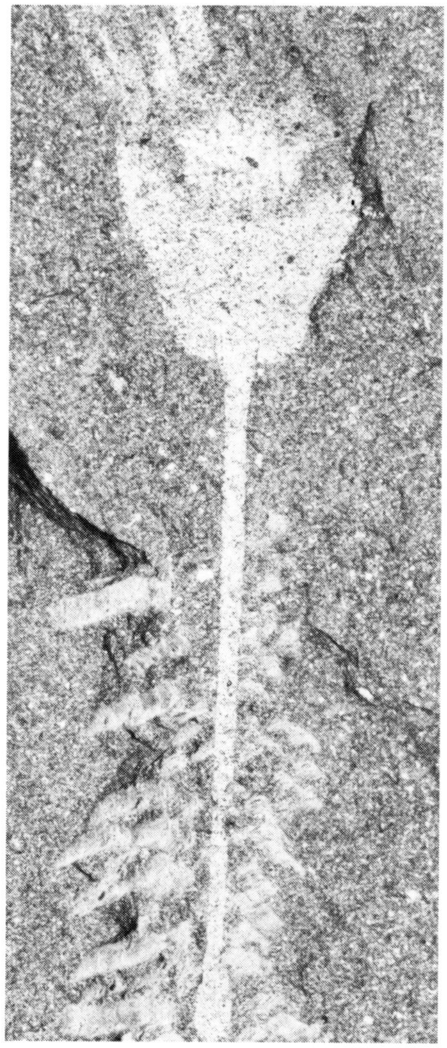

Bild 10: Diese Photographien zeigen Fossilfunde von einigen Tieren, wie man sie bisher nur in den Burgess-Schiefern entdeckt hat. Oben ist *Nectocaris* abgebildet mit seiner stromlinienförmigen Gestalt und auffälligen, die Brust- und Bauchflossen verstärkenden Flossenstrahlen. Links unten *Amiskwia*, ein mit Flossen ausgestatteter „Wurm", und rechts unten *Dinomischus* (außerdem dargestellt unter Nummer 17 in Bild 5), der in seiner Form an eine geschlossene Blütenkrone erinnert und zu den festsitzenden Lebensformen gehörte.

rer steilen Schwanzflosse den Kurs. Zur Nahrungsbeschaffung hatte sie einen speziellen Fangapparat, den sie zum Ergreifen der Beute nach vorn schleuderte.

Einige Vertreter der bislang unbekannten Tierstämme sind mit Dutzenden von Individuen überliefert, von anderen dagegen, besonders von den freischwimmenden Bewohnern des seichten Wassers, hat man nur wenige Exemplare gefunden. Zu ihnen gehört die wurmförmige *Amiskwia* (Bild 10), deren ausgeprägte Flossenbildungen auf einen leistungsfähigen Schwimmer schließen lassen. Zu den Seltenheiten gehört auch *Nectocaris* (Bild 10), ein agiler, freischwimmender Räuber von stromlinienförmigem Körper und mit riesigen Augen. Er bewegte sich offenbar schlängelnd durchs Wasser und hielt sich mit Rücken- und Bauchflossen, die durch zahlreiche Flossenstrahlen versteift waren, im Gleichgewicht.

Die Fossilien von Montceau-les-Mines

Vor etwa 280 Millionen Jahren lag Zentralfrankreich am Äquator. Die Paläoökologie dieser versunkenen Welt hat man nun anhand von Fossilien aus einer reichen, inzwischen wieder verfüllten Lagerstätte rekonstruiert.

Von Daniel Heyler und Cecile M. Poplin

Der Wechsel vom vorletzten zum letzten Abschnitt des Erdaltertums, der rund 280 Jahrmillionen zurückliegt, war weniger ein Einschnitt als ein Übergang. Das Karbon näherte sich seinem Ende; in dieser Periode waren die Kontinente noch näher beieinander als heute, und Mitteleuropa lag am Äquator. Dort hatte das feuchtwarme Klima die Bildung von Sumpfwäldern begünstigt, aus denen die meisten heutigen Kohlevorräte hervorgegangen sind. Als die Erde allmählich ins Perm überging, wurde das schwüle Klima von kühleren und mehr ariden Verhältnissen abgelöst, und die ersten reptilischen Vorfahren der Säugetiere begannen, das Festland zu besiedeln.

Zentralfrankreich war damals eine mit riesigen Farnen und Nadelgewächsen bedeckte Hügellandschaft; Flüsse, Seen und Lagunen durchsetzten die Niederungen. Tausendfüßer, Skorpione, salamanderähnliche Amphibien und Reptilien krochen an Land, und die Gewässer wimmelten von Würmern, Krebsen, Weichtieren, von urtümlichen Haien und anderen Fischen. Wenn diese Lebewesen abstarben, sanken ihre Kadaver auf den Grund der Sümpfe, wo manche erhalten blieben und schließlich zu Fossilien wurden (Bild 1).

Wettlauf gegen Bagger

Einige dieser fossilen Pflanzen und Tiere kamen bereits im 19. Jahrhundert bei Montceau-les-Mines wieder zutage. Dieses Kohlebecken liegt im Nordosten des französischen Zentralmassivs, einer Gebirgskette, die bei der Variszischen Gebirgsbildung im Karbon und Perm wie die Meseta Central in Spanien, die Vogesen und der Schwarzwald, der Harz und der Böhmerwald entstand, etwa zur gleichen Zeit wie auch die Appalachen in Nordamerika. Aber erst vor etwa einem Jahrzehnt, als man die Kohle schließlich im Tagebau gewann, enthüllte sich das ganze Ausmaß der Fossilfundstätte von Montceau (Bild 2). Nach Meinung vieler Paläontologen ist hier eine der fruchtbarsten Entdeckungen des letzten Jahrzehnts gemacht worden.

Durch die drohende Zerstörung einer Unmenge von Evolutionszeugnissen alarmiert, versammelten sich örtliche Amateurpaläontologen auf dem Abbaugelände. Wochenende für Wochenende retteten sie im Wettlauf mit den Fördermaschinen fossiles Material vor der Vernichtung.

In Zusammenarbeit mit dem Paläontologischen Institut des Museums für Naturgeschichte in Paris und dem Naturkunde-Museum in Autun bei Montceau bargen sie rund 7000 Schieferplatten und mehr als 100000 Knollen, die größtenteils Fossilien enthalten. Sorgfältig dokumentierten sie Ort und Lage jedes einzelnen Knollenfundes; dadurch kann man nach der Bestimmung der Fossilien ihre Verteilung in den Vorkommen rekonstruieren. Zum ersten Mal wandte man auf so alte Schichten derart genaue, moderne Ausgrabungsmethoden an.

Nachdem die Grube erschöpft war, wurde sie verfüllt. Die beteiligten Wissenschaftler aber sind noch immer mit der enormen Aufgabe beschäftigt, die geretteten Stücke zu untersuchen. Etwa ein Viertel der Knollen hat man aufgeschlagen, und fast 22 Prozent bargen gut erhaltene fossile Tiere, darunter selten in fossilisiertem Zustand gefundene Arten und Formen wie Insektenlarven und Würmer.

Im Rahmen eines von uns koordinierten und vom Centre National de la Recherche Scientifique (CNRS) unterstützten Forschungsvorhabens wurde eine internationale Spezialistengruppe zur Untersuchung dieser ersten Fossilausbeute zusammengestellt. Die Forscher konnten bereits in großen Zügen die Pflanzen- und Tiergemeinschaft der Fundstätte sowie ihren Lebensraum rekonstruieren. Bis jetzt hat man fast 300 Pflanzen- und Pollenarten sowie 16 Tierklassen identifiziert, zu denen etwa 30 Gattungen gehören.

Die Fossilien geben einen Ausschnitt der geologischen Vergangenheit der Erde vom Ende des Karbon bis zum Beginn des Perm wieder. Als das tropische Klima in dieser Region zu gemäßigteren Verhältnissen überging, veränderten sich auch Flora und Fauna. Somit dokumentiert die Ablagerungsfolge den Wandel der Arten in einer kritischen Periode der Erdgeschichte.

Schichtfolge und Flora

Die Fossilien des Montceau-Beckens liegen entweder in schiefriger Erhaltung vor, wobei sie zwischen Siltschichten (Sedimente mit einer Korngröße von 0,002 bis 0,063 Millimetern) flachgedrückt wurden, oder sie sind in Knollen eingeschlossen. Durch welche Vorgänge diese Knollen zustande gekommen sind, ist nicht ganz geklärt; vermutlich kann ein Organismus als Ablagerungskeim wirken, um den sich feinste Sedimente zu einer Knolle verfestigen. Knollenfossilien findet man auch in zeitgleichen Vorkommen wie Mazon

Creek bei Chicago, in jüngeren Schichten wie der Trias-Fundstätte auf Madagaskar und in den Kreidevorkommen von Ceará in Brasilien; da Fossilien in Knollen dreidimensional erhalten sind, geben sie ein besseres Bild von der Lebensgestalt eines Organismus.

Die Individuenzahl der zoologischen Gruppen ist bei den Montceau-Fossilien sehr unterschiedlich. Allerdings spiegeln die Zahlenverhältnisse aus verschiedenen Gründen die damalige Populationsverteilung der Fauna im Becken nicht genau wider. Erstens ist bei Weichkörpertieren die Chance der Erhaltung geringer als bei Tieren mit harten Schalen oder Knochen; zweitens war es bei dem Tempo des Tagebaus unmöglich, sämtliche Fossilien zu sammeln; und drittens macht die Grube ja nur einen Teil des gesamten geologischen Beckens aus. Doch angesichts der Menge, Qualität und Formenvielfalt der Exemplare kann man Montceau durchaus mit dem berühmten gleichaltrigen Vorkommen bei Mazon Creek vergleichen sowie mit dem Fundort Bear Gulch im US-Bundesstaat Montana, dessen Fauna allerdings rund 15 Millionen Jahre älter ist.

In Montceau wurden die ältesten Schichten gegen Ende des Karbon abgelagert, das vor 345 Millionen Jahren begann und etwa 65 Millionen Jahre währte. Im folgenden Perm, das weitere 50 Millionen Jahre dauerte, bildete sich bei immer kühlerem und trockenerem Klima immer weniger Kohle. Der Übergang zwischen Karbon und Perm

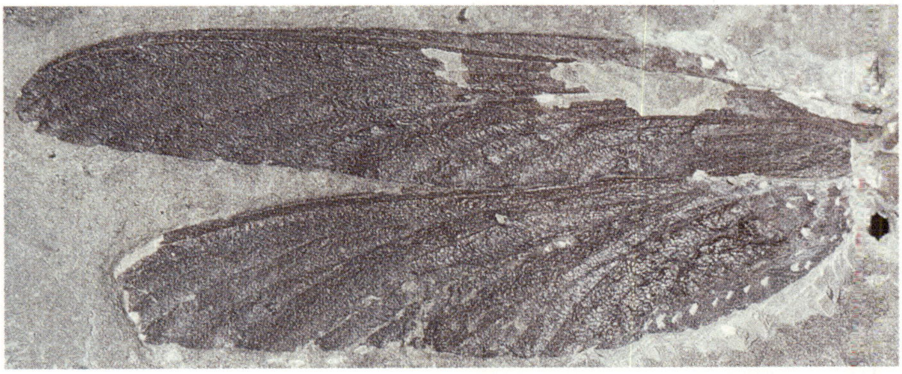

Bild 1: Bei Montceau-les-Mines in Frankreich hat man Fossilien von Tieren gefunden, die im Oberkarbon, vor 300 Millionen Jahren, gelebt haben. Die ausgezeichnet erhaltenen Vorder- und Hinterflügel (links oben) gehörten zu einem ausgestorbenen Insekt der Art *Microdictya heyleri*. Die Schabennymphe (unten links) ist eine der vielen Insektenlarven dieser Fundstelle. Der in einer Knolle erhaltene Stummelfüßer (oben rechts) ist ein merkwürdiges Tier, das die Merkmale von Würmern und Gliederfüßern in sich vereinigt; seine heutigen Nachfahren gleichen samtenen Raupen. Der paläozoische Skorpion (unten rechts) ähnelt ebenfalls derzeitigen Arten; Giftdrüse und Stachel sind bei dem gezeigten Exemplar gut sichtbar.

Bild 2: Der Tagebau bei Montceau-les-Mines, etwa 300 Kilometer südlich von Paris, legte fossilführende Kohleschichten frei. Im Laufe von zwei Jahren gruben ortsansässige Amateurpaläontologen etwa 7000 Schieferplatten und 100000 Knollen mit Relikten von Tieren und Pflanzen aus. Die meisten Knollen lagern noch ungeöffnet im Naturhistorischen Museum von Autun. Das Bild zeigt die Grube, die jetzt aufgefüllt ist, im früheren Zustand.

Bild 3: Calamiten ähneln heutigen Schachtelhalmen (links); sie erreichten in den Wäldern des Karbon Baumgröße. Diese Pflanzen hatten noch keine Blüten und Samen; sie pflanzten sich durch Sporen fort. Der riesige Samenfarn (rechts) vermehrte sich durch Samenanlagen.

ist durch keinerlei markante geologische Veränderung gekennzeichnet und deshalb als stratigraphische Grenze nicht wahrnehmbar. Man muß sich der Paläontologie, vor allem der Paläobotanik zuwenden, um eine Ablagerung aus der Übergangszeit zu erkennen.

Es war deshalb mehr die Flora als die Fauna, die es ermöglichte, die tieferen Schichten von Montceau dem Stefan, der letzten Stufe des Karbon, und die höheren Schichten dem Autun, der ersten Stufe des Perm zuzuschreiben. Die Evolution der gesamten Flora von Montceau bezeugt den Klimawechsel, der zwischen diesen beiden geologischen Perioden stattfand.

Fossile Pflanzen gibt es bei Montceau im Überfluß. Fast 300 Arten gehören zu den alten Gruppen, die Vorläufer der heutigen Samenpflanzen waren. Manche erinnern an riesige Schachtelhalme und Farne, die im Wald des Karbon baumhoch aufragten (Bild 3 links). Von diesen Pflanzen, die sich durch Sporen fortpflanzten, blieben bei Montceau fossil einzelne Stämme in ursprünglicher Lage sowie zahlreiche Blätter erhalten. Auch die häufigen Pflanzen der Gattung *Alethopteris* gleichen Riesenfarnen, aber sie vermehrten sich durch eine Samenanlage (Bild 3 rechts). Diese als Samenfarne bekannte Gruppe gedieh hauptsächlich im Karbon und Perm und ist für das Verständnis der Samenpflanzen-Entwicklung von Bedeutung.

Es gab auch schon höher entwickelte Pflanzen wie die ersten Koniferen, die im Oberkarbon erstmals aufgetreten waren. Je jünger die Schichten von Montceau sind, um so mehr verdrängen die Koniferen die übrigen Gruppen und zeigen damit wohl den allmählichen Klimawechsel an.

Wirbellose Tiere

Die Arthropoden (Gliederfüßer) sind die bei weitem häufigste und am besten erhaltene Gruppe der Fauna von Montceau. Gegen Ende des Karbon hatte sich dieser Stamm bereits in etwa ein halbes Dutzend primitiver Klassen aufgegliedert. Die aquatischen (im Wasser lebenden) Arthropoden sind zweifellos am zahlreichsten; allein die Crustaceen (Krebsartigen) machen 43 Prozent der bis jetzt untersuchten Fauna aus.

Sylvie Secrétan vom Museum für Naturgeschichte in Paris, Frederick R. Schram vom Naturgeschichtlichen Museum in San Diego und W. D. Ian Rolfe von der Universität Glasgow haben die Crustaceen untersucht. Dazu gehören 2000 Syncariden-Exemplare – primitive garnelenähnliche Wesen, wie es sie noch heute gibt – sowie Ostracoden, winzige Krebse mit zwei muschelartigen Gehäuseklappen, die bis heute sowohl im Süß- als auch im Salzwasser überlebt haben. Robert Feys vom französischen Bureau de Recherche Géologique et Minéralogique (BRGM) untersuchte die Estherien, ebenfalls zweiklappige Krebse.

Die Euthycarcinoiden, eine seltene Gruppe aquatischer Arthropoden, die wie Tausendfüßer mit Schwänzen ausgesehen haben, erweckten nach ihrer Entdeckung bei Montceau die besondere Aufmerksamkeit der Spezialisten; davon angeregt entdeckte man alsbald auch bei Mazon Creek dieselbe Gattung *Sottyxerxes*. Außerdem hat man bei Montceau 45 Exemplare von Xiphosuren identifiziert, aber noch nicht bearbeitet; zu dieser Gruppe gehört der Pfeilschwanzkrebs.

Bei Montceau kommen auch die hauptsächlichen heutigen Gruppen der landlebenden Arthropoden vor, unter anderem Tausendfüßer, die John E. Almond von der Universität Cambridge untersucht, sowie Spinnen und Skorpione. Die fossilen Skorpione haben einer von uns (Heyler) und Maxime A. Vachon vom Museum für Naturgeschichte in Paris bearbeitet; oft zeigen diese schönen Funde vollkommen erhaltene Giftdrüsen und Stacheln (Bild 1 rechts unten).

Man hat überdies eine ausgestorbene Gruppe der Gliederfüßer, die Arthropleuriden, gefunden. Sie ähneln riesigen Kellerasseln und sind bisher nur in Sedimentbecken des Oberkarbon entdeckt worden. Die fünf Individuen von Montceau, die Derek E. Briggs von der Universität Bristol untersucht hat, sind die kleinsten und vollständigsten Arthropleuriden-Exemplare, die man bisher kennt; sie gehören wahrscheinlich zu einer neuen Art.

Die von Laurie Burnham von der Harvard-Universität bearbeiteten Insekten (Bild 1 links oben) zeigen eine überraschende Formenvielfalt. Insekten erscheinen in der Fossilüberlieferung erstmalig zu Beginn des Oberkarbon vor etwa 320 Millionen Jahren. Aber bei Montceau, also nur 20 Millionen Jahre später, sind sie schon mit acht Ordnungen vertreten. Diese Fossilien aus einer Zeit, in der die Landpflanzen und andere Lebensformen sich zu größerem Artenreichtum entwickelten, vertreten ein wichtiges Stadium der Insektenevolution.

Montceau hat unreife Insektenstadien in großer Zahl geliefert (Bild 1 links unten), darunter viele mit sich entwickelnden Flügelknospen. Man hofft, daß die weitere Untersuchung dieser Nymphenformen Rückschlüsse auf die Evolution der Insektenflügel ermöglichen wird.

Eine erstaunliche Entdeckung bildeten zwei fossile Onychophoren (Stummelfüßer; Bild 1 rechts oben); diese Tieren haben eine oberflächliche Ähnlichkeit mit großen Raupen. Heute sind sie extrem selten und leben in Mittelamerika, in der Karibik und in der indoaustralischen Region. Über ihre Verwandtschaftsbeziehungen ist schon viel spekuliert worden: Sie haben sowohl mit den Ringelwürmern (Anneliden) als auch mit den Gliederfüßern Merkmale gemeinsam, und eine Zeitlang hielt man sie für die Vorfahren aller Arthropoden. Jedenfalls sind die Onychophoren echte Relikte aus dem Altpaläozoikum und haben offensichtlich fast 500 Millionen Jahre lang nur geringe morphologische Veränderungen durchgemacht.

Zu den Wirbellosen zählen auch Muscheln, die Claude Babin von der Universität Brest untersucht hat. Diese Tiere, die bei Montceau in großen Mengen geborgen wurden, gehören alle zu einer einzigen Art, *Anthraconaia lusitanica*; sie war damals in Europa von Polen bis zur Iberischen Halbinsel weit verbreitet. Als ein klassisches Leitfossil ermöglichte diese Muschel die Einstufung der Schichten von Montceau, in denen sie gefunden wurde, ins Oberkarbon.

Ungewöhnlicher war die Entdeckung von vielborstigen Ringelwürmern (Polychaeten); für diese segmentierten Würmer sind fleischige, paddelartige Körperanhänge typisch, die paarweise aus jedem Segment ragen. Die Körper dieser Tiere enthalten keinerlei Hartteile, aber dank der außergewöhnlichen Erhaltung in den Knollen fand man 72 Individuen.

Wirbeltiere

Die bei Montceau geborgenen Wirbeltiere gehören zu mindestens vier Klassen: Knochenfische, Knorpelfische, Amphibien und Reptilien. Fische sind am zahlreichsten.

Die Acanthoden, die zu den ersten kiefertragenden Fischen in der fossilen Überlieferung zählen, sind bei Montceau durch 20 bis 50 Zentimeter lange Exemplare vertreten. Diese rätselhaften Fische ähneln einerseits durch ihre Schuppen und ihre Schwanzflosse den Strahlenflossern (Actinopterygiern),

Bild 4: Im Becken von Autun hat man Fossilien von Strahlenflossern (Actinopterygien) gefunden, wie auch 50 Kilometer weiter bei Montceau. Die Seen der beiden Becken waren vermutlich einst miteinander verbunden. Die Schuppen dieser Fische trugen einen schmelzartigen Überzug.

Bild 5: Fossile Fußabdrücke (oben) zeugen von der Wanderung eines frühen Lurchs oder Reptils. Der nachschleifende Schwanz hinterließ als Spur eine Wellenlinie. Fossilien von Larven des urtümlichen Lurchs *Branchiosaurus* (Mitte) hat man in einer karbonischen Schicht auf einer einzigen Stelle zusammengeschwemmt gefunden; sie ähneln den Kaulquappen heutiger Amphibien. Exemplare wie diese zwei Zentimeter lange Larve sind sehr selten. Fossilien von weiter ausgereiften Stadien mit bereits entwickelten Beinen (unten) sind bei Montceau viel häufiger. Das hier gezeigte *Branchiosaurus*-Exemplar ist sieben Zentimeter lang.

andererseits rein äußerlich den Haien. Ihre Flossen werden durch je einen scharfen Stachel gestützt; im Deutschen heißen sie deshalb auch Stachelhaie – für einen Beutefänger waren sie gewiß höchst unangenehm zu schlucken. Diese Fische verschwanden vor 250 Millionen Jahren ohne Nachfahren.

Eine zweite Gruppe bilden die Xenacanthiden, entfernte Vettern der Urhaie. Diese im Süßwasser lebenden Räuber durchstreiften im Oberkarbon und unterem Perm (dem Rotliegenden) die Kohlesümpfe. Die Xenacanthiden waren die Riesen ihrer Zeit: Sie erreichten eine Länge von drei Metern; aber die Exemplare von Montceau waren ziemlich klein und nie mehr als einen Meter lang. Ihre zahlreichen scharfen Zähne weisen sie als große Jäger aus. Sie trugen am Nacken einen starken gezackten Stachel, der höchstwahrscheinlich als Verteidigungswaffe diente.

Eine dritte Gruppe, die der Actinopterygier, ist bei Montceau durch acht Arten vertreten (Bild 4). Ihr Aussehen erinnert an ihre fernen Nachkommen wie Karpfen, Sardinen und Thunfische, aber sie haben noch zahlreiche primitive Merkmale, zum Beispiel ihre Schädelanatomie und ihre dicken, schmelzbedeckten Schuppen, welche diesen Fischen ein ziemlich starres Aussehen gegeben haben müssen (wie es heute noch beim Stör mit seinen stark entwikkelten Knochenplatten der Fall ist).

Die Amphibien von Montceau gleichen, wie gesagt, kleinen Salamandern. An einer Stelle in den Ablagerungen fand man eine fossilisierte Schar von kiementragenden Larven, ähnlich den Kaulquappen jetziger Amphibien (Bild 5 Mitte). Bruchstücke größerer Skelette, die anderswo bei Montceau geborgen wurden, gehören wahrscheinlich zu erwachsenen Tieren, die mit Funden aus gleichaltrigen Schichten anderer Vorkommen übereinstimmen (Bild 5 unten). Sonst hat man bei Montceau nur wenige Knochen von Amphibien und Reptilien entdeckt.

Diese Lebewesen hinterließen jedoch zahlreiche Fußabdrücke an den Ufern von Flüssen, Seen und Lagunen, die in den Schiefern erhalten geblieben sind. Anders als Kadaver, die weit von ihrem Ursprungsort weggedriftet sein können, bleiben die Fährten vom Tag der Entstehung auf ihrem Platz. Sie zeigen Finger, Krallen und die Wellenlinien des Schwanzes, den das Tier auf dem Weg zum Wasser nachgeschleppt hatte (Bild 5 oben).

Die Fährten der Vierfüßer bei Montceau zeigen, daß dort viele Amphibien- und Reptilienarten zusammenlebten. Die Anzahl der Abdrücke spiegelt jedoch nicht die wirkliche Häufigkeit einer Art wider, weil ein einziges Individuum im Laufe eines Tages viele Fährten gezogen haben kann.

Doch nicht nur Tiere hinterließen fossile Spuren. Unsere Gruppe fand auch oft Eindrücke fallender Regentropfen sowie Rippelmarken, die von fließendem Wasser stammen, und das typische Rißmuster von austrocknendem Schlamm. Dies sind wichtige Hinweise auf das Klima, die auf einen Wechsel von Trockenintervallen und Regenfällen deuten. Solche Zeugnisse halten Änderungen innerhalb vergleichsweise winziger Zeitspannen fest – so kurz wie eine Jahreszeit, eine Woche oder gar ein einziger Tag.

Paläoökologie und Paläogeographie

Was für eine Umwelt bewohnten die Pflanzen und Tiere von Montceau? Die fossile Fauna gibt uns widersprüchliche Auskünfte.

Viele Tiere, etwa die Polychaeten und einige aquatische Gliederfüßer, lebten wie ihre modernen Nachfahren im Salzwasser. Außerdem hat man ähnliche Fossilien wie in Montceau auch bei Mazon Creek in Sedimenten rein marinen Ursprungs gefunden. Hingegen sind andere Wassertiere charakteristische Bewohner von Binnenseen, jedenfalls von Süßwasser. So findet man Onychophoren heute in tropischen Feuchtwäldern in der Nähe von Flüssen, und jetzige Amphibien leben ausschließlich im Süßwasser. Fossilien von Arthropleuriden und Estherien hat man in karbonischen Süßwasserbecken von Europa und Nordamerika gefunden; schließlich gibt es keinen Zweifel, daß Tausendfüßer, Spinnen, Skorpione, Insekten und Reptilien hauptsächlich auf dem Festland leben.

Das zunächst verwirrende Bild der Umwelt von Montceau ließ sich mit Hilfe der unscheinbaren Muschel *Anthraconaia* aufklären. Die zwei Gehäuseklappen dieses Fossils findet man bei Montceau gewöhnlich noch durch das scharnierartige Schloß miteinander verbunden. Die Erhaltung des zerbrechlichen Schlosses zeigt, daß die Gehäuse der abgestorbenen Tiere vor der Einbettung nicht umgelagert worden sind. Möglicherweise begrub die rasche Sedimentablagerung sogar Tiere, die noch lebten. Wie die geringe Größe der Exemplare sowie die längliche Gestalt ihrer Gehäuse anzeigen, war das Milieu ziemlich arm an organischen Nährstoffen. Rasche Sedimentation und Nährstoffarmut sind Indizien, daß Montceau an einem Mündungsbecken lag, wo der Zustrom von Fluß-Süßwasser mit brakkigen Gezeitenströmen abwechselte (Bild 6).

Die aquatischen Faunen entschleiern auch ein wenig die großräumige Geographie jener Zeit. Die fossilen Fische von Montceau sind eng verwandt mit Fischen, deren Fossilien man kaum 200 Kilometer entfernt in Binnenseebecken des Zentralmassivs gefunden hat. Die Seen müssen zeitweise verbunden gewesen sein, vielleicht durch Überschwemmungen, so daß die wasserlebenden Arten von einem Ort zum anderen übersiedeln konnten. Wenn die Fluten zurückgingen, wurden die Seen wieder getrennt. Solch geringfügigen Ereignisse mögen für einen 300 Millionen Jahre später tätigen Geologen keine sichtbaren Spuren hinterlassen; aber der paläontologische Befund zeigt an, daß es zwischen den verschiedenen Le-

Bild 6: Den Funden von Montceau zufolge war der Lebensraum dieser Pflanzen und Tiere im Oberkarbon eine weite Flußmündung. Das Schaubild zeigt nicht alle Arten maßstabsgetreu. Die Ziffern bedeuten: 1: *Crucicalamites*-Art (ein Riesenschachtelhalm); 2: *Cordaites*-Art (eine urtümliche Samenpflanze); 3: *Sigillaria*-Art (Siegelbaum, ein Bärlappgewächs); 4: *Pecopteris*-Art (ein Samenfarn); 5: *Lepidodendron*-Art (ein Bärlappgewächs); 6: *Stylocalamites*-Art (ein Riesenschachtelhalm); 7: *Microdictya heyleri* (ein ausgestorbenes Insekt); 8: Schabe; 9: Xiphosuren-Art (ein Pfeilschwanzkrebs); 10: Vierfüßerfährten; 11: *Stereorachis dominans* (ein Reptil); 12: *Actinodon frossardi* (ein Lurch); 13: *Callibrachion gaudryi* (ein Reptil); 14: *Xenacanthus*-Art (ein urtümlicher Hai-Verwandter); 15: *Commentrya*-Art (ein Strahlenflosserfisch); 16: *Acanthodes*-Art (Stachelhai, ein Panzerfisch); 17: Onychophoren-Art (Stummelfüßer, ein Gliedertier); 18: *Aeduella blainvillei* (ein Strahlenflosserfisch); 19: *Buthiscorpius*-Art (ein Skorpion); 20: *Botryococcus* (ein Bakterium); 21: *Sauravus cambrayi* (ein Reptil); 22: Polychaeten-Art (ein vielborstiger Ringelwurm); 23: Kaulquappe einer *Branchiosaurus*-Art; 24: Ostracoden-Art (Muschelkrebschen); 25: Arthropleuriden-Art (Riesengliederfüßer, ähnlich den Tausendfüßern); 26: *Palaeocaris*-Art (ein urtümlicher Krebs); 27: *Estheria*-Art (Kiemenfußkrebs); 28: *Sottyxerxes gerem* (euthycarcinoider Gliederfüßer); 29: *Branchiosaurus*-Art (ein Lurch mit Kiemen); 30: *Aspidoneura sottyi* (ein Insekt).

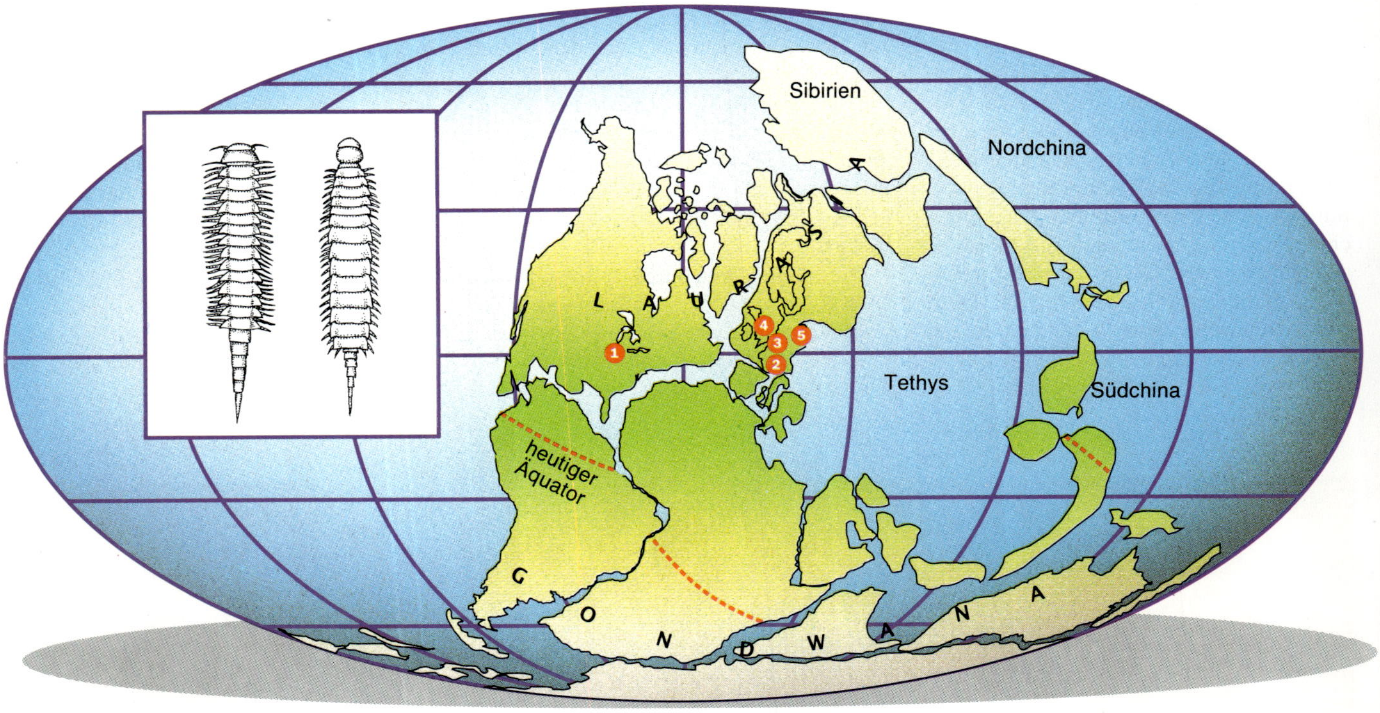

Bild 7: Im Oberkarbon lagen die meisten Festlandmassen weit südlich von ihren jetzigen Positionen und waren zu zwei Urkontinenten vereinigt: Laurasia (das sich später in Nordamerika, Europa und den Hauptteil Asiens aufspaltete) und Gondwana (Afrika, Antarktis, Australien, Indien und Südamerika). Damals lagen die heutigen Fossilfundstellen Mazon Creek (*1*), Montceau-les-Mines (*2*) sowie die Fundstätten im Saarbecken (*3*), in Großbritannien (*4*) und in Böhmen (*5*) in der Nähe des Äquators. Mazon Creek lag näher an Europa als heute; dies erklärt die Ähnlichkeit seiner Fauna mit den europäischen Funden. Als in Montceau die neue Euthycarcinoiden-Art *Sottyxerxes multiplex* zutage gekommen war (Teilbild links), begann man die Fossilien von Mazon Creek noch einmal zu untersuchen und entdeckte dabei die verwandte Art *Sottyxerxes piekoae* (Teilbild rechts). Die Karte zeigt eine Aufspaltung Chinas in nördliche und südliche Blöcke; eine andere, neuerdings von Paläobotanikern bevorzugte Theorie besagt, diese Blöcke hätten sich schon viel früher – im Laufe des Unterkarbon – vereinigt.

bensräumen irgendeine Verbindung gegeben haben muß.

Wenn das Gebiet um Montceau von Seen durchsetzt war, wo war dann das Meer? Die meisten Geologen nehmen an, daß es am Ende des Karbon weit südlich von Montceau lag. Wie kann man dann aber die Anwesenheit von marinen Tieren bei Montceau und im Zentralmassiv erklären? Eine mögliche Antwort lautet, daß einige Seen salzig waren – Überbleibsel des epikontinentalen Meeres, das dieses Gebiet einst, bevor sein Spiegel wieder sank, bedeckte.

Die Fossilien von Montceau weisen deutlich auf einen ausgeprägten Klimawechsel während der Zeitspanne hin, aus der sie stammen. Ein Vergleich mit Ablagerungen desselben Alters an anderen Orten zeigt, daß dies nicht nur ein lokaler oder regionaler Vorgang war. Die Fossilien von Mazon Creek erzählen praktisch dieselbe Geschichte; dieses Vorkommen entstand in einem ähnlichen Mündungsgebiet wie Montceau und enthält Aufschlüsse, die vom Westfalen (einer etwas früheren Stufe als die ältesten Schichten von Montceau) bis ins untere Perm reichen. Auch die Fossilien aus ähnlichen Vorkommen in Großbritannien, Böhmen und im Saarbecken stützen dieses Szenario eines Klimawechsels.

Laurasia und Gondwana

Warum enthalten heute so weit voneinander entfernte Orte ähnliche fossile Lebensformen? Trägt man diese Vorkommen in eine paläogeographische Karte von der Lage der Kontinente am Ende des Karbon ein, so liegt die Ursache auf der Hand (Bild 7).

Zu jener Zeit waren Europa, Nordamerika und ein großer Teil von Asien zu einer einzigen, von den Geologen Laurasia genannten Landmasse vereinigt. Die Tethys (das heutige Mittelmeer ist ein Rest davon) trennte Laurasia von Gondwana, jenem riesigen Urkontinent, der aus den späteren Kontinenten der Südhalbkugel bestand. Es gab keinen Atlantischen Ozean, und darum war Mazon Creek viel näher bei Europa als heute; außerdem lagen die Fundstätten in der Nähe des Äquators. Beides erklärt die klimatische Ähnlichkeit, die sich in den Faunen ausprägte.

Seither sind Laurasia und Gondwana auseinandergedriftet und in die heutigen Kontinente zerbrochen. Europa und Nordamerika wurden durch den Nordatlantik getrennt. Vor allem aber verschoben sich die Kontinente nach Norden, bis auf Australien und die Antarktis, die nach Süden drifteten. Dadurch verlief der Äquator nicht mehr durch Laurasia, sondern durch Gondwana; im Perm lag er bereits südlich von Mazon Creek, vom französischen Zentralmassiv, vom Saargebiet und von Böhmen. Diese Vorgänge erklären die bei Montceau sichtbare Klima-Entwicklung.

Montceau bildet jetzt zusammen mit Mazon Creek und den böhmischen Vorkommen eine Typuslokalität für die Paläontologie von Laurasia an der Karbon-Perm-Grenze, aber es bleibt noch viel zu tun. Das Dachgeschoß des Naturkundlichen Museums in Autun quillt von Kisten über, die noch Tausende von ungeöffneten Knollen enthalten. Die Untersuchung des Materials wird ein genaues Bild der örtlichen Lebens- und Fossilisationsbedingungen liefern. Außerdem wird es uns helfen, anatomische Einzelheiten zu klären, mit deren Hilfe sich die Evolution verschiedener Arten verfolgen läßt; solche Informationen sind für diese Periode der Erdgeschichte noch sehr unvollständig.

Vielleicht werden die Forscher Tiere finden, die aus anderen Vorkommen schon bekannt, aber für Montceau neu sind; dies würde unser Wissen über die paläogeographischen Zusammenhänge vermehren. Jede Entdeckung wird dem Bild der Lebensentwicklung auf unserem Planeten ein weiteres Mosaiksteinchen hinzufügen.

Thailands mesozoische Wirbeltiere

Der Nordosten dieses Landes gehört zu den wenigen Gebieten unserer Erde, wo die fossile Überlieferung mehr als einhundert Millionen Jahre aus der Evolution der Wirbeltiere umspannt. Sie gibt zugleich Aufschluß über die geologische Vergangenheit Südostasiens.

Von Eric Buffetaut und Rucha Ingavat

Wer eine Gegend auf dieser Erde sucht, wo sich leicht Fossilien sammeln lassen, würde wohl kaum auf Anhieb auf Südostasien verfallen – ein Land in tropischen Breitengraden mit ausgeprägtem Monsun-Klima und in weiten Teilen von üppiger Vegetation bedeckt. Dennoch gelangen bereits früheren Forschern, die Südostasien bereisten, einige bemerkenswerte Entdeckungen. So stieß im ausgehenden 19. Jahrhundert der französische Geologe Henri Counillon in Laos auf den Schädel eines Reptils, der säugerähnliche Merkmale trug. Später dann, in den dreißiger Jahren unseres Jahrhunderts, entdeckte ein anderer französischer Geologe, Josué-Heilmann Hoffet, Knochen von Dinosauriern in einem anderen Teil von Laos. Kurz darauf wurde auch aus Thailand der Fund einiger Reptilienzähne gemeldet.

Heute hat sich das Bild gänzlich gewandelt. Im Verlauf etlicher gemeinsamer Expeditionen haben thailändische und französische Wissenschaftler im Nordosten Thailands Überreste von Fischen, Amphibien und Reptilien aus dem Erdmittelalter zusammengetragen. Das Mesozoikum, wie es in der Fachsprache heißt, war das goldene Zeitalter der Reptilien. Es begann vor etwa 240 Millionen Jahren und endete vor rund 65 Millionen Jahren mit dem Aufstieg der Säugetiere. Aufbauend auf diesen Fossilien ist es nun möglich, die Tierwelt zu Süßwasser und zu Lande in diesem Teil Südostasiens zu rekonstruieren – mit all ihren Veränderungen über eine Zeitspanne von mehr als einhundert Millionen Jahren. Die daraus gewonnenen Erkenntnisse können wir nun mit dem vergleichen, was über die mesozoische Tierwelt im späteren Europa und Amerika bekannt ist. Tatsächlich erweist sich der Nordosten Thailands als eines der Gebiete unserer Erde, wo die Entwicklung der Wirbeltiere von der oberen Trias über den Jura bis hin zur Kreidezeit (also über die drei geologischen Perioden des Mesozoikums) fossil überliefert ist, und das auf recht engem Raume und innerhalb einer weitgehend kontinuierlichen Abfolge von Gesteinsschichten.

Diese fossile „Ahnengalerie" ist auch für die Geologen von großem Nutzen. Sie hilft ihnen, das Alter der Sedimentgesteine zu bestimmen, in denen die je-

Bild 1: Wie in dieser Szenerie mag es gegen Ende der Trias, vor etwa 220 Millionen Jahren, im Nordosten Thailands ausgesehen haben. Rekonstruiert wurde sie anhand der fossilen Überreste von Fischen, Amphibien und Reptilien, welche die Autoren und ihre Kollegen in den

weiligen Fossilien gefunden werden. In einen größeren Zusammenhang gestellt, erhellt sie auch die ereignisreiche Entstehungsgeschichte von Südostasien: in welcher chronologischen Reihenfolge die Kontinentalblöcke gedriftet und im ostasiatischen Raum kollidiert sind.

Thailand besteht aus Stücken zweier ehemals getrennter Schollen (Mikrokontinente) mit einer bis zu ihrer Kollision unabhängigen geologischen Geschichte (Bild 3). Einer Hypothese nach sind die Schollen Teil des Nordrandes eines südlichen Superkontinents, des sogenannten Gondwanalandes, gewesen (möglicherweise Teil der Nordküste des späteren Australien). Irgendwann während des Paläozoikums – des Erdaltertums, das dem Mesozoikum vorausging – brachen die Schollen von Gondwanaland ab und drifteten mit mehreren anderen solcher Bruchstücke nordwärts. Schließlich stießen sie gegen den nördlichen Superkontinent Laurasien, genauer gesagt: gegen den südlichen Rand von China. Etwas ganz Ähnliches geschah über 100 Millionen Jahre später: Indien löste sich von Gondwanaland ab und driftete nach Norden, bis es mit dem zusammenstieß, was inzwischen zu Asien geworden war.

Einer der Mikrokontinente, die durch ihre Kollision Thailand gebildet haben, wird als Indochina-Scholle bezeichnet. Er umfaßt das Khorat-Plateau im Nordosten Thailands sowie Kampuchea und den größten Teil von Laos und Vietnam (Bild 3). Der andere Mikrokontinent wurde von Sangad Bunopas vom Ministerium für Bodenschätze in Bangkok Shan-Thai-Scholle genannt. Der erste Teil des Namens bezieht sich auf den Shan-Staat im Osten von Birma. Außerdem umfaßt diese Scholle das westliche Thailand und weite Teile der Malaiischen Halbinsel.

In den letzten Jahren haben viele Geologen versucht, die genaue Geschichte dieser Schollen zu rekonstruieren. Insbesondere geht es um den Zeitpunkt, zu dem die Schollen miteinander verschmolzen und mit der asiatischen Landmasse zusammengestoßen sind. Einen bedeutenden Hinweis geben die fossilen Wirbeltiere Thailands.

Das Fundgebiet

Die Fossilgeschichte mesozoischer Lebewesen, wie die Geologie Thailands sie uns enthüllt, hätte nicht ohne die Hilfe unserer Kollegen vom Ministerium für Bodenschätze zusammengetragen werden können. Ihr Land zeigt beispielhaft die Schwierigkeiten auf, die einer Fossiliensuche in Südostasien entgegenstehen. Selbst auf dem Khorat-Plateau im Nordosten Thailands, der trockensten Gegend des Landes, sind natürliche Gesteinsaufschlüsse selten und liegen weit auseinander. Bekannte Fundstellen von Fossilien sind gewöhnlich klein und wenig eindrucksvoll; bei den meisten handelt es sich schlicht um Einschnitte von Straßen oder um Steinbrüche.

Die Feldgeologen der Abteilung für Bodenschätze sind aber recht findig im Aufspüren neuer Fundstellen. Danach sammelt unser eigenes Team die Fossilien in systematischer Weise. Falls nötig, starten wir eine regelrechte Ausgrabung. Auch erkunden wir nahegelegene Aufschlüsse, die dann oft weitere Funde liefern. Nach Präparation und eingehender Untersuchung, zum Teil in Paris, werden die Fundstücke an Thailand zurückgegeben. Dort bereichern sie die Sammlung des Ministeriums für Bodenschätze. Die interessantesten Stücke werden im Geologischen Museum in Bangkok ausgestellt.

Die meisten thailändischen Fossilien stammen vom Khorat-Plateau. Dort wurde praktisch während des gesamten Mesozoikums das von neu gebildeten Gebirgszügen abgetragene Material in großen Mengen abgelagert: in Flußbetten, Schwemmland-Ebenen und am Grunde von Seen. Das heutige Ergebnis ist eine Ansammlung von Sandsteinen, Tonen und einigen in Seen abgelagerten Kalkgesteinen, die den Geologen als

Schiefern und Kalkgesteinen der Huai-Hin-Lat-Formation im Nordosten Thailands gefunden haben. Im Fluß in der Mitte hat sich ein *Mystriosuchus* (ein Phytosaurier, ein stark gepanzertes Scheinkrokodil) einen Lungenfisch geschnappt. Ein weiterer Phytosaurier ruht links am Ufer; rechts im Vordergrund ein zu den Amphibien gehörender *Cyclotosaurus*, hinter ihm die primitive Schildkröte *Proganochelys*.

Khorat-Gruppe bekannt ist. An einigen Stellen erreicht sie eine Mächtigkeit von mehreren Kilometern. Einige Schichtfolgen (Formationen) dieser Gruppe haben uns Knochen, Zähne und Fußabdrücke von Wirbeltieren überliefert.

Die ältesten Fossilien stammen aus der Huai-Hin-Lat-Formation (Bild 4). Diese besteht weitgehend aus dunkelgrauen oder schwarzen bituminösen Schiefern und Kalkgesteinen. Nach Ansicht von Chongpan Chonglakmani und Nares Sattayarak vom Ministerium für Bodenschätze wurden die Schiefer und Kalke in großen Seen (also im Süßwasser) abgelagert, nachdem im Laufe einer gebirgsbildenden Zwischenperiode während der oberen Trias – vor rund 225 Millionen Jahren – das Meer aus dieser Gegend verdrängt worden war.

Während der Expedition des Jahres 1980 entdeckten wir eine ergiebige Fundstelle nahe dem Elektrizitätswerk des Chulabhorn-Dammes am westlichen Ende des Khorat-Plateaus. Nicht ganz unerwartet waren dort Überreste von Fischen, insbesondere einzelne Schuppen altertümlicher Knochenfische, die häufigsten Wirbeltierfossilien. Außerdem stießen wir auf einige Zahnplatten eines Lungenfisches (eines Fisches, der – wie der Name besagt – mit Hilfe von Lungen atmet). Solche Platten gehen aus der Vereinigung einzelner Zähne hervor und dienen zum Zerkleinern der Nahrung (meist zum Aufknacken hartschaliger Beutetiere).

Wir entdeckten auch Überreste von Räubern, die sich von solchen Fischen ernährten: so einige Bruchstücke eines Lurchs der Gattung *Cyclotosaurus*, darunter eine gut erhaltene hintere Schädelpartie. Der *Cyclotosaurus* wurde vermutlich bis zu eineinhalb Metern lang. Seine schwachen Glieder, sein langer, breit abgeflachter Kopf und die ganz oben am Schädel sitzenden Augen, mit denen das Tier nahezu vollständig untergetaucht noch über die Wasseroberfläche blicken konnte – all das legt nahe, daß *Cyclotosaurus* den größten Teil seines Lebens im Wasser verbracht hat (Bild 1).

Knochen und Zähne von anderen Räubern, den Scheinkrokodilen oder Phytosauriern, wurden ebenfalls am Chulabhorn-Damm ausgegraben. Bei ihnen handelt es sich um stark gepanzerte Reptilien mit scharfen Zähnen. Sie waren in der oberen Trias verbreitet, überlebten aber offenbar diese Periode nicht. Obwohl sie mit ihrer langgezogenen Schnauze, den kurzen Beinen und dem langen Schwanz fast wie Krokodile aussahen, sind sie nicht nahe mit ihnen verwandt: Die Phytosaurier leiten sich von den Thecodontiern ab, einer triassischen Reptilienordnung, aus der später – unabhängig voneinander – auch die Krokodile und Dinosaurier hervorgegangen sind. Phytosaurier und Krokodile geben somit ein klassisches Beispiel für eine konvergente Evolution. Dabei treten in verschiedenen Gruppen von Organismen – aufgrund einer Anpassung an gleichartige Umweltgegebenheiten – ähnliche Formen auf. Beide Tiergruppen unterscheiden sich aber in der Stellung ihrer Nasenlöcher: Bei den Krokodilen sitzen sie an der Spitze der Schnauze, bei den Phytosauriern dagegen weit hinten, an der höchsten Stelle des Kopfes (Bild 1).

Schließlich finden sich in der Huai-Hin-Lat-Formation auch Überreste von Schildkröten, einer weiteren Ordnung der Reptilien. Am Chulabhorn-Damm sind sie zwar selten, aber anderswo ausgesprochen häufig. Das geht bisweilen so weit, daß zerbrochene Schildkrötenpanzer eigene Schichten in dem bituminösen Kalkgestein bilden. Die Panzer waren hoch entwickelt, in anderer Hinsicht jedoch zeigen die Schildkröten der Trias ziemlich primitive Merkmale. So hatten sie beispielsweise Zähne am Gaumen, während neuzeitliche Schildkröten überhaupt keine besitzen.

Ganz allgemein sind Funde triassischer Schildkröten etwas Ungewöhnliches. Außerhalb Thailands sind nur noch einige Exemplare aus Süd- und Mitteldeutschland wohlbekannt.

Bild 2: So mag es im oberen Jura, vor etwa 160 Millionen Jahren, im Nordosten Thailands ausgesehen haben. Die Landschaft, eine von großen Flüssen durchzogene Schwemmland-Ebene, wurde anhand von Fossilien rekonstruiert, wie sie in den Schluff- und Sandsteinen der Sao-Khua-Formation vorkommen. Die Vorherrschaft von Dinosauriern ist deutlich. Eine Gruppe von Sauropoden (vierbeinigen pflanzenfressenden Dinosauriern) wird von einem Carnosaurier (einem zweibeinigen räuberischen Dinosaurier) verfolgt, der dem in Nordamerika

Parallelen zu Deutschland und China

Die fossilen Knochen und Zähne aus der Huai-Hin-Lat-Formation vermitteln ein Bild der Wirbeltier-Gesellschaft, die während der oberen Trias Seen und Ufer im Nordosten Thailands besiedelte. Sie liefern auch wichtige stratigraphische und paläogeographische Informationen: Sie helfen, die Formation in die Abfolge geologischer Schichten einzuordnen, wie sie aus Untersuchungen rund um den Erdball bekannt ist. Gleichzeitig kann man mit ihrer Hilfe die geographische Verbreitung der Lebewesen während der oberen Trias eingrenzen und daraus die damalige Verteilung der Landmassen ableiten.

Letzeres ist möglich, weil die Huai-Hin-Lat-Fossilien solchen aus anderen Teilen der Welt sehr ähnlich sind. Die Phytosaurier liefern ein eindrucksvolles Beispiel dafür. Sie lebten offenbar nur während der oberen Trias. Andererseits ging ihre Evolution sehr rasch vonstatten. Wenn also Phytosaurier der Gattungen *Belodon* und *Mystriosuchus* in der Huai-Hin-Lat-Formation vorkommen, so muß diese etwa zeitgleich mit Formationen in Deutschland entstanden sein, in denen die selben Gattungen gefunden wurden.

Die deutschen Formationen werden einem bestimmten Zeitabschnitt während der oberen Trias, dem Norium, zugeordnet. Daß die Zuordnung stimmt, bestätigen die Amphibien und Schildkröten aus der Huai-Hin-Lat-Formation, die ebenfalls ihre Parallelen in der deutschen oberen Trias haben. Nach Ansicht von Philippe Janvier vom französischen Nationalzentrum für Wissenschaftliche Forschung (CNRS) ist der große amphibische *Cyclotosaurus* vom Chulabhorn-Damm eng mit einer bestimmten Art aus dem Norium in Deutschland verwandt. Was die Schildkröten anbelangt, so sind sie nach Ansicht von France de Broin (ebenfalls vom CNRS) mit der Gattung *Proganochelys* verwandt, die ebenfalls zuerst aus dem deutschen Norium beschrieben wurde (Bild 1).

Für die Paläogeographen ist die Wirbeltierfauna der Huai-Hin-Lat-Formation wegen ihrer Ähnlichkeit mit laurasischen Faunen interessant. Gegen Ende der Trias hingen alle Kontinente immer noch weitgehend zusammen: Die beiden Superkontinente Laurasien im Norden und Gondwanaland im Süden waren an ihrem westlichen Ende noch miteinander verbunden. Doch begann die Tierwelt Laurasiens, sich von der des Gondwanalandes abzuheben.

Die thailändischen Scheinkrokodile, Amphibien und Schildkröten erinnern zweifellos mehr an die Formen aus Laurasien. Gleiches gilt für einige Fische. So ähneln laut Michel Martin von der Universität Paris die Zahnplatten der Lungenfische aus der Huai-Hin-Lat-Formation solchen aus China.

Im Zusammenhang mit der Kontinentaldrift sind diese Ähnlichkeiten bedeutsam: Sie zeigen an, daß gegen Ende der Trias eine Landverbindung zwischen dem indochinesischen Mikrokontinent und Laurasien bestand, über die Wirbeltiere aus Laurasien nach Indochina einwandern konnten. Sonst hätte die Indochina-Scholle nämlich ihre eigene Tierwelt haben müssen oder eine Fauna ähnlich jener des Gondwanalandes. Auf diese Weise ist als letztmöglicher Zeitpunkt für ihren Zusammenstoß mit China das Ende der Trias anzusehen. Dieser Zeitpunkt steht in Einklang mit gegenwärtigen Theorien, die eine Kollision während der Trias oder sogar noch früher – im Erdaltertum – fordern.

Über der Huai-Hin-Lat-Formation liegt die Nam-Phong-Formation, die hauptsächlich aus Sandsteinen besteht und bislang keine Fossilien geliefert hat. Sie wird von der Phu-Kradung-Formation überlagert, die aus Schluff- und Sandsteinen zusammengesetzt ist. In ihr wurden wieder Fossilien von Wirbeltieren aus dem Erdmittelalter gefunden.

Einer der aufsehenerregendsten Funde gelang Nares Sattayarak im Jahre 1979: Bei einem Straßendurchbruch nahe der Stadt Nong Bua Lam Phu im Norden des Khorat-Plateaus stieß er auf den Unterkiefer eines sehr großen Süßwasser-Krokodils. Nach Abschluß unserer Ausgrabungen zeigte es sich, daß der Unterkiefer nahezu vollständig erhalten geblieben war: Er maß 1,14 Meter. Das zugehörige Tier muß damit fast acht Meter lang gewesen sein. Seine Schnauze war lang, aber kräftig und mit starken Zähnen besetzt; das Tier muß sich also von großen Fischen ernährt haben. Wir haben es der Gattung *Sunosuchus* zugeordnet, die aus dem Jura der Provinz Gansu in China bekannt ist (Bild 4). Das chinesische Exemplar ist allerdings kleiner und in mancher Hinsicht anders. Daher vermuten wir, daß unser Tier einer bislang unbekannten Art angehört, die wir *Sunosuchus thailandicus* getauft haben.

Trotzdem: Wenn während des Jura in China und in Thailand verwandte Arten aus derselben Gattung von Süßwasser-Krokodilen auftraten, so zeigt dies, daß damals beide Gebiete wahrscheinlich derselben zoogeographischen Provinz angehörten.

Die Phu-Kradung-Formation hat weitere Überreste von Wirbeltieren preisgegeben. Gefunden wurden sie in der Nähe von Ban Wang Dingso, einem Dorf westlich des Khorat-Plateaus, und zwar in einem Steinbruch, in dem Sandstein und Konglomerate abgebaut werden. Viele

gefundenen Raubsaurier *Allosaurus* ähnelt. Im Vordergrund versucht der krokodilartige *Goniopholis*, der aber kein Vorläufer dieser Reptilien ist, einen *Compsognathus* zu verfolgen. Das auf zwei Füßen laufende Tier war einer der kleinsten Dinosaurier, nicht größer als ein Huhn. Im Wasser hat ein weiterer *Goniopholis* einen Fisch der Gattung *Lepidotus* gepackt.

davon wurden von Paladej Srisukh gesammelt, einem Tierarzt und begeisterten Hobby-Paläontologen. Außer Zähnen und Knochen von Krokodilen, die möglicherweise von *Sunosuchus* stammen, befinden sich unter den Fundstükken auch die Zähne von Süßwasser-Haien sowie rundliche, abgeflachte Zähne, die an Knöpfe erinnern. Sie stammen von Knochenfischen, die sich von hartschaligen Wirbellosen ernährt haben müssen. Auch Panzerplatten von Schildkröten wurden gefunden.

Die Fossilien werden derzeit genau untersucht. Sie sollten uns zu einem besseren Verständnis der mesozoischen Tierwelt im Nordosten Thailands verhelfen. Vielleicht ermöglichen es diese Funde auch, die Phu-Kradung-Formation zu datieren. Bereits die Gegenwart von *Sunosuchus* zeigt, daß diese Formation nicht aus der Trias stammen kann. Ihre genaue Stellung innerhalb des Jura ist noch unsicher.

Funde von Sauropoden

Die nächsten beiden Formationen sind im Fossilgehalt das genaue Gegenteil voneinander. Während in der Phra-Wihan-Formation – unmittelbar über der Phu-Kradung-Formation – bislang keine Überreste von Wirbeltieren gefunden wurden, hat sich die Sao-Khua-Formation darüber als bemerkenswert reich an Knochen und Zähnen erwiesen (Bild 4).

Ihre ergiebigste Fundstelle liegt am Phu Wiang, einem langgezogenen, halbmondförmigen Bergrücken im Westen des Khorat-Plateaus. Dort hat im Jahre 1976 Roo Song Siri, ein thailändischer Geologe, auf der Suche nach Uran das erste aus Thailand bekanntgewordene Bruchstück eines Dinosaurier-Knochens entdeckt. Es erwies sich als Teil eines Oberschenkelknochens von einem großen Sauropoden (einem vierfüßigen Dinosaurier mit langem Hals).

Seit diesem ersten Fund am Phu Wiang hat unser Team Knochen und Zähne einer Vielzahl von Wirbeltieren zusammengetragen. Einige der zahlreichen Überreste konnten wir einfach an einem Hang auflesen, wo sie durch Verwitterung aus einem grünlichen, feinkörnigen Sandstein freigelegt worden waren. Andere mußten wir aus einer Grundsubstanz aus rotem Ton ausgraben. Offensichtlich hat sich diese Fülle von Wirbeltier-Überresten in einer einstigen Schwemmland-Ebene angesammelt; Flüsse müssen sie dorthin verfrachtet und dabei kleine Knochen und Zähne auf engem Raum zusammengeschwemmt haben. Die Fossilien repräsentieren daher gemischte Lebensgemeinschaften: Überreste von Flußbewohnern finden sich zusammengewürfelt mit solchen von landlebenden Formen.

Die aufregendsten Fossilien aus der Sao-Khua-Formation sind die Sauropoden, die Elefantenfuß-Dinosaurier. Die massigen Knochen dieser Tiere wurden inzwischen aus mehreren Aufschlüssen dieser Formation geborgen, am Phu Wiang sogar Teile eines ganzen Skeletts (es wird gerade in Bangkok präpariert). Die Sauropoden mit ihren langen Hälsen und Schwänzen waren vielleicht die eindrucksvollsten Riesenechsen der Jura- und Kreidezeit (Bild 2). Die berühmtesten Dinosaurier sind sie sicherlich, gehörten zu ihnen doch solche Giganten wie die Donnerechsen *Diplodocus* und *Brontosaurus*. Gemessen an solchen Maßstäben freilich sind die thailändischen Exemplare nicht besonders groß. Immerhin brachten es die Tiere den Knochen nach auf etwa 15 Meter Länge.

Die Sauropoden waren Pflanzenfresser. Sie teilten sich ihren Lebensraum mit großen, räuberischen Dinosauriern. Denn recht häufig sind messerscharfe, gesägte Zähne zu finden; sie verraten die Anwesenheit von Carnosauriern, den größten zweibeinigen Räubern aller Zeiten. Die Raubsaurier am Phu Wiang ähnelten wahrscheinlich sowohl der nordamerikanischen Gattung *Allosaurus*, die dort im oberen Jura heimisch war und deren Vertreter bis zu 10 Meter lang

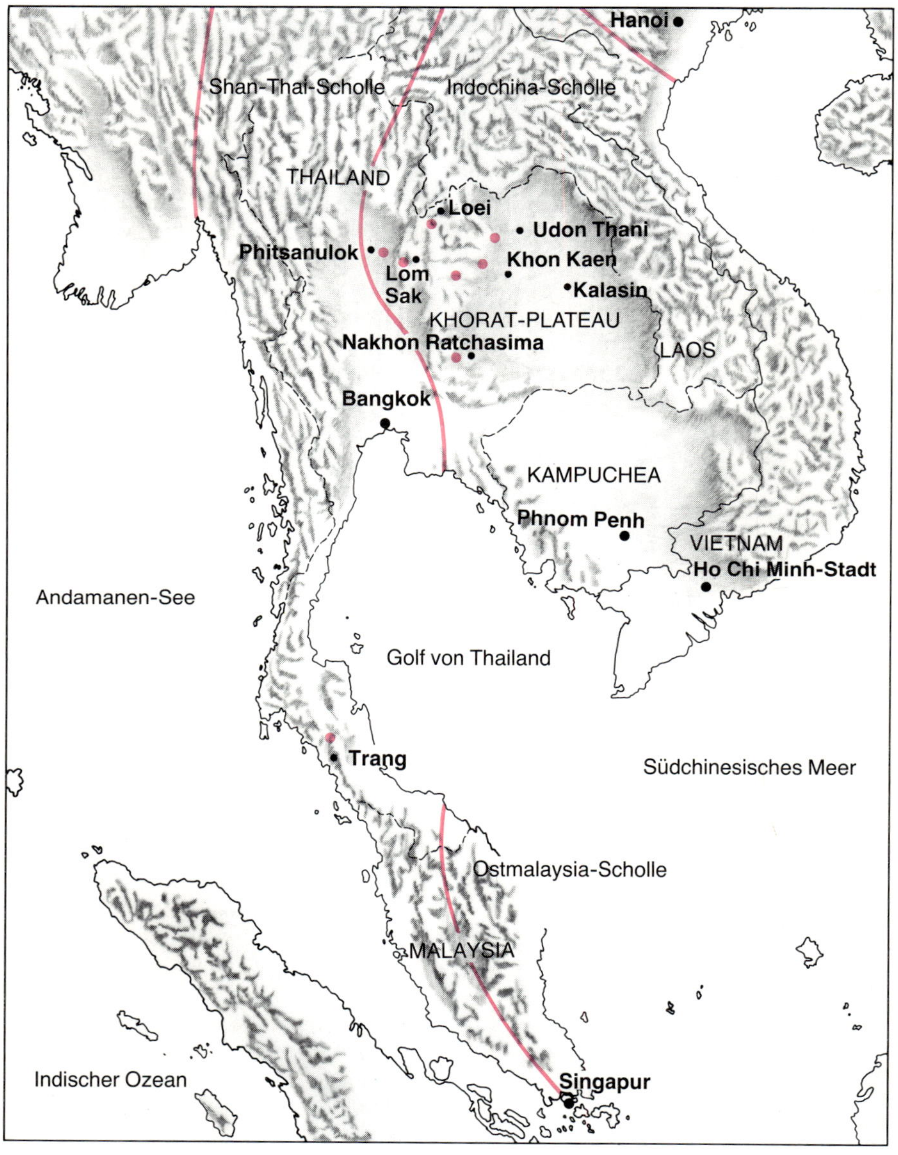

Bild 3: Das heutige Südostasien ist aus der Vereinigung zweier Mikrokontinente mit dem südlichen Rand von China hervorgegangen. Zusammengeschlossen wurden sie in der Trias, der ersten Periode des Erdmittelalters (Mesozoikum) oder vielleicht sogar noch früher, also im Erdaltertum (Paläozoikum). Bei den Mikrokontinenten handelt es sich um die Shan-Thai-Scholle – sie bildet den westlichen Teil Südostasiens – und um die Indochina-Scholle im östlichen Teil. Die meisten bislang in Thailand geborgenen Wirbeltier-Fossilien stammen von Fundstellen (farbige Punkte) auf der Indochina-Scholle, vor allem vom Khorat-Plateau im Nordosten Thailands. Letztes Jahr wurde jedoch auch eine Fundstelle auf der Shan-Thai-Scholle entdeckt: Sie liegt nahe der Stadt Trang auf der Malakka-Halbinsel im Süden Thailands.

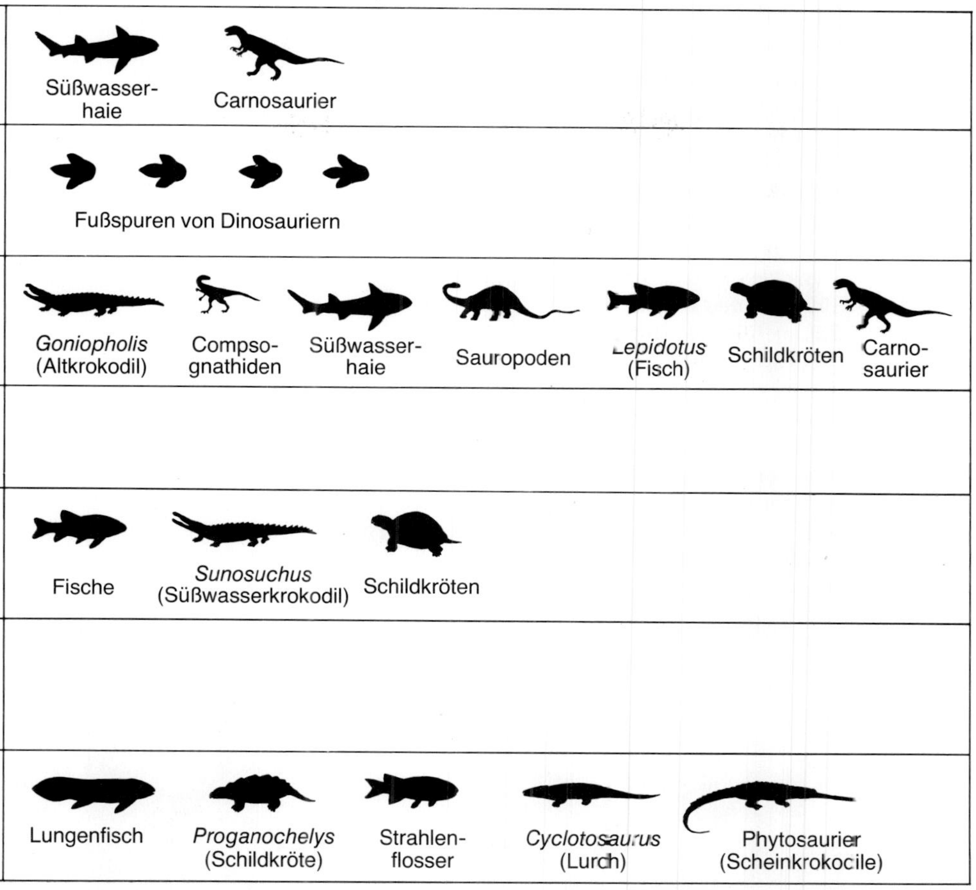

mutmaßliches Alter	Name der Formation	Hauptfossilien von Wirbeltieren
mittlere Kreidezeit (vor 100 Millionen Jahren)	Khok-Kruat-Formation	Süßwasserhaie, Carnosaurier
untere Kreidezeit (vor 140 Millionen Jahren)	Phu-Phan-Formation	Fußspuren von Dinosauriern
oberer Jura (vor 160 Millionen Jahren)	Sao-Khua-Formation	*Goniopholis* (Altkrokodil), Compsognathiden, Süßwasserhaie, Sauropoden, *Lepidotus* (Fisch), Schildkröten, Carnosaurier
mittlerer Jura	Phra-Wihan-Formation	
unterer Jura (vor 190 Millionen Jahren)	Phu-Kradung-Formation	Fische, *Sunosuchus* (Süßwasserkrokodil), Schildkröten
oberste Trias unterste Jura	Nam-Phong-Formation	
obere Trias (vor 220 Millionen Jahren)	Huai-Hin-Lat-Formation	Lungenfisch, *Proganochelys* (Schildkröte), Strahlenflosser, *Cyclotosaurus* (Lurch), Phytosaurier (Scheinkrokodile)

Bild 4: Die geologischen Formationen, welche auf dem Khorat-Plateau zutage treten, werden als Khorat-Gruppe bezeichnet. In fünf der sieben Formationen wurden bislang Fossilien von Wirbeltieren entdeckt. Die Funde reichen von Fischen, Amphibien (*Cyclotosaurus*) und Reptilien (Schildkröten und Phytosauriern) aus der oberen Trias bis hin zu Fischen (Haien und *Lepidotus*), Krokodilen (*Goniopholis*) und Reptilien (Dinosauriern) aus dem oberen Jura und der Kreide. Insgesamt sind also alle drei Perioden des Erdmittelalters vertreten: Trias, Jura und Kreide.

wurden, als auch verwandten Formen aus China, wie dem *Szechuanosaurus*.

Schließlich sind auch die Coelurosaurier – eine Gruppe kleiner, schlanker Dinosaurier – am Phu Wiang vertreten: mit einigen sehr kleinen, hohlen Knöchelchen, darunter den Bruchstücken eines Schienbeins. Den Knochen nach zu urteilen könnte es ein feingliedriges zweibeiniges Tier von der Größe eines Huhnes gewesen sein (Bild 2). Wahrscheinlich war es nahe mit *Compsognathus* verwandt, einem der kleinsten bekannten Dinosaurier. Von ihm kennt man nur zwei Skelette. Eines davon stammt aus Bayern, das andere aus Südfrankreich.

Die Sauropoden teilten ihren Lebensraum noch mit anderen Reptilien, die nicht zu den Dinosauriern gehörten. Überreste von Schildkröten etwa finden sich zahlreich, aber nur in Bruchstücken. Auch Krokodile sind in der Sao-Khua-Formation vertreten, unter anderem mit der Gattung *Goniopholis*, deren Überreste häufig in Ablagerungen aus dem oberen Jura und der unteren Kreide in Europa und Nordamerika vorkommen. In seinem äußeren Erscheinungsbild ähnelt *Goniopholis* zwar ziemlich unseren heutigen Krokodilen, gehört aber nicht zu ihren direkten Vorfahren.

Fische sind ebenfalls vertreten: zum einen durch die versteifenden Flossenstrahlen und die abgeplatteten Mahlzähne von Süßwasser-Haien, die sich von schalentragenden Weichtieren ernährten, zum anderen durch die knopfartigen Pflasterzähne von *Lepidotus*, einer im Jura weitverbreiteten Gattung. Alles in allem deuten die am Phu Wiang gefundenen Fossilien auf eine Wirbeltierfauna hin, wie sie auch für andere fossilienreiche Formationen aus dem oberen Jura beschrieben wurde: etwa für die Morrison-Formation im Westen der USA oder die Shangshaximiao-Formation in der chinesischen Provinz Sichuan.

Fußspuren von Dinosauriern

Die Sao-Khua-Formation wird von den recht mächtigen Sandstein-Schichten der Phu-Phan-Formation überlagert, die wahrscheinlich der unteren Kreide zuzurechnen ist (Bild 4). Sie hat erst ganz wenige Fossilien geliefert. Kürzlich jedoch hat man in ihr Fußspuren von Dinosauriern entdeckt, und zwar im Phu-Luang-Wildreservat, das einen landschaftlich reizvollen Tafelberg im Nordwesten des Khorat-Plateaus nahe der Stadt Loei umschließt. Wir haben sie gemeinsam mit Nares Sattayarak und Varavudh Suteetorn vom Ministerium für Bodenschätze untersucht.

Rund 15 Fußabdrücke wurden kartiert. Sie sind über eine nur wenige Quadratmeter messende Oberfläche eines Sandsteins verteilt. Einige haben unter der Verwitterung ziemlich gelitten, andere sind dagegen gut erhalten (Bild 5). An diesen lassen sich stets drei klar getrennte, spitze Zehen und deutliche Spuren von Krallen erkennen. Jedes Trittsiegel ist etwa 35 Zentimeter lang und 30 Zentimeter breit. Es handelt sich also um große, eher vogelartige Spuren, die an Trittsiegel erinnern, wie sie in Gesteinen aus der unteren Kreide in Britisch-Kolumbien und in Texas gefunden wurden. Wir schließen daraus, daß sie von zweibeinigen, fleischfressenden Dinosauriern stammen, wohl ähnlich den Raubsauriern, deren Zähne in der Sao-Khua-Formation vorkommen.

Aus den Maßen der am Phu Luang gefundenen Trittsiegel und dem Abstand zwischen ihnen läßt sich die ungefähre Größe dieser Dinosaurier und ihre Fortbewegungsgeschwindigkeit errechnen (mit Hilfe von Gleichungen, die R. McNeill Alexander von der Universität Leeds und Richard Thulborn von der Universität von Queensland entwickelt haben). Danach hatten die Tiere fast 1,80 Meter Hüfthöhe und wanderten damals mit 8 Kilometer pro Stunde hier entlang. Eine derart geringe Geschwindigkeit (kaum doppelt so schnell wie ein Wanderer) stimmt gut mit früheren Schätzungen überein, die auf anderen Raubsaurier-Fährten basieren. Aus ihnen hatte Thulborn geschlossen, daß Raubsaurier wie auch andere zweibeinige Dinosaurier eine schreitende Gangart und eine Geschwindigkeit bevorzugten, die höchstwahrscheinlich den Energieverbrauch bei der Fortbewegung auf ein Mindestmaß beschränkte.

Die Fußabdrücke am Phu Wiang zeigen, daß mehrere etwa gleichgroße Dinosaurier in dieselbe Richtung zogen, wahrscheinlich sogar gemeinsam. Denn die gut erhaltenen Fußabdrücke liegen eng beieinander und haben alle dieselbe Orientierung. Vielleicht besaßen Raubsaurier eine Art Sozialverhalten: Denkbar wäre, daß sie in Rudeln Jagd auf solche großen Beutetiere wie Sauropoden machten.

Die Wende zur Neuzeit

Die Überreste der jüngsten mesozoischen Wirbeltiere Thailands stammen aus der Khok-Kruat-Formation (Bild 4). Sie liegt über der Phu-Phan-Formation und ist vermutlich etwa um die Mitte der Kreidezeit entstanden. Zufällig werden die roten Sandsteine und Konglomerate dieser Formation in Steinbrüchen nahe der Stadt Nakhon Ratchasima abgebaut. Sie wird auch Khorat genannt, daher der Name Khorat-Plateau.

Dort ist man auf fossile Überreste von einigen Wirbeltieren gestoßen. Landtiere sind durch Bruchstücke von Dinosaurier-Knochen vertreten. Fische finden sich allerdings häufiger. Vor einigen Jahren wurde ein fast vollständiger Fisch, ähnlich *Lepidotus*, freigelegt.

Die Zähne von Haien (vermutlich von Süßwasser-Arten) sind besonders interessant: Ihre eigenartigen Umrisse deuten auf eine bislang unbekannte Form hin, die möglicherweise auch in kreidezeitlichen Gesteinen Tibets auftritt. Dort wurden kürzlich einige Zähne bei einem französisch-chinesischen Geologieprojekt entdeckt. Die Funde aus Tibet könnten uns dabei helfen, das Alter der Khok-Kruat-Formation genauer zu bestimmen.

Nach der Ablagerung der heutigen Khok-Kruat-Formation scheint der Nordosten Thailands kurzzeitig vom Meer überflutet worden zu sein. Danach verdunstete das Meerwasser wieder, wobei es Steinsalz und Pottasche (Kaliumcarbonat) hinterließ, die heute in der Mitte des Khorat-Plateaus zu finden sind. Sie stammen möglicherweise aus der ausgehenden Kreidezeit oder sogar erst aus dem beginnenden Tertiär, der ersten Periode des Kaenozoikums, der Erdneuzeit. Bis heute hat man keine Fossilien aus diesen Schichten geborgen.

Nach dem gegenwärtigen Stand der Forschung wird die fossile Überlieferung erst wieder mit den Säugetieren des Miozäns, einer Epoche des Tertiärs, fortgesetzt. Sie sind in einigen Braunkohle-Lagerstätten im Norden Thailands entdeckt worden.

Das Mosaik füllt sich

Trotz aller Lücken und Unsicherheiten können wir uns allmählich ein Bild davon machen, wie die Entwicklung der Wirbeltierfauna Thailands bis hin zur Kreidezeit verlaufen ist. Künftige Arbeiten auf dem Khorat-Plateau haben zum Ziel, die restlichen Lücken zu schließen und die Liste der Fossilien um noch ältere sowie um jüngere Mitglieder zu erweitern. Auch bemüht man sich, anderswo in Thailand Fossilien aufzuspüren, nicht zuletzt deshalb, um weitere Indizien für die früheren Beziehungen zwischen der Shan-Thai- und der Indochina-Scholle zu gewinnen. Die Entdeckung von jurazeitlichen Wirbeltieren – unter anderem eines Krokodils der Gattung *Sunosuchus* – bei Ban Wang Dingso (westlich des Khorat-Plateaus) zeigt, welch gute Chancen bestehen.

Bild 5: Im Sandstein der Phu-Phan-Formation hat man Trittsiegel von Dinosauriern entdeckt. Die Fundstelle liegt im Phu-Luang-Wildreservat nahe der Stadt Loei im Nordosten Thailands. Aus der Art des dreizehigen Abdrucks ist zu erkennen, daß er von Raubsauriern stammt. Fünfzehn solcher Trittsiegel wurden gefunden. Aus ihrer Anordnung ist zu schließen, daß mehrere dieser Tiere möglicherweise gemeinsam gemächlich das Gelände durchstreift haben.

Ein weiteres Beispiel bietet die Lom-Sak-Formation, die in einem aufgefalteten Gebirgsgürtel unmittelbar westlich des Khorat-Plateaus vorkommt. Dort wurden ebenfalls fossile Wirbeltiere gefunden. Aufgrund einiger schlecht erhaltener pflanzlicher Überreste war diese Formation bislang der oberen Kreide zugerechnet worden; andere, mehr geologische Anhaltspunkte deuteten dagegen auf die Trias hin. Zu den jüngst entdeckten Überresten von Wirbeltieren, die wir zusammen mit Michel Martin untersucht haben, gehören Schuppen von Fischen und Zähne von Phytosauriern. Danach ist diese Formation eindeutig der oberen Trias zuzuordnen.

Im Süden Thailands, weitab vom Khorat-Plateau, scheinen weitere zur Datierung nützliche Fossilien ihrer Ausgrabung zu harren. Im Dezember vergangenen Jahres wurden nahe der Stadt Trang auf der Malakka-Halbinsel Überreste verschiedener Wirbeltiere aus dem Mesozoikum entdeckt. Sie stammen aus einer Schicht grauer Tone, deren genaues geologisches Alter immer noch unsicher ist. Gefunden wurden Platten von Schildkrötenpanzern, Bruchstücke von Krokodil-Knochen und dicke Schuppen großer Knochenfische (möglicherweise von *Lepidotus*).

Die Überreste erinnern an unsere Funde aus der Phu-Kradung-Formation bei Ban Wang Dingso, tausend Kilometer weiter nördlich. Sie legen den Schluß nahe, daß diese Lagerstätte im Jura entstanden ist und daß die Wirbeltierfauna der Shan-Thai-Scholle damals ganz ähnlich zusammengesetzt war wie die der Indochina-Scholle.

Die Ähnlichkeit steht in Einklang mit gegenwärtigen Hypothesen über die geologische Entwicklung Südostasiens, wonach die Shan-Thai-Scholle bereits vor dem Jura, während der Trias oder vielleicht sogar noch früher, mit der Indochina-Scholle kollidiert ist. Das Ende des Paläozoikums und der Beginn der Trias umspannen offensichtlich den entscheidenden Zeitraum, in dem die südostasiatischen Schollen durch das sogenannte Tethys-Meer gedriftet und vielleicht schon in Kontakt mit dem südlichen China getreten sind.

Letztes Jahr schrieb der britische Geologe Anthony Hallam: „Die sich verändernden Beziehungen zwischen dem östlichen Gondwanaland, dem Tethys-Meer und Asien innerhalb der letzten wenigen Millionen Jahre bleiben vielleicht die Herausforderung schlechthin für die geotektonische und paläobiogeographische Forschung der kommenden Jahre.“ Wir hoffen, daß unsere Suche nach fossilen Wirbeltieren in Thailand mithelfen wird, dieses komplexe Geschehen einmal nachzuzeichnen.

Trias-Fossilien aus dem Ur-Mittelmeer

Am Monte San Giorgio oberhalb des Luganer Sees gibt es eine berühmte Fundstätte von Fisch- und Reptil-Fossilien aus der Mittleren Trias. Sie dokumentieren die rasche Evolution der Wirbeltiere vor rund 230 Millionen Jahren.

Von Toni Bürgin, Olivier Rieppel, P. Martin Sander und Karl Tschanz

Die erdgeschichtliche Formation der Trias vor 250 bis 210 Millionen Jahren gilt für die Evolution der Wirbeltiere als entscheidende Phase. Damals entwickelten sich die modernen Fische, und es erschienen beinahe alle späteren Typen von Landwirbeltieren, die sich dann im weiteren Verlauf des Erdmittelalters (Mesozoikum) und in der Erdneuzeit (Känozoikum) sehr ausgebreitet haben.

In dieser nach erdgeschichtlichen Maßstäben relativ kurzen Periode begann die Evolution der Höheren Knochenfische, der Frösche, der Schildkröten und der Echsen: Die ersten Dinosaurier, Fischechsen, Schwanenhalsechsen und Flugsaurier tauchten auf – Gruppen, die später ausgestorben sind. Und es entstanden bereits die Frühformen der Säugetiere, vielleicht sogar die der ersten Vögel.

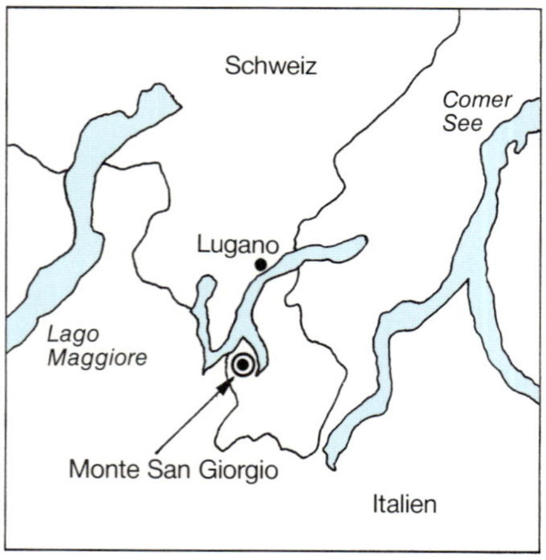

Bild 1: Der Monte San Giorgio liegt am Luganer See und gehört geologisch den südlichen Kalkalpen an. Die meisten der hier gefundenen Fossilien stammen von systematischen Grabungen am Südhang des Berges, nördlich und nordwestlich der Schweizer Ortschaften Meride und Serpiano, in den dort anstehenden Schichten aus der Trias-Formation.

Warum haben sich die Wirbeltiere gerade damals explosionsartig entwickelt? Paläontologen hoffen, die Antwort zu finden, indem sie aus fossilen Belegen auf den Bauplan der Tiere, auf die Funktion der einzelnen Merkmale, auf die Lebensweise und die ökologischen Anpassungen schließen. Besonders wichtig ist zu wissen, wie sich ganz verschiedene, gleichzeitig existierende Formen den Lebensraum aufgeteilt haben.

Eine weltbekannte Lagerstätte in der Südschweiz, am Hang des Monte San Giorgio am Luganer See, konserviert gerade die Mittlere Trias, die man auf ein Alter von etwa 225 bis 230 Millionen Jahren datiert (Bild 1). Dort erstreckte sich damals die Küste der Tethys, des Vorläufers des heutigen Mittelmeeres.

Nicht nur wegen des großen Artenreichtums der Fauna – etwa 19 Reptil- und ungefähr 30 Fischgattungen sind bekannt – ist dieser Fundort sehr bedeutsam, sondern auch, weil die meisten Fossilien vorzüglich erhalten sind. Da manche Gattungen und Arten in großer Individuenzahl belegt sind, ergibt sich ein ungewöhnlich reicher Einblick in das Leben der Tethys.

Der Fundort, ehemals ein Meeresbecken

Der Monte San Giorgio gehört zu den südlichen Kalkalpen. Als vor 60 Millionen Jahren die Alpen sich aufzufalten begannen, wurden hier wie an vielen anderen Stellen frühere Meeresbecken der Tethys zusammengeschoben.

Die während der Mitteltrias abgelagerten marinen Kalk- und Dolomitgesteine enthalten stark bituminöse Horizonte (das heißt, sie sind reich an organischer Substanz). Diese Schichten ruhen auf einer etwa 280 Millionen Jahre alten Basis von vulkanischem Gestein aus dem Perm und fallen infolge der Alpenauffaltung nach Süden ein; wegen einer Verwerfung erscheinen sie im nahen italienischen Dorf Besano wieder an der Oberfläche. Dort entdeckte im

Bild 2: ***Serpianosaurus****, ein ausgestorbenes Reptil aus der Gruppe der Nothosaurier oder Bastardsaurier wird in den bituminösen Schiefern des Monte San Giorgio nahe der schweizerisch-italienischen Grenze häufig gefunden. Es lebte in der Mittleren Trias, der frühesten Formation des Erdmittelalters, vor etwa 230 Millionen Jahren. Das Tier gleicht oberflächlich einer Eidechse, lebte aber amphibisch und verbrachte einen großen Teil seiner Zeit im Wasser. Die hier abgebildete Art, die bis zu 70 Zentimeter lang wurde, ernährte sich sehr wahrscheinlich von kleinen Knochenfischen, die das Tier mit Hilfe seiner spitzen Zähne und des langen, beweglichen Halses leicht fangen konnte. Man erkennt auf dem Präparat das Rückgrat und andere Skelettreste eines zweiten Individuums.*

Jahre 1863 Antonio Stoppani, Direktor des Naturhistorischen Museums in Mailand, die ersten Fossilien von Fischen und Reptilien. Diese Funde hatte dann Francesco Bassani, ein Geistlicher, der am Museum arbeitete, damals nur kursorisch geordnet und beschrieben, und viel Beachtung fanden sie nicht, ebensowenig weitere Belege, die Stoppani 1875 sammelte.

Erst vier Jahrzehnte später erkannte man die Bedeutung dieser Lagerstelle. Mittlerweile wurde der bituminöse Tonschiefer abgebaut und daraus ein Heilmittel – unter anderem gegen Rheuma – gewonnen, das man wegen der häufigen Saurier-Funde Saurol nannte. Auf einer Abraumhalde der Gesellschaft Miniere Scisti Bituminosi di Meride e Besano stieß der junge Züricher Zoologe Bernhard Peyer auf den perfekt erhaltenen flossenartigen Fuß eines Ichthyosauriers, also eines marinen Reptils. Dieser Fund hat endlich das Interesse der Paläontologen geweckt.

Peyer veranlaßte fortan groß angelegte Ausgrabungen und schuf damit den Kern der jetzt am Paläontologischen Museum der Universität Zürich untergebrachten Sammlung. Von 1956 an setzte sein Nachfolger Emil Kuhn-Schnyder diese Aktivitäten systematisch und mit großem Erfolg fort; auch er konnte Tausende neuer Funde einbringen.

Heute gilt die Züricher Sammlung mariner Wirbeltiere aus der Trias als die weltweit bedeutendste ihrer Art. Sie umfaßt allein mehr als 4500 Funde vom Monte San Giorgio.

Das frühere Meeresbecken läßt sich anhand geologischer Bestimmungen und der Fossilien näher charakterisieren. Es war damals, im Übergangsbereich vom Anis zum Ladin (zwei Stufen der Mitteltrias) ungefähr 100 Meter tief und hatte einen Durchmesser von sechs bis zehn Kilometern. Obwohl von Küsten und Riffs umschlossen, hatte es – zumindest zeitweilig – eine Verbindung zur Tethys, denn in den Ablagerungen findet man die Reste von Hochseefischen und Fischechsen (Ichthyosauriern), die auch Bewohner des offenen Meeres waren. Die meisten damals dort lebenden Wirbeltiere waren aber Küstenbewohner. Daneben gibt es in den Schichtungen auch Fossilien landlebender Reptilien sowie Reste von ursprünglichen Nadelbäumen der Gattung *Voltzia* – ein sicheres Indiz für die Nähe der Lagerstätte zum Festland.

Nach Meinung von Hans Rieber, dem derzeitigen Direktor des Instituts und Paläontologischen Museums in Zürich, bestand das Bodensediment des Bekkens aus einem sehr feinen, anoxischen (sauerstofffreien) Schlamm, der womöglich sogar mit Schwefelwasserstoff gesättigt war. Unter Sauerstoffausschluß können die Bakterien, die normalerweise organische Substanz zersetzen, nicht leben. Kadaver größerer Tiere, die von der gut belüfteten Wasseroberflächenzone und vom Riff zu Boden sanken, wurden mithin unter idealen Bedingungen konserviert. Sie werden heute meistens als zwar zerdrückte, aber vollständige Skelette gefunden. Am Grunde des Meeresbeckens herrschte wohl während längerer Zeit keine Strömung, sonst wären die Knochen auseinandergespült worden.

Der Fischbestand

Peyer schrieb viele Monographien über die Reptilfauna am Monte San Giorgio. Damit begründete er das bis heute bei den Wissenschaftlern am Paläontologischen Institut in Zürich vorherrschende Interesse für Paläoherpetologie, das Studium fossiler Reptilien.

Demgegenüber wurden die ebenfalls sehr reichen Fischfunde lange weit weniger beachtet. Erst in jüngster Zeit wird ihre Erforschung verstärkt gefördert. Immerhin war gerade die Mittlere Trias für die Evolution der Fische sehr bedeutsam, denn damals begannen die Höheren Knochenfische – zu denen heute 99 Prozent der Knochenfische gehören – die ursprünglicheren, nicht so hoch entwickelten Paläopterygier (Altflosser) abzulösen: Es fand ein Faunenaustausch statt. Deshalb ist es wichtig zu wissen, welche verschiedenen Formen damals nebeneinander und nacheinander lebten.

Daneben finden sich hier auch Haie – also Knorpelfische, deren Entstehung weit zurückliegt. Es gibt fünf für das frühe Erdmittelalter typische hybodontiforme Arten (dies waren Haie mit buckligen Zähnen). Sie blieben meist klein und plump. Ihr Quetschgebiß zeigt an, daß sie sich von schalentragenden Weichtieren ernährten. In der Sammlung findet sich aber auch ein beinahe 40 Zentimeter langer Hai-Flossenstachel von einer Gattung namens *Acrodus*; dieses Tier dürfte zwei bis drei Meter lang gewesen sein.

Fossile Haie sind sonst selten vollständig erhalten, denn das Knorpelskelett zersetzt sich rascher als Knochensubstanz. Beinahe immer werden Zähne und Flossenstacheln getrennt gefunden; eine Zuordnung ist dann oft unmöglich. Durch die besonderen Ablagerungsbedingungen am Monte San Giorgio verfügen wir jedoch über einige komplette und daher besonders wertvolle Exemplare.

Die meisten heutigen Fische gehören zu den Knochenfischen. Fossilien dieser Klasse sind an unserem Fundort oft gut erhalten. Die Gruppe der Actinistia, der Hohlstachler mit fleischigen Flossen, ist mit drei Gattungen vertreten, wovon eine noch unbeschrieben ist.

Ein moderner Verwandter dieser früher für längst ausgestorben gehaltenen Gruppe ist der Quastenflosser *Latimeria*. Das erste lebende Exemplar wurde 1938 bei den Komoren gefangen. Es wurde nach M. Courtenay-Latimer, der Kustodin eines südafrikanischen Museums, benannt, und gilt bis heute als Sensation: *Latimeria* gehört in die Verwandtschaft der ersten Vierfüßer und damit der Landwirbeltiere – ein lebendes Fossil.

Bisher wurden am Monte San Giorgio mehr als 20 fossile Hohlstachlerexemplare gefunden. Interessanterweise fallen die drei fossilen Gattungen deutlich in drei Größenklassen, ein Indiz für eine ökologische Spezialisierung und unterschiedliche Nahrungsansprüche. Die größte Gattung mißt etwa 70 Zentimeter; möglicherweise haben diese Tiere sich von kleinen Fischen ernährt. Die kleinste Form, *Ticinepomys*, erreichte hingegen nur 20 Zentimeter Länge. Über ihre Ernährungsweise weiß man nichts Genaues.

Auch die Actinopterygier (Strahlenflosser) sind Knochenfische. In dem triassischen Meeresbecken lebten große, für den offenen Ozean typische Formen wie *Birgeria* und *Colobodus* (Bild 3*a* und 3*b*). Daher schließt man auf die mindestens zeitweilige Verbindung des Beckens mit der übrigen Tethys. Diese beiden Gattungen (*Birgeria* wurde nach dem Wissenschaftler Birger Sjöström benannt; *Colobodus* heißt Knollenzahn) sind in triassischen Ablagerungen weltweit vertreten.

Ein sehr häufiger, damals ebenfalls in allen Meeren verbreiteter Fisch von eleganter Form ist der räuberische *Saurichthys* (Echsenfisch, Bilder 3*c*, 4*a* und 4*b*). Ein fossiler Mageninhalt dokumentiert, daß sich innerhalb dieser Gattung eine größere Art auch von einer kleineren ernährt hat. Echsenfische haben jedoch hauptsächlich andere Knochenfische gefressen, und zwar kleine Formen, die in Körperbau und Lebensweise meist stark den heute lebenden Korallenfischen ähneln (Bild 3*e*). Die Sammlung enthält davon mehr als 550 gut erhaltene Stücke, darunter seltene Gattungen wie etwa *Luganoia* (benannt nach der Stadt Lugano) und auch einzigartige Formen, die bisher unbekannt waren.

Das Studium dieser Fischfauna wird neue Einsicht in die Evolution und Systematik der Strahlenflosser erbringen. Das Erdmittelalter ist auch von besonderem Interesse für die Evolution der

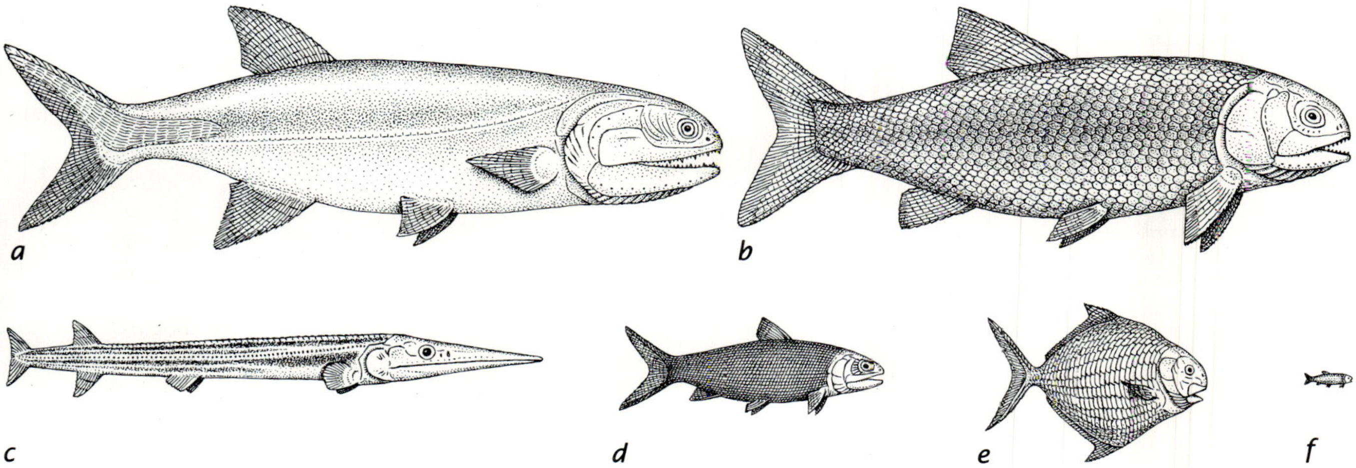

Bild 3: Ein große Zahl strahlenflossiger Fische, die zu den Knochenfischen gehören, konnte aus den fossilführenden Schichten des Monte San Giorgio geborgen werden. Rund 550 gut erhaltene Exemplare aus mehr als 20 verschiedenen Gattungen sind bis heute identifiziert. Sie fallen in drei deutlich getrennte Größenklassen; hier sind beispielhaft sechs Arten im gleichen Maßstab wiedergegeben. So finden sich die großen räuberischen Formen in derselben Kategorie, etwa **Birgeria stensiöi** *(a), die über einen Meter Länge erreichte,* **Colobodus bassanii** *(b) mit etwa 70 und* **Saurichthys curionii** *(c) mit etwa 60 Zentimetern Länge. Die mittelgroßen Formen repräsentieren* **Ptycholepis barboi** *(d), der 30 Zentimeter lang wurde und einer heute lebenden Makrele ähnelt, sowie eine noch unbestimmte* **Bobasatrania**-*Art (e), ein hochrückiger, etwa 25 bis 30 Zentimeter langer Riffbewohner, der vom Typ her modernen Korallenfischen gleicht. Zur dritten Größenklasse mit den kleinen und kleinsten Formen gehören Arten wie* **Peltopleurus lissocephalus** *(f), der um die fünf Zentimeter Gesamtlänge erreichte und in großer Stückzahl gefunden wurde.*

Bild 4: Der ausgezeichnete Erhaltungszustand der Fossilien vom Monte San Giorgio läßt sich an einigen Beispielen strahlenflossiger Fische (Actinopterygier) zeigen. Feine Details wie die Schwanzflosse und die verlängerte Schnauze von **Saurichthys**, *dem Echsenfisch, sind deutlich sichtbar (a); noch bemerkenswerter sind zwei Embryonen in einem größeren Tier – ein Hinweis darauf, daß dieser Echsenfisch lebendgebährend war (b); man erkennt deutlich die beiden langen Köpfe. Unterhalb der Schwanzflossenbasis des kleinen, gut gepanzerten* **Peltopleurus lissocephalus** *(c) läßt sich eine stark abgewandelte, nach hinten gerichtete Afterflosse erkennen. Sie trägt an ihrer Hinterkante hakenförmige Strukturen, die vielleicht bei der Paarung von Nutzen waren. Eine weitere, bis jetzt noch unbeschriebene Form (d) hat eine bemerkenswert kräftige Bezahnung.*

Bild 5: **Neusticosaurus** *ist mit etwa 30 Zentimetern Länge das kleinste, zugleich auch das am häufigsten gefundene Reptil am Monte San Giorgio. Die Gliedmaßen dieser Tiere sind schon deutlich ans Paddeln im Wasser angepaßt. Der Anschliff von einem Querschnitt durch einen Beinknochen von 4,1 Millimeter Durchmesser zeigt konzentrische jährliche Zuwachsringe. Dieses Individuum war fünf Jahre alt. Die Art wurde solchen Untersuchungen zufolge mit drei bis vier Jahren geschlechtsreif und wurde selten älter als sechs Jahre.*

Reptilien, denn in der Trias-Periode wurden sozusagen die Weichen für die spätere Entwicklung gestellt. Alte Formen wurden von neuen abgelöst, vordem unerprobte Lebensweisen entwikkelten sich, einige Gruppen paßten sich sekundär wieder ans Wasserleben an: Insgesamt entstand eine neuartige Lebewelt, für die das Material vom Monte San Giorgio besonders reiche, einzigartige Belege liefert.

Stammesgeschichte der Reptilien

Es war vor allem die Vielzahl von Nothosauriern (Bastardsauriern), eine heute gänzlich ausgestorbene Gruppe, welche die Aufmerksamkeit der Reptilienforscher auf sich zog und das Züricher Museum berühmt machte (Bilder 2, 5, 6 und 7). Das erste Exemplar dieser Gruppe, das man 1834 im Muschelkalk von Bayreuth gefunden hatte, wies Merkmale mehrerer Tierarten auf, daher der Name. Obwohl sie Meeresbewohner gewesen sein dürften, glichen die Nothosaurier im Körperbau immer noch ihren landlebenden vierbeinigen Vorläufern aus einer Urgruppe der Reptilien und bevorzugten küstennahe Lebensräume.

Nach dem Bau ihrer Gliedmaßen konnten sie nicht so gut mit den Füßen schwimmen – sie hatten keine Schwimmpaddel wie die Fischsaurier. Wahrscheinlich haben sie sich seitlich schlängelnd im Wasser fortbewegt und dabei Arme und Beine angelegt. Der langgestreckte Körper und der lange, seitlich abgeflachte Schwanz waren vorzüglich zu undulierenden Bewegungen geeignet. Sicherlich waren diese Tiere dabei sehr flink und geschickt, denn sie haben schwimmend Fische erbeutet.

Nothosaurier traten damals in allen Formen und Größen auf, vom kleinen,

Bild 6: Dieser 2,50 Meter lange **Ceresiosaurus**, *ein Nothosauride, ist eines der schönsten Fossilien vom Monte San Giorgio. Er ist*

umgeben von sieben kleinen Exemplaren von **Neusticosaurus** *(vergleiche Bild 5). Von allen Nothosauriden war* **Ceresiosaurus** *die am besten ans Wasserleben angepaßte Form, was deutlich an der erhöhten Gliederzahl im Zehenskelett und am langen, seitlich abgeflachten Schwimmschwanz erkennbar ist. Sicherlich hat er seine Extremitäten gut zum Paddeln verwenden können.*

Bild 7: **Paranothosaurus amsleri** *war einer der größten Nothosaurier oder Bastardsaurier. Diese Tiere waren zwar Meeresbewohner, lebten aber in Küstennähe und wiesen noch viele Merkmale landlebender früher Reptilien auf.*

allenfalls 40 Zentimeter langen *Neusticosaurus* (Zwergechse, Bilder 5 und 6) bis zum beinahe vier Meter langen *Paranothosaurus* (Bild 7).

Die Nothosaurier werden mit ihren möglichen Nachfahren, den Plesiosauriern (Schwanenhalsechsen), in die große Gruppe der Sauropterygia (Paddelechsen) gestellt – eine Gruppe, die in der Trias weit verbreitet war – und in zwei Familien eingeteilt: die mittleren bis großen Nothosauridae (die eigentlichen Nothosaurier) und die kleineren, ursprünglicheren Pachypleurosauridae (Dickrippensaurier).

Die Dickrippensaurier sind unter den Fossilien vom Monte San Giorgio in zwei Gattungen mit vier Arten und mehr als 1000 Individuen vertreten. Dieses außergewöhnlich reichhaltige Material erlaubt auch biometrische Untersuchungen, die über Wachstumsprozesse und Formwandel Auskunft geben.

Der *Serpianosaurus* (benannt nach der Ortschaft Serpiano; Bild 2) ist eine kürzlich neu beschriebene Gattung. Er war mittelgroß, etwa 70 Zentimeter lang, und hatte einen recht großen Schädel. Die Tiere lebten in flachem Wasser und benutzten ihren gut entwikkelten Schwimmschwanz zum Antrieb.

Eines der berühmtesten und bestuntersuchten Tiere dieser Gruppe ist der schon erwähnte kleine *Neusticosaurus*, von dem rund 400 Exemplare gefunden wurden. Es sind Tiere aller Altersstadien, selbst Embryonen, dokumentiert. So lassen sich Wachstumsprozesse erschließen und auch die Geschlechter bestimmen. Wie andere wechselwarme Reptilien wuchsen die Zwergechsen verstärkt in der warmen Jahreszeit. In Querschnitten der Röhrenknochen sind Jahreswachstumsringe vorzüglich zu erkennen (Bild 5 rechts). Daraus kann abgeleitet werden, daß die Tiere mit drei bis vier Jahren geschlechtsreif und maximal sechs Jahre alt wurden.

Die vier Arten der Dickrippensaurier findet man separat in aufeinanderfolgenden Schichten von der Anis-Ladin-Grenze an, insgesamt über ein Zeitintervall von ungefähr drei Millionen Jahren. Sie haben also wohl nacheinander gelebt, sich vielleicht sogar auseinander entwickelt.

Die eigentlichen Nothosaurier sind größer und weniger häufig, doch ihre Formenvielfalt ist deshalb nicht weniger beeindruckend. Kürzlich wurde der mittelgroße *Lariosaurus* (benannt nach dem italienischen Namen des Comer Sees) bis hinunter zur Anis-Ladin-Grenze nachgewiesen. Die zwei anderen Gattungen sind *Ceresiosaurus* (nach dem italienischen Namen des Luganer Sees; Bild 6), eine der am besten ans Wasserleben angepaßten Formen mit schon paddelähnlichen Füßen und kräftigen Gliedmaßen, und der große *Paranothosaurus*, der vor allem durch den riesigen, abgeflachten Schädel auffällt (Bild 7).

In die nähere Verwandtschaft der Paddelechsen gehören wahrscheinlich auch die Placodontier, die Pflasterzahnsaurier. Es waren gedrungen gebaute, rein marine Reptilien. Sie haben schalentragende Weichtiere (also Schnecken und Muscheln) gefressen. Zwei Gattungen, gut einen Meter lange Tiere, sind vertreten.

Die Bezahnung von *Paraplacodus* entspricht wohl dem ursprünglichen Muster der Gruppe: Zuvorderst sitzen verlängerte Greifzähne, die durch eine Lücke von den seitlichen Mahlzähnen getrennt sind; dem Tier fehlen jedoch die für Placodontier typischen inneren Zahnplatten. *Cyamodus* (bohnenartiger Zahn), eine ziemlich schwer gepanzerte Form, weist aber schon ein anderes, sicherlich erst später entwickeltes, abgeleitetes Zahnmuster auf.

Helveticosaurus (vom lateinischen Namen für die Schweiz abgeleitet) ist ein weiteres großes, etwa zwei Meter langes, aber noch unvollständig bekanntes aquatisch lebendes Reptil. Gewisse Skelettmerkmale weisen andererseits auf gelegentliche Exkursionen auf das Land hin. Peyer ordnete *Helveticosaurus* den Placodontiern zu; doch zeigt eine neue Studie, daß möglicherweise eine nähere Verwandtschaft mit den Archosauromorpha besteht, einer ganz anderen Gruppe, in der später auch die Dinosaurier und die Krokodile entstanden.

Die Archosauromorpha selbst sind trotz reichhaltigem fossilem Material schwer zu klassifizieren. Gerade die Funde am Monte San Giorgio stürzen viele bisherige Annahmen um und werfen neue Fragen über die Evolution der diapsiden (mit zwei Schläfenöffnungen im Schädel) Reptilien auf.

Man stellt zu dieser Gruppe, zu den Archosauromorpha, jetzt auch die Prolacertiformes (die Vor-Eidechsenartigen), die auch aus der Trias Nordamerikas, Südafrikas und der Antarktis bekannt sind und die früher als Wurzelgruppe der modernen Echsen und Schlangen galten.

Die bis zu sechs Meter lange Giraffenhalsechse *Tanystropheus* (Bild 8 links und ganz unten) mit ihrem extrem langen Hals ist so etwas wie ein Wahrzeichen für die Monte-San-Giorgio-Fauna geworden, denn Peyer fand dort 1929 erstmals ein vollständiges Skelett und konnte die bizarre Körperform endlich rekonstruieren. Der Hals hatte die doppelte Körperlänge. Da er sich selbst und den Kopf wohl nicht gut frei tragen konnte, lebte das Tier vermutlich im Wasser.

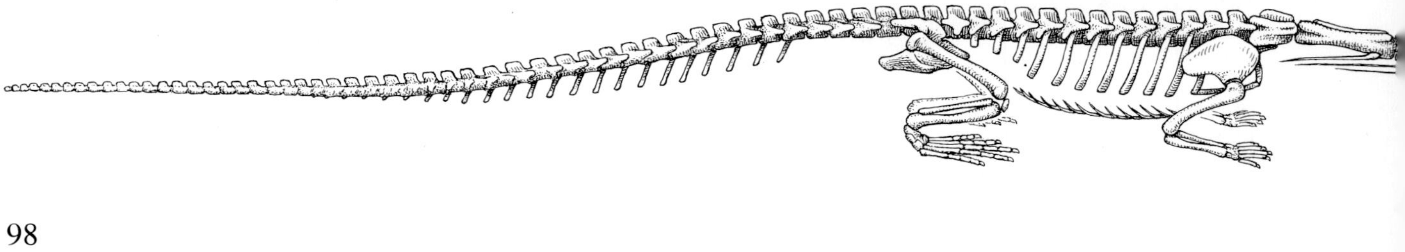

Nahe verwandt mit *Tanystropheus* ist der kleinere *Macrocnemus* (das bedeutet großes Schienbein; Bild 8 rechts unten), der ausgewachsen unter 80 Zentimetern Länge blieb. Er hat wahrscheinlich an Land Insekten gejagt.

Von den Großsauriern, den eigentlichen Archosauriern, gibt es in der Zürcher Sammlung lediglich ein zweieinhalb Meter langes Skelett von *Ticinosuchus ferox* (Bild 9*b*), einem räuberischen, landlebenden Dinosaurier-Verwandten (der Name bedeutet: wildes Krokodil aus dem Tessin).

Eine merkwürdige Gruppe innerhalb der marinen Reptilien, deren systematische Zuordnung noch unentschieden ist, bilden die Thalattosaurier (Meeressaurier). Dazu gehört der über zwei Meter lange *Askeptosaurus* (Bild 9*a*), welcher sich durch einen langen, abgeflachten Schädel auszeichnete und sich von Fischen ernährte. Er ist durch mehrere vollständige und gut erhaltene Funde bekannt.

Weniger wissen wir über zwei kleinere Formen, deren eine – die Gattung *Clarazia* – durch ihr bemerkenswertes Quetschgebiß auffällt. Die Tiere waren etwa einen Meter lang und fraßen wohl hauptsächlich Weichtiere. *Hescheleria* ist nur durch ein unvollständiges Skelett bekannt, und ihr eigenartiger, durch einen vorne liegenden großen Knochenzapfen charakterisierter Unterkiefer stellt ein Problem für die funktionelle Anatomie dar; bisher gelang noch keine befriedigende Deutung des spezialisierten Kieferapparates.

Die Skizze einer marinen Reptilfauna des Erdmittelalters wäre unvollständig, würde man die Ichthyosaurier, die Fischsaurier, nicht erwähnen. In Größe und Körperform ähnelten sie heutigen Delphinen. Sie hatten zu Flossen umgestaltete Extremitäten und waren stromlinienförmig. Ihre systematische Zuordnung ist immer noch umstritten.

Die Zürcher Sammlung ist berühmt für ihre vielen *Mixosaurus*-Exemplare (das bedeutet Mischsaurier; Bild 9*c*); diese in der Mittleren Trias weit verbreitete Gattung der Fischsaurier ist auch aus Spitzbergen, dem westlichen

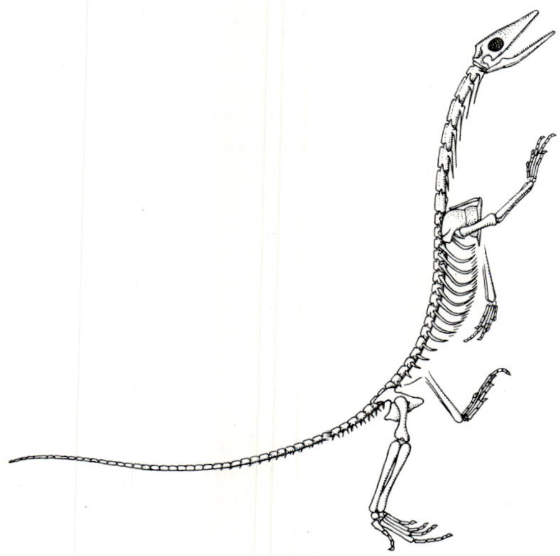

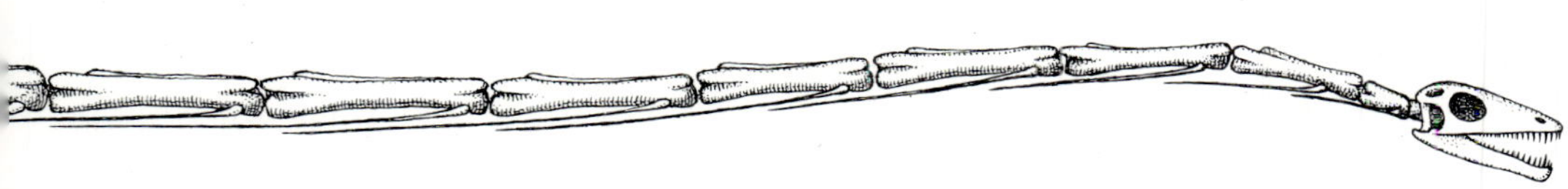

Bild 8: **Tanystropheus** *(links und ganz unten), die bis sechs Meter lange Giraffenhalsechse, ernährte sich ausgewachsen von Fischen und Tintenfischen. Mit seinem langen Hals, der zweifache Körperlänge hatte, konnte das Tier wohl nur im Wasser leben. Die verlängerten Halswirbel wurden früher auch in triassischen Fundstellen Süddeutschlands gefunden und damals fälschlicherweise für Schwanzwirbel von Dinosauriern gehalten; Halswirbel aus der Lagerstätte Besano am Monte San Giorgio hingegen interpretierte man zunächst als Teile von Flugsaurier-Flügeln. Erst als Bernhard Peyer dort vollständige Skelette fand, wurde der skurrile Körperbau deutlich. Verwandt mit* **Tanystropheus,** *aber viel kleiner und graziler gebaut, war* **Macrocnemus** *(rechts unten), ein agiles Reptil, das wohl die meiste Zeit an Land verbrachte und von dem man annehmen kann, daß es auf zwei Beinen rennend Insekten jagte.*

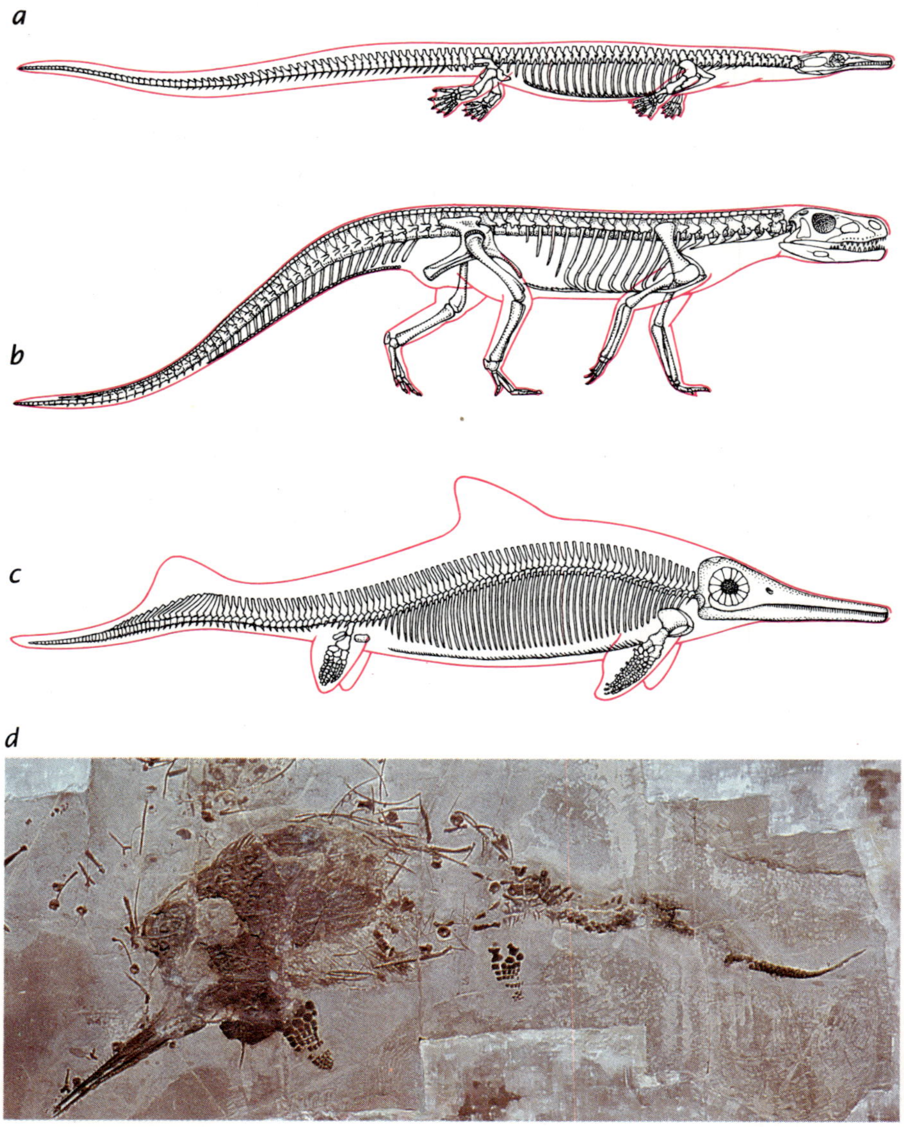

Bild 9: Die fossile Wirbeltierfauna des Monte San Giorgio enthält ganz verschiedene Lebensformtypen von Reptilien der Mittleren Trias. Der etwa 2,50 Meter lange Thallatosauride* Askeptosaurus *(a) ernährte sich von Fischen; er hatte bereits teilweise ans Paddeln angepaßte Gliedmaßen, ähnelte im Körperbau aber auch noch Landwirbeltieren. Der etwa gleich lange, landlebende und räuberische* Ticinosuchus ferox *(b), ein Dinosaurierverwandter, war mit seinen schon unter den Körper gestellten Beinen sicherlich ein guter Läufer – bei den früheren Landtieren saßen die Extremitäten seitlich, die Tiere bewegten sich mehr schiebend und schlängelnd fort. Ichthyosaurier wie der ungefähr einen Meter lange* Mixosaurus *(c) glichen äußerlich einem Delphin. Am Monte San Giorgio wurden 100 Exemplare dieses Meeresreptils in verschiedensten Altersstadien gefunden, darunter auch ein trächtiges Weibchen (d); in der Bauchhöhle sind Kiefer- und Wirbelsäulenfragmente mehrerer Embryonen erhalten.

Teil der Vereinigten Staaten, aus China und Indonesien bekannt. Eines der Fundstücke enthält Embryonen (Bild 9*d*), ein Hinweis, daß diese Tiere, die ihre Eier nicht an Land ablegen konnten, lebendgebärend waren.

Einblicke in die Evolution

Die systematische Arbeit mit den Fossilien des Monte San Giorgio aus der Mitteltrias liefert allerdings weit mehr wissenschaftliche Erkenntnisse als lediglich die morphologische und funktionell-anatomische Beschreibung der vielen verschiedenen Formen. Man erhält auch Aufschlüsse über Ökologie und Lebensweise, über spezielle Anpassungen und nicht zuletzt über die sehr komplizierte systematische Gliederung der Reptilien, der Wirbeltierklasse, aus der schließlich alle anderen höheren Wirbeltiere hervorgegangen sind.

Beispielsweise tauchen innerhalb vieler der genannten Gruppen nebeneinander Formen auf, die sich leicht allein anhand ihrer Größe in klar unterscheidbare Klassen einteilen lassen. Dies gilt offensichtlich für die Hohlstachler und die Strahlenflosser unter den Fischen sowie für die Dickrippensaurier und wird auch für die Prolacertiformes, die Thalattosauria und die Ichthyosauria angenommen. Vermutlich teilten sich die verschiedenen Formen danach den Lebensraum und wohl auch die Nahrung untereinander auf.

Die Paläontologie verfügt über gut ausgearbeitete Methoden, anhand fossiler anatomischer Strukturen biologische Funktionen zu erschließen. Man kann im allgemeinen annehmen, daß besondere Merkmale ein Ergebnis von Selektionsprozessen sind, daß die Selektion Strukturen in Anpassung an spezielle Anforderungen optimiert. Dies fordert etwa die sogenannte Paradigma-Methode, die der amerikanische Paläontologe Martin J.S. Rudwick entwickelt hat. Sobald man einer gegebenen Struktur eine plausible Funktion zuordnen kann, sollte man demnach auch erwarten, daß eine optimale Anpassung vorliegt.

Aber nicht immer ist dies der Fall. Es gibt auch Grenzen oder Vorgaben, die entwicklungsgeschichtlich bedingt oder die aus physikalischen, physiologischen oder genetischen Gründen vorhanden sind. Der eigenartig gestaltete Kiefer von *Hescheleria* und der extrem lange Hals von *Tanystropheus* sind solche Strukturen, die sich der einfachen Erklärung durch selektiv bedingte Anpassung entziehen.

Die eigenartigen Körperproportionen der großen Giraffenhalsechse und ihres nahen, kleineren Verwandten *Macrocnemus* werden neuerdings sehr elegant über Wachstumsverhältnisse bei dieser Gruppe erklärt. Besondere Anpassungen müssen deshalb nicht unbedingt vorliegen. Der Hals dieser Tiere wächst im Verhältnis zum Körper positiv allometrisch, das heißt schneller als der Rest des Körpers. Der Hals wird also im Laufe des Lebens relativ zum Körper immer länger. Da *Tanystropheus* ausgewachsen sehr viel größer war als *Macrocnemus*, ist er sicherlich auch älter geworden und längere Zeit gewachsen. Auch der Hals konnte um so länger positiv allometrisch wachsen: Die absurde Länge des Halses erscheint so als bloßes Beiprodukt zunehmender Körpergröße und hat vielleicht gar keine besondere Funktion gehabt. Die Gattung *Tanystropheus* hätte dann nicht etwa wegen, sondern trotz des langen Halses während mehrerer Jahrmillionen überlebt.

Die Funde vom Monte San Giorgio geben für die Klassifikation der frühen Wirbeltiere und ihre Evolution viele Rätsel auf. Manche theoretischen und methodischen Konzepte der systematischen Zoologie und der Evolutionsforschung müssen neu überdacht werden. Gewöhnlich ordnet man Organismen anhand gemeinsamer Merkmale. Nach bestimmten erprobten Kriterien lassen sich oft die Verwandtschafts- und Abstammungsverhältnisse ermitteln. Stimmen gewisse Merkmale überein, ist eine Abstammung von gemeinsamen Vorfahren wahrscheinlich.

Aus den Funden aus der Tethys haben wir vieles über die Systematik der frühen Fische und die Entstehung der Höheren Knochenfische erfahren. Da die Forschungen derzeit sehr intensiv betrieben werden, ist mit weiteren, teils unerwarteten Ergebnissen zu rechnen.

Aber nicht immer lassen sich die Lebewesen so eindeutig zuordnen. Die Reptilien der Mitteltrias sind bislang nicht konfliktfrei zu klassifizieren. Es gibt beispielsweise Gruppen, die man mehreren bislang angenommenen Entwicklungslinien zuordnen müßte. Manchmal sind ursprünglichere und später aufgetretene Merkmale bei mutmaßlich verwandten Tieren nicht zu vereinbaren.

Vielleicht gab es häufig sogenannte Konvergenzen, also ähnliche Strukturen, die bei nicht näher verwandten Organismen unabhängig voneinander entstanden sind. Oft nimmt man dann funktionell ähnliche Anpassungen, etwa eine ähnliche Lebensweise, an. Die Schwimmflossen der Ichthyosaurier und des Nothosauriers *Ceresiosaurus* etwa sind in Anpassung an die Fortbewegung im Wasser entstanden; die Umweltansprüche, also die äußeren Entwicklungszwänge, waren gleich.

Aber auch der vorgegebene Konstruktionsplan der Tiere war in entscheidenden Merkmalen gleich: Beide hatten bereits Extremitäten, die sich leicht in Flossen umwandeln ließen. Sehr häufig geben innerhalb größerer systematischer Einheiten organismusinterne, strukturbedingte Entwicklungszwänge die Richtung und auch die Grenzen verschiedener möglicher evolutiver Entwicklungen vor. Auch über solche Prozesse lassen sich manche Ähnlichkeiten nicht näher verwandter Tiere erklären.

Wir nehmen an, daß die Hauptlinien der Reptilien-Evolution noch nicht klar erkannt sind. Offensichtlich sind die großen Gruppen noch nicht ausreichend diagnostiziert. Aber gerade widersprüchliche, bisher einer wissenschaftlichen Erklärung nicht zugängliche Befunde dürften die Auseinandersetzung von Paläontologen mit anderen Zoologen intensivieren. Das Studium dieser Fossilien wird auch unser Wissen über Evolutionsprozesse erweitern.

Fossile Fährten – den Dinosauriern auf der Spur

Was uns die versteinerten Knochen der Dinosaurier verschweigen, das können uns ihre fossilen Fährten verraten. Danach besaßen diese frühen Reptilien bereits soziale Verhaltensweisen: So waren sie keineswegs die schwerfälligen und plumpen Einzelgänger, für die man sie immer gehalten hatte, sondern meist behende Läufer, die sogar in Herden zusammenlebten oder in Rudeln jagten.

Von David J. Mossman und William A. S. Sarjeant

Beim Gang durch die Saurierhalle eines Naturkundemuseums könnte man zu dem Schluß kommen, daß es vor allem versteinerte Knochen sind, die von der einstigen Existenz ausgestorbener Landtiere zeugen. Dem ist aber nicht so. Tatsächlich findet man Knochen viel seltener als Fährten, und viele der einstigen Erdbewohner kennt man sogar nur aus solchen Spuren, da sich ihre Körperreste anscheinend nirgends erhalten konnten. So haben uns beispielsweise die in den englischen Grafschaften Worcestershire und Nottinghamshire abgelagerten Sedimentgesteine aus dem frühen Erdmittelalter, dem anbrechenden „Goldenen Zeitalter" der Reptilien, keinerlei körperliche Überreste von Wirbeltieren überliefert, obwohl Fußspuren in diesen Schichten deutlich zeigen, daß einst mindestens acht verschiedene Reptilienarten über die Sedimente von Worcestershire und sechs andere über die von Nottinghamshire schritten.

Abdrücke sind es auch, die von der frühesten bekannten Eroberung des Festlandes durch Wirbeltiere Zeugnis ablegen. Sie finden sich im mitteldevonischen Old-Red-Sandstein der Orkney-Inseln (haben also ein Alter von 370 bis 360 Millionen Jahren) und stammen von einem primitiven Fisch, der wie die heutigen Lungenfische auf Gedeih und Verderb den jahreszeitlichen Trockenperioden ausgeliefert war. Seine Spur hinterließ er, als er sich wieder einmal in Bedrängnis befand und auf dem Bauch von einem Wassertümpel zum anderen über Land robbte, wobei er sich mit seinen stummelig fleischigen Flossen abstieß (Bild 2, fünfte Linie von links).

Für uns heute mag es scheinen, als ob das Devon in weiter Ferne läge. Doch im absoluten erdgeschichtlichen Zeitmaßstab gesehen ist es noch gar nicht so lange her. Das wird deutlich, wenn man einmal die 4,5 Milliarden Jahre seit der Entstehung der Erde als ein einziges Jahr betrachtet, in dem jeder Tag 12,3 Millionen Jahre dauert. Die ersten nachgewiesenen Lebensformen – primitive algenähnliche Einzeller – tauchten danach schon Anfang Mai auf, während sich die vielzelligen Lebensformen erst Anfang November entwickelten.

Um den 20. November herum schwammen dann primitive Fische in den Ozeanen unseres Planeten, und gegen Ende des Monats wagten sich ihre Nachkommen an Land. Bis zum 7. Dezember hatten die Reptilien ihre Herrschaft angetreten, und Mitte Dezember erschienen die ersten Säugetiere auf der Bildfläche. Am Silvestertag – gegen 17 Uhr etwa – hinterließen zwei Frühmenschen ihre Fußspuren in der frisch gefallenen vulkanischen Asche der Laetoli-Ebene in Tansania (siehe „Die versteinerten Fußspuren von Laetoli" in Spektrum der Wissenschaft, April 1982). Der erste eigentliche Mensch, *Homo erectus*, entstand erst knapp drei Stunden vor Mitternacht – vor ungefähr 1,5 Millionen Jahren. Somit umfaßt die gesamte Lebensspanne der Landwirbeltiere nicht einmal sechs Wochen unseres erdgeschichtlichen Jahres. Obwohl dieser wichtige Zeitabschnitt in Wirklichkeit etwa 360 Millionen Jahre dauerte, stellt er doch nur einen winzigen Ausschnitt aus der Geschichte unseres Planeten dar.

Den Paläontologen, die sich von der damaligen Tierwelt ein Bild zu machen suchen, blieben zweierlei hilfreiche Indizien erhalten. Da sind einmal die Überreste der Tiere selbst: versteinerte Knochen, einzeln oder als Glieder zusammenhängend, mit oder ohne „Zubehör" wie Zähne, Schuppen, Federn und – in seltenen Fällen – Abdrücken der Haut oder anderer Gewebe. Aus diesen Überresten läßt sich die Gestalt eines Tieres recht genau rekonstruieren und auch ableiten, wie es sich bewegte und ernährte. Freilich kann jedes Individuum seine Überreste – wenn überhaupt – nur einmal an einer einzigen Stelle hinterlassen. Anders ist das bei der zweiten Art von Indizienmaterial, den Fährten und Kriechspuren. Über den Lebensraum des Tieres verteilt und in unterschiedlichen Situationen geprägt, zeichnen sie ein viel lebendigeres Bild der Verhaltensweisen – fast so, als würde man das Tier leibhaftig in Aktion sehen.

In den Steinen steht es geschrieben

Aus den stummelflossigen Fischen, die sich im Devon als erste an Land wagten, entwickelten sich die vierbeinigen Amphibien (Lurche). In evolutionären Maßstäben gemessen ging dieser Übergang schnell vonstatten, findet man doch die ältesten Fußspuren von Amphibien bereits in Schichten des oberen Devon. Charakteristisch für die Fährten von Amphibien ist eine große Spurweite gepaart mit einer kurzen Schrittlänge – typisches Merkmal einer recht ineffizienten vierfüßigen Fortbewegungsweise. Die einzelnen Abdrücke zeigen eine voll aufgesetzte Sohlenfläche – auch das ein Hinweis auf eine langsame Gangart –

Bild 1: Eine wahre Goldgrube versteinerter Fußspuren waren die Sedimente des Peace River Canyon in der kanadischen Provinz British Columbia. In fünf Jahren Bergungsarbeit gelang es, viele von ihnen vor den steigenden Fluten eines Stausees zu retten, darunter auch die Dinosaurierfährten auf dieser Sedimentschicht der unteren Kreide. Im Vordergrund sieht man eine Stelle, an der bereits zwei rechteckige, Spuren tragende Schichtblöcke herausgesägt wurden. Dahinter stellen zwei Präparatoren vom naturkundlichen Museum in Alberta Abgüsse anderer Spuren her. In einem etwa 6,5 Kilometer langen Streifen fand man bei den Bergungsarbeiten allein 1700 Fußabdrücke von mindestens zehn verschiedenen Dinosaurierarten. Sie verraten eine Menge über die Lebensweise dieser ausgestorbenen Reptilien – sogar über ihr soziales Verhalten.

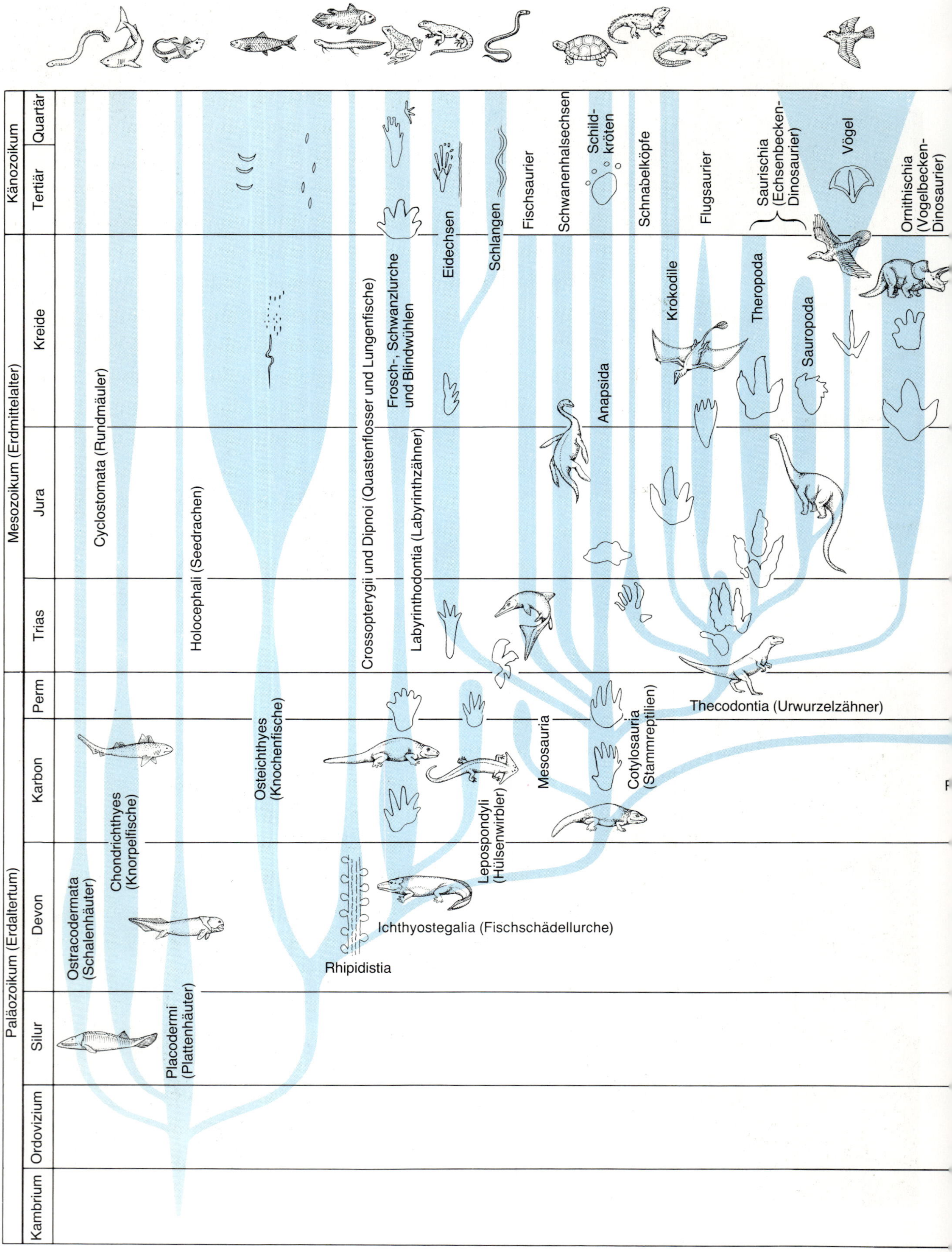

Bild 2: Die Entwicklung der Wirbeltiere hat zahlreiche Spuren in den steinernen Dokumenten der Erdgeschichte hinterlassen. Die ersten Abdrücke an Land stammen von einem Quastenflosser, einem Crossopterygier (fünfte Entwicklungslinie von links), aus dem mittleren Devon und finden sich im Old-Red-Sandstein der Orkneyinseln. Ihnen folgen die Fußabdrücke von Amphibien, Reptilien, Vögeln und

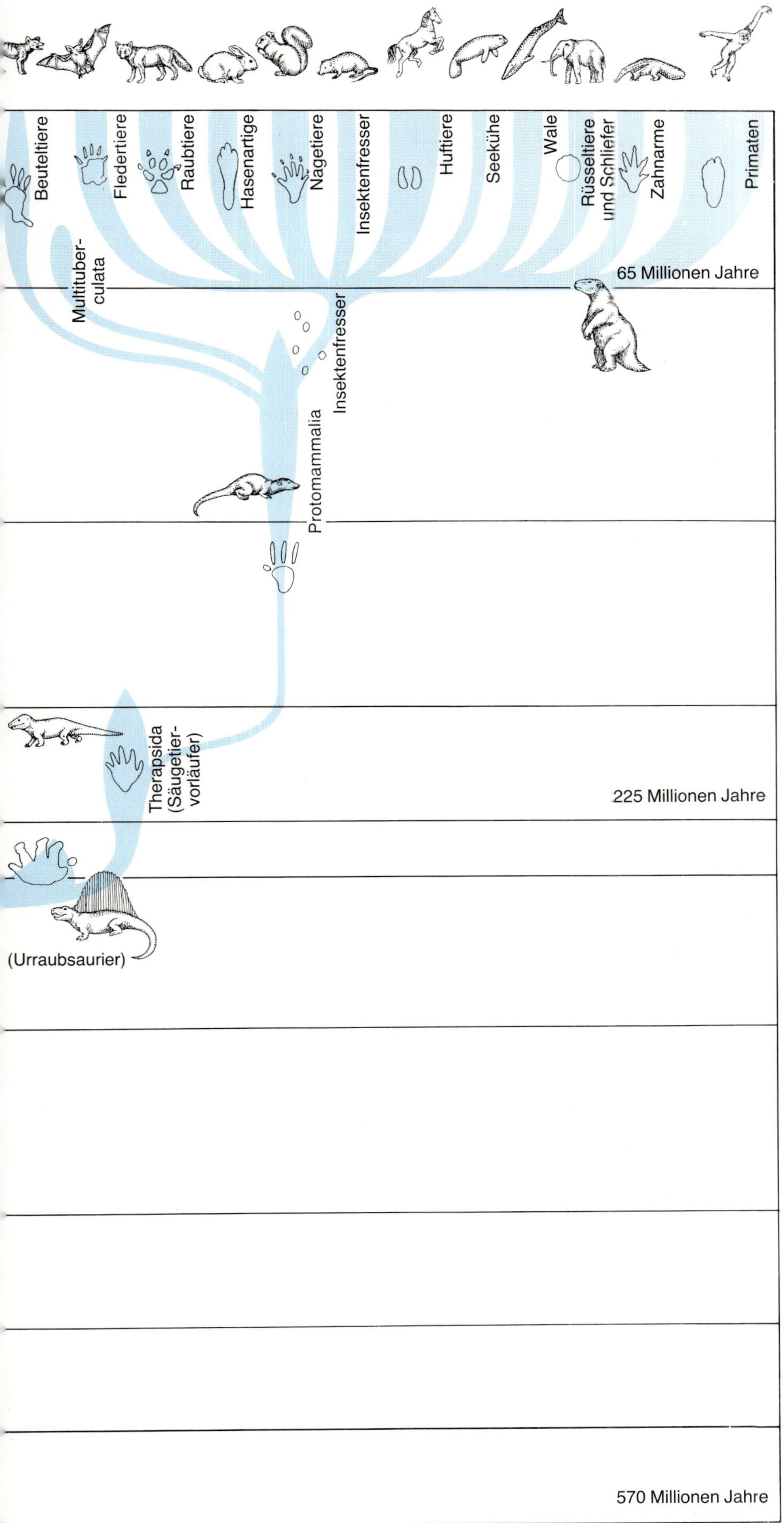

schließlich von Säugetieren, die sich an der Wende zur Erdneuzeit (dem Känozoikum) explosiv zu entfalten begannen. Der letzte versteinerte Fußstapfen ganz rechts im Bild geht auf einen Hominiden – einen Urahnen des Menschen – zurück, der einstmals in Tansania lebte.

und weit gespreizte, auswärtsgerichtete Zehen ohne Krallen. Abdrücke dieser Art kommen in Sedimentgesteinen aus dem Karbon, der dem Devon folgenden Periode (vor 345 bis 280 Millionen Jahren), recht häufig vor. In Ablagerungen des Perm (vor 280 bis 225 Millionen Jahren) sind sie weniger und in noch jüngeren kaum mehr zu finden – vor allem wohl deshalb, weil die damals überlebenden Amphibien wie ihre heutigen Vertreter leider Feuchträume bevorzugten, in denen sich Spuren schlecht erhalten können.

Der Aufstieg der Reptilien (Kriechtiere) begann in Oberkarbon und Perm, was sich in der zunehmenden Zahl ihrer Fußspuren widerspiegelt. Daß sich diese Tiere zunehmend entfalteten und auch immer wirkungsvoller fortbewegten, verraten uns Veränderungen in der Form ihrer Zehen sowie die Ausbildung eines fünften kurzen daumenähnlichen Zehs und die Entstehung von Krallen. In einigen Entwicklungslinien der Reptilien werden die Fährten schmaler und die Schrittlänge größer. Die Tiere waren zwar schneller als ihre Vorfahren, liefen aber weiterhin auf vier Beinen. Wie andere Abdrücke zeigen, gab es dann im ausgehenden Perm einige kleine Reptilien, die bei langsamer Fortbewegung auf allen Vieren krochen, sollte es aber schneller gehen, rannten sie auf den Hinterbeinen. Als Gegengewicht zu den Vorderbeinen und dem steil aufgerichteten, in den Hüften beweglichen Rumpf half ihnen ein langer Schwanz, das Gleichgewicht zu halten.

Diese Entwicklungslinie war es dann, der vor 225 Millionen Jahren – zu Beginn des Erdmittelalters – die Dinosaurier entsprossen. Viele der frühen Dinosaurier aus der Trias (vor 225 bis 190 Millionen Jahren) bewegten sich meistens oder sogar ständig im Zweibeinergang. Selbst bei den Gruppen, die später wieder auf vier Beinen liefen, waren die Hinterfüße gewöhnlich bedeutend größer als die Vorderfüße und der Rumpf weiterhin im Becken drehbar. Von allen fossilen Fußspuren sind die der Dinosaurier am eindrucksvollsten. Fast überall auf der Welt findet man sie in großer Zahl in den terrestrischen Sedimentgesteinen des Erdmittelalters.

Zwei Gruppen kleinerer Dinosaurier entwickelten mit der Zeit Flügel. Bei der einen Gruppe, den Flug- oder Pterosauriern, spannten sich Häute von den Flanken des Körpers zum verlängerten vierten Finger der Vordergliedmaßen, so daß die Tiere gleiten konnten. W. K. Stokes von der Universität von Utah fand ihre fossilen Spuren in Sedimentgesteinen der Morrison-Schichtfolge aus dem oberen Jura von Arizona. Wie sich aus ihnen deutlich ablesen läßt, konnten die Tiere auch gut auf allen Vieren laufen, wobei ihre Flughäute hinter den Vorderfüßen über den Boden schleiften.

In der anderen Gruppe führte die Abwandlung der Hautschuppen zur Ausbildung von Federn und einem effizienteren Flugapparat. Als sich damals die Vögel aus den Dinosauriern entwickelten, veränderten sich die Hinterfüße zwar nicht sofort, aber die typischen Vogelfüße ließen nicht lange auf sich warten. Das zeigen die wunderbar erhaltenen Vogelspuren, die Philip J. Currie vom Tyrell Museum of Paleontology in Drumheller, Alberta, im Osten von British Columbia entdeckte – und zwar in Sedimentgesteinen der mittleren Kreide.

Aber nicht alle Reptilien des Erdmittelalters wurden zu „Zweibeinern“. Zu denen, die den Vierfüßergang beibehielten, zählten die Säugetierähnlichen Reptilien (Synapsida) – eine Entwicklungslinie, die getrennt von den Dinosauriern verlief. Aber auch hier wurde die Schrittlänge größer, die Spurweite schmaler und schließlich jede Zehe nach vorn gestellt – alles Veränderungen, die für eine immer behendere und schnellere Fortbewegung sprechen. Der Synapsiden-Fuß wandelte sich in seiner Struktur zunehmend in den eines Säugetieres um. In der Gegend von São Paulo fand der brasilianische Paläontologe Giuseppe Leonardi Ablagerungen aus der oberen Trias und dem unteren Jura mit zahlreichen Spuren, die in ihrem Aussehen so genau zwischen Reptilien und Säugetieren liegen, daß man sie jeder der beiden Gruppen zuordnen könnte.

Mit dem Ende des Erdmittelalters verschwinden auch die Dinosaurierspuren aus den geologischen Dokumenten der Erdgeschichte. Dafür nimmt mit dem Beginn der Erdneuzeit vor 65 Millionen Jahren die Vielfalt der Säugetierfährten zu, was die zunehmende entwicklungsgeschichtliche Ausbreitung dieser fortschrittlichen Wirbeltiere widerspiegelt. Sie ist eines der wichtigsten evolutionären Ereignise des Tertiärs, der ersten und zugleich längsten, erst vor 2 Millionen Jahren abgeschlossenen Periode der Erdneuzeit. So scheint es nur folgerichtig, daß wir in der zweiten an die Gegenwart heranreichenden Periode, dem Quartär, unter den Säugetierfährten von Laetoli auch Hinweise finden, daß einige unserer aufrecht gehenden Urahnen geradewegs in die Fossiliengeschichte einmarschierten.

Die Entdeckungsgeschichte

Wo machte man den ersten Fund versteinerter Wirbeltierspuren? Man sollte meinen, daß das in Europa war, wo die Pioniere der Geologie arbeiteten, aber dem ist nicht so. Der Fundort liegt vielmehr im Tal des Connecticut River in der Nähe von South Hadley (Massachusetts), wo Rotsandsteinbänke aus der oberen Trias und dem untersten Jura zutage treten. Dort entdeckte Pliny Moody, ein Bauernjunge aus der Gegend, im Jahre 1802 die Fußspuren kleiner Dinosaurier. Damals wußte man jedoch noch nichts von Dinosauriern, und so hielt man die Abdrücke für Spuren großer Vögel. Einige verstiegen sich sogar so weit, sie dem biblischen Raben aus der Arche Noah zuzuschreiben.

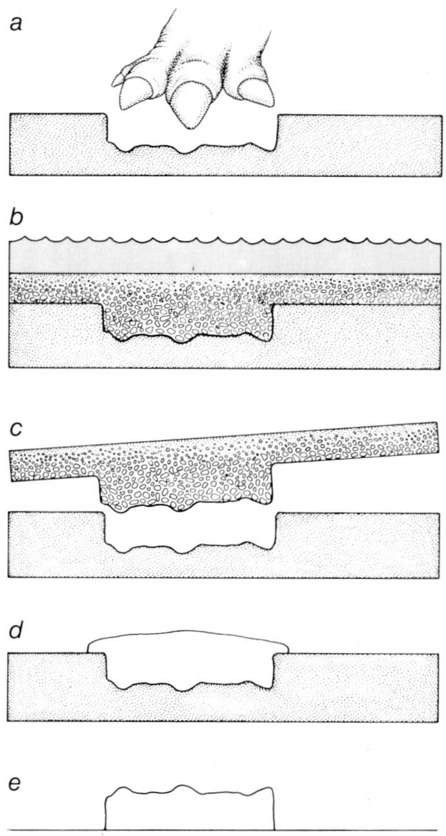

Bild 3: Damit ein Fußabdruck erhalten bleibt, muß sich dem geprägten Sediment (a) anders strukturiertes Material auflagern (b) und mitsamt der Unterlage verfestigen. Später können sie sich dann beide Lagen längs der Grenzfläche spalten (c). Ist nur das Füllsediment erhalten, so hat man einen natürlichen Abguß der Spur. Als „Prägestempel“ benutzt, liefert er eine Kopie des verlorenen Originals. Bleibt nur die untere Sedimentschicht unzerstört, so liegt ein versteinerter Fußabdruck vor (d), von dem sich Abgüsse herstellen lassen (e).

Ein Vierteljahrhundert verging, bevor eine wissenschaftliche Abhandlung über fossile Fußspuren erschien. Die untersuchten Abdrücke entstammten dem New-Red-Sandstein, einer Schichtenfolge in Schottland. Das Alter dieser Sedimente lag damals noch im Dunkeln, heute weiß man jedoch, daß sie im Perm (vor 280 bis 229 Millionen Jahren), der jüngsten Periode des Erdaltertums, abgelagert wurden. Der Entdecker war der ortsansässige Geistliche und Amateurnaturforscher Reverend Henry Duncan. Seine Beschreibung der Spuren, die er 1828 veröffentlichte, versetzte die Wissenschaftler seiner Zeit in Erstaunen.

Die Fährten mit ihrer kurzen Schrittlänge und breiten Spurweite stammen, wie wir heute wissen, von einem Caseasaurier. Diese großen, schwerfälligen Pflanzenfresser waren damals noch unbekannt, und so schrieb man die Spuren, was recht logisch erscheint, einer Art von Schildkröte zu. Nachdem der berühmte englische Geologe William Buckland von Duncans Entdeckung erfahren hatte, ging er der Schildkröten-Hypothese auf den Grund. Von dieser Untersuchung berichtet John Murray III, ein bekannter Verleger:

„Letzten Samstag ging ich zu einer Versammlung im Haus von Mr. Murchison, die zu dem Zwecke einberufen worden war, zu beobachten, welche Spur Landschildkröten hinterlassen, wenn sie sich über Teig fortbewegen. Professor Buckland spielte den Zeremonienmeister. Es waren noch viele andere Geologen und Gelehrte anwesend, darunter auch Dr. Wollaston. Anfangs hatten die Biester ihren eigenen Kopf, widerspenstig rührten sie sich nicht vom Fleck. Das forderte die Findigkeit des Professors heraus, wie man sie dennoch zum Gehen bringen konnte. Er entschloß sich, mit dem Finger ein paarmal gegen den Schwanz der Schildkröten zu schnipsen, um sie, Teufel noch mal, wenigstens ein Stück weit zu bewegen. Kein Wunder, daß sie sich trotzdem nicht rührten; denn als man versuchte, sie hochzuheben, stellte sich heraus, daß sie am Teig klebten – so fest, daß ein halbes Pfund davon an jedem Fuß hängenblieb, als man sie endlich losbekam. Es war daher notwendig, den Teig neu durchzukneten und mit einem Nudelholz auszurollen, aber die Geologen scheuten die Küchenarbeit nicht. Ein wirklich köstliches Bild, wie sich all die Gelehrten mehlbestäubt und mit hochgekrempelten Ärmeln ans Werk machten. Ihre Anstrengungen waren, wie ich zum Glück sagen kann, letzten Endes von Erfolg gekrönt. Der Teig hatte schließlich die richtige Beschaffenheit, und die Tiere marschierten in einer höchst befriedigenden Weise über die Rennstrecke; nämlich insofern, daß viele, die als Spötter gekommen waren, als wohlwollend geneigte Gläubige den Heimweg antraten.“

Nach Duncans Entdeckung tauchten nach und nach Berichte über zahlreiche andere Fußspuren auf, fanden aber nicht notwendigerweise Anerkennung. So stieß beispielsweise der Schotte William Logan im Jahre 1841, als er Neuschottland besuchte, an der Küste vor Norton Bluff auf eine Platte von Sedimentgestein mit gut erhaltenen Wirbeltierspuren. Sie stammte aus dem Karbon, einer Zeit, die nach der damals vorherrschenden Meinung zu weit zurücklag, als daß dort bereits irgendwelche anderen Wirbeltiere als Fische existiert haben konnten. Als Logan nach England zurückkehrte und seinen Fund den Mitgliedern der Geological Society vorstellte, zweifelten sie daher die Echtheit dieses Zeugnisses an.

Logan fand erst 1872 Rechtfertigung. In jenem Jahr untersuchte John W. Dawson, der mit Sir Charles Lyell, einem der Väter der Geologie, zusammenarbeitete, an der Ostküste der Bay of Fundy Schichten aus dem Karbon, die auch die Kohlenvorkommen von Joggins in Neuschottland umfaßten, wo eine Anzahl aufrecht stehender hohler Baumstümpfe versteinert erhalten geblieben war. Dawson hatte vorausgesagt, daß man in den Hohlräumen fossile Reste von kleinen Amphibien und Reptilien finden könnte. Seine Vorhersage bewahrheitete sich, als in den Stümpfen tatsächlich Reptilienreste zum Vorschein kamen. Möglicherweise waren die Tiere auf der Suche nach Wasser oder Insekten darin stecken geblieben. Auf jeden Fall stand nun fest, daß zur Tierwelt des Karbons nicht nur Fische, sondern auch Landwirbeltiere gehörten.

Dawson und Logan sollten zu berühmten Namen in der kanadischen Wissenschaft werden. Dawson berief man zum Rektor der McGill-Universität, und Logan wurde der erste Direktor des kanadischen Geological Survey. Beide Männer erhielten schließlich einen Adelstitel.

Das Interesse schwand, aber ...

Während in der zweiten Hälfte des neunzehnten Jahrhunderts viele Beschreibungen von Wirbeltierspuren veröffentlicht wurden, hörte man zu Beginn des zwanzigsten Jahrhunderts immer weniger davon. Denn dieser Zweig der Paläontologie, offiziell als Ichnologie (vom griechischen Wort *ichnos* für Spur) bekannt, kam unter den Geologen immer mehr in Mißkredit. Die wenigen zwischen 1930 und 1960 erschienenen Veröffentlichungen waren in erster Linie von Amateuren und nicht von Fachleuten verfaßt, qualitativ minderwertig und in Zeitschriften von recht zweifelhaftem Ruf erschienen.

Die Verfasser beschrieben die Abdrücke jämmerlich unzulänglich und stellten sie nur selten in irgendeinen systematischen Zusammenhang mit bereits bekannten Spuren. Die Aufnahmen waren, soweit es überhaupt welche gab, im allgemeinen bei Auflicht gemacht worden und nicht, wie nötig, mit Seitenlicht, das die flachen Fußeindrücke oder das

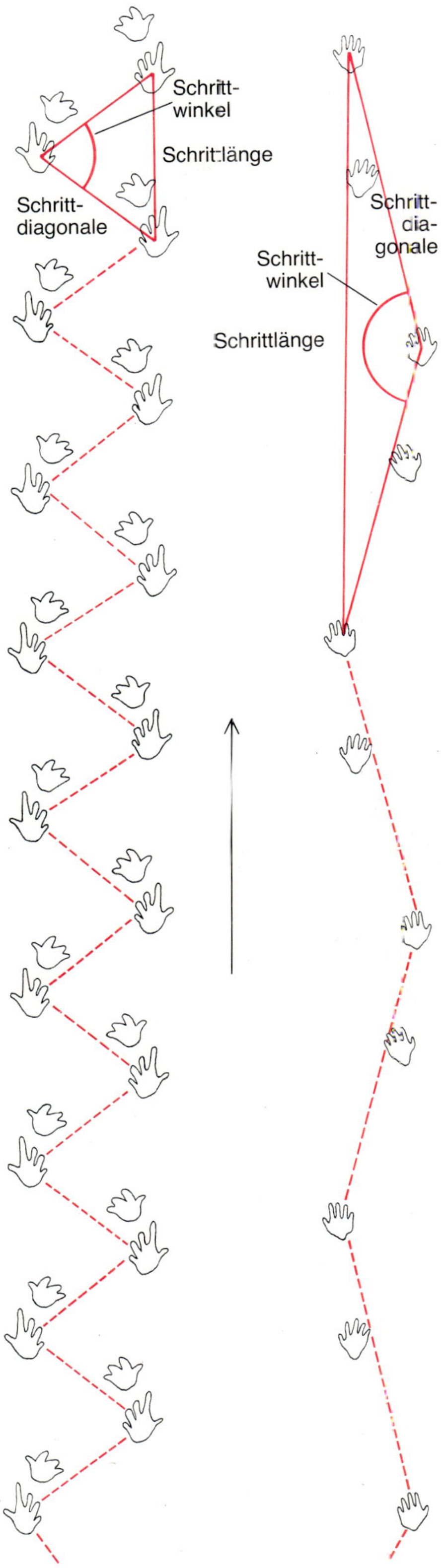

Bild 4: Das Diagramm zeigt, wie man Fährten vermißt. Links eine breite Spur, charakteristisch für ein Amphib. Dieses hier starb gegen Ende des Erdaltertums aus. Die farbigen Linien verbinden die aufeinanderfolgenden Abdrücke seiner Hinterfüße. Wie das nahezu gleichschenklige Dreieck zeigt, waren Schrittlänge und Schrittdiagonale nicht sehr groß. Rechts ist die typisch schmale Spur eines Reptils dargestellt. Sie stammt von einem Dinosaurier, der wie das Amphib auf allen vieren lief. Proportional gesehen sind Schrittlänge und Schrittdiagonale wesentlich größer – ein deutlicher Hinweis auf eine behendere Fortbewegungsweise.

schwache Relief von Abgüssen hervortreten läßt. Noch häufiger bestand die ganze Illustration lediglich aus unzulänglichen Strichzeichnungen. So gut wie nie war angegeben, wo andere die Fundstükke untersuchen könnten, vor allem deshalb, weil die meisten nicht in wissenschaftliche Sammlungen kamen. Doch war das nicht unbedingt die Schuld der Verfasser. Denn da die Spuren tragenden Platten groß und unhandlich sind, finden sie im allgemeinen bei den Kuratoren der Museen wenig Liebe. So enden sie wahrscheinlich vor den Toren des Museums, entweder als Bodenplatten, die von den Besuchern im Laufe der Zeit abgetreten werden, oder als hochkant aufgestellte Schaustücke, die schließlich die Witterung zerstört.

... lebte in Deutschland wieder auf

In den fünfziger Jahren ließen dann die Untersuchungen des deutschen Paläontologen Walter H. Häntzschel und der missionarische Eifer seines Schülers Adolf Seilacher vor allem das Interesse an fossilen Lebensspuren mariner Organismen aufleben. Doch selbst dann flakkerte das Interesse an den Fußspuren von Wirbeltieren noch nicht wieder auf. Auch heute beschäftigen sich nur eine Handvoll von Forschern mit ihnen, insbesondere Leonardi und Rodolfo Casamiquela in Südamerika, Donald Baird von der Universität Princeton, Justin Delair in England, Georges Demathieu und Albert F. de Lapparent in Frankreich, Hartmut Haubold in der DDR und O. S. Vialov in der Sowjetunion.

Für einen mit versteinerten Fußspuren arbeitenden Forscher stellt die unzureichende wissenschaftliche Literatur nur eines von mehreren Problemen dar. An erster Stelle steht hier die Entstehung der Spuren selbst. Für deutliche Fußabdrücke ist zunächst einmal eine feuchte, feinkörnige und fest zusammenhaltende Sedimentschicht Voraussetzung. Darüber müßte dann das Tier laufen, und zwar möglichst langsam, damit sich seine Vorder- und Hinterfüße genau abzeichnen (vorausgesetzt, es handelt sich um einen „Vierbeiner"). Unter solchen idealen Bedingungen können sogar die genauen Umrisse von Krallen und Nägeln, die Form von Laufpolstern und das Muster von Schuppen erhalten bleiben.

Tatsächlich sind solche hochwertigen Abdrücke jedoch selten. Das hat verschiedene Gründe. Ist das Sediment zu grobkörnig, so gibt es keine Einzelheiten wieder. Ist es zu feucht, so füllen sich die tieferen Abdruckstellen mit Wasser, was die Umrisse verzerrt. Und ist es zu trokken, so besitzt es zu wenig Zusammenhalt, um die Spuren zu bewahren. Ein scharfer Wind kann die Fährten auslöschen und – sofern sie im Strandbereich liegen – auch die Flut. Selbst wenn die Spuren mit Sediment gefüllt werden – eine entscheidende Voraussetzung für ihre Erhaltung –, so kann das trotzdem ihre Zerstörung bedeuten. Ist das frjsche Sediment nämlich in seiner Konsistenz dem alten zu ähnlich, so trennen sich die beiden Schichten später gewöhnlich nicht voneinander, und die Spuren bleiben vielleicht für immer vor unseren Blicken verborgen.

Die günstigsten Erhaltungsbedingungen bieten vorausgegangene Überschwemmungen, die frisches feinkörniges Sediment hinterlassen haben. An der Küste ist das nach einer Springflut der Fall und im Landesinnern nach einer ergiebigen Regenperiode, wenn ein Fluß oder ein Teich über die Ufer getreten war. Die Abdrücke in einer solchen feuchten Oberfläche verfestigen sich, während das Sediment austrocknet, und schließlich werden sie von neuen Sedimentschichten begraben. Selbst dann kann es geschehen, daß nicht der Abdruck selbst, sondern vielmehr sein erhabenes Gegenstück erhalten bleibt (Bild 3) – besonders, wenn das Material des neueren Sediments grobkörniger ist und fester zusammenhält als das alte. Solche „Abgüsse" muß man natürlich an der Unterseite der Schichten suchen, weshalb sie sich leicht der Entdeckung entziehen – es sei denn, die Schicht wurde beispielsweise durch den Zusammenbruch eines Kliffs oder bei Steinbrucharbeiten auf den Kopf gestellt und so unseren Blicken preisgegeben.

Letztlich wächst die Wahrscheinlichkeit, daß sich die Spur eines Landtieres erhält und später auch entdeckt wird, proportional mit dessen Körpergröße. Denn große Tiere müssen weite Gebiete nach Nahrung durchstreifen und häufig Wasserstellen aufsuchen. Überdies drükken sich ihre Fußstapfen tiefer ein, und so werden sie weniger leicht zerstört. Kleinere Tiere sind zwar bedeutend zahlreicher als große, doch beschränken sie sich auf eine kleinere Jagd- oder Weidefläche, kommen mit weniger Nahrung und Wasser aus und hinterlassen flachere Fußabdrücke. Das ist auch der Grund, warum sich die Fährte eines Dinosauriers eher erhält (und mit viel höherer Wahrscheinlichkeit erkannt wird) als die einer Eidechse.

Bild 5: Zwei in Texas ausgegrabene Fährten aus dem Erdmittelalter zeugen von einem dramatischen Geschehen. Die großen Fußabdrükke stammen von einem vierfüßigen Pflanzenfresser – wahrscheinlich einem Brontosaurier. Die kleineren dreizehigen Abdrücke links davon hat ein zweifüßiger fleischfressender Dinosaurier hinterlassen, der der Gattung *Allosaurus* angehören dürfte. Er folgte dem Pflanzenfresser, vermutlich um ihn zu erjagen.

Wie man den Spuren auf die Spur kommt

Eine Trittspur, die sich zur Analyse eignet, sollte im Idealfall mindestens aus einer Folge von drei Fußabdrücken oder den entsprechenden Gegenstücken bestehen. Bei Vierbeinern wird die Bewegung mit einem Hinterfuß eingeleitet, dem dann der Vorderfuß derselben Seite und schließlich Hinter- und Vorderfuß der anderen Seite folgen. Im schnellen Lauf berühren zwei oder drei Füße gleichzeitig den Boden, bei langsamer Bewegung drei oder sogar alle vier Füße. Handelt es sich um einen behenden Springer, so liegen die vier Abdrücke dicht beieinander, ohne sich zu überlappen. Solche Spuren sind ausgesprochen selten erhalten. Einige wurden vor kurzem von Leonardi und einem von uns (Sarjeant) in einer brasilianischen Schichtenserie aus dem Erdmittelalter entdeckt. „Zweibeiner" setzen normalerweise abwechselnd den linken und den rechten Fuß vor; selten stehen beide Fußabdrücke nebeneinander.

Die erste Arbeit eines geologischen „Fährtenlesers" besteht darin, vier grundlegende Parameter der Fährte zu messen (Bild 4). Zunächst gilt es, die Schrittlänge zu bestimmen. Sie ist der Abstand zwischen zwei aufeinanderfolgenden Abdrücken desselben Fußes – und zwar von einem markanten Punkt zum entsprechend anderen. Als zweites wird der Abstand zwischen rechtem und linkem Vorderabdruck sowie zwischen rechtem und linkem Hinterabdruck gemessen. Anders als die Schrittlängen können diese Schrittdiagonalen zwischen Vorder- und Hinterhand eines Tieres erheblich variieren. Als dritte Größe ermittelt man den Schrittwinkel, indem man die Mittelpunkte dreier aufeinanderfolgender Hinter- oder Vorderabdrücke einer Fährte miteinander verbindet und den der Schrittlänge korrespondierenden Winkel mißt. Als viertes schließlich wird die Spurweite bestimmt. Wie bereits erwähnt, zeichnet sich ein schlechter Läufer durch eine breite Spur mit kurzer Schrittlänge aus. Umgekehrt zeugt eine schmale Spur mit großer Schrittlänge von einem behenden, rasant sprintenden Läufer. Mittlere Werte jedoch können sowohl auf einen mittelmäßigen als auch auf einen guten, aber gemächlich trabenden Läufer hindeuten.

Beim Vierfüßergang gibt es noch eine weitere wichtige Größe: den Abstand vom Mittelpunkt zwischen zwei aufeinanderfolgenden Hinterabdrücken zum Mittelpunkt zwischen zwei entsprechenden Vorderabdrücken desselben Schritts. Genau so weit liegen beim lebenden Tier die Pfannen von Hüft- und Schultergelenk auseinander. Die Strecke entspricht ungefähr der Rumpflänge (ohne Kopf, Hals und Schwanz).

Weil die Fußabdrücke oder ihre Gegenstücke fast nahtlos in das umgebende Sediment übergehen können, lassen sich

Bild 6: Vor kurzem fand man die Fußspuren eines schwimmenden fleischfressenden Dinosauriers in Sedimentgesteinen aus dem Jura. Daß sie von einem sich im Wasser bewegenden Tier stammen, verrät die Art der Abdrücke: Während die Zehen und Krallen deutlich zu erkennen sind, weist nichts darauf hin, daß der Fuß irgendwie auf dem Boden lastete. Die Pflanzenfresser unter den Dinosauriern konnten sich demnach den sie jagenden Fleischfressern nicht, wie man bisher dachte, leicht durch Flucht ins Wasser entziehen; die Fährten sind dafür ein deutlicher Beleg. Die Zeichnung dieses Fleischfressers basiert auf einer von Matthew Hyman durchgeführten Rekonstruktion des *Megalosaurus*.

Bild 7: Der Rotsandstein im Tal des Connecticut River birgt die Fährten von Dinosauriern aus dem unteren Jura. Danach liefen die Tiere meistens auf zwei Beinen (links) und wechselten nur manchmal auf alle viere (rechts). Der hier von Richard Lull rekonstruierte Dinosaurier – ein früher pflanzenfressender Ornithopode – ist eines von vielen ausgestorbenen Reptilien, die man nur von ihren Spuren her kennt.

ihre genauen Umrisse häufig nur schwer ausmachen. Ungenaue Messungen sind leider allzuoft die Folge, besondere Sorgfalt ist dabei angeraten. Ein weiteres Übel rührt daher, daß sich die Trittspur gewichtiger Tiere manchmal nicht nur in die Sedimentschicht an der Oberfläche einprägt, sondern auch in die darunterliegende durchgepaust hat. Man muß deshalb sorgfältig zwischen tatsächlichen und „Geisterspuren" unterscheiden. Im Idealfall sollte ein Forscher nicht nur die Fußabdrücke selbst, sondern auch ihre natürlichen Gegenstücke untersuchen. Liegen ihm nur letztere vor, so sollte er auch davon hergestellte Abdrücke (also die wiedergeschaffene Fährte) unter die Lupe nehmen. Umgekehrt gilt natürlich das gleiche. Dazu werden im Gelände die eingeprägten Spuren mit Gips oder ähnlichem ausgegossen. Diese Abgüsse sind ein wertvolles Dokument für spätere Untersuchungen.

Eine weitere Hilfe bei der Spurenanalyse bietet eine Messung, die zeigt, wie weit sich die Vorder- und Hinterabdrükke überlappen. Denn abgesehen von einigen im Rumpf sehr biegsamen Tieren wie Salamander, liefert sie einen zweiten Wert für den Abstand von Schulter zur Hüfte. Ebenso nützlich ist es, zu bestimmen, wie die Fußabdrücke relativ zur Mittellinie der Fährte stehen, denn daraus lassen sich Rückschlüsse auf die Gangart eines Vierfüßers ziehen. So liegt bei einem Tier mit kriechendem Gang die Mitte eines Abdruckpaares nicht genau auf der Mittellinie der Fährte.

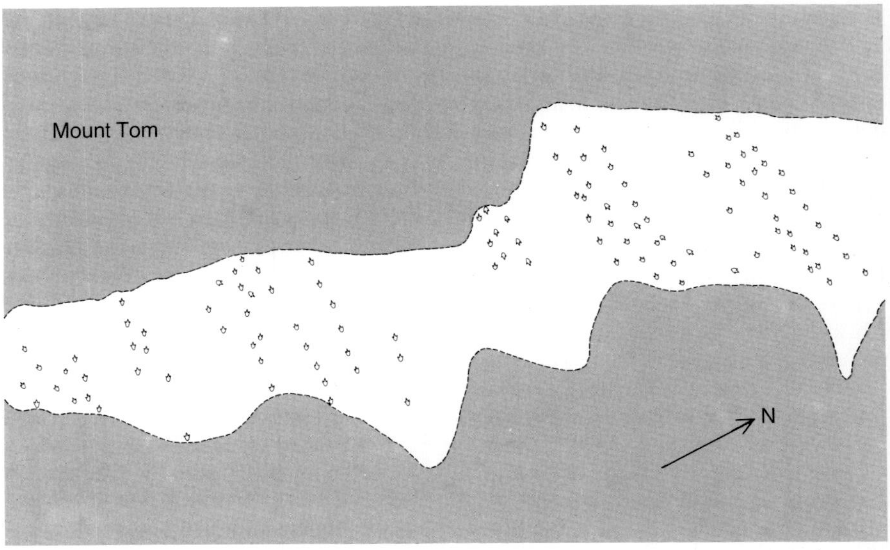

Bild 8: Daß die Dinosaurier ein gewisses soziales Verhalten entwickelt hatten, darauf weist die Ausrichtung mancher versteinerter Fährten hin. Die Spuren finden sich in Schichten der Trias im Tal des Connecticut River bei Holyoke im amerikanischen Bundesstaat Massachusetts. Wie sich bei ihrer Untersuchung durch John H. Ostrom von der Yale-Universität herausstellte, haben mindestens neunzehn fleischfressende Dinosaurier der Gattung *Eubrontes* den damals feuchten Sandboden von Ost nach West überquert. Die gemeinsame Richtung der Fährten läßt darauf schließen, daß die auf zwei Beinen laufenden Tiere in Rudeln jagten.

Die Rekonstruktion eines unbekannten Tieres

Wie problematisch es ist, ein Tier nur aus seinen fossilen Trittspuren zu rekonstruieren, zeigt deutlich ein Beispiel aus dem neunzehnten Jahrhundert. Es handelt sich um das *Chirotherium*, dessen Name aus dem Griechischen kommt und soviel wie „Handtier" heißt. Seine Fährten entdeckte man 1834 in Thüringen – im Buntsandstein der Trias. Der merkwürdige Name des Tieres rührt daher, daß die Abdrücke der Hinterfüße der Form und Größe nach an eine menschliche Hand erinnern. Nur war hier der kleine Zeh in Art eines Daumens abgespreizt. Bei einigen Hinterabdrücken fanden sich kleinere, sehr ähnliche, die man für Vorderabdrücke hielt.

Obwohl die beherrschenden Landtiere der Trias Reptilien waren, schrieb man die Thüringer Spuren zunächst einer Affen- oder Bärenart zu. Was die Forscher zu diesem Fehlschluß veranlaßte, war der abgewinkelte fünfte Zeh der Spur. Sie deuteten ihn irrtümlich als Daumen. Tatsächlich zeigen einige frühe Rekonstruktionen des Handtieres ein krötenartiges Amphib, das „überkreuz" ging; damit war wenigstens der „Daumen" in einer passenden Position. Im Jahre 1874 wandte sich dann der Zoologe L. C. Miall an die British Association for the Advancement of Science. Er bewies, daß die „kreuzbeinigen" Rekonstruktionen falsch waren und machte stattdessen Dinosaurier für die Spuren verantwortlich. Daß es zumindest Reptilienspuren sein mußten, brachte die schmale Spurweite an den Tag; denn Fährten von Amphibien sind immer breit.

Der überzeugendste Beweis dafür aber war, daß die am besten erhaltenen *Chirotherium*-Fährten auch Abdrücke von Schuppen enthielten. Mehr noch, da sich auch starke Krallen abzeichneten, dürfte das Reptil ein Fleischfresser gewesen sein. Der Spurenanalyse zufolge hatte das Tier eine Körperlänge von ungefähr einem Meter und, da es hauptsächlich auf zwei Beinen lief, trug es wahrscheinlich zur Gegenbalance einen Schwanz gleicher Länge. Alles in allem dürfte *Chirotherium* von der Schnauzenbis zur Schwanzspitze etwa zweieinhalb Meter gemessen haben.

Wie wir heute wissen, zählt das Handtier zu den Stammwurzelzähnern (Pseudosuchia) – einer wichtigen Gruppe, aus der sowohl die Dinosaurier als auch die Krokodile hervorgingen. Obwohl man inzwischen fast zwei Dutzend Arten der Gattung *Chirotherium* anhand der unterschiedlichen Form ihrer Fußabdrücke bestimmt hat, gibt es nur wenige dazu passende versteinerte Skelette. Eines davon kam vor weniger als zwanzig Jahren in der Schweiz zutage – und zwar in Schichten aus der mittleren Trias. Es stammt von einem *Ticinosuchus*, der unter allen Kandidaten wohl am ehesten für die Fährten verantwortlich ist, die den Paläontologen des neunzehnten Jahrhunderts soviel Kopfzerbrechen bereitet haben.

Genau wie die Schuppenmuster in einigen Fußabdrücken von *Chirotherium* dazu beitrugen, das Tier als Reptil zu identifizieren, so können die Abdrücke anderer Tiere auch Einzelheiten von Weichteilen ans Licht bringen, die selbst nur sehr selten fossil erhalten bleiben, aber eine Einordnung erleichtern. Ein Beispiel dafür stellen die Fährten von Hadrosauriern aus den oberen Kreideschichten der kanadischen Provinz Alberta dar. Hadrosaurier waren große, auf zwei Beinen laufende Dinosaurier, die sich von Pflanzen ernährten. Wie die Spuren von Alberta verraten, hatten sie sich – gleich den heutigen Elefanten – Polster auf der Fußsohle und unter den Zehen der Hinterfüße angeschafft, um ihr großes Gewicht abzufedern.

Die Lebensweise der Dinosaurier

Inzwischen weiß man, daß versteinerte Fährten auch Aufschlüsse über das Einzel- und Gruppenverhalten der Tiere geben und dabei manches ins rechte Licht rücken können. Nehmen wir beispielsweise die Reptilien aus der Gruppe der Sauropoden (Elefantenfuß-Dinosaurier), die der englische Zoologe Richard Owen erstmals 1842 beschrieben hatte. Zu ihr zählen die größten Landtiere, die jemals auf unserem Planeten gelebt haben. Mehr als ein Jahrhundert lang ging man davon aus, daß diese massigen, auf vier Beinen laufenden Pflanzenfresser mit ihrem langen Hals und Schwanz im Wasser heimisch waren, wo der Auftrieb ihr gewaltiges Gewicht in tragbaren Grenzen hielt. Tatsächlich stand ernstlich zur Debatte, ob sie sich überhaupt an Land bewegen konnten. Dann entdeckte Ronald T. Bird vom American Museum of Natural History in zwei aus der Kreide stammenden Schichtenfolgen die Spuren solcher Sauropoden – die einen 1944 am Paluxy Creek, die anderen 1954 am West Verde Creek in Texas. Seine Funde legten den Streit endgültig bei. Besonders eindrucksvoll, geradezu dramatisch ist die Fährte eines Brontosauriers, die man jetzt im American Museum bestaunen kann. Schmalspurig und mit riesigen Fußabdrücken hat sie sich tief in das eingeprägt, was ursprünglich nur ein Schlammboden gewesen sein konnte, der völlig oder teilweise der Luft ausgesetzt war (Bild 5). Die Fährte mit einer Schrittlänge von zwei Metern gehört unmißverständlich zu einem Tier, das auf Land gut zu Fuß war. Soviel zu der angeblich aquatischen Lebensweise. Das dramatische Element steuert eine andere Spur bei: Über die Fährte des Brontosauriers führen in gleicher Zielrichtung die Fußabdrücke eines großen, fleischfressenden, zweifüßigen Dinosauriers – möglicherweise ein *Allosaurus* –, und es sieht ganz danach aus, als habe dieser den Riesen gejagt.

An Birds zweitem Fundort (dem West Verde Creek) sieht man zwischen den Trittspuren eines Sauropoden eine tiefe fortlaufende Furche. Sie stammt offensichtlich vom nachschleifenden Schwanz des Dinosauriers – ein Hinweis darauf, daß der Schlammboden völlig der Luft ausgesetzt war und ein weiterer Beweis, daß sich Sauropoden außerhalb des Wassers bewegen konnten. Das soll jedoch nicht heißen, sie seien niemals ins Wasser gegangen. Dazu ist ein anderer Fund von Bird aufschlußreich – eine Sauropodenspur, die bis auf einen einzigen Abdruck des linken Hinterfußes nur aus den Abdrücken der Vorderfüße besteht. Anscheinend schwammen Hinterteil und Schwanz des Sauropoden im Wasser, das so seicht war, daß er sich mit seinen Vorderfüßen am Grund vorwärts hangeln konnte. Dann, bei einer Linksbewegung, stieß er mit dem Hinterfuß auf den Boden, was uns den einzelnen Abdruck hinterließ.

Traditionsgemäß zeigen Abbildungen von Sauropoden, wie die riesigen Vegetarier im nassen Element schwimmen

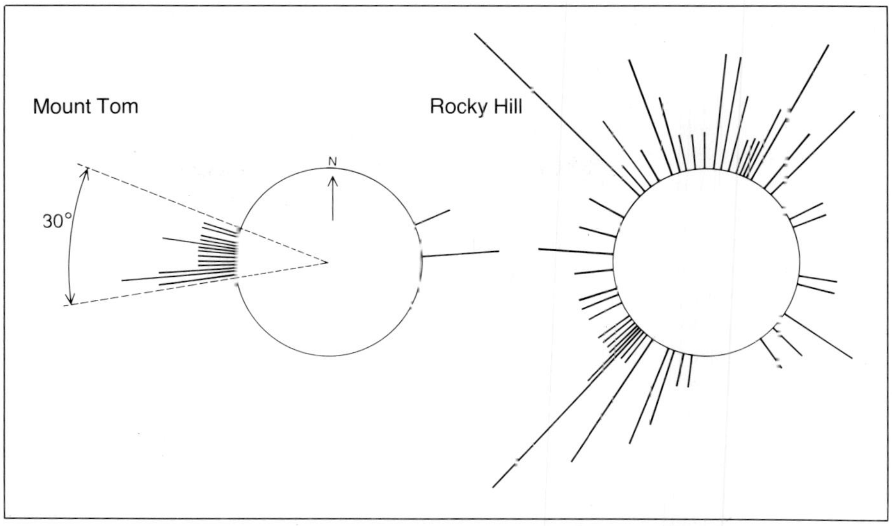

Bild 9: Die zielstrebige Ausrichtung der am Mount Tom gefundenen *Eubrontes*-Fährten (Bild 8) steht – wie ein Vergleich der Richtungsdiagramme zeigt – in deutlichem Gegensatz zu der bedeutend zufälligeren Orientierung von mehr als tausend ähnlichen Dinosaurierfußspuren bei Rocky Hill, einem weiteren Fundort im Tal des Connecticut River (rechts). Zwar sind nicht sämtliche Abdrücke der beiden Grabungsorte eingetragen, doch liegen links siebzig Prozent aller Spuren in einem dreißig Grad messenden Winkelausschnitt. Die zufällige Verteilung im rechten Diagramm spricht dafür, daß die Trittsiegel aus einer größeren Zeitspanne stammen, schließt aber nicht aus, daß auch diese Tiere in Gruppen zusammen lebten.

und zufrieden Wasserpflanzen abweiden, während ihre natürlichen Feinde, die fleischfressenden Dinosaurier, frustriert am Ufer stehen, weil sie an ihre Beute nicht herankommen können. Doch die Trittspuren im State Dinosaur Park bei Rocky Hill in Connecticut zeichnen ein ganz anderes Bild Dort finden sich in Seesedimenten aus dem unteren Jura Hunderte von Fußabdrücken – meist von Angehörigen der räuberischen Gattung *Eubrontes*. Einige dieser Spuren sind ausgezeichnet, andere nur schlecht erhalten, manche haben sich tief, andere dagegen nur schwach eingedrückt. Alle aber zeigen drei Zehen, wie sie für einen zweibeinig jagenden Dinosaurier charakteristisch sind. Besonders die eine von Walter P. Coombs junior vom Western New England College entdeckte Fährte wirft Licht auf die Schwimmfähigkeit dieser räuberischen Reptilien. Sie besteht aus acht aufeinanderfolgenden Fußabdrücken, jeder Schritt im Mittel gut einen Meter lang. Dabei greift der rechte Fuß stets ungefähr zwanzig Zentimeter weiter aus als der linke, woraus Coombs schloß, daß die Schwimmbewegung einen galoppartigen Rhythmus besaß. Überdies sieht man an manchen Stellen außergewöhnlich deutliche Klaueneindrücke (was ausschließt, daß es sich um Geisterspuren handeln könnte), die dennoch mit keinem Anzeichen auch nur andeuten, daß das Tier seine Füße bei der Bewegung irgendwie belastete. Nach Coombs schwamm das Reptil im flachen Wasser und stieß sich dabei mit seinen Zehenspitzen vom Grund ab.

Da die Fährte ebenso plötzlich endet, wie sie beginnt, hat das Tier auch zwischendurch freie Strecken ohne Bodenkontakt zurückgelegt. Coombs zufolge muß man daher das traditionelle Bild des frustriert am Ufer stehenden Fleischfressers revidieren (Bild 6).

Das Sozialverhalten der Dinosaurier

Fossile Anhaltspunkte, daß Dinosaurier in Gruppen zusammengelebt haben könnten, gab es bis vor kurzem nur recht wenige. Zu ihnen gehört ein „Massengrab" mit zwanzig Dinosaurierskeletten in einer Schichtenfolge aus der Unterkreide bei Bernissart in Belgien. All diese Tiere waren große, auf den Hinterbeinen laufende Pflanzenfresser der Gattung *Iguanodon* (Leguanzahn-Dinosaurier). Lange glaubte man, hier sei eine ganze Gruppe in eine tiefe Kalksteinschlucht gestürzt – was stillschweigend hieße, daß Iguanodonten in Herden wanderten. Wie jedoch vor kurzem David Norman von der Universität Oxford nachweisen konnte, lagen die Tierskelette keineswegs alle in derselben Schicht, sondern vielmehr in verschiedenen aufeinanderfolgenden Ablagerungen. Dieser Befund zieht die Herdenhypothese ernsthaft in Zweifel.

Auch beim zweiten Beispiel handelt es sich um eine Ansammlung von Dinosaurierskeletten, diesmal in einer triassischen Schichtenfolge bei Ghost Ranch (New Mexico), wo man sie 1947 entdeckte. Die Tiere gehörten alle derselben kleinen Fleischfresser-Gattung an: *Coelophysis*. Wieder sehen einige den Fund als Beweis, daß die Fleischfresser in Rudeln jagten, während andere ihn nur als eine nicht zu erklärende, seltsame Anhäufung von Skeletten deuten. Aber aus der Natur der Sache heraus kann man einfach nicht erwarten, daß fossile Knochen ein direktes Zeugnis von der Lebensweise eines Tieres ablegen.

Was darüber Aufschluß gibt, sind zunächst einmal die Nester von Dinosauriern. Als man einige davon in den zwanziger Jahren in der Mongolei entdeckte – die unausgebrüteten Eier darin lagen wie die Eier eines Vogelnestes zusammen – war das *die* Sensation für Paläontologen. Eines der Nester, es gehörte einem kleinen vierfüßigen Dinosaurier der Gattung *Protoceratops*, weist darauf hin, daß diese Tiere der Kreidezeit – anders als so „moderne" Reptilien wie Schildkröten – ihre unausgebrüteten Eier möglicherweise bewacht haben. Denn neben dem Nest lag das versteinerte Skelett eines räuberischen Coelurosauriers (Hohlknochen-Dinosauriers), eines kleinen zweifüßigen Fleischfressers, der offensichtlich einen gewaltsamen Tod gefunden hatte. Sein Entdecker stufte das Fossil in eine neue Gattung ein, die er treffend *Oviraptor* (Eierdieb) nannte.

Mehr vom Sozialleben der Dinosaurier erzählt ein anderer Nestfund in Montana, der erst zwei Jahre zurückliegt. In der dort abgelagerten Two-Medicine-Schichtenfolge aus der Kreidezeit stieß John R. Horner, der an der Staatsuniversität von Montana arbeitet, auf die Skelette von achtzehn jungen Hadrosauriern. Das Alter der Jungtiere wurde auf ein bis zwei Wochen geschätzt. Daß sie nach dieser Zeit sich immer noch am Nest aufhielten, läßt auf ein geschwisterliches Sozialverhalten schließen, und möglicherweise haben die Eltern die Jungen auch einige Zeit nach dem Schlüpfen betreut.

Was aber verraten die Fußspuren über das soziale Verhalten der Dinosaurier? Zunächst einmal lieferten sie die ersten deutlichen Hinweise auf ein Herdenleben dieser Reptilien. So verliefen etwa zwanzig der von Bird in Texas freigelegten Sauropodenfährten parallel zueinander, was zeigte, daß die Tiere alle eine gemeinsame Richtung eingeschlagen hatten. Nur wenige Abdrücke überschnitten sich. Ihre unterschiedliche Größe zeigt zudem, daß die Herde sowohl junge als auch erwachsene Tiere umfaßte.

Wenige Jahre nach Birds Entdeckung stieß John H. Ostrom von der Yale-Universität am Lake Eanes in Texas auf fünfundzwanzig Dinosaurierfährten, und zwar in einer aus der Unterkreide stammenden Schichtenfolge. Zweifüßige

Bild 10: Ein Gewirr von Vogelfußabdrücken zieht sich über diese Gesteinsplatte. Sie wurden im berühmten Peace River Canyon in der kanadischen Provinz British Columbia entdeckt, wo man 1922 auf zahlreiche Dinosaurierfährten gestoßen war (Bild 1). Von den Küstenvögeln, die einst diese Abdrücke prägten, gibt es keine anderen fossilen Belege. Ihre Spuren sind die einzigen Zeugnisse davon, daß es bereits in der unteren Kreide Vögel gegeben hat.

Bild 11: Die versteinerte Fährte eines inzwischen ausgestorbenen Riesenfaultiers zieht sich quer über eine freiliegende Schichtfläche der Rio-Negro-Formation in Argentinien. Die Fußabdrücke von der Größe eines Elefantenfußes entstanden vor 3,5 Millionen Jahren.

Pflanzenfresser – wahrscheinlich der Gattung *Camptosaurus* – hatten sie dort hinterlassen. Alle Fährten zeigten in dieselbe Richtung: nach Nordwesten. Außerdem fand Ostrom in Ablagerungen aus der Trias vom Mount Tom in Massachusetts Hinweise, die nahelegen, daß räuberische Dinosaurier dort in Rudeln jagten (Bilder 8 und 9). So haben sich auf einer Schichtenfläche mindestens neunzehn einzelne Fährten von Dinosauriern der Gattung *Eubrontes* erhalten. Wiederum liefen alle Tiere in dieselbe Richtung, offenbar nebeneinander, denn keine Fährte überschneidet hier die andere.

Die Fußspuren machen damit deutlich, daß sich zumindest einige der pflanzen- und fleischfressenden Dinosaurier zu Gruppen zusammenschlossen. Das ist schon allein eine höhere Stufe sozialen Verhaltens, für die es unter den heutigen Reptilien keine engen Parallelen gibt. Aufgrund der von Bird in Texas gefundenen Spuren nimmt Robert T. Bakker von der Johns-Hopkins-Universität sogar an, daß die Herden dieser Sauropoden eine besondere Struktur hatten: die Jungen in der Mitte und die Erwachsenen als Schutzwall darum. Ergänzende Hinweise, die zeigen, daß sich die Anordnung hier nicht rein zufällig ausbildete, wären allerdings äußerst willkommen.

Eine kanadische Goldgrube

Der Bestand an fossilen Fußabdrücken hat sich in den letzten Jahren gewaltig vergrößert. Die Ursache sind eilig vorangetriebene Forschungsarbeiten an Sedimentgesteinen der mittleren Kreide im Peace River Canyon in British Columbia (Bild 1). Daß der gut 27 Kilometer lange Canyon reich an Fährten ist, weiß man schon seit 1922. Damals hatte der zu den Pioniervätern zählende Paläontologe Charles M. Sternberg vom Royal Ontario Museum dort vierhundert Dinosaurier-Fußabdrücke entdeckt. Er veröffentlichte seinen Fund 1930, wobei er acht neue Arten von Fußabdrücken klassifizierte, die alle von Dinosauriern stammten und mit einer Ausnahme alle von einem Zweifüßergang zeugten.

Im Jahre 1975 begann man unterhalb des Fundortes von Sternberg mit Bauarbeiten an einem großen Staudamm. Das Natural History Museum von Alberta setzte alles daran, vor der unvermeidlichen Überflutung wenigstens einige der fossilen Fußspuren zu retten, die vermutlich in den noch nicht untersuchten Teilen des Canyons verborgen lagen. Und richtig: Die fünf Ausgrabungsperioden unter der Leitung von Philip Currie erbrachten spektakuläre Ergebnisse.

Obwohl nur die unteren sechseinhalb Kilometer des Canyons untersucht werden konnten, stieß man auf mehr als hundert Fährten. Dabei handelte es sich um insgesamt siebzehnhundert Fußabdrücke von mindestens zehn verschiedenen Arten Dinosauriern, sowie um eine Reihe von Vogelfußabdrücken (Bild 10) und eine einzelne Schildkrötenspur. Über tausend dieser Trittsiegel wurden inzwischen katalogisiert und fast ebenso viele vermessen. Ungefähr zweihundert wurden ausgegossen und neunzig für weitere Untersuchungen und mögliche öffentliche Ausstellungen aus dem Gestein geschnitten.

Zu den prächtigsten Dinosaurierfährten gehört eine Serie, in der sich das Wachstum einer frühen Hadrosaurierart widerspiegelt. Sie zeigt, wie sich die Fußform veränderte, als die Jungtiere heranwuchsen und schwerer wurden – ein Dokument, das einzigartig in der Ichnologie ist. Anscheinend wanderte einst eine Herde dieser Pflanzenfresser über die Kreidesedimente, wobei die Mitglieder in einer breiten Front ausschwärmten und zeitweilig auch nebeneinanderher gingen. Die Jungtiere trotteten wohl hinterher, wie man aus der häufigen Überprägung von Alttier- mit Jungtierfährten schließen kann. Eine Serie von Fährten zeigt, daß elf Dinosaurier ein Stück nach Süden zogen und dann plötzlich nach Osten abschwenkten. (Wie sich aus einer einzelnen in die entgegengesetzte Richtung – von Süd nach Nord – führenden Fährte ablesen läßt, war es nicht ein natürliches Hindernis, das die Tiere zur Richtungsänderung zwang.) Eine gründliche Untersuchung von vier der elf Fährten brachte außerdem zutage, daß einer der Hadrosaurier abdrehte, worauf ihm die anderen drei auswichen, um einen Zusammenstoß zu vermeiden.

Die Fußabdrücke vom Peace River haben auch Belege geliefert, daß kleinbis mittelwüchsige fleischfressende Dinosaurier vermutlich in Rudeln jagten. So weisen an einer Fundstelle die Fährten von sechs solcher Mittelgewichtler alle in dieselbe Allgemeinrichtung, wenn sich auch zwei davon zweimal kreuzen. Im Gegensatz dazu rühren die im Canyon gefundenen Fährten größerer Fleischfresser – wahrscheinlich Tyrannosaurier – von einzelnen Tieren oder höchstens von Paaren her. Keine einzige Fundstelle auf der Welt hat also bislang den Nachweis erbracht, daß auch die größeren Fleischfresser in Rudeln jagten.

Aus Fußabdrücken läßt sich auch ablesen, wie schnell das Tier damals gelaufen war. Doch ist bei der Interpretation Vorsicht geboten. Wie problematisch sie sein kann, zeigen Dinosaurierspuren, die Anfang der sechziger Jahre in einem englischen Steinbruch bei Horsten in Dorset entdeckt wurden. Dort treten die Purbeck-Schichtfolgen aus der Unterkreide frei zutage. Was man auf der Steinbruchsohle fand, waren zwei parallel führende Spuren einer zweifüßigen Pflanzenfresserart. Zunächst deutete man sie als die Fährte eines einzelnen Dinosauriers. Die mäßige Schrittlänge sprach dafür, daß sich das Reptil recht schwerfällig bewegt hatte, und ein Wissenschaftler schlug sogar vor, das Tier sei langsam einen damals wohl vorhandenen Abhang hinaufgeklettert, weil es deutlich sein Gewicht auf die Fußballen verlagert habe. Dieses Bild paßt gut zu der damaligen Vorstellung von den trägen, sich nur langsam bewegenden Dinosauriern. Als man jedoch die Steinbruchsarbeiten vorantrieb, zeigte sich, daß die beiden Spuren auseinanderführten; sie stammten also nicht von einem einzigen, langsam bergauf kletternden Tier, sondern von zwei viel schnelleren Dinosauriern, die möglicherweise nebeneinander liefen.

Die Spuren am Peace River machen deutlich, daß einige Dinosaurier recht gute Läufer waren. Wie schnell sie vorankamen, läßt sich mit einer von R. McNeill Alexander von der Universität Leeds entwickelten Methode aus dem Trittmuster und dem Abstand zwischen den einzelnen Fußabdrücken berechnen. Die größte Geschwindigkeit erreichten danach am Peace River gewisse mittelgroße Fleischfresser: immerhin 16,5 Kilometer pro Stunde. Ein Mensch kann über eine längere Strecke auch nicht viel schneller laufen. Die anderen Raubdinosaurier waren nicht so gut zu Fuß. Sie brachten es bis auf 6 bis 8,5 Kilometer pro Stunde. Noch langsamer liefen die Pflanzenfresser. Ihre Höchstgeschwindigkeit reichte mit 6 Kilometer pro Stunde gerade an die niedrigste der Fleischfresser heran.

Alles in allem zeigen die jüngsten Untersuchungen von Trittspuren, daß die lange vorherrschende Vorstellung von den eigenbrötlerischen Dinosauriern, die plump und träge, ja sogar dümmlich durchs Leben schritten, keineswegs der Wahrheit entspricht. Würde man die versteinerten Fußspuren anderer Landwirbeltiere – etwa von Amphibien, weiteren Reptilien und Säugetieren aus den Anfängen der Erdneuzeit – genauso gründlich untersuchen, so käme wahrscheinlich auch einiges über deren Verhalten ans Licht, was unsere überkommenen Vorstellungen ins Wanken brächte. Stehen wir bei der Erforschung fossiler Fußspuren am Beginn einer Renaissance? Auf jeden Fall läßt sich wohl mit einiger Sicherheit sagen, daß dieses Feld der Forschung in den kommenden Jahrzehnten eines der aufregendsten der Paläontologie sein wird.

Die fliegenden Saurier

Flugsaurier beherrschten mindestens 140 Millionen Jahre lang den Luftraum der Erde, bis sie vor 65 Millionen Jahren dem großen Sauriersterben zum Opfer fielen. Aus fossilen Funden lassen sich das Aussehen und die Lebensweise dieser Tiere rekonstruieren.

Von Peter Wellnhofer

Im Jahr 1784 veröffentlichte Cosmus Collini, der Vorsteher des Kurpfälzischen Naturalienkabinetts in Mannheim, die Beschreibung einer merkwürdigen Versteinerung: Er berichtete über das Skelett eines „fossilen Tieres einer besonderen Gattung“, das auf einer Platte aus den Steinbrüchen von Eichstätt in Bayern erhalten sei (Bild 2). Es war das Gerippe eines „heute gänzlich unbekannten“ Wirbeltieres mit einer langen, mit Zähnen bewehrten Schnauze, einem langen kräftigen Hals, Krallen an Händen und Füßen und eigenartigen, langen Knochen an den Vorderarmen, deren Funktion Collini Rätsel aufgab. Er ordnete es schließlich unter den Meerestieren ein, ohne sich näher festlegen zu können.

Dem genialen George Cuvier (1769 bis 1832) war es vorbehalten, in diesem Fossil das Skelett eines ausgestorbenen Reptils, eines Sauriers, zu erkennen. Die langen Knochen erklärte er als stark verlängerte Fingerglieder, an denen eine Flughaut ausgespannt werden konnte, eine Annahme, die erst 1874 durch den Fund von Flughautabdrücken bestätigt wurde. Cuvier, durch die von ihm entwickelte Methode der Vergleichenden Anatomie der eigentliche Begründer der Wirbeltierpaläontologie, gab dem Saurier 1809 den Namen *Pterodactylus,* was soviel heißt wie „Flugfinger“.

Zu dieser Zeit kannte man nur wenige fossile Reptilien. Die Annahme, es könne fliegende Saurier gegeben haben, erregte daher bei den Zoologen und Paläontologen des frühen neunzehnten Jahrhunderts großes Aufsehen. Und wie nicht anders zu erwarten, zweifelte man Cuviers Deutung vielfach an. Das tat vor allem der Münchener Anatom Samuel Thomas von Soemmerring, ein ungewöhnlich vielseitiger Gelehrter, der damals als Professor für Anatomie und Chirurgie auch Leibarzt des ersten bayerischen Königs, Maximilian Joseph, war. Als Mitglied der Königlich Bayerischen Akademie der Wissenschaften hatte er Zugang zu der von Collini und Cuvier beschriebenen Versteinerung, die mit der Verlegung der Residenz des pfälzischen Kurfürsten Karl Theodor nach München gekommen war. Soemmerring widmete diesem „fossilen Gerippe“ eine Abhandlung (1812) und fand es „... umso interessanter ..., weil es einen ebenso neuen, als merkwürdigen Übergang von der Classe der Säugetiere zu der Classe der Vögel aufdeckt.“ Sein Ergebnis lautete: „Das fossile Gerippe, welches gegenwärtiger Kalkschiefer uns aus der Vorwelt überliefert, gehörte einem fledermausähnlichen Tiere an.“ Soemmerring nennt es *„Ornithocephalus“* (= Vogelkopf). Die vermeintliche Ähnlichkeit mit dem Fliegenden Hund und das Vorkommen von „coromandel'schen Fischen, molukkischen Krebsen und südindischen Würmern“ in denselben „Sohlenhofer Kalkschiefern“ läßt ihn zu der Überzeugung gelangen, daß zu Lebzeiten dieses *„Ornithocephalus“* die heutige Donaugegend von Meer bedeckt war und ein „heißes, südindisches Klima“ gehabt habe.

Andere Naturforscher der Zeit, zum Beispiel der Göttinger Anatom Blumenbach, hielten *Pterodactylus* für einen Wasservogel. Der Münchener Zoologe Wagler ordnete ihn 1830 zusammen mit Ichthyosauriern und Plesiosauriern in eine eigenständige Wirbeltierklasse ein, die zwischen Vögeln und Säugetieren stehen sollte. Wagler versuchte die erste Rekonstruktion eines lebenden Flugsauriers, derzufolge *Pterodactylus* ein Tier war, das wegen seiner flossenförmigen Füße im Wasser lebte und die Flügel nach Art der Pinguine als Ruderorgane benutzte.

Um diese Zeit hatte man nicht nur in den Eichstätter und Solnhofener Plattenkalkbrüchen (geologisches Alter: Oberjura, etwa 150 Millionen Jahre) neue Flugsaurier gefunden, sondern auch in Franken und England. So beteiligten sich englische Forscher zunehmend an der wissenschaftlichen Diskussion über das Wesen dieser sonderbaren Tiere. Der englische Zoologe Edward Newman sah in ihnen fledermausartige, behaarte Beuteltiere von denen er ein phantasievolles Lebensbild entwarf, und vermutete, „daß das Geschlecht möglicherweise noch existiert; daß Vertreter der fossilen Pterodactylen noch unter den Fledermäusen der Tropen gefunden werden könnten.“ Diese Vermutung ließ der englische Schriftsteller und Schöpfer des Sherlock Holmes, Arthur Conan Doyle, Wirklichkeit werden. In seinem Roman „The Professor Challenger Stories. The Lost World“ stoßen vier englische Forscher in einem abgelegenen Winkel Südamerikas auf lebende Pterodactylen der Jurazeit, die ihnen „mit ihren riesigen lederartigen Flügeln, ihrem langen, schlangenartigen Hals, ihren roten, wilden und gierigen Augen und ihrem großen, klaffenden Schnabel voll winziger, blitzender Zähne" Schrecken einjagen.

Heute wissen wir, daß die Flugsaurier dem großen Sauriersterben an der Wende Kreide/Tertiär vor 65 Millionen Jahren zum Opfer gefallen sind (Bild 1). Sie hatten seit der jüngeren Triaszeit, also mindestens 140 Millionen Jahre lang, den Luftraum der Erde beherrscht. Nach ihnen besetzte die bunte Vielfalt der Vögel die freigewordene ökologische Nische.

Was waren die Flugsaurier nun wirklich für Tiere? Waren sie Reptilien, oder gehörten sie einer eigenen Wirbeltierklasse an? Waren sie Warmblüter? Welche Körperbedeckung hatten sie? Wie gut konnten sie fliegen, wo und wovon ernährten sie sich? Kennen wir ihre Vorfahren, und warum starben sie aus? Dem Paläontologen, der sich mit den Lebewesen vergangener Erdzeitalter befaßt, liegt heute eine Vielfalt von Funden und Untersuchungen vor, die es erlauben, auf einige dieser Fra-

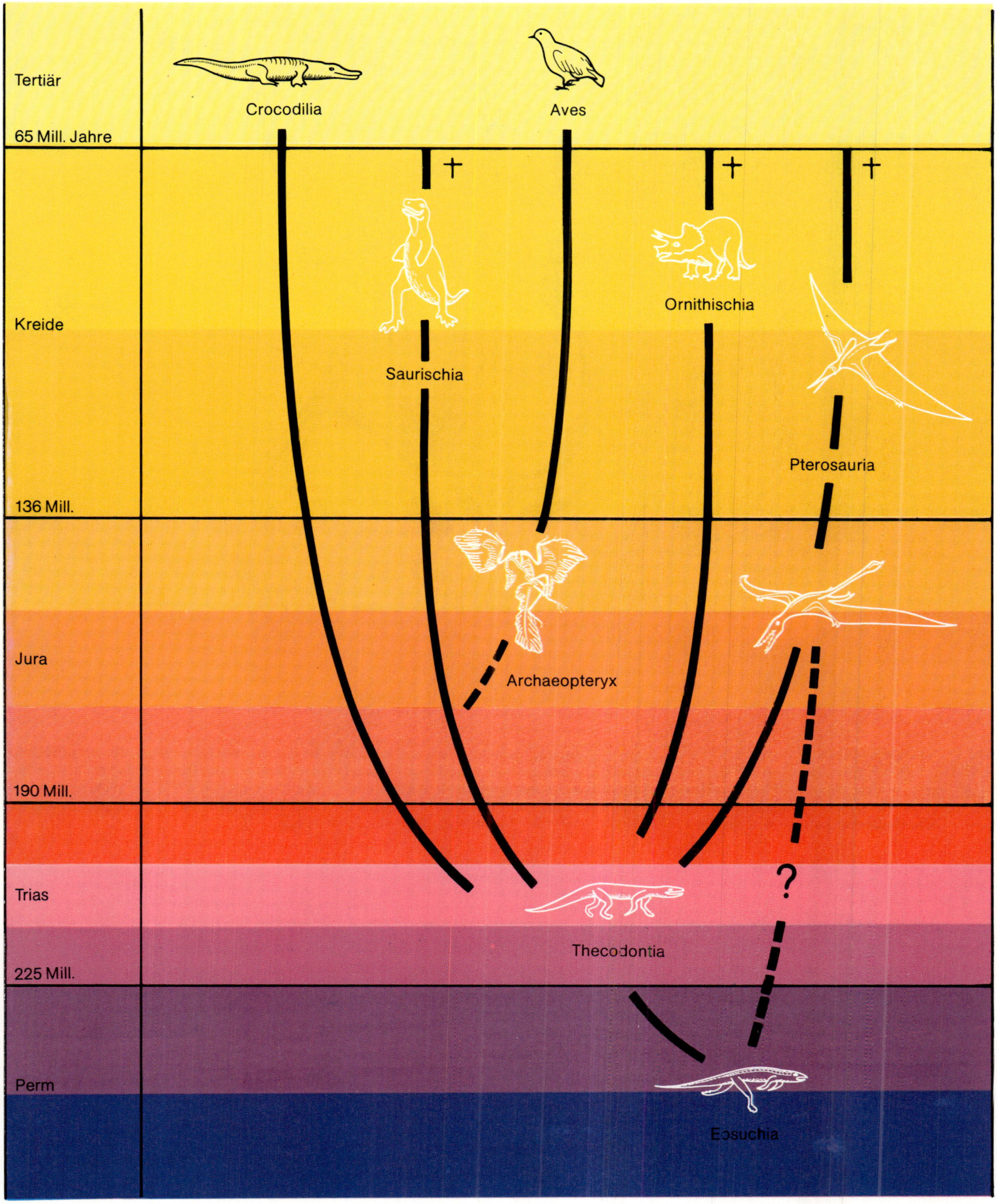

Bild 1: Stammbaum der Archosaurier. Nach herrschender Auffassung stammen die Krokodile, die Dinosaurier-Ordnungen *Saurischia* und *Ornithischia* sowie die Flugsaurier *(Pterosauria)* von Thecodontiern der Trias ab. Kein bekannter Thecodontier kommt jedoch als Ahne in Betracht. Deshalb muß auch eine gesonderte Abstammung der Flugsaurier von den Vorfahren der Archosaurier, den Eosuchiern des Perm, in Erwägung gezogen werden. Die Vögel *(Aves)* sind nicht mit den Flugsauriern verwandt, sondern stammen mit ziemlicher Sicherheit von Saurischier-Dinosauriern ab. Bis auf die Krokodile starben alle Archosaurier am Ende der Kreidezeit aus.

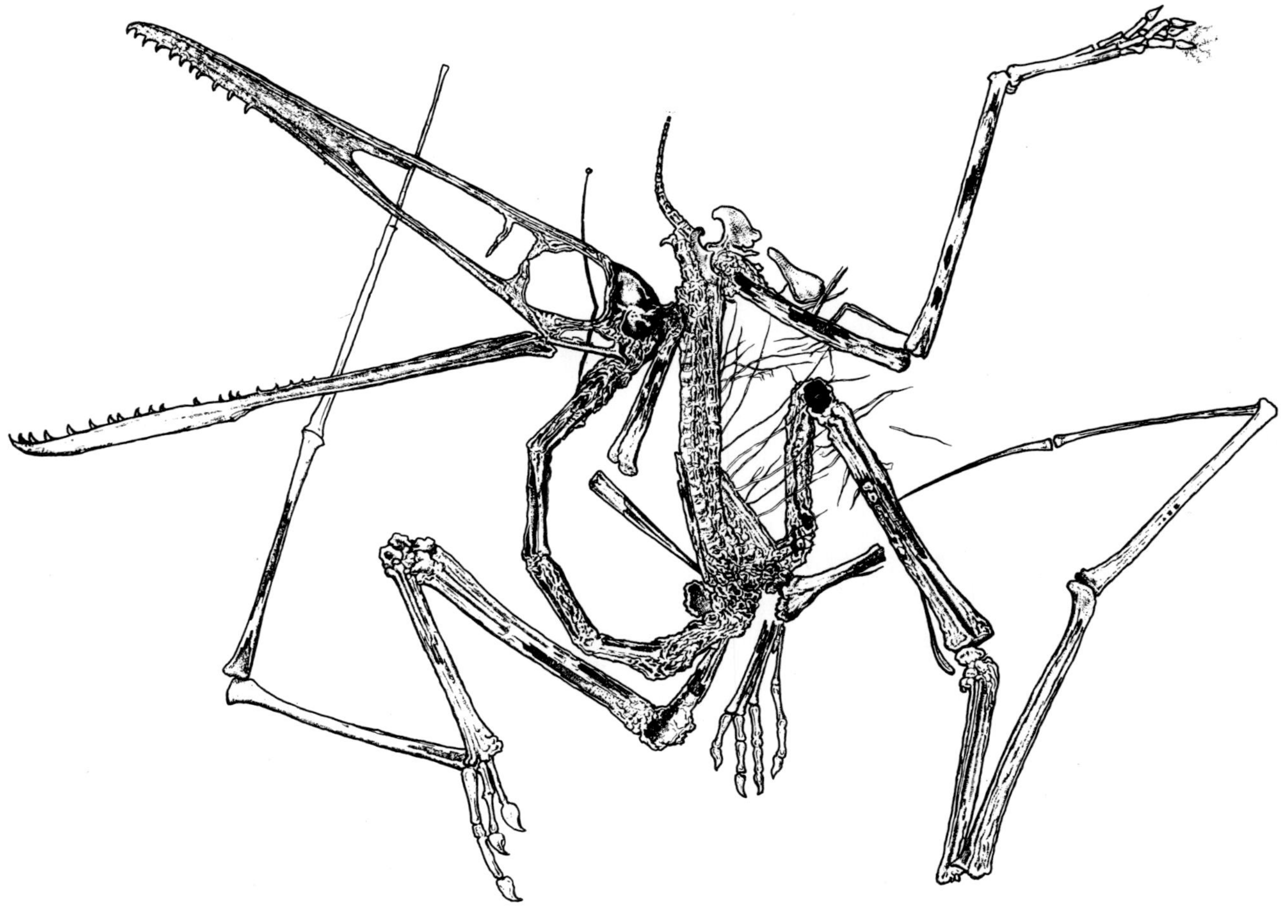

Bild 2: Der erste Fund eines Flugsauriers (Reproduktion eines Kupferstichs von 1784). Das Fossil wurde in den Oberjura-Plattenkalken von Eichstätt in Bayern entdeckt. George Cuvier erkannte als erster, daß es sich um einen fliegenden Saurier handeln müsse und nannte ihn 1809 *Pterodactylus* (= Flugfinger). Samuel Thomas von Soemmerring hielt ihn für eine Fledermaus und gab ihm 1812 den Namen *Ornithocephalus* (= Vogelkopf). Das Skelett ist fast vollständig erhalten, der lange Hals ist zurückgekrümmt. Deutlich sind die beiden langen Flugfinger zu sehen, am rechten Arm (im Bild links) auch die drei kleinen bekrallten Finger.

gen eine plausible Antwort zu geben. Manches freilich muß Hypothese und Spekulation bleiben. Dennoch werden wir sehen, daß die Flugsaurier zu den faszinierendsten Tieren gehörten, die je unseren Planeten bevölkert haben.

Körperbau

Ohne die Funde fossiler Knochen- und Skelettreste in Gesteinen der Trias-, Jura- und Kreidezeit wäre uns die Existenz der Flugsaurier gänzlich unbekannt, denn niemals hat eines Menschen Auge diese Tiere erblickt. Mehr als sechzig Millionen Jahre trennen sie von den ersten menschenähnlichen Wesen. Fossil erhalten bleiben in der Regel nur die Hartteile von Organismen: Knochen, Zähne, Schalen, Gehäuse oder Panzer. Unter günstigen Umständen findet man allerdings auch Abdrücke der Körperoberfläche, Ausgüsse der Gehirnhöhle und die Fußabdrücke landlebender Vierfüßer.

Aus den bisherigen Funden geht hervor, daß die Flugsaurier eine große Formenvielfalt erreichten, daß ihr Skelett aber trotzdem einen generellen Bauplan aufwies, der sie zu einer gut abgrenzbaren Wirbeltiergruppe macht. Am auffallendsten sind die vorderen Gliedmaßen gestaltet: Sie haben sich zu Flugarmen entwickelt. Anders als bei den Vögeln und später bei den Fledermäusen ist hier nur ein Finger der Hand extrem verlängert (Bild 3). Es ist der vierte Finger, während der fünfte Finger fehlt und die drei ersten kurz geblieben sind und kräftige Krallen tragen. Die Verlängerung des vierten Fingers zum Flugfinger vollzog sich in der Weise, daß jedes Fingerglied ein starkes Längenwachstum erfuhr. Zwischen den Gliedern bestand eine sehr straffe Verbindung, so daß sie nicht gegeneinander abgewinkelt werden konnten. Lediglich zwischen dem ersten Flugfingerglied und dem ihm entsprechenden Mittelhandknochen war eine Beugung möglich. Das Gelenk besteht aus einer geschüsselten Doppelgelenkfläche am Flugfingerglied, der das als Doppelrolle ausgebildete Ende des Mittelhandknochens gegenübersteht. Dieses Rollengelenk ist etwas schräggestellt, so daß sich das Zurückklappen des Flugfingers mit einer Schraubdrehung verband. Auf diese Weise war der in seiner Ruhestellung zusammengefaltete Flügel geschützt, weil nur seine knöcherne Vorderkante nach unten wies und nicht die verletzliche Flughaut. Wie sehr die Flugsaurier an die fliegende Lebensweise angepaßt waren, sieht man am Größenunterschied zwischen den Flugarmen und den Hinterbeinen: Alle Knochen der vorderen Gliedmaßen sind kräftig entwickelt. Der Oberarmknochen besitzt weit ausladende Fortsätze für die Anheftung starker Flugmuskeln, die – ebenso wie heute bei den Vögeln – an einer breiten, vorn gekielten Brustbeinplatte entsprangen. Die Teile des Schultergürtels (Schulterblatt und „Rabenschnabelbein") sind verschmolzen und bilden ein starkes Widerlager für das Oberarmgelenk. Bei den großen Flugsauriern der Kreidezeit sind die ersten drei bis acht Rückenwirbel verwachsen, so daß ein einheitlicher Komplex zur Stützung und Verankerung des Schultergürtels entsteht. Die Hinterbeine sind dagegen schwächer entwickelt und scheinen besonders bei den großen Tieren der Kreidezeit allein nicht mehr in der Lage gewesen zu sein, das Körpergewicht zu tragen. Überdies war der hinter der Gelenkpfanne liegende Teil des Bekkens verkürzt und bot für eine starke hintere Beinmuskulatur, die einen zweibeinigen Stand mit aufgerichtetem Körper ermöglicht hätte, nicht genügend Fläche. Die Tiere bewegten sich daher – wie Fährtenfunde zeigen – vierfüßig, wenn sie sich auf dem Boden befanden. Die Flugfinger wurden dabei zurückgeschlagen, so daß die Last des Vorderkörpers auf den drei kleinen, frei beweglichen Fingern der Hände ruhte. Die Füße wurden mit der ganzen Sohle aufgesetzt. Es ist klar, daß diese Art der Fortbewegung recht langsam und schwerfällig gewesen sein muß.

Die Körper der Flugsaurier waren verhältnismäßig klein. *Pteranodon* zum Beispiel hatte bei einer Flügelspannweite von 7 Metern die Körpergröße eines Albatros. Der Hals war kräftig und lang, der Schädel sehr groß. Die Tendenz, Gewicht zu sparen, ist bis zum Extrem gesteigert: Alle Langknochen sind hohl und dünnwandig. Auch die Wirbel weisen Hohlräume auf. Bei den großen Flugsauriern der Kreidezeit findet man an den Langknochen kleine Öffnungen. Sie treten auch bei den heute lebenden Vögeln auf und ermöglichen es Luftsäcken, die mit den Lungen in Verbindung stehen, in das Innere des Knochens einzutreten und ihn auszukleiden. So wird eine wirkungsvolle Sauerstoffversorgung gewährleistet. Ähnliche Luftsäcke nehmen wir bei den fortgeschritteneren Flugsauriern an, allerdings ohne entscheiden zu können, ob sie eine vogelartige Lunge besaßen. Der langgestreckte Schädel wies viele Durchbrüche auf und bestand bei manchen Gattungen nur aus einem knöchernen Spangenwerk (Bild 4). Die Augenöffnungen waren meist sehr groß und hatten nicht selten einen knöchernen Augenring, der wie bei den heutigen Vögeln das Auge zusätzlich schützte. Die Nasenöffnungen lagen weit zurück. Der Geruchssinn dürfte unterentwickelt, das Sehvermögen dagegen hervorragend gewesen sein, was durch die Gehirnstruktur bestätigt wird, soweit sie sich aus der Gestalt der Gehirnhöhle rekonstruieren läßt.

Faßt man alle Funde zusammen, so erkennt man zwei Gruppen von Flugsauriern:

1. Die erstmals in der höheren Trias (vor etwa 200 Millionen Jahren) auftretenden *Rhamphorhynchoidea* (Bild 5). Sie erlebten ihre Blütezeit im Jura und starben am Ende dieser Periode vor unge-

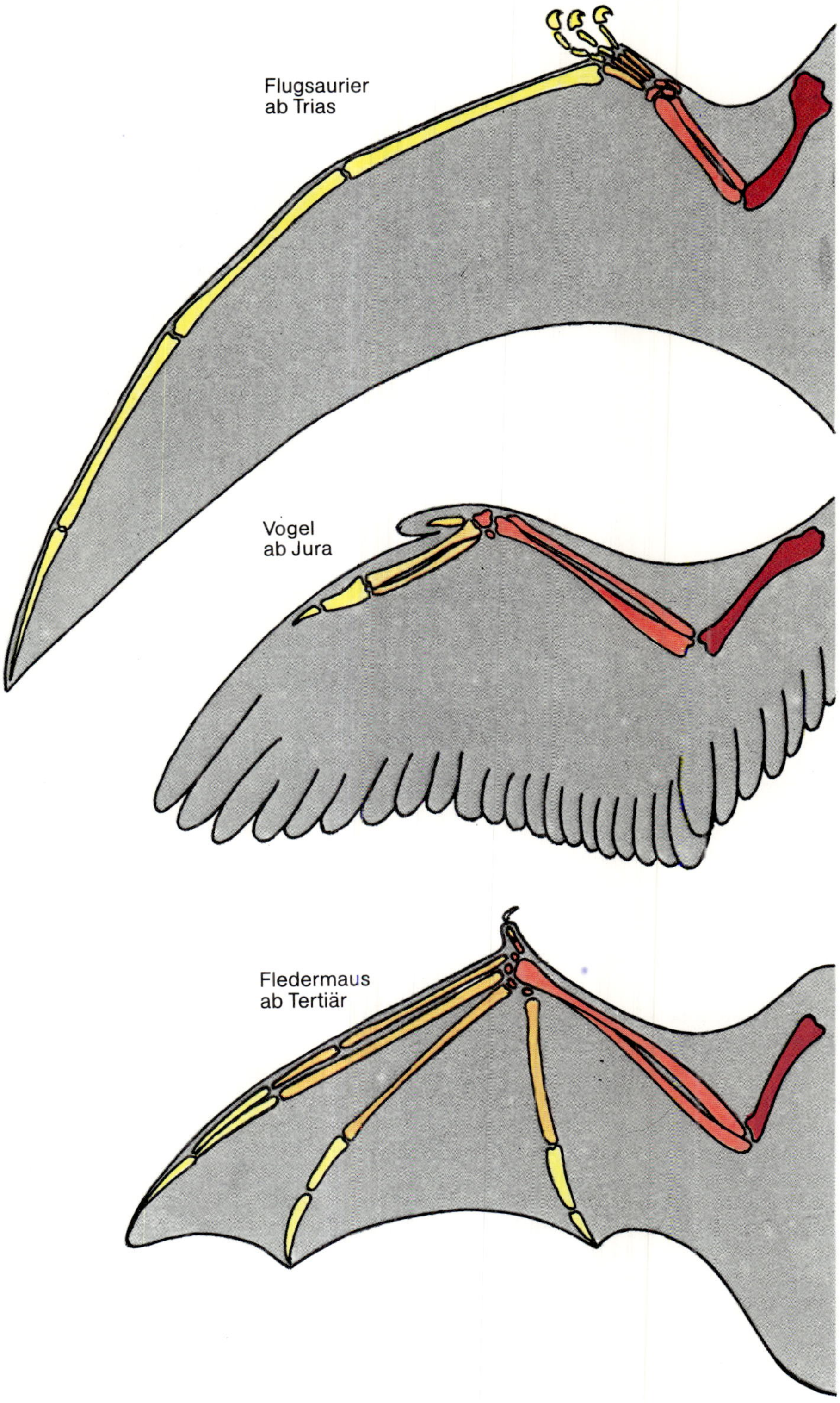

Bild 3: Reptilien, Vögel und Säugetiere erwarben die Flugfähigkeit auf verschiedene Weise, unabhängig voneinander und zu verschiedenen geologischen Zeiten. Bei den Flugsauriern bildete der verlängerte vierte Finger einen Holm zur Anheftung einer in sich verstärkten Flughaut. Die ersten drei Finger dienten als „Haken" zum Festklammern. Bei den Vögeln sind die Mittelhandknochen und Fingerglieder verwachsen und zurückgebildet. Die Flügelfläche wird durch Schwungfedern gebildet, die in der Haut des Hand- und Armskeletts stecken und teils im Knochen selbst verankert sind. Bei den Fledermäusen ist die Flugfläche eine elastische, zwischen mehreren verlängerten Fingern ausgespannte Haut.

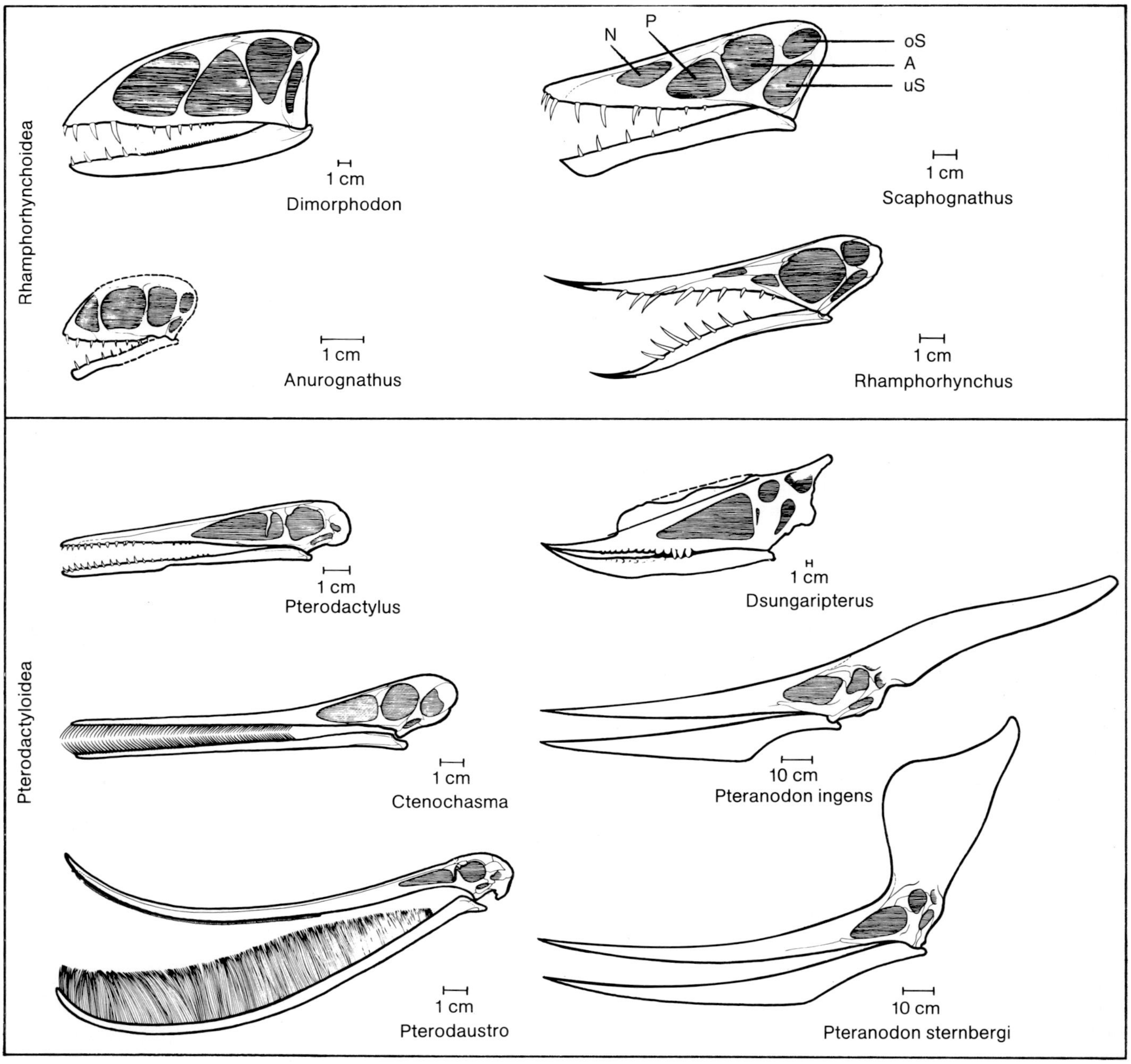

Bild 4: Die Vielfalt der Flugsaurier erkennt man an den Schädelformen einiger Gattungen. Zu den langschwänzigen *Rhamphorhynchoidea* gehören *Dimorphodon* (Unterjura, England) sowie *Anurognathus*, *Scaphognathus* und *Rhamphorhynchus* (Oberjura, Bayern). Als Vertreter der kurzschwänzigen *Pterodactyloidea* sind hier wiedergegeben: *Pterodactylus* und *Ctenochasma* (Oberjura, Bayern), *Pterodaustro* (Oberjura/Unterkreide, Argentinien), *Dsungaripterus* (Unterkreide, China) sowie *Pteranodon* (Oberkreide, Kansas). Die Buchstaben bedeuten: A = Augenöffnung, N = Nasenöffnung, P = Präorbitalöffnung, oS und uS = obere und untere Schläfenöffnung.

fähr 135 Millionen Jahren aus. Sie besaßen als auffallendstes Kennzeichen einen langen Wirbelschwanz. Alle ihre Vertreter waren bezahnt.

2. Die erstmals im Oberjura (vor etwa 150 Millionen Jahren) auftretenden *Pterodactyloidea*. Ihr Hauptmerkmal ist der extrem kurze Schwanz (Bild 6). Sie unterscheiden sich von den *Rhamphorhynchoidea* durch die Länge ihrer Mittelhand, die Länge des Halses, die Lage des Hinterhauptgelenkes und einige andere Merkmale im Skelett. Sie erlebten in der Kreidezeit (vor 135 bis 65 Millionen Jahren) ihre Blüte, brachten in der Oberkreide gigantische, zahnlose Formen mit vielen Metern Flügelspannweite hervor und starben am Ende der Kreidezeit ohne Nachkommen aus.

Flughäute

Aus den Funden von Solnhofen und Eichstätt geht hervor, daß jeder der beiden Flügel eines Flugsauriers von einer Haut gebildet wurde, die an der Hinterseite von Oberarm, Unterarm, Mittelhand und Flugfinger angeheftet war und sich zur Körperflanke hin ausdehnte. Es gibt keine Anhaltspunkte dafür, daß sich die Flughäute bis zu den Füßen erstreckten, wie das in vielen Rekonstruktionen angenommen wird. Vielmehr dürften die Flügel im ausgebreiteten Zustand schmal und sensenförmig gewesen sein, und die Hinterbeine blieben frei beweglich. Möglicherweise besaßen die kurzflügeligen Formen etwas breitere Flughäute. Aus den oft sehr scharfen Abdrücken, welche die Flughäute im Gestein hinterlassen haben, ist zu ersehen, daß sie von derber, lederartiger und zäher Beschaffenheit gewesen sein müssen. Es ist auffallend, daß selbst bei stark zerfallenen Skeletten die Flugarme oft noch ihre natürlichen Ge-

Bild 5: *Rhamphorhynchus,* **Oberjura, Eichstätt. Oben einer der vollständigsten Skelettfunde mit Abdrücken der Flughaut (Original im Senckenberg-Museum in Frankfurt). Die Flügelspannweite des Tieres betrug etwa einen Meter. Mitte: Nachbildung des Skeletts in Fluglage. Dieses Modell diente als Grundlage für das unten dargestellte Lebensbild, das die Flugsituation beim Herabstoßen auf die Beute zeigt.**

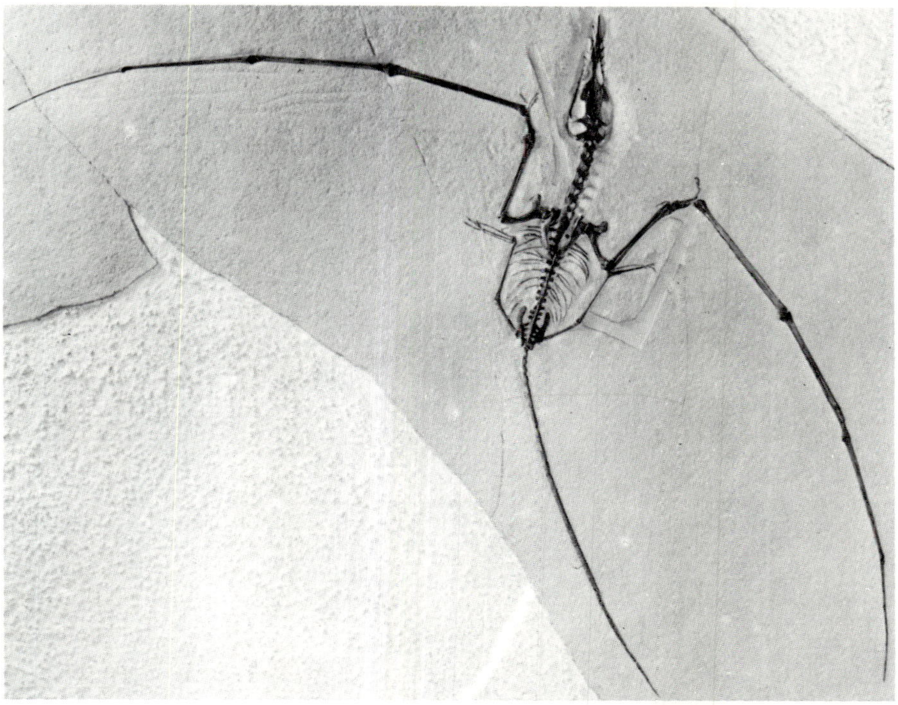

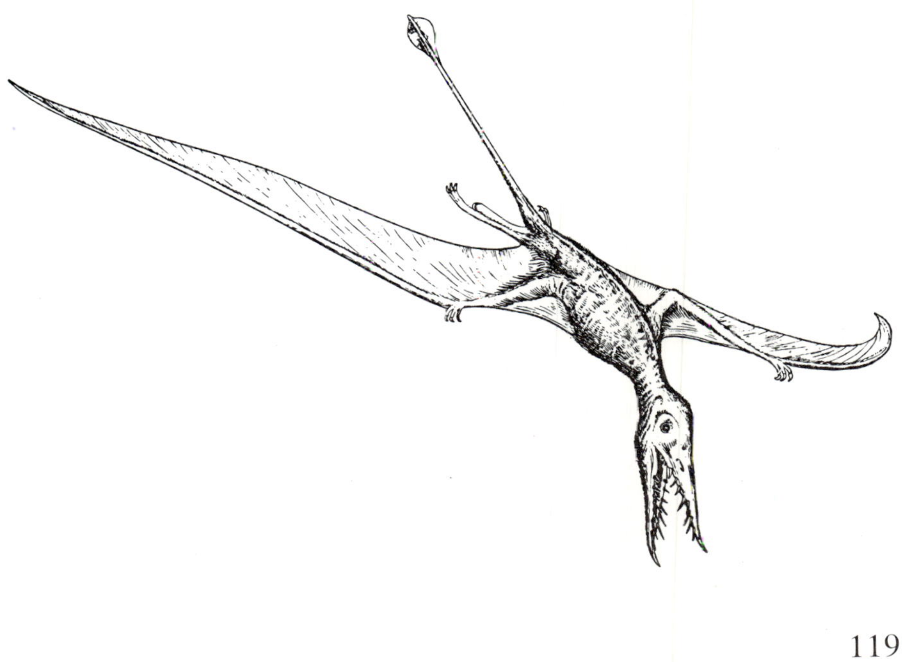

lenkverbindungen aufweisen und daß gut erhaltene Flugarme auch einzeln, also ohne andere Skelettreste vorkommen (Bild 7). Das läßt den Schluß zu, daß die Flughäute der Verwesung weit länger widerstanden haben, als die übrigen Weichteile des Körpers.

Ganz anders als bei den Fledermäusen ist die Hauptflughaut der Flugsaurier durch zahlreiche elastische Fasern verstärkt (Bild 8). Diese Fasern sind etwa 0,05 Millimeter dick und durchsetzen die Flughaut in dichter Anordnung in Längs- bis Schrägrichtung. Sie beginnen parallel zu den Fingergliedern und verlaufen zunehmend schräg zum hinteren Rand der Flughaut. Zum Körper hin bilden sie mit dem Flügelrand immer steilere Winkel. Ihr gegenseitiger Abstand beträgt sehr gleichmäßig 0,2 Millimeter, so daß auf einer Breite von fünf Millimeter Flughaut etwa 25 Fasern zu zählen sind. Diese bis zum Flügelrand gleichmäßige Dichte entsteht, indem immer neue Fasern zwischengeschaltet werden. Wahrscheinlich ließen sich die Flügel quer zu diesem Verstärkungssystem nicht falten. Das beweisen alle Fossilfunde, in denen man die Flügel gewöhnlich im entspannten oder zusammengefalteten Zustand antrifft. Das Fasersystem dürfte aus aerodynamischen Gründen wichtig gewesen sein. Es verhinderte ein Flattern der Flügelhaut beim Fliegen, vor allem an ihrem Hinterrand.

Neben der Hauptflughaut besaßen die Flugsaurier in der Beuge zwischen Ober- und Unterarm eine kleine, dreieckige Flugmembran, die sich gegen den Halsansatz hin ausdehnte (Bild 5). Ihr Vorderrand wurde von einem kleinen Knochenstab, dem Pteroid, verstärkt, der sein Gelenk in der Handwurzel hatte und zum Unterarm hin angewinkelt werden konnte (Bild 6). Wahrscheinlich war dieser Knochenstab über eine Sehne entlang des Vorderrandes der Flugmembran mit einem Muskel verbunden, der vor den Flügeln an den Rippen oder am Brustbein entsprang, die Membran nach unten hielt und damit die Wölbung der Hauptflughaut nach vorn fortsetzte (Bild 5). Außerdem konnte ein solcher Muskel den Flügel während des Fluges nach vorn und das Ellenbogengelenk gebeugt halten.

Wahrscheinlich befand sich eine dritte Flughaut an den Innenseiten der Hinter-

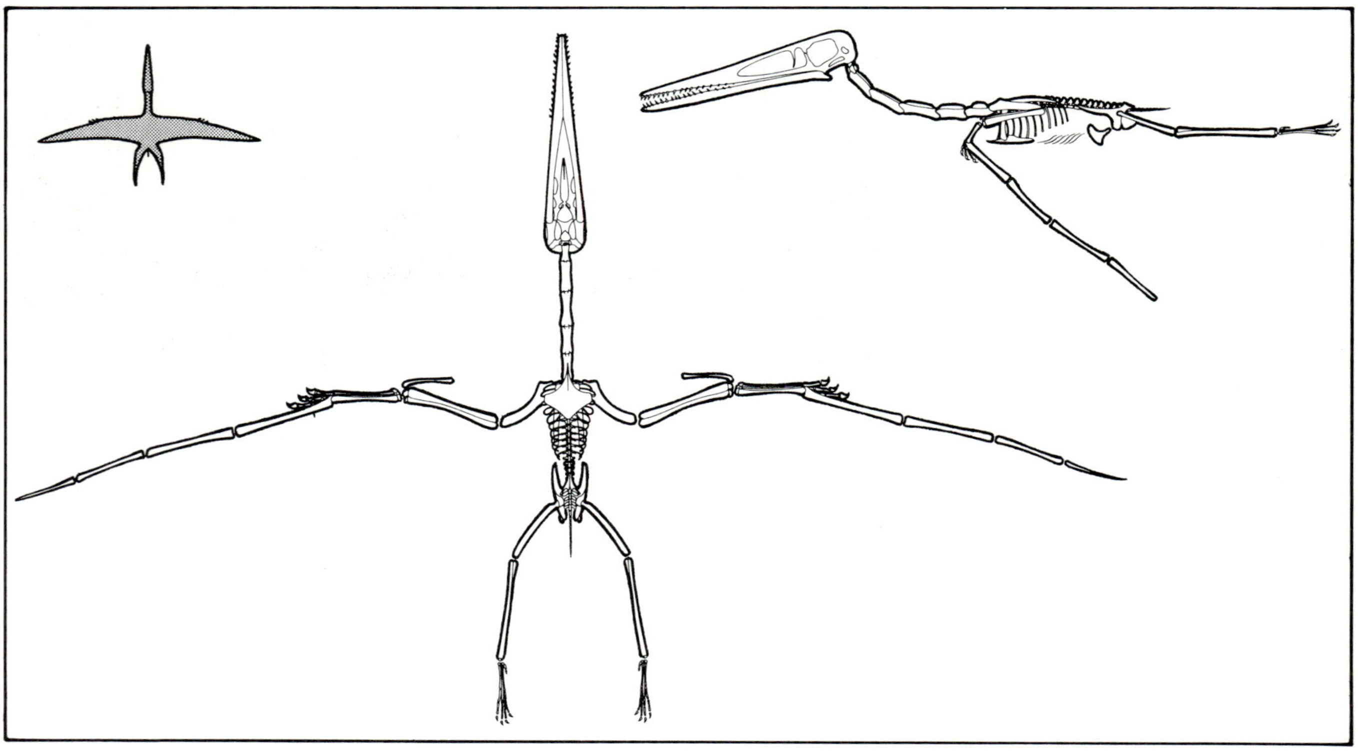

Bild 6: *Pterodactylus,* **Oberjura, Eichstätt. Oben links: Eines der schönsten Exemplare aus den Solnhofener Schichten mit erhaltener Flughaut (Original in der Bayerischen Staatssammlung für Paläontologie und historische Geologie, München). Die Flügelspannweite des Tieres betrug 46 Zentimeter. Unten: Skelettrekonstruktion in Fluglage von unten und von der Seite gesehen. Außerdem ist stark verkleinert unten links die Flugsilhouette angedeutet. Zu beachten ist die im Vergleich zu** *Rhamphorhynchus* **(Bild 5) unterschiedliche Kopfhaltung. Rechts oben: Lebensbilder eines in Ruhelage an den Füßen hängenden und eines fliegenden** *Pterodactylus***.**

Bild 7: Isoliert gefundener Flugarm eines *Rhamphorhynchus*. Die Länge des gestreckten Flügels betrug 50 Zentimeter. Deutlich hat sich die entspannte, gefaltete Flughaut abgedrückt. Die in die Flughaut eingelagerten Verstärkungsfasern laufen schräg zum unteren Rand des Flügels, der quer zu den Fasern nicht gefaltet werden konnte. Der Rahmen kennzeichnet den in Bild 8 gezeigten Ausschnitt.

beine gegen den Schwanzansatz hin (Bild 5). Es ist ungewiß, ob dieser schmale Hautsaum bei den langschwänzigen Formen, den *Rhamphorhynchoidea*, von der langen, abgewinkelten fünften Zehe gestützt und gespannt wurde. Die kurzschwänzigen Formen, die *Pterodactyloidea*, besitzen keine lange fünfte Zehe, scheinen aber, nach den Hautabdrücken zu urteilen, auch eine schmale hintere Flughaut gehabt zu haben. Der lange Schwanz der *Rhamphorhynchoidea* blieb frei von Flughaut. Lediglich bei der Gattung *Sordes* aus dem Oberjura von Kasachstan scheint zwischen den Hinterbeinen eine große Flughaut ausgespannt gewesen zu sein.

Der Schwanz von *Rhamphorhynchus*, der etwa dreimal so lang wie der Rumpf war, endete in einem annähernd rhombischen, lanzettförmigen oder dreieckigen Hautsegel (Bild 5). Es war etwas asymmetrisch und läßt bei guter Erhaltung breite, quer verlaufende Verstärkungszonen erkennen, steife elastische Leisten, die das Segel ausgespannt hielten. Über die Stellung dieses Schwanzsegels ist man unterschiedlicher Meinung. War es senkrecht oder waagrecht orientiert? Der Verhaltensforscher Erich von Holst suchte das Problem experimentell zu lösen: Er baute ein lebensgroßes Modell eines Flugsauriers, das mit Hilfe eines Gummimotors Flügelschläge ausführen konnte und sowohl zum aktiven Ruderflug als auch zu passivem Segelflug in der Lage war. Nur bei waagrechter Anordnung des Schwanzsegels konnte das Modell fliegen. Das Segel wirkte demnach als Höhensteuer. Da andererseits alle Beobachtungen an Fossilien für eine senkrechte Orientierung des Schwanzsegels sprechen, nahm von Holst an, daß sich der Schwanz der Tiere um 90 Grad drehen konnte. Freilich ist ein Modell kein lebendes Tier. Daß die Flugsaurier auch ohne Schwanzsegel flugfähig waren, beweisen die so erfolgreichen *Pterodactyloidea* (Bild 6). Der lange Schwanz der *Rhamphorhynchoidea* diente vielleicht mehr der Gleichgewichtsregulierung und der Stabilisierung der Fluglage bei raschen Richtungsänderungen.

Dieser Interpretation entspricht der Bau der Schwanzwirbelsäule. Die ersten fünf bis sechs der etwa vierzig Schwanzwirbel der *Rhamphorhynchoidea* sind noch frei beweglich. Die folgenden Wirbel werden zunehmend länger und schlanker und sind durch ein kompliziertes System von verknöcherten „Sehnen" versteift (Bild 9). Diese sind eigentlich die zu langen, dünnen Fäden ausgezogenen Gelenkfortsätze der Wirbel und die Fortsätze der Hämalbögen, die sich über mehrere Wirbellängen überlappen und verklammern. Ein Querschnitt durch den mittleren Schwanzabschnitt (Bild 9) weist 26 rückenseitige und 12 bauchseitige feine Knochenfäden auf. Sie verliehen dem Schwanz die Stabilität eines in sich versteiften, jedoch bis zu einem gewissen Grade elastischen Stabes. Während die Muskulatur im hinteren Schwanzabschnitt der *Rhamphorhynchoidea* vorwiegend parallel zur Schwanzachse verlief, setzten an den Querfortsätzen Muskelzüge an, die eine Beweglichkeit des Schwanzes auch in seitlicher Richtung ermöglichten.

Die Schwanzwirbelsäule der *Pterodactyloidea* besteht dagegen aus nur wenigen, kleinen, sich rasch verjüngenden Wirbeln, die nicht untereinander versteift sind. Der kurze Schwanz dieser Tiere war für den Flug offenbar ohne Bedeutung.

Flugfähigkeit und Ernährungsweise

Die weitaus meisten Flugsaurier wurden in marinen Ablagerungen gefunden. Das liegt zum Teil daran, daß Fossilien hier generell besser erhalten bleiben als auf dem Festland, zum Teil aber sicher auch daran, daß der Lebensraum der meisten Flugsaurier in der Nähe einer Meeresküste lag. Bei einigen Skeletten in den Solnhofener Schichten fanden sich Fischreste in der Magengegend (Bild 10). Auch in der Nähe des Kehlsacks des sehr großen *Pteranodon* aus der Niobrara-Kreide von Kansas hat man Überreste einer letzten Fischmahlzeit gefunden.

Die Jagd auf Fische, die mit der Schnauze im Fluge aufgegriffen wurden, verlangte ausgezeichnete Flugfähigkeiten. Dabei müssen die beiden Unterordnungen der Flugsaurier unterschiedliche Techniken entwickelt haben, denn sie unterscheiden sich nicht nur in der Länge des Schwanzes, sondern auch im Bau des Hinterhauptgelenkes. Bei den Rhamphorhynchoidea liegt der Gelenkkopf am Hinterhaupt ziemlich hoch, etwa in der Verlängerung der Schädellängsachse. Daraus resultiert eine gestreckte Kopfhaltung, die – unterstützt durch die robuste und gedrungene Halswirbelsäule – dem Tier den Charakter eines geflügelten, lebendigen Speers gegeben haben

Bild 8: Vergrößerter Ausschnitt der in Bild 7 gezeigten *Rhamphorhynchus*-Flughaut. Die Verstärkungsfasern treffen relativ steil auf den unteren Flügelrand und verhinderten ein Flattern der Flughaut während des Fluges.

muß (Bild 5). Bei den kurzschwänzigen Formen liegt das Hinterhauptsgelenk tiefer und ist mehr nach unten gerichtet, so daß die Schädellängsachse mit der Halswirbelsäule einen deutlichen Winkel bildet und der Kopf beim Fluge etwa so gehalten wurde, wie wir das vom Pelikan kennen (Bild 6). Zum Ergreifen von Fischen mußte der Kopf mit seinem langen, schlanken Hals nach vorn schnellen.

Rhamphorhynchus besaß mit seinen spitzen, gestreckten Kiefern, die nach vorn gerichtete, lange, scharfe Zähne trugen und mit Hornschnäbeln überzogen waren, ein ausgezeichnetes Fischerwerkzeug. Die Bezahnung der Flugsaurier gibt den besten Aufschluß über ihre Ernährungsweise. Einige Gattungen wie *Ctenochasma* und *Pterodaustro* (Bild 4) hatten regelrechte Reusengebisse entwickelt, das heißt diese Tiere waren Planktonfilterer. Der in Argentinien gefundene *Pterodaustro* besaß in seitlichen Längsrinnen des nach oben gebogenen Unterkiefers hunderte langer, elastischer „Zähne", die einen wirkungsvollen Seihapparat und Filterkorb bildeten. Kurzschädelige Arten mit breiter Mundspalte, wie der *Anurognathus* aus der Jurazeit (Bild 4), waren wohl vor allem Insektenfresser. Völlig zahnlos werden dann in der jüngeren Kreidezeit die Pteranodonten, von denen die größten Flügelspannweiten von sieben und mehr Metern erreichten.

Schon in der Unterkreide gab es Flugsaurier, die durch einen Knochenkamm am Hinterhaupt (den Parietalkamm) ausgezeichnet waren, so etwa *Dsungaripterus* aus China (Bild 4). Aber erst bei *Pteranodon* erreichte dieser Kamm eine enorme Ausdehnung mit zum Teil bizarren Formen. Man hat viel darüber diskutiert, welche Funktion diese nur wenige Millimeter starken Knochengebilde gehabt haben könnten. Der Schädel von *Pteranodon ingens* (Bild 11) ist 179 Zentimeter lang. Davon entfallen auf den nur drei Millimeter starken Parietalkamm 68 Zentimeter. Vermutlich wirkte dieser Knochenkamm wie eine Wetterfahne und diente der Stabilisierung des langen, schlanken Schädels oder als Steuerruder während des Fluges. Möglicherweise bildete er auch die Ansatzstelle starker Kiefermuskeln. Über der Meeresoberfläche fliegend, könnte *Pteranodon* mit seinem Unterkiefer das Wasser durchpflügt haben. Über die Muskeln, die den Unterkiefer heben, wäre dann eine starke Zugkraft am Schädel entstanden, die ein kräftiger Muskel vom Knochenkamm zum Hals neutralisieren mußte. Versuche mit Modellen von *Pteranodon*-Schädeln im Windkanal ergaben, daß der Kamm als solcher kaum als Steuer wirkte, sondern ein Gegengewicht zur Schnauze bildete und so eine Verringerung der Halsmuskelmasse ermöglichte, was wiederum das Fluggewicht herabsetzte. Möglicherweise war aber zwischen dem Parietalkamm und dem Körper eine vertikale Membran ausgespannt, die beim Kurvenfliegen eine Steuerungsfunktion besaß. Für diese Annahme spricht, daß bei den Pteranodonten auch Knochenkämme vorkommen, beispielsweise bei *Pteranodon sternbergi* (Bild 4), die weniger nach hinten als vielmehr nach oben und vorn gerichet waren und damit kein Gegengewicht zur Schnauze bilden konnten. Schließlich muß, da Auswüchse am Schädel auch bei einigen Dinosauriern vorkommen, auch eine Deutung als Sexual- oder Artsignal in Betracht gezogen werden.

Messungen im Windkanal lassen bei einem *Pteranodon* mit sieben Metern Flügelspannweite und einem Gewicht von ungefähr 15 Kilogramm auf eine Mindestfluggeschwindigkeit von 15 Metern pro Sekunde schließen. Ein Flügelschlag pro Sekunde sollte ihm bereits den Start vom Boden ermöglicht haben. Angesichts des kleinen Körpers und der relativ schwachen und kurzen Hinterbeine ist es allerdings wahrscheinlicher, daß die Pteranodonten von einem erhöhten Standort, etwa von einer Kliffkante aus, gestartet sind, wobei sie sicher auch den Wind ausgenutzt haben, denn schon bei einer

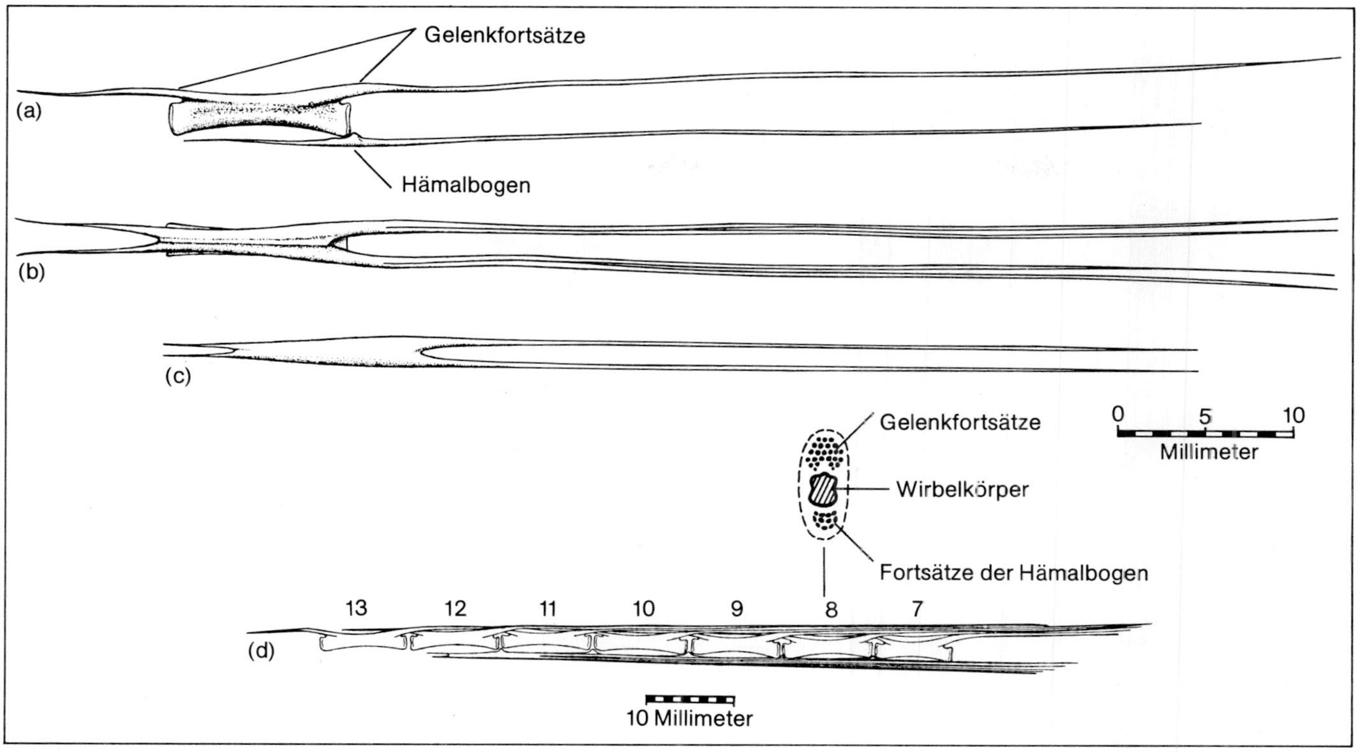

Bild 9: Der langgestreckte elfte Schwanzwirbel von *Rhamphorhynchus* mit den Gelenkfortsätzen und einem Hämalbogen, die lange knöcherne Strahlen („verknöcherte Sehnen") aussenden, (a) von der Seite, (b) von oben. (c) Hämalbogen von unten, (d) mittlerer Schwanzabschnitt (7. bis 13. Wirbel). Die langen, dünnen Wirbelfortsätze bewirken eine gegenseitige Verklammerung der Wirbel.

Windgeschwindigkeit von nur sieben Metern pro Sekunde brauchten sie lediglich die Flügel auszubreiten, um sich in die Luft zu erheben.

Bis vor kurzem glaubte man, daß mit *Pteranodon* die maximale Größe eines Flugtieres erreicht worden sei. Vergrößert man ein fliegendes Tier ohne Formänderung, so steigt seine Masse proportional zur dritten Potenz der Flügelspannweite, während die Flügelfläche nur proportional zum Quadrat der Spannweite wächst. Vor allem aber werden beim Ruderflug die Beanspruchungen am Flügelholm sehr groß, so daß hier die Festigkeit des Knochens der Vergrößerung der Spannweite eine Grenze setzt. Um so überraschender war es, daß man 1972 in Ablagerungen aus der jüngsten Kreidezeit im Big Bend National Park in West-Texas Knochen von Flugsauriern entdeckte, deren Flügelspannweite noch viel größer gewesen sein muß als bei *Pteranodon*. Planmäßige Grabungen förderten in den letzten Jahren die Skelettreste mehrerer Individuen zutage. Vom größten Exemplar liegt bis jetzt nur ein unvollständiger Flugarm vor. Der Oberarmknochen ist 52 Zentimeter lang (bei *Pteranodon ingens* 29 Zentimeter), der Abstand zwischen dem Oberende des Oberarmknochens und dem unteren Ende der Handwurzel beträgt 1,5 Meter. Dann erst folgen die längsten Knochen des Flügels: Der Mittelhandknochen und die vier Flugfingerglieder. Aus Vergleichen mit vollständigeren, aber kleineren Exemplaren berechnet man für die Flügelspannweite des größten Tieres einen Mittelwert von 15,5 Metern. Es war demnach mehr als doppelt so groß wie *Pteranodon ingens*. Die Gattung wurde *Quetzalcoatlus* benannt, nach der mexikanischen Gottheit Quetzalcoatl, die in Gestalt einer geflügelten Schlange verehrt wird.

Die Fundschicht im Big Bend National Park ist etwa siebzig Millionen Jahre alt und besteht aus tonigen und sandigen Ablagerungen eines ehemals weitverzweigten Flußsystems. Sie liegt vierhundert Kilometer landeinwärts von der damaligen Küste entfernt. Da Hinweise auf ausgedehnte Binnenseen fehlen, nimmt man an, daß *Quetzalcoatlus* ein Aasfresser war und aufgrund seiner sicherlich guten Segeleigenschaften die ökologische Nische einnahm, die heute die Geier besetzen.

Waren die Flugsaurier „echte" Reptilien?

Allen heute lebenden Reptilien, den Krokodilen, Eidechsen, Schlangen, Schildkröten und der neuseeländischen Brückenechse, ist gemeinsam, daß sie wechselwarm (poikilotherm) sind, daß sich ihre Körpertemperatur also nach der Temperatur der Umgebung richtet. Da die Intensität der Stoffwechselvorgänge von der Temperatur abhängt, wechselt auch die Lebhaftigkeit der Lebensäußerungen mit der Außentemperatur. Zum Teil sind Reptilien bei tiefen Temperaturen zu einem aktiven Leben überhaupt nicht mehr fähig. Sie sind daher heute auf die warmen und gemäßigten Klimazonen beschränkt. Weitere Gemeinsamkeiten der heutigen Reptilien sind, daß sie mit Lungen atmen, nie mit Kiemen, daß sie eine verhornte, drüsenarme Haut besitzen und dotterreiche Eier auf das trokkene Land legen. Sie durchlaufen also kein aquatisches Larvenstadium wie die Amphibien. Beziehen wir jedoch neben den vier lebenden Ordnungen der Reptilien die etwa dreißig fossilen Reptilordnungen in unsere Betrachtungen ein, so sind wir fast ganz auf Merkmale angewiesen, die sich an den Hartteilen, also am Skelett finden. Aufgrund solcher Merkmale ist aber eine eindeutige Definition der Reptilien nicht möglich.

Aufgrund ihres Knochenbaus lassen sich die Flugsaurier den Archosauriern (wörtlich den „herrschenden Sauriern") zuordnen, zu denen außerdem die Dinosaurier, die *Thecodontia* (= Wurzelzähner), eine vielgestaltige Gruppe der Trias, und die Krokodile gehören. Folgende Merkmale weisen die Flugsaurier als Ar-

Bild 10: ***Rhamphorhynchus*** **aus den Solnhofener Schichten, Ausschnitt der Bauchregion. Zwischen den Rippen, also in der Magengegend, liegt ein Fischrest, offenbar die letzte Mahlzeit dieses Tieres. Das Bild zeigt, daß** ***Rhamphorhynchus*** **sich von Fischen ernährte. Hier handelt es sich um einen sprottenförmigen Knochenfisch der Gattung** ***Leptolepis,*** **der oft zu Tausenden auf den Schichtflächen der Solnhofener Plattenkalke zu finden ist. Ein Teilstrich des Maßstabs entspricht einem Millimeter.**

chosaurier aus: Sie besitzen einen von zwei Schläfenöffnungen durchbrochenen Schädel (Bild 4), in dem sich zwischen Nasen- und Augenöffnung ein weiterer Durchbruch, die Präorbitalöffnung, befindet, die bei den *Pterodactyloidea* allerdings mit der Nasenöffnung zusammenfließt. Es fehlen bestimmte Schädelknochen, die Rippen sind zweiköpfig, und die Rippengelenke an den Wirbeln sind in typischer Weise angeordnet. *Ein* Archosauriermerkmal fehlt den Flugsauriern allerdings: Sie besitzen an der Außenseite der Unterkieferäste keine Öffnung. Andererseits stimmen sie darin mit den primitivsten Thecodontiern (den Proterosuchiern) überein, amphibisch lebenden Reptilien der Unter- und Mitteltrias. Ob das auf einen stammesgeschichtlichen Zusammenhang hinweist, ist ungeklärt.

Die Frage ob die Flugsaurier als „echte" Reptilien anzusehen sind, ist somit eine Frage nach der Reptiliennatur der Archosaurier, die unentschieden ist. Zwar gelten die Archosaurier nach der konventionellen Systematik als Unterklasse der Klasse *Reptilia*, aber der amerikanische Paläontologe Robert Bakker hat sie 1975 als neue eigenständige Wirbeltierklasse von der Klasse *Reptilia* abgetrennt. Er betrachtet die Flugsaurier als Unterklasse und zusammen mit den Dinosauriern und einem Teil der Thecodontier als Warmblüter. Nach seinem Schema wären paradoxerweise auch die Krokodile als einzige lebende Archosaurier

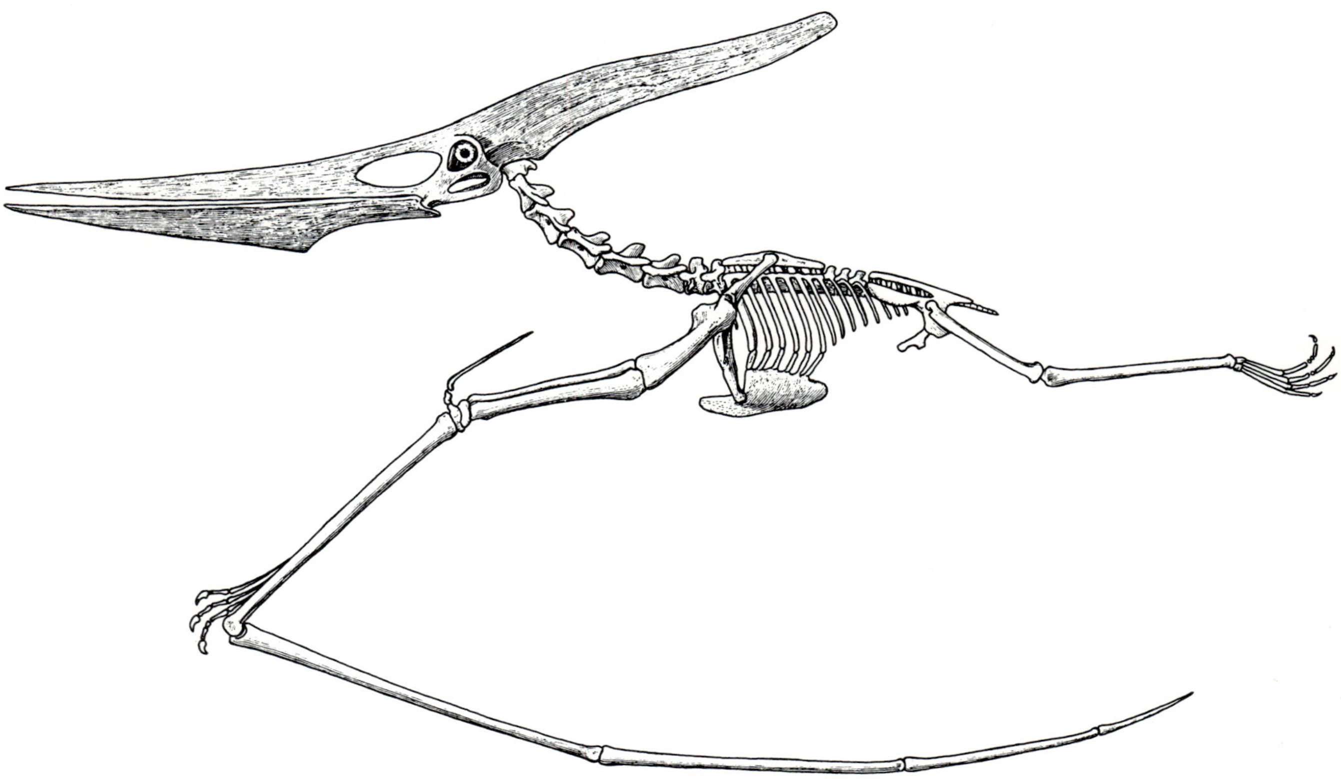

Bild 11: Rekonstruktion des Skelettes von ***Pteranodon ingens*** **aus der Oberkreide von Kansas, USA. Seine Spannweite betrug sieben Meter. Die Pteranodonten waren zahnlos (siehe Bild 4) und besaßen am Hinterkopf einen langen, dünnen Knochenkamm. Möglicherweise war zwischen diesem Kamm und dem Körper eine Haut ausgespannt, die der Steuerung beim Kurvenflug diente.**

keine Reptilien mehr. Adrian Desmond hat dagegen eine Klasse „*Dinosauria*" aufgestellt, die neben den Dinosauriern und Vögeln auch die fortschrittlicheren Thecodontier (die Pseudosuchier) umfaßt, und er sieht auch in den Flugsauriern eine selbständige Wirbeltierklasse. Beide Klassen, Dinosaurier und Pterosaurier, faßt er zu einer neuen Superklasse „*Endosauropsida*" zusammen. Da ihr nur Warmblüter angehören, sind sie keine „echten" Reptilien.

Die Flugsaurier waren behaart

Anders als die Dinosaurier hielt man die Flugsaurier schon zu Anfang des vorigen Jahrhunderts für warmblütige Tiere, denn sie galten ja als Wasservögel, Fledermäuse oder Beuteltiere. Der Bonner Professor für Zoologie und Mineralogie A. Goldfuss glaubte 1831 als erster, bei einem Flugsaurierfund aus den Solnhofener Schichten die Abdrücke von Haarbüscheln zu erkennen. Er schrieb: „Der *Pterodactylus* ...war demnach nicht wie die Reptilien mit Schuppen und Schildern, sondern mit einem Pelz von weichen, fast Zoll langen Haaren, vielleicht an manchen Stellen sogar Federn bekleidet. Eine ähnliche Bedeckung ist daher auch bei seinen Gattungsverwandten zu vermuthen." Das außerordentlich feinkörnige Gestein der Solnhofener Platten, deren Vorkommen sich von Treuchtlingen über Eichstätt bis nach Kelheim in Bayern erstreckt, hat glücklicherweise auch Weichteilabdrücke überliefert. So kennen wir heute nicht nur das Federkleid von *Archaeopteryx*, dem Urvogel, sondern Abdrücke der Flughäute, der Körperhaut, der Schwimmhäute und eines Kehlsacks der Flugsaurier. Die Strukturen, die Goldfuss gesehen hatte, erwiesen sich später allerdings als anorganischen Ursprungs.

Im Jahr 1809 beschrieb der Paläontologe K. Wanderer an einem *Rhamphorhynchus* des Dresdner Museums zahlreiche nadelstichartige Vertiefungen in den Flughautabdrücken, die später Ferdinand Broili als Haarbälge deutete. Broili stellte daneben Haarbüschelabdrücke fest und konnte später auch bei anderen Fluggsauriergattungen eine Haarbedeckung nachweisen.

1971 hat der Moskauer Zoologe A.G. Sharov über ein Skelett des Flugsauriers *Sordes pilosus* berichtet, das sich in den ebenfalls sehr feinkörnigen Sedimenten eines jurassischen Süßwassersees im Karataugebirge in Kasachstan fand, und bei dem sich sogar die Haare selbst erhalten haben (Bild 12). Die Untersuchung ergab, daß ein dichter Haarpelz den Körper des Tieres bedeckt haben muß. Er bestand aus bis zu sechs Millimeter langen, ziemlich dicken Haaren, die auf der Flughaut, an den freien Fingern und zwischen den Schwimmhäuten etwas lockerer wuchsen, während der lange Schwanz offenbar nackt blieb. Desmond vermutet, daß die großen Flugsaurier der Kreidezeit als Hochseefischer in einen rein weißen Pelz gekleidet waren. Derselben Tarnfarbe bedienen sich heute die Albatrosse und Möven, um ihre Beutefische nicht durch eine dunkle Körpersilhouette zu verscheuchen. Bei einer Flügelspannweite zwischen sieben und zehn Metern mag das für diese Flugsaurier lebenswichtig gewesen sein.

Mit dem Nachweis einer haarartigen Körperbedeckung scheint der Beweis für die Warmblütigkeit der Flugsaurier erbracht, denn Haare finden sich heute nur bei den Säugetieren, also Warmblütern. Die Herkunft und die Natur der Haare der Flugsaurier sind ungeklärt. Wahrscheinlich sind sie nicht mit den Haaren der heutigen Säugetiere gleichzusetzen, sondern eher wie die Federn der Vögel aus Reptilienschuppen hervorgegangen. Zweifellos aber schützte das Haarkleid die Flugsaurier gegen den Verlust der Körperwärme.

Die Lebensweise der Flugsaurier muß einen leistungsfähigen Blutkreislauf, Atmungsapparat und Stoffwechsel und damit Warmblütigkeit zur Voraussetzung gehabt haben. Wir wissen aber nicht, ob diese Warmblütigkeit derjenigen heutiger Säugetiere und Vögel entsprach, die die Fähigkeit haben, unabhängig von der Außentemperatur eine konstante Körpertemperatur aufrechtzuerhalten. Bei Vögeln, die in arktischen Gebieten leben, kann die Differenz zwischen Außen- und Körpertemperatur bis zu neunzig Grad Celsius betragen. Gleichwarme (homoiotherme) Tiere regeln ihre Körpertemperatur, indem sie Wärmeproduktion und Wärmeableitung aufeinander abstimmen. Damit in Zusammenhang steht das vierkammerige Herz der heutigen Vögel und Säugetiere: Die vier getrennten Herzkammern pumpen Blut aus dem Körper in die Lungen und aus den Lungen in den Körper, ohne daß sich sauerstoffarmes und sauerstoffreiches Blut mischen.

Dagegen ist die Körpertemperatur wechselwarmer (poikilothermer) Tiere größeren Schwankungen unterworfen, die im allgemeinen zyklischer Natur und von den Bedingungen des Milieus abhängig sind. Die Körpertemperatur der heutigen Amphibien und Reptilien schwankt zwischen 15 und 33 Grad Celsius.

Neuerdings haben sich zusätzlich zu den Bezeichnungen gleichwarm und wechselwarm die Begriffe „endotherm" und „ectotherm" eingebürgert. Endotherme Tiere produzieren ihre Wärme selbst, während ectotherme Tiere vor allem auf äußere Wärmequellen, also insbesondere auf die Sonnenstrahlung, angewiesen sind. Eine körpereigene Wärmeproduktion verlangt eine entsprechende Zufuhr von „Brennstoff" (= Nahrung) und einen leistungsfähigen Stoffwechsel, während ectotherme Tiere mit

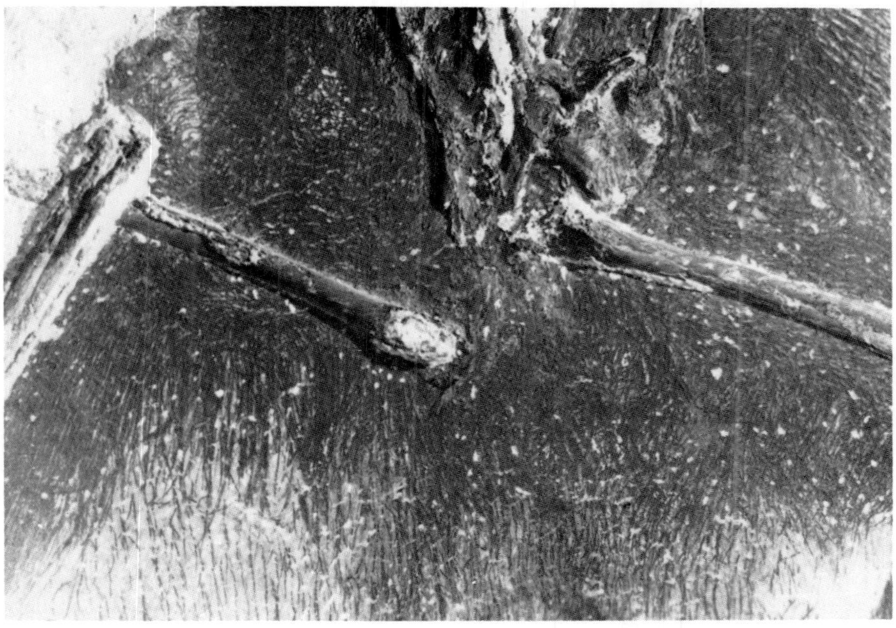

Bild 12: Dem Moskauer Paläontologen A. G. Sharov gelang 1971 der Nachweis von Haaren bei dem Flugsaurier *Sordes pilosus* aus dem Oberjura von Kasachstan. Das Bild zeigt einen Teil des Fundes. Man erkennt die Haare, die auf einen dichten Pelz schließen lassen.

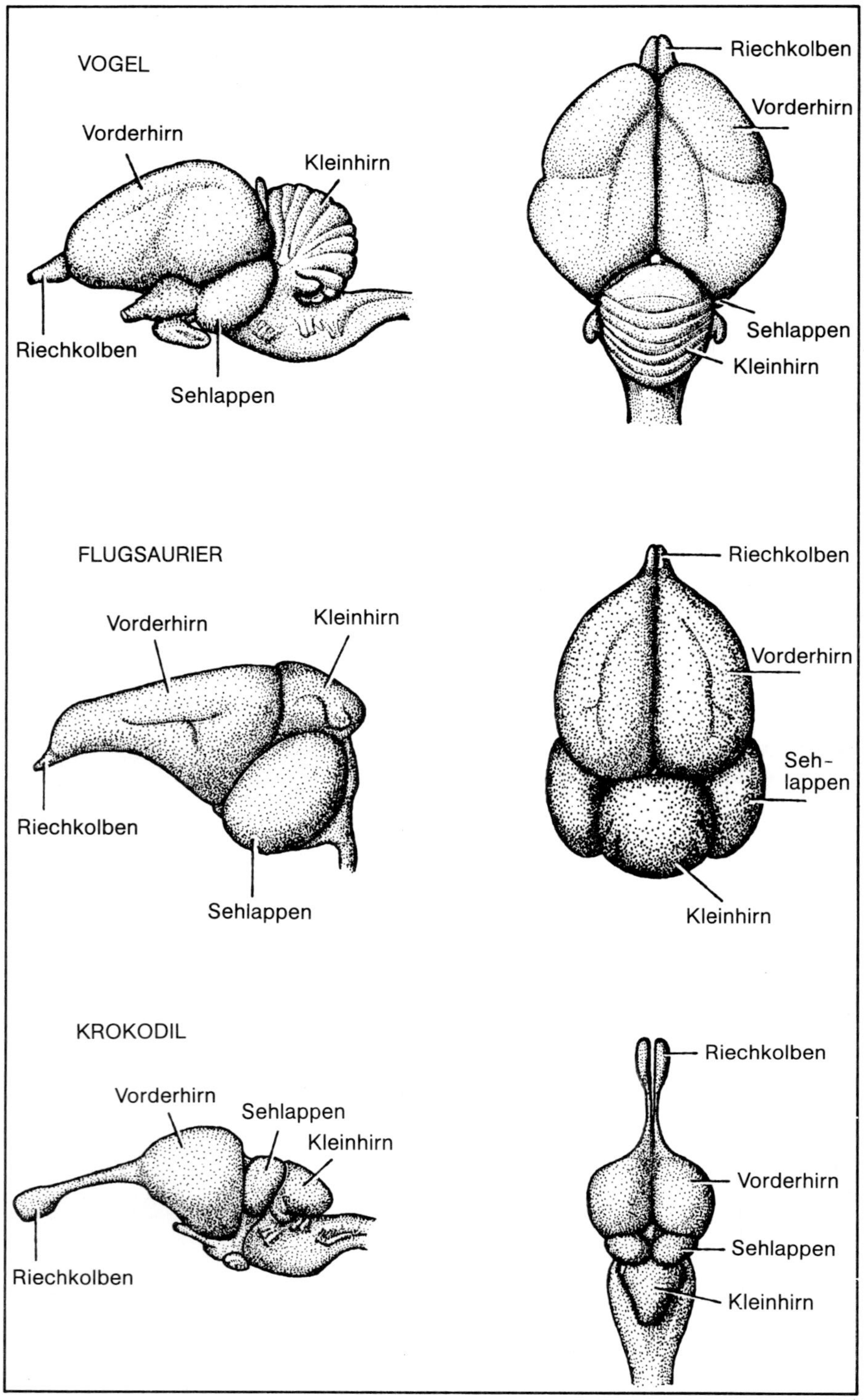

Bild 13: Vergleich der Gehirne eines Krokodils *(Alligator)*, eines Vogels (Gans) und eines Flugsauriers *(Pterodactylus)*. Die Gehirne sind verschieden stark verkleinert worden. Das Gehirn des Flugsauriers unterscheidet sich vom typischen Reptilgehirn durch den weniger stark entwickelten Riechkolben, durch das größere Vorderhirn, das eine beginnende Furchung aufweist, durch die größeren, aber aus der Mittellage zur Seite und nach unten verdrängten Sehlappen sowie durch das größere Kleinhirn, das sich zwischen die Sehlappen geschoben und nach oben verlagert hat. All diese Merkmale kennzeichnen auch das Gehirn der Vögel, das zusätzlich die Querfurchung des Kleinhirns und eine Verbreiterung des Vorderhirns aufweist. Relativ zu ihrer Körpergröße hatten die Flugsaurier etwa die gleiche Gehirngröße wie die heute lebenden Reptilien.

einem langsameren Stoffwechsel auskommen. Alle heute lebenden gleichwarmen Tiere sind endotherm, und alle wechselwarmen sind ectotherm.

Paläontologen sind es gewohnt, die heutigen Lebewesen als vorläufige Endglieder einer als Evolution bezeichneten Entwicklung zu sehen, und sie machen sich daher auch Gedanken über den Ursprung der heutigen Warmblütigkeit. Auch sie muß sich im Lauf der Stammesgeschichte schrittweise gebildet haben, und es müßte möglich sein, Formen zu finden, bei denen Warmblütigkeit noch nicht mit Endothermie einherging, bei denen sich also die physiologischen Merkmale, die die heutigen „Warmblüter" und „Kaltblüter" kennzeichnen, gemischt finden. Der französische Paläontologe de Ricqlès nimmt an, daß es unter den fossilen Vierfüßern auch endotherm-wechselwarme gab, Formen also, die schon eine höhere Stoffwechselaktivität besaßen, die aber noch nicht in der Lage waren, Wärmeerzeugung und Wärmeabgabe präzis zu regulieren. Ebenso sollte es ectotherm-gleichwarme Formen gegeben haben, die zwar zu einer aktiven Wärmeproduktion unfähig waren, nichtsdestoweniger aber eine konstante, über der Umgebungstemperatur liegende Körpertemperatur aufrechterhalten konnten.

Der Besitz von Haaren allein bedeutet noch nicht, daß die Flugsaurier ihre Körperwärme allein durch Stoffwechselprozesse erzeugen, regulieren und konstanthalten konnten. Ihre Körpertemperatur könnte durchaus Schwankungen unterworfen gewesen sein, beispielweise zwischen Tag und Nacht. Als Tiere mit verhältnismäßig kleinem Köpervolumen konnten sie, zumal bei ausgebreiteten Flügeln, auch Wärme von außen aufnehmen. Das Haarkleid war dann vor allem ein Schutz gegen eine zu rasche Abkühlung, und die Flugsaurier wären als „endotherm-wechselwarm" einzustufen, eine Eigenschaft, die bei den heute lebenden Reptilien unbekannt ist.

Für ihre Lebensweise benötigten die Flugsaurier viel Energie und eine ausreichende Versorgung der Muskeln mit Sauerstoff. Daher ist es wahrscheinlich, daß sie wenigstens funktionell ein vierkammeriges Herz besaßen. Die einzigen heute noch lebenden Archosaurier, die Krokodile, haben praktisch ein vierkammeriges Herz, obwohl sie wechselwarm sind.

Das Gehirn der Flugsaurier

Auch in einer anderen Hinsicht waren die Flugsaurier keine typischen Reptilien: Sie unterschieden sich von diesen durch die Form ihres Gehirns. Größe und Gestalt des Gehirns fossiler Wirbeltiere lassen sich an Hand von Ausgüssen der Schädelhöhle rekonstruieren. In günstigen Fällen tritt der Schädelausguß beim Fossil selbst als Steinkern auf. Bei den Flugsauriern ist die Gestalt eines solchen Steinkerns so gehirnähnlich, daß man annehmen darf, das Gehirn habe wie bei den Vögeln die ganze Gehirnkapsel ausgefüllt. Bei den heute lebenden Reptilien füllt das Gehirn seine Kapsel nur zur Hälfte aus.

Der englische Saurierforscher H. G. Seeley hat schon im vorigen Jahrhundert anhand von Schädelmaterial aus dem kreidezeitlichen „Greensand" von Cambridge gezeigt, daß das Gehirn der Flugsaurier dem der heutigen Vögel ähnelte (Bild 13). Seither gab es zahlreiche weitere Funde, die in die gleiche Richtung deuten. Wie bei den heute lebenden Vögeln steigt das Gehirn der Flugsaurier im Schädel schräg nach vorne auf. Die vorderste Ausstülpung des Vorderhirns (als Riechkolben bezeichnet) ist nur kurz (was abermals für eine schwache Entwicklung des Geruchssinnes spricht), während sie bei den Krokodilen sehr lang ist. Das Vorderhirn nimmt im Lauf der stammesgeschichtlichen Entwicklung an Breite zu. Nach mehr reptilhaften Proportionen bei den frühen Formen der Flugsaurier, deren Vorderhirn noch länger als breit ist, wird es bei den Endgliedern der Entwicklung, bei *Rhamphorhynchus* und *Pteranodon*, breiter als lang und erreicht damit ähnliche Proportionen wie bei den heutigen Vögeln, bei denen in den beiden Hälften des Vorderhirns ein Assoziationszentrum sitzt, das den Verlauf komplizierter Instinkthandlungen steuert.

Entschieden vogelartig ist ferner, daß die Sehlappen des Mittelhirns keinen seitlichen Kontakt mehr besitzen wie bei den heutigen Reptilien, sondern durch das dazwischentretende Kleinhirn auseinandergedrängt wurden und somit nach den Seiten und nach unten verschoben sind. Ihr relativ großes Volumen zeigt (was sich schon aus den großen Öffnungen im Schädelknochen ableiten ließ), daß die optischen Fähigkeiten der Flugsaurier hervorragend gewesen sein müssen. Für fliegende Tiere, die lebende Beute aus dem Wasser fischen, ist das ein bedeutender Selektionsvorteil.

Das Kleinhirn schließlich liegt hochgewölbt zwischen den Sehlappen und gleicht darin dem Kleinhirn der Vögel, bleibt allerdings im Volumen weit dahinter zurück und ist auch nicht quergefurcht. Wie das Kleinhirn der Vögel besaß das Kleinhirn der Flugsaurier seitliche Anhänge, Flocculi genannt, die im Dienste der Gleichgewichtsregulierung während des Fluges standen.

Daß das Gehirn der Flugsaurier in seiner Gestalt stärker dem Gehirn der Vögel als dem der Reptilien ähnelte, dürfte in erster Linie auf die gleichartige Lebensweise zurückzuführen sein, die offenbar ähnliche neurale Strukturen voraussetzte. Hinsichtlich der Größe ihres Gehirns (relativ zum Körpervolumen) lagen die Flugsaurier dagegen im Bereich heutiger Reptilien. Zwar scheint zwischen der relativen Gehirngröße und der Warmblütigkeit eines Tieres kein unmittelbarer Zusammenhang zu bestehen, doch sind die Gehirne heutiger Warmblüter, also der Säugetiere und Vögel, im Durchschnitt zehnmal größer als die der heute lebenden wechselwarmen Tiere, also Reptilien, Amphibien und Fische, jeweils auf gleiche Körpergröße bezogen. Der Chicagoer Paläontologe J. Hopson vermutet dagegen, daß die relative Gehirngröße „die Plastizität des Verhaltens oder die Intelligenz eines Tieres widerspiegelt, und daß diese vielleicht in unmittelbarer Beziehung zu der für ein Tier charakteristischen Gesamtaktivität" und damit zu seinem Energiehaushalt steht. Wenn so die relative Hirngröße einen Hinweis darauf liefert, ob ein fossiles Wirbeltier endotherm oder ectotherm war, könnten die Flugsaurier nicht zu den Endothermen gezählt werden.

Abstammung, Entwicklung und Aussterben

Um die Abstammung der Flugsaurier zu ermitteln, muß man vor allem ihre ältesten Vertreter untersuchen. Vor wenigen Jahren glückte in den Bergamasker Alpen der Fund der ältesten heute bekannten Flugsaurier (*Eudimorphodon*) aus etwa zweihundert Millionen Jahre alten Schichten der jüngeren Trias. Es handelt sich um langschwänzige Formen, die in der Konstruktion des Skeletts, besonders der Flugarme, bereits die typische, voll funktionsfähige Ausprägung zeigen. Ihr

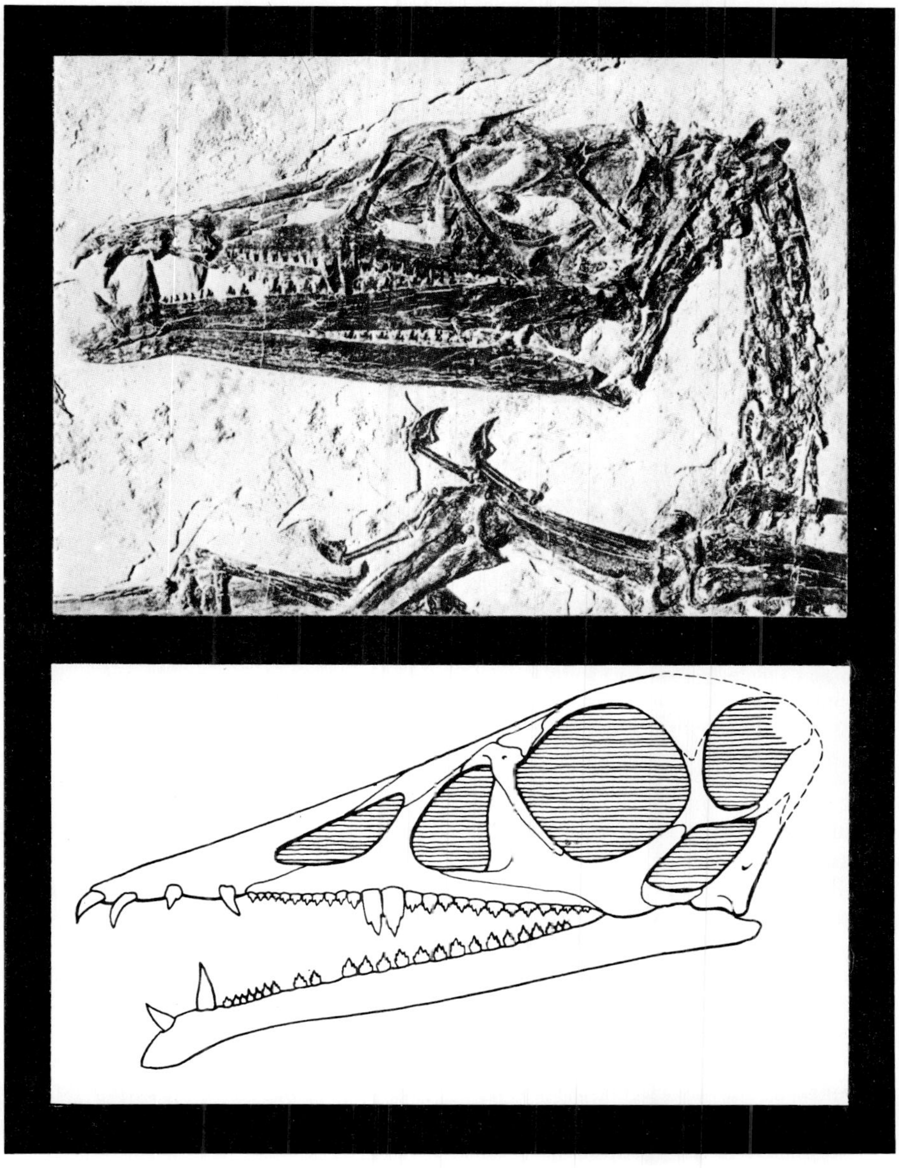

Bild 14: ***Eudimorphodon*, der älteste bisher bekannte Flugsaurier, aus der Obertrias von Oberitalien. Die Länge des Schädels beträgt 86 Millimeter. Ungewöhnlich ist das Gebiß mit ein-, drei- und fünfspitzigen Zähnen. Es tritt bei späteren Flugsauriern nicht mehr auf.**

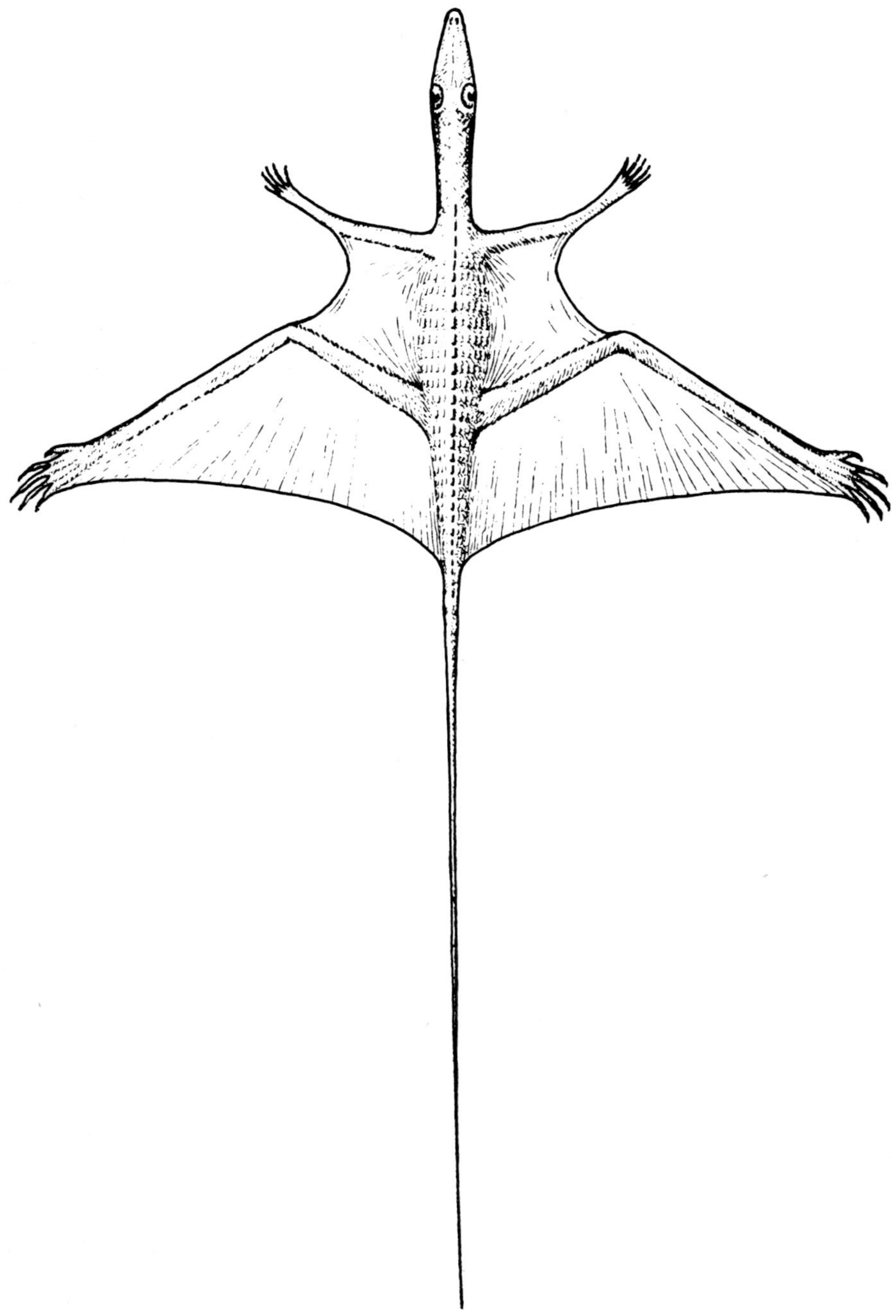

Bild 15: *Podopteryx*, **ein fliegender Thecodontier der Untertrias von Kirgisien, UdSSR. Zwischen den langen Hinterbeinen und zwischen Knien und Ellenbogen waren Flughäute ausgespannt. Diese oder ähnliche Gleitflieger können als Vorfahren der Flugsaurier nicht in Frage kommen, denn die Flugsaurier zeigen keine Tendenz zur Verlängerung und Verstärkung der Hinterbeine, sondern zur Umgestaltung der Vorderbeine in Flugarme. Wahrscheinlich stammen die Flugsaurier von kleinen, zweifüßigen Landreptilien ab.**

Gebiß ist allerdings einzigartig (Bild 14): Es besteht nicht nur aus großen, einspitzigen Zähnen, wie bei den Jura-*Rhamphorhynchoidea*, sondern enthält auch zahlreiche, kleinere Zähne mit drei und sogar fünf Spitzen. In dieser Hinsicht erscheint *Eudimorphodon* recht spezialisiert. Andererseits hat er mit dem Besitz von Gaumenzähnen ein primitives Merkmal bewahrt, das bei frühen Archosauriern der Untertrias, aber auch schon bei den Ahnen der Archosaurier, den Eosuchiern des oberen Perm, vorkommt. Die Flugsaurier müssen also in der Obertrias bereits eine lange Geschichte hinter sich gehabt haben, von der wir keine Dokumente besitzen.

Als Archosaurier sollten sie freilich mit den anderen Ordnungen dieser Subklasse verwandt sein und ihren Ursprung in deren primitiven Vertretern gehabt haben. Als Stammgruppe aller späteren Archosaurier (der Dinosaurier, Krokodile und Flugsaurier) werden gewöhnlich die Thecodontier (Wurzelzähner) der Trias angesehen (Bild 1). Allerdings kann kein bekannter Thecodontier mit den Flugsauriern in nähere Beziehung gebracht werden, doch ist zu bedenken, daß uns nur ein kleiner Bruchteil dieser in der Trias vorherrschenden, weltweit verbreiteten Reptilien fossil überliefert ist. Gerade bei den uns interessierenden terrestrischen Formen sind die Lücken der Überlieferung besonders groß.

Unter bestimmten Thecodontiern der Trias, den Pseudosuchiern, gab es sogar fliegende Formen, wie *Podopteryx* (wörtlich: Beinflügler) aus der Untertrias von Kirgisien (UdSSR), der zwischen langen, schlanken Hinterbeinen sowie an den Körperflanken zwischen Knie- und Ellenbogen Flughäute besaß (Bild 15). Seine Vorderbeine waren sehr kurz, und der genaue Bau des kleinen, schmalen Schädels ist unklar. In den Proportionen ähnlich ist ein anderer Pseudosuchier, *Scleromochlus*, aus der kontinentalen Obertrias von Schottland. Er wird meist für ein Fallschirmtier gehalten, hatte aber vielleicht ähnliche Flughautbildungen wie *Podopteryx*. Beide kommen jedoch als Vorläufer der Flugsaurier nicht in Frage, und es ist überhaupt zweifelhaft, ob die Flugsaurier aus den Pseudosuchiern hervorgegangen sein können. Sie unterscheiden sich grundlegend in vielen Merkmalen, beispielsweise in der Konstruktion des Fußgelenks, des Beckens, der Wirbel, des Schultergürtels und des Schädels. Vielmehr ist anzunehmen, daß sich die Flugsaurier aus kleinen, leicht gebauten, zweifüßigen Landreptilien entwickelt haben. Die vorderen Gliedmaßen konnten sich nur zu Flügeln entwickeln, wenn sie sich nicht an der Fortbewegung auf festem Boden beteiligten, sondern frei waren. Daß sich die Flugsaurier später vierfüßig fortbewegten, wie Fährtenfunde zeigen, spricht nicht gegen diese Annahme.

Beim ältesten Pseudosuchier, *Euparkeria* aus der obersten Untertrias Südafrikas, und bei den Pseudosuchier-Vorfahren, bestimmten Eosuchiern wie *Heleosaurus* aus dem Oberperm Südafrikas, ist eine Tendenz zur zweibeinigen Fortbewegung erkennbar. Eine direkte Herleitung der Flugsaurier von ähnlichen kleinen, terrestrischen, zweifüßigen Eosuchiern wäre denkbar, doch würde das der gegenwärtig geltenden Ansicht widersprechen, daß die Archosaurier auf *eine* Stammlinie zurückgeführt werden können. Andererseits fehlen uns die Übergangs- und Zwischenglieder aus einer mindestens zwanzig Millionen Jahre langen Zeitspanne vom Oberperm bis zur Obertrias. Beim derzeitigen Kenntnisstand muß das Problem der Abstammung der Flugsaurier also ungelöst bleiben.

Vom Jura an sind die Flugsaurier durch zahlreiche, zum Teil sehr vollständige

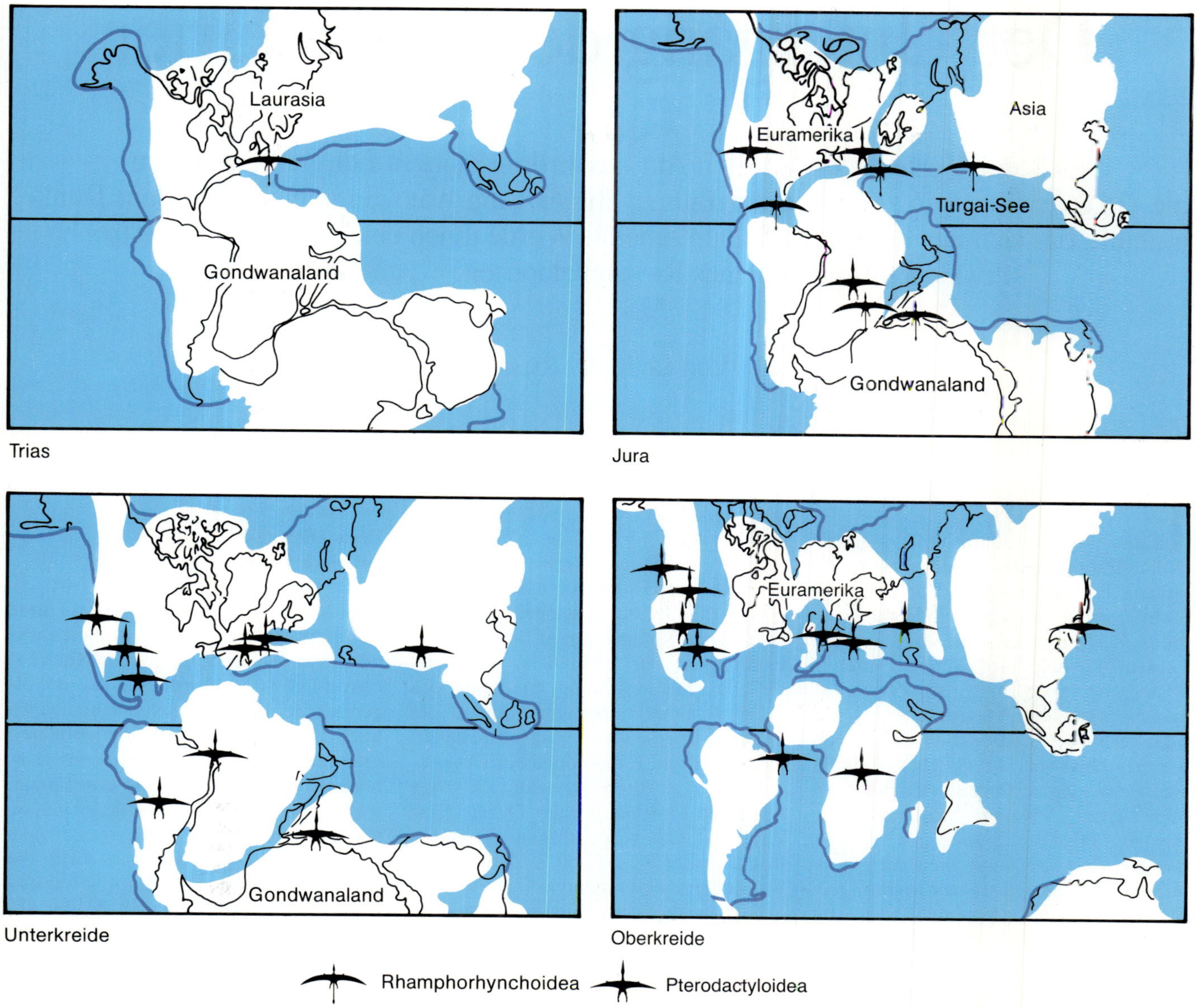

Bild 16: Verbreitung der Flugsaurier nach den heute bekannten Funden und auf der Grundlage der vermuteten Verteilung von Land und Meer zur Zeit der Trias, des Jura und der Kreide. Die Landkarten reichen vom Äquator jeweils bis 70 Grad nördlicher und südlicher Breite. Weiß: Land, blau: Meer, schwarz: heutige Küstenlinien, starke blaue Linien: epikontinentale Schelfe.

Funde dokumentiert (Bild 16). Der Fundverteilung nach dürfte der heutige mitteleuropäische Raum als Entstehungszentrum anzusehen sein, damals Südküste einer großen laurasischen Kontinentmasse. Flugsaurierreste aus der Kota-Formation Indiens deuten darauf hin, daß bereits im Unteren Jura eine Ausbreitung bis weit ins Gondwanaland, den großen Südkontinent, stattgefunden hatte. Im Oberjura können wir vor allem an den Küsten des erdumspannenden Tethysmeeres eine globale Verbreitung beobachten. In dieser Zeit treten die ersten kurzschwänzigen Flugsaurier, die *Pterodactyloidea*, in Erscheinung. Ihre Reste liegen in den Solnhofener Schichten Bayerns. Sie müssen sich aus *Rhamphorhynchoidea* des Unter- oder Mitteljura abgezweigt haben. Auch hier fehlen uns die Übergangsformen. Die *Pterodactyloidea* sind in der Unterkreide bereits weltweit verbreitet. Die primitiveren *Rhamphorhynchoidea* überlebten die Jura/Kreide-Grenze nicht. Im Lauf der höheren Oberkreide nimmt die Diversität der Gattungen allmählich ab. Vom Ende der Kreide kennen wir nur noch die großen, zahnlosen, hochspezialisierten Flieger *Pteranodon* und *Quetzalcoatlus*. Dann, vor 65 Millionen Jahren, starben auch diese aus, zusammen mit den Dinosauriern, Ichthyosauriern, Plesiosauriern und vielen Wirbellosen.

Es gibt zahlreiche Versuche, dieses mehr oder weniger plötzliche Erlöschen so verschiedener Tiergruppen zu erklären. In neuerer Zeit wurden auch die Kontinentalverschiebungen und dadurch ausgelöste Veränderungen (Schwankungen des Meeresspiegels, Verlagerung von Meeresströmungen, Abkühlung der Pole und die damit verbundene Bildung deutlicherer Klimazonen) verantwortlich gemacht. Ein Übergang zu wechselhaftem Klima und stärkeren Luftströmungen gegen Ende der Kreidezeit könnte durchaus den letzten großen Flugsauriern das Leben erschwert und schließlich unmöglich gemacht haben. So war *Pteranodon* bei Fluggeschwindigkeiten zwischen 7 und 14 Meter pro Sekunde hervorragend an das Segeln im leichten Wind angepaßt. Schon bei einer um 5 Meter pro Sekunde größeren mittleren Windgeschwindigkeit hätten diese Tiere nicht mehr fliegen können. Möglicherweise starben die Flugsaurier also aus, weil sie zuletzt in ihrer Lebensweise so extrem spezialisiert waren, daß sie sich einer veränderten Umwelt nicht mehr anpassen konnten. Sie wären dann buchstäblich von den Stürmen der Entwicklung hinweggefegt worden.

Der Untergang der Dinosaurier

Als der Vorhang zum letzten Akt des Erdmittelalters fiel, verschwanden die Dinosaurier urplötzlich von der Bühne. Ihr Abgang war von geheimnisvollem Dunkel umhüllt, das sich nun endlich zu lichten scheint. Wurde ihnen eine kosmische Katastrophe – etwa der Einschlag eines Riesenmeteoriten – zum Verhängnis?

Von Dale A. Russell

Eines der rätselhaftesten Ereignisse in der Geschichte des Lebens ist der Untergang der Dinosaurier. Vor ungefähr 63 Millionen Jahren, am Ende des Erdmittelalters, verschwanden die riesigen Echsen plötzlich von unserem Planeten – und mit ihnen einige Anverwandte, manche wirbellose Meerestiere und gewisse primitive Pflanzen. Seit Generationen bemühen sich die Gelehrten, dafür eine Erklärung zu finden – doch bisher ohne Erfolg. Neuere Entdeckungen führten nun zu der ungewöhnlichen Hypothese, daß das Aussterben auf extraterrestrische Ereignisse zurückzuführen ist, die einen katastrophenartigen Zusammenbruch der Biosphäre bewirkten.

Naturkatastrophen, die das Aussterben bestimmter Tierformen erklären sollten, waren zwar in der Vergangenheit Gegenstand eines heftigen Gelehrtenstreits, aber als Lehrmeinung nie besonders populär. Im frühen neunzehnten Jahrhundert – als die Geologie noch in den Kinderschuhen steckte – entwickelte der französische Anatom Georges Cuvier seine Kataklysmentheorie (nach dem griechischen *kataklysmos* für Sintflut, Überschwemmung). Er glaubte, daß im Laufe der Erdgeschichte periodisch wiederkehrend Katastrophen auftraten, durch die weltweit alle Lebewesen vernichtet und danach in ähnlicher, aber komplizierterer Form neu erschaffen wurden. Seiner Ansicht nach ließ sich damit das Aussterben von drei Tiergruppen erklären: das der Mammute am Ende der Eiszeit, das der zahlreichen primitiven Säugetiere, deren Überreste in tieferen, unter den Eiszeitschottern gelegenen Schichten vorkommen, und das der riesigen Reptilien, die in noch älteren Schichten fossil erhalten sind. In den folgenden Jahrzehnten jedoch brachte die Pionierarbeit von Geologen wie Charles Lyell den Beweis, daß Veränderungen weit mehr Zeit benötigen als Cuvier geglaubt hatte. Die Kataklysmentheorie fiel in Ungnade, und an ihre Stelle traten Lehren, die von einer allmählichen Veränderung ausgingen. Seit über einem Jahrhundert waren nun die Paläontologen der einhelligen Meinung, daß das Massensterben am Ende des Erdmittelalters – was auch immer die Ursache gewesen sein mag – nicht auf eine weltweite Katastrophe zurückgeht.

Unter den Reptilien waren in erster Linie die Dinosaurier die Opfer. Eine Zahl mag dies verdeutlichen. So lebten in der späten Kreidezeit – dem letzten Kapitel des Erdmittelalters – auf dem nordamerikanischen Kontinent mindestens 15 verschiedene Dinosaurierfamilien mit möglicherweise 50 bis 70 unterschiedlichen Arten. In den Schichten aber, die sich unmittelbar nach der Kreidezeit bildeten, ist kein einziges Dinosaurierskelett zu finden. Ähnliches beobachtet man auch auf anderen Kontinenten, und daher charakterisiert man das ausgehende Erdmittelalter allgemein als die Zeit, in der die Dinosaurier ausstarben.

Jedoch waren sie nicht die einzigen Reptilien, die damals aus Nordamerika verschwanden. Auch bei den 33 anderen Familien gab es herbe Verluste. So starben alle vier Familien der Meeresschildkröten aus, wobei allerdings drei von ihnen anderswo überlebten (Bild 2). Eine der Krokodilfamilien, die *Goniopholiden*, wurde völlig ausgelöscht, ebenso die beiden Flugsaurierfamilien (die *Ornithocheiriden* sowie eine noch unbekannte Familie), die beiden Fischsaurierfamilien (die *Platypterygiiden* sowie eine noch unbenannte Familie) und alle drei Familien der Plesiosaurier (die *Elasmosauriden*, die *Polycotyliden* und die *Cimoliasauriden*). Schließlich verschwanden auch zwei der acht Eidechsenfamilien (die *Polyglyphanodontiden* und die *Mosasaurier*) von der Erde.

Erste Hinweise auf ein kosmisches Ereignis

Was war geschehen? Starben diese Tiere aus, weil ihre Zeit gekommen war oder etwa infolge einer riesigen Naturkatastrophe? Alles Fragen, die ich im Folgenden zu beantworten versuche. Da ich mich in erster Linie mit den größeren nordamerikanischen Reptilien des Erdmittelalters (Mesozoikums) beschäftige, werde ich mich hauptsächlich auf sie konzentrieren.

An Hypothesen mangelt es nicht, die das Aussterben der Großreptilien erklären sollen. So vermuten manche eine allgemeine Umweltveränderung, weil der Meeresspiegel am Ende des Erdmittelalters zu sinken begann, oder einen starken Temperaturanstieg; andere dagegen

Bild 1: In den Gesteinen, die bei Gubbio in den Apenninen zutage treten, fand man eine zwei Zentimeter starke Tonschicht (Münze), die zwei Lagen aus marinem Kalkstein trennt. Der weiße Kalkstein unter dem Ton stammt aus der Oberkreide, also dem ausgehenden Erdmittelalter, der rosa-graue Kalkstein darüber aus dem Alttertiär, der frühesten Formation der Erdneuzeit. Eine Analyse des Tons ergab, daß er dreißigmal mehr Iridium enthält als Tone von benachbarten marinen Schichten. Da dieses schwere Element durch meteoritisches Material auf die Erdoberfläche gelangt, stellte eine Arbeitsgruppe von der Kalifornien-Universität in Berkeley die Hypothese auf, daß der Iridiumüberschuß von einem außerirdischen Objekt (möglicherweise einem asteroidgroßen Meteoriten) stammt, das am Ende des Erdmittelalters auf die Erde stürzte. Beim Aufprall würde ein solches Objekt enorme Mengen staubfeiner Partikel in die Stratosphäre schleudern und damit das Sonnenlicht lange Zeit stark dämpfen. Die Folge: Die Pflanzen als wichtigstes Glied der Nahrungskette gingen großenteils zugrunde. Das könnte erklären, warum zu jener Zeit viele Pflanzen und Tiere – darunter auch die Dinosaurier – einfach ausstarben.

glauben an einen Temperaturrückgang infolge vulkanischen Staubes in der Atmosphäre oder an eine Unterbrechung der Nahrungskette. Keines dieser Phänomene scheint jedoch allein einen überzeugenden Grund für das Aussterben der Reptilien zu liefern.

Im Jahre 1979 wurden die Paläontologen mit einer neuen Meldung konfrontiert, die von einer Arbeitsgruppe der Kalifornien-Universität in Berkeley stammte. Der Geologe Walter Alvarez, sein Vater, der Physiker Luis W. Alvarez, sowie die beiden Physikochemiker Frank Asaro und Helen V. Michel hatten in einer Gesteinsfolge nahe der italienischen Stadt Gubbio ungewöhnlich hohe Konzentrationen des schweren Elements Iridium festgestellt. Das Iridium hatte sich in einer ein bis zwei Zentimeter dikken Tonschicht angereichert, die marinen Kalkstein der Oberkreide von einem darüberliegenden marinen Kalkstein des Alttertiärs (des frühen Paleozäns) trennt (Bild 1). Das Gestein unter dem Ton enthielt fossile, für das Ende der Kreidezeit charakteristische Meeresorganismen, während im Ton selbst keine Lebensspuren erhalten waren. Im Kalkgestein darüber fehlten die Fossilien der Kreide. An ihre Stelle traten andere, für das Alttertiär typische Versteinerungen.

Iridium ist eines jener Elemente, die eine Vorliebe für Eisen haben und danach von den Geologen siderophil genannt werden. In den Gesteinen der Erdkruste kommt es selten vor, ist aber in Meteoriten vergleichsweise häufig vorhanden. Da auf die Oberfläche der Erde ein steter Regen von Mikrometeoriten niedergeht, sammeln sich Iridium und andere siderophile Elemente in den Ablagerungen der ozeanischen Becken in mäßigen Konzentrationen an.

Die Entdeckung der stark Iridium-haltigen Lage geht auf das Jahr 1977 zurück. Damals arbeitete Walter Alvarez mit einer internationalen Forschergruppe zusammen, welche die marinen Schichten von Gubbio untersuchte. Sein Vater, der – wie alle anderen auch – den mikrometeoritischen Regen für mehr oder weniger konstant hielt, schlug vor, den Iridiumgehalt der Tonschicht zu messen und daraus die Zeitspanne abzuschätzen, über die das tonbildende Material abgelagert wurde. Als Asaro und Michel die Messungen vornahmen, entdeckten sie zu ihrer Überraschung, daß der Iridiumgehalt dort dreißigmal höher ist als in Tonen angrenzender Kalksteinschichten.

Wenn dieser Überschuß irgendwie aus irdischen Quellen stammt, dann müßten sich im Ton auch jene anderen Elemente stärker angereichert haben, die normalerweise mit den tonbildenden Mineralien vorkommen. Die Berkeley-Gruppe fand jedoch ein anderes Anreicherungsmuster, das mehr der relativen Häufigkeit von Elementen glich, wie sie in Meteoriten vorkommt. Könnte das überschüssige Iridium aus dem ozeanischen Reservoir meteoritischer Elemente stammen, von wo es durch irgendeinen chemischen Vorgang plötzlich ausgefällt wurde? Offenbar nicht; weder über noch unter der Tonschicht fand sich irgendein Beweis, daß die Anreicherung siderophiler Elemente von der normalen Rate abwich, wie das bei einer Ausfällung zu erwarten wäre. Darüber hinaus entdeckten Charles J. Orth vom Los Alamos Scientific Laboratory und seine Mitarbeiter einen ähnlichen Iridium-Überschuß an der Oberkante von kreidezeitlichen Sedimenten, die kontinentalen Ursprungs sind. Hier kommt natürlich erst recht keine Ausfällung aus einem ozeanischen Revervoir in Frage.

Weitere Entdeckungen folgten. Bis zum Erscheinungsdatum ihres Gubbio-Berichts im Jahre 1980 fand die Berkeley-Gruppe auch in entsprechenden marinen Gesteinen Dänemarks, Spaniens und Neuseelands ungewöhnlich hohe Iridiumwerte. (Später entdeckten sie auch anomale Iridium-Konzentrationen in Tiefsee-Bohrkernen aus dem Atlantik und Pazifik.) Sie schloß daraus, daß zu der Zeit, als bestimmte marine Mikroorganismen in Massen ausstarben – und wie man weiß, auch viele Reptilien verschwanden – etwa 500 Milliarden Tonnen außerirdischen Materials plötzlich auf der Erdoberfläche abgelagert wurden.

Supernova, Meteorit oder Komet?

Woher kam aber das Material? Aus dem Sonnensystem oder aus den Tiefen des Weltraums? Im ersten Fall hätte man gute Aussichten, auch die Frage zu klären, auf welche Weise das Material auf die Erde gelangte, da vom Sonnensystem eine Fülle von Daten zur Hand ist. Vom übrigen Weltraum existieren dagegen vergleichsweise wenige Daten, so daß man hier weitgehend auf Spekulationen angewiesen wäre.

Betrachten wir zunächst den ungünstigen Fall, daß das extraterrestrische Material tatsächlich aus dem fernen All stammt – beispielsweise von einer gigantischen Sternexplosion, einer Supernova. Zur Zeit läuft darüber eine Untersuchung, die von Paolo Maffei vom Astrophysikalischen Observatorium in Catania (Sizilien) durchgeführt wird. Seine Absicht ist es, astronomische Hinweise kritisch zu beurteilen, die auf eine gigantische, etwa tausend Lichtjahre vom Sonnensystem entfernte Explosion am Ende des Erdmittelalters hindeuten. Die Supernova-Hypothese wird jedoch von Wallace H. Tucker vom Astrophysikalischen Zentrum des Harvard College Observatoriums für unwahrscheinlich gehalten. Seiner Meinung nach würde sich selbst die interstellare Materie einer riesisgen Supernova nicht in genügend hoher Konzentration anreichern, um die Iridiummenge in der kritischen Schicht zu erklären.

Malvin A. Ruderman von der Columbia-Universität und James W. Truran junior von der Illinois-Universität in Urbana-Champaign befürworten – wenn auch in anderer Weise – die Supernova-Hypothese. Sie gingen davon aus, daß ein gewaltiger Gammastrahlenausbruch von solch einer Explosion mikrometeoritisches Material von der Mondoberfläche wegblasen und zur Erde fegen könnte. Einschränkend ergänzten sie jedoch, daß Gammastrahlenausbrüche bei Supernovas noch nicht beobachtet wurden und ein derartiger Mechanismus wahrscheinlich auch nicht die erforderliche Menge Iridium zur Erde bringen würde.

Eine Supernova-Explosion beginnt damit, daß ein Stern in sich zusammenstürzt, also zunächst implodiert. Dabei fangen die Atomkerne der schweren Elemente im Inneren des Sterns schnell Neutronen ein. Unter den sich bildenden neuen Atomsorten befindet sich auch das radioaktive Isotop Plutonium 244. Die auf den Zusammenbruch folgende Explosion verbreitet es über einen gewaltigen Raum. Falls das Iridium aus einer Supernova stammt, sollte neben ihm auch Plutonium 244 in meßbaren Mengen vorkommen. Doch die Chemiker der Berkeley-Gruppe fanden in dem iridiumreichen Ton keine Spur davon.

Sie überlegten sich ferner, daß eine Supernova-Explosion – je nach Neutronenfluß und Reaktionszeit – die beiden Iridium-Isotope Ir 191 und Ir 193 in unterschiedlichen, vom Sonnensystem abweichenden Verhältnissen produzieren würde. Aber auch das ist nicht der Fall. Und das gleiche gilt für das Verhältnis der beiden Osmium-Isotope, wie J. Her-

Bild 2: In der späten Kreidezeit starben nicht nur die Saurier, sondern auch viele andere Reptilien aus. Wie hart diese Klasse betroffen war, zeigt die Tabelle am Beispiel Nordamerikas. Vor etwa 63 Millionen Jahren, am Ende der letzten Stufe der Kreidezeit (dem Maastricht), verschwanden 24 der hier aufgeführten Familien (schwarze Balken). Hellfarbige Balken bedeuten, daß die betreffende Familie im eigentlichen Nordamerika, also nördlich des Rio Grande, fehlte, aber anderswo vorkam. Dunkelfarbige Balken zeigen dagegen an, welche Familien außerhalb Nordamerikas überleben konnten. Kaum eine Gruppe kam ungeschoren davon. Mit Ausnahme der Schlangen gehören die abgebildeten Schädel jeweils zu einem typischen ausgestorbenen Vertreter.

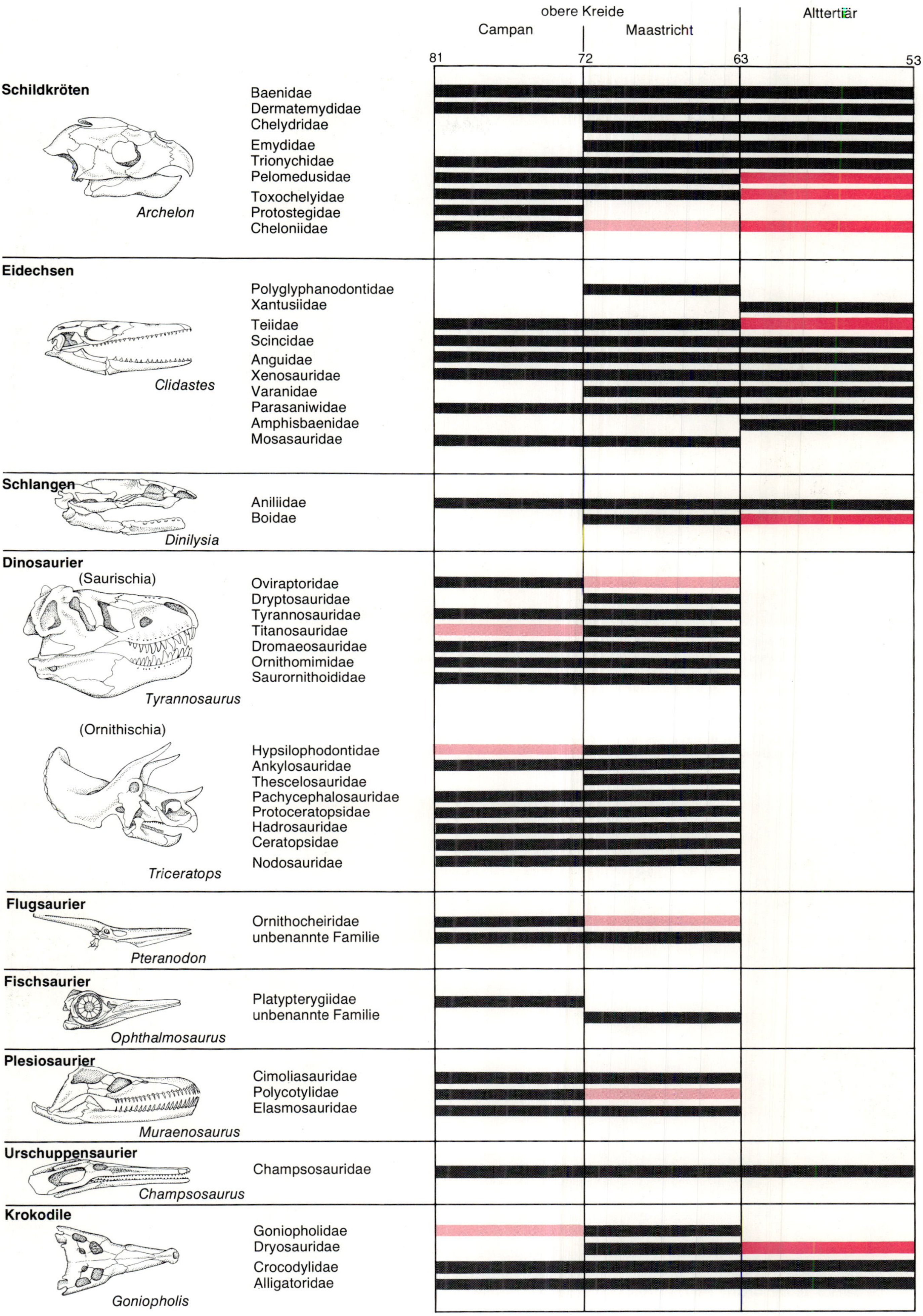
obere Kreide
Campan
Maastricht
Alttertiär
81
72
63
53
Schildkröten
Archelon
Baenidae
Dermatemydidae
Chelydridae
Emydidae
Trionychidae
Pelomedusidae
Toxochelyidae
Protostegidae
Cheloniidae
Eidechsen
Clidastes
Polyglyphanodontidae
Xantusiidae
Teiidae
Scincidae
Anguidae
Xenosauridae
Varanidae
Parasaniwidae
Amphisbaenidae
Mosasauridae
Schlangen
Dinilysia
Aniliidae
Boidae
Dinosaurier
(Saurischia)
Tyrannosaurus
Oviraptoridae
Dryptosauridae
Tyrannosauridae
Titanosauridae
Dromaeosauridae
Ornithomimidae
Saurornithoididae
(Ornithischia)
Triceratops
Hypsilophodontidae
Ankylosauridae
Thescelosauridae
Pachycephalosauridae
Protoceratopsidae
Hadrosauridae
Ceratopsidae
Nodosauridae
Flugsaurier
Pteranodon
Ornithocheiridae
unbenannte Familie
Fischsaurier
Ophthalmosaurus
Platypterygiidae
unbenannte Familie
Plesiosaurier
Muraenosaurus
Cimoliasauridae
Polycotylidae
Elasmosauridae
Urschuppensaurier
Champsosaurus
Champsosauridae
Krokodile
Goniopholis
Goniopholidae
Dryosauridae
Crocodylidae
Alligatoridae

Bild 3: Die Aufnahme zeigt die erodierten, einhundert Meter mächtigen Sedimentschichten am Fort Peck Reservoir in Montana. Sie stammen aus der Oberkreide und wurden auf einer küstennahen Ebene am Rande des großen Binnenmeeres abgelagert, das sich hier im Erdmittelalter ausbreitete. Zur Linken des Mannes im Vordergrund liegt – teilweise durch Verwitterung freigelegt – ein Schädel des dreigehörnten Dinosauriers *Triceratops*. In diesem hoch in der Schichtfolge gelegenen Horizont findet man die letzten zusammenhängenden Skelettreste von Dinosauriern (Bild 6). Die weiß gekleidete Person im Hintergrund steht in einem senkrecht verlaufenden Graben, der in eine dünne, dunkle Schicht einschneidet. Ein zweiter Graben links davon zieht sich bis in die gleiche Schicht hinauf. Dort – fünfeinhalb Meter über dem *Triceratops*-Schädel – zeugen die spärlichen Spuren von fossilen Sporen und Pollen davon, daß auch Pflanzen plötzlich selten wurden. Somit starben am Fort Peck Reservoir Pflanzen und Reptilien fast, aber nicht ganz zur gleichen Zeit aus.

Bild 4: Ein weiterer Aufschluß von Sedimenten, die zeitlich an der Grenze zwischen dem späten Erdmittelalter und der frühen Erdneuzeit (Kreide/Tertiär-Grenze) liegen, befindet sich bei Aix-en-Provence in Frankreich. Die Grenze verläuft etwa im Mittelgrund, wo der Autor eben einen Graben aushebt. Die hier gezeigten Schichten sind nicht wie in Bild 3 marinen, sondern kontinentalen Ursprungs.

togen von der Universität Louvain in Belgien und Ramachandran Ganapathy von der J. T. Baker Chemical Company in Phillipsburg (New Jersey) feststellten. Es spricht also vieles dagegen, daß das extraterrestrische Material der Tonschicht von einer Supernova-Explosion herrührt (außer natürlich der einen, die für die Entstehung des Sonnensystems verantwortlich gewesen sein dürfte).

Wenn das Material aus dem Sonnensystem kam, wie gelangte es dann zur Erde? Dazu bieten sich sofort zwei Möglichkeiten an: Entweder stieß die Erde mit einem Meteoriten von der Größe eines Asteroiden oder mit einem Kometen zusammen. Der Asteroid hätte – wie die Berkeley-Gruppe aus der iridiumreichen Schicht schätzt – etwa zehn Kilometer Durchmesser besitzen müssen. Ein Problem dabei ist, daß in der iridiumreichen Schicht irdisches Material nicht in den Mengen vorkommt, wie sie ein Körper dieser Größe beim Einschlag herausschleudern würde. Ein Ausweg wäre, daß sich das Iridium erst nach dem Einschlag ablagerte. Richard A. F. Grieve vom Kanadischen Ministerium für Energie, Bergbau und Bodenschätze nimmt nämlich an, daß durch die Gewalt der Kollision verhältnismäßig reine Meteoritenmaterie zurück in die Stratosphäre geschleudert wurde und sich dann als feiner Regen niederschlug. Sowohl die Berkeley-Gruppe als auch Jan Smit von der Universität Amsterdam (er untersuchte spätmesozoische Kalksteinschichten in Spanien) sehen noch eine andere Möglichkeit. Wenn der Asteroid ins Meer stürzte, was wegen der größeren Wasser- zu Landfläche statistisch wahrscheinlicher ist, hätte er nur wenig Material aus der Erdkruste auswerfen können.

Ein Zusammenstoß mit einem Kometen stellt uns vor ähnliche Probleme. Kometen sind Körper von geringer Dichte und bestehen weitgehend aus Wassereis. Daher müßte ein Komet – um die erforderliche Menge an siderophilen Elementen mit sich führen zu können – schätzungsweise die doppelte Masse besitzen und damit sehr viel größer sein als der hypothetische Asteroid. Ein solcher Körper sollte natürlich entsprechend viel Material aus der Erdkruste herausschlagen. Da dies offensichtlich nicht geschah, nehmen Frank Kyte von der Kalifornien-Universität in Los Angeles sowie seine Kollegen Zhiming Zhou und John Wasson an, daß der hypothetische Komet bei der Annäherung an die Erde unter den Gravitationskräften zerbrach. Auf unseren Planeten wäre dann ein Schauer von Kometentrümmern niedergegangen, die keine größeren Krater mehr schlagen konnten.

Ob nun ein Komet oder ein Asteroid – jedes der beiden hypothetischen Ereignisse könnte extreme, kurzdauernde Belastungen innerhalb der Biosphäre verursachen. So würde nach einer Schätzung von S. V. M. Clube und William M. Napier vom Königlichen Observatorium in Edinburgh die Stoßwelle, die ein so massiger, an Land aufschlagender Asteroid erzeugt, nicht nur alle Wälder der Erde vernichten, sondern auch alle größeren Landtiere töten. Und bei einem Sturz ins Meer würde er acht Kilometer hohe Gezeitenwellen hervorrufen.

Doch selbst solch extreme Streßsituationen dürften nach Meinung der Berkeley-Gruppe nicht ausgereicht haben, um das Massensterben des ausgehenden Erdmittelalters zu verursachen. Sie glauben vielmehr, daß beim Zusammenprall auch eine enorme Menge an staubfeinen Partikeln in die Stratosphäre geschleudert wurde. Dies, so die Hypothese, sollte das Sonnenlicht so stark verdunkeln, daß die Photosynthese der grünen Pflanzen gestört und damit die Biosphäre in ihren Urfesten erschüttert wurde.

Vorsicht Falle

Welches Licht werfen die Fossilserien auf diese neue Hypothese? Beachtlich viel, aber man sollte sich stets vergegenwärtigen, daß solche Serien nur begrenzte Informationen liefern, die zudem nicht leicht zu deuten sind. So sammeln die Paläontologen zwar seit über einem Jahrhundert Fossilien aus dem Erdmittelalter, aber trotzdem kennt man nur etwa 5000, teilweise fragmentarische Überreste von Dinosauriern. Schuld daran ist größtenteils das liebe Geld, denn Knochen von Dinosauriern zu sammeln und zu bergen verursacht erhebliche Kosten. Glücklicherweise lassen sich aus Untersuchungen von mesozoischen Pflanzenpollen viele brauchbare Informationen über die damalige Umwelt gewinnen, und es kostet nur etwa 500 Dollar (einschließlich einer Woche Arbeitszeit), um 20 000 Pollenkörner zu extrahieren und für die mikroskopische Untersuchung vorzubereiten. Das Sammeln und Präparieren einer gleichen Zahl von Dinosaurierknochen würde dagegen 400 Millionen Dollar (einschließlich einer Million Wochen Arbeitszeit) verschlingen.

Die Aussagekraft einer biologischen Untersuchung hängt jedoch entscheidend von der Größe der Probe ab, und dem muß man Rechnung tragen. So ist eine der jüngsten mesozoischen Dinosauriergesellschaften – deren Mitglieder vor etwa 63 Millionen Jahren die inneren Ebenen der Vereinigten Staaten und Kanadas durchstreiften – durch große, horntragende Pflanzenfresser wie die Gattung *Triceratops* und riesige Fleischfresser wie die Gattung *Tyrannosaurus* gekennzeichnet. Zwölf Millionen Jahre ältere Schichten im Dinsaur Provincial Park in Alberta lieferten eine weit größere Vielfalt an Dinosauriern als die jüngeren Gesteine.

Bedeutet das, wie einige vermuten, daß die Vielfalt dieser Reptilien gegen Ende des Erdmittelalters abnahm? Waren die Dinosaurier also schon Millionen

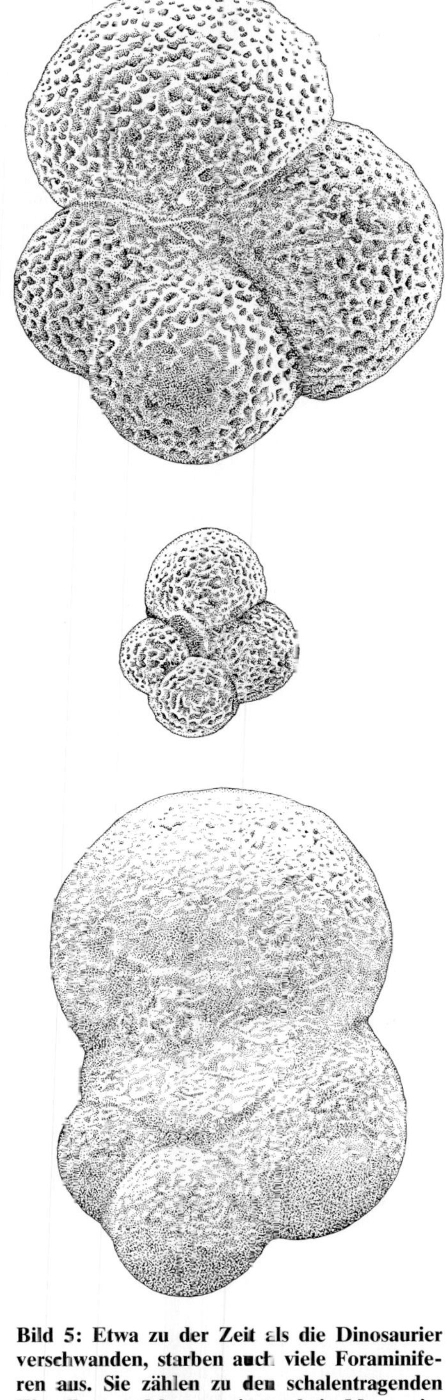

Bild 5: Etwa zu der Zeit als die Dinosaurier verschwanden, starben auch viele Foraminiferen aus. Sie zählen zu den schalentragenden Einzellern und kamen einstmals in Massen im Plankton vor. Die Zeichnung zeigt in 200facher Vergrößerung von oben nach unten: eine dänische *Eoglobigerina* aus der frühen Erdneuzeit; eine nordpazifische *Eoglobigerina* aus der frühesten Erdneuzeit (sie stammt aus einem Tiefsee-Bohrkern) und eine etwas abgerollte libysche *Rugoglobigerina* aus der Oberkreide (sie wurde in einem Öl-Bohrkern gefunden).

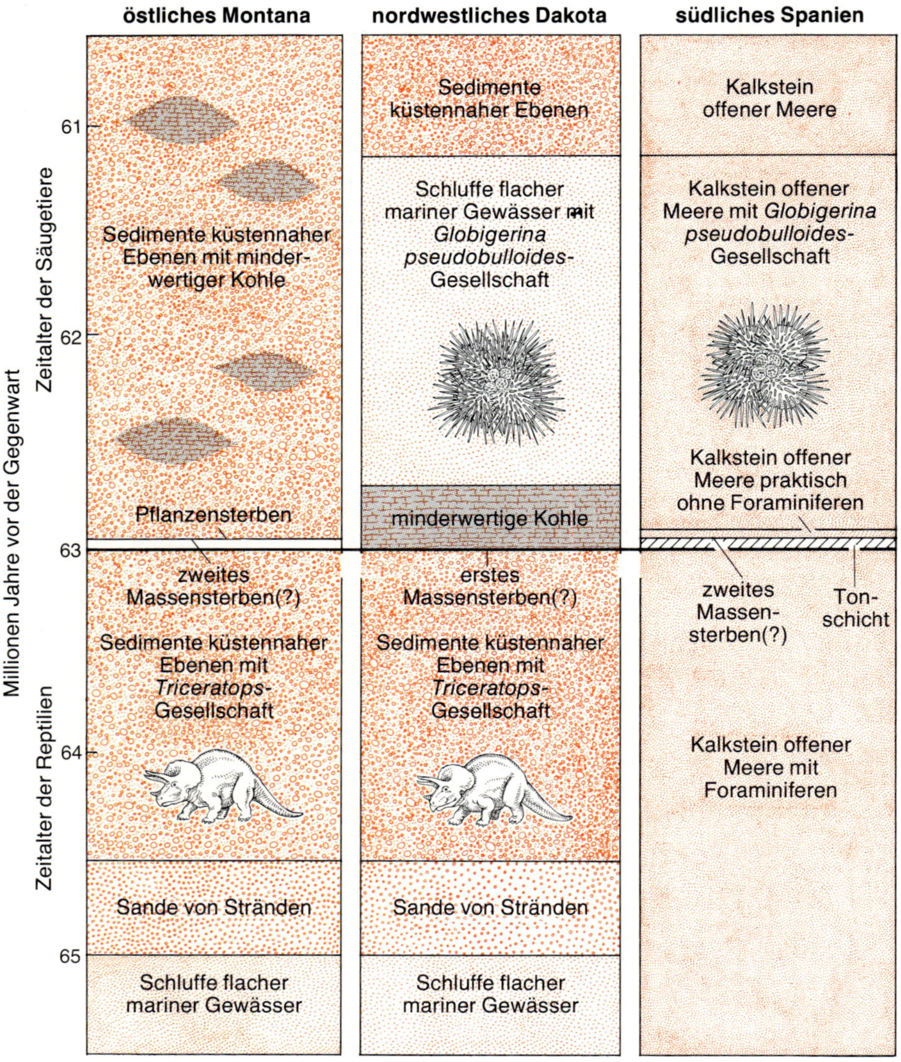

Bild 6: Die Tabelle stellt die Schichtfolge dreier Fundstellen vom ausgehenden Erdmittelalter bis zur beginnenden Erdneuzeit gegenüber. An der Wende zur Neuzeit – vor 63 Millionen Jahren – war das südliche Spanien ein offenes, tropisches Meer, das östliche Montana und das westliche Dakota dagegen eine küstennahe Ebene. Damals kam es zu einem Massensterben, dem zunächst die Dinosaurier und wenig später – wie die erste Fundstelle verrät – auch viele Pflanzen zum Opfer fielen. Ob dabei zwei getrennte Ereignisse die auslösenden Faktoren waren, läßt sich noch nicht eindeutig entscheiden. Im nordwestlichen Dakota verlief die Geschichte ähnlich, nur daß hier später das Meer die ehemalige Ebene überflutete. In seinen Ablagerungen findet sich die gleiche Foraminiferen-Gesellschaft (charakteristischster Vertreter: *Globigerina pseudobulloides*) wie in Südspanien. Dort waren die Foraminiferen an der Wende zur Neuzeit in zwei kurz aufeinanderfolgenden Schüben praktisch ausgestorben, ehe sich wieder neue Gesellschaften aufbauen konnten.

von Jahren vor der hypothetischen Katastrophe auf dem absterbenden Ast? Keineswegs. Die Fossilien von Alberta zeigen nur deshalb eine größere Vielfalt, weil dort viele Exemplare gesammelt wurden – nämlich über 300, verglichen mit weniger als 75 oder sogar nur sechs oder sieben an den jüngeren Fundstellen.

Tatsächlich blieb – als das Ende des Erdmittelalters näherrückte – die Vielfalt der Dinosaurier in Europa erhalten; in der Mongolei nahm sie sogar zu. Aus anderen Gebieten der Erde kennt man zu wenig überliefertes Material, um daraus Trends ablesen zu können. Kurzum: ein Beweis für eine langsame Abnahme der Vielfalt unter den Dinosauriern läßt sich nicht führen.

Saurier und Foraminiferen – Dokumente des Massensterbens

Nirgendwo auf der Welt hat man den Fossilienbestand von Landorganismen aus den letzten 1,75 Millionen Jahren der Kreidezeit so vollständig erfaßt wie in den hundert Meter mächtigen Aufschlüssen aus graubraunen Sedimenten, die am Südrand des Fort Peck Reservoir im nordöstlichen Montana liegen (Bild 3). Der untere, ältere Teil der Formation besteht hauptsächlich aus Ablagerungen von Flußsanden, der obere, jüngere Teil dagegen aus zusammengeschwemmtem Schluff und Ton. Der Wechsel in den Ablagerungen spiegelt vermutlich Umweltveränderungen wider, die sich auch auf die Verbreitung der Tiere auswirken mußten, die diese ehemalige Küstenebene bevölkerten. In den unteren Schichten herrschen die große Gattung der Raubdinosaurier (*Tyrannosaurus*) und die pflanzenfressende Gattung der Entenschnabelsaurier (*Anatosaurus*) vor. In den oberen Schichten sind dagegen Pflanzenfresser der Gattung *Triceratops* und kleine grasende Dinosaurier der Gattung *Thescelosaurus* häufiger zu finden (Bild 6, links). Einen ähnlichen Wechsel in den Pflanzengesellschaften konnte Robert Tschudy vom U. S. Geological Survey anhand fossiler Sporen und Pollen nachweisen.

Eine außergewöhnliche Veränderung läßt sich im obersten Teil der 100 Meter mächtigen Formation beobachten. Dort sind im Bereich einer einzigen Schicht die Verhältnisse gegenüber den tieferen Teilen der Folge umgekehrt: Während sonst die fossilen Überreste kleiner Dinosaurier überwiegen, sind hier an manchen Stellen die Reste großer in der Überzahl. Nun haben große Tiere normalerweise niedrigere Geburts- und Sterbeziffern als kleine. Ein Ungleichgewicht – wie in dieser Schicht – legt daher irgendeine Art von Massensterben nahe. (Meine Interpretation ist noch vorläufig, aber die weitere Arbeit am Fort Peck Reservoir wird sicherlich die Verhältnisse klären.)

Darüber, also nahe der Obergrenze der Formation, nehmen die Sedimente ein mehr und mehr geschichtetes Aussehen an. Die einzigen Dinosaurierknochen, die man dort findet, sind einige Bruchstücke, die vermutlich aus älteren Schichten herausgewaschen und sekundär in Flußbetten abgelagert wurden. Zunächst läßt sich keine vergleichbare Veränderung in den Vegetationsresten feststellen. Dann aber, fünf Meter über der Schicht mit den letzten nicht umgelagerten Dinosaurierknochen, werden die fossilen Pollen und Sporen spärlicher. David M. Jarzen vom National Museum of Natural Sciences in Ottawa hat hier die pflanzlichen Spuren untersucht. Er schätzt genau wie ich, daß das Fünf-Meter-Intervall einer Ablagerungsdauer von einigen zehntausend Jahren entspricht.

Über dem Niveau mit den dürftigen Vegetationsresten wechseln Schichten minderwertiger Kohle mit geschichtetem Schluff. Diese Trennung zwischen dem höchsten Dinosauriervorkommen und dem ersten Auftreten der Kohle wurde erstmals vor einigen Jahren von William A. Clemens beobachtet, der an der Kalifornien-Universität in Berkeley arbeitet. Tschudy, der auch die Sporen und Pollen in den kohlehaltigen Lagen untersuchte, berichtet, daß die Anzeichen pflanzlichen Lebens nur noch ein Drittel so häufig sind wie in den Dinosaurierschichten darunter.

Die Kalksteine, die Smit und seine Kollegen in Spanien untersuchten, offenbaren gleichfalls eine bemerkenswerte Geschichte. Das kalkbildende Material wurde am Grunde eines offenen, tropischen Meeres abgelagert, das im späten Erdmittelalter ins südliche Spanien vorgedrungen war. Die Gesteine bestehen fast gänzlich aus den kalkigen Schalen winzig kleiner Foraminiferen, die als freischwimmende, einzellige Organismen ein Bestandteil des tierischen Planktons sind. Über zehn Millionen Jahre lang blieb die Produktion an Plankton hoch, und nichts änderte sich merklich an der Beschaffenheit der organischen Reste, die zum Meeresboden sanken (Bild 6, rechts).

Dann, innerhalb einer nicht mehr als fünf Millimeter dicken Gesteinslage (was einer Sedimentationsdauer von weniger als zweihundert Jahren entspricht), verschwinden fast neunzig Prozent der ehemals vorhandenen Foraminiferenarten. Die jenen Zeitabschnitt überlebenden Einzeller erreichten nur ein Zehntel der Größe ihrer Vorfahren. Als der Regen aus Schalen nahezu aufhörte, wurden auch die bodenbewohnenden wirbellosen Tiere – wie die wenigen Grabspuren verraten – sehr selten. Auf dem Meeresboden sammelte sich eine etwa zehn Zentimeter starke Decke aus roten und grünen Tonen an. Die Bedingungen blieben offenbar 20 000 Jahre lang gleich unwirtlich, denn bis zum Ende dieses Zeitraums war nur noch eine der überlebenden Foraminiferenarten übrig.

Danach jedoch begann das Leben wieder aufzublühen. Sedimente lagerten sich ab, und bodenlebende Wirbellose durchwühlten den Meeresboden. Eine neue Foraminiferen-Gesellschaft entstand, bald darauf gefolgt von einer weiteren, der neben anderen charakteristischen Arten *Globigerina pseudobulloides* angehört. Die wieder aufkommenden Einzeller bewohnten nun während der nächsten zwei Millionen Jahre das alte Spanische Meer.

Über Tausende von Meilen entfernt – im heutigen Nord-Dakota – breitete sich zu dieser Zeit nach Westen zu ein großes Binnenmeer aus. Es überflutete ein Deltagebiet, in dem die Reste des dreigehörnten Sauriers *Triceratops* unter kohlehaltigen Schichten erhalten blieben (Bild 6, Mitte). Die über der Kohle ab-

Bild 7: ***Stenonychosaurus*, ein Dinosaurier der späten Kreidezeit, maß von der Schnauzen- bis zur Schwanzspitze etwa drei Meter. Sein Verhältnis von Gehirn- zu Körpergewicht entsprach bereits dem der frühen Säugetiere. Hätten diese räuberischen Reptilien überlebt, so wäre möglicherweise der Aufstieg der Säugetiere verhindert worden. Die Zeichnung wurde nach einer Rekonstruktion angefertigt.**

gelagerten marinen Tonsteine enthalten Gehäuse von Foraminiferenarten, die der gleichen *Globigerina pseudobulloides*-Gesellschaft angehören, wie sie auch im Spanischen Meer nach dem großen Foraminiferen-Sterben erschien. Aus der Schichtdicke läßt sich zwar die Sedimentationsdauer nicht sicher abschätzen, aber nach allem könnten die Sedimente in Nord-Dakota, in Ost-Montana und in Südspanien die gleiche Geschichte erzählen. Stimmen die Schätzungen, so sind die Dinosaurier an Land und die Foraminiferen im Meer zur gleichen Zeit ausgestorben.

Andere Opfer

Doch die Foraminiferen waren nicht die einzigen Meeresbewohner, die am Ende des Erdmittelalters ausstarben. Wie schon erwähnt, ereilte auch etliche marine Reptilienarten das gleiche Schicksal. Und ebenso erging es verschiedenen Weichtieren, wie den Ammoniten (Kopffüßern mit aufgerolltem Gehäuse), den Belemniten (tintenfischartigen Kopffüßern) und den Rudisten (eigentümlichen, korallenähnlichen Muscheln). Die meisten größeren Familien der marinen Tiere überlebten, sie verloren aber eine ganze Anzahl von Gattungen und Arten.

Anders als bei den Foraminiferen lassen sich die Ereignisse bei den größeren Meerestieren gerade im Bereich der kritischen Grenze weniger gut nachvollziehen. Der Grund dafür: Die größeren Organismen sind nicht nur vielfältiger, sondern auch so zahlreich, daß das Häuflein der Paläontologen da nicht mithalten kann. Beispielsweise hat man selbst in relativ gut erforschten Gesteinsfolgen – wie den Kreideschichten Dänemarks – bisher noch nicht die Überlebensrate so wichtiger Tiergruppen wie der Schwämme, Muscheln, Meeresschnecken und Krebse untersucht. So weiß man auch noch wenig über die damalige Tierwelt in den tropischen Regionen der Erde. Daher nimmt es nicht Wunder, daß über die Frage, ob der Untergang allmählich oder als Katastrophe kam, so heftig diskutiert und gestritten wird.

Um das Ausmaß des Aussterbens in etwa beurteilen zu können, hilft eine grobe Auflistung weiter. Man vergleiche dazu, wieviele fossile Tiergattungen etwa zehn Millionen Jahre vor dem Ende der Kreidezeit existierten und wieviele in einem vergleichbaren Zeitraum danach. Solche Zahlen sind zwar eine sehr unsichere Sache, aber sie scheinen doch auf eine weltweite fünfzigprozentige Abnahme hinzudeuten. Ein ähnliches Ergebnis erhält man für die Anzahl der Arten innerhalb bestimmter Pflanzen- und Tiergattungen. Wiederholt man das Zahlenspiel mit Säugetieren als Vertreter der Landtiere, mit chitinösen Meeresalgen als Vertreter der Pflanzen sowie mit Seeigeln, Seesternen und Austern als Vertreter der Meerestiere, so zeigt sich eine Abnahme von ehemals etwa drei Arten pro Gattung auf 1,5 pro Gattung. Daher dürfte die biologische Krise, welche die Dinosaurier aussterben ließ, nicht nur diese, sondern schätzungsweise bis zu 75 Prozent der vorher existierenden Pflanzen- und Tierarten zum Verschwinden gebracht haben.

Nun traf die Krise aber nicht alle Lebewesen gleich. So überlebte kein Landtier, das schwerer war als 25 Kilogramm, und viele von denen, die verschwanden, waren sogar beträchtlich kleiner. Landpflanzen in den nördlichen Gebieten der gemäßigten Zone erlitten größere Verluste als die weiter südlich. Jedoch waren Pflanzen und Tiere des Süßwassers kaum betroffen. Das gleiche gilt vermutlich auch für marine Weichtiere der Tiefsee, während marine Flachwasser-Organismen, besonders die Tierwelt der tropischen Riffe, erheblich tiefgreifender gestört wurden.

Sogar Tiere aus dem gleichen Biotop reagierten unterschiedlich auf die biologische Krise. So überlebten – wie Eric Buffetaut von der Universität Paris darlegte – die Krokodile, welche marines Flachwasser bewohnten, während die Mosasaurier, die denselben Lebensraum innehatten, ausstarben. Wie auch immer die biologische Belastung ausgesehen hat, die Fähigkeit der Organismen, ihr zu widerstehen, war offenbar unterschiedlich ausgeprägt.

Was bedeutet das augenscheinlich getrennte Massensterben von Tieren und Pflanzen am Ende des Erdmittelalters? Waren es wirklich zwei getrennte Ereignisse, bei denen zuerst viele Landtiere und dann eine ganze Anzahl von Pflanzen verschwanden? Wenn das zutrifft, war dann der zweite Schub das Ergebnis von ebenso schweren Belastungen wie zuvor, oder war er nur eine biologische Folgeerscheinung? Wie immer die Antwort auf die Fragen auch ausfällt, die Menschheit dürfte langfristig Nutznießer der Katastrophe gewesen sein. Als das Erdmittelalter seinem Ende entgegen ging, wiesen kleine, fleischfressende Dinosaurier bereits ein Verhältnis von Gehirn- zu Körpergewicht auf, wie es für frühe Säugetiere charakteristisch ist (Bild 7). Wenn diese vermutlich verhältnismäßig intelligenten Reptilien nicht untergegangen wären, hätten ihre Nachfahren vielleicht den Aufstieg der Säugetiere unterdrücken und den heute uns gehörenden Thron als gescheiteste Tiere der Erde besetzen können.

Massensterben im Meer

Viele Tier- und Pflanzenarten der Ozeane sind jeweils innerhalb geologisch kurzer Zeitabschnitte in den vergangenen 700 Millionen Jahren ausgestorben. Neue Befunde deuten darauf hin, daß die meisten Krisen die Folge einer Abkühlung des Meeres waren.

Von Steven M. Stanley

Im Laufe der Erdgeschichte war die Aussterbequote von Pflanzen- und Tierarten meist annähernd gleichbleibend. Verschiedentlich jedoch stieg die Zahl erlöschender Arten steil an. Von solchen Massensterben waren sowohl terrestrische wie marine Organismen betroffen. Allerdings ist das Aussterben im Meeresbereich häufiger fossil dokumentiert.

Während geologisch kurzer Zeitabschnitte von jeweils einigen Millionen Jahren sind bei einigen dieser Ereignisse die meisten Arten von Meeresorganismen und bis zur Hälfte der Pflanzen- und Tierfamilien ausgetilgt worden (Bild 2). Das Aussterben in dieser Größenordnung konnte nur durch grundlegende Umweltveränderungen regionalen oder gar weltweiten Ausmaßes bewirkt worden sein.

Einige Wissenschaftler vermuteten hierfür außerirdische Ursachen wie die kosmische Strahlung eines nahebei als Supernova explodierenden Sterns. Andere suchten vorwiegend nach irdischen Ursachen: drastischen Änderungen von Grenzfaktoren der Biosphäre, einschließlich der Temperatur und des Lebensraumes am Meeresboden, die für die Verbreitung und Vielfalt der Organismen-Arten im Meer entscheidend sind.

Nun ist der wichtigste für die geographische Verbreitung von Meerestieren bestimmende Faktor die Wassertemperatur: Die einzelne Art kann nur innerhalb eines Bereichs zwischen bestimmten Höchst- und Tiefstwerten fortbestehen. Die heute lebenden Tiere bestätigen dies eindrücklich; ein Temperatursprung kennzeichnet oft die geographische Verbreitungsgrenze einer Art. Eine Klimaverschlechterung konnte also jede Art vernichten, die nicht an die neu auftretenden niedrigen Temperaturen angepaßt war und der ein wärmeres Rückzugsgebiet fehlte.

Im folgenden möchte ich neuere Belege für Abkühlungsphasen als Hauptgrund der meisten uns bekannten Krisen im marinen Bereich anführen. Es sind im wesentlichen drei verschiedene Befunde.

In einigen Fällen gibt es den direkten Beweis, so das Vorkommen von Glazialschottern, daß eine Abkühlung gleichzeitig mit einem Massensterben auftrat. (Abkühlung muß jedoch nicht immer mit Vereisung einhergehen.) Zweitens läßt sich aufgrund der Fossilüberlieferung folgern, daß die an warmes Wasser oder an einen schmalen Temperaturbereich angepaßten Arten zuerst betroffen waren, wie es bei einer Krise durch einen Temperaturrückgang auch zu erwarten ist. Drittens zeigen die fossilen Relikte des weiteren, daß die meisten Fälle von marinem Massensterben eher langsam ablaufende als plötzlich auftretende Ereignisse waren; sie vollzogen sich über Hunderttausende oder Millionen von Jahren. Dieser Befund steht im Einklang mit dem gewöhnlich langfristigen und episodischen Verlauf eines weltweiten Temperaturrückgangs.

Hypothesen und ihre Schwachpunkte

Selbst das bekannteste Massensterben, das Hinschwinden der Dinosaurier zusammen mit vielen marinen Tierarten am Ende der Kreidezeit vor etwa 65 Millionen Jahren, scheint nach gegenwärtigem Kenntnisstand ein allmählich ablaufender Prozeß gewesen zu sein. Wie ich später darlegen werde, ist dies das Hauptargument gegen die Hypothese, die gesamte Kreidezeit-Krise sei auf den Einschlag eines Asteroiden zurückzuführen, wie Walter und Luis W. Alvarez und ihre Kollegen von der Universität Berkeley meinen (siehe auch den Beitrag „Der Untergang der Dinosaurier" von Dale A. Russell in diesem Band. Da ein solcher Einschlag sich auf die Umwelt nur relativ kurz ausgewirkt hätte, läßt sich damit nicht ausschließlich eine Krise erklären, die wahrscheinlich mindestens zwei Millionen Jahre gedauert hat. Und selbst wenn sich die Alvarez-Hypothese als richtig erweisen würde – es gibt sonst nur wenige Hinweise dafür, daß Asteroideneinschläge die vielen anderen Krisen in der Geschichte der Ozeane ausgelöst haben könnten.

Bevor ich die Befunde für den Zusammenhang zwischen Massensterben und Klimaverschlechterung im einzelnen darlege, möchte ich zuerst auf die Mängel einer anderen Erklärungsmöglichkeit eingehen. Veränderungen in der Meeresflora und -fauna könnten auch durch den Umstand bedingt sein, daß bei fallendem Meeresspiegel das Flachwassergebiet abnimmt, da dann Teile des Kontinentalschelfs trockenfallen. Nach dieser alternativen Hypothese sind große Flachwassergebiete erforderlich, um einer mannigfaltigen Population bodenbewohnender Tiere, die nicht an Bedingungen der Tiefsee angepaßt sind, hinreichend Lebensgrundlage zu bieten.

Doch ist dies nicht der Fall. Ein ziemlich schmales Kontinentalschelf kann eine große Vielfalt bodenbewohnender Organismen enthalten. So besiedeln zum Beispiel rund 3000 Arten gehäusetragender Weichtiere die tropischen Abschnitte des schmalen Kontinentalschelfs entlang der Westküste von Nord- und Südamerika. Sie vertreten Hunderte von Familien. An die tausend Arten solcher Weichtiere bewohnen allein den schmalen Streifen flachen Meeresbodens, der die Hawaii-Inseln umsäumt.

In den letzten Jahren ist außerdem das Wissen über Meeresspiegel-Schwankungen in der fernen Vergangenheit beträchtlich angewachsen. Diese neuen Befunde zeigen, daß die durch Senkung des

Meeresspiegels verursachte „biotische Massierung", das Zusammendrängen einer Fülle von Organismen auf engstem Raum, auf keinen Fall die meisten Massensterben hervorgerufen haben kann (Bild 3).

Viele Hinweise hierfür liefern seismische Methoden in der Stratigraphie, wie sie von Forschern der Exxon-Erdölgesellschaft entwickelt worden sind. Mit Schallwellen, die an alten Sedimenten unter den heutigen Kontinentalschelfen reflektiert werden, können oft in den darüberliegenden Schichten Unstetigkeiten festgestellt werden. Sie rühren von unterschiedlichen Gesteinsdichten her, und somit werden die Schallwellen in charakteristischer Weise gebrochen. Eine Unstetigkeitsfläche kann sich beispielsweise an der Grenze zwischen einer in tiefem Wasser abgelagerten Schlammschicht und Schwemmsanden darüber abzeichnen, die sich später im Bereich einer durch den Rückzug des Meeres trockengefallenen Küstenebene anhäuften. Die Untersuchung von an Land aufgeschlossenen Gesteinen läßt sichtbar werden, wann zu anderen geologischen Zeiten der Meeresspiegel höher stand.

Diese Untersuchungen haben gezeigt, daß der Meeresspiegel während vieler Episoden von Massensterben nicht tiefer als heute lag. Umgekehrt ereignete sich oft keine lebensbedrohende Krise, wenn der Meeresspiegel abgesunken war.

Wieder mag ein Beispiel aufschlußreich sein. Vor etwa 40 Millionen Jahren, während des jüngeren Eozäns, verschwanden viele europäische Meeresorganismen-Arten. Dies geschah zu einer Zeit, als Europa weithin von Flachmeeren überflutet war. Im darauffolgenden Oligozän fielen diese Überflutungsgebiete trocken; das Meer war auf den wahrscheinlich tiefsten Stand in den damals vergangenen mehreren Hundert Millionen Jahren gesunken. Obwohl der Meeresspiegel dann für fünf Millionen Jahre tief blieb, starben nur wenige oder doch nicht außergewöhnlich viele Meeresorganismen in Europa oder sonst irgendwo auf der Erde aus. Der vorhandene Lebensraum am Boden des Flachmeeres mag die Zahl der dort lebenden Arten einschränken, doch ist ein solcher Zusammenhang jedenfalls nicht besonders deutlich.

Artenschwund im Bereich von Vereisungen

In noch jüngerer Zeit sank der Meeresspiegel um bis zu 100 Meter ab. Mehrfach in den vergangenen drei Millionen Jahren entzogen ausgedehnte Eismassen dem hydrologischen Kreislauf der Erde riesige Mengen an Wasser. Im Laufe dieser Vereisungsperioden erlosch in den Meeren eine große Anzahl von Arten. Allerdings deutet das geographische Muster des Aussterbens darauf hin, daß es eher durch Abkühlen als durch Verringerung des Flachmeerbodens verursacht wurde.

Dieser Zusammenhang wird erst heute verständlich, denn lange Zeit übersahen die Paläontologen das Massensterben des Eiszeitalters. Weil genaue Methoden zur Altersbestimmung fossiler mariner Faunen fehlten, nahm man an, daß Faunen, die viele ausgestorbene Arten enthalten, geologisch alt seien und daß die erloschenen Arten einem geringen, fortwährend gleichbleibenden Schwund zum Opfer gefallen wären. Das Studium mikroskopisch kleiner Fossilien wie der von planktonischen Foraminiferen (schwebenden, den Amöben ähnlichen, skelett-tragenden Organismen) hat genauere Altersbestimmungen ermöglicht. Sie bestätigen, daß das Aussterben tatsächlich an das Eiszeitalter gebunden war: In vielen nur vier Millionen Jahre alten Faunen sind mehr als die Hälfte der Arten ausgestorben.

Wenn das Aussterben im Eiszeitalter durch Absenkung des Meeresspiegels ausgelöst worden wäre, hätte es die Flachwasser-Faunengemeinschaften auf der ganzen Erde betroffen. Wissenschaftler, die sich mit fossilen Weichtieren befassen, haben jedoch eine Häufung übermäßig hohen Aussterbens nur in den Saumregionen des Atlantik nördlich

Bild 1: Fossilien vom eiszeitlichen Aussterben betroffener schalentragender Weichtiere aus einer Muschelbank der Pinecrest-Sande in der Nähe von Sarasota (US-Bundesstaat Florida). Während der Eisvorstöße in den vergangenen drei Millionen Jahren starben etwa 70 Prozent der Weichtier-Arten dieses Gebietes aus. Von den Muscheln sind nur die an tropische Verhältnisse angepaßten Arten vollständig verschwunden. Hingegen haben einige im Wasser gemäßigten Klimas vorkommende Arten überlebt. Das Beispiel zeigt, daß Klimaabkühlung das Aussterben verursachte.

vom Äquator festgestellt. Faunen des westlichen Atlantik und der Karibischen See wurden am stärksten betroffen; sie verloren etwa 70 Prozent ihrer Arten. Im Mittelmeer und in der Nordsee gingen etwa 30 Prozent der Weichtier-Arten zugrunde (Bild 4). Demgegenüber weisen die Weichtier-Faunen der Pazifikküsten von Kalifornien, Panama und Japan kein Anzeichen für ein außergewöhnlich hohes Aussterben während der Vereisungsperioden auf.

Dieses Beispiel ist gut mit der Abkühlungstheorie übereinzubringen. Die Arten, die verschwanden, waren jene, die an warmes Wasser angepaßt waren oder nur geringe Temperaturschwankungen vertrugen. Sie konnten auch dem mit der Ausdehnung der Vereisung einhergehenden Temperatursturz nirgends hin entrinnen. Anders die Faunen des Pazifik: Bei steigenden oder fallenden Temperaturen vermochten sie einfach nach Norden oder Süden auszuweichen. Ein Blick auf die Landkarte zeigt, daß Mittelmeer und Karibische See keinen solchen einfachen Fluchtweg boten. Als durch Zunahme der Vereisung diese tropischen Meeresbecken abkühlten, starben viele darin eingeschlossene Weichtiere aus.

Die Pinecrest-Sande von Mittel- und Südflorida aus dem Altpliozän (etwa 3,5 oder 4 Millionen Jahre alt) bezeugen dieses Geschehen eindrücklich. Sie enthalten eine reiche fossile Fauna tropischer Weichtiere mit vielen Arten von Muscheln (Bild 1). Alle in diesem Gebiet bis heute überlebenden Muschelarten vermögen nicht nur in den Tropen, sondern auch in gemäßigt warmem Wasser zu leben. Alle ausschließlich tropischen Arten hingegen sind verschwunden.

Kälte-Krise im ausgehenden Eozän

Inwieweit sind nun Klimaverschlechterungen verantwortlich für geologisch früher auftretende Massensterben? In der erwähnten jungeozänen Krise, die einige Millionen Jahre dauerte, war das Aussterben noch weiter verbreitet als im Eiszeitalter. Außer der europäischen Fauna wurden auch Weichtiere im südlichen Pazifik und entlang der nordwestlichen Pazifikküste der heutigen USA betroffen. Für das nordamerikanische Gebiet wies Carole S. Hickman von der Universität in Berkeley nach, daß Arten, die vorwiegend südlichen, also in wärmerem Wasser lebenden taxonomischen Gruppen angehören, damals am meisten gelitten haben.

Richard Cifelli von der Smithsonian Institution in Washington, der diese Krise zuerst erkannte, stellte fest, daß von ihr die meisten planktonischen Foraminiferen betroffen wurden. Eine Gruppe von Foraminiferen jedoch, die Globigerinen, überlebten und dominierten dann im Oligozän. Heute sind die Globigerinen unter den planktonischen Foraminiferen insofern einzigartig, als sie in kaltem Wasser weit verbreitet sind. Die Arten, die heute in warmen Meeren vorkommen, haben sich größtenteils erst seit dem Eozän entwickelt. Das ungewöhnlich gute Gedeihen der Globigerinen und demgegenüber der Untergang ihrer in warmem Wasser lebenden Verwandten ist nur dann verständlich, wenn man voraussetzt, daß die Krise durch Abkühlung hervorgerufen wurde.

Es gibt deutliche Anzeichen dafür, daß die Aussterbeperioden von einem Temperaturrückgang begleitet wurden. Fossile Blätter, die in der Nähe des Puget-Sunds im US-Bundesstaat Washington gefunden wurden, bezeugen einen Wechsel von fast tropischen Regenwäldern zu mäßig feuchten Wäldern zur gleichen Zeit etwa, als die Weichtiere der benachbarten Küstengewässer verschwanden. Aus der Veränderung im Verhältnis von Pflanzenarten mit glatten Blatträndern zu jenen mit gezackten Blättern in einem bestimmten Gebiet läßt sich die Veränderung der Durchschnittstemperatur abschätzen; Blätter mit glatten Rändern sind in tropischen Gegenden am häufigsten, während gezackte Blätter in gemäßigten Zonen vorherrschen. Mit Hilfe dieser Methode schätzte Jack Wolfe vom amerikanischen Geologischen Dienst, daß die mittlere Jahrestemperatur des nordwestlichen Pazifik im Obereozän um etwa 10 Grad Celsius gefallen war. Eine ähnliche Untersuchung bestätigt auch für England im gleichen geologischen Zeitraum eine wesentliche Abkühlung.

Wie im Eiszeitalter, so scheint auch im Eozän die Abkühlung von den Polen ausgegangen zu sein und sich zum Äquator hin in unregelmäßig verlaufenden Vorstößen ausgebreitet zu haben. Fossilien in Tiefseesedimenten nahe der Antarktis zeigen, daß sich spät in diesem Zeitabschnitt Gletscher entwickelten. Wie Richard H. Benson von der Smithsonian Institution und andere Wissenschaftler dargelegt haben, änderte sich infolge der Vergletscherung grundlegend die Wärmestruktur des Meeres. Meerwasser, das vor der Antarktis abkühlte, sank zum Teil aufgrund der nun höheren Dichte ab und strömte nordwärts. So bildete sich eine kalte Schicht in der Tiefsee, Psychrosphäre genannt, die auch heute noch besteht. Die plattentektonische Trennung Grönlands von Europa während des Eozäns mag ebenfalls zum Entstehen der Psychrosphäre beigetragen haben, indem kaltes arktisches Wasser in den Atlantik einströmen konnte.

Es gibt allerdings keinen Grund für die Annahme, daß größere Abkühlungsvorgänge früher in der Erdgeschichte zwangsläufig von den Polen ausgegangen seien. In Wirklichkeit scheinen sie mehr oder weniger weltumspannend gewesen zu sein mit Temperaturen, die in äquatorialen Gebieten nicht minder stark absanken als in höheren Breiten.

Eine derartige weltweite Abkühlung müßte tropischen Floren und Faunen den größten Schaden zufügen. Demgegenüber sollten die Floren und Faunen höherer Breiten, falls sie nicht durch geographische Barrieren aufgehalten werden, zusammen mit der Klimazone, der sie angepaßt sind, in Richtung Äquator wandern können. Es würde aber keine wärmeren Rückzugsgebiete für tropische Arten mehr geben, da diese ja bereits die wärmsten Zonen bewohnen.

Tropische Arten sind außerdem in vielen Fällen weniger widerstandsfähig gegen Temperaturänderungen als Arten der gemäßigten Zonen, in denen der jahreszeitliche Wechsel meist ausgeprägter ist. Ein Abkühlungsprozeß, bei dem die Wassertemperatur auf weniger als etwa 18 Grad Celsius sänke, würde normalerweise viele heutige tropische Arten vernichten. Wenn weltweite Abkühlungen die marinen Krisen vor Beginn der Erdneuzeit (des seit 65 Millionen Jahren währenden Zeitalters der Säugetiere) auslösten, müßten Episoden gehäuften Aussterbens mit der Einschränkung tropischer Lebensbedingungen einhergegangen sein. Eine Prüfung der Fossilien in dieser Hinsicht zeigt, daß dies tatsächlich zutrifft.

Die Wende von Erdmittelalter zu Erdneuzeit

Das Massensterben, das den Übergang vom Erdmittelalter (dem Zeitalter der Dinosaurier) zur Erdneuzeit markiert, ist am besten dokumentiert. In der späten Kreidezeit, dem letzten Abschnitt des Erdmittelalters, überfluteten Flachmeere große Kontinentalgebiete, die heute Land sind. Ein Gürtel tropischer Meere, als Tethys-Meereszone bekannt, erstreckte sich von Südostasien über das Mittelmeergebiet zum Golf von Mexiko (Bild 5). Unter den marinen Organismen waren die Tethys-Faunen von der endkreidezeitlichen Krise offenbar am stärksten betroffen.

Viele Gruppen sehr kleiner, schwebender Algen wurden dezimiert, einschließlich der meisten Coccolithophoren. Diese kugeligen Einzeller bildeten schildförmige Plättchen aus Calciumcarbonat, die nach dem Tode dieser Orga-

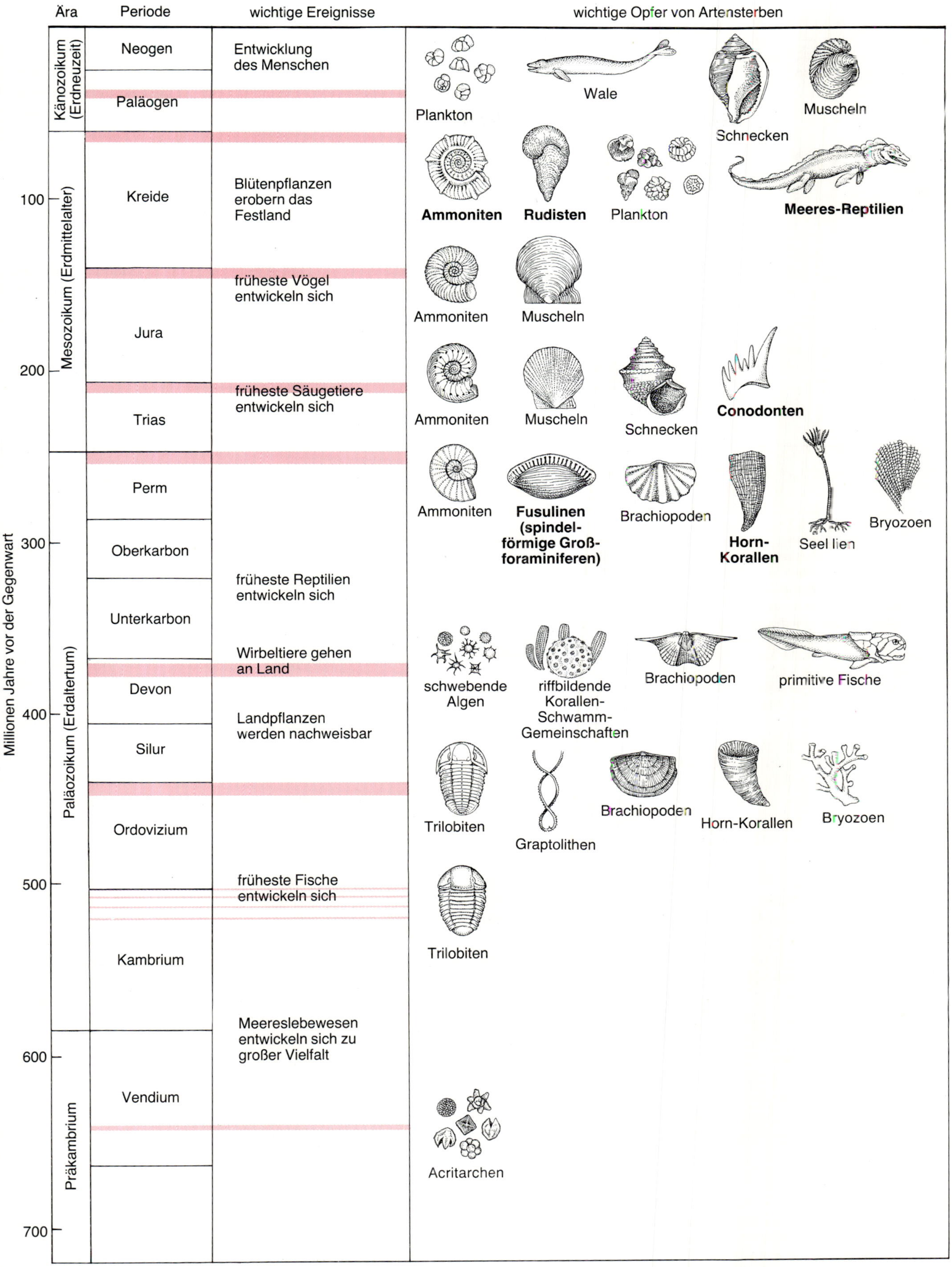

Bild 2: Von Massensterben (farbige Linien und Bänder) war jegliches marine Leben in den vergangenen 700 Millionen Jahren betroffen, Einzeller ebenso wie riesige schwimmende Reptilien und Wale. Die bekannteste Krise setzte vor 65 Millionen Jahren am Ende der Kreidezeit ein. Sie vernichtete die meisten marinen Arten etwa gleichzeitig, als an Land die Dinosaurier ausstarben. Oft konnte sich eine Tier- oder Pflanzengruppe nach der Krise wieder erholen und neue Arten hervorbringen. Manchmal erlosch aber auch die ganze Gruppe (hervorgehobene Namen).

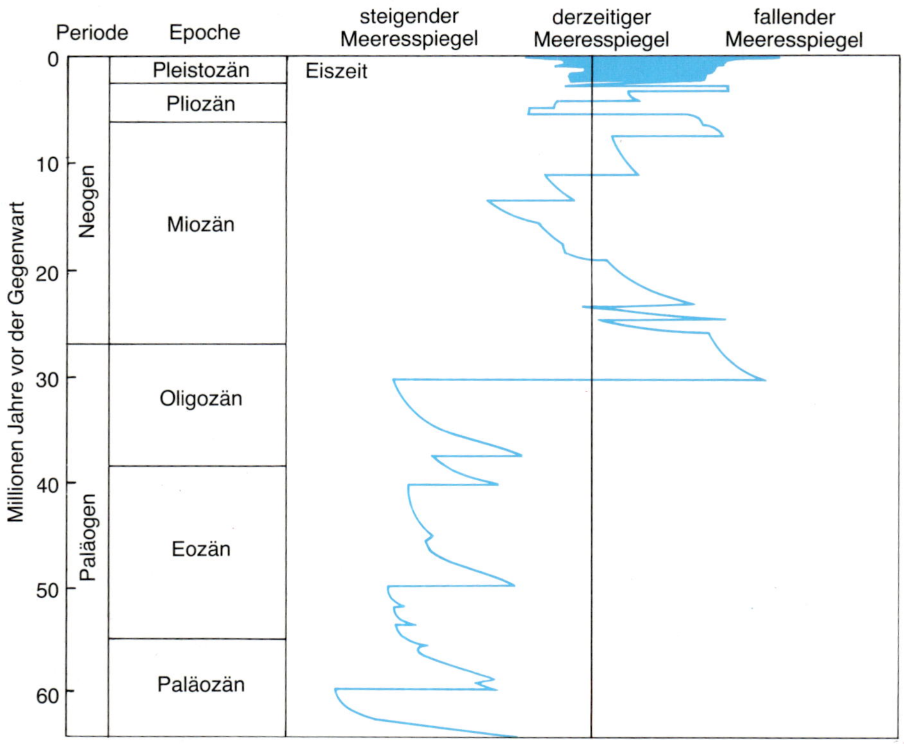

Bild 3: Die starke Senkung des Meeresspiegels vor etwa 30 Millionen Jahren löste kein klar erkennbares Massensterben aus. Dies steht im Widerspruch zu der Hypothese, daß die Verringerung des Lebensraumes auf dem Flachmeerboden solche Krisen durch „biotische Massierung" – das Zusammendrängen einer Fülle von Organismen – verursacht habe. Während des Oligozän sank das Meer auf den wahrscheinlich tiefsten Stand der vergangenen 600 Millionen Jahre und blieb etwa fünf Millionen Jahre lang unter dem Rand des heutigen Kontinentalschelfs. Doch ereignete sich im Oligozän kein außergewöhnliches Artensterben. Im krassen Gegensatz hierzu steht die Krise, die im vorausgehenden Zeitabschnitt, dem Eozän, viele marine Arten vernichtete – damals hatten Flachmeere große Festlandgebiete überflutet. Senkungen des Meeresspiegels verbunden mit eiszeitlichen Gletschervorstößen fielen zwar zeitlich mit Aussterbe-Episoden zusammen, doch deutet der Verlauf des Massensterbens auf Klimaabkühlung.

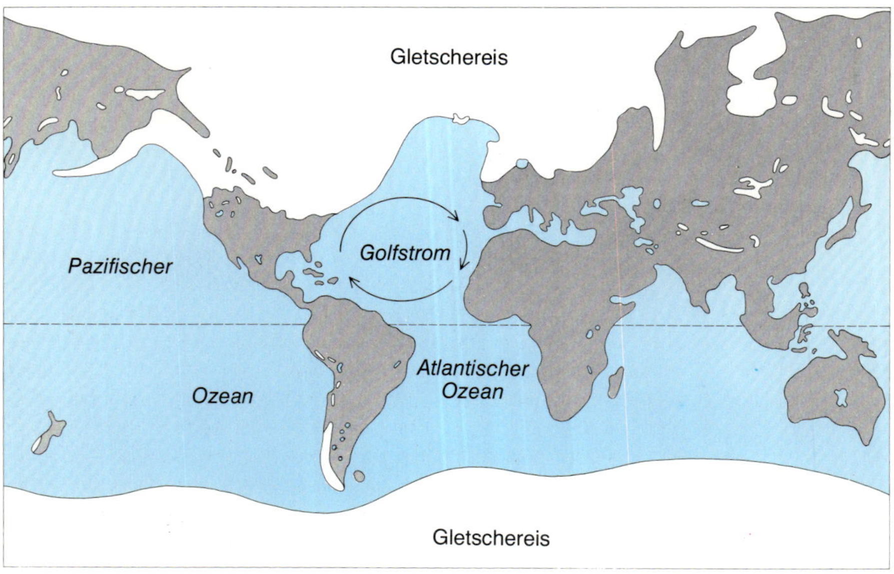

Bild 4: Das eiszeitliche Massensterben während der vergangenen Jahrmillion war auf Gebiete, die den Nordatlantik umgeben, beschränkt. Dabei erloschen etwa 70 Prozent der Weichtier-Arten im westlichen Atlantik und in der Karibischen See sowie ungefähr 30 Prozent der Weichtier-Arten im Mittelmeer und in der Nordsee. Während der Abkühlungsphasen waren Weichtier-Faunen in diesen Meeresbecken eingeschlossen und konnten nicht einfach in wärmere Meeresregionen ausweichen. Demgegenüber vermochten die pazifischen Weichtier-Faunen bei sinkender Wassertemperatur südwärts zu wandern; so entgingen sie dem Aussterben. Daß der warme Golfstrom damals weiter im Süden verlief, veranschaulicht das Ausmaß der Abkühlung im Atlantik. Die Karte zeigt die letzte Vereisung vor 18 000 Jahren.

nismen erhalten blieben. Vor der Krise sank dieses Calciumcarbonat in ungeheurer Menge auf den Meeresboden und sammelte sich in mächtigen Kalkablagerungen an; die weißen Kliffe von Dover zum Beispiel bestehen daraus. Die Coccolithophoren haben ihre führende Stellung in der Fauna der tropischen Meere niemals wieder voll zurückerlangt.

Planktonische Foraminiferen erlitten ebenfalls schwere Verluste: Ihre einzigen Überlebenden waren die Globigerinen, jene Gruppe, die dann nach der Eozän-Krise zur beherrschenden Gruppe aufstieg und heute in den kalten Meeren üppig gedeiht.

Das Verschwinden der riffbildenden Rudisten – auch Rauhlinge genannte Muscheln mit dicker, ungleichklappiger Schale – in der Tethys-Meereszone verlief besonders dramatisch. Diese Tiere (Bild 6) waren in der Kreidezeit so erfolgreich, daß es den Anschein hat, sie hätten die Korallen aus der führenden Rolle in den tropischen Riffen verdrängt. Wären die Rudisten nicht plötzlich ausgestorben, würden zweifellos sie und nicht die Korallen die Riffe beherrschen, die gegenwärtig über die tropischen Flachmeere verstreut liegen.

Anderwärts am Meeresboden der Tethys verschwanden verschiedene Gruppen von Muscheln und Schnecken sowie einige Familien großer, bodenbewohnender Foraminiferen. Sehr bedauerlich war – in Anbetracht ihrer Schönheit – das totale Aussterben der Ammoniten. Es waren schwimmende Kopffüßer aus der Gruppe der Weichtiere, ähnlich ihrem noch lebenden Verwandten, dem Perlboot (Nautilus), deren gekammerte, spiralig aufgerollte Gehäuse einen tintenfischähnlichen Körper aufnahmen. Die Ammoniten sind eine Gruppe, deren Untergang nicht den allgemeinen Zusammenhang mit tropischen Lebensbedingungen am Ende der Kreidezeit widerspiegelt: Es verschwanden nämlich sowohl die nichttropischen wie die tropischen Arten.

Trotzdem hat dieser Zusammenhang am Ende der Kreidezeit bestanden. Bezeichnend in dieser Hinsicht ist die Verwirrung über die richtige Datierung bestimmter Gesteinsserien hoher Breiten. Jahrelang wiesen einige Paläontologen Gesteinsformationen in Dänemark aus dem Danien, das allgemein als erste Stufe des Tertiärs – also der Erdneuzeit – gilt, der Kreideperiode zu, da diese Ablagerungen Kreidezeit-Fossilien enthalten. Die meisten Wissenschaftler sind aber heute der Meinung, daß sich die spätkreidezeitliche Krise in Wirklichkeit vor dem Danien ereignet hat. Ihre Auswirkung war jedoch in Dänemark so gering, daß viele kreidezeitliche Arten bis ins Paläogen, ins Alttertiär, überdauerten. (Die Erdneuzeit wurde bislang in Tertiär, vor 65 Millionen Jahren beginnend, und in Quartär, vor zwei Millionen Jahren beginnend und bis in die Gegenwart dauernd, unterteilt. Viele Paläontologen möchten heute jedoch die Erdneuzeit lieber in zwei zeitlich eher gleichwertige Perioden untergliedern, nämlich in das Paläogen, das mit dem Zeitabschnitt des Oligozäns vor 26 Millionen Jahren endete, und das Neogen.)

Gleichermaßen wird die Cannonball-Formation im US-Bundesstaat Norddakota, die früher zur Kreidezeit gerechnet wurde, heute ins Altpaläogen eingestuft. Obwohl die kreidezeitliche Krise die meisten Muschelarten in der tropischen Region des Golfs von Mexiko vernichtete, sind noch etwa 60 Prozent von Muschelarten der Cannonball-Formation auch von kreidezeitlichen, einige Millionen Jahre älteren Ablagerungen bekannt. Das ist aber auch annähernd die Überlebensrate in jenen Zeitabschnitten, in denen sich keine Krise ereignet hat.

Bei dieser erdgeschichtlichen Wende waren nicht nur die Floren und Faunen der Tethys stärker betroffen als die nichttropischen, es scheint auch, daß die Lebensgemeinschaften der kühleren nördlichen Breiten sich südwärts verschoben und die verschwindende tropische Flora und Fauna ersetzt haben. Beispielsweise wurden die Schnecken der Tethys durch das Massensterben stark dezimiert. Heinz Kollmann vom Naturhistorischen Museum in Wien stellte aber fest, daß dann im Altpaläogen die Schnecken eines großen, von Grönland bis Nordafrika reichenden Areals solchen Gruppen angehörten, die während der Kreidezeit ausschließlich in nördlichen Meeren gelebt hatten.

Durch die Untersuchung der Randformen fossiler Blätter gelang es kürzlich Leo J. Hickey von der Yale-Universität in New Haven aufzuzeigen, daß in Wyoming ein Abkühlungsschub den Übergang vom Maastricht, dem letzten Abschnitt der Kreidezeit, zum Paläozän begleitete. Schon lange ist das Maastricht als der kälteste Zeitabschnitt der Kreidezeit bekannt. Doch zeugen die altpaläozänen Floren von Wyoming von einem Klima mit einer mittleren Jahrestemperatur, die mindestens noch 10 Grad Celsius tiefer lag. Derart niedrige Temperaturen scheinen in Wyoming einige Millionen Jahre angehalten zu haben.

Soviel zu den Indizien für einen Zusammenhang zwischen Kreidezeit-Krise und Klimaverschlechterung. In den vergangenen Jahren galt das allgemeine Interesse der Alvarez-Hypothese, daß nämlich der Einschlag eines Asteroiden von etwa 10 Kilometer Durchmesser sowohl die marinen Organismen als auch die Dinosaurier ausgerottet habe. Der Einschlag soll demnach eine Staubwolke aufgeworfen haben, die rasch die Erde umhüllte und sich dann aus der Atmosphäre niederschlug.

Die Hauptstütze für diese Hypothese war die Entdeckung einer bedeutsamen Konzentration von Iridium in einer dünnen Sedimentschicht an der Kreide/Paläogen-Grenze, und zwar in betreffenden Gesteinsserien in aller Welt. Iridium, ein Metall der Platin-Gruppe, ist auf der Erde selten, doch vergleichsweise häufig in Meteoriten. Und die meisten Meteoriten werden für Trümmer von Asteroiden gehalten.

Kosmische Katastrophe?

Wie könnte ein solcher Einschlag das Aussterben vieler Arten im Meer ausgelöst haben? Verschiedene Erklärungsmöglichkeiten wurden unterbreitet, einschließlich eines plötzlichen Temperaturanstiegs wie auch eines gleichermaßen drastischen Temperaturrückgangs. Walter und Luis W. Alvarez meinten, die Staubwolke könnte eine drei bis sechs Monate dauernde Finsternis hervorgerufen haben, wodurch die Photosynthese unterbrochen und das pflanzliche Plankton nahe der Meeresoberfläche abgetötet wurde. Diese Vernichtung würde sich dann wie ein Domino-Effekt auf die Nahrungskette ausgewirkt und den Untergang der größeren Meeresorganismen zur Folge gehabt haben.

Die Alvarez-Hypothese beinhaltet eine überprüfbare Behauptung: Wenn eine plötzliche Katastrophe das Aussterben am Ende der Kreidezeit verursacht hätte, müßte gleichsam eine Strichmarkierung auf der geologischen Zeitskala zu erkennen sein. Nach den neuesten Befunden trifft dies aber nicht zu.

Die obersten kreidezeitlichen Ablagerungen bei Stevns Klint in Dänemark wurden wegen des scheinbaren Nachweises eines plötzlichen Aussterbens berühmt. Die jüngste dieser Schichten ist jedoch ein „Hartgrund", eine Meeresbodenfläche, die lange Zeit unbedeckt blieb, da sich keine weiteren Sedimente darüber ablagerten. Diese Schicht wurde durch Calciumcarbonat, das sich aus dem Meerwasser niederschlug, zu einer harten Kruste verfestigt.

Solange sich aber kein Sediment auflagert, können sich auch keine Fossilien bilden. Der Hartgrund von Stevns Klint deutet also darauf hin, daß in Wirklichkeit die letzten Jahrzehntausende der Kreidezeit in den dortigen Ablagerungen nicht mehr dokumentiert sind. Wenn das zutrifft, können sie nicht als Beweis dafür angesehen werden, daß das endkreidezeitliche Aussterben höchstens einige Jahrtausende gedauert habe.

Bei Zumaya an der Nordküste Spaniens ist eine Gesteinsserie offenbar gleichmäßiger als bei Stevns Klint in zusammenhängender Abfolge aufgeschlossen. Tiefseeablagerungen, die durch plattentektonische Bewegungen an die Erdoberfläche gebracht wurden, erstrekken sich über die Kreide/Paläogen-Grenze hinaus, ohne Anzeichen einer Unterbrechung der Sedimentation. Diese Ablagerungen dokumentieren wohl genauer einige hervorstechende kreidezeitliche Episoden von Artensterben (Bild 7).

Das Aussterben, das mit der Asteroid-Hypothese übereinzustimmen scheint, ist das der Coccolithophoren und ähnlicher Plankton-Arten. Nach einer Untersuchung von Stephen F. Percival jr. und Alfred G. Fischer, die damals noch an der Princeton-Universität arbeiteten, verschwanden die für die Kreidezeit typischen Arten dieser planktonischen Mikroorganismen plötzlich, zumindest in ihrer Formenfülle. Dies ereignete sich während einer Zeitspanne von weniger als 10 000 Jahren, kurz bevor sich die iridiumreiche Schicht ablagerte.

Demgegenüber konnten Peter Ward von der Universität von Kalifornien in Davis und Jost Wiedmann von der Universität Tübingen nachweisen, daß die reiche Ammoniten-Fauna von Zumaya im letzten Abschnitt der Kreidezeit eher allmählich dahinschwand, als daß sie ganz am Ende der Kreideperiode plötzlich ausstarb. Die Anzahl von Ammoniten-Arten verringerte sich von zehn auf null während einer Zeitspanne von annähernd zwei Millionen Jahren, die durch etwa 120 Meter Sedimente repräsentiert sind. Der jüngste Ammonit wurde 12 Meter unter der Iridium-Schicht gefunden, so daß die letzte Art rund 100 000 Jahre vor dem vermuteten Asteroideneinschlag ausgestorben sein kann.

Ward und Wiedmann fanden einen ähnlichen Rückgang der Inoceramen, einer Gruppe von Muscheln, die gegen Ende der Kreidezeit verschwanden. Die letzte dieser Muscheln fanden die beiden Forscher bei Zumaya 60 Meter unter der Iridium-Schicht, was etwa einer Million Jahre entspricht. Ihre Ergebnisse stützen jene aus einer weltweiten Übersicht des Inoceramen-Vorkommens von Annie V. Dhondt vom Königlichen Institut für Naturwissenschaften in Belgien. Sie stellte ebenfalls fest, daß diese Muscheln während des Maastricht stark zurückgingen.

Desgleichen wurden die Rudisten (die ihre Riffe in flachen tropischen Meeren bauten und deshalb in den Tiefseesedimenten von Zumaya nicht vorkommen) in der Zeit des mittleren Maastricht stark dezimiert, wie Erle G. Kauffman von der Universität von Colorado in Boulder nachwies. Dies war vielleicht zwei Mil-

Bild 5: Der als Tethys-Meereszone bekannte tropische Meeresgürtel überflutete große Teile der Kontinente im letzten Abschnitt der Kreidezeit. Die Tethys-Organismen – pflanzliche ebenso wie tierische – wurden am stärksten von Massensterben in jener Krise betroffen, mit der die Kreidezeit endete. Dieser Zusammenhang mit tropischen Lebensbedingungen läßt vermuten, daß die Krise durch Abkühlung hervorgerufen wurde. Die unterbrochenen Linien markieren die Grenzen zwischen tropischen und klimatisch gemäßigten Verhältnissen.

lionen Jahre vor Entstehen der Iridium-Schicht. In Gesteinen von Formationen des oberen Maastricht ist die fossile Rudisten-Fauna schon verarmt und in den großen Riffen nicht mehr vertreten.

Faßt man zusammen, so war die Kreidezeit-Krise kein einzelnes, kurzdauerndes Ereignis. Verschiedene Organismengruppen gingen stark zurück und starben zu verschiedenen Zeiten über einen Zeitraum von mindestens zwei Millionen Jahren aus.

Die Reihenfolge des Untergangs ist ebenfalls bezeichnend. Denn sie widerlegt die alte, von Walter und Luis W. Alvarez wieder aufgegriffene Ansicht, ein Artensterben beginne wohl am Anfang der Nahrungskette und setze sich dann – gleich einer Reihe fallender Domino-Steine – nach oben hin fort. Das niedere Plankton war erst ganz am Ende der Kreidezeit-Krise betroffen, nach dem Hinschwinden vieler planktonfressender Weichtiergruppen und nach dem vollständigen Untergang der von tierischen Organismen lebenden Ammoniten.

In den letzten Monaten haben verschiedene Forscher modifizierte Formen der Alvarez-Hypothese vorgelegt, um der Tatsache, daß sich das kreidezeitliche Aussterben nicht schlagartig ereignete, Rechnung zu tragen. Diese neuen Hypothesen, die derzeit großenteils noch spekulativ sind, sollen die von David M. Raup und J.J. Sepkoski jr. von der Universität Chicago gezogenen Folgerungen erklären. Gestützt auf eine statistische Untersuchung über das Erlöschen von mehr als 500 Familien mariner Organismen hatten diese beiden Wissenschaftler geschlossen, daß Episoden von Massensterben in den vergangenen 250 Millionen Jahren nach einem 26-Millionen-Jahre-Zyklus aufgetreten seien.

Nach einer der neuen Theorien könnte ein kleiner kalter Begleitstern der Sonne unser Sonnensystem auf einer stark elliptischen Bahn umrunden. Wenn dieser Himmelskörper alle 26 Millionen Jahre nahe an der Sonne vorbeizöge, würde er die Umlaufbahnen von Kometen stören; über einen längeren Zeitraum könnten dann einige der Kometen auf der Erde einschlagen und dadurch Massensterben hervorrufen.

Einige Wissenschaftler versuchen nun, solch einen Begleitstern der Sonne ausfindig zu machen. Andere untersuchen Krater auf der Erde, die von einem Kometeneinschlag herrühren könnten, um festzustellen, ob das Alter der Krater dem gleichen Zyklus folgt wie die marinen Massensterben. Auch der angenommene 26-Millionen-Jahre-Zyklus selbst erfordert noch weitere Untersuchung. Allein schon der jüngste Höhepunkt des Artensterbens nach diesem Zyklus vor etwa 13 Millionen Jahren ist äußerst unscheinbar und wäre wahrscheinlich gar nicht zu bemerken, wenn es sich um eine Aufzeichnung der Artenvielfalt in einem viel früheren Zeitabschnitt handelte. Tiefer in der Vergangenheit könnte es mehr solcher Ereignisse gegeben haben, die in der Fossil-Überlieferung verborgen geblieben sind und in diesen Zyklus nicht passen.

Außerdem stimmen die von Raup und Sepkoski festgestellten Höchstwerte des Aussterbens, die länger als 90 Millionen Jahre zurückliegen, mit dem Zyklus nicht gut überein. Es könnte durchaus sein, daß die Höchstwerte gar nicht wirklich periodisch wiederkehren; vielleicht lassen sie sich nur etwas besser einem 26-Millionen-Jahre-Zyklus zuordnen, als wenn sie völlig zufällig über die Zeit verteilt wären.

Solch ein Modell erfordert keinen außerirdischen Auslösemechanismus. Eine derartige Abfolge von Arten-Zahlen ergibt sich auch, wenn nach jedem Massensterben eine bestimmte Zeit vergehen muß, bevor ein weiteres einsetzen kann. Die Umweltveränderung, welche die erste Krise herbeiführt, könnte einige Millionen Jahre anhalten und so die Wiederherstellung der Floren- und Faunen-Vielfalt, die dem nächsten Aussterbeschub vorausgehen müßte, verhindern. Selbst wenn sich die Umweltbedingungen verbessern, könnten die dezimierten Floren und Faunen Jahrmillionen brauchen, um sich wieder zu der Mannigfaltigkeit zu entwickeln und solche Arten hervorzubringen, die für gänzliches Aussterben besonders anfällig sind. Nach der kreidezeitlichen Krise und nach einem vergleichbaren Massensterben im oberen Perm zum Beispiel blieben die marinen Floren und Faunen über Millionen von Jahren verarmt.

Häufung von Artensterben und Abkühlung

Ob die marinen Massensterben nun einer zyklischen Gesetzmäßigkeit unterliegen oder nicht – es gibt genügend Hinweise dafür, daß die Krisen sogar vor jener der Kreidezeit mit einer Klimaabkühlung zusammenhingen. Die erste bekannte ereignete sich vor etwa 650 Millionen Jahren im späten Präkambrium, als tierisches Leben noch spärlich war.

Nach den Untersuchungen von Gonzalo Vidal von der Universität Lund und Andrew H. Knoll von der Harvard-Universität wurden damals die Acritarchen-Populationen der Meere dezimiert. Es waren pflanzliche Plankton-Einzeller,

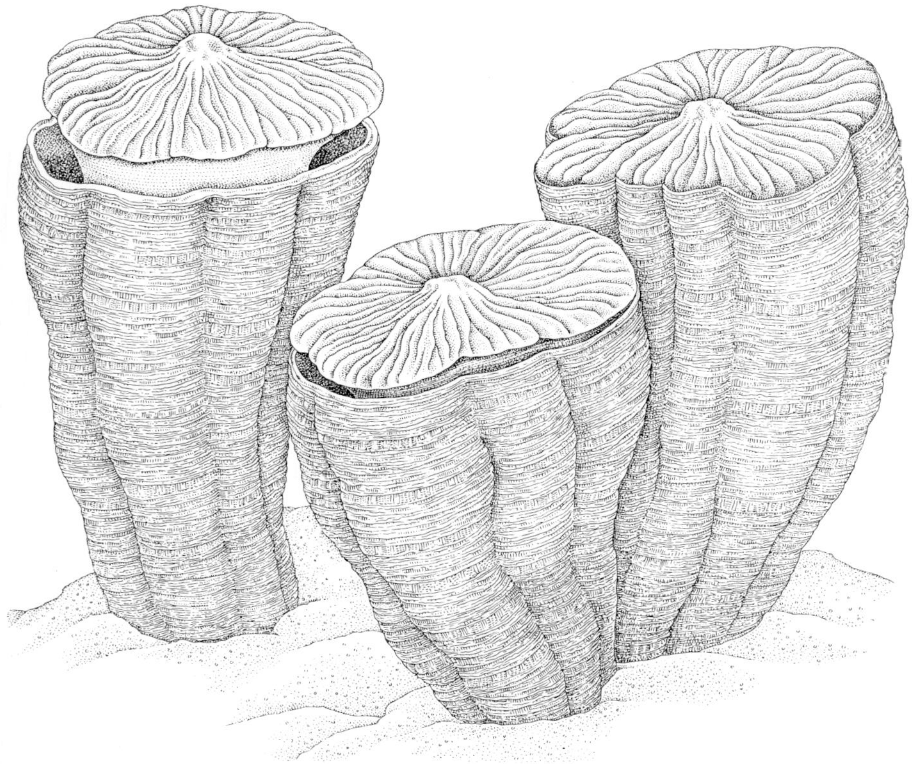

Bild 6: Die Rudisten, zweischalige Weichtiere, die in der Kreidezeit die Korallen als dominierende Riffbildner in der Tethys verdrängt hatten, verschwanden völlig am Ende dieser Periode. Ihr Aussterben setzte jedoch mindestens zwei Millionen Jahre früher ein. Offenbar wurde ihr Untergang nicht durch ein plötzliches Ereignis wie den Einschlag eines Asteroiden ausgelöst. Die Individuen der Rudisten waren nur durch die Schalen und nicht mit den Weichteilen miteinander verbunden. Rudisten wurden gewöhnlich knapp 20 Zentimeter groß.

die offenbar als erste Organismen Zellkerne entwickelten. Später erholten sie sich von diesem Niedergang und stiegen zur größten Gruppe des Phytoplanktons auf, das in Gesteinen des Erdaltertums fossil erhalten ist. Das Massensterben der Acritarchen fällt in einen Zeitabschnitt, als Gletscher viele Gebiete der Erde bedeckten.

Zeugnisse dieser Vereisung sind aus Kies entstandene Formationen mit großen Steinen, die nur durch Gletscher verfrachtet sein konnten, sowie Gletscherschrammen, die vom Eis mitgeführte Felsblöcke in älteres Grundgebirgsgestein schliffen. Derartige Belege fanden sich auf allen Kontinenten mit Ausnahme der Antarktis, die nun von Eis bedeckt ist. Sie sind ein Hinweis dafür, daß sich die Abkühlung im Präkambrium tatsächlich weltweit ausgewirkt hat.

Im nächsten Zeitabschnitt, dem Kambrium, entwickelten sich die wirbellosen schalentragenden Tiere im Meer formenreich. Die ersten wirbellosen Tiere, die eine beherrschende Stellung erlangten, waren die Gliederfüßer und von diesen wiederum die Trilobiten (Bild 8 links). Sie sind nach der Dreiteilung ihres Körpers (in einen mittleren und je einen seitlichen Abschnitt oder Lobus) benannt. Seit der Zeit vor ungefähr 530 Millionen Jahren waren die Trilobiten mehrmals von Massensterben betroffen.

Das am besten dokumentierte dieser Ereignisse erfaßte auch Faunen tropischer Meeresböden in Nordamerika. Allison R. Palmer von der Geologischen Gesellschaft Amerikas konnte drei verschiedene Krisen feststellen, die durch Zwischenzeiten von 5 bis 7,5 Millionen Jahren getrennt sind. Aus der Mächtigkeit der Sedimente schloß er auf eine Dauer von höchstens 4000 bis 6000 Jahren. So scheinen kurzen Aussterbeperioden lange Intervalle gefolgt zu sein, in denen die Trilobiten sich erneut verbreiteten und viele neue Arten hervorbrachten, bevor die nächste Krise sie traf. In jedem Falle entwickelte sich die neue Fauna aus der gleichen Ursprungsgruppe, Trilobiten aus der Familie der Oleniden. Diese werden in Sedimenten tieferer und weiter von der Küste entfernt liegender Gewässer, die vermutlich kühl waren, gefunden.

Der sich wiederholende Prozeß von raschem Schwund und längerer Zunahme der Artenzahl kann zwanglos durch Klimaabkühlung erklärt werden: Während kurzfristige Abkühlungsphasen wieder und wieder die tropischen Flachwasser-Faunen dezimierten, harrten die ans kühlere Wasser angepaßten Oleniden gleichsam startbereit in einiger Entfernung vor der Küste aus, drangen dann jeweils in die entvölkerten Flachmeere ein und brachten neue Arten hervor. Diese Trilobiten paßten sich schließlich den wiedererstandenen tropischen Bedingungen an

Die Trilobiten wurden auch vom Massensterben ganz am Ende des Ordoviziums vor ungefähr 440 Millionen Jahren stark betroffen. Weltweit vernichtete die ordovizische Krise rund hundert Familien von Meerestieren, wiederum vorwiegend in den Tropen.

Besonders aufschlußreich sind die Auswirkungen dieser Krise auf die Graptolithen, eine eigenartige Gruppe von Wirbellosen. Sie bildeten im Wasser schwebende Kolonien, bestehend aus Einzeltieren, die miteinander durch Stiele verbunden waren (Bild 8 rechts). Sie ernährten sich wohl von Plankton oder anderen kleinen Nahrungspartikeln.

Fossilführende Ablagerungen im Randbereich des Nordatlantik zeigen, daß einige Millionen Jahre vor Ende des Ordoviziums bestimmte Graptolithen-Arten in ausgeprägten ökologischen Zonen lebten, die parallel zum Äquator verliefen. Als das Aussterben gegen Ende des Ordoviziums einsetzte, verengten sich diese Zonen auf eine einzige biogeographische Provinz im Äquatorbereich. Zur gleichen Zeit erreichte die schon etwas früher beginnende Vereisung ihren Höhepunkt. Eismassen strömten von einem Zentrum in Nordafrika aus in viele Richtungen. Das geographische Muster der späteren Wiederausbreitung der Graptolithen weist darauf hin, daß ihr Massensterben mit der Abkühlung ihrer Lebensräume zusammenhing.

Tropische Arten wurden wiederum am härtesten betroffen durch eine Krise ozeanischen Lebens kurz vor Ende des Devon, vor etwa 370 Millionen Jahren. Altertümliche Korallen (Bild 9 links) und Schwämme, Kalkstein-Riffbildner im tieferen Devon, befiel ein Massensterben, von dem sie sich niemals wieder ganz erholten. Gleichzeitig verschwanden viele andere Gruppen mariner Organismen, die an tropische Verhältnisse angepaßt waren.

Demgegenüber erging es Tiergruppen, die in der Nähe des Südpols lebten, recht gut, wie Paul Copper von der kanadischen Laurentian University in Sudbury (Ontario) gezeigt hat. Südamerika lag im Devon nahe dem Südpol; seine merkwürdige Fauna, der Riffbildner und andere Warmwasser-Arten fehlten, überlebte mit wenigen Verlusten.

Brachiopoden (Armfüßer; Bild 9 rechts) wiederum, zweischalige Organismen, die in tropischen Meeren und solchen der gemäßigten Zonen vorkommen, litten schwer. Doch es traf sie nicht

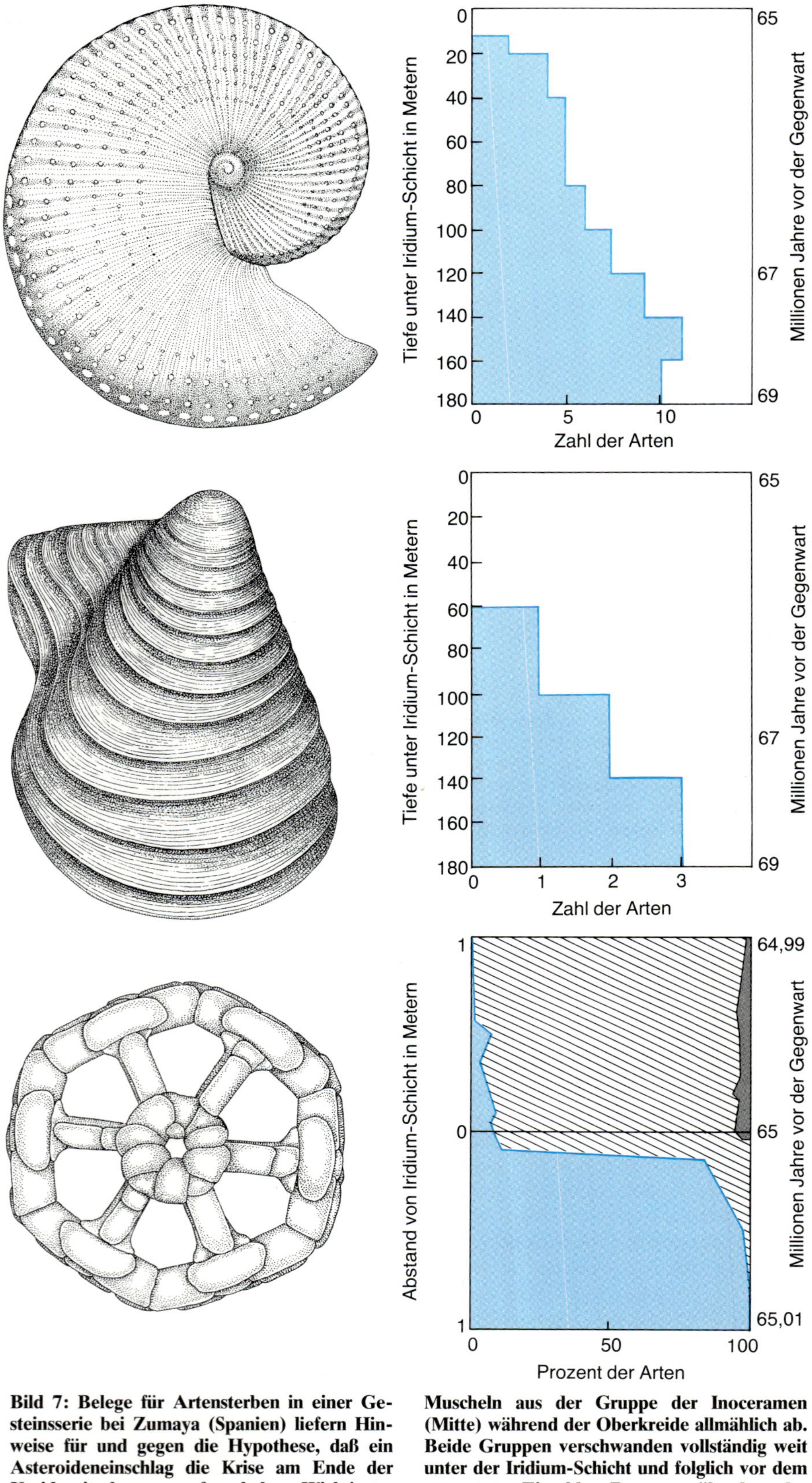

Bild 7: Belege für Artensterben in einer Gesteinsserie bei Zumaya (Spanien) liefern Hinweise für und gegen die Hypothese, daß ein Asteroideneinschlag die Krise am Ende der Kreidezeit hervorgerufen habe. Wichtigstes Zeugnis für einen solchen Einschlag ist eine dünne Tonschicht an der Kreide/Paläogen-Grenze mit einer ungewöhnlichen Anreicherung des seltenen Metalls Iridium. Die durch einen Asteroideneinschlag ausgelöschten taxonomischen Gruppen sollten plötzlich, und zwar nahe der Iridium-Schicht verschwinden. Doch nach einer Untersuchung der Zumaya-Schichtenfolge von Peter Ward von der Universität von Kalifornien in Davis nahm die Artenvielfalt sowohl der Ammoniten (oben) als auch der Muscheln aus der Gruppe der Inoceramen (Mitte) während der Oberkreide allmählich ab. Beide Gruppen verschwanden vollständig weit unter der Iridium-Schicht und folglich vor dem vermuteten Einschlag. Demgegenüber kam der Untergang bestimmter Arten von Coccolithophoren (unten) und anderen calciumcarbonatabscheidenden Planktons schlagartig. Nach einer Fossilien-Zählung von Stephen F. Percival jr. und Alfred G. Fischer wurden die für die Kreidezeit typischen Arten (farbig) durch an die neuen Verhältnisse sich anpassende Arten (schraffiert) sowie neue Arten (grau) in weniger als 10 000 Jahren ersetzt – etwa zur Zeit der Iridium-Ablagerung. Die beispielhaften Fossilien sind nicht im gleichen Maßstab gezeichnet.

zufällig: 90 Prozent der Brachiopoden-Familien, die ausstarben, hatten keine Vertreter in den kalten Gewässern, die Südamerika weithin überfluteten.

In seinen Untersuchungen über fossile Faunen im US-Bundesstaat New York, der im späten Devon nahe dem Äquator lag, stellte George R. McGhee jr. von der Rutgers-Universität fest, daß die Krise in diesem Gebiet etwa sieben Millionen Jahre dauerte. Er traf noch eine weitere interessante Feststellung: Während andere Tiergruppen untergingen, entwickelten die Glasschwämme vielfältige Formen; aber als dann die Krise abklang und die anderen Tiergruppen sich erholten, ging die Anzahl der Glasschwamm-Arten wieder zurück. Die Bedeutung dieser Beobachtung liegt darin, daß heute die meisten Glasschwämme an kaltes Wasser angepaßt sind. Ihre Blüte während der oberdevonischen Krise ist ein indirekter Hinweis, daß ihre weniger begünstigten Konkurrenten den Auswirkungen der Klimaabkühlung erlagen.

Einen Zusammenhang zwischen Abkühlung und marinen Krisen des späten Erdaltertums und des frühen Erdmittelalters aufzuzeigen ist problematisch. Eine langdauernde Vergletscherung im Oberkarbon und Unterperm scheint kein übermäßiges Aussterben hervorgerufen zu haben. Doch gibt es deutliche Hinweise dafür, daß die tropische Vegetation nahe am Äquator weiterhin üppig gedieh. Die Abkühlung scheint also auf die höheren Breiten beschränkt gewesen zu sein. Dort heimische Arten konnten vermutlich in den Tropen Zuflucht suchen.

Den letzten Abschnitt des Perm kennzeichnet ein Massensterben, das einen komplizierten Verlauf nahm. An Kälte angepaßte, in der Polregion lebende Meerestiere traf es zuerst. Wahrscheinlich sind sie infolge der Ausweitung der warmen Klimazonen über den Äquatorialbereich hinaus zugrundegegangen: Zumindest in der Südhemisphäre fällt ihr Aussterben mit dem Rückzug der Polargletscher und einer Ausbreitung von wärmeliebenden Landpflanzen in Richtung Pol zusammen.

Umgekehrt kann das spätere Aussterben in den Tropen, kurz vor Ende des Perm, von einer großräumigen Klimaabkühlung begleitet gewesen sein. Anzeichen dafür gibt es bisher allerdings nur von wenigen Orten. So führen Gesteinsserien des oberen Perm in der UdSSR groben sedimentären Schutt eines Typs, wie im Meer abtauendes Gletschereis ihn sonst hinterläßt. Diese Schotter liegen direkt auf Kalkstein auf, der sich gewöhnlich in wärmerem Wasser bildet. Die Schichtfolge deutet an, daß zu etwa dieser Zeit das Meereseis zunahm.

Außerdem konnten viele marine Arten der nördlichen Hemisphäre, die bis in die Trias, den ersten Abschnitt des Erdmittelalters, überdauerten, großen Temperaturschwankungen widerstehen. Beispielsweise lebten viele Ammoniten des frühen Erdmittelalters sowohl in warmen Tethys-Regionen wie in Kaltwassergebieten; ebenso verhält es sich mit den Conodonten, einer Gruppe aalförmiger schwimmender Tiere, die offenbar die Krise des oberen Perm ohne größere Verluste überstanden.

Die Kenntnis von Massensterben am Ende von Trias und Jura ist noch recht dürftig. Die Trias-Krise scheint die tropischen Riffkorallen Südeuropas vernichtet zu haben; und mit dem Aussterben während der Jura-Krise ging wohl, wie sich aus pflanzlichen Fossilien erkennen läßt, eine stärkere Abkühlung in Europa und Nordasien einher. Doch sind mehr solcher Zeugnisse notwendig, bevor festgestellt werden kann, daß diese Ereignisse mit einer großräumigen Klimaabkühlung zusammenhängen.

Durch Wärme verweichlicht?

Die geologisch ältesten Tierarten in den heutigen Meeren sind die, welche im kalten Wasser leben. Viele typisch arktischen Arten – so bestimmte Brachiopoden, Seesterne und sedimentweidende Muscheln – gehören zu biologischen Ordnungen, deren Ursprung Hunderte von Jahrmillionen ins Erdaltertum zurückreicht. Demgegenüber sind tropische Faunen wie die Riffgemeinschaften, die immer wieder durch periodisches Massensterben betroffen wurden, nach geologischem Zeitmaß sehr rasch erschienen und verschwunden.

Die Korallen-Schwamm-Riffgemeinschaft, die in der Oberdevon-Krise stark abnahm, machte einer weniger erfolgreichen Vergesellschaftung von Riffbildnern mit Bryozoen (Moostierchen), Brachiopoden, Kalkschwämmen und Algen Platz. Nachdem diese Riffgemeinschaft am Ende des Perm von einem großen Sterben befallen wurde, breitete sich an ihrer Statt eine Korallen-Gemeinschaft aus, die der heutigen sehr ähnlich war. Die Korallen scheinen dann in der Oberkreide durch die konkurrierenden Rudisten überrundet worden zu sein. Die dominierende Stellung als tropische Riffbildner erlangten wiederum die Korallen nach dem Untergang der Rudisten am Ende der Kreidezeit zurück. Tropische Arten, oft an einen engen Temperaturbereich angepaßt und ohne Zufluchtsort in Abkühlungszeiten, sind durch Klimaschwankungen jeweils am stärksten betroffen gewesen.

Es wurde oft behauptet, tropische Arten seien ganz allgemein weniger befähigt, Veränderungen ihrer Umwelt auszuhalten. Wenn dies zuträfe, könnten grundlegende Änderungen eines anderen lebenswichtigen Faktors als der Temperatur ebenfalls Massensterben mit besonders starker Auswirkung unter tropischen Arten zur Folge haben. Zum Glück für die Klimaabkühlungs-Hypothese gibt es jedoch keine Hinweise dafür, daß die meisten tropischen Meeresorganismen speziellere Lebensbedürfnisse hätten – nur eben mit Ausnahme der Temperatur.

Diese wichtige Feststellung ist gut mit den Nahrungsanforderungen zu veranschaulichen. Die meisten marinen Arten, die mehr als mikroskopische Größe erreichen, sind herbivor. In allen Breiten tendieren sie dazu, eher Nahrungsgeneralisten denn Nahrungsspezialisten zu sein; sie ernähren sich von unterschiedlichsten Algen- und Bakterien-Arten oder von winzigen Pflanzenteilen.

Um den Zusammenhang zwischen Klimaänderung und Krisen der Meereslebewesen zu verdeutlichen, habe ich wohlweislich eine naheliegende Frage übergangen: Was verursacht die Abkühlung, die das Massensterben auslöst?

Für die periodischen Vorstöße des Eises von den Polen aus während der letzten Jahrmillionen wurden recht unterschiedliche Erklärungen gegeben, einschließlich der, daß Schwankungen der Erdumlaufbahn die Ursache seien. Die äquatoriale Abkühlung, welche jeweils frühere marine Krisen begleitete, könnte von einer vorübergehenden Verringerung der Energieausstrahlung der Sonne herrühren, also einem Schwanken der Solarkonstante. Doch könnten auch andere Faktoren hierbei eine Rolle spielen. Weitere Untersuchungen des Fossilbestandes werden sicherlich noch mehr Anhaltspunkte für einen Zusammenhang zwischen Abkühlung und marinem Aussterben ergeben; aber vielleicht wird es niemals gelingen, die Ursachen von Klimaänderungen vor Millionen oder Hunderten von Millionen Jahren völlig zu verstehen.

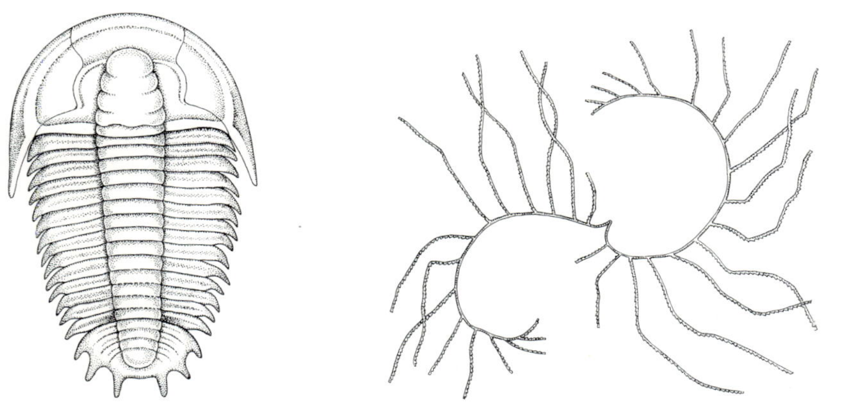

Bild 8: Die Triboliten (links) der tropischen Flachmeere wurden mehrmals durch Massensterben im Kambrium dezimiert. Dieser Zeitabschnitt begann vor etwa 570 Millionen Jahren. Demgegenüber überlebten an tiefes, kälteres Wasser angepaßte Arten und bildeten gleichsam ein Faunen-Reservoir. Die Graptolithen (rechts), schwebende koloniebildende Tiere, wurden am Ende des Ordovizium, als Gletscher von einem Zentrum in Nordafrika vorrückten, vom Aussterben hart betroffen. Jeder „Zahn“ längs des Stiels enthielt ein Individuum.

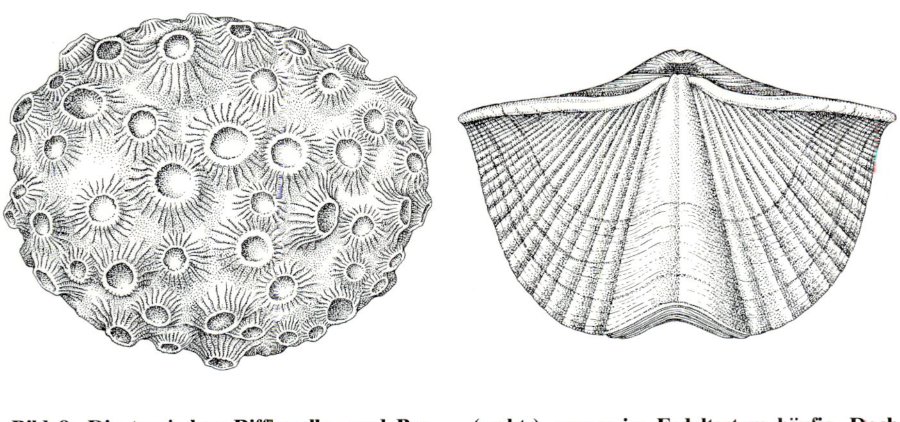

Bild 9: Die tropischen Riffkorallen und Brachiopoden erlitten in der Oberdevon-Krise vor etwa 370 Millionen Jahren größere Verluste. Devonische Korallen (links) erlangten ihre Bedeutung als Riffbildner niemals wieder. Brachiopoden, auch als Armfüßer bezeichnet (rechts), waren im Erdaltertum häufig. Doch viele Brachiopoden-Familien, die im Oberdevon verschwanden, waren sehr wahrscheinlich auf die warmen Meere beschränkt; 90 Prozent von ihnen sind in einer fossilen Kaltwasser-Fauna von Südamerika nicht vertreten.

Nautilus und Ammoniten

Vor 65 Millionen Jahren starben die Ammoniten aus. Bißspuren und Bruchstellen an ihrem gekammerten Gehäuse weisen auf heftige Kämpfe mit gewandten Räubern hin. Aber auch die Entwicklung der Schalenformen läßt auf das rätselhafte Schicksal dieser schwebenden Meerestiere schließen.

Von Peter Ward

Das Ende der Kreidezeit vor 65 Millionen Jahren bedeutete einen radikalen Einschnitt für die Tier- und Pflanzenwelt: Zahlreiche Arten, häufig sogar ganze Familien und Ordnungen, starben plötzlich aus. Von den wirbellosen Meerestieren wurden damals viele Gruppen ausgelöscht, und auch eine ihrer wichtigsten – die Ammoniten – gehörte dazu.

Wie ihre nächsten Verwandten, die Vertreter der heute noch lebenden Gattung *Nautilus*, waren die Ammoniten Kopffüßer (Cephalopoden) mit einem gekammerten Gehäuse. Diese Weichtiere bauen, wenn sie wachsen, ihrem Gehäuse eine neue Kammer an, indem sie die Außenschale verlängern und hinter sich eine neue Querwand einziehen. Das Tier lebt also nur in der äußeren Kammer, der Wohnkammer.

Heute führen viele Forscher das große Sterben am Ende der Kreidezeit auf einen Meteoriteneinschlag in unseren Planeten zurück. Mit dieser Hypothese versuchten Luis W. Alvarez, Walter Alvarez und ihre Mitarbeiter von der University of California in Berkeley erstmals zu erklären, weshalb Sedimentschichten aus jener Zeit einen so ungewöhnlich hohen Gehalt an Platin-Metallen aufweisen (siehe den Beitrag „Der Untergang der Dinosaurier" von D. Russell in diesem Band).

Die fossilen Dokumente lassen jedoch vermuten, daß die Ammoniten nicht infolge einer solchen kosmischen Katastrophe ausstarben, sondern aufgrund tiefgreifender Veränderungen im Ökosystem der Meere während der späten Kreidezeit.

Als Ammoniten bezeichnet man lediglich die Vertreter der Ordnung *Ammonoidea*, die in Jura und Kreidezeit gelebt haben. Dies ist allerdings eine nicht strikt durchgehaltene Gepflogenheit. Ihre Schalen weichen auf charakteristische Weise von denen der meisten anderen Ammonoideen ab, die zuvor in der 300 Millionen Jahre langen Geschichte dieser Ordnung erschienen waren.

Diese Merkmale lassen vermuten, daß die langsamen, wohl auf dem Meeresgrund lebenden Tiere damals einem wesentlich stärkeren Selektionsdruck ausgesetzt waren als ihre Verwandten jemals zuvor. Mit der Konstruktion ihrer Schale waren typische Ammonoideen zwar ausgezeichnet gegen den Wasserdruck gerüstet, wie er in ihrem Lebensraum herrschte, kaum jedoch gegen angreifende Räuber. Meistens waren die Schalen, wie beim heutigen Nautilus, in einer Ebene eingerollt (planspiral), relativ dünnwandig und nur andeutungsweise stromlinienförmig. Im späten Erdmittelalter (Mesozoikum) tauchten in den Meeren viele schnell schwimmende Räuber auf, die Schalen knacken konnten, darunter die modernen Knochenfische und viele Arten von luftatmenden Meeresreptilien. Ihre Existenz dürfte erklären, weshalb bei den Ammoniten der Kreidezeit drei Schalentypen vorherrschten: stromlinienförmige planspirale Schalen, planspirale Schalen mit üppigem Schmuck und Panzer sowie eine Vielfalt bizarr geformter Schalen, sogenannte heteromorphe Gehäuse.

Allein aus den Gehäusen läßt sich viel über Gewandtheit, Schnelligkeit und Lebensweise der neuen Arten ableiten. Um allerdings die Verteidigungsstrategien vollständig zu verstehen, von denen die Schalen stumm zeugen, muß man ein wenig Einblick in die Biologie ihrer „Bewohner" gewinnen. Meist sind nur die Gehäuse und andere Hartteile der Ammoniten erhalten geblieben, selten zeigen sich Spuren organischen Materials (Bild 1). Daher hat sich das lebende Fossil, der Nautilus, als unschätzbare Informationsquelle erwiesen; denn er allein ermöglicht es, sonst unerklärliche oder offensichtlich schlecht angepaßte Modifikationen der Ammoniten-Schalen zu deuten.

Schicksal der Ammoniten – ein Rätsel

Das Schicksal der Ammoniten ist eigentlich noch immer ein Rätsel. Zum Teil ist dies darauf zurückzuführen, daß man bisher nur auf wenige Stellen mit ammonitenführenden Ablagerungen aus der Übergangszeit zwischen Kreide und Tertiär gestoßen ist.

In der oberen Kreide, also im ausgehenden Erdmittelalter, ging die Individuenzahl und die Artenvielfalt der Ammoniten drastisch zurück. Was aus den verbliebenen, offensichtlich anpassungs-

Bild 1: Dieser angeschliffene Schnitt durch einen fossilen Ammoniten legt die Gehäusekammern frei, die das Tier bildete, indem es während seines Wachstums hinter sich Zwischenwände absonderte. Die letzte äußere Kammer, in der das Tier lebte, die Wohnkammer, fehlt bei dem abgebildeten Exemplar. Hornstein, ein kieseliges Material, hat sich im Laufe der Versteinerung an den Wänden abgelagert und läßt sie geschichtet erscheinen. Dieser Ammonit gehört zur Gattung *Placenticeras*, die als eine der letzten ausstarb. Seine Schalenform erinnert stark an den heutigen Nautilus, das Perlboot, den einzigen Überlebenden der Kopffüßer mit gekammertem Gehäuse. Eines der Rätsel, die das Aussterben der Ammoniten aufgibt, heißt: Warum wurden Gattungen wie diese ausgelöscht, während die Vorfahren des Nautilus überlebten? Der Begriff „Ammonit" bezeichnet hier nur die in Jura und Kreide lebenden Vertreter der Ordnung *Ammonoidea*. Die Gehäuse der rund 7500 bekannten Arten unterscheiden sich stark in Form und Größe. Die Ammonoideen sind nach dem ägyptischen Gott Ammon benannt, der häufig mit einem Widderkopf dargestellt wird; denn sie ähneln gewundenen Widderhörnern. Die meisten Ammoniten sind kleiner als das abgebildete Exemplar, dessen Durchmesser 24 Zentimeter beträgt. Doch wurden auch schon Fossilien mit nahezu zwei Meter Durchmesser gefunden.

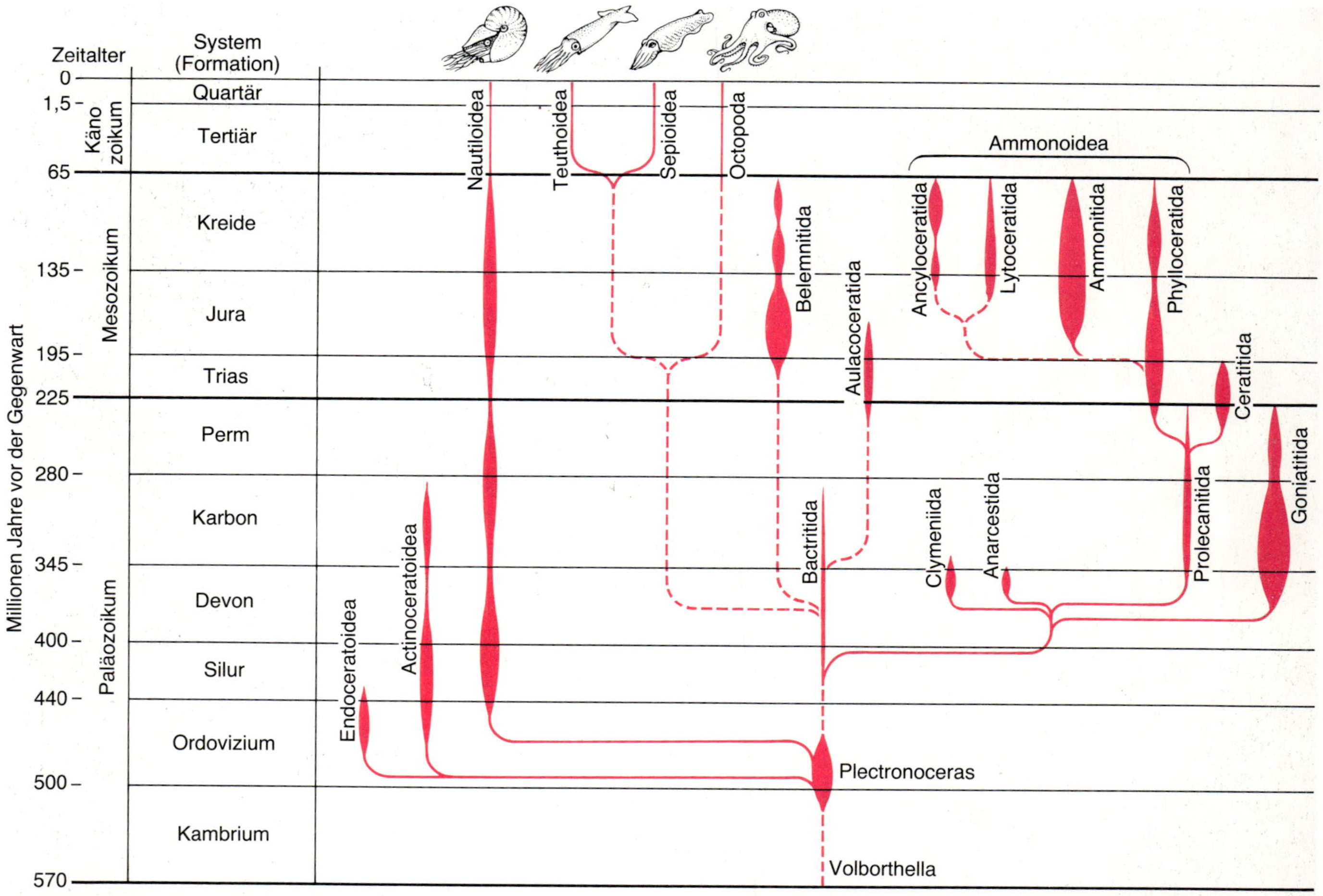

Bild 2: Die Bactritiden, die Vorläufer des heutigen gekammerten Nautilus, sind vermutlich die gemeinsamen Ahnen der ausgestorbenen Ammonoideen und Belemniten sowie aller heute noch lebenden Kopffüßer. Die kleinen kegelförmigen Bactritiden entwickelten sich zu Ammonoideen, als ihre Schalen sich zuerst lose, später zunehmend enger einrollten. Die Ammonoideen zweigten sich von den Bactritiden anscheinend im unteren Devon ab, vor etwa 395 Millionen Jahren. Die Belemniten besaßen eine innere gekammerte Schale, die vom Weichkörper umschlossen war. Die heutigen Kopffüßer besitzen entweder eine gekammerte innere Schale, einen geschichteten Schulp (wie *Sepia*), einen federkielförmigen Gladius (wie *Loligo*) oder, im Falle des Octopus, ein rudimentäres Skelett aus hornigen Stützen und einem einfachen Stab. Diese harten inneren Teile sind stammesgeschichtlich von gleicher Herkunft wie die gekammerten Außenschalen der Nautiloideen und Ammonoideen.

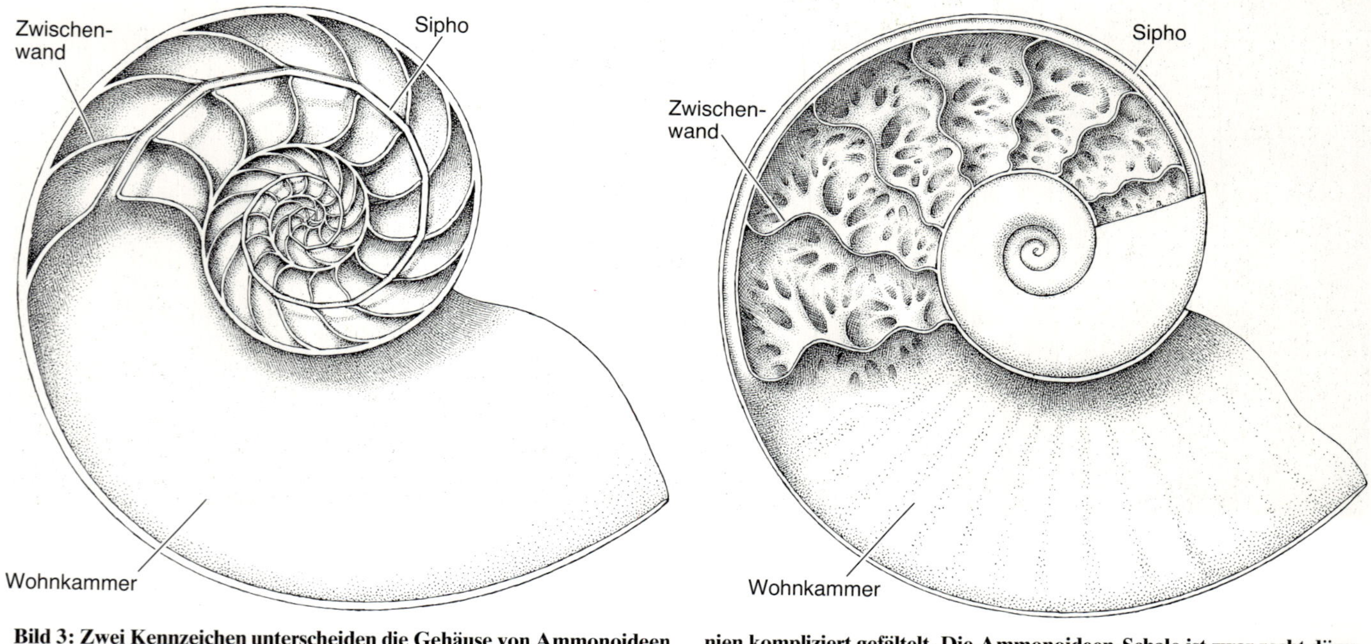

Bild 3: Zwei Kennzeichen unterscheiden die Gehäuse von Ammonoideen und Nautiloideen. Die Zwischenwände – Septen – des noch lebenden Kopffüßers sind glatte, leicht zur jeweils nächstinneren Kammer hin gewölbte Flächen. Die Befestigung zwischen Septen und äußerer Gehäusewand, die Lobenlinie, ist zwar verdickt, aber nur eine sanfte Kurve. Dagegen sind die Septen der Ammonoideen am Rande gewellt und die Lobenlinien kompliziert gefältelt. Die Ammonoideen-Schale ist zwar recht dünn, durch dieses System von Zwischenwänden und Lobenlinien jedoch ausgesprochen stabil. Ein weiterer Unterschied zwischen beiden Kopffüßern besteht in der Lage des Siphos, dem Organ, das die Flüssigkeit aus den gebildeten Kammern entleert. Beim Nautilus verläuft der Sipho im allgemeinen mitten durch die Windung, bei den Ammonoideen an ihrer Außenseite.

fähigen Ammonitenarten wurde, ist unklar. Untersuchungen an Fossilien des geologischen Aufschlusses bei Zumaya in Spanien legen jedoch nahe, daß auch sie schon lange vor dem vermuteten Meteoriteneinschlag ausgestorben waren.

Selbst wenn man davon ausgeht, daß diese kosmische Katastrophe das endgültige Aussterben der Ammoniten eher beschleunigte als verursachte, bleiben immer noch Fragen offen. So ähnelten einige Ammonitenarten der oberen Kreide sehr stark den Nautiloideen, den Vorfahren des heutigen Nautilus oder Perlboots – warum mußten sie aussterben, während die Nautiloideen, wenn auch nur mit einer Gattung, überlebten?

Die Nautiloideen sind die ältesten Kopffüßer (Bild 2): Einige Arten wurden in Schichten des Kambriums, also in Formationen vom Beginn des Erdaltertums oder Paläozoikums, gefunden. Eine sehr kleine Gruppe unter ihnen, die sogenannten Bactritiden, entwickelte sich dann im Silur, einer späteren Periode des Paläozoikums. Die Bactritiden dürften die gemeinsamen Vorfahren aller späteren Kopffüßer sein, so auch der heutigen Tintenfische, Kalmare und Kraken. Die Ammonoideen zweigten sich von den Bactritiden anscheinend im unteren Devon ab, vor etwa 395 Millionen Jahren.

Die lange Entwicklungsgeschichte der Ammonoideen ist gekennzeichnet durch explosive Radiationen, plötzliches Auftreten vieler neuer Arten, rasch gefolgt von einem jähen Untergang. Im Paläozoikum nahm die Zahl ihrer Arten rasch zu und erreichte bald diejenige der Nautiloideen. In der Trias, der ersten Periode des Mesozoikums, und dann wieder in der Jura- und Kreidezeit, breiteten sich die Ammonoideen schlagartig aus und übertrafen die Nautiloideen an Artenreichtum. Von annähernd 10 000 bekannten fossilen Arten „gekammerter“ Kopffüßer machen die Ammonoideen mindesten Dreiviertel aus. Sie sind so mannigfaltig, daß sie häufig als Leitfossilien bei der Datierung von Sedimentschichten dienen können.

Der vielleicht markanteste Unterschied zwischen Ammonoideen und Nautiloideen zeigt sich im Baumuster der Querwände, der Septen, und in der Lobenlinie, der umlaufenden Befestigung der Septen an der Außenwand (Bild 3). Beide Merkmale bestimmen weitgehend die Stabilität der Schale.

Das Perlboot saugt Flüssigkeit aus den älteren Kammern ab, sobald es eine neue bildet. Durch die Gasfüllung ist das Tier fähig, seine mittlere Dichte (also sein Körpergewicht pro Volumen) der Dichte des Seewassers anzupassen und sich so im Schwebezustand in beliebigen Tiefen zu halten. Wohl sind Schale und Körper schwerer als Meerwasser, aber die Gasfüllung der Kammer gleicht das aus. Mit weniger als einer Atmosphäre herrscht in den Kammern ein weit niedrigerer Druck als in den von Nautilus bevorzugten Tiefenzonen um 400 Meter; dort lasten auf dem Tier rund 40 Atmosphären. Vermutlich waren die Schalen der fossilen Nautiloideen und Ammonoideen, zumindest teilweise, auch mit Gas gefüllt.

Ammoniten-Schalen: dünn und dennoch stabil

Mit ihrer Funktion als Streben stabilisieren die Septen die Schalen hinreichend, so daß sie dem Wasserdruck auch in großen Tiefen standhalten können. Fast immer haben die Zwischenwände der Nautiloideen eine glatte, leicht zur jeweils nächstinneren Kammer hin gewölbte Oberfläche. Die Befestigung zwischen Septen und äußerer Gehäusewand, die Lobenlinie, ist zwar verdickt, aber nur eine sanfte Kurve. Dagegen ist bei den Ammonoideen der Rand der Septen meist gewellt oder gerippt, die Lobenlinie gekräuselt oder gezähnt und erstaunlich komplex.

Ammonoideen und Nautiloideen findet man gewöhnlich in denselben Sedimentschichten, sie lebten also vermutlich in ähnlichen Tiefen. Bei gleichem Durchmesser haben die Ammonoideen jedoch erheblich dünnere Außen- und Zwischenwände. Es ist anzunehmen, daß die leichteren Ammonoideen-Schalen dank ihrer komplizierten Struktur ebenso stabil waren wie die Gehäuse der Nautiloideen.

Daher vielleicht entwickelten die Ammonoideen ganz andere Schalentypen als die Nautiloideen: beispielsweise Gehäuse, deren Windungen im Querschnitt stark flach- oder breitgedrückt waren (Bild 5).

Es ist wohl auch kein Zufall, daß die Vielfalt der Gehäuseformen und die Anzahl der Ammonoideen-Arten zunahmen, wenn immer sich komplexere Lobenlinien bildeten. Der rasante Wandel in Form und Schmuck der Schale legt nahe, daß es sich um leicht veränderliche Merkmale handelte, die möglicherweise sogar keinerlei adaptive Bedeutung hatten. Die Lobenlinien hingegen veränderten sich nur sehr langsam, sind sogar derart „konservativ“, daß sie zur Rekon-

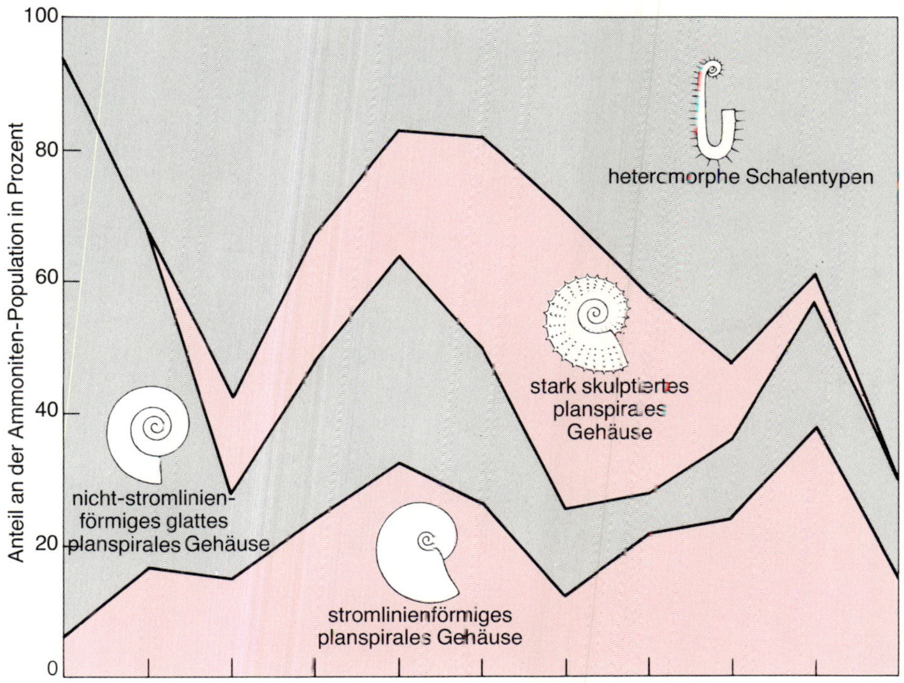

Bild 4: Drei Entwicklungsrichtungen kennzeichnen die Ammoniten-Schalen der Kreidezeit. Die Zahl der Arten mit stromlinienförmigem, skulptiertem oder heteromorphem (unregelmäßig gewundenem) Gehäuse nahm auf Kosten der Arten mit einer für die älteren Ammonoideen typischen Schale zu: nicht-stromlinienförmiges, glattes, eben eingerolltes Gehäuse. Alle drei Schalentypen können als Anpassung an die höherentwickelten Meeresräuber gedeutet werden, die während der Jura- und Kreidezeit des Erdmittelalters auftauchten. Dabei waren manche Anpassungen erfolgreicher. Die vielleicht auffälligste (und in gewisser Hinsicht verblüffendste) Richtung ist, daß die heteromorphen Ammoniten zunehmend vorherrschten und am Ende der Kreidezeit in Individuen- wie Artenzahl die Ammoniten bestimmten. Die bewehrten, skulptierten Ammoniten waren indessen viel weniger erfolgreich. Fast alle waren schon vor Ende der Kreidezeit ausgestorben.

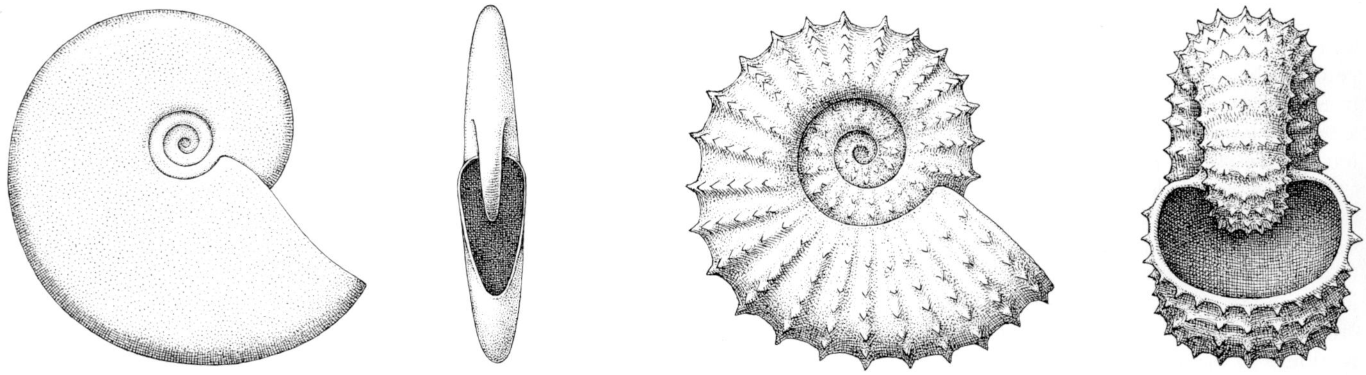

Bild 5: Stromlinienförmige und stark verzierte planspirale Schalentypen kennzeichnen die abgebildeten Ammoniten-Exemplare, die den Gattungen *Placenticeras* (links) und *Douvilleiceras* (rechts) angehören. Das glatte Äußere und der zusammengedrückt wirkende Querschnitt der *Placenticeras*-Schale verminderten den Strömungswiderstand; die engen Windungen erhöhten das hydrodynamische Gleichgewicht. Dank beider Eigenschaften konnte das Tier gewandter und schneller schwimmen. Die *Douvilleiceras*-Schale dagegen beeinträchtigte mit ihrem rauhen Äußeren, dem breiten Querschnitt, mit ihrer relativ lockeren Wicklung und der flachgedrückten Höhlung um die Windungsachse diese Fähigkeit. Mit den Stacheln und verdickten Rippen konnte das Tier jedoch wohl Krebse und Meeresreptilien wie Mosasaurier und andere schalenknackende Räuber abschrecken. Viele Skulptierungen erfüllten allerdings während eines großen Abschnittes der Stammesgeschichte keinen erkennbaren Zweck.

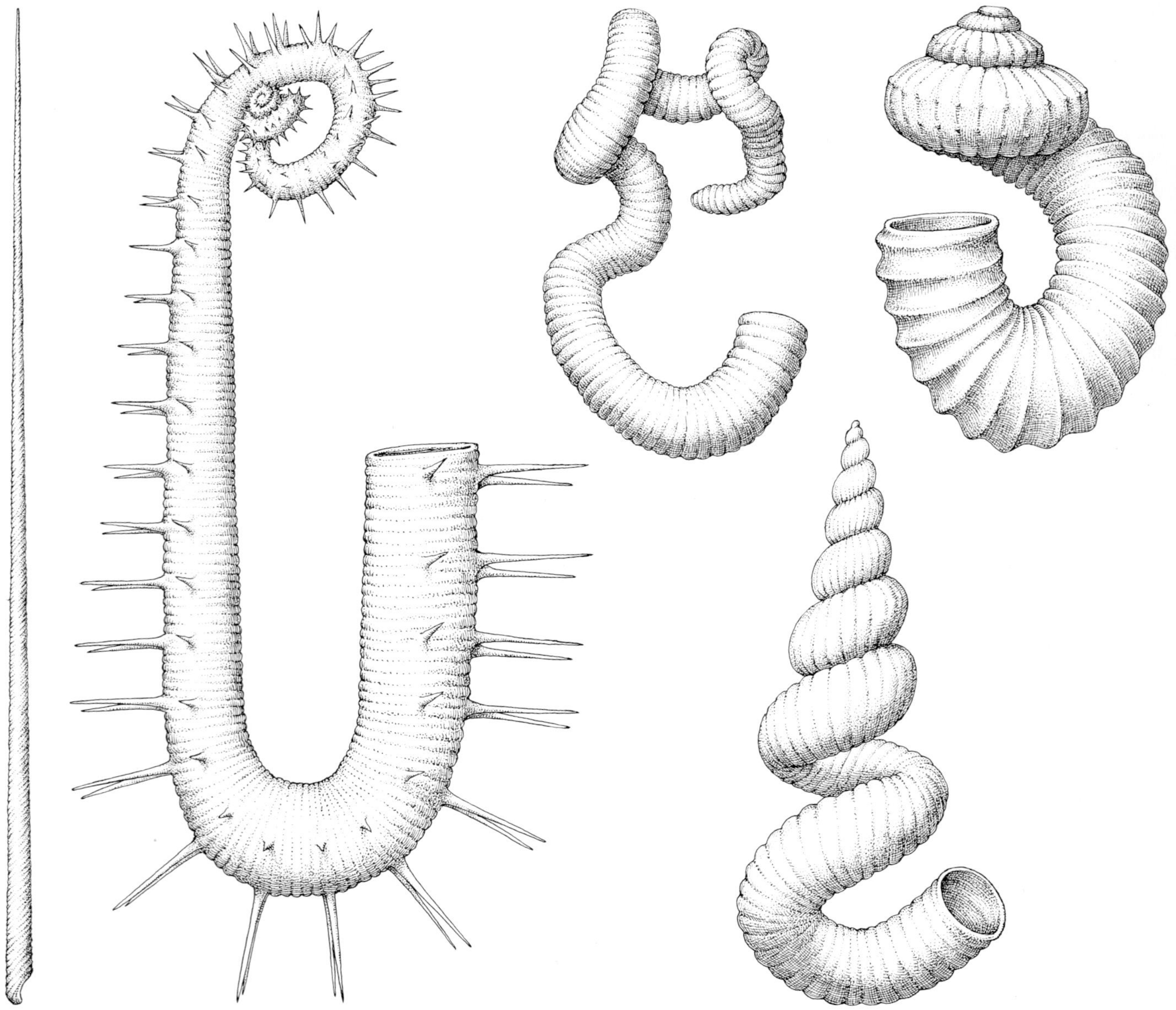

Bild 6: Manche heteromorphen Ammoniten-Schalen sind so regellos, daß man sie früher als Folge einer „genetischen Erschöpfung" ansah, die den Untergang der Ammoniten ankündigte. Auch heute noch schließt die Formenvielfalt eine Deutung ihrer selektiven Funktion aus. Die abgebildeten Heteromorphen sind, von links, Vertreter der Gattungen *Sciponoceras, Anisoceras, Nipponites, Nostoceras* und, rechts unten, *Didymoceras*. Die meisten heteromorphen Arten lebten als Schwebetiere. Viele Exemplare aus der frühen Kreidezeit brauchten vermutlich skulptierte Schalen als Schutz gegen Freßfeinde. Heteromorphe Arten der späten Kreide, vor allem solche mit einem U-förmigen Haken am Schalenende, schwebten wohl in gemäßigten Meerestiefen. So wichen sie dem Festlandsockel aus, den sich ihre bodenbewohnenden Vorfahren auserkoren hatten.

struktion von Evolutionslinien herangezogen werden können.

Der Bau einer typischen Ammonoideen-Schale läßt auch darauf schließen, daß Form und Schmuck fast während der gesamten Geschichte der Gruppe nicht allein unter dem Zwang entstanden, Räubern zu entgehen oder sie abzuschrecken. Alle Ammonoideen des Paläozoikums und fast alle des frühen und mittleren Mesozoikums besaßen planspirale Schalen, aber viele waren kaum stromlinienförmig und somit zum schnellen Schwimmen ungeeignet. Im Schmuck variierten die Gehäuse beträchtlich. Fast immer jedoch waren sie glatt oder nur schwach skulptiert und schützten mithin kaum vor Räubern.

Das änderte sich im späten Mesozoikum drastisch, in einer Zeit, die Geerat J. Vermeij von der Universität Maryland in College Park als „mesozoische Meeresrevolution" bezeichnet. Zum einen breiteten sich damals rasch Tiere wie Krebse mit kräftigen Scheren und Rochen, die Schalen knacken konnten, aus. Zum anderen kamen damals räuberische Schnecken, Knochenfische und viele Arten großer Meeresreptilien auf.

Das Fressen-und-Gefressenwerden verstärkte sich damit, was Tempo und Wirksamkeit anbelangt, erheblich. Die Ammonoideen, Jäger winziger Meerestiere und kleinerer eigener Verwandter, wurden vermutlich zunehmend ihrerseits gejagt oder mußten ihre Beutetiere gewandteren Räubern überlassen. Jede der drei Entwicklungsrichtungen bei den kreidezeitlichen Ammoniten-Schalen ist eindeutig als Anpassung an den Selektionsdruck zu erklären, der von den erfolgreicheren Meeresräubern ausging.

Entwicklung der Gehäuseformen

Die erste Entwicklung ging zu Schalenformen hin, die aus den Ammoniten gewandtere und geschicktere Schwimmer machten. Allein schon die Gehäuseform ist erstaunlich aufschlußreich.

Der englische Mathematiker Henry Moseley entwickelte im 19. Jahrhundert ein geometrisches Modell für das Anwachsen der Schale. Das Modell geht von der logarithmischen Spirale aus, einer Spirale, bei der die Entfernung zum Ursprungsort geometrisch, das heißt mit dem Quadrat der Windungszahl, zunimmt. Darauf aufbauend entwickelte David M. Raup von der Universität Chicago in den sechziger Jahren mathematische Gleichungen, die mittels vier Parametern der Schale die tatsächliche Form eines Exemplars recht genau beschreiben. Ist das Gehäuse flach und nicht schraubig gewunden, brauchen nur drei Parameter berücksichtigt zu werden.

Der erste Parameter ist der Umriß der Schalenöffnung, der sich mit jeder Wicklung um die Windungsachse verändert. Mathematisch ist das die Form jener geschlossenen Kurve, die das Gehäuse liefert, wenn man sie in einer Kreis- oder Spiralbahn um diese Achse führt. Oft gibt man die Form dieser Kurve als Verhältnis von Breite zu Höhe der von ihr gebildeten Öffnung an (S). Der zweite Parameter bestimmt, wie stark der Umfang der Kurve mit jeder Umdrehung wächst (Anwachsgeschwindigkeit, W). Der dritte Parameter schließlich gibt an, in welchem Maße sich die geschlossene Kurve mit jeder Umdrehung weiter von der Achse entfernt (D). Ist die Kurve zum Beispiel ein Kreis (also S gleich 1) sowie W groß und D klein, resultiert eine eng gewickelte Schale, deren Windungen sich überlappen (Bild 7).

Raup machte sich nun daran, Ammonoideen entsprechend der so definierten Werte ihrer Gehäuse zu kartieren. Er kam zu dem Ergebnis, daß sich viele Ammonoideen-Gehäuse als solche nur schlecht zum Schwimmen eigneten. Doch zwei Anpassungen machten Ammonoideen und Nautiloideen zu freischwimmenden anstatt bodenbewohnenden Tieren: Sie entwickelten ein Phragmokon, einen entleerten Gehäuseteil, der den Tieren Auftrieb gab; und sie bildeten ein Hyponom heraus, eine trichterartige Struktur in der Körperhöhle, durch die sie kräftig Wasser ausstoßen und so das Rückstoßprinzip nutzen konnten.

Zu den Problemen freischwimmender Ammonoideen gehört die Kontrolle der Körperstellung. Bei diesem Weichtier fällt der Angriffspunkt des Auftriebes (er liegt im Phragmokon) nicht mit dem Schwerpunkt (er liegt in der Körperhöhle) zusammen. Die Tiere bekommen durch diesen tiefliegenden Schwerpunkt eine große statische Stabilität.

Wenn sie aber einen Wasserstrahl über den beweglichen Trichter aus der Körperhöhle ausstoßen, um voranzukommen, so hat der abseits vom Schwerpunkt angreifende Rückstoß die Tendenz, die Schale aus ihrer Gleichgewichtslage zu drehen, während die schwere Körpermasse unten die Schale in ihre Ausgangsposition zurückdreht. Je weiter Zentrum des Auftriebs und Schwerpunkt auseinanderliegen, desto größer ist die Rückstellkraft und desto größer auch das dynamische Gleichgewicht des Gehäuses. Ein geringes dynamisches Gleichgewicht würde die Schnelligkeit des Tieres stark beeinträchtigen.

Ein gutes Beispiel für ein Gehäuse, bei dem Auftriebszentrum und Schwerpunkt weit auseinanderliegen, ist das Perlboot. Raup fand jedoch heraus, daß viele Ammonoideen-Gehäuse im Gegensatz zu den eng gewundenen Nautiloideen-Schalen (großes W, kleines D) weit und offen gewunden sind (kleines W, großes D). Der Schwerpunkt und das Auftriebszentrum liegen bei solchen Schalen meist eng beieinander. Folglich erzeugt der Ausstoß des Wasserstrahls durch den Trichter eine rotierende anstatt einer vorwärtsgerichteten Bewegung.

Ammoniten als Schwimmer

John A. Chamberlain vom Brooklyn College der City University in New York ergänzte Raups Abhandlungen über die Schalentypen der Ammonoideen durch hydromechanische Aspekte, nämlich den Strömungswiderstand, den die Schale beim Durchqueren des Wassers erfährt. Den größten Einfluß auf den Strömungswiderstand hat der Parameter S. Ist das Verhältnis von Breite zu Höhe der Schalenöffnung klein, so sind die Windungen zusammengepreßt und die Schale ist scheibenförmig. Ist das Verhältnis jedoch groß, ist die Schale kugelförmig. Je kleiner also der Wert von S, desto weniger anstrengend ist es für das Tier, eine bestimmte Geschwindigkeit zu erreichen.

Chamberlain entwickelte Gleichungen, mit denen aus diesen und weiteren Bestimmungsgrößen die Schwimmgeschwindigkeit der Ammonoideen errechnet werden kann. Demnach wäre eine flache Schale mit überlappenden Windungen die ideale Form für größtmögliche Schnelligkeit. Chamberlain trug die Werte von Ammonoideen-Gehäusen auf S-, D- und W-Diagramme auf – sie gruppierten sich um die zum Schwimmen am besten gestalteten Formen.

Andererseits stieß er aber auch auf zahlreiche, bis in die Tausende gehende Arten, die nur schlecht an das Schwimmen angepaßt waren. Diese Untersuchungen lassen den Schluß zu, daß ein effektives Schwimmvermögen fast während der ganzen Stammesgeschichte dieser Kopffüßer kein entscheidendes Selektionskriterium war. In der späten Kreidezeit jedoch drängten die ausgeprägt stromlinienförmigen Schalen die weniger strömungsgünstigen in allen Bereichen zurück. Gewandtheit und Schnelligkeit waren jetzt offensichtlich gefragt.

Die zweite Entwicklungsrichtung führte bei den nicht-stromlinienförmigen Vertretern zu stärker verzierten Gehäusen. Fast während ihrer ganzen Geschichte hatten die Ammoniten glatte oder nur fein skulptierte Schalen. Obwohl Chamberlain und Gerd E. G. Westermann von der McMaster University vermuten, daß mancher Schalenschmuck den Strömungswiderstand so-

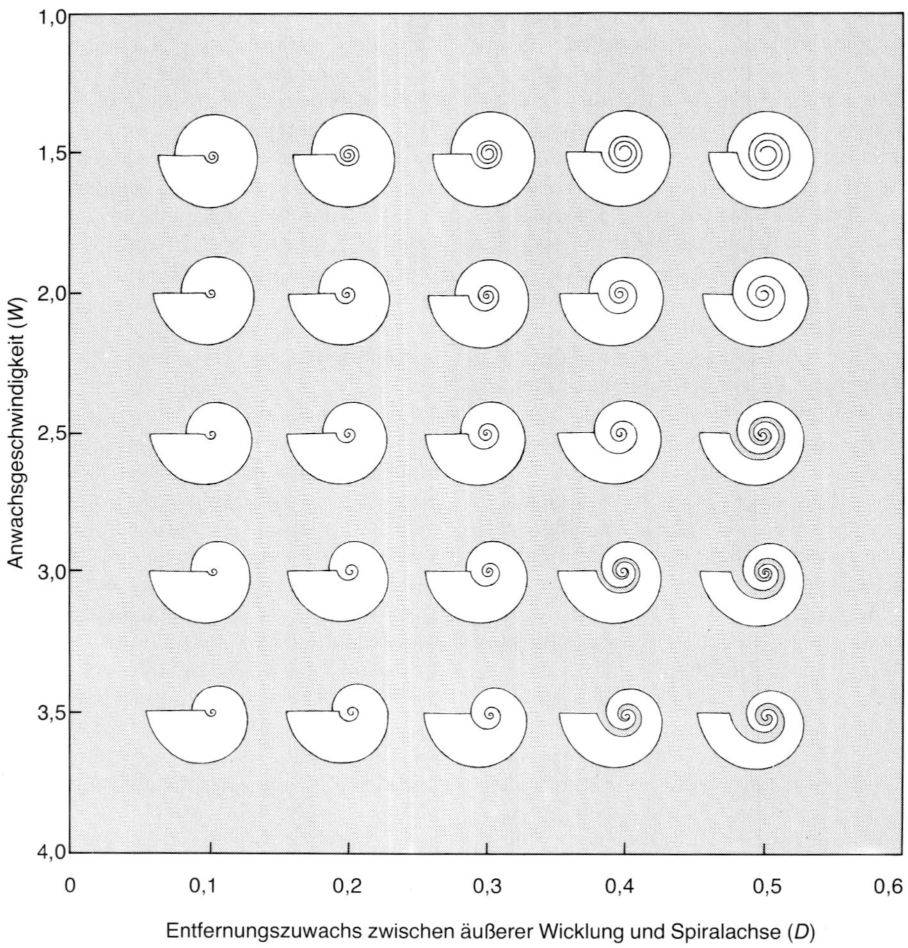

Bild 7: Die Schwimmfähigkeit der planspiralen Ammoniten läßt sich aus ihrer Schalenform ableiten. David M. Raup von der Universität Chicago entwickelte Gleichungen, die jede Gehäuseform, der eine logarithmische Spirale zugrundeliegt, mit vier Parametern beschreiben. Die abgebildeten Computerzeichnungen zeigen den Gestaltenwandel anhand zweier Parameter: Der erste gibt an, wie stark der Querschnitt der Schalenöffnung (genauer: der Querschnitt der geschlossenen Kurve, die, wenn man sie um die Spiralachse rotieren läßt, die Schale erzeugt) mit jeder Umdrehung wächst (Anwachsgeschwindigkeit, *W*); der zweite gibt an, in welchem Maße sich die Schalenöffnung mit jeder Umdrehung weiter von der Achse entfernt (*D*). Kleines *W* und großes *D* ergeben locker gerollte (evolute), nur schlecht zum Schwimmen geeignete Schalen, großes *W* und kleines *D* eng gerollte (involute), relativ gut an das Schwimmen angepaßte. Der Schwerpunkt liegt in der Wohnkammer und bei evoluten Schalen damit oft nahe dem Auftriebszentrum im Phragmokon, dem entleerten, gekammerten Teil des Gehäuses. Die beiden Zentren liegen bei involuten Schalen weiter auseinander. Das Tier bewegt sich durch Rückstoß fort, indem es einen Wasserstrahl über einen beweglichen Trichter ausstößt. Das droht die Schale aus ihrer Gleichgewichtslage zu bringen (in der das Auftriebszentrum senkrecht über dem Schwerpunkt liegt). Je größer der Abstand zwischen Auftriebszentrum und Schwerpunkt, desto schneller „pendelt" die Schale in ihre alte Lage zurück. Tiere mit involuten planspiralen Schalen sind daher eher gewandte Schwimmer.

gar herabgesetzt haben könnte (ähnlich wie die Vertiefungen in Golfbällen den Luftwiderstand senken), scheint ein Großteil der Schalenverzierungen der Ammonoideen keinen erkennbaren Zweck zu erfüllen. Außerdem ist der Schmuck innerhalb einer Evolutionslinie höchst variabel und ein offenbar recht plastisches Merkmal. Vermutlich war es daher auch entwicklungsgeschichtlich unerheblich, wie das Gehäuse verziert war – sieht man einmal von den grundlegenden Veränderungen in der Glätte der Oberfläche ab.

In der Kreidezeit jedoch bekamen die planspiralen, nicht-strömungsgünstigen Gehäuse große und kräftige Rippen, Stacheln und Warzen. Heute lebenden Weichtieren scheinen solche Skulptierungen als Schutz gegen schalenknakkende Freßfeinde zu dienen. Die Tendenz zu stark bewehrten Schalen kann bei den Ammoniten vermutlich ebenfalls dahingehend interpretiert werden.

Wie wirksam war nun diese Schutzvorrichtung? Viele Fossilien von Ammoniten aus der Kreidezeit zeigen Angriffsspuren von Räubern. Einige Schalen sind von Krebsen aufgebrochen worden; andere Fossilien wiederum tragen die Bißspuren von Mosasauriern und anderen Meeresreptilien. Bei vielen Exemplaren ist ein Teil der Schale nahe ihrer Öffnung weggebrochen. Angenommen, das Tier wurde bei einem solchen Angriff nicht getötet – konnte es überleben? Auch hier erleichtern Untersuchungen an Nautilus eine Antwort.

Verheilte Bruchstellen

Das Phragmokon der Nautilus-Schale soll vor allem der schweren Kalkschale und nicht dem Körper Auftrieb geben. Die Dichte der Schale ist viel größer als die mittlere Dichte der Körpergewebe (2,67 Gramm pro Kubikzentimeter, verglichen mit 1,06 Gramm bei Muskeln und Verdauungsdrüsen und 1,03 Gramm bei Körperflüssigkeiten).

Eric Denton von der britischen Meeresbiologischen Vereinigung in Plymouth schätzt, daß rund 80 Prozent des Phragmokon-Volumens benötigt wird, nur um die Masse der Schale auszugleichen. Somit nimmt mit jedem Verlust an Schalenmaterial die Dichte des Tieres bemerkenswert ab. Ist genügend Material entfernt, wird das Tier an die Oberfläche gezwungen, wo es den dortigen Räubern sowie Wellen und Strömungen ausgeliefert ist.

Viele Nautilus-Schalen weisen verheilte Bruchstellen auf – ein Hinweis, daß die Tiere wenigstens in Grenzen fähig sind, plötzliche Gewichtsverluste zu überstehen. Einleuchtend wäre, daß sie sich dabei trimmen, indem sie die einzelnen Kammern wieder mit Flüssigkeit füllen. Bis vor zwei Jahren dachte man allerdings, daß ein Nautilus an oder nahe der Oberfläche nur die Möglichkeit habe, seine Kammern mehr oder minder stark zu entleeren, nicht jedoch, sie vollzupumpen.

Wie Nautilus die abgekapselten Kammern leert, fanden Denton und John B. Gilpin-Brown von der Meeresbiologischen Vereinigung heraus. Bei ihren Forschungen zum Perlboot, zum gemeinen Tintenfisch *Sepia* (der einen innen gekammerten Schulp besitzt) und zur Tintenschnecke *Spirula* (die eine kleine, innen gekammerte Schale besitzt) entdeckten sie, daß die Kammern in Schale oder Schulp anfangs nicht mit Gas gefüllt sind, sondern mit einer Salzlösung, der Kammerflüssigkeit. Dadurch konnte der Sipho, der die Kammern entleert, neu interpretiert werden. Seine Funktion dabei haben Denton, Gilpin-Brown, Lewis Greenwald und ich herausgearbeitet.

Der Sipho eines Nautilus besteht aus einem Gewebestrang, der in eine Kalkröhre eingebettet ist. Er windet sich durch alle Kammern der Schale bis hin zur Anfangskammer, in der das Tier herauszuwachsen begann. Die in der Kam-

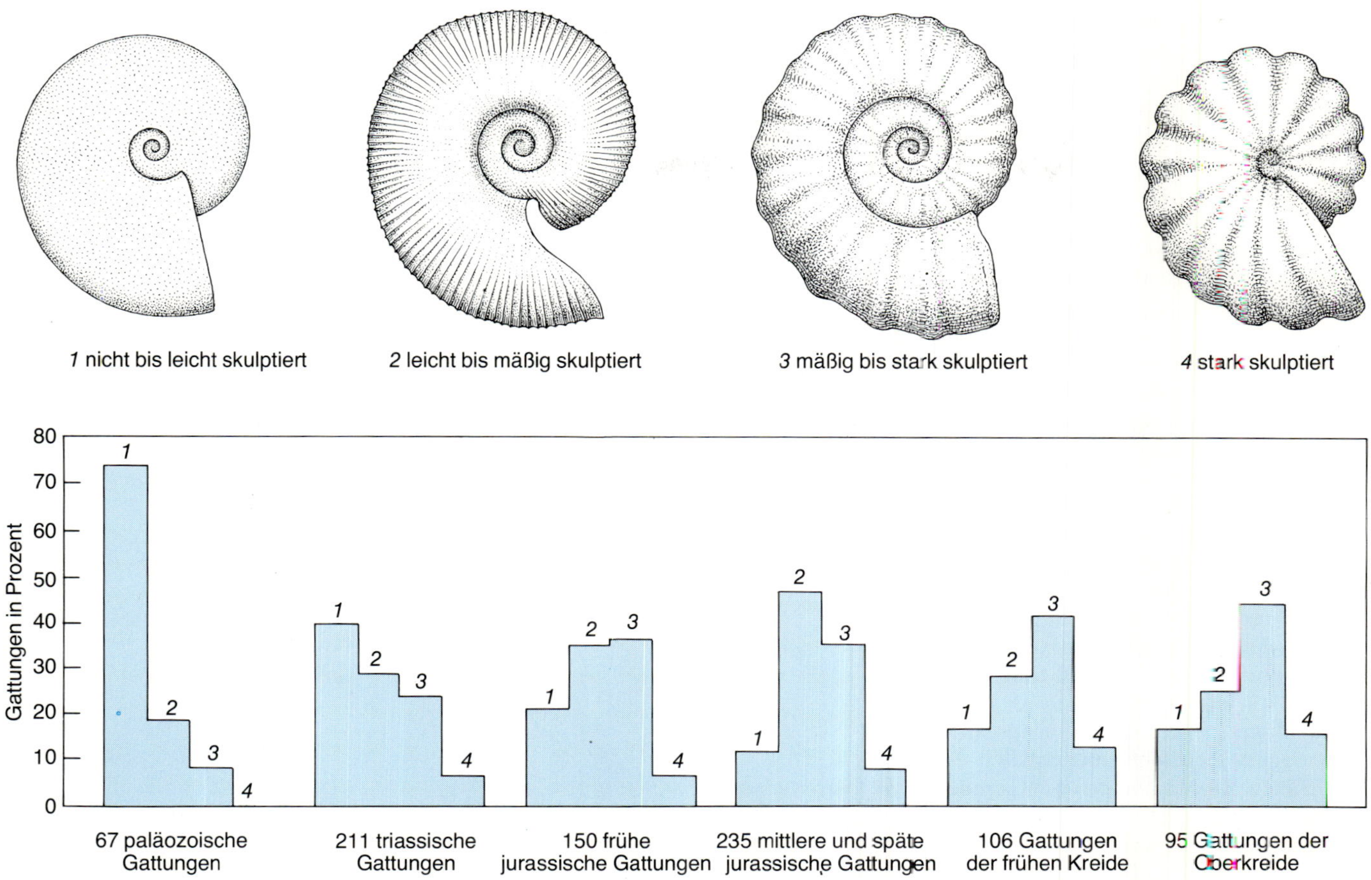

Bild 8: Kräftige Rippen stellen eine schützende Skulptierung der Schale dar und waren bei den Ammonitengattungen der Kreidezeit häufig verbreitet. Der Schmuck wird je nach dem Verhältnis der äußeren Rippenbreite zum Schalendurchmesser als wenig oder stark skulptiert klassifiziert.

merflüssigkeit gelösten Substanzen gelangen durch die durchlässige Außenhülle des Siphos in das ihn auskleidende Epithelgewebe. Enzyme auf der gefältelten inneren Membran der Epithelzellen „pumpen" die gelösten Substanzen in das feine Netzwerk der Einfaltungen. Ist die Konzentration der Ionen darin genügend hoch, wird durch Osmose Flüssigkeit aus den Kammern „nachgesogen" und gelangt schließlich zu den Blutgefäßen im Innern des Siphos.

Als wir noch keinen Nautilus nahe oder an der Oberfläche gefunden hatten, der seine Kammern gerade wieder auffüllte, vertraten wir schon die Hypothese, daß es auch andersherum geht. Wir nahmen an, daß der Teil des Siphos, der sich in die ersten, sehr früh entleerten Kammern erstreckt, der rudimentäre Überrest eines Organs ist, das die Kammern der fossilen Kopffüßer füllen wie leeren konnte. Greenwald und ich konnten inzwischen tatsächlich nachweisen, daß Nautilus diese Fähigkeit besitzt.

Vor kurzem war es mir möglich, dieses Phänomen an bei Neukaledonien frisch gefangenen Perlbooten der Art *Nautilus macomphalus* zu untersuchen. Etwa jeweils eine von zehn Nautilus-Schalen aus dem Fangbereich hatte große herausgebrochene, aber wieder verheilte Bruchstellen. Indem ich entsprechende Angriffe simulierte, also ein Stück herausbrach, konnte ich messen, wie schnell ein Nautilus seine Schale wieder füllen konnte.

Die „Pumpe" der gekammerten Kopffüßer

War ein Nautilus auf diese Weise an die Oberfläche gezwungen worden, so begannen innerhalb der ersten Stunde danach praktisch alle Kammern, sich wieder mit Flüssigkeit zu füllen – allerdings recht langsam: Bei 25 Exemplaren maßen wir höchstens knapp 0,5 Gramm Gewichtszunahme pro Stunde.

Auch scheint nur eine bestimmte Flüssigkeitsmenge in die Kammern eindringen zu können. Keine der Kammern war auch nur halbgefüllt, und kein Nautilus (nicht einmal diejenigen, die 25 Gramm Schale verloren hatten) nahm jeweils mehr als fünf Gramm zu. Zumindest scheint der Nautilus eine sehr begrenzte Fähigkeit zu besitzen, mit Hilfe seines Füllmechanismus Störungen zu kompensieren.

Was läßt sich nun über die Ammoniten sagen? Auch viele fossile Ammoniten weisen verheilte Bruchstellen an ihrer Schale auf. Zudem sind die verdickten Rippen der Gehäuse strahlig angeordnet, so daß Brüche nahe der Schalenöffnung – die am leichtesten zu beschädigen ist – sich parallel zu ihr auswirken und den Schaden auf ein Mindestmaß beschränken mußten.

Der Sipho hat beim Ammoniten eine andere Lage und Anatomie als beim Nautilus. Meine Untersuchungen zeigen jedoch, daß die Geschwindigkeit, mit der die Kammern sich entleeren und wieder füllen, bei Nautilus weitgehend vom Verhältnis der Oberfläche des Sipho-Epithels der jeweiligen Kammer zum Kammervolumen abhängt; und diese Verhältnisse sind bei beiden Kopffüßern recht ähnlich. Dieser Hinweis ist daher nicht aussagekräftig. Möglicherweise besaßen die Ammoniten einen ähnlich leistungsfähigen Füllmechanismus wie der Nautilus, vielleicht aber auch einen viel leistungsfähigeren. Sicher ist jedoch, daß sie ein derartiges System benötigen.

Die letzte und am stärksten ausgeprägte Entwicklungstendenz der Ammoniten aus der Kreidezeit führte zu heteromorphen Typen, das sind Arten, deren Schalenform sich vielfältig von der planspiralen Ahnenform unterscheidet (Bild 6). Einige heteromorphe Arten tauchten bereits für kurze Zeit unter den Tausenden flach gewundener Typen der Trias- und Jurazeit auf. In der Kreidezeit, vor ungefähr 120 Millionen Jahren, begann sich jedoch eine große Zahl solcher heteromorpher Arten zu entwickeln. Gegen Ende der Kreidezeit bestimmten sie in Individuen- wie Artenzahl die Ammoniten.

Diese Richtung ist am schwierigsten zu deuten. Ihre Schalenformen reichen von ebenen, lose eingerollten bis zu bizarren, scheinbar regellosen. Im späten 19. und frühen 20. Jahrhundert sahen die Biologen in diesen Abweichungen nicht anpassungsfähige Endglieder der langen Evolutionsgeschichte der Ammoniten, die das endgültige Aussterben der Ammoniten ankündigte. Heute fassen die Wissenschaftler diese „Typolyse" oder Rassenalterung anders auf: Die meisten betrachten die heteromorphen Schalenformen als spezielle Anpassungen an die verschiedensten Lebensräume.

Die Formenvielfalt der Gehäuse erschwert es jedoch, irgend etwas Allgemeingültiges über ihre Angepaßtheit auszusagen. Heteromorphe Schalen aus der frühen Kreide reichten von geraden (orthoconen) Kegeln über offene, flach gewundene bis zu unregelmäßigen Formen mit übergroßen Haken am Schalenende. In den unteren (bald allerdings von einem Staudamm überfluteten) Kreideschichten von Nordkalifornien, der vielleicht ergiebigsten Quelle fossiler Ammoniten aus dieser Zeit, sind viele heteromorphe Ammoniten überaus üppig verziert.

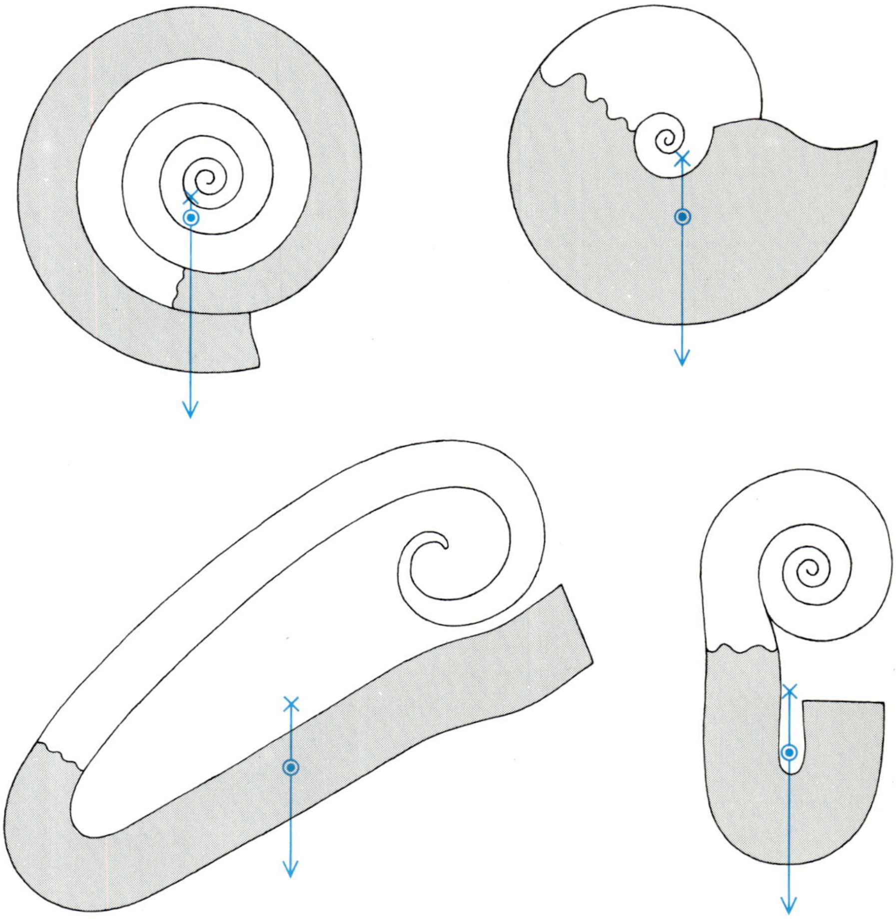

Bild 9: Das statische Gleichgewicht ist bei den meisten heteromorphen Schalen sogar größer als bei den involuten planspiralen Schalen. Arthur E. Trueman von der Universität Glasgow berechnete in den vierziger Jahren den Schwerpunkt und das Auftriebszentrum für eine Auswahl von Ammoniten-Schalen. Die Lage des Schwerpunktes wird durch die räumliche Anordnung der Wohnkammer (dunkler Bereich) bestimmt, die Lage des Auftriebszentrums hingegen durch die Anordnung des Phragmokons. Das statische Gleichgewicht vieler heteromorpher Schalen ist so groß, daß die Tiere vermutlich nur geringfügig ihre Orientierung ändern konnten. Die normale Orientierung einiger dieser Schalen brächte mit sich, daß der Körper der Oberfläche und nicht dem Grund zugewandt wäre. Dies war der erste Hinweis dafür, daß einige heteromorphe Arten, im Gegensatz zu ihren Vorfahren, nicht am Grund lebten. Weitere Anhaltspunkte für die Lebensweise heteromorpher Arten liefert die Lage des Siphos.

Schmuck: Luxus oder Notwendigkeit?

Auch reich geschmückte planspirale Arten sind in denselben Schichten zu finden. Die heteromorphen Arten aus der frühen Kreide sind vermutlich, wie die schmuckbeladenen planspiralen Ammoniten, aus nicht-stromlinienförmigen planspiralen Ammonoideen hervorgegangen.

Jost Wiedmann von der Universität Tübingen wies anhand der Lobenlinien nach, daß heteromorphe Arten sich gewöhnlich aus strömungsungünstigen planspiralen Ammonoideen hervorgegangen.
hervorgebracht haben. Die Plastizität des Schalentyps läßt vermuten, daß die frühen heteromorphen wie auch die geschmückten planspiralen Ammoniten zum Überleben vor allem ihre schützende Skulptierung und weniger die Form ihrer Schale benötigten (Bild 8).

Mitte der Kreidezeit waren viele größere heteromorphe Arten verschwunden. Obwohl Riesenformen, wie gewisse Arten der orthoconen Gattung *Baculites*, in der Oberkreide auftauchten, waren diese späten heteromorphen Arten größtenteils kleiner und zarter skulptiert als die früheren. Die Heteromorphen der unteren Kreide lebten, wie ihre Vorfahren, vermutlich auf dem Meeresgrund. Viele Arten aus der oberen Kreide jedoch zeigen Schalenanpassungen, die eher auf ein Leben nahe der Oberfläche oder in mittleren Tiefen schließen lassen (Bild 4).

Viele heteromorphe Ammoniten der Oberkreide sind schneckenförmig, also schraubig gewunden. Die Wissenschaft schrieb ihnen gewöhnlich die Lebensweise bestimmter Weichtiere zu, die ihnen am stärksten ähneln: die von schraubig gewundenen, am Grunde lebenden Schnecken.

Das erste Material für eine neue Deutung ihrer Lebensweise lieferte Arthur E. Trueman von der Universität Glasgow. In den frühen vierziger Jahren berechnete Trueman die Schwerpunkte und Auftriebszentren vieler planspiraler und heteromorpher Ammonitenarten. Seine Ergebnisse ergaben als Regel, daß die heteromorphen Arten ein erheblich größeres statisches Gleichgewicht besitzen als die planspiralen – vor allem deshalb, weil durch das Aufwinden gewöhnlich der Schwerpunkt in der Wohnkammer vom Auftriebszentrum im Phragmokon wegrückte (Bild 9). Tatsächlich besaßen viele heteromorphe Arten ein solches großes statisches Gleichgewicht, daß sie vermutlich ihre Lage nur geringfügig verändern konnten.

Wenn das Gehäuse der Heteromorphen so eingerollt war, daß die Öffnung (und damit der Körper des Tieres) nach unten zeigte, ist die Schale durchaus stabil genug für ein Leben in großen Wassertiefen. Eine wachsende Zahl Heteromorpher jedoch, die in der Kreide aufkam, besaß einen U-förmigen Haken am Ende ihrer Wohnkammer. Die Phragmokone dieser Schalen waren mal schneckenförmig, mal um mehrere Achsen, manchmal aber auch nahezu regellos gewunden. Auf jeden Fall hätte die extrem große Distanz zwischen Phragmokon und Körperkammer die Schalen sehr stabilisiert. Zugleich hätte der Haken das Tier gezwungen, seinen Körper zur Oberfläche hin auszurichten – was für ein bodenbewohnendes Tier eine überaus mißliche Lage ist.

Das nächste Argument, die Lebensweise heteromorpher Arten neu zu deuten, lieferten Denton und Gilpin-Brown: Der Sipho liegt bei den heutigen Kopffüßern so, daß das Niveau der Kammerflüssigkeit darunter sinkt, bevor die Kammer völlig geleert ist. Beim Nautilus ist der Sipho nur so lange in direktem Kontakt mit der Flüssigkeit, bis die Kammer halb geleert ist. Ist die Kammerflüssigkeit „entkoppelt" (ein Begriff, den Denton und Gilpin-Brown einführten), entleert sich die Kammer gleichwohl weiter – dafür sorgt die Pellikula (die Zellmembran, die die Kammer innen auskleidet), indem sie Wasser aufnimmt und die Flüssigkeit wie ein Docht zum Sipho hochleitet. Auch die beiden heutigen gekammerten Kopffüßer, *Sepia* und *Spirula*, besitzen Anpassungen für eine derartige Entkopplung. Es hat den Anschein, daß die Kammern leichter zu leeren wären, wenn der Sipho ständig von Flüssigkeit umgeben wäre. Beruhen diese Anpassungen auf einem Zufall oder erfüllen sie einen sinnvollen Zweck?

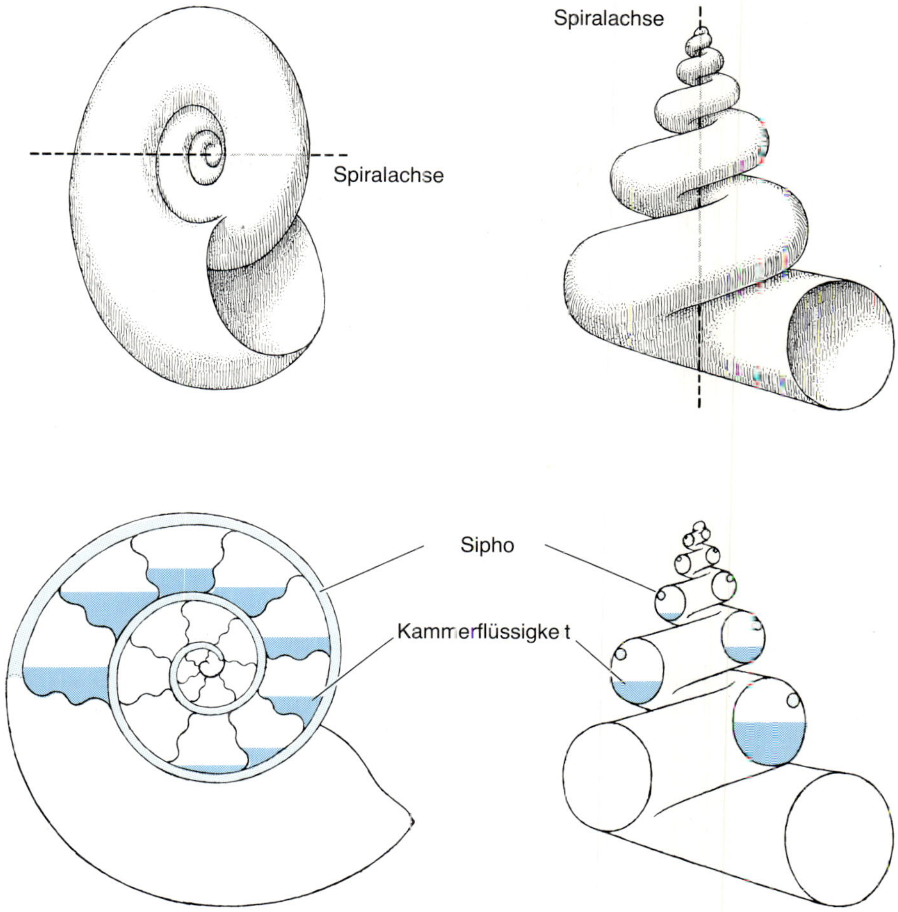

Bild 10: Durch die Lage des Siphos konnten einige heteromorphe Ammoniten sich vermutlich leichter Tiefenunterschieden anpassen als die planspiralen, vor allem in der Wachstumsphase. Obwohl der Sipho von Ammonit und Nautilus geringfügige anatomische Unterschiede aufweist, „pumpte" er bei beiden nach einem wohl gleichen Prinzip die Flüssigkeit aus den Kammern. Enzyme in den Epithelzellen des Siphos bauen ein lokales osmotisches Gefälle auf, das groß genug ist, um trotz des Wasserdruckes von außen Flüssigkeit aus den Kammern abzuziehen. Da der Druck sich mit der Tiefe ändert, muß sich ebenfalls der osmotische Gradient ändern, damit das Tier auch beim Absinken weiterhin seine Kammern entleeren kann. Wird der Sipho jedoch von der Kammerflüssigkeit „entkoppelt", muß sich nur noch das osmotische Gefälle der dochtartigen inneren Lage von Zellen ändern. Bei planspiralen Schalen drehen sich die alten Kammern nach oben, wenn neue Schale an der Öffnung gebildet wird. Die Verbindung des Siphos mit der Kammerflüssigkeit in jeder Kammer, und damit der Grad der „Entkopplung", verändert sich somit während des gesamten Wachstums. Bei einigen heteromorphen Schalen, wie bei den rechts abgebildeten schneckenförmigen, behält der Sipho in der Wachstumsphase seine ursprüngliche Lage bei und ist dauernd von der Flüssigkeit entkoppelt. Dadurch benötigt das Tier weniger Energie, um die Kammern zu entleeren. Bei der flachgewundenen Schale liegt die Achse horizontal, bei der helikalen vertikal.

Das Leben des Nautilus: mal oben – mal unten

Der Nautilus lebt auf der meerzugewandten Seite von Riffen mit ihren oft schnell wechselnden Wassertiefen. Bruce Carlson vom Waikiki-Aquarium auf Hawaii, Mike Weekly vom Aquarium in Seattle und ich verfolgten mit Hilfe der elektronischen Fernbeobachtung nahe den Palauinseln im Westpazifik, wie *Nautilus belauensis* bei seiner Futtersuche den Boden-Konturen entlangschwimmt und dabei in kurzer Zeit oft große Tiefenunterschiede bewältigt. Bei den von uns beobachteten fünf Exemplaren betrugen diese Differenzen durchschnittlich 330 Meter, da die Tiere sich nachts in flachen, tagsüber in tieferen Bereichen aufhielten. Auch die kleine Tintenschnecke *Spirula* steigt tagesperiodisch auf und ab, bleibt aber in eher mittleren Wassertiefen.

Ein kleiner Nautilus braucht etwa einen, ein größerer drei Monate, um die Kammern zu entleeren. Dies kostet Energie, auch wenn sich das Tier immer in derselben Tiefe aufhält. Der hydrostatische Druck des Meerwassers nämlich, der vom Körper des Tieres auf das Blut im Sipho übertragen wird, wirkt dem osmotischen Druck entgegen, der durch die Enzyme in den Falten des Sipho-Epithels aufgebaut wird. Und er würde die Flüssigkeit in die Kammer zurücktreiben.

Da der hydrostatische Druck sich mit der Tiefe verändert, muß sich auch das osmotische Gefälle ändern, will das Perlboot hinunterschweben und dabei seine Kammern weiter entleeren oder vor einer erneuten Füllung bewahren. Folglich wären Mechanismen, Kammerflüssigkeit und Sipho zu entkoppeln, vorteilhaft. Ist beim Tiefenwechsel der Sipho in einer der Kammern entkoppelt, so muß sich nur die Ionenkonzentration in der von der Kalkröhre absorbierten Flüssigkeit rund um den Sipho und in der dochtartigen Pellikula im Kammerinnern verändern, kaum jedoch im gesamten Volumen der Kammerflüssigkeit.

Für die Ammoniten mag das Entkoppeln der Kammerflüssigkeit noch wichtiger gewesen sein als für den Nautilus. Ist das Perlboot ausgewachsen, sind seine Kammern im Grunde leer. Neueste Untersuchungen an Ammoniten jedoch lassen vermuten, daß diese auch später noch etwas Flüssigkeit zurückbehielten.

Richard Reyment von der Universität Uppsala gelang es, an gut erhaltenen Fossilien das spezifische Gewicht voll

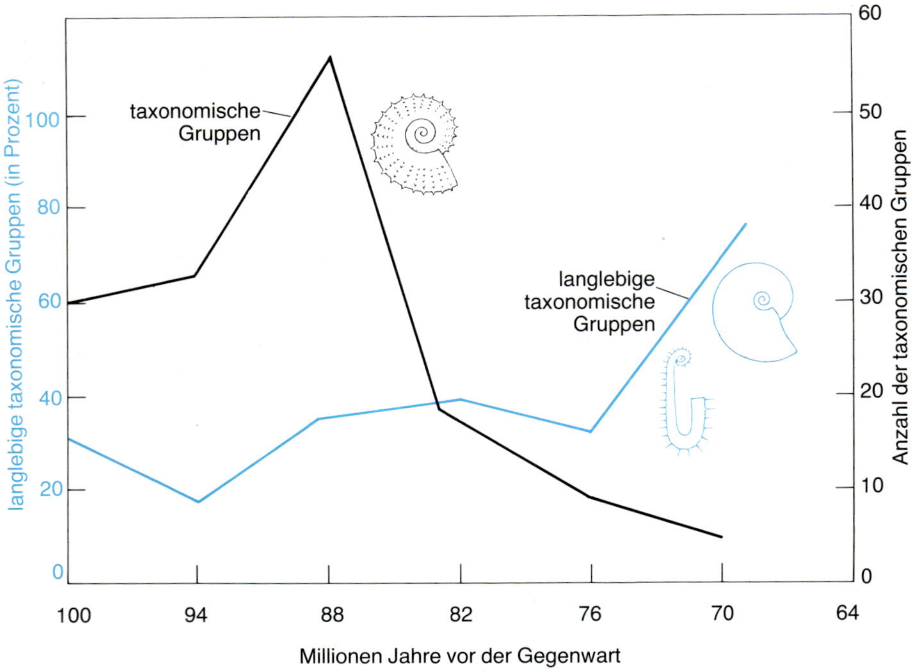

Bild 11: Der Verlust der Vielfalt, bevor die Ammoniten in der oberen Kreide ganz ausstarben, verläuft nach einem interessanten Schema. Eine schnelle Evolution und ein schneller Untergang vieler kurzlebiger taxonomischer Gruppen kennzeichnen die 300 Millionen Jahre dauernde Geschichte der Ammonoideen. Während jedoch die mittlere Lebensdauer einer Ammonoideen-Gattung in der Kreidezeit anstieg, fiel die Zahl der Gattungen steil ab, hauptsächlich, weil die kurzlebigen Gruppen ausstarben. Es ist noch ungeklärt, weshalb schließlich auch die verbliebenen Gruppen, von denen manche dem heutigen Nautilus stark ähnelten, das Ende der Kreidezeit nicht überlebten. Das Schicksal der Ammoniten ist eigentlich noch immer ein Rätsel.

entwickelter Ammoniten-Schalen zu berechnen: Sie waren erheblich leichter als Nautilus-Schalen. Wenn nicht der Körper der Ammoniten ein viel höheres spezifisches Gewicht besessen hat als der von Nautilus, dann hätten die Tiere noch schweben können, wenn 10 bis 20 Prozent des Phragmokons (gegenüber 1 bis 2 Prozent bei einem erwachsenen Nautilus) mit Flüssigkeit gefüllt gewesen wäre.

Das Entkoppeln der Kammerflüssigkeit mag jedoch bei planspiralen Ammonitenarten weniger effizient gewesen sein als beim planspiralen Nautilus. Wenn ein flach eingerollter Kopffüßer an der Öffnung seiner Schale neues Material bildet, drehen sich die alten Kammern langsam nach oben und gelangen so über die Wohnkammer. Die Lage der alten Kammern ist beim Nautilus relativ unwichtig, weil sie leer sind und der Sipho zentral in ihnen verläuft. Bei den Ammoniten hingegen waren die alten Kammern möglicherweise teilweise gefüllt und der Sipho zur äußeren Schalenwand hin verlagert. Auf diese Weise wäre er in den oben in einer Windung gelegenen Kammern bereits entkoppelt gewesen, sobald nur etwas Flüssigkeit in der Kammer fehlte; in den unteren Abschnitten hingegen wäre er immer gekoppelt gewesen, solange nur etwas Flüssigkeit in ihnen gestanden hätte. Die wechselnde Lage des Siphos während des Schalenwachstums hätte es dem Tier beim Vorstoß in andere Tiefen sogar erschwert, den Schwebezustand aufrechtzuerhalten.

Anpassung der Ammoniten

Einer der größten Vorteile der heteromorphen Schalenformen mag gewesen sein, daß der Sipho in den Kammern seine Lage gegenüber der Flüssigkeit beibehielt, während die Schale wuchs. Die besten Beispiele für diese Anpassung liefern Ammonitenarten der Familien *Turrilitidae* aus der mittleren Kreide und *Nostoceratidae* aus der oberen Kreide. In beiden Familien sind die Schalen schneckenartig (helikal) gewunden. Bei einer flachgewundenen Schale liegt die zentrale Achse horizontal, bei einer helikalen Achse vertikal. Entsprechend ordnen sich die Kammern während des Wachsens bei einer planspiralen Schale wie bei einem Riesenrad, bei einer helikalen wie bei einer Wendeltreppe an (Bild 10).

Bei den schneckenartigen Gehäusen liegt der Sipho in den aufeinanderfolgenden Windungen ein wenig anders zur Flüssigkeit, behält aber – im Gegensatz zu den planspiralen – seine Lage bei. Bei vielen Arten dieser beiden Familien wanderte zudem der Sipho randständig, also an der Schalenwand nach oben, so daß die Entkopplung von der Kammerflüssigkeit schon bald nach Beginn des Entleerens einsetzte. Das Wandern des Siphos und seine unveränderte Lage während des Wachstums hatten zur Folge, daß fast alle Kammern des Phragmokons entkoppelt waren, selbst wenn die meisten von ihnen noch geringfügig gefüllt waren. Offenkundig haben somit die Heteromorphen ein wirksameres System zur Regelung des Auftriebs erworben – auf Kosten einer Art Stromlinienform.

Aus der großen Lagestabilität dieses gestaltenreichen Schalentyps und dem Anpassungsvermögen, wie es sich aus dem Entkoppeln der Kammerflüssigkeit ablesen läßt, haben indes einige Forscher andere Schlüsse gezogen. Andrew Pakkard von der Universität Edinburgh und Herbert Klinger aus Südafrika versuchten, meine Hypothese dahingehend zu widerlegen, daß zumindest einige heteromorphe Arten eher in mittleren Tiefen als auf dem Grund gelebt hätten. Viele heutige Kopffüßer wie Angehörige der Gattung *Spirula* und die Kalmare treiben wie Ballons in mittleren Tiefen, schweben nachts in seichteres Wasser, um tagsüber langsam in tiefere Lebensräume abzusinken. Einige heteromorphe Arten konnten vermutlich ein solches Leben führen und damit den flachen Schelfgebieten ausweichen, in denen die Ammoniten der Kreide lebten.

Alle drei Schalentypen (stromlinienförmige planspirale, stark verzierte planspirale und heteromorphe) waren in einem bestimmten Abschnitt der langen Ammonoideen-Geschichte aufgetaucht. Der Kreidezeit kommt eine besondere Bedeutung zu, weil plötzlich die Arten mit diesen Schalentypen zunahmen. Demgegenüber gingen die Vertreter von Arten mit strömungsungünstigen und kaum verzierten planspiralen Gehäusen zurück, die fast während der gesamten Geschichte der Ammonoideen dominiert hatten.

Während der letzten Stufen der Kreide, Campan und Maastricht, sank die Artenvielfalt drastisch ab, und zwar nach einem interessanten Muster. Philip W. Signor von der University of California in Davis und ich haben die Verlaufsrichtungen in der Entstehungs- und Aussterbegeschwindigkeit von Familien, Gattungen und Arten der Ammoniten aus der Jura- und Kreidezeit untersucht. Die mittlere Lebensdauer einer Ammonitengattung betrug in diesem Zeitraum etwa sieben Millionen Jahre. William J. Kennedy von der Universität Oxford und William A. Cobban vom U.S. Geological Survey schätzten die durchschnittliche Lebensdauer einer Ammonitenart auf ein bis zwei Millionen Jahre.

Unter diesen kurzlebigen taxonomischen Gruppen gibt es vereinzelt jedoch einige Gattungen und Arten, die weit ausdauernder waren: Einige Gattungen brachten es auf 100 Millionen Jahre. Unsere Untersuchungen zeigen, daß die mittlere Lebenszeit der Ammonitengattungen gegen Ende der Kreidezeit zunahm. Das bedeutet also, daß die Ammonitenvielfalt weitgehend deshalb abnahm, weil kurzlebige Gruppen ausstarben (Bild 11).

Es ist kaum ein Zufall, daß ausgerechnet die kurzlebige systematische Gruppe mit schmuckbeladenen, strömungsungünstigen Schalen in dieser Zeit abnahm. Übrig blieben vergleichsweise kleine, aber relativ langlebige Gruppen mit meist heteromorphen oder strömungsgünstigen Gehäusen. Man kann also ohne weiteres behaupten, daß die Abnahme der Artenvielfalt nicht unbedingt dem völligen Aussterben der Ammoniten vorausging.

Aufschlüsse mit Widersprüchen

Das Schicksal der verbliebenen Ammonitenarten ist immer noch ungeklärt, weil sie zur einer Zeit ausstarben, als ihre bevorzugten Habitate, die flachen Ozeanbecken, weltweit abnahmen. Die meisten Schichtenprofile am Übergang von der Kreidezeit zum Tertiär sind daher Tiefsee-Sedimente ohne große Fossilien wie Ammoniten.

Bis heute sind nur zwei solcher Schichtenprofile freigelegt worden, die über die letzten ein bis zwei Millionen Jahre der Ammoniten-Geschichte Auskunft geben können. In beiden Fällen stieß man in der oberen Maastricht-Stufe auf Fossilien von rund zehn Ammonitenarten. Beide Male auch gehört etwa die eine Hälfte der Funde zu Gattungen mit seitlich abgeflachten, stromlinienförmigen Schalen wie *Sphenodiscus* und *Pachydiscus*, die andere Hälfte zu den Heteromorphen wie *Scaphites*, *Baculites* und *Diplomoceras*. Leider überliefern die Schichten sonst nur viel Widersprüchliches.

Am Kliff Stevns Klint an der Ostküste Dänemarks fand Tove Birkelund von der Universität Kopenhagen verschieden große Ammoniten direkt unter Schichten, die eine erhöhte Konzentration an Iridium aufweisen, einem Metall der Platingruppe. Die beiden Forscher Vater und Sohn Alvarez und ihre Mitarbeiter führen dies, wie erwähnt, auf den Einschlag eines großen Meteoriten zurück.

Unlängst konnten jedoch Wiedmann und ich bei Zumaya in Spanien eine große Zahl von Ammoniten aus der oberen Kreide sammeln. Wie bei dem dänischen Aufschluß sind auch hier die Ammoniten dicht an dicht über fast alle Schichten der Kreide verteilt; Hunderte von Fossilien kann man an den wunderbar aufgeschlossenen Schichtflächen einsammeln. Schon ab etwa 15 Meter unterhalb der Iridium-Anomalie läßt dann die Zahl der Ammoniten in Zumaya jedoch nach.

Der jüngste Ammonit dieser Fundstelle wurde etwa zehn Meter unterhalb dieser Grenze entdeckt, obwohl andere große Fossilien wie Seeigel oder Muscheln direkt unter und über der Zone zu finden sind. Dies ist zwar nur ein vorläufiger Befund, und er wäre durch die Entdekkung eines einzigen neuen Ammoniten sofort zu widerlegen. Doch selbst wenn man in Zumaya unmittelbar unterhalb der Grenze auf ein Exemplar stieße, würde es nichts an der Tatsache ändern, daß die Ammoniten vor dem vermuteten Meteoriteneinschlag aus dieser Region praktisch verschwunden waren.

Jede Hypothese über das Schicksal der Ammoniten muß eine letzte Frage berücksichtigen. Warum sollten sogar die langlebigen Ammonitenarten am Ende der Kreidezeit ausgestorben sein, wo doch die Nautiloideen überlebten? Eine definitive Antwort darauf wird vielleicht nie gegeben werden können.

Am einleuchtendsten scheint mir die Erklärung, daß ihre Fortpflanzungsstrategie oder vielleicht ein ökologischer Aspekt die Perlboote gerettet hat. Mit 90 Prozent waren die Meeresplankton-Arten, diese treibenden tierischen und pflanzlichen Kleinorganismen, am schwersten unter allen Gruppen von Meeresorganismen am Ende der Kreidezeit von Ausfällen betroffen. Die frisch geschlüpften winzigen Ammoniten – mit Schalen nicht größer als ein Millimeter im Durchmesser – verbrachten die ersten Tage oder Wochen ihres Lebens möglicherweise als eine Art Plankton. Die jungen Nautiloideen hingegen scheinen ihrer Schalenform nach vom Mesozoikum ab beim Schlüpfen deutlich größer gewesen zu sein (5 bis 25 Millimeter). Sie lebten daher vermutlich nie als Teil des Planktons, begannen vielmehr sofort mit der Futtersuche in Meeresbodennähe und übernahmen also gleich die Lebensweise der erwachsenen Tiere. Die Ammoniten könnten mithin als Jungtiere oder Erwachsene vom Zusammenbruch des planktischen Ökosystems betroffen worden sein, da sie sich von Organismen weiter unten in der Nahrungskette ernährten als die Nautiloideen.

Wie dem auch sei – die Perlboote überstanden die Krise am Ende der Kreidezeit und breiteten sich im Tertiär der Erdneuzeit sogar wieder geringfügig aus. Die geringe Vielfalt der Perlboote, wie sie sich heute auf der Erde darstellt, läßt jedoch vermuten, daß die Zeit der gekammerten Gehäuse, wie gut sie auch immer konstruiert sein mögen, vorbei ist.

Wie sah die Urblüte der bedecktsamigen Pflanzen aus?

Die bedecktsamigen Blütenpflanzen (die Angiospermen) beherrschen heute das Pflanzenbild der Erde. Obwohl sie im Lauf der Erdgeschichte erst verhältnismäßig spät aufgetreten sind, ist ihr Ursprung weitgehend unbekannt. 1975 entdeckte man jedoch eine fossile Blüte, die der Urform der Angiospermenblüten entspricht. So kann man jetzt die stammesgeschichtliche Entwicklung der Angiospermenblüte ableiten.

Von Hans-Joachim Schweitzer

Die großen Gruppen des Pflanzenreiches erschienen im Lauf der Erdgeschichte in einer Reihenfolge, die ihrer Stellung im natürlichen System der Pflanzen entspricht: Die primitivsten Pflanzen standen am Anfang, die höchstentwickelten Gruppen am Ende. Im Erdaltertum (im Paläozoikum) herrschten die Bärlappe, Farne und Schachtelhalme vor, die zu den Sporenpflanzen gehören, während das Erdmittelalter (das Mesozoikum) die Zeit der Nacktsamer (der Gymnospermen) war, deren Samenanlagen den Pollenkörnern noch frei zugänglich sind. Der Siegeszug der bedecktsamigen Pflanzen (der Angiospermen), bei denen die Samenanlagen völlig vom Fruchtknoten eingehüllt sind, begann erst in der unteren Kreide (vor etwa 130 Millionen Jahren). Meist bezeichnet man die bedecktsamigen Pflanzen einfach als Blütenpflanzen, doch ist das insofern nicht korrekt, als auch in anderen Gruppen höherer Pflanzen blütentragende Arten vorkommen, beispielsweise bei den Schachtelhalmen.

Obwohl die bedecktsamigen Pflanzen, die heute die Erde beherrschen, erst verhältnismäßig spät in der Erdgeschichte auftraten, liegt ihr Ursprung noch immer im Dunkel. Schon im vorigen Jahrhundert beklagte Charles Darwin diese Lücke in unseren Kenntnissen. Sie ist in erster Linie auf einen Mangel an Fossilien zurückzuführen. So war man darauf angewiesen, durch vergleichende Untersuchungen der Organe heute lebender Angiospermen den ursprünglichen Typus zu rekonstruieren. Allerdings führten diese Studien zu vielen Trugschlüssen. Das gilt besonders für die Ableitung der Angiospermenblüte.

Bei Untersuchungen der mesozoischen Kohlelagerstätten im Norden Persiens wurden 1975 in Schichten aus der oberen Trias mehrere Reste einer Zwitterblüte entdeckt, die der Urform der Angiospermenblüten entspricht. Leider haben sich die Samenanlagen dieser etwa zweihundert Millionen Jahre alten Fossilien nicht erhalten, so daß nicht mit Sicherheit zu sagen ist, ob die Blüte noch von einer nacktsamigen Pflanze stammt (das ist am wahrscheinlichsten) oder bereits zu einer echten bedecktsamigen Pflanze gehört.

Die „Geburtsstunde" der Angiospermen

Die unmittelbaren Vorläufer der bedecktsamigen Pflanzen (der Angiospermen), die „Urangiospermen", müssen schon vor der Kreidezeit aufgetreten

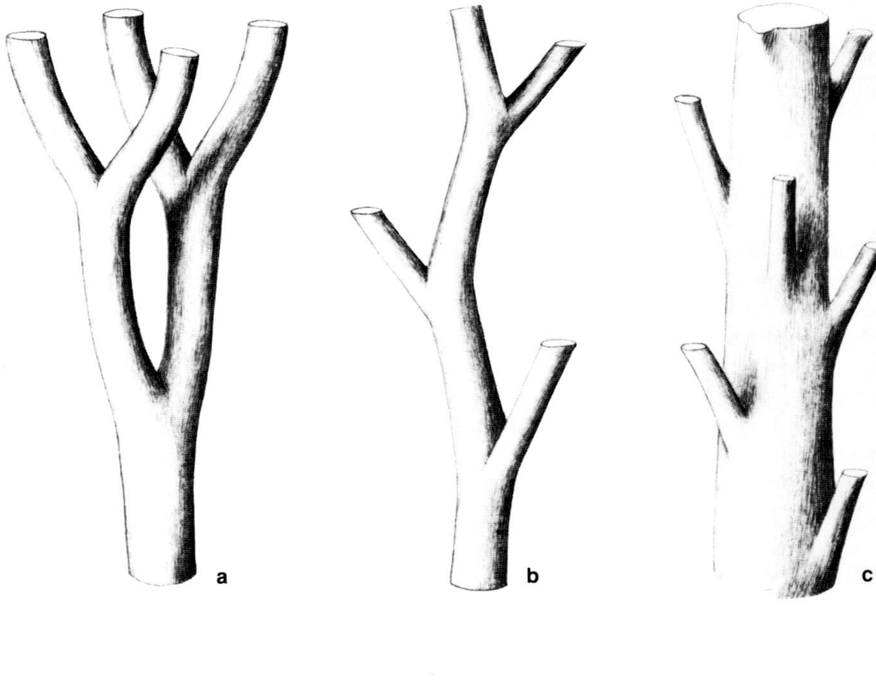

Bild 1: Das schraubige Verzweigungssystem (c) läßt sich aus dem gabeligen Verzweigungsmodus (a) der primitiven Urfarne *(Psilophyten)* ableiten. Aus dem gabeligen Verzweigungstyp entsteht durch einen als Übergipfelung bezeichneten Prozeß eine Verzweigungsform, bei der sich an aufeinanderfolgenden Verzweigungen abwechselnd ein Gabelast stärker entwickelt und den anderen zur Seite drängt. Dadurch wird ein Unterschied zwischen Haupt- und Seitenachsen geschaffen (b). Diese Verzweigungsform bezeichnet man als Pseudomonopodium. Sie ist bei den höher entwickelten Urfarnen zu finden. Aus ihr entwickelt sich das schraubige Verzweigungssystem der höheren Pflanzen (c), das durch Verkürzung der Hauptachse zu einer wirteligen (quirligen) Anordnung der Verzweigungsstellen führt.

Bild 2: Die Blüten der Magnolien besitzen einige primitive Merkmale, die gut zu erkennen sind, wenn man eine Blüte teilweise entblättert (siehe Zeichnung): Kronblätter, Staubblätter und Fruchtblätter ordnen sich schraubig um die langgestreckte Blütenachse. Die schraubige Stellung geht aus den kleinen runden Narben hervor, die entstehen, wenn die Staubblätter (die männlichen Blütenorgane) entfernt werden. Die Fruchtblätter (die weiblichen Blütenorgane) sind wesentlich zahlreicher als in höher entwickelten Blüten, bei denen die Blütenachse kürzer ist und die Blätter eine wirtelige (quirlige) Anordnung haben, so daß deren Ansatzstellen genau in einer Ebene liegen. Von den Blüten der heute lebenden bedecktsamigen Pflanzen dürften die der Magnolien der Urform der Angiospermenblüte am nächsten stehen. Dennoch vereinigen sie wegen der unabhängigen Entwicklung aller pflanzlichen Organe nicht alle primitiven Merkmale in sich. So sind die männlichen Organe höher entwickelt als bei den *Dilleniaceen* (Bild 6).

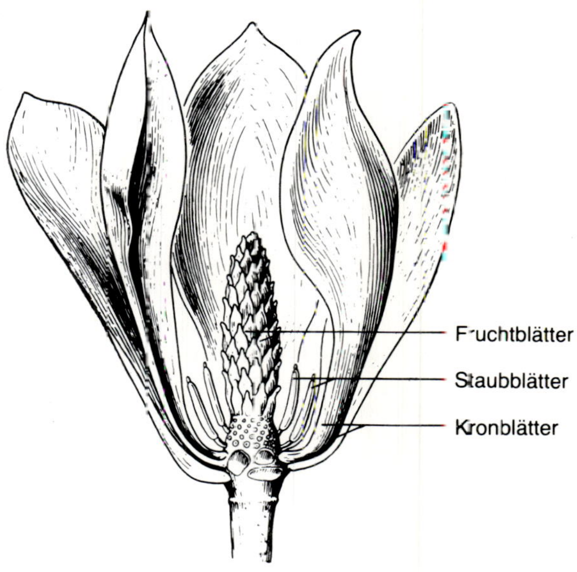

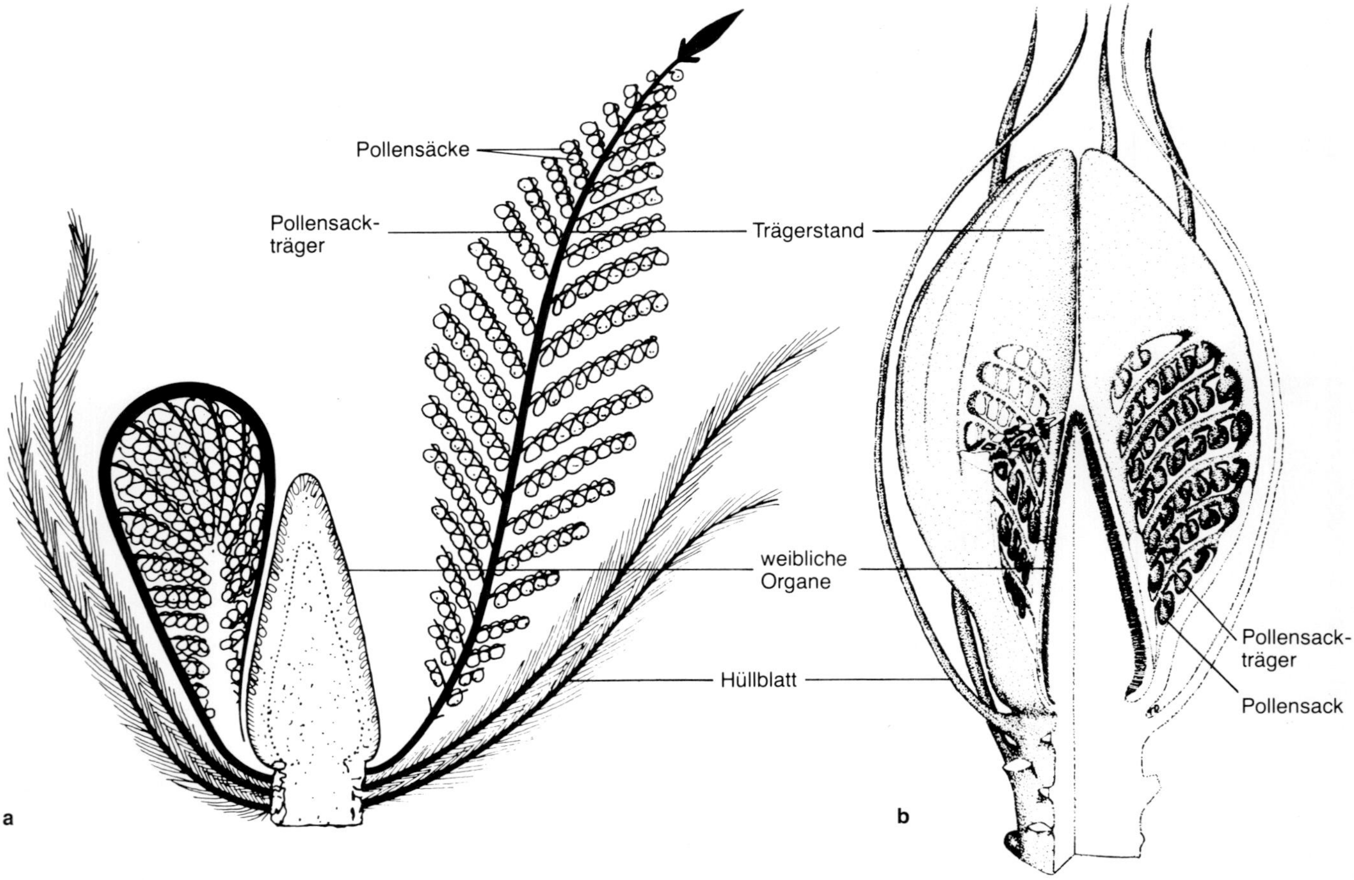

Bild 3: Unter allen ausgestorbenen Nacktsamern wiesen die *Bennettiteen* die am weitesten entwickelten Blütenhüllen auf. Bei der *Bennettiteen*-Gattung *Cycadeoidea* bestand die Hülle aus schraubig angeordneten, feder- oder stielförmigen Hüllblättern, die aus sterilen Laubblättern hervorgegangen sein dürften, da solche Blätter auch im basalen Bereich normaler Zweige vorkamen. Bild a zeigt einen älteren Rekonstruktionsversuch (die Blüte ist hier längsgeschnitten). Nach einer neueren Vorstellung (b) waren die Trägerstände mit den Pollensäcken wie die keilförmigen Scheiben einer Apfelsine gestaltet und im unteren Bereich verwachsen. Die Stände trugen an Leisten aufgereihte Pollensäcke. Bild b zeigt rechts einen Längsschnitt und links auf halber Höhe einen kleinen quergeschnittenen Bereich.

sein, da man bereits in der unteren Kreide (vor etwa 130 Millionen Jahren), vor allem in der Apt-Stufe, viele Reste hochentwickelter Bedecktsamer findet.

Es ist aber für einen Paläobotaniker außerordentlich schwierig, eine „Urangiosperme" als solche zu erkennen, weil die Übergänge zwischen nackt- und bedecktsamigen Pflanzen fließend gewesen sind, da sich alle Organe, auch die innerhalb einer Blüte, unabhängig voneinander entwickelt haben. So können Pflanzen mit hochentwickelten sterilen Organen primitive Blüten besessen haben und umgekehrt. Es wäre daher auch falsch anzunehmen, daß die Blüte einer „Urangiosperme" alle die Merkmale in sich vereinigt haben muß, die wir bei den Blüten der heutigen bedecktsamigen Pflanzen als primitiv ansehen. Vielmehr ist anzunehmen, daß es mehrere Urformen gegeben hat, die einander mehr oder weniger nahestanden und bei denen die einzelnen Organe verschieden weit entwickelt waren. Entscheidend ist nur, daß sie alle Anlagen für die spätere Merkmalskombination der bedecktsamigen Pflanzen in sich trugen.

In diesem Zusammenhang ist zu betonen, daß als echte „Urangiospermen" nur solche fossilen Pflanzen gelten können, die unter den lebenden Angiospermen Nachfolger hinterlassen haben. Solche Pflanzen hat man aber noch nicht entdeckt. Immer wieder werden fossile Pflanzengruppen, wie die erdmittelalterlichen *Bennettiteen* (baumartige Pflanzen mit mächtigen gefiederten Blättern), die *Caytoniales* und die *Peltaspermales* (beide gehören zu den Farnsamern) als Vorläufer der Angiospermen in Erwägung gezogen. Diese Gruppen haben zwar das bedecktsamige Stadium in einem Merkmal oder in wenigen Merkmalen erreicht, sind aber danach ausgestorben. Sie sind daher nur als hochspezialisierte Endglieder von Entwicklungslinien zu betrachten.

Eine weitere Schwierigkeit bei der Suche nach „Urangiospermen" besteht darin, daß uns die Pflanzen früherer Erdzeitalter niemals vollständig, sondern immer nur bruchstückhaft überliefert sind. Man kann daher nur in seltenen Fällen beurteilen, welche Pflanzenteile zusammengehörten.

So ist es fraglich, ob wir überhaupt jemals in der Lage sein werden, die Geburtsstunde der bedecktsamigen Pflanzen zu bestimmen. Berücksichtigt man alle bekannten Fakten, so läßt sich die Entwicklung der Angiospermen am besten folgendermaßen beschreiben: An der Wende vom Devon zum Karbon (vor etwa 350 Millionen Jahren) erschienen erstmals nacktsamige Pflanzen, unter ihnen die Farnsamer (die *Pteridospermen*). Vor allem aus den Farnsamern haben sich später die Formen entwickelt, die in der ausgehenden Trias und im Jura (vor

Bild 4: Die männlichen Blüten der getrenntgeschlechtlichen *Williamsonia*-Gruppe hatten keine Hüllblätter. Deren Funktion wurde von den blattartigen Ständen der Pollensackträger übernommen, die sternförmig angeordnet und am Grunde becherförmig verwachsen sind (a, d und e). Bei den primitiven Formen sind die Stände noch fiederig verzweigt (b, c). Bei den fortgeschritteneren Formen überwiegt der blattartige Charakter (f, g), da sich die Träger verkürzen und die Zahl der Pollensäcke abnimmt. Die im Blütenbecher befindlichen Pollensäcke bilden sich zurück. ▶

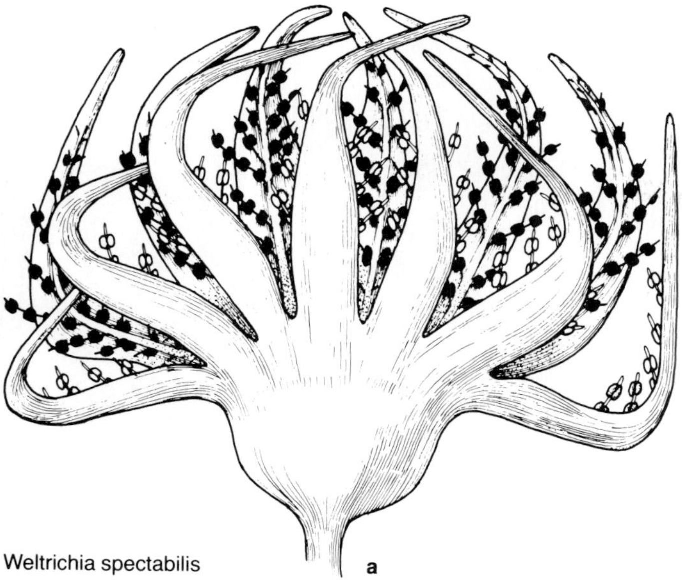

Weltrichia spectabilis

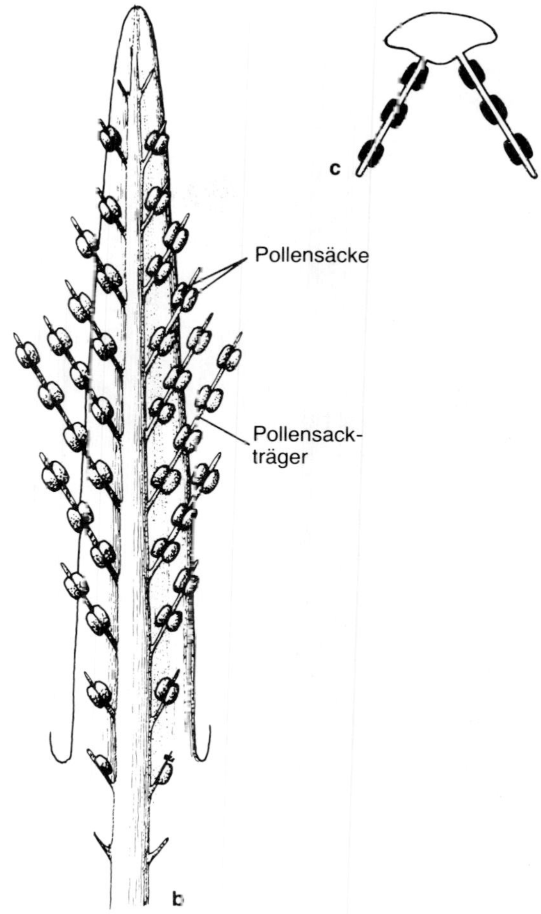

Weltrichia hirsuta

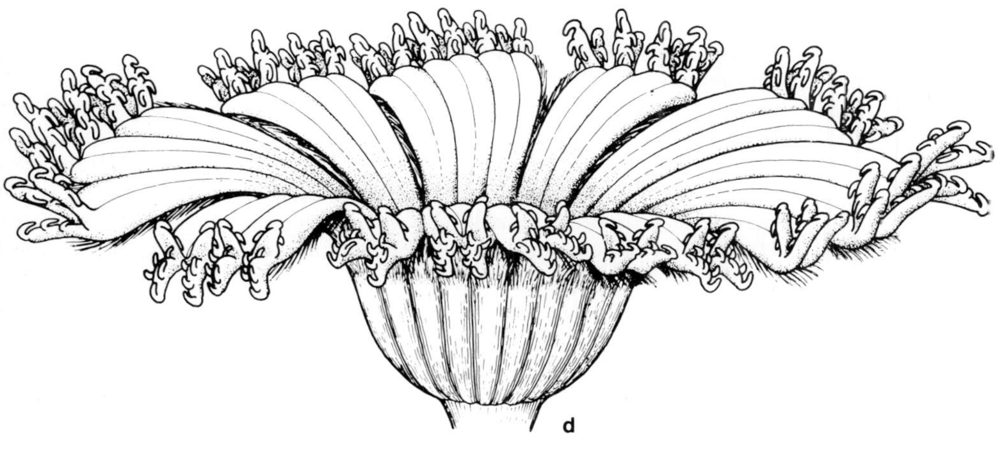

Weltrichia whitbiensis

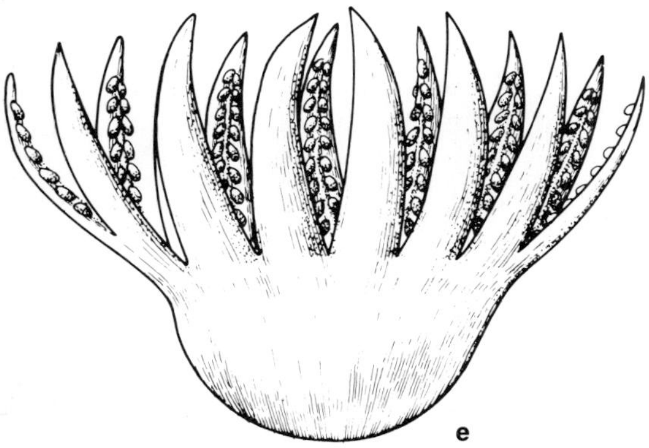

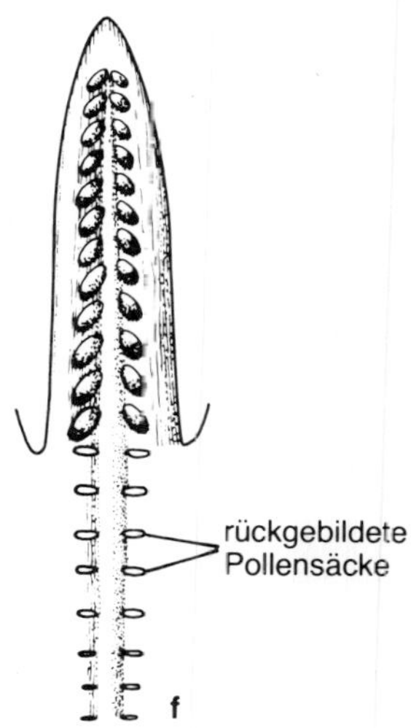

g

Bild 5: **Die Evolution der Staubblätter der heutigen Angiospermenblüten ging von den in drei Dimensionen gabelig verzweigten Ständen primitiver Farne aus, die an ihren Enden Sporenkapseln (Sporangien) trugen. Bild a zeigt den Stand des Farnes** *Sphenopteridium keilhaui* Nathorst, **der vor mehr als 345 Millionen Jahren (im Oberdevon) gelebt hat. Durch Übergipfelung (siehe Bild 1) und die damit verbundene Reduktion der Seitenachsen entstehen die für Farnsamer typischen Stände männlicher Sporangienträger. Bei diesen (Bilder b und c) reduzieren sich im Lauf der Evolution die Seitenachsen, die Anzahl der Sporangienträger und dann die Hauptachse, bis schließlich (wie bei fast allen bedecktsamigen Pflanzen) nur noch ein Träger vorhanden ist. Diesen bezeichnet man auch als Staubblatt (Bild 2). Jedes Staubblatt einer Angiospermenblüte ist also der Rest eines ganzen Sporangienträger-Standes. Die Bilder b und c sind Rekonstruktionen männlicher Stände einer** *Crossotheca*-**Art und von** *Pteruchus africanus* Thomas. **Beide sind Farnsamer aus dem Oberkarbon und der Trias.**

etwa 190 Millionen Jahren) durch vielseitige Differenzierungen ihrer samenbildenden Organe die Schwelle zum bedecktsamigen Stadium erreichten. In der Kreide (vor 135 bis 65 Millionen Jahren) fand dann im wesentlichen die Evolution der bedecktsamigen Pflanzen statt.

Das bedecktsamige Stadium ist zweifellos eine Anpassung an ungünstigere Lebensbedingungen, insbesondere an jahreszeitliche Schwankungen in der Niederschlagsmenge. Man hat daher angenommen, daß die ältesten Angiospermen höher gelegene, trockenere Gebiete bewohnt haben. Das mag zutreffen, ist aber schwierig zu beweisen, da solche Gebiete der Abtragung unterliegen und sich dort lebende Pflanzen nicht als Fossilien erhalten haben können. Der Zeitraum zwischen dem ersten Auftreten und der allgemeinen Verbreitung der Angiospermen kann nicht sehr groß gewesen sein, denn das bedecktsamige Stadium ist gegenüber allen vorherigen Entwicklungen so vorteilhaft, daß die ältesten Angiospermen verhältnismäßig rasch auch in andere Lebensräume eingedrungen sein müssen. Eine entsprechend rasche Besiedelung anderer Lebensräume ist bei allen anderen größeren Pflanzengruppen, die in der Erdgeschichte vor den Angiospermen entstanden, zu beobachten. So findet man denn auch die sehr ursprüngliche Familie der *Winteraceen*, die unter allen heute lebenden Angiospermen die primitivsten Fruchtblätter hat, durchaus nicht nur in trockenen, gebirgigen Gegenden, sondern – beispielsweise in Neu-Kaledonien – auch als wesentlichen Bestandteil feuchtigkeitsliebender Wälder. Alle Botaniker sind sich aber einig, daß sich die Entstehung der Angiospermen in tropischen oder zumindest subtropischen Klimaten vollzogen hat. Dafür sprechen auch die pflanzlichen und tierischen Fossilien aus Trias, Jura und Kreide, die für warme Klimate charakteristisch sind.

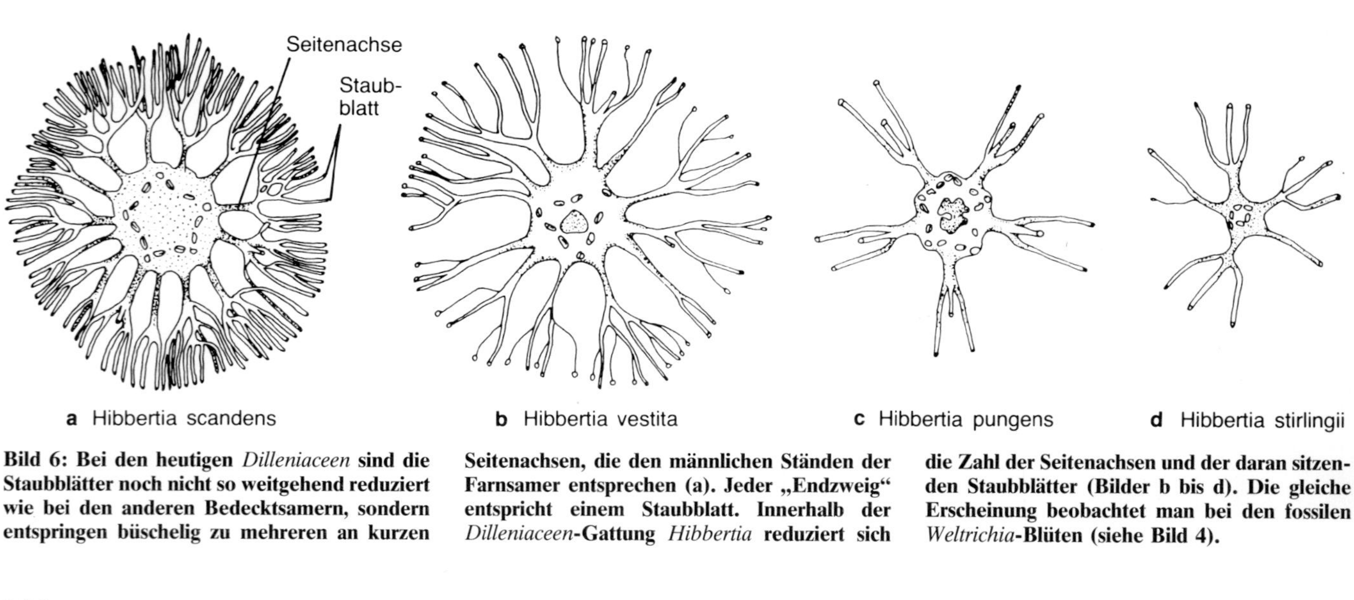

Bild 6: Bei den heutigen *Dilleniaceen* **sind die Staubblätter noch nicht so weitgehend reduziert wie bei den anderen Bedecktsamern, sondern entspringen büschelig zu mehreren an kurzen Seitenachsen, die den männlichen Ständen der Farnsamer entsprechen (a). Jeder „Endzweig“ entspricht einem Staubblatt. Innerhalb der** *Dilleniaceen*-**Gattung** *Hibbertia* **reduziert sich die Zahl der Seitenachsen und der daran sitzenden Staubblätter (Bilder b bis d). Die gleiche Erscheinung beobachtet man bei den fossilen** *Weltrichia*-**Blüten (siehe Bild 4).**

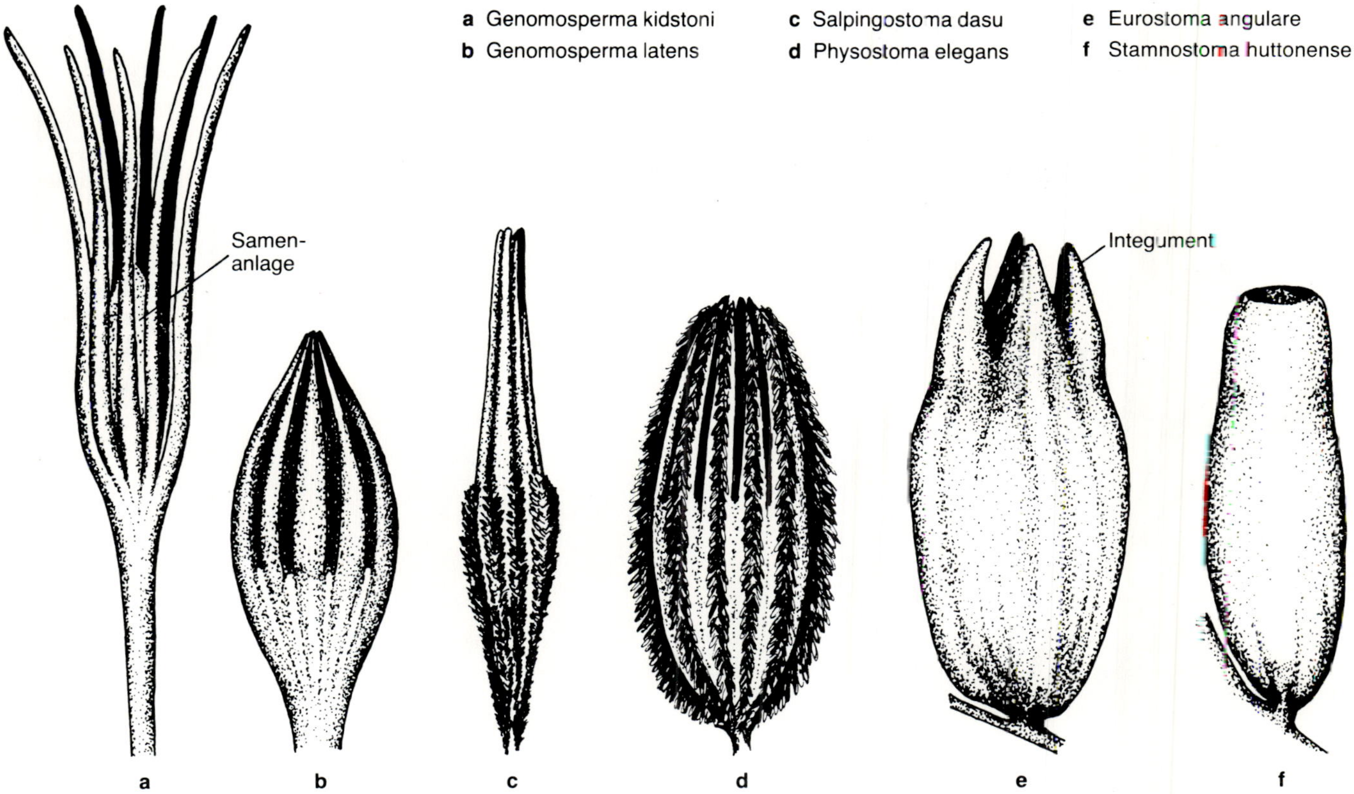

Bild 7: Die Samenanlagen bedecktsamiger Pflanzen sind von drei Hüllen umgeben: den beiden Samenschalen (den Integumenten) und der Wand des Fruchtknotens. Das erste Integument findet sich schon bei fossilen Farnsamern. Ursprünglich saßen die weiblichen Sporenkapseln aufrecht an den Enden dreidimensional verzweigter Stände. Bei der primitivsten Samenanlage, die wir kennen *(Genomosperma kidstoni)*, **umgeben acht bis zum Grunde freie, etwa stielförmige Organe das weibliche Sporangium (a). Durch zunehmende Verwachsung (b bis f) bildet sich aus ihnen allmählich das Integument der Samenanlage der höheren Farnsamer.**

Bau der nichtsamenbildenden Organe

Unter den heutigen Pflanzen findet man urtümlichere und hochentwickeltere Formen. Da die primitiveren der heutigen Angiospermen-Familien zu den Holzgewächsen zählen, ist anzunehmen, daß auch die ältesten bedecktsamigen Pflanzen und ihre Vorläufer Holzgewächse waren. Das stimmt mit den Fossilfunden überein. Krautige Bedecktsamer kennt man erst aus der oberen Kreide, während Hölzer und Blätter von Holzgewächsen schon gegen Ende der unteren Kreide verhältnismäßig häufig sind. Im Alt-Tertiär (vor 65 bis 26 Millionen Jahren) sind krautige Angiospermen noch außerordentlich selten, was keineswegs nur an der generell schlechteren Erhaltung von Kräutern liegen kann. Allerdings sollte man aus der gedrungenen (pachykaulen) Gestalt der heutigen primitiven Bedecktsamer (beispielsweise der Magnoliengewächse) nicht den Schluß ziehen, daß auch die ältesten Bedecktsamer dicke Stämme und Äste besessen haben müssen. Wie Fossilfunde beweisen, herrschte schon unter den frühesten Angiospermenformen eine große Mannigfaltigkeit in der Länge und Stärke der Äste.

Entsprechendes gilt für die Blattgestalt: Aus der Form der Blätter der heutigen primitiven Angiospermen ist nicht zwingend abzuleiten, daß die Blätter der Urformen einfach, ganzrandig und ohne Nebenblätter an der Stielbasis gewesen sind und eine einfache Fieder-Aderung besessen haben müssen. Fiederige Blattgestalt und maschenförmige Aderung sind ebenso wie Nebenblätter sehr frühe „Erfindungen“ im Pflanzenreich und schon bei vielen Pflanzen des Karbons vorhanden. Warum sollten solche Errungenschaften von den Angiospermen nicht übernommen worden sein?

Paläobotanische Ableitung der Blüte

Von den heute lebenden Bedecktsamern ausgehend haben R. von Wettstein (1907), E. A. N. Arber und J. Parkin (1907), R. Melville (1960) sowie A. Meeuse (1965) vier stark voneinander abweichende Modelle für die Urform der Angiospermenblüte entworfen. Keines dieser Modelle hält einer Überprüfung anhand von Fossilien stand, und zum Teil widersprechen sie sogar stammesgeschichtlichen Gesetzen. Es ist daher nicht erforderlich, hier auf diese Modelle einzugehen.

Um Schlüsse auf die Vorläufer der Angiospermenblüte ziehen zu können, muß man zunächst einmal alle Merkmale zusammenstellen, die wir bei heutigen Blüten für primitiv halten. Dabei muß man nicht nur heute lebende Nacktsamer-Familien, sondern auch einige ausgestorbene Angiospermen betrachten, denn infolge der unabhängigen (heterobathmen) Entwicklung der pflanzlichen Organe gibt es keine einzige lebende Art, deren Blüte alle ursprünglichen Merkmale in sich vereint. Am ehesten tun das noch die Blüten der Magnolien (Bild 1).

Bei allen höheren Pflanzen, von den Urfarnen *(Psilophyten)*, Bärlappen, Farnen und Schachtelhalmen bis zu den Nacktsamern, ist eine Entwicklungstendenz deutlich: Die Internodien, das heißt die Abstände zwischen Verzweigungen oder Blattansätzen, sind bei den geologisch älteren Formen stets länger als bei den jüngeren. Das gilt für den sterilen Bereich ebenso wie für den fruchtbaren. Man darf daher annehmen, daß die bedecktsamigen Pflanzen in dieser Hinsicht keine Ausnahme machen. Primitive Formen sollten sich auch hier durch eine längere Blütenachse von fortgeschritteneren Formen unterscheiden. Die lange

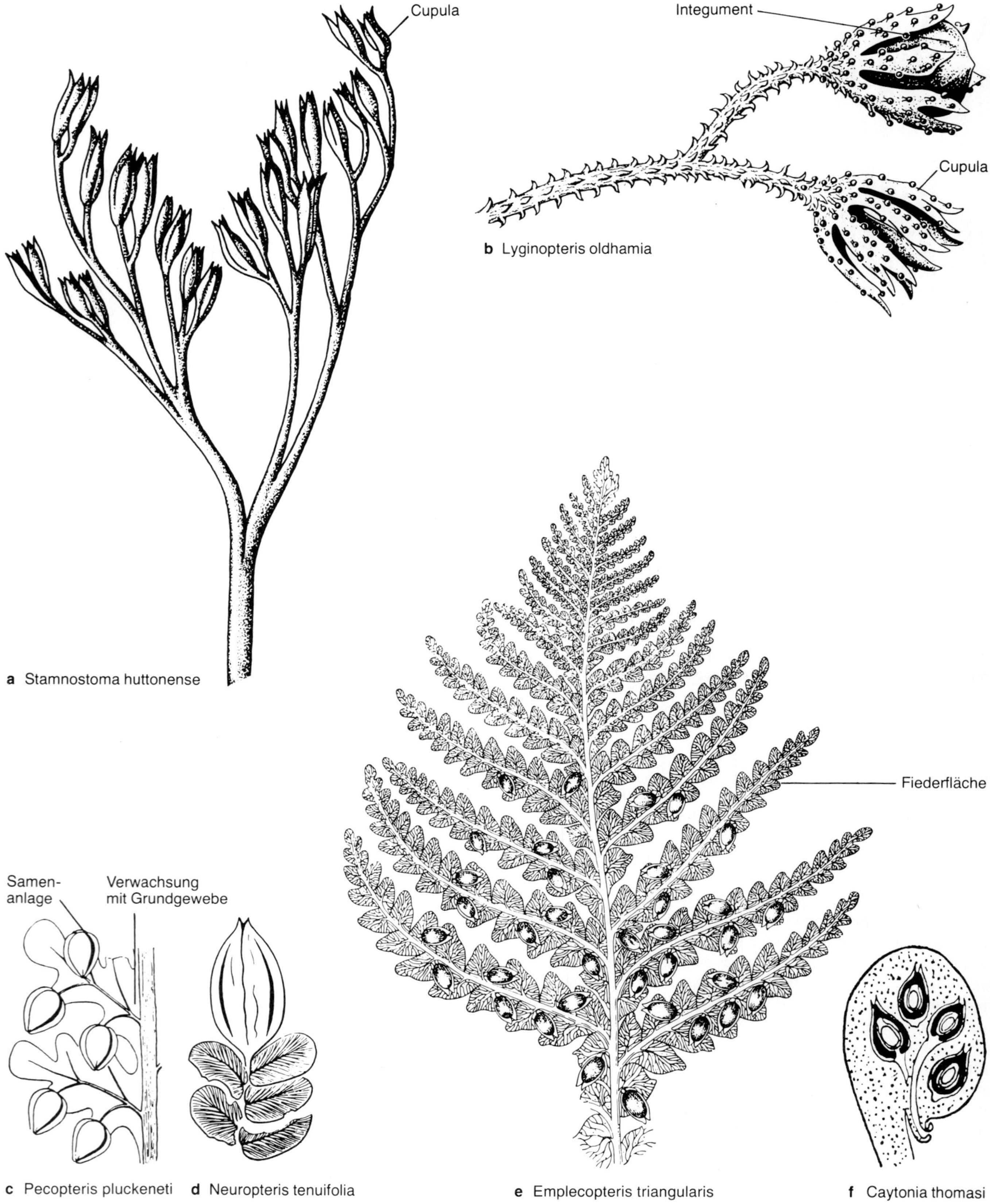

Bild 8: Im Lauf der Evolution bildeten die Farnsamer neben dem Integument (siehe Bild 7) noch eine zweite Hülle um den Samen. Bei den primitiven Farnsamern bleibt das räumlich verzweigte Sproßsystem mit den endständigen Samenanlagen erhalten (a), und die Samenanlagen werden von becherförmigen Gebilden umhüllt (b), die man Cupula nennt und deren Bildung in Bild 9 gezeigt ist. Bei den höherstehenden Farnsamern wird das Sproßsystem flächig (c), indem die Endverzweigungen mit dem Grundgewebe zu farnartigen Wedeln verwachsen. Die zunächst noch endständigen Samenanlagen (d) wandern auf die Fiederflächen (e). Schließlich wird der Wedel selbst zu einem Hüllorgan, indem er sich (wie bei *Caytonia thomasi*) nicht mehr entrollt und sich zurückbildet (f).

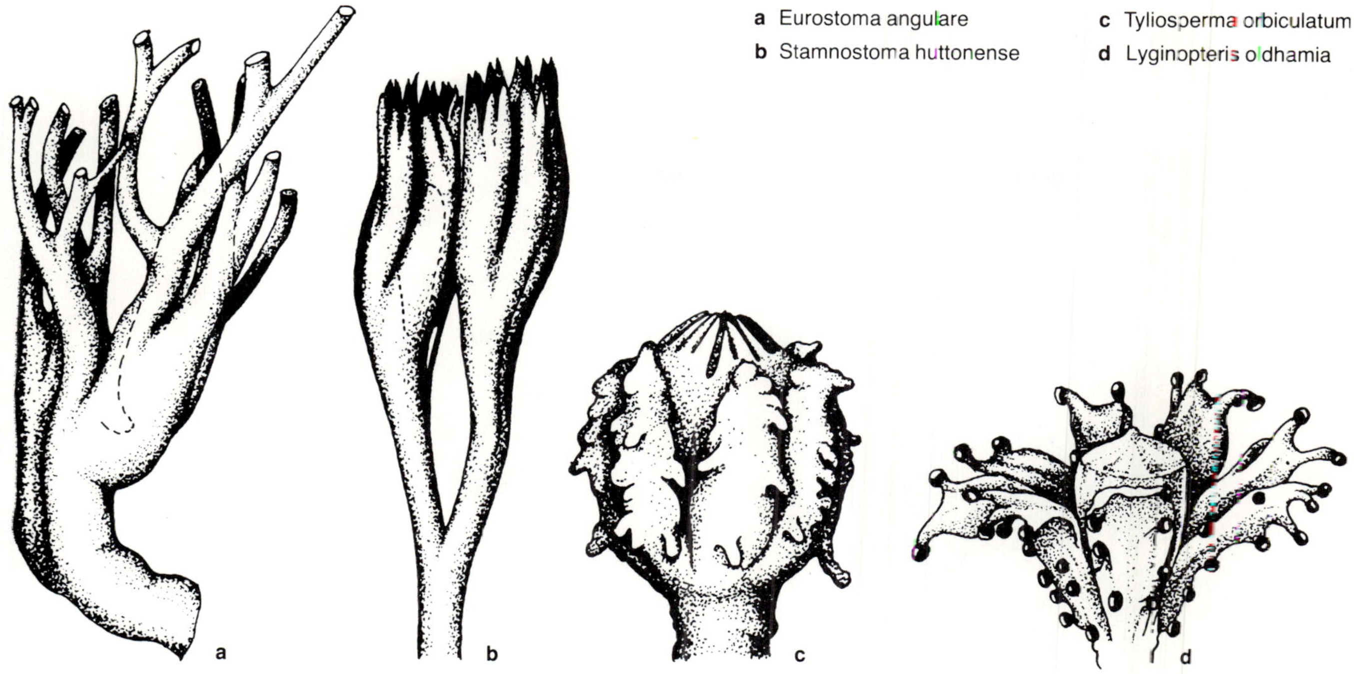

Bild 9: Die Cupula, das becherförmige Hüllorgan der Samenanlage, geht wie das Integument aus einem System freier „Ästchen" hervor, die bei den jüngeren Formen der Farnsamer zu einem kragenartigen Gebilde verwachsen (siehe auch Bild 8). Die gestrichelten Linien bezeichnen die Position der Samenanlage. Alle vier Zeichnungen sind Rekonstruktionen oberkarbonischer Fossilien.

Achse der Magnolienblüte (Bild 2) entspricht dieser Vorstellung. Um diese Achse ordnen sich Kronblätter, Staubblätter und Fruchtblätter, deren Ansatzstellen verhältnismäßig weit auseinanderliegen und schraubig angeordnet sind.

Alle Verzweigungsarten, die man bei den großblättrigen Pflanzen beobachtet, lassen sich auf den annähernd gabeligen Verzweigungsmodus der Urfarne zurückführen (Bild 1a). Durch abwechselndes Dominieren des einen Gabelastes über den anderen entwickelt sich daraus eine Verzweigungsform, die einen deutlichen Unterschied zwischen der Hauptachse und den Seitenachsen erkennen läßt. Diesen Prozeß bezeichnet man als Übergipfelung und die Verzweigungsform als Pseudomonopodium (Bild 1b). Aus dieser Form geht das schraubige (Bild 1c) und daraus wiederum das wirtelige (quirlige) Verzweigungssystem hervor, indem sich die Abstände zwischen den Verzweigungsstellen fortschreitend verkürzen. Die wirtelige Form wird in der Gruppe der Samenpflanzen erstmals bei den erdmittelalterlichen *Bennettiteen* erreicht, die zu den Nacktsamern gehören. Hier sind die Organe der weiblichen Blüten gerade noch schraubig, die mancher männlicher Blüten (bei *Weltrichia*) bereits wirtelig angeordnet (Bild 4d). Die allmähliche Bildung der wirteligen Verzweigung aus der schraubigen führt zu dem Schluß, daß sich auch die Blüten der bedecktsamigen Pflanzen aus der schraubigen Verzweigungsform entwickelt haben. Die Blüte der Magnolie (Bild 2) kann daher auch in dieser Hinsicht als ursprünglich gelten.

Als letztes aller Blütenorgane trat im Lauf der Evolution die Blütenhülle auf. Sie dient vorwiegend als Schauapparat für bestäubende Insekten, das heißt, ihre Entwicklung wurde erst sinnvoll, als es genügend Insekten gab. Unter den fossilen Nacktsamern weisen die *Bennettiteen* die am weitesten entwickelte Blütenhülle auf. Bei der vorwiegend zwittrigen *Cycadeoidea*-Gruppe besteht sie aus schraubig angeordneten, feder- oder stielförmigen bis blattartigen Hüllblättern (Bild 3), die aus sterilen Laubblättern hervorgegangen sein dürften, da solche Blätter auch im basalen Bereich normaler Zweige vorkommen. Übergänge zwischen den Hüllblättern und den darüber entspringenden Ständen der Pollensackträger kommen nicht vor. Bei den männlichen Blüten der getrenntgeschlechtigen *Williamsonia*-Gruppe bildet sich die Blütenhülle dagegen aus den Ständen der Pollensackträger (Bild 4). Diese sind sternförmig angeordnet und am Grund becherförmig verwachsen. Bei den primitiven Formen (*Weltrichia spectabilis*, Bild 4a) sind sie noch fiederig verzweigt (Bilder 4b und 4c), bei den fortgeschritteneren Formen (*Weltrichia hirsuta*, Bild 4d) dagegen stärker reduziert, und schließlich werden sie fast blattartig (*Weltrichia whitbiensis*, Bilder 4e bis g), wobei sich die im Blütenbecher befindlichen Pollensäcke zurückbilden.

Daß die Blütenhülle (Kelch- und Kronblätter) einmal aus sterilen Laubblättern und ein anderes Mal aus Ständen von Pollensackträgern hervorgehen kann, zeigt sich auch an den heute lebenden Angiospermen. Beispielsweise findet man bei der Pfingstrose einen allmählichen Übergang zwischen sterilen Blättern und Blütenblättern, während die Blütenblätter des Hahnenfußes anatomisch mehr mit den Ständen der Pollensackträger übereinstimmen.

Die männlichen Blütenorgane

Der Weg, der zu den männlichen Organen der Angiospermen führt, ist durch zahlreiche Übergangsformen belegt. Man muß von verschiedensporigen Farnen ausgehen, deren männliche Sporenkapseln (die Mikrosporangien) sich an den Enden von Sproßsystemen befinden, die sich in drei Dimensionen gabelig verzweigen (Bild 5a). Durch Übergipfelung (Bild 1) und die damit verbundene Reduktion der Seitenachsen bilden sich die für Farnsamer typischen Stände von männlichen Sporangienträgern (Bilder 5b und c). Danach findet nur noch eine fortschreitende Reduktion statt. Sie erstreckt sich – ähnlich wie bei der Entwicklung der Blütenhülle bei *Weltrichia* – zunächst auf die Seitenachsen und die Anzahl der Sporangienträger, dann auf die Hauptachse selbst, bis schließlich (wie bei fast allen bedecktsamigen Pflanzen) nur noch ein Träger vorhanden ist.

Bild 10: Aus einer Linse, die aus feinsandigem Tongestein bestand und 1975 am Nordabfall des Aborzgebirges im Norden Persiens gefunden wurde, kamen Reste von Zwitterblüten zum Vorschein. Die Blüte erhielt den Namen *Irania hermaphroditica.* **Es kann sich bei ihr noch um einen Nacktsamer, aber auch schon einen primitiven Bedecktsamer handeln (das erstere ist wahrscheinlicher). Am vollständigsten Exemplar (a) erkennt man unten links drei männliche Stände mit Pollensackträgern. Ein einzelner Stand ist in (c) zu sehen. Über den männlichen Blütenorganen (ihre genaue Zahl ist unbekannt) befindet sich der weibliche Teil der Blüte. Am unteren linken „Seitenast" des weiblichen Bereiches in (a) ist eine aufgeklappte Kapsel mit herzförmigem Umriß zu sehen. An den rechten oberen Ästen sitzen noch geschlossene Kapseln. Bild (b) zeigt den Gegenabdruck des in (a) sichtbaren weiblichen Blütenteils. In Bild (e) erkennt man unten rechts einen herabhängenden Pollensackträgerstand, der noch mit der Blütenachse verbunden ist. Von den Blütenachsen in (d) und (f) sind alle Stände der Pollensackträger abgefallen. Alle Photographien zeigen die Funde in dreifacher Vergrößerung.**

Bild 11: Die Zeichnung zeigt eine Rekonstruktion der Blüte *Irania hermaphroditica.* An einer etwa 4,5 Zentimeter langen Blütenachse entspringen im unteren, leicht gebogenen Bereich die Stände der Pollensackträger. Jeder Stand besteht aus einer rundlichen Achse, an der in schraubiger Anordnung achtzig bis hundert Träger sitzen. Die Träger sind kurze, am oberen Ende T-förmig verzweigte Stiele, an denen sich mindestens zwei ellipsoidische Pollensäcke befinden. Über diesen männlichen Blütenorganen beginnt der weibliche Teil der Blüte in Form eines mit fünfzehn bis fünfundzwanzig Trägern besetzten Standes. Die Träger stehen hier wesentlich lockerer, ordnen sich aber ebenfalls schraubig um die Blütenachse. Jeder Träger gabelt sich in zwei Äste, die am Ende eine aufrechtstehende Kapsel tragen. Bei der Reife klappt die Kapsel auf, so daß ein flaches Gebilde mit herzförmigem Umriß entsteht. Den mittleren, aus festem Gewebe bestehenden Bereich umgibt ein schmaler, etwas herabhängender Saum. Beiderseits der Mittellinie sind Vertiefungen vorhanden, die wahrscheinlich die Ansatzstellen der Samen markieren. Eine Blütenhülle ist nicht oder nicht mehr vorhanden. Gegenüber dem Original ist die Zeichnung etwa fünffach vergrößert.

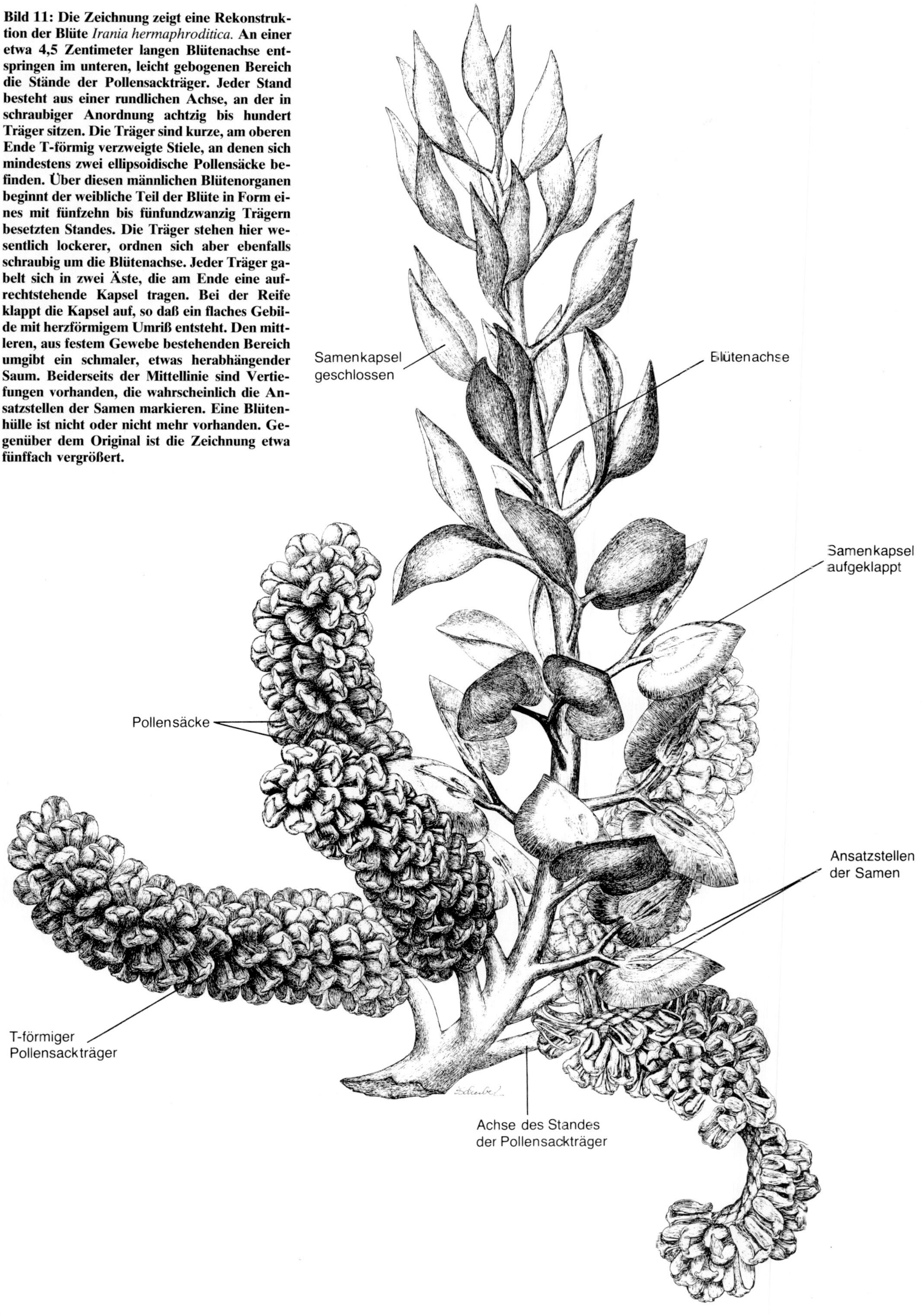

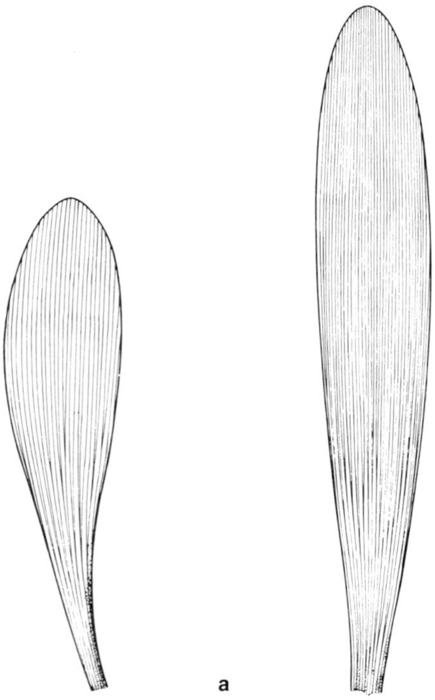

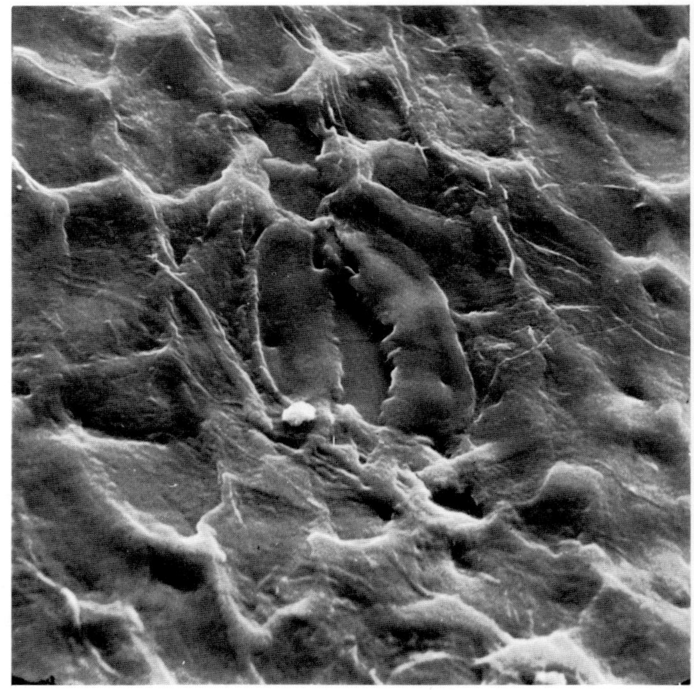

Bild 12: Neben den in Bild 10 gezeigten Resten von *Irania*-Blüten fanden sich in derselben Tonsteinlinse zungenförmige Blätter (a, etwa natürliche Größe), die möglicherweise zur gleichen Pflanze gehörten. Sie besitzen parallel verlaufende Blattadern. Die frühere Außenhaut (die Epidermis) der fossilen Blätter ließ sich so präparieren, daß man mit dem Mikroskop noch die Spaltöffnungen mit den bohnenförmigen Schließzellen erkennen konnte (b). Spaltöffnungen regeln den Gasaustausch zwischen der Pflanze und der Atmosphäre.

Die männlichen Sporangienträger pflegt man bei den Angiospermen als Staubblätter und die Sporangien als Pollensäkke zu bezeichnen. Jedes Staubblatt einer Angiosperme ist also der Rest eines ganzen Trägerstandes, und ein Kreis von Staubblättern (wie er bei den Angiospermen üblich ist), entspricht einem Kreis von Trägerständen.

Befunde an heute lebenden Pflanzen bestätigen diese Ableitung der Staubblätter. Beispielsweise entspringen die Staubblätter der *Dilleniaceen* nicht einzeln an der Blütenachse, sondern büschelig an kurzen Seitenachsen, die den Hauptachsen der Trägerstände der Farnsamer entsprechen. Bei der *Dilleniaceen*-Gattung *Hibbertia* beobachtet man sogar eine Reduktion der Zahl der Staubblätter an den Seitenachsen (Bilder 6a bis d) und damit die gleiche Erscheinung wie bei den *Weltrichia*-Blüten (Bild 4).

Die weiblichen Blütenorgane

Im Gegensatz zur Entwicklung der männlichen Organe läßt sich die Evolution der weiblichen Blütenorgane der Angiospermen anhand fossiler Pflanzen noch nicht befriedigend ableiten. Die Samenanlagen der Nacktsamer besitzen höchstens zwei Umhüllungen, die der Angiospermen dagegen drei: die beiden Samenschalen (die Integumente) und die Wand des Fruchtknotens. Die Ableitung der dritten Hülle ist das Hauptproblem.

Wir gehen wiederum von verschiedensporigen Pflanzen aus, deren Sporangien aufrecht an den Enden von Sproßsystemen sitzen, die sich in drei Dimensionen gabelig verzweigen. Durch zwei miteinander verbundene Evolutionsprozesse wandeln sich die weiblichen Sporangien (die Megasporangien) allmählich zur Samenanlage: Zum einen werden alle weiblichen Sporen bis auf eine reduziert, und zum anderen bildet sich um die weiblichen Sporangien eine Hülle. Wie diese entsteht, hat A.G. Long 1960 anhand von Funden aus dem schottischen Unterkarbon gezeigt (die Karbonzeit begann vor 345 Millionen Jahren): Bei der primitivsten Samenanlage, die wir kennen *(Genomosperma kidstoni,* Bild 7a), umgeben acht bis zum Grunde freie, ungefähr stäbchenförmige Organe die Samenanlage. Durch zunehmende Verwachsung geht aus diesen allmählich die Hülle hervor, die für die höherentwickelten Farnsamer typisch ist (Bilder 7d bis f).

Im weiteren Verlauf der Evolution bilden die Farnsamer eine zweite Hülle um den Samen. Bei den primitiveren Arten bleibt das räumlich verzweigte Sproßsystem mit den endständigen Samenanlagen erhalten, und diese werden von einem becherförmigen Gebilde umgeben, das man Cupula nennt (Bilder 8a und b). Bei den höherstehenden Farnsamern breitet sich das Sproßsystem dagegen in einer Ebene aus. Es wird flächig. Die Endverzweigungen verwachsen mit dem Grundgewebe zu farnartigen Wedeln, und die zunächst noch endständigen Samenanlagen wandern auf die Fiederflächen (Bild 8c). Schließlich wird bei einigen Farnsamern aus dem Erdmittelalter (den *Caytoniales*) der Wedel selbst zu einem Hüllorgan, indem er sich fortschreitend reduziert und nicht mehr entrollt (Bild 8e).

Auch über die Bildung der becherförmigen Hülle, der Cupula, geben Funde aus dem schottischen Unterkarbon Aufschluß. Wie die Bilder 9a bis d zeigen, geht sie aus einem System zunächst freier „Stengel" von unterschiedlichem Verzweigungsgrad hervor, indem diese allmählich zu einem kragenartigen Gebilde verwachsen.

Eine dritte Hülle besitzen die Samen der Farnsamer nicht. Damit ist der Punkt erreicht, an dem uns die fossilen Pflanzen im Stich lassen und die Spekulation beginnt. Bildet sich aus der Cupula die zweite Samenschale oder die Wand des Fruchtknotens der bedecktsamigen Pflanzen, und woraus ist die dritte Hülle hervorgegangen? Die Meinungen über die richtige Antwort auf diese Frage gehen weit auseinander.

Irania hermaphroditica

War es bisher nur möglich, die Organe der Angiospermenblüte anhand verschiedener fossiler Gruppen nacktsamiger Pflanzen abzuleiten, so ermöglicht es der glückliche Fund von *Irania hermaphroditica*, die ursprüngliche Gestalt einer Angiospermenblüte in einem Fossil zu erkennen. Aus einer Linse, die aus feinsandigem Tongestein bestand und die 1975 in einem schluchtartigen Tal am Nordabfall des Aborzgebirges im Norden Persiens gefunden wurde, kamen mehrere Reste dieser Blüte zum Vorschein (Bild 10). *Irania hermaphroditica* ist eine Zwitterblüte. Bild 11 zeigt ihre Rekonstruktion. Ihre systematische Zugehörigkeit ist nicht näher zu bestimmen. Wahrscheinlich gehört sie zu einer bisher nicht bekannten Klasse der Nacktsamer.

Eine Blütenhülle ist nicht oder nicht mehr vorhanden, so daß an der etwa 4,5 Zentimeter langen, im unteren Abschnitt etwas gebogenen Blütenachse zuerst die Stände der Pollensackträger entspringen. Deren genaue Zahl ist unbekannt, die schraubige Anordnung jedoch noch deutlich zu erkennen. Jeder Stand besteht aus einer rundlichen Achse von etwa 2,5 Zentimeter Länge, an der in schraubiger Stellung zwischen achtzig und hundert Träger entspringen (Bild 11). Diese bilden einen kurzen Stiel, der sich am oberen Ende T-förmig verzweigt und mindestens zwei ellipsoidische Pollensäcke trägt. Die genaue Zahl ist nicht mehr zu ermitteln, weil die Pollensäcke bei der Versteinerung ineinandergepreßt worden sind. Es haben sich auch keine Pollenkörner erhalten.

Über den Ständen der Pollensackträger befindet sich der weibliche Teil der Blüte in Form eines mit fünfzehn bis fünfundzwanzig Trägern besetzten Standes. Die Träger stehen hier wesentlich lockerer als bei den männlichen Organen, aber sie sind gleichfalls schraubenförmig um die Hauptachse der Blüte angeordnet. Ihre etwa drei Millimeter langen Stiele gabeln sich in zwei Äste, die am Ende je eine aufrechte Kapsel tragen (Bild 11). Bei der Reife klappt diese in zwei Hälften auf, so daß eine herzförmige Figur entsteht. Deren mittlerer, aus festem Gewebe bestehender Bereich ist von einem schmalen, etwas herabhängenden Saum umgeben. Beiderseits der Mittellinie sind Vertiefungen vorhanden, die wohl die Ansatzstellen der Samen markieren.

Leider fand sich keine Blüte, die noch an einem belaubten Zweig saß, so daß sich über das Aussehen der ganzen Pflanze nichts sagen läßt. Die Tatsache, daß die Blütenachse an der Basis gebogen ist und dann gerade nach oben strebt, läßt jedoch darauf schließen, daß die Blüten an den Enden kleiner Zweige eines Busches oder Baumes gesessen haben. Möglicherweise gehören die in Bild 12a gezeigten zungenförmigen Blätter, deren Adern parallel verlaufen, zur gleichen Pflanze. Sie fanden sich gemeinsam mit den Blüten in der feinsandigen Tonsteinlinse. Die frühere Außenhaut (die Epidermis) der fossilen Blätter ließ sich so präparieren, daß man mit dem Mikroskop die nicht eingesenkten Spaltöffnungen erkennen konnte, die den Gasaustausch zwischen der Pflanze und der Atmosphäre regulieren (Bild 12b). Sie befinden sich in etwas unregelmäßigen Reihen auf der Ober- und Unterseite des Blattes, sind aber auf der Unterseite wesentlich zahlreicher.

Die Urform der Angiospermenblüte hat also etwa so ausgesehen: Am unteren Ende einer längeren Blütenachse entspringen in schraubiger Anordnung Hoch- oder Blütenblätter, die mit sterilen Laubblättern oder mit Trägerständen männlicher Blütenorgane verbunden sind und die Blütenhülle bilden. Darauf folgen in gleichfalls schraubiger Stellung Stände männlicher Blütenorgane, die jeweils aus einer Achse und zahlreichen Pollensackträgern bestehen. Auch diese Träger sind schraubig angeordnet. Den Abschluß bildet ein schraubiger Stand von Trägern weiblicher Blütenorgane mit jeweils mehreren Samenanlagen.

Archaeopteryx

Als Kronzeuge steht *Archaeopteryx*, der Urvogel, für das entwicklungsgeschichtliche Werden der Vögel, ihre Abkunft von reptilischen Vorfahren. War er aber schon ein aktiver Flieger oder nur zum Gleitflug fähig? Und wie ist überhaupt der Vogelflug entstanden: von oben nach unten über ein Baumkletter- oder von unten nach oben über ein Bodenläuferstadium?

Von Peter Wellnhofer

Das Paradefossil der Paläontologen hat von Anfang an weithin Aufsehen erregt: Teils Reptil teils Vogel, wurde *Archaeopteryx* zum Anlaß erbitterten Streits zwischen Anhängern und Gegnern der Evolutionstheorie Charles Darwins (1809 bis 1882). Der berühmte Urvogel aber hat sie – allen Anfechtungen zum Trotz – glänzend bestätigt.

Auch die Seltenheit der Funde macht jedes Exemplar zu einer Kostbarkeit: Das bislang letzte und nunmehr sechste Skelett ist erst im Herbst 1987 in einer Solnhofener Privatsammlung entdeckt worden. So ist auch das öffentliche Interesse zu verstehen, als im Frühjahr 1985 die Sensationsmeldung durch die Weltpresse ging, das Londoner Exemplar sei angeblich eine Fälschung.

Die Fälschungslegende von Sir Fred Hoyle

Zu allen Zeiten sind Naturforscher und Paläontologen auf geschickte Fälschungen hereingefallen – angefangen von den sogenannten Lügensteinen, Phantasie-Fossilien, die Kollegen dem Würzburger Medizin-Professor Johann Bartholomäus Adam Beringer (1667 bis 1740) in Muschelkalkbrüchen unterschoben und die er 1726 in seiner „Lithographica Wirceburgensis" beschrieb (er bemühte sich später, das Werk zurückzukaufen), über den vermeintlichen Urmenschenschädel aus einer Kiesgrube bei Piltdown in Sussex von 1912, der erst vier Jahrzehnte später als geschicktes Puzzle aus modernem Menschenschädel und Orang-Utan-Unterkiefer entlarvt wurde, bis hin zu den künstlich zusammengesetzten tintenfischartigen Belemniten aus dem Posidonienschiefer von Holzmaden in Württemberg vor wenigen Jahren.

Um so verständlicher war der Aufruhr in der Fachwelt über die Behauptung des bekannten britischen Astronomen Sir Fred Hoyle und seiner Mitarbeiter, die Federeindrücke auf den Fossilplatten von *Archaeopteryx* seien gefälscht. Anhand stark vergrößerter Photographien ließe sich von den befiederten Bezirken des Londoner Exemplars angeblich nachweisen, daß der oder die Fälscher eine dünne, mit Gesteinsmehl vermischte Lage von Bindemittel um ein Reptilskelett aufgebracht und heutige Vogelfedern eingedrückt hätten. Da das Londoner Exemplar schon 1862 – kurz nach seiner Entdeckung – in das Britische Museum gelangt war, käme wohl nur sein Verkäufer, der Pappenheimer Arzt Carl Häberlein, als Fälscher in Frage; als Motiv wurde ihm unterstellt, er hätte der erst drei Jahre zuvor publizierten Evolutionstheorie Darwins ein Beweisstück liefern, zugleich sich aber auch bereichern wollen.

Hoyle und seine Mitautoren sahen auch in der Einzelfeder und dem zweiten Skelettfund, dem Berliner Exemplar, Fälschungen, während sie bei den übrigen Funden Federabdrücke überhaupt leugneten. Nach Hoyle war *Archaeopteryx* somit kein Vogel, sondern ein Zwergdinosaurier, ein *Compsognathus* – und deswegen wäre auch die gängige Lehrmeinung, er sei ein Übergangsglied zwischen Reptilien und Vögeln im Darwinschen Sinne, schlicht-

Bild 1: Das neue Solnhofener Exemplar des Urvogels *Archaeopteryx lithographica*, 1987 in einer Privatsammlung entdeckt (rechts). Es ist heute im Solnhofener Bürgermeister-Müller-Museum ausgestellt. Vom ursprünglich vollständigen Skelett fehlen Teile des Schädels, der Wirbelsäule, des Armskeletts, des linken Fußes und die Schwanzspitze. Sie sind beim Zerbrechen der Gesteinsplatte bereits im Steinbruch verlorengegangen. Am Fossil selbst wurde die Schwanzspitze ergänzt. Der Zug der Bänder hat nach dem Tod des Tieres, als die Muskelspannung nachließ, die Schwanzwirbelsäule nach vorne gekrümmt, und zwar an der Stelle, an der sie noch gelenkig war, also unmittelbar hinter dem Becken. Den einzigen Hinweis auf eine Befiederung geben Abdrücke der Federschäfte der linken Schwungfedern. Außer den bislang bekannten sechs Urvogelskeletten existiert noch der Abdruck einer sechs Zentimeter langen Einzelfeder (links). Gefunden 1860 im Gemeindesteinbruch von Solnhofen, war sie damals der erste Nachweis eines Vogels aus der Jurazeit. In ihrer asymmetrischen Form ist sie der Schwungfeder eines heutigen Vogels sehr ähnlich.

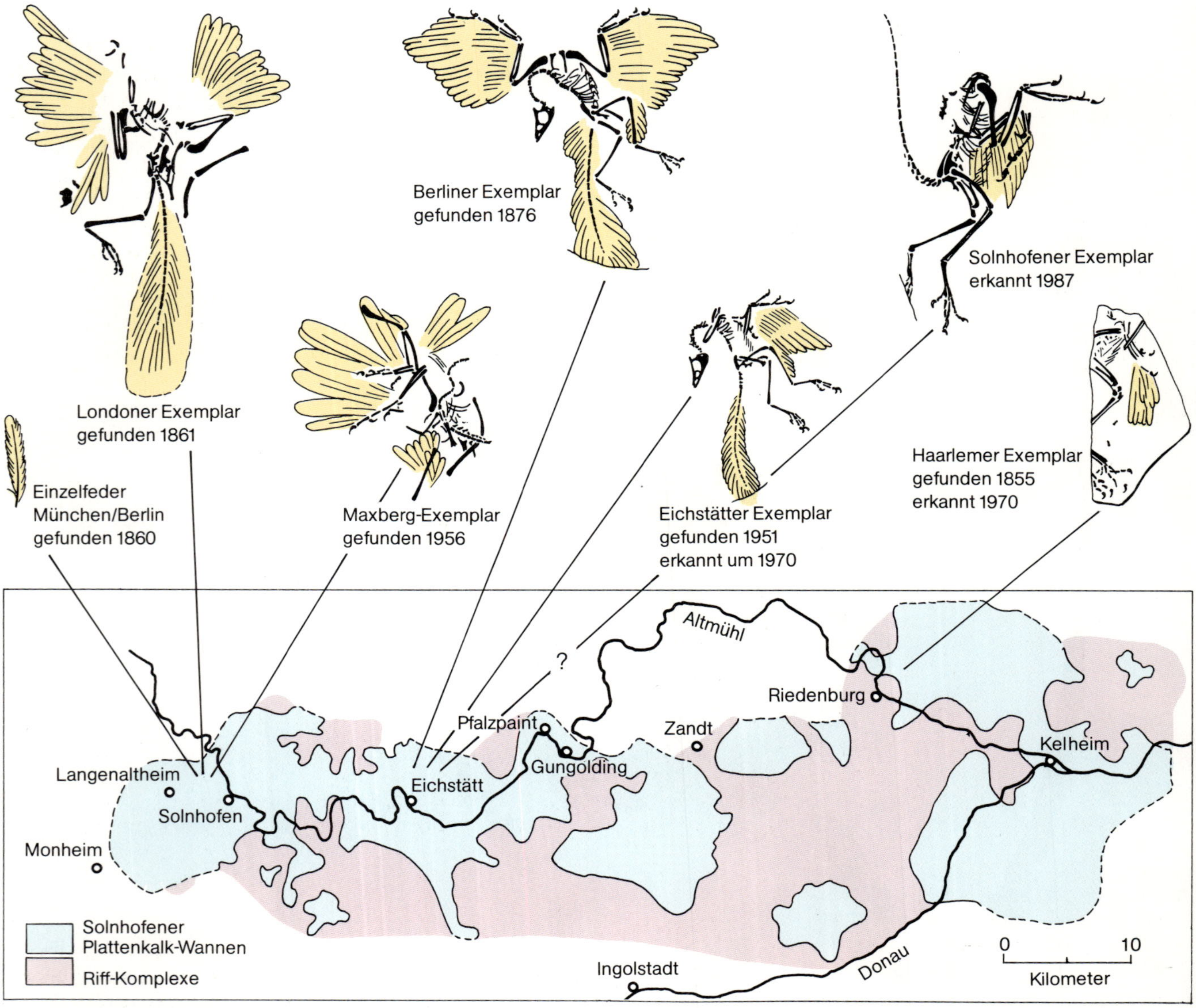

Bild 2: Das Fundgebiet aller bisher entdeckten *Archaeopteryx*-Exemplare, die Altmühl-Alb im südlichen Fränkischen Jura. Die Einzelfeder, das Londoner und das Maxberg-Exemplar kamen aus dem Bruchrevier von Solnhofen-Langenaltheim, das Berliner, das Eichstätter und möglicherweise auch das neue Solnhofener Exemplar aus dem Eichstätter Revier und das Haarlemer Exemplar schließlich aus einem Steinbruch bei Riedenburg. Ihre Namen beziehen sich auf den jetzigen oder früheren Ausstellungsort. Die Federabdrücke (ockerfarbig hervorgehoben) sind bei einigen Exemplaren nur andeutungsweise im Streiflicht zu erkennen. Die geologische Karte zeigt die heutige Verteilung von Solnhofener Plattenkalk (blau) und älteren Riffkomplexen (violett). Die Plattenkalke sind vor 150 Millionen Jahren als Sedimente in einer Lagune abgelagert worden und bilden heute eine auf der Erde einzigartige Dokumentation der Lebensentwicklung in einer besonders interessanten Phase.

weg falsch. Für die Kreationisten bot Hoyles Fälschungshypothese wiederum willkommene Schützenhilfe für ihre auf die biblische Schöpfungsgeschichte gegründete Natursicht. Schon wurde in England *Archaeopteryx* als *„Piltdown chicken"*, das Piltdown-Hühnchen, apostrophiert.

Wegen der großen Publizität der Angelegenheit entschloß sich das Britische Museum für Naturgeschichte in London 1987 zu einer von einer wissenschaftlichen Untersuchung begleiteten Sonderausstellung über *Archaeopteryx*, die beiden Seiten in britischer Fairness Gelegenheit bot, ihre Standpunkte darzulegen. Angesichts der Absurdität der Hoyleschen Fälschungslegende war es beeindruckend, wie ernsthaft und eingehend sich die Museumswissenschaftler mit den Argumenten des Astronomen auseinandersetzten.

So wurde aufgrund verschiedener Tests eindeutig gezeigt, daß sich die Bereiche mit Federeindrücken nicht vom umgebenden Gestein unterscheiden, sie also nicht, wie behauptet, aus einer Mischung von organischem Bindemittel und gemahlenem Kalkstein bestehen. Es wurden auch Silikonabdrücke der fossilen Federstrukturen unter dem Rasterelektronenmikroskop untersucht und Photographien in ultravioletter Beleuchtung angefertigt – nichts deutete auf eine Fälschung hin, wenn auch die Federn wirklich modern anmuten. Überdies paßten beide Fossilplatten – Positiv und Negativ – exakt aufeinander; bei einer nachträglich lokal aufgebrachten Zementschicht wäre dies unmöglich gewesen.

Die fundamentale Unkenntnis der Gruppe um Hoyle über paläontologische, sedimentologische und fossildiagenetische Vorgänge wie Einbettung, Kompaktierung und Kompression des Skeletts sowie seine Mineralisierung machte den Museumsleuten die Widerlegung allerdings äußerst leicht – so als müßten sie eine simple Nuß mit einem Schmiedehammer knacken. Da aber für Hoyle und seine Mitautoren in erster Linie weltanschauliche und keine naturwissenschaftliche Gesichtspunkte im Vordergrund stehen, ist zu befürchten, daß der Schlag nicht einmal trifft, sondern ins Leere geht.

Weltanschaulich behaftete Fehlinterpretationen

Von Anfang an war *Archaeopteryx* dazu prädestiniert, ein Paradebeispiel für die Gültigkeit der Darwinschen Theorie vom Transformismus der Arten zu werden. Die mosaikartige Mischung von anatomischen Merkmalen zweier verschiedener Tierklassen in ein und demselben Individuum machte ihn zur lehrbuchmäßigen Übergangsform zwischen Reptilien und Vögeln: Mit ihm ließ sich im Darwinschen Sinne die Abstammung der Vögel von den Reptilien und damit die Evolutionstheorie schlechthin belegen.

Freilich kam der erste Urvogelfund für die Darwinianer wie auf Bestellung. Denn nur zwei Jahre nach der berühmten Veröffentlichung über die „Entstehung der Arten durch natürliche Zuchtwahl", also 1861, wurde in einem Steinbruch bei Solnhofen in Bayern jenes fossile Skelett mit Federabdrücken entdeckt, das sogleich in den Besitz des Pappenheimer Landarztes Häberlein überging.

Obwohl es nicht gelang, den bedeutenden Fund für die Paläontologische Staatssammlung in München zu erwerben, konnte deren damaliger Leiter Andreas Wagner, gestützt auf einen Untersuchungsbericht seines Assistenten Albert Oppel, im selben Jahr noch eine Beschreibung veröffentlichen. Kurz darauf verkaufte Häberlein das kostbare Fossil zusammen mit einer umfangreichen Sammlung Solnhofener Versteinerungen für 700 englische Pfund an das Britische Museum in London, wo Richard Owen, Direktor der naturhistorischen Abteilung, es bearbeitete und 1863 seinerseits veröffentlichte (Bild 3 oben).

Sowohl Wagner als auch Owen waren Antidarwinisten. Für sie durfte das Fossil keine Übergangsform, kein Bindeglied zwischen verschiedenen Klassen von Lebewesen sein. Wagner interpretierte den Urvogel trotz offensichtlicher Befiederung als ein Reptil, das er *Griphosaurus*, Rätselsaurier, nannte. Für Owen hingegen war er ein echter Vogel, gerade wegen der Federn.

Wagner deutete auch als Paläontologe – er hatte an der Münchner Universität den ersten Lehrstuhl für Paläontologie inne – die Fossilien im Sinne der biblischen Schöpfungslehre. Ein jurazeitlicher Vogel konnte nach seinem System noch nicht existiert haben.

Ähnliche Denkweisen sind uns von den heutigen Kreationisten durchaus vertraut. So war die *Archaeopteryx*-Diskussion schon von Anfang an mit weltanschaulichen Interpretationen befrachtet und ist es offenbar noch heute. Dabei wird allzu leicht übersehen, daß die Paläontologie als rein naturwissenschaftliche Disziplin sich lediglich auf mit den Sinnen wahrnehmbare Erkenntnisse stützt. Sie vermag daher auf weltanschauliche oder religiöse Fragen keine Antwort zu geben.

Der Name – eine Referenz an den lithographischen Schiefer

Das Londoner *Archaeopteryx*-Exemplar war nicht einmal der erste Nachweis eines Jura-Vogels. Schon ein Jahr zuvor, 1860, hatten Arbeiter im

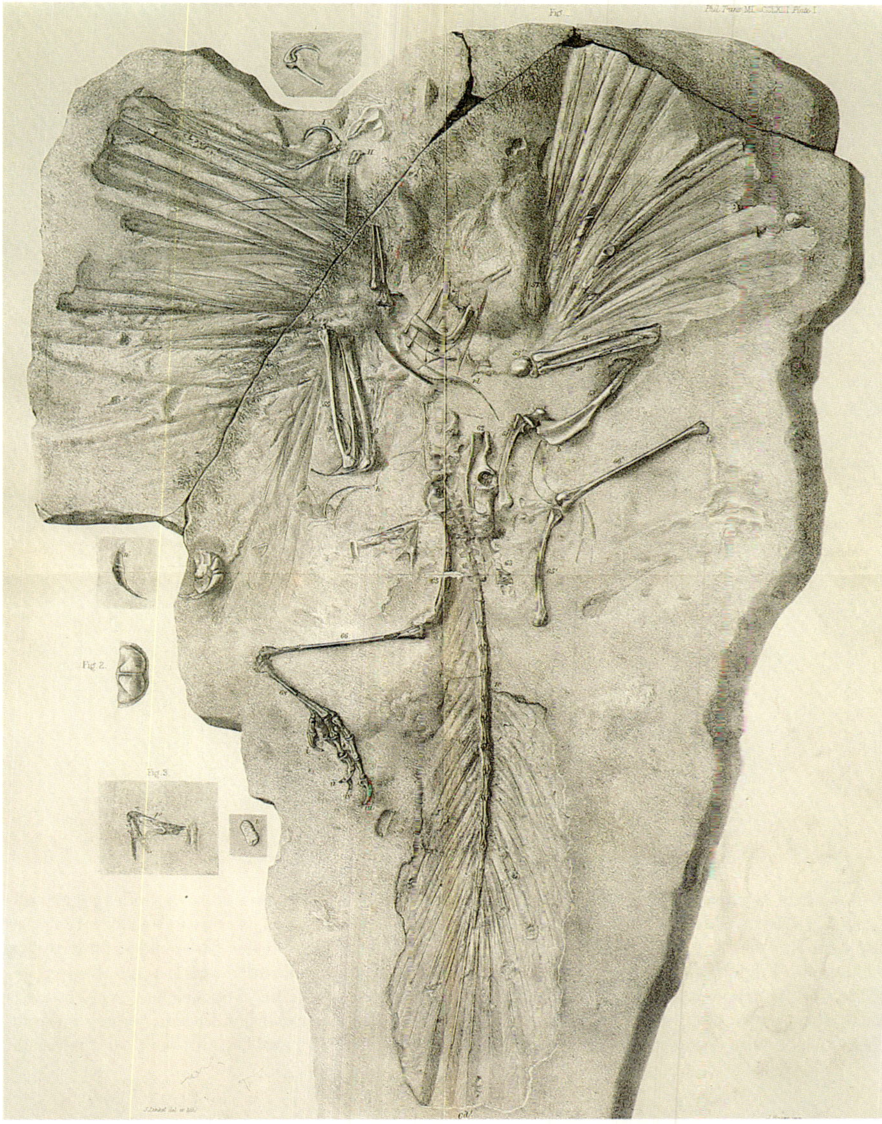

Bild 3: Das 1861 entdeckte Londoner Exemplar in einer Lithographie aus der 1863 erschienenen Veröffentlichung von Richard Owen, dem damaligen Direktor der naturhistorischen Abteilung des Britischen Museums (oben). Deutlich sind auf der Gesteinsplatte die Abdrücke der Flügel- und Schwanzfedern zu erkennen. Besonders gut erhalten ist das Gabelbein (links unten): ein typischer Vogelknochen, der aus den beiden verwachsenen Schlüsselbeinen entstanden ist und vorne zum Schultergürtel Verbindung hat. Ihm fehlt aber noch der untere Fortsatz, das sogenannte Hypocleidium, der bei vielen heutigen Vögeln wie der Griff einer Pinzette am Gabelbein sitzt. Das vom Britischen Museum aufgekaufte Fossil ist inzwischen wesentlich besser präpariert. Man hat umfangreiche Teile des Skeletts freigelegt und sogar den Gehirnschädel am linken Rand der Platte entnommen und von Gestein befreit. Die Aufnahme stammt von Franz Höck, München.

Bild 4: Das Berliner Exemplar, gefunden im Herbst 1876 in einem Plattenkalksteinbruch auf dem Blumenberg bei Eichstätt. Die Befiederung von Flügeln und Schwanz ist besonders schön im Abdruck überliefert. Sie kam erst nach dem Absprengen der darüber liegenden Gesteinslage zum Vorschein. Anders als beim Londoner Exemplar ist der Schädel sogar vollständig. Der Hals wurde bei dem toten Tier nach dem Wegfall der Muskelspannung durch den Zug der Bänder stark nach hinten gekrümmt – ein bei Vogelleichen typischer Effekt. Das Exemplar gehört dem Naturkundemuseum der Humboldt-Universität in Ostberlin.

Gemeindesteinbruch von Solnhofen den Abdruck einer Einzelfeder entdeckt (Bild 1 links). Die bis dahin ältesten fossilen Vögel stammten aus tertiärzeitlichen Schichten, die nach unserer heutigen geologischen Zeitskala um etwa 100 Millionen Jahre jünger sind als die Solnhofener Plattenkalke. So war der Fund dieser kleinen fossilen Vogelfeder in der Fachwelt eine Sensation. Der Frankfurter Paläontologe Hermann von Meyer teilte 1861 als Ergebnis seiner Untersuchung mit, „daß sie eine wirkliche Versteinerung des lithographischen Schiefers ist und vollkommen mit einer Vogelfeder übereinstimmt".

Im selben Bericht erwähnte er auch schon den Skelettfund, das spätere Londoner Exemplar, mit folgenden Worten: „... daß das fast vollständige Skelett eines mit Federn bedeckten Tieres im lithographischen Schiefer gefunden worden sei. Von unseren lebenden Vögeln zeige es manche Abweichung. Die von mir untersuchte Feder werde ich mit genauer Abbildung veröffentlichen. Zur Bezeichnung des Tieres halte ich die Benennung *Archaeopteryx lithographica* geeignet".

Damit war der wissenschaftliche Name für den Vogel von Solnhofen eingeführt. Man hat später stillschweigend angenommen, daß von Meyer Feder und Skelett als zur gleichen Art gehörig betrachtet habe und demnach das Londoner Exemplar der sogenannte Holotyp – das Referenzstück der Art – sei. Wenn dies auch der ursprünglichen Formulierung nicht so klar zu entnehmen ist, hat doch der Name *Archaeopteryx lithographica* ein Gewohnheitsrecht über lange Zeit erworben, das ihm auch nach den strengen Regeln der zoologischen Nomenklatur zugestanden werden kann.

Owen selbst hat allerdings das Londoner Exemplar 1862 nach dem langen Wirbelschwanz *Archaeopteryx macrura* benannt, unter der Annahme, die Einzelfeder und das Skelett gehörten verschiedenen Arten derselben Gattung an. Ob Feder und Skelett zu einer oder verschiedenen Arten oder sogar Gattungen gehören, läßt sich aber nicht belegen.

Der Gattungsname *Archaeopteryx* bedeutet „alter Flügel", während der Artname *lithographica* darauf anspielt, daß man die Solnhofener Plattenkalke im vorigen Jahrhundert durchweg als lithographischen Schiefer bezeichnet hat. Die Erfindung der Lithographie, des Steindrucks, durch Alois Senefelder im Jahre 1796 hängt nämlich eng damit zusammen: Nur der Solnhofener Stein ist genügend hart, dicht und feinkörnig, um ihn als Druckplatte für dieses Flachdruckverfahren verwenden zu können.

Diese Feinkörnigkeit ist zugleich der Grund für die außergewöhnlich gute Erhaltung der eingeschlossenen Fossilien. Außer Knochen sind vielfach auch andere, nicht körperlich erhaltungsfähige Strukturen wie Weichteile und Haut oder eben auch die Federn von *Archaeopteryx* im Abdruck überliefert – und das oft erstaunlich scharf und genau.

Hinzu kommt die besondere geologische Situation, in der die Solnhofener Schichten entstanden sind.
Das Gebiet der heutigen Südlichen Frankenalb in Bayern war während der jüngeren Jurazeit, also vor etwa 150 Millionen Jahren, eine tropische Lagune, die durch ältere submarine Schwammriffe in einzelne Teilbecken, sogenannte Wannen, gegliedert war. Im Norden lag das Mitteldeutsche Festland, im Süden – getrennt durch einen Gürtel von Korallenriffen – das offene Weltmeer, die Tethys.

Südsee-Impressionen stellen sich ein; doch der Schein trügt: Das Wasser in den abgeschnürten Lagunen war übersalzen, sauerstoffarm und somit lebensfeindlich.

Gelegentliche Sturmfluten schwemmten über die Riffbarrieren im Süden immer wieder eine Fülle von marinen Tieren und Pflanzen ein: Quallen, Fische, Krebse, Tintenfische, Seelilien, Ammoniten und Seetang. Sie gingen im giftigen Lagunenwasser rasch zugrunde, sanken zu Boden und wurden von nachfolgenden Kalkschlammschichten rasch zugedeckt und eingeschlossen. Im Norden, auf dem Mitteldeutschen Festland und seinen vorgelagerten Inseln, wuchsen Palm- und Samenfarne, Ginkgogewächse und Nadelhölzer, lebten Insekten, Landsaurier, Flugsaurier und eben auch die krähen- bis hühnergroßen Urvögel. Pflanzenteile und Tierkadaver wurden zum Teil durch Gewässer in die Solnhofener Lagune geschwemmt oder lebende Individuen – wenn sie flugfähig waren – durch tropische Stürme über das Wasser hinausgetrieben, wo sie schließlich ertranken. Da es im lebensfeindlichen Milieu des Lagunenbodens auch keine Aasfresser und zersetzenden Mikroorganismen gab, blieben die abgestorbenen Organismen oft völlig ungestört erhalten.

Die ältesten Vögel

Bis heute hat man sechs Skelettreste von *Archaeopteryx* entdeckt, und zwar alle in den Solnhofener Plattenkalken der Altmühlalb, aus Schichten des oberen Jura (Bild 2). Mit etwa 150 Millionen Jahren sind sie die ältesten Fossilfunde von Vögeln.

Allerdings hat 1986 der amerikanische Paläontologe Sankar Chatterjee von der Texas Tech University in Lubbock Skelettreste aus viel älteren – triassischen – Schichten von Texas als Fossilien eines Vogels identifiziert, den er *Protoavis* nannte. Das Material ist allerdings sehr fragmentarisch und läßt auch andere Deutungen zu. Überdies fehlt jegliches Anzeichen einer Befiederung. Angebliche Vogelfunde aus höheren Juraschichten von Colorado haben sich mittlerweile als Flugsaurierreste herausgestellt.

Unsere gegenwärtige Kenntnis der ältesten bekannten Vögel der Erdgeschichte basiert also nach wie vor auf den Urvogelexemplaren der Solnhofener Schichten. Daher ist jeder neue Fund eines *Archaeopteryx* wissenschaftlich außerordentlich bedeutsam, verspricht er doch weiteren Aufschluß über die Abstammung und die Stammesgeschichte der Vögel allgemein, die Entwicklung des Vogelflugs sowie die Biologie, Anatomie und den genauen Knochenbau von *Archaeopteryx* als dem ältesten bekannten Vertreter der Wirbeltierklasse der Vögel.

Bild 5: Das Maxberg-Exemplar, gefunden 1956 auf der Langenaltheimer Haardt unweit der Fundstelle des Londoner Exemplars. Der Erlanger Paläontologe Florian Heller beschrieb es 1959 als *Archaeopteryx lithographica*. Die Skelettreste dieses Urvogels waren schon bei der Einbettung relativ stark zerfallen; Schädel und Schwanz fehlen. Die Flügelbefiederung hat sich aber im Abdruck erhalten. Das Original war bis 1974 als Leihgabe im Museum auf dem Maxberg bei Solnhofen ausgestellt, daher der Name. Heute befindet es sich wieder in Privatbesitz und ist für wissenschaftliche Untersuchungen nicht verfügbar. Die Aufnahme hat John H. Ostrom von der Yale-Universität in New Haven, Connecticut, zur Verfügung gestellt.

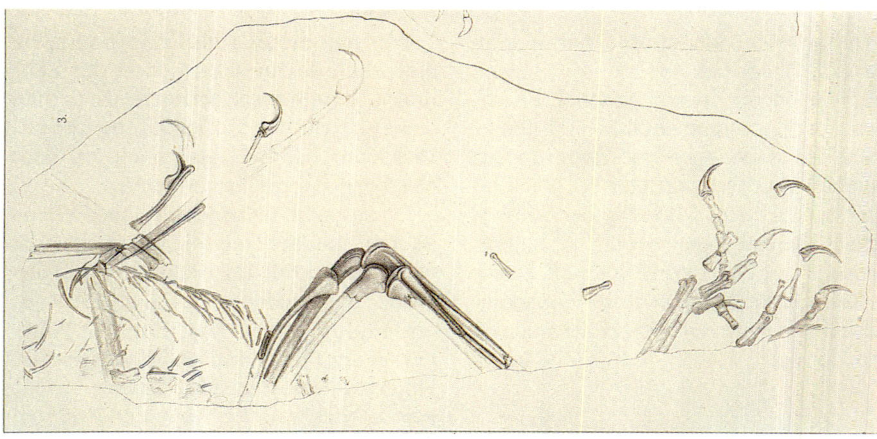

Bild 6: Das Haarlemer Exemplar des Teyler-Museums in Haarlem (Niederlande). Bei ihm sind nur wenige Teile wie das Bein- und das Handskelett erhalten. Das Fossil wurde schon 1855 in einem Plattenkalksteinbruch bei Riedenburg an der Altmühl gefunden, aber 1857 irrtümlich als Flugsaurier beschrieben. Die Abbildung zeigt die Originallithographie, die der Paläontologe Hermann von Meyer dann 1859 veröffentlichte. Daß es sich um einen Urvogelrest handelt wurde erst 1970 von Ostrom festgestellt. Die Aufnahme stammt von Höck.

Das Londoner, das Berliner und das Maxberg-Exemplar

Das 1861 gefundene Londoner Exemplar ist zwar ein relativ vollständiges Skelett, doch sind vom Schädel lediglich die Gehirnkapsel und Teile der vorderen Kieferknochen mit Zähnen vorhanden. Abgesehen von der deutlich abgedrückten Flügel- und Schwanzbefiederung weist es eine weitere für Vögel typische Besonderheit auf: das Gabelbein oder die Furcula (Bild 3 unten). Dieser Knochen ist aus der Verwachsung der Schlüsselbeine entstanden und kommt im allgemeinen bei Reptilien nicht vor.

Das zweite Skelettexemplar wurde im Herbst 1876 in einem Steinbruch auf dem Blumenberg bei Eichstätt entdeckt. Als Ernst Häberlein, ein Sohn des erwähnten Landarztes, das Fossil vom Bruchbesitzer kaufte, hielt man es für einen Flugsaurier. Erst nach Entfernen der überlagernden Gesteinsschicht ließen die besonders gut erhaltenen Federeindrücke die Vogelnatur erkennen (Bild 4).

Häberlein bot daraufhin das Stück verschiedenen deutschen und amerikanischen Museen an, die aber alle außerstande waren, die geforderten 36000 Goldmark aufzubringen. Schließlich konnte 1881 das Naturkundemuseum an der Humboldt-Universität in Berlin (heute Ostberlin) dieses zweite *Archaeopteryx*-Exemplar erwerben, nachdem der Kaufpreis auf 20000 Goldmark herabgesetzt war und der Industrielle

Werner von Siemens diesen Betrag dem preußischen Staat vorgestreckt hatte.

Das Berliner Exemplar ist vollständiger erhalten als das Londoner. Das Skelett liegt noch im natürlichen Gelenkverband, war also bei seiner Einbettung in den Bodenschlamm der Solnhofener Lagune noch nicht zerfallen. Der Schädel am weit zurückgekrümmten Hals zeigt ganz deutlich die reptilischen Merkmale der Bezahnung.

Die auffällige Rückkrümmung ist eine Eigentümlichkeit von Vogelleichen – bedingt durch den Zug der Bänder beim Nachlassen der Muskelspannung. Sie zeigt sich bei noch zwei weiteren Exemplaren von *Archaeopteryx*, aber auch bei dem Zwergdinosaurier *Compsognathus* und vielen Solnhofener Flugsauriern.

Die Flügel des Berliner Urvogels mit dem Abdruck ihres schön erhaltenen Gefieders liegen vollkommen symmetrisch ausgebreitet. Die drei Finger der Hand waren noch beweglich und mit scharfen, stark gebogenen Krallen bewehrt (Anatomen sprechen auch beim Flügel von Handknochen). Bei den heutigen Vögeln sind die Finger zurückgebildet, zum Teil verwachsen und krallenlos.

Der lange, echsenartige Wirbelschwanz läßt eine breite, zweizeilige Befiederung erkennen. Die Federabdrücke, auf der Gegenplatte noch schärfer als auf der Hauptplatte, sind besonders detailreich: Sie zeigen außer den Federschäften auch die Federäste mit ihren feine Häkchenstrahlen (Bild 8).

Da das Berliner Exemplar kleiner und graziler ist als das Londoner, hat sein Bearbeiter, Wilhelm Dames, es als eigene Art *Archaeopteryx siemensi* von *A. lithographica* abgetrennt. Der Belgrader Philosoph und Paläontologe Branislav Petronievics glaubte in beiden sogar die Vertreter unterschiedlicher Gattungen zu sehen, wobei er den Berliner Urvogel als *Archaeornis* bezeichnete – eine Ansicht, die sich bis heute nicht allgemein durchsetzen konnte.

Es dauerte fast 80 Jahre, bis die Solnhofener Schichten ein weiteres Exemplar freigaben. Im Jahre 1956 kamen in einem Steinbruch auf der Langenaltheimer Haardt – unweit der Fundstelle des ersten Skeletts – Fossilplatten mit zunächst unbestimmten Knochenresten ans Licht. Der Erlangener Paläontologe Florian Heller identifizierte sie dann als das zerfallene Skelett eines *Archaeopteryx* (Bild 5).

Das Tier muß nach seinem Tod schon längere Zeit im Wasser getrieben haben, denn Kopf und Schwanz waren schon vor der Einbettung abgefallen und irgendwo anders zu Boden gesunken. Auch die Hinterbeine und die beiden Flügel hatten sich aus ihrer natürlichen Lage gelöst, wurden aber – der Orientierung der Schwungfederabdrükke nach – offenbar noch durch Sehnen zusammengehalten. Die Fossilreste waren beim Spalten der Platten entlang der Schichtflächen auseinandergerissen worden, so daß sich auch auf der Gegenplatte Knochensubstanz und nicht nur ihr Abdruck findet.

Der Erlanger Physiker und Paläontologe Wilhelm Stürmer fertigte damals Röntgenbilder an, die manche Strukturen besonders klar hervortreten lassen, etwa das Fußskelett mit einer beginnenden Verwachsung der Mittelfußknochen. Bei modernen Vögeln sind diese völlig zum sogenannten Laufknochen verschmolzen.

Heller schloß aus seiner Analyse, daß dieses Urvogelexemplar in seinen Merkmalen mit dem Londoner Exemplar übereinstimme und es sich daher um einen *Archaeopteryx lithographica* handele. Das Original war bis 1974 im Museum auf dem Maxberg bei Solnhofen als Leihgabe ausgestellt, weshalb es auch als das Maxberg-Exemplar in das wissenschaftliche Schrifttum eingegangen ist. Es befindet sich heute noch in Privatbesitz.

Das Haarlemer und das Eichstätter Exemplar

Das vierte Exemplar lag mehr als ein Jahrhundert lang unerkannt in alten Beständen des Teyler-Museums in Haarlem (Niederlande). Erst 1970 erkannte John H. Ostrom, Paläontologe an der Yale-Universität in New Haven (Connecticut), an dem schon 1857 irrtümlich als Flugsaurier beschriebenen Skelettrest (Bild 6) die typischen Knochenmerkmale von *Archaeopteryx*.

Freilich war nur ein kleiner Teil vorhanden: Knochen des linken Unterarms und der Hand, des Beckens und der Hinterbeine. Der Rest scheint schon 1855 bei der Bergung des Stücks in einem Steinbruch bei Riedenburg im Altmühltal verlorengegangen zu sein. Die Krallen an Händen und Füßen sind aber ausgezeichnet erhalten, und zwar nicht nur ihre knöcherne Basis, sondern auch die übergestülpten Hornkrallen (Bild 13 links).

War nun dieses Haarlemer Exemplar eigentlich das erste, so gerät die Zählung vollends durcheinander, wenn man das Fundjahr des fünften Exemplars berücksichtigt: 1951, also noch vor dem Maxberg-Exemplar von 1956.

Dieses sehr vollständige, aber kleine Skelett stammte aus einem Steinbruch bei Workerszell im Eichstätter Revier. Weder der Bruchbesitzer noch der Käufer, Franz Xaver Mayr, Lehrstuhlinhaber an der Philosophisch-Theologischen Hochschule in Eichstätt, hatten erkannt, was es wirklich war. Man hielt das Fossil zunächst für ein kleines Reptil ähnlich dem hühnergroßen Zwergdinosaurier *Compsognathus* (Bild 11 links) – eine verständliche Verwechslung, wurde doch später die enge stammesgeschichtliche Verwandtschaft zwischen

Bild 7: Das Eichstätter Exemplar von *Archaeopteryx*. Gerade krähengroß ist das kleinste und wohl auch jüngste Individuum, das bisher gefunden wurde (links). Zunächst hielt man es für einen Zwergdinosaurier, einen *Compsognathus*, also für ein kleines Reptil. Doch auch

hier lassen sich, wenn auch nur schwach, im Streiflicht die Spuren einer Befiederung erkennen. Diese ist auf der Zeichnung (rechts) angedeutet. Der Schädel am zurückgekrümmten Hals ist der bislang besterhaltene, jedoch durch den Setzungsdruck des Gesteins flachgepreßt.

beiden eindrucksvoll nachgewiesen. Zudem zeigte die Oberfläche der Fossilplatte keine auffälligen Abdrücke der Befiederung wie bei den anderen Exemplaren (Bild 7 links). Erst später erwies sich bei genauer Untersuchung der Fund als *Archaeopteryx*, und es ließen sich bei sehr schräger Beleuchtung, im Streiflicht also, deutlich Spuren der Flügel- und Schwanzbefiederung erkennen (Bild 7 rechts).

An diesem Eichstätter Exemplar besitzen wir den bisher besterhaltenen *Archaeopteryx*-Schädel. Computertomographische Untersuchungen zeigten neuerdings, daß schon ein doppelköpfiger Quadratknochen zwischen Schädel und Unterkiefer wie bei den höheren Vögeln ausgebildet zu sein scheint (vergleiche den Beitrag „Computertomographie bei *Archaeopteryx*: weiteres Vogelmerkmal", von Bernd Haubitz und Wellnhofer, Monatsspektrum, Spektrum der Wissenschaft, Januar 1989). Aufgrund der starken Rückkrümmung des Halses und der mit dem Berliner Exemplar recht gut übereinstimmenden Erhaltung und Lage können wir für beide Tiere eine ähnliche Todesursache und dieselben Einbettungsvorgänge annehmen.

Sicherlich ist der Eichstätter Urvogel nicht an Altersschwäche gestorben: Einiges am Skelett deutet darauf hin, daß er noch gar nicht voll ausgewachsen war. So zeigen die Mittelfußknochen noch keinerlei Anzeichen gegenseitiger Verwachsung wie beim größeren Maxberg-Exemplar. Außerdem fehlt das vogeltypische Gabelbein an dem sonst sehr vollständigen Skelett. Warum sollte es aber als einziger Knochen verschwunden sein? Am ehesten könnte man dies damit erklären, daß es noch knorpelig und nicht schon verknöchert war – und Knorpel bleibt eben nicht fossil erhalten.

Auffallend an diesem bisher kleinsten *Archaeopteryx* sind seine relativ langen Hinterbeine. Dies läßt den Schluß zu, daß das Wachstum dieser Skelettabschnitte dem der anderen vorausgeeilt ist, es also eine sogenannte positive Allometrie aufweist. Vielleicht waren die Hinterbeine im jugendlichen Stadium besonders überlebenswichtig, weil die Flugfähigkeit noch nicht genügend entwickelt war und sich erst mit zunehmendem Alter verbesserte.

Gleichwohl wurden diese Unterschiede als Art- und sogar Gattungsmerkmale gewertet und das Eichstätter Exemplar als *Jurapteryx recurva* von den übrigen Exemplaren abgehoben – eine umstrittene Trennung. Der Artname *recurva* bezieht sich dabei auf die zurückgekrümmten Zähne, die sich von denen des Berliner und des Londoner Exemplars unterscheiden sollen (Bild 9).

Exkurs in die *Archaeopteryx*-Systematik

Dieses Problem der *Archaeopteryx*-Systematik hängt ganz offensichtlich damit zusammen, daß man nicht weiß, ob diese Reptilvögel ein vogel- oder ein reptilähnliches Wachstumsmuster hatten. Reptilien wachsen zeit ihres Lebens, wenn auch mit zunehmendem Alter langsamer; Vögel hingegen erreichen relativ rasch eine artspezifische Endgröße.

Die Wachstumszentren liegen bei ihnen an den verdickten Enden der Röhrenknochen. Diese Epiphysen (nach griechisch *epiphysis*, Zuwachs, Ansatz) sind im Jugendstadium knorpelig, was jedermann beim Verzehr eines Hühnchens selbst feststellen kann. Verknöchern auch sie gegen Ende des Wachstums, so bleiben an der Grenze zum Knochenschaft noch Knochennähte sichtbar, bis schließlich auch diese Epiphysenfugen beim ausgewachsenen Vogel verschwinden.

Keines der Exemplare von *Archaeopteryx* zeigt aber, obwohl alle verschieden groß sind, solche Nähte an den Röhrenknochen. Ein vogelähnliches Wachstum vorausgesetzt, würde dies unter anderem die systematische Trennung in verschiedene Arten oder gar Gattungen rechtfertigen. Andererseits stimmen die Exemplare in den osteologischen Merkmalen so weit überein, daß eine Trennung größere Schwierigkeiten bereitet als eine mehr pragmatisch gehandhabte Zusammenfassung unter einer Art: *Archaeopteryx lithographica*. Dies setzt allerdings ein noch reptilartiges Wachstum voraus, das statt von Epiphysen vom Knochenschaft ausging. Diese Annahme wird durch die weitaus überwiegenden reptilischen Skelettmerkmale von *Archaeopteryx* gestützt.

Selbstverständlich dürfen wir auch mutmaßen, daß zur Zeit des oberen Jura in der Gegend der Solnhofener Lagunen mehrere Arten und möglicherweise auch Gattungen von Urvögeln gelebt haben. Die exakten Fundhorizonte kennt man aber nur von zwei Exemplaren. Die sechs bislang entdeckten Urvögel haben wahrscheinlich zu verschiedenen Zeiten gelebt, ohne daß wir sagen könnten, ob zwischen der Lebenszeit der einzelnen Individuen vielleicht eine Spanne von einigen hunderttausend Jahren lag und somit schon mit evolutionären Veränderungen zu rechnen wäre.

Wir wissen auch nichts über einen möglichen Geschlechtsdimorphismus der Urvögel: über irgendwelche Unterschiede zwischen *Archaeopteryx*-Hähnen und -Hennen. Die eventuelle Farbenpracht des Gefieders ist den Jahrmillionen zum Opfer gefallen. Möglicherweise waren aber Hennen und Hähne verschieden groß; und prinzipiell müßten sich dann bestimmte Geschlechtsmerkmale am Skelett, zum Beispiel am Becken, feststellen lassen – nur können wir sie aufgrund der fossildiagenetischen Verdrückung nicht mehr erkennen.

Alle diese Parameter zusammen – stratigraphische, wachstums- und geschlechtsabhängige, art- und gattungsabhängige – bilden ein multifaktorielles Problemgefüge, das ganz allgemein die Schwierigkeiten des paläontologischen Artbegriffs veranschaulicht. Der biologische Artbegriff, wonach eine Biospezies im allgemeinen eine Gruppe sich tatsächlich oder potentiell kreuzender Populationen ist, hilft dem Paläontologen nicht weiter: Er kann seine toten Objekte nicht daraufhin testen. Ihm bleibt nichts anderes übrig, als seine Rückschlüsse allein aus der Skelettmorphologie zu ziehen. Eine paläontologisch begründete Art ist deshalb mit einer biologisch begründeten nicht unbedingt identisch. Dies gilt in besonderem Maße für *Archaeopteryx*, da es einfach zu wenig Fossilien für besser fundierte Abgrenzungen gibt.

Hilfreich wäre sicherlich eine tiefere Kenntnis der Skelettmorphologie heutiger Vögel. Es gibt hierüber aber erstaunlich wenige, vor allem neuere Untersuchungen. Die meisten stammen aus dem vorigen Jahrhundert, da heutige Ornithologen ihre Forschungsziele auf anderen Gebieten sehen.

Der neueste *Archaeopteryx* – das Solnhofener Exemplar

Die Entdeckung des sechsten und bislang letzten *Archaeopteryx*-Exemplars ist ein weiteres Beispiel dafür, daß bedeutende Objekte oft jahrelang unerkannt in einer Privatsammlung schlummern. Erst im Herbst 1987 erkannte Günter Viohl, Leiter des Jura-Museums in Eichstätt, in einem fossilen Skelett in der Sammlung des Altbürgermeisters von Solnhofen, Friedrich Müller, einen veritablen Urvogel (vergleiche meinen Beitrag „Ein neues *Archaeopteryx*-Exemplar aus den Solnhofener Schichten", Monatsspektrum, Spektrum der Wissenschaft, August 1988). Heute gehört das Stück der Gemeinde Solnhofen und ist dort im Bürgermeister-Müller-Museum ausgestellt. Es wird deshalb als das Solnhofener Exemplar bezeichnet (Bild 1 rechts).

Warum wurde auch dieses Exemplar zunächst nicht als das erkannt, was es war, auch nicht von einem erfahrenen Sammler? Müller hatte die Fossilplatte vor vielen Jahren erhalten, noch teilweise von Gesteinsmaterial umschlossen und in mehrere Teile zerbrochen. Leider weiß er nicht mehr, aus welchem Steinbruch das Stück eigentlich stammt. Erst im Frühjahr 1987 legte er die Skelettreste frei und begann sie zu präparieren.

Auffällige Abdrücke von Federn tauchten dabei keine auf, und der Schädel – fast schon der Personalausweis eines Wirbeltiers – war weitgehend verlorengegangen. Mit den langen, kräftigen Hinterbeinen und dem langen Wirbelschwanz ähnelt das Fossil stark dem einzigen bis dahin in den Solnhofener Plattenkalken gefundenen *Compsognathus*. Der Fund eines zweiten Exemplars dieses Zwergdinosauriers (der erste wurde 1859 von Wagner beschrieben) wäre in der Tat aus wissenschaftlicher Sicht noch bedeutender gewesen als der Fund eines sechsten Urvogels.

Bei dem neuen Solnhofener Exemplar handelt es sich um ein ursprünglich vollständiges Skelett, das bei der Bergung im Steinbruch leider einige wichtige Teile eingebüßt hat. An den Bruchstellen ist Knochensubstanz verlorengegangen, vor allem am Schädel, an den Halswirbeln, an Arm- und Handgelenkknochen, am linken Fuß und am Schwanz. Das Skelett ist in allen Teilen noch im natürlichen Zusammenhang – ein Indiz dafür, daß dieser Urvogel mit Weichteilen und der Befiederung eingebettet worden und nicht schon vorher zerfallen war.

Bei Streiflicht treten auf der Gesteinsoberfläche deutlich leicht geschwungene Furchen hervor, die vom linken Unterarm ausgehen. Sie können nichts anderes sein als der Abdruck der Federschäfte der Armschwingen; auch die äußere Begrenzung dieses Federflügels ist durch Eindrücke markiert. Nichts dergleichen ist aber am rechten Flügel oder am Schwanz zu erkennen. Dies läßt sich ganz natürlich aus der Lage des Skeletts erklären: Die Urvogelleiche war mit ihrer linken Körperseite auf den Boden der Solnhofener Lagune gesunken und der linke Flügel dadurch tiefer in den schützenden Bodenschlamm geraten als der rechte und der Schwanz; die Federn der noch freilie-

Bild 8: Ausschnitt aus dem etwa fünffach vergrößerten Abdruck der Schwanzbefiederung des Berliner *Archaeopteryx*-Exemplars. Deutlich sind neben den dicken Federschäften die Federstrahlen und sogar die feinen Häkchen zu erkennen, die diese zusammenhalten. Solche Details sind überhaupt nur dank der Feinkörnigkeit des Gesteinsmaterials erhalten.

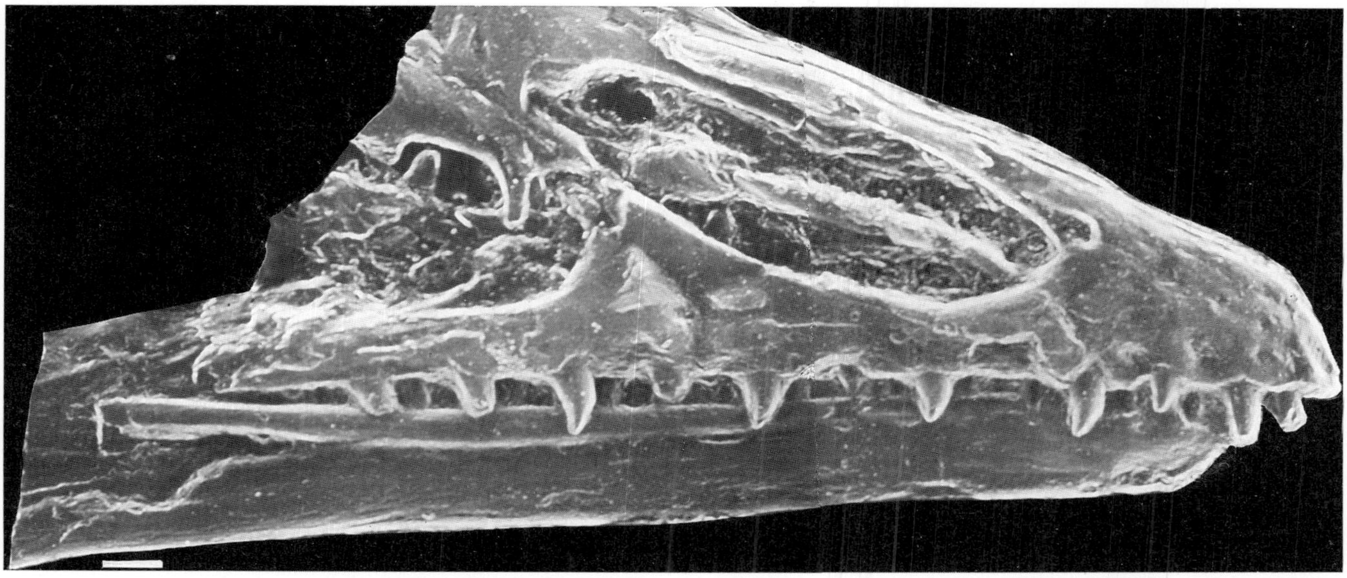

Bild 9: Ausschnitt aus dem Schädel des Eichstätter *Archaeopteryx*-Exemplars mit dem vorderen Kieferabschnitt. Der große ovale Durchbruch ist die äußere Nasenöffnung, dahinter die Voraugenöffnung, sehr ähnlich derjenigen theropoder Dinosaurier (Bild 11 oben Mitte). Wegen der zurückgebogenen Zähne wurde dieses Exemplar in eine eigene Gattung gestellt und *Jurapteryx recurva* benannt. Diese Abtrennung ist jedoch umstritten; wahrscheinlich handelt es sich vielmehr um ein noch nicht ausgewachsenes Jungtier von *Archaeopteryx lithographica*. Die 6,5fach vergrößerte rasterelektronenmikroskopische Aufnahme hat Renate Liebreich von einem Kunstharz-Abguß des Schädels angefertigt.

genden Teile konnten so beim Zerfall der Weichteile durch die leichteste Strömung weggetragen werden.

Am Solnhofener Exemplar fällt sofort seine Größe auf. Gemessen an der Flügellänge übertrifft es das Londoner um 10, das Maxberg- und das Haarlemer Exemplar um 13, das Berliner um 25 und das Eichstätter Exemplar sogar um 50 Prozent. In der Größe entsprach es damit etwa einem Haushuhn.

Die Flugfähigkeit

Trotz seiner Größe ließ sich auch bei dem neuen Solnhofener Exemplar kein verknöchertes Brustbein finden. Damit scheint endgültig erwiesen zu sein, daß sich bei *Archaeopteryx* noch keines entwickelt hatte. Dies ist für die Beurteilung seiner Flugfähigkeit von besonderer Bedeutung.

Das Brustbein moderner Flugvögel ist ein breiter, gewölbter Knochenschild, der sich nach hinten oft bis unter das Becken erstreckt und in Fluglage eine stützende Schale für die Eingeweide bildet (Bild 11 rechts). Außen erhebt sich in der Mittelebene ein hoher Knochenkamm: Ansatzfläche einer im Vergleich zum Gesamtorganismus so mächtigen Brustmuskulatur wie sonst nirgends im gesamten Tierreich, ausgebildet für den Schlagflug.

Nichts deutet bei *Archaeopteryx* auf eine ähnlich kräftige Brustmuskulatur hin. Anstelle des Brustbeins hatte er noch – wie seine Saurievorfahren – sogenannte Bauchrippen (Gastralia):

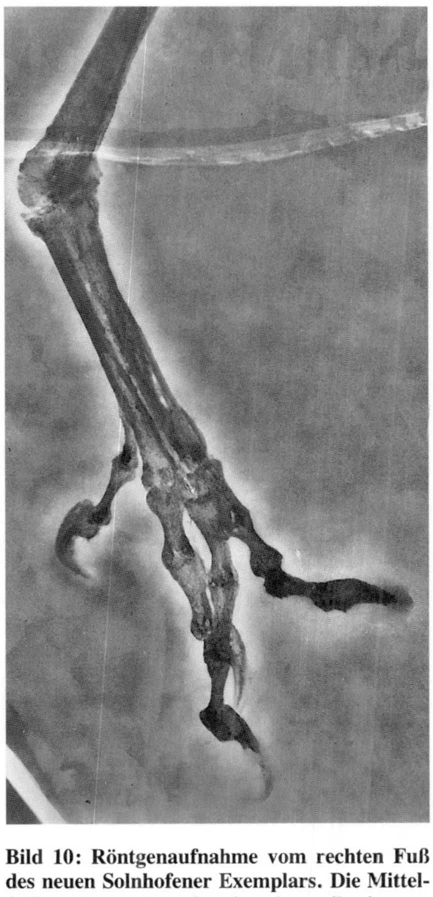

Bild 10: Röntgenaufnahme vom rechten Fuß des neuen Solnhofener Exemplars. Die Mittelfußknochen zeigen bereits eine teilweise gegenseitige Verwachsung und wirkten daher funktionell wie der Laufknochen der Vögel, bei dem sie völlig verschmolzen sind. Zu beachten ist auch die nach rückwärts gerichtete erste Zehe, die eine stark gekrümmte Kralle trägt und den Fuß greiffähig machte. Die Aufnahme fertigte Johannes Mehl von der Forschungsstelle für Interdisziplinäre Paläontologie der Universität Erlangen-Nürnberg an.

dünne, grätenförmige Knochenspangen, die in mehreren Reihen zu je drei Elementen hintereinander und ohne Verbindung mit dem übrigen Skelett in die Bauchdecke eingelagert waren (Bild 11 Mitte). Bauchrippen kommen noch heute bei Eidechsen und Krokodilen vor und waren bei frühen Amphibien und Reptilien allgemein verbreitet. Bei Vögeln und Säugetieren sind diese nach innen verlegten Reste eines ursprünglichen Knochenpanzers verlorengegangen. Sie dienten wohl dem Schutz der Bauchseite und auch als Stützelemente für die Eingeweide, kommen aber bei *Archaeopteryx* als Ursprungsfläche einer Brustmuskulatur nicht in Frage.

Auch die noch recht saurierartige Architektur des Schultergürtels von *Archaeopteryx* schließt eine Verbindung mit einem Brustbein wie bei Vögeln aus. Dazu wäre das nach unten gerichtete Element, das Rabenschnabelbein (Coracoid), viel zu kurz. Auch fehlt ihm eine Gelenkfacette für den Kontakt mit einem Brustbein.

Allerdings fand sich auch am Solnhofener Exemplar das vogeltypische Gabelbein. Bei heutigen Vögeln entspringt daran ein Teil des Brustmuskels, so daß *Archaeopteryx* wenigstens eine – wenn auch wesentlich kleinere – Ursprungsfläche für diesen wichtigen Flugmuskel hatte. Allein schon daraus ist auf eine vergleichsweise geringe Flugfähigkeit zu schließen.

Noch vor wenigen Jahren hatte man angenommen, das Gabelbein komme allein bei Vögeln vor. Mittlerweile wurde es aber auch bei einigen kreidezeitlichen Raubdinosauriern entdeckt, und zwar interessanterweise bei Theropoden, die man in die nähere Verwandtschaft von *Archaeopteryx* gestellt hat.

Es gibt aber noch weitere Hinweise darauf, daß *Archaeopteryx* ein schlechter Flieger war. Keines der Skelette zeigt Anzeichen einer Pneumatisierung der Hohlknochen. Bei modernen Vögeln dringen von den Lungen ausgehende Luftsäcke in die Körperhöhle vor, die sich über kleine Öffnungen (*Foramina pneumatica*) auch in die Skelettknochen hinein ausstülpen. Sie sorgen für eine sehr leistungsfähige Atmung, wie sie nötig ist, um den hohen Sauerstoffbedarf während des Fluges zu decken. Solche pneumatischen Öffnungen, meist am Oberende des Oberarmknochens, fehlen *Archaeopteryx*. Bei ihm waren also, zumindest in den Knochen, keine Luftsäcke entwickelt, so daß es überhaupt fraglich scheint, ob er bereits eine Vogellunge hatte.

Es finden sich auch keinerlei Anzeichen für eine Fusion des Handskeletts, besonders der Mittelhand, wie sie bei heutigen Vögeln typisch und zur Stützung des Handflügels wichtig ist. Auch die drei Finger waren noch nicht rückgebildet, sogar individuell beweglich und mit kräftigen scharfen Krallen ausgestattet (Bild 13 rechts). Die Handschwungfedern setzten nur an einem einzigen Finger – dem mittleren – an, die Armschwungfedern hingegen, wie bei heutigen Vögeln, an der Elle. Dieser Knochen ist aber, anders als bei vielen heutigen Flugvögeln, völlig glatt; ihm fehlen die sogenannten Federmarken, die Reihe kleiner, noppenartiger Erhebungen, an denen die Armschwungfedern besonders fest über Bänder am Knochen verankert sind. Die Schwungfedern waren also bei *Archaeopteryx* offensichtlich noch nicht so fest mit dem Flügelskelett verbunden. In diese Vorstellung paßt die wenig entwickelte Flugmuskulatur ebenso wie eine nicht so leistungsfähige Saurierlunge.

Die Laufeigenschaften

Dagegen läßt die Konstruktion des Beckens und der Hinterbeine von *Archaeopteryx* auf gute Laufeigenschaften auf dem Boden schließen. Das Becken ist im Prinzip saurierartig. Es entspricht der dreistrahligen Konstruktion der Echsenbecken-Dinosaurier (Saurischia), besonders der zweifüßig laufenden, räuberischen Theropoden wie etwa *Compsognathus*. Die langen Schambeine enden bei ihnen in einer hakenförmigen Verdickung und sind

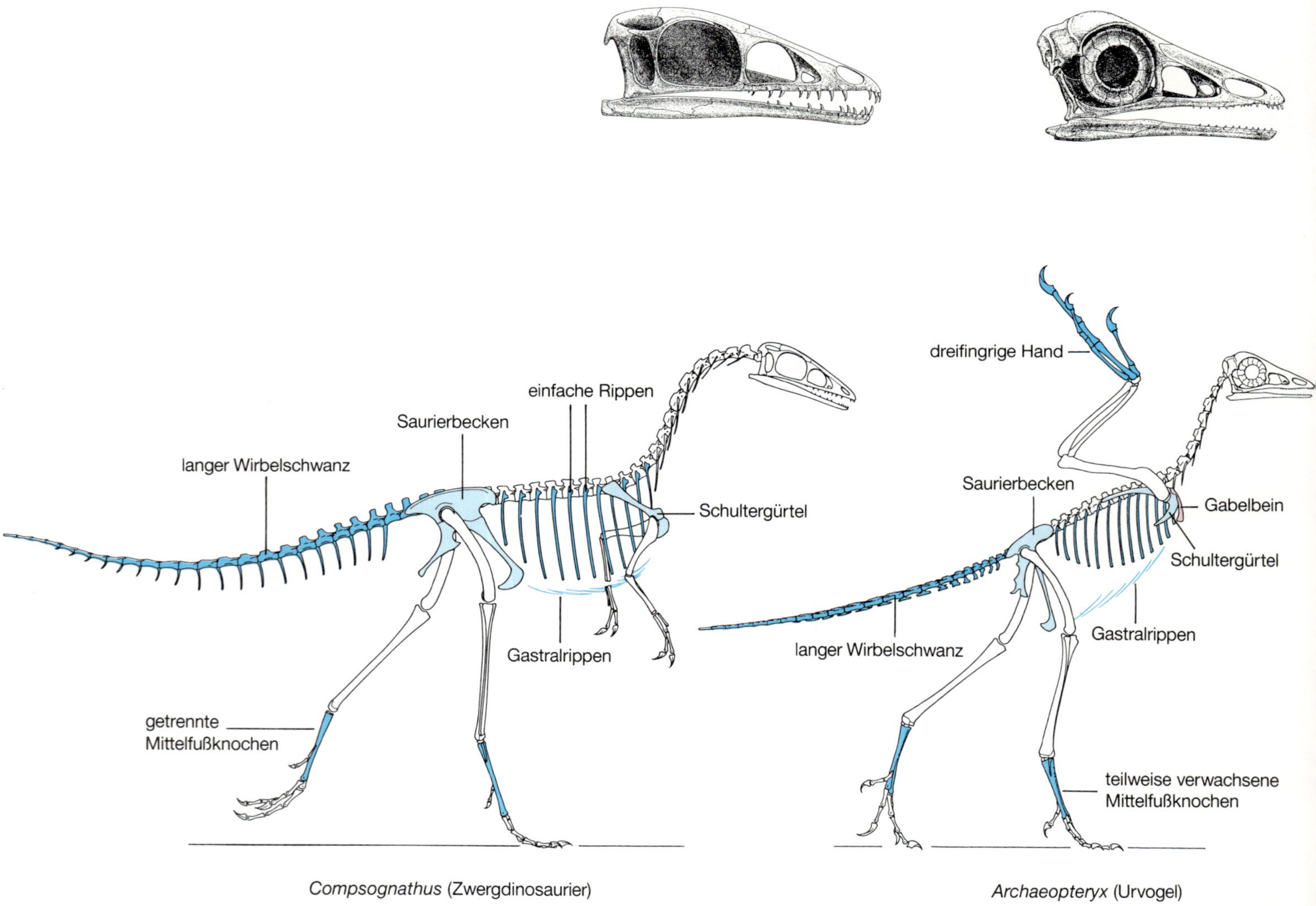

Bild 11: Die Verwandtschaft des Urvogels mit den theropoden Dinosauriern zeigt sich deutlich beim Vergleich der Skelette: links *Compsognathus*, ein zweifüßig laufender Zwergdinosaurier, in der Mitte *Archaeopteryx* und rechts das heutige Haushuhn. Gegenüber *Compsognathus* hat *Archaeopteryx* wesentlich längere Vordergliedmaßen; gegenüber den heutigen Vögeln fehlen ihm aber im Brustschulterapparat die Anpassungen an den Schlagflug – etwa ein verknöchertes Brustbein mit hohem Kamm – sowie das verlängerte Becken und das Pygostyl, die rückgebildete Schwanzwirbelsäule der Vögel. Statt des Brustbeins besitzt er noch sogenannte Bauchrippen (Gastralia), grätenförmige Knochenspangen ohne Verbindung zum übrigen Skelett. Dafür hat sich bei ihm aber bereits ein Gabelbein entwickelt. In der Schädelmorphologie nimmt *Archaeopteryx* eher eine Übergangsstellung zwischen Reptil und Vogel ein. Als Zeitgenosse des Urvogels

steil nach unten, bei aufrechtem Gang schräg nach vorne gerichtet (Bild 11 links). Sie haben sicherlich auch die Eingeweide gestützt.

Die Becken- und Beinmuskulatur von *Archaeopteryx* muß ebenfalls noch saurierhaft gewesen sein, das heißt, die Hinterbeine hatten beim Gehen eine Stellung wie bei den theropoden Dinosauriern und nicht wie bei den Vögeln, deren Körper bei fast waagerechter Stellung der Oberschenkelknochen wie in einer Wippschaukel zwischen den Hüftgelenken aufgehängt ist. Ermöglicht wird dies durch eine starke Verlängerung des Vogelbeckens, das so zugleich einer entsprechenden Muskulatur größere Ursprungsflächen bietet. Das kurze und wenig verwachsene Bekken von *Archaeopteryx* hingegen ließ nur eine relativ steile Oberschenkelstellung zu.

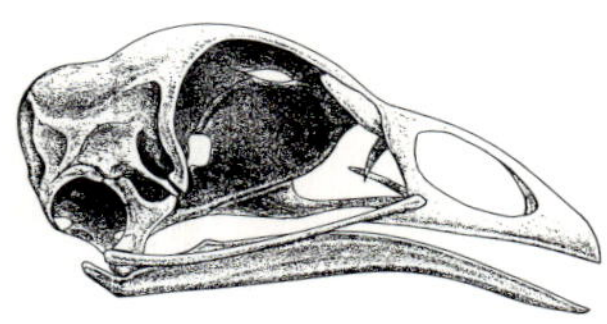

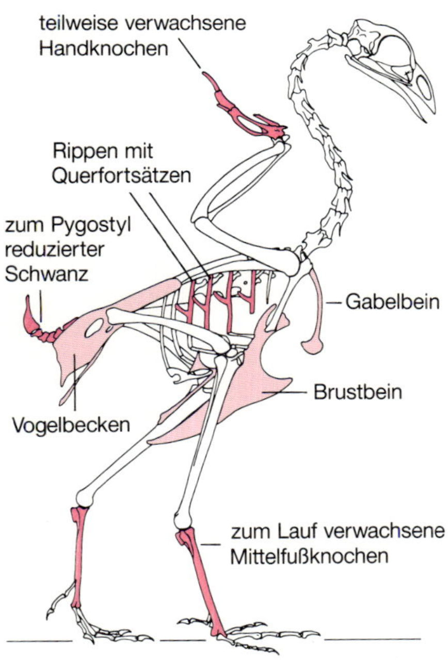

Gallus (Huhn)

kann *Compsognathus* nicht dessen direkter Vorfahre sein. Er repräsentiert aber durchaus den Typ des kleinen, bipeden Raubdinosauriers, den man als Vogelvorläufer postulieren muß. Beide gehen wahrscheinlich auf eine gemeinsame Stammform zurück und könnten somit als Schwestergruppen bezeichnet werden.

Daß der Körper trotzdem nicht nach vorne überkippte, ist dem Schwanz zu verdanken, der fast so lang ist wie der gesamte übrige Körper. Seine 23 Wirbel sind im Anfangsbereich noch gegeneinander gelenkig, nach hinten aber durch lange knöcherne Wirbelfortsätze zunehmend verklammert. Derartige Versteifungsstrukturen gibt es bei bipeden Raubdinosauriern, aber auch bei langschwänzigen Flugsauriern der Trias- und Jurazeit. Offensichtlich spielten sie eine wichtige Rolle für den Einsatz des Schwanzes als Balancierruder, bei raschen Richtungsänderungen im schnellen Lauf oder Flug. Hinzu kommt, daß der Schwanz von *Archaeopteryx* mit seiner zweizeiligen Befiederung eine horizontale, aerodynamisch wirksame Fläche bildete.

Bei heutigen Vögeln ist die Schwanzwirbelsäule zu einem sogenannten Pygostyl rückgebildet. Es ist tatsächlich eine der wenigen ausschließlich bei Vögeln vorkommenden Strukturen.

Bei den frühen, auf *Archaeopteryx* folgenden Vögeln muß sich mit der allmählichen Verkürzung der Schwanzwirbelsäule der Körperschwerpunkt nach vorn verlagert haben, was zum Teil durch eine gleichzeitige Veränderung der Beckenmuskulatur und eine entsprechende Vergrößerung der Ursprungsflächen am Becken ausgeglichen wurde. Im Zuge der Umgestaltung des Beckens drehten sich dann die beiden miteinander verwachsenen Schambeine nach hinten, trennten sich an der Bauchseite und ließen so das Becken nach unten offen. Die damit entfallende Stützfunktion für die Eingeweide hat das sich gleichzeitig entwickelnde knöcherne Brustbein übernommen.

Die evolutiv sich verbessernden Flugleistungen gingen also nicht nur mit der Umgestaltung der direkt mit dem Fliegen zusammenhängenden Strukturen einher; die Veränderungen umfaßten vielmehr die gesamte Konstruktion des Skeletts ebenso wie die Muskulatur, die Lunge, das Herz und die gesamte Stoffwechselphysiologie.

Die Öffnung des Beckens ermöglichte überdies die Produktion von größeren Eiern, was ein höheres Nährstoffangebot für die Embryonen bedeutete. Daher konnten die Jungvögel beim Schlüpfen schon relativ groß sein und brauchten bis zum Flüggewerden nicht mehr so lange zu wachsen.

Bei *Archaeopteryx* war die Beckenöffnung noch so klein, daß nur ein Ei von etwa 15 Millimeter Dicke passieren konnte. Im Vergleich zur Körpergröße liegt dies in der Größenordnung von Reptileiern.

Das Fußskelett von *Archaeopteryx* ist eindeutig einer bodenbezogenen Fortbewegung angepaßt. Wie Röntgenaufnahmen zeigen, beginnen die drei an sich getrennten Mittelfußknochen schon beim Maxberg-Exemplar zu verwachsen; beim nun größten Exemplar, dem Solnhofener, sind sie noch weiter verschmolzen (Bild 10). Beim kleinsten aber, dem Eichstätter Exemplar, liegen sie noch völlig getrennt. Dies läßt sich als eine alters- und wachstumsabhängige Verknöcherung interpretieren, die zugleich eine evolutive Tendenz in Richtung auf die späteren Vögel erkennen läßt.

Im übrigen sind auch bei einigen theropoden Dinosauriern die Mittelfußknochen zum Teil verschmolzen. Überhaupt ist die Fußkonstruktion bei vielen Theropoden ausgesprochen vogelartig: mit drei langen Zehen und einer nach rückwärts gerichteten, kurzen Zehe. Man müßte daher eigentlich umgekehrt den Fuß der heutigen Vögel als dinosaurierartig bezeichnen, als ein Erbstück ihrer Vorfahren.

Auch *Archaeopteryx* hatte dieses theropode Fußskelett. Die scharfe, gekrümmte Kralle an der rückwärtigen ersten Zehe läßt ohne weiteres die Annahme zu, daß der Urvogel damit greifen und sich auf einem Zweig im Geäst festklammern konnte.

Die Entwicklung der Federn – Voraussetzung für den Vogelflug

Damit nähern wir uns der Frage nach der Lebensweise von *Archaeopteryx* und zugleich dem Problem der Entstehung des Vogelflugs. Eng damit verknüpft ist auch die Frage nach dem Ursprung der Vogelfeder. Kein Wirbeltier außer den Vögeln – und *Archaeopteryx* – ist mit echten Federn ausgestattet; sie haben bei der Evolution des Fluges sicherlich eine entscheidende Rolle gespielt.

Sind die Vogelfedern aus Reptilschuppen hervorgegangen? Dafür gibt es bis heute keine gesicherten Belege in den fossilen Urkunden der Paläontologie. Man hat zwar eine fossile Feder aus Juraablagerungen Kasachstans als eine primitive Zwischenform zwischen einer Reptilschuppe und einer Vogelfeder interpretiert und dem zugehörigen, unbekannten Tier den Namen *Praeornis* gegeben. Aller Wahrscheinlichkeit nach handelt es sich hier aber um einen pflanzlichen Rest, nämlich um das Blatt einer Benettidee, eines Blumenpalmfarns. Mit *Archaeopteryx* sind also tatsächlich die ältesten Federn überliefert, und sie entsprechen bereits in Aufbau und Struktur durchaus denen heutiger Vögel (deswegen hatte ja Hoyle an eine Fälschung geglaubt). Von ihnen selbst sind also keine näheren Aufschlüsse über ihren Ursprung zu erwarten.

Nach embryologischen Untersuchungen am Huhn sind die Anfangsstadien der Feder- und Schuppenbildung nicht zu unterscheiden (Lauf und Zehen sind ja beschuppt). Die Vogelfeder entspricht aber möglicherweise nur der äußeren Hälfte der Schuppenfalte, wie histochemische Befunde vermuten lassen. Jedenfalls wird heute allgemein angenommen, daß die Feder ein Abkömmling der Reptilienschuppe ist.

Die perfekte Ausbildung der Befiederung bei *Archaeopteryx* läßt darauf schließen, daß auch sein Vorläufer, der hypothetische *Proavis* (Vorvogel), schon Federn in irgendeiner Form hatte – das bedeutet, schon vor Erlangen der Flugfähigkeit. Damit erhebt sich die Frage nach der ursprünglichen Funktion von Federn oder federähnlichen Strukturen. Dienten sie bereits warmblütigen Reptilien als Kälteschutz oder wechselwarmen als Hitzeschild gegen zu starke Sonneneinstrahlung? Wurden die befiederten Vorderarme zum Imponieren und Kämpfen oder zum Insektenfang benutzt? Waren die Flügel eine Art Baldachin, um Wasserreflexe bei der Nahrungssuche am Strand abzuschirmen, oder sollten die Federn primär eine wasserabstoßende Wirkung haben?

Alle diese Ideen kursieren; sie sind und bleiben aber theoretische Modelle, solange sie sich nicht durch entsprechende Fossilfunde untermauern lassen. Eines allerdings steht fest: *Archaeopteryx* selbst hatte diese möglichen Vorstufen der Federentwicklung bereits hinter sich. Die Schwungfedern zeigen eindeutig die asymmetrische, aerodynamisch bedingte Form, wie sie für heutige Flugvögel typisch ist. Sie überlappen sich in der Weise, daß beim Flügelabschlag keine Luft zwischen ihnen hindurchtreten kann, wohl dagegen beim Aufschlag. Somit ist nachgewiesen, daß die Schwungfedern von *Archaeopteryx* zum Fliegen geeignet waren und daß er sie deshalb auch dazu benutzt hat.

Die Entstehung des Vogelflugs – zwei widerstreitende Theorien

Aus all dem Für und Wider sind zwei konträre Modelle der Entstehung des Vogelflugs erwachsen: die Arboreal- und die Cursorial-Theorie. Dem Arboreal-Modell zufolge ist der aktive Schlagflug allmählich aus dem Gleitflug eines baumkletternden Tieres hervorgegangen. Das Cursorial-Modell hingegen geht von einem rennenden Zweifüßer aus, der kleine Sprünge, zum Beispiel nach fliegenden Beuteinsekten,

Bild 12: Rekonstruktion von *Archaeopteryx* in Kletterstellung am Baum und im Flug von oben, kurz vor der Landung. In schnellem Lauf wechselte er dann – aus der möglichen Gefahrenzone Boden – zum nächsten Baum, wo er kletternd nach Insekten suchte. Diese Lebensweise von *Archaeopteryx* entspräche der Arboricursorial-Theorie der Entstehung des Vogelflugs: Danach ist der aktive Schlagflug über einen Gleitflug von Bäumen herunter entstanden und nicht aus einem flatternden Hüpfen vom Boden aus; nach einer fallschirmartigen Landung (oben) mußte das Tier dann möglichst rasch einen neuen Baum erreichen und erklimmen. Die Zeichnungen stammen von dem Baseler Paläontologen Manfred Reichel.

machte und gleichzeitig mit den befiederten Vorderarmen zu schlagen begann, um seine Sprünge zu vergrößern; mit zunehmender Entwicklung der Flügel wurden die Sprünge länger und höher, bis schließlich das Tier durch aktiven Schlagflug eine ebene Flugbahn einhalten konnte.

Für die Cursorial-Theorie sprechen die guten Laufanpassungen von Becken und Hinterbeinen bei *Archaeopteryx*. Dagegen ist einzuwenden, daß der Energiebedarf für schnelles Laufen und gleichzeitiges Flügelschlagen, gerade am Beginn der Flugentstehung, sehr hoch und überdies der Flug von unten nach oben gegen die Schwerkraft gerichtet ist. Das Gleiten von oben nach unten kostet dagegen weniger Energie, da es die Erdanziehung ausnutzt. Die energetischen Transportkosten verringern sich noch, wenn das Tier dabei durch Flügelschläge seinen Aktionsradius, zum Beispiel für die Nahrungssuche, vergrößert. Dies könnte dann eine Weiterentwicklung der flugrelevanten Strukturen begünstigt haben.

Freilich muß auch beim Gleitflugmodell der Arboreal-Theorie die Starthöhe erst sozusagen durch Tanken von Schwerkraft, also durch Emporklettern gewonnen werden. Der Energieaufwand hierfür ist aber relativ gering, da er sich auch über einen längeren Zeitraum verteilen läßt. Man hat festgestellt, daß heutige Flughörnchen bei ihrem typischen Klettern und Gleiten weit weniger Energie verbrauchen als beim bloßen Laufen.

Der Einwand, in den Solnhofener Fossilschichten kenne man keine pflanzlichen Reste, die auf größere Bäume schließen lassen, geht an diesem Problem vorbei: Wir müssen ja nicht den Lebensraum von *Archaeopteryx*, sondern den seiner vielleicht einige Millionen Jahre früher lebenden Vorläufer, der Vorvögel, in Betracht ziehen. Dieser ist uns allerdings ebensowenig bekannt wie der hypothetische *Proavis* selbst.

Das Gleitflugmodell setzt zugleich voraus, daß die Vorvögel auch klettern konnten. Was verraten uns die Krallen von *Archaeopteryx*, ihrem Nachfahren, darüber? Die bei einigen Exemplaren in allen Details erhaltenen Hornkrallen sind sichelartig gekrümmt, sehr spitz, an der Innenrundung mit einer scharfen Schneidelamelle versehen und an der Außenrundung verstärkt (Bild 13). Ähnlich gestaltete Krallen haben Spechte, Baumsegler, Fledermäuse, Flughunde und Eichhörnchen, also Tiere, die an Baumstämmen klettern und sich an Rinde festklammern können. Bei Greifvögeln, Eulen, Felskletterern und Bodenläufern sehen sie anders aus. Daß *Archaeopteryx* folglich fähig war, an Baumstämmen hochzuklettern, war eines der wichtigsten Ergebnisse der Internationalen *Archaeopteryx*-Konferenz von Eichstätt im Jahre 1984.

Daß größere Bäume in den Solnhofener Schichten nicht durch Fossilfunde belegt sind, ist nur so zu erklären, daß der eigentliche Lebensraum von *Archaeopteryx* weiter entfernte Festlandsgebiete umfaßte, deren Vegetationsreste nicht in die Solnhofener Lagune gelangten. Fliegende Tiere aber – wie Insekten, Flugsaurier und eben Urvögel – konnten durch tropische Stürme weit aufs Meer hinausgetrieben werden, wo sie ertranken. Gerade die extreme Seltenheit der *Archaeopteryx*-Funde deutet auf einen weiter entfernten Lebensraum dieser Tiere hin, aus dem sie nur ganz selten durch Katastrophen herausgerissen wurden.

Wenn *Archaeopteryx* mit seinen Krallen noch so gut ans Baumklettern angepaßt war (Bild 12 unten), dann waren auch seine Vorläufer wohl kletterfähig – eine wichtige Stütze für das Gleitflugmodell der Arboreal-Theorie. Heutige kletternde Vögel tun dies freilich allein mit Hilfe der Fußkrallen; *Archaeopteryx* hingegen konnte zusätzlich seine Fingerkrallen, insbesondere an seinem sehr beweglichen ersten Finger (Bild 13 rechts) zum Einhaken, Festklammern und Verankern einsetzen, wobei der lange Schwanz als zusätzliche Stütze diente.

Eine Kompromiß-Theorie

Eine den verschiedenen Aspekten gerechtwerdende Vorstellung von der Entstehung des Vogelflugs, ein Kompromiß zwischen Arboreal- und Cursorial-Theorie, könnte folgendermaßen aussehen. Die Vorfahren von *Archaeopteryx* waren kleine, zweifüßig rennende Dinosaurier, die den Theropoden nahestanden und während der jüngeren Trias oder dem älteren Jura die ökologische Nische Baum besetzten. Der Baumbereich diente vielleicht als Versteck, als Nist- und Schlafplatz oder er bot Vorteile bei der Nahrungssuche. Der Beginn des Baumlebens war wahrscheinlich mit der Entstehung der Warmblütigkeit und der gleichzeitigen Entwicklung von Federstrukturen als Wärmeschutz gekoppelt. Zudem entwickelte sich das räumliche Sehen und

Bild 13: Die Krallen von *Archaeopteryx* sind stark gekrümmt und sehr spitz. Sie eigneten sich gut zum Klettern an Baumstämmen – ein Hinweis darauf, daß die Vogelvorfahren sich von baumkletternden Gleitfliegern ableiten lassen. Die linke Photographie zeigt die Fußkrallen des Haarlemer Exemplars samt ihrer spitzen, als Scheide übergestülpten Hornkrallen. Sie sind an der Innenrundung mit einer scharfen Schneidelamelle versehen und ähneln denen heutiger Spechtvögel. Die Aufnahme stammt von Ostrom. Die Fingerkrallen an der linken Hand des neuen Solnhofener Exemplars (rechte Photographie) wurden unter ultraviolettem Licht aufgenommen: Aufgrund ihrer Fluoreszenz treten die Hornkrallen kräftig hervor. Zumindest der erste Finger war senkrecht zur Flügelfläche beweglich. Die UV-Aufnahme hat Mehl angefertigt.

Bild 14: Der jüngst entdeckte Vogel aus der Unterkreide von Las Hoyas in der zentralspanischen Provinz Cuenca. Im Hinblick auf die Stammesgeschichte der Vögel ist er einer der wichtigsten Funde der letzten Jahre: Er ist rund 25 Millionen Jahre jünger als *Archaeopteryx* und zeigt eine Mischung ursprünglicher und fortschrittlicher Merkmale. Modern sind sein verknöchertes Brustbein und sein Gabelbein mit einem Hypocleidium. Die Schwanzwirbelsäule ist bereits zu einem Pygostyl zurückgebildet, allerdings noch nicht so stark wie bei den heutigen Vögeln. Ursprünglicher wirken noch Becken und Hinterbeine. Leider ist der Schädel nicht erhalten. Der Vogel von Las Hoyas, der noch keinen wissenschaftlichen Namen hat, zeigt somit deutlich den Gang der Evolution der Vögel vom Stadium des *Archaeopteryx* zu den modernen Vögeln. Die von Gerardo Kurz angefertigte Aufnahme hat José Luis Sanz von der Universität Madrid freundlicherweise zur Verfügung gestellt.

die Fähigkeit zur besseren Orientierung im dreidimensionalen Raum – wichtige Präreguisiten für das Fliegen.

Durch die Federn wurde der Sprung auf den Boden abgemildert. Die Vergrößerung der Federfläche, besonders an den Vordergliedmaßen, war mit einem Selektionsvorteil verbunden und begünstigte die Ausbildung von Flügeln. Dadurch wurde der Sprung von der Höhe herab verlängert, in ein Gleiten übergeführt und schließlich durch Schlagbewegungen eine ebene Flugbahn erreicht.

Daß der Lauffuß beibehalten wurde, deutet darauf hin, daß die bodenständige Art der Fortbewegung nach wie vor Selektionsvorteile bot – und das nicht nur bei den Vorvögeln, sondern auch noch bei *Archaeopteryx*.

Zwischen Bäumen zu gleiten sowie an Baumstämmen und im Geäst zu landen erfordert eine sehr präzise, punktgenaue Steuerung, das heißt eben auch eine perfekte sensomotorische und flugtechnische Koordination. Ein einfaches fallschirmartiges Aufsetzen auf dem Boden dürfte daher für die Vorvögel auch aus dem Gleitschlagflug heraus leichter zu beherrschen gewesen sein als eine komplizierte, distanzfixierte Landung am Baum (Bild 12 oben). Einmal auf dem Boden, wechselten sie im zweibeinigen Lauf zum nächsten Baum, wo sie wieder daran hochkletterten, um Insekten und deren Larven abzusammeln, sich zu verstecken, zu nisten oder zu schlafen.

Dies wäre eine Theorie der Flugentstehung, die im wesentlichen die Argumente zugunsten des Gleitflugmodells berücksichtigt, aber auch die ausgeprägten Anpassungen an den bipeden Lauf erklärt. Man könnte sie vermittelnd die Arboricursorial-Theorie nennen – anschaulicher die Läufer-Kletterer-Theorie.

Archaeopteryx selbst hatte wahrscheinlich dieses Stadium schon hinter sich gelassen. Er war wohl zum Schlagflug fähig, aber sicherlich nicht zum ausdauernden Streckenflug. Und er war noch immer ein guter Läufer.

Die Stellung von *Archaeopteryx* im Stammbaum der Vögel

War *Archaeopteryx* der Vorfahre aller späteren Vögel? Was sagen Fossilien der nachfolgenden Periode, der Kreidezeit, darüber aus?

Relativ vollständige Skelettreste kreidezeitlicher Vögel kannte man bisher im wesentlichen nur aus der jüngeren Kreidezeit: Es waren Zahnvögel, zum Teil mit Anpassungen an eine tauchende Lebensweise. Eine Abstammung dieser spezialisierten Formen von *Archaeopteryx* schien kaum möglich, weshalb man ihn häufig als Vertreter eines tot endenden Seitenzweigs im Stammbaum der Vögel ansah.

Neuerdings sind aber fossile Vogelreste aus Schichten der Unterkreide in Spanien entdeckt worden, die eher eine Zwischenstellung zwischen *Archaeopteryx* und den späteren Vögeln belegen. Vor allem ein 1984 gefundenes Skelett eines kleinen Vogels aus einem Plattenkalk von Las Hoyas in der Provinz Cuenca im östlichen Zentralspanien vereinigt in sich eine Kombination von primitiven und fortschrittlichen Merkmalen (Bild 14). Es ist mit einem Alter von 125 Millionen Jahren jünger als *Archaeopteryx*. Ursprünglich wirken noch Becken und Hinterbeine; modern muten der Schultergürtel an, der Verbindung mit einem verknöcherten Brustbein hatte, und das Gabelbein, das unten in einem Fortsatz – dem Hypocleidium – endet. Das auffälligste Merkmal ist aber ein Pygostyl, das mit zehn bis 15 verschmolzenen Schwanzwirbeln zwar noch länger ist als bei heutigen Vögeln (dort sind es vier bis zehn fusionierte Wirbel), aber wesentlich kürzer als bei *Archaeopteryx* (23 Wirbel).

Der Vogel von Las Hoyas repräsentiert somit ein bisher unbekanntes Organisationsniveau von Vögeln, das entsprechend den Begriffen der stammesgeschichtlich angelegten Systematik als eine Schwestergruppe der späteren Vögel (Ornithurae) einzustufen ist. Er macht zugleich deutlich, daß die frühe Evolution der Vögel stark und rasch von den Erfordernissen des Fluges diktiert wurde. Ferner bestätigt er den sogenannten Mosaikmodus der Evolution, den erstmals der englische Zoologe Sir Gavin de Beer im Hinblick auf *Archaeopteryx* formuliert hatte – danach sind Reptilien- und Vogelmerkmale in einer einzigen Art mosaikartig verteilt und haben sich nacheinander und zu verschiedenen Zeiten unter selektiven Zwängen herausgebildet.

Der Unterkreidevogel von Las Hoyas zeigt deutlich, wie die Entwicklung nach *Archaeopteryx* weiterging. Die Frage ob *Archaeopteryx* selbst als dessen Vorläufer oder als Ahne aller späteren Vögel in Betracht kommt, läßt sich auf der Grundlage des bisherigen Fossilmaterials nicht beurteilen, ist aber auch nicht so entscheidend. Wichtig bleibt, daß die bisher sechs bekannten *Archaeopteryx*-Exemplare und die Einzelfeder Kronzeugen für das evolutionsgeschichtliche Werden der Vögel sind. Sie sind, wie der Baseler Zoologe Adolf Portmann es formulierte, „Dokumente, ohne deren Gegenwart der Entwicklungsgedanke nicht die Macht besäße, die er im Denken unserer Zeit ausübt".

Die Säuger von Messel: Wurzeln auf vielen Kontinenten

Die Grube Messel gibt einzigartigen Einblick in einen wichtigen Abschnitt der Geschichte des Lebens: in die Entfaltung der Säugetiere im Alttertiär. Aber nicht nur die Tiere selbst, auch ihre biogeographischen Wurzeln lassen sich rekonstruieren.

Von Gerhard Storch

Die Grube Messel zählt zu den bedeutendsten Fossilfundstätten der Erde. Sie bietet außerordentliche, zum Teil einmalige wissenschaftliche Möglichkeiten. Zugleich ist sie aber auch ein Kulturgut höchsten Ranges für jedermann. Vielfalt und Vollständigkeit der dort erhaltenen Fossilien machen sie zu einem einzigartigen Schaufenster in einen wichtigen Abschnitt der Geschichte des Lebens auf unserem Planeten.

Die Grube hat – auch dies weltweit – noch eine andere, eine traurige Berühmtheit erlangt: Sie soll als Mülldeponie verwendet werden. Immerhin sind den Wissenschaftlern Grabungsmöglichkeiten zunächst bis 2001 gegeben.

Die Grube liegt 9 Kilometer nordöstlich von Darmstadt und ist ein 1971 stillgelegter Ölschiefer-Tagebau von 1000 Metern Länge, 700 Metern Breite und 70 Metern Tiefe. Der Ölschiefer – ein bituminöser Tonstein – wurde in einem ehemaligen Seen- und Flußgebiet abgelagert und blieb nur dort vor späterer Abtragung bewahrt, wo er in tektonische Gräben abgesunken war.

Der einstige Messeler See war mehrere 100000 Jahre lang ein Auffangbekken für eine reiche Tier- und Pflanzenwelt, die unter dem damals subtropischen Klima in ihm, entlang seiner Ufer und im Einzugsbereich zuströmender Flüsse gedieh. Vollständige Tierkadaver sanken sanft in die feine Tontrübe des Seebodens ab, wo lebensfeindliche Bedingungen und sehr geringe Wasserbewegung ihre Zersetzung und Verdriftung weitgehend verhinderten. Es herrschten also geradezu ideale Einbettungsbedingungen. So sind uns Palmen, Feigen, Seerosen, Lorbeer- und Walnußgewächse sowie alle größeren Gruppen der Wirbeltiere überliefert.

Allein 32 Säuger-Arten aus 13 Ordnungen sind derzeit bekannt. Vergleiche mit ähnlich alten Fundstellen Europas lassen einen tatsächlichen Bestand von ehemals 70 Arten vermuten. Dies bedeutet, daß jede weitere Ausgrabung bislang Unbekanntes und Überraschendes zutage fördern kann. Auch hierin tun sich die unerschöpflichen Möglichkeiten dieser einzigartigen Fundstelle dar, die Messel unersetzlich machen.

Gerade den Säugetieren kommt herausragende Bedeutung zu. Die Messeler Ölschiefer-Formation gehört nämlich in das untere Mitteleozän (Bild 2 links), einen Abschnitt des Alttertiärs, der etwa 48 Millionen Jahre zurückliegt und eine äußerst wichtige Phase in der Entfaltung der Säuger darstellt. Die ersten Säugetiere der Beuteltier-Plazentalier-Stufe waren zwar bereits in der untersten Kreidezeit vor etwa 130 Millionen Jahren aufgetaucht. Ein deutlicher Wandel jedoch begann sich erst nach dem Untergang der Dinosaurier – am Ende der Kreidezeit vor 65 Millionen Jahren – abzuzeichnen. So bildeten sich im nachfolgenden Paläozän und vor allem im Eozän zahlreiche verschiedene Typen von Säugern heraus. Viele der heutigen Gruppen standen also zu Zeiten des Messeler Sees am

Bild 1: Der Fund des Ameisenbären *Eurotamandua joresi* ist sicherlich eine der großen Überraschungen aus der Grube Messel bei Darmstadt. Ameisenbären bilden mit den Faul- und Gürteltieren die Säugetier-Ordnung Edentata, die Zahnarmen. Sie kennzeichnen die fossilen und die heutigen Faunen Südamerikas, und sie gelten als Musterbeispiel für Eigenentwicklungen in der 60 Millionen Jahre währenden Isolation eines Inselkontinents (die Panamabrücke ist erst etwa drei Millionen Jahre wieder gangbar). *E. joresi* ist der erste und bislang einzige fossile Ameisenbär außerhalb Südamerikas. Gemeinsam mit weiteren fossilen „Südamerikanern" in Europa fordert er zum Überdenken biogeographischer Vorstellungen auf. Derartige Überlegungen müssen sich selbstverständlich im Rahmen der Plattentektonik bewegen und damit von Verschiebungen der Kontinente in der geologischen Vergangenheit ausgehen. Paläogeographische Folgerungen setzen auch die Kenntnis des stammesgeschichtlichen Alters voraus. Ameisenbären müssen bereits früh ihre ökologische Nische eingenommen haben. So sind bei *E. joresi* bereits alle Anpassungen an die Termiten- und Ameisennahrung voll entwickelt: röhrenförmiger zahnloser Schädel, mächtiger Schultergürtel und ebensolche Vorderextremitäten sowie eine massive Hand mit gewaltiger Mittelkralle.

Anfang ihrer Entwicklung; daneben gab es aber auch sehr alte Formen und solche, die bereits sehr früh eine geeignete ökologische Nische besetzt hatten und daher bereits ihren heutigen Spezialisationsgrad erworben hatten.

Die außergewöhnliche Erhaltung erlaubt es nicht nur, die Funde sicher systematisch zuzuordnen, sondern gibt oft auch klare Einblicke in die Lebens-, Bewegungs- und Ernährungsweise des Tieres. Überlieferte Weichkörperkonturen beispielsweise zeichnen Haare, Ohren oder Flughäute nach und geben eine genaue Vorstellung vom Aussehen der Tiere. Zur Rekonstruktion muß das Fossil dann lediglich zeichnerisch räumlich „entfaltet" werden. Ein fossil erhaltener Magen-Darm-Inhalt wiederum gestattet vielfach direkte Aussagen über die Ernährungsweise. Solche Einblicke tragen entscheidend zum Verständnis der frühen Stammesgeschichte der Säuger bei.

Daß sich hier biologische Anpassungen umfassend und zuverlässig rekonstruieren sowie datieren und die Funde klar systematisch einordnen lassen, ist auch in anderer Hinsicht entscheidend. Denn beide Umstände sind unerläßliche Voraussetzungen, wenn man auf die paläogeographischen Verhältnisse rückschließen möchte. Treten beispielsweise auf verschiedenen Kontinenten ähnlich aussehende Formen auf, so ist zunächst die Frage zu klären, ob hier wirkliche Verwandtschaft vorliegt oder nur eine Konvergenz, also gleichgerichtete körperliche Anpassungen unter nicht-verwandten Formen. Diese würden biogeographische Beziehungen zwischen den Kontinenten nur vortäuschen.

Die großräumigen Kontinentalbewegungen, wie die Theorie der globalen Plattentektonik sie behandelt, werden mittels geophysikalischer und ozeanographischer Methoden untersucht. Feinheiten aber wie etwa die Passierbarkeit ehemaliger Landbrücken kann die Wirbeltierpaläontologie oft präziser klären. Die meisten Messeler Säugetiere gehören glücklicherweise sich relativ rasch verändernden Entwicklungslinien an, die das Aufstellen einer feineren Zeitskala ermöglichen. Ihre biogeographischen Wurzeln finden sich überdies hauptsächlich auf den außereuropäischen Kontinenten. Im Vergleich zu anderen Wirbeltieren können sie daher das Wann und Wo ehemaliger interkontinentaler Verbindungen enger eingrenzen helfen.

Die biogeographische Geschichte der Messeler Säuger läßt sich allerdings nicht als geschlossene Einheit darstellen. Es gilt vielmehr, weitgehend unab-

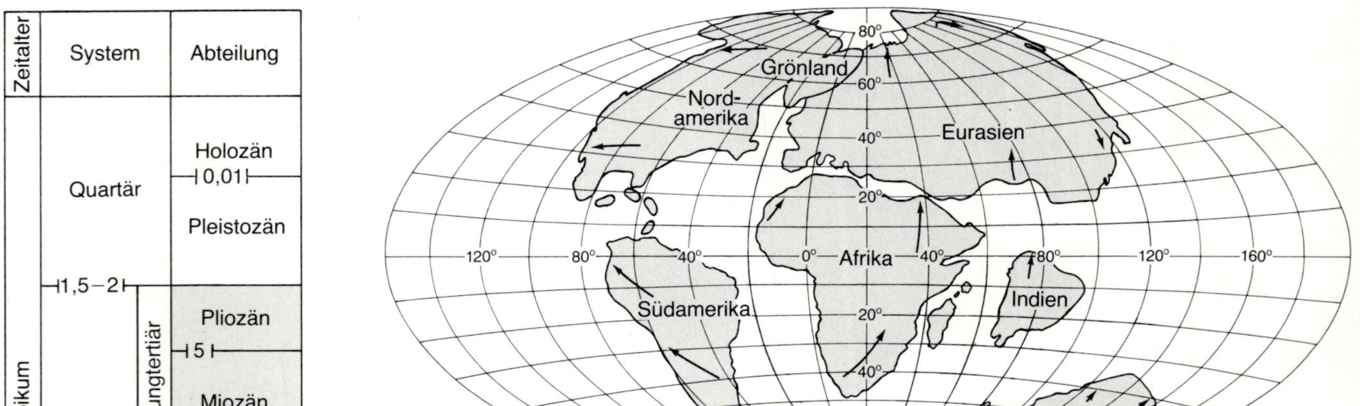

Bild 2: Drift der Kontinentalblöcke. In der untersten Kreide vor 135 Millionen Jahren – vor dem Auftreten der gemeinsamen Vorfahren der Beuteltiere und der plazentalen („höheren") Säuger – hing Südamerika noch mit Afrika sowie mit der Antarktis und Australien zusammen (unten). Später – an der Wende zur Erdneuzeit vor 65 Millionen Jahren – waren Südamerika und Afrika bereits voneinander getrennt, während sich Australien erst von der Antarktis zu lösen anfing (oben). Damals standen die Säuger am Beginn ihrer Entfaltung, die im Eozän – zu Messeler Zeiten (Zeitskala links) – in voller Blüte stand. Die Zeitskala ist im Bereich der einzelnen Systeme unterschiedlich stark gedehnt.

hängige Kapitel über die verschiedenen Faunenwurzeln zu betrachten. Daß wir es mit einem Puzzle zu tun haben, rührt von der besonderen Lage Mitteleuropas mit den in Zeit und Raum wechselnden interkontinentalen Verbindungsmöglichkeiten her. Die Teile des Puzzles sollen hier an bezeichnenden Vertretern jeder biogeographischen Gruppe veranschaulicht werden.

Plattentektonik und Paläogeographie: das Beispiel Beuteltiere

Beginnen wir mit einer ursprünglichen, in Messel anzutreffenden Säuger-Ordnung: den Beuteltieren (Bild 5). Sie sind gegenwärtig nur in Australien und auf benachbarten Inseln bis hin nach Celebes und Timor sowie in Süd- und Mittelamerika verbreitet. Das Oppossum, die einzige nordamerikanische Beutlerart, ist erst vor etwa 3 Millionen Jahren aus Südamerika eingewandert.

Bevor die Theorie der Plattentektonik etwa ab der zweiten Hälfte der sechziger Jahre allgemein akzeptiert wurde, schienen statische Modelle dieses Verbreitungsmusters – unter bestimmten Annahmen – hinreichend zu erklären. Die „Stabilisten" gingen davon aus, daß sich zumindest seit der Entstehung der Beutler in der Kreidezeit die Kontinente nicht wesentlich zueinander verschoben hätten. Ihrer Meinung nach hatten sich die Beuteltiere in Nordamerika entwickelt, wo die bis dahin ältesten fossilen Reste herstammten, und dann nach Süden über die zeitweise gangbare Panamabrücke nach Südamerika sowie nach Norden über die Beringbrücke nach Asien ausgebreitet. Von Südostasien aus hätten sie schließlich über Inselketten Australien besiedeln können.

Störend an diesem Modell war im wesentlichen nur das Fehlen jeglicher fossilen Beuteltiere aus Asien, doch wurde das als Überlieferungslücke gedeutet. Geologische, geophysikalische und ozeanographische Untersuchungen haben jedoch gezeigt, daß die Kontinente ihre Lage zueinander erheblich verändert und daß sich die heutigen Ozeane erst relativ spät gebildet haben.

Das Zerbrechen, Auseinanderdriften und Zusammenwachsen von Kontinentalschollen läßt sich mit Hilfe der Plattentektonik erklären. Sie liefert auch eine breite Basis zur Beantwortung biogeographischer Fragen. So haben die „Mobilisten", die vom Konzept der Plattentektonik ausgehen, heute die „Stabilisten" abgelöst.

In unserem Beispiel erfordern mobilistische Modelle weniger hypothetische Annahmen darüber, wie die gegenwärtige Verbreitung der Beuteltiere zustande gekommen ist. Mehr noch, allein diese Modelle erlauben es, die bislang bekannte Fossilgeschichte der Beutler vernünftig zu deuten.

Beuteltiere und „höhere" Säugetiere (solche mit einer Plazenta) sind Geschwistergruppen mit gemeinsamen Stammformen. Zwar ist noch umstritten, ob etwa 100 Millionen Jahre alte Zähne aus der mittleren Kreide von Texas eindeutig Beuteltieren oder plazentalen Säugern zuzurechnen sind. Doch ist in jedem Fall anzunehmen, daß die stammesgeschichtliche Aufspaltung der beiden Gruppen schon in der unteren Kreidezeit im Gange war. Nach einer Fossillücke von etwa 25 Millionen Jahren kennen wir dann zweifelsfreie Beuteltiere aus der Oberkreide von Nord- und neuerdings auch von Südamerika.

An den südamerikanischen Fundstellen in Peru und Bolivien bietet sich bereits eine große Formenvielfalt, die in den noch etwas jüngeren, wahrscheinlich mittelpaläozänen Faunen von Itaboraí in Brasilien noch stärker ausgeprägt ist. Demnach haben sich in Südamerika die Beutler schon lange vor ihrer frühesten Dokumentation entfaltet und breit aufgefächert. So liegt der Schluß nahe, daß sie hier überhaupt ent-

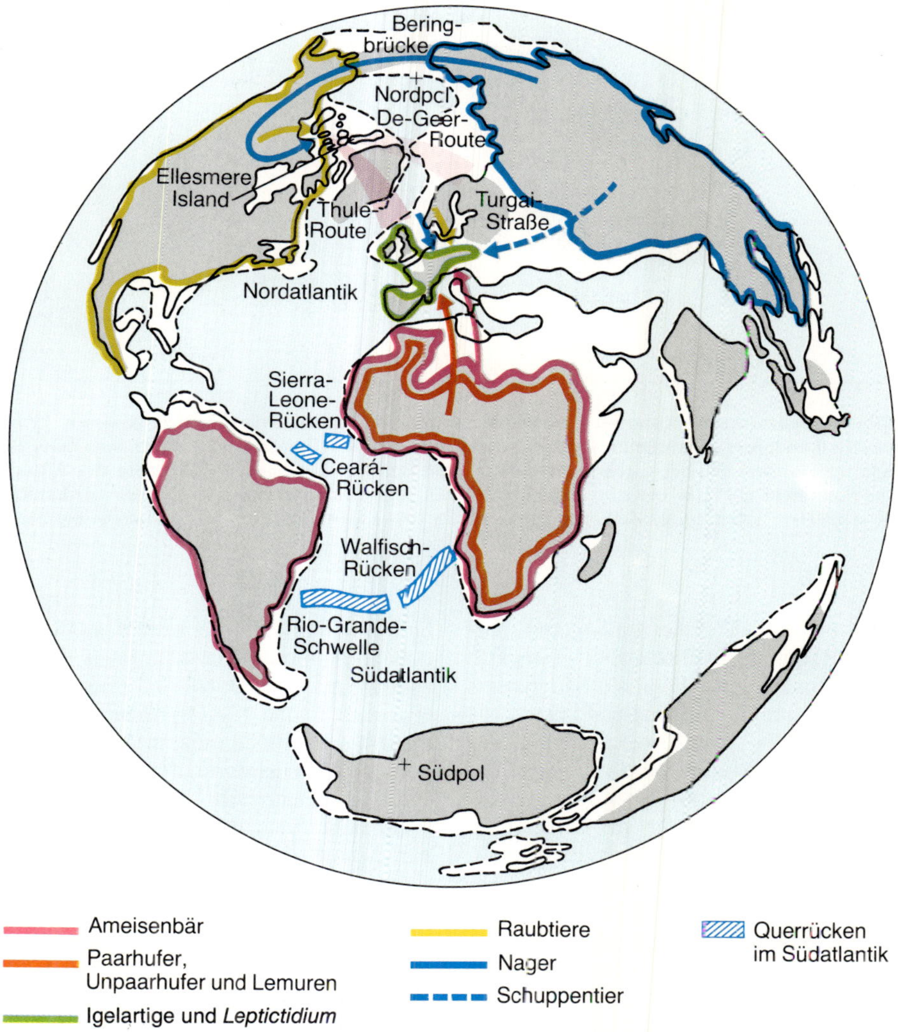

Bild 3: Paläogeographie der Erde im Obereozän vor etwa 40 Millionen Jahren und die biogeographischen Wurzeln der Messeler Säugetiere. Die Karte zeigt einen etwas späteren Abschnitt als die Messel-Zeit, doch hat sich bis dahin an der geographischen Isolation Europas und seiner Zergliederung durch epikontinentale Meeresstraßen – wie die Turgai-Straße – nichts geändert (weiß: vom Meer überflutete kontinentale Kruste). Die ungewöhnliche Perspektive der Karte – beide Pole sind auf die Kreisfläche gerückt – ermöglicht eine bessere Darstellung der Wanderrouten. Die Wurzeln der Messeler Säuger liegen auf vielen Kontinenten, was besonders kennzeichnende Formen verdeutlichen sollen. (Die Pfeile veranschaulichen die Herkunft, nicht den exakten Wanderweg.) Echte Europäer gibt es nur wenige. Die Nager beispielsweise sind neueren Erkenntnissen nach höchstwahrscheinlich in Zentralasien entstanden, über die Beringbrücke nach Nordamerika gewandert und von dort über die De-Geer-Route oder die Thule-Route nach Europa gelangt. Die Wurzeln des Messeler Ameisenbären (Bild 1) sind in Westgondwana (rotviolett) auf den einst zusammenhängenden Blöcken von Südamerika und Afrika zu suchen. Nur so läßt sich sein Auftauchen in Europa vernünftig erklären. (Die Land-Wasser-Verteilung basiert auf einer Karte von Steven Stanley.)

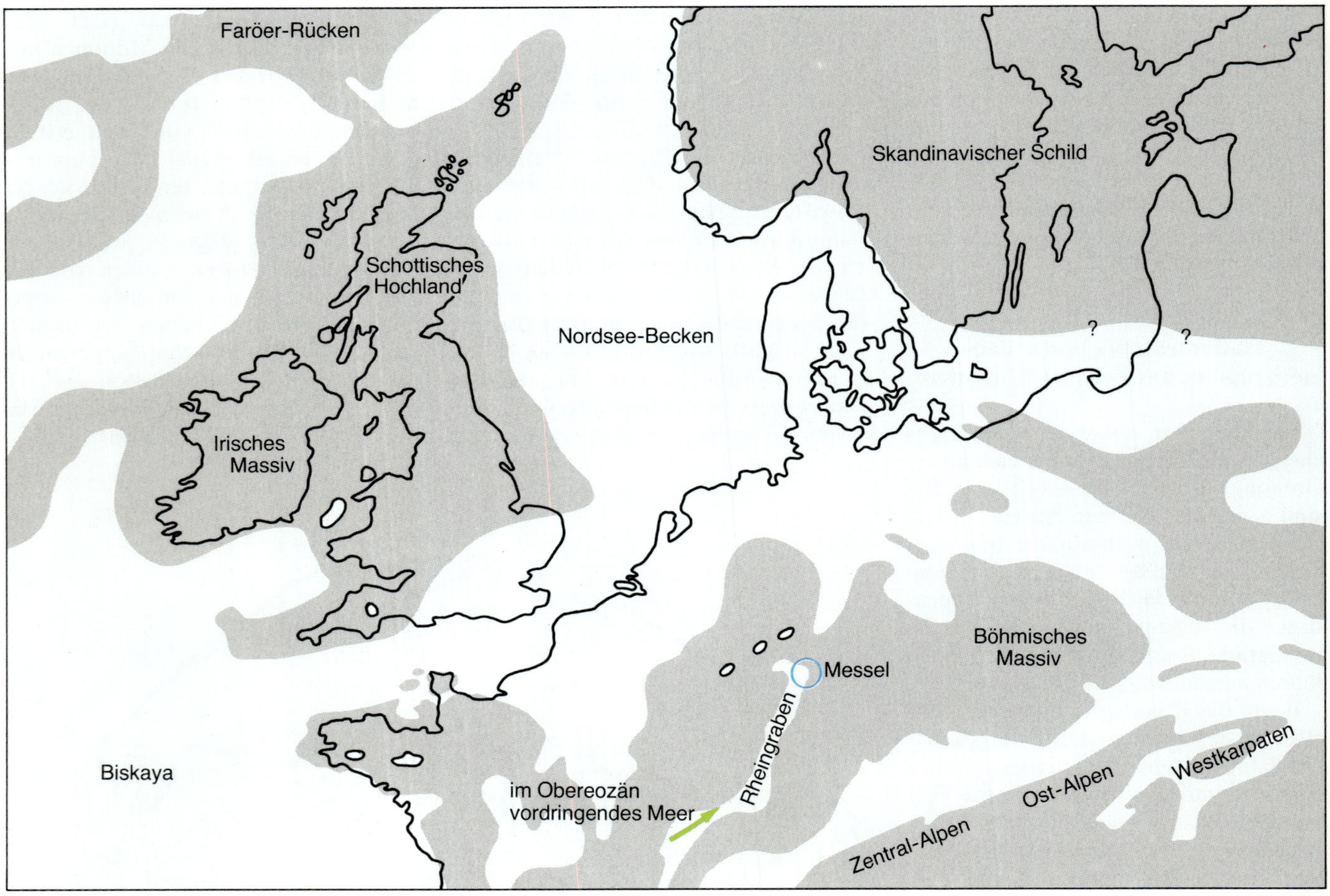

Bild 4: Nordeuropa im Alttertiär während der Entfaltung der Säugetiere. Die Landoberfläche war im Paläozän und Eozän von Schelfmeeren und epikontinentalen Seewegen zergliedert, so daß Europa eher einem Inselkontinent glich. In den einzelnen Bereichen konnten sich die eingewanderten Arten einige Zeit lang eigenständig entwickeln, was für einen gewissen „Faunenprovinzialismus" innerhalb Europas verantwortlich sein mag. Die Grenzen zwischen Land und Wasser wechselten im Laufe des Alttertiärs. Überflutete Gebiete sind blau gekennzeichnet, trockene Bereiche hingegen grau angegeben. Messel liegt am Rand des Oberrheingrabens, der im Obereozän von Süden her marin wurde.

standen sind. Welcher paläogeographische Rahmen war ihnen aber gesteckt?

Noch nachdem die ersten Säuger entstanden und die Beutler-Plazentalier schon im Aufspalten waren, also in der Unter- und Mittelkreide, standen alle Südkontinente als Großkontinent Gondwanaland miteinander in Verbindung (Bild 2 rechts). Erst in der Oberkreide, vor etwa 90 Millionen Jahren, trennten sich Südamerika und Afrika endgültig voneinander. Bereits davor hatten zwar Antarktis und Australien begonnen, sich gemeinsam von der südlichen Landmasse abzuspalten, doch blieben die antarktische Halbinsel und die Südspitze Südamerikas noch lange – bis vor etwa 35 Millionen Jahren – über einen Archipel miteinander verbunden. Australien hingegen fing schon im Paläozän vor rund 60 Millionen Jahren allmählich an, sich von der Antarktis zu lösen und nordwärts zu driften, gelangte aber erst im Miozän vor rund 20 Millionen Jahren in die Nachbarschaft von Südostasien.

Doch selbst vor dem endgültigen Auseinanderbrechen von Gondwanaland konnten sich die Säuger nicht ungehindert überall hin ausbreiten. Denn es gab gewisse Barrieren und Filter, etwa eine flache Wasserstraße zwischen Pazifik und Südatlantik in Südamerika oder auch Wasserwege zwischen der West- und Ostantarktis.

Da Beuteltiere bereits vor 65 Millionen Jahren in Südamerika eine große Formenvielfalt erlangt hatten und viel weiter zurückreichende Wurzeln haben, sind sie noch vor der endgültigen tektonischen Zerlegung von Gondwanaland in die heutigen Südkontinente entstanden. Daraus ergibt sich ein paläobiogeographisches Modell, das zwangsläufig erheblich von stabilistischen Vorstellungen abweicht.

Danach haben die Beuteltiere ihre erste Entfaltung in dem Bereich von Gondwanaland erlebt, der Südamerika, Afrika und vielleicht Teile der Antarktis umfaßte. Paläontologische Befunde sprechen dafür, daß Australien erst danach via Ostantarktis besiedelt wurde. Trotz ihrer heute enormen Formenvielfalt sind wahrscheinlich alle australischen Beutler eine monophyletische Gruppe, also eine mit einem einzigen gemeinsamen Vorfahren. Seine einmalige Einwanderung in der obersten Kreide oder dem untersten Tertiär (vor etwa 70 bis 60 Millionen Jahren) hat demnach einen ausreichenden Grundstock gelegt. Strenge Filtermechanismen entlang der Wanderroute müssen die Immigration verschiedener anderer systematischer Einheiten, wie sie zu dieser Zeit aus Südamerika bekannt sind, unterbunden haben. Von Südamerika aus konnten sich aber Beuteltiere nach Nordamerika ausbreiten und von dort und von Afrika aus nach Europa einwandern.

Wenn sich die Beuteltiere erstmals im genannten Bereich von Gondwanaland entfaltet haben, müßten in Afrika und in der Antarktis alte fossile Beutler zu finden sein – oder zumindest Formen, die sich von diesen herleiten. Im Jahre 1984 konnten nun amerikanische und französische Paläontologen erstmals Fossilfunde von beiden Kontinenten wissenschaftlich beschreiben: einen etwa 50 Millionen Jahre alten einzelnen Backenzahn aus dem unteren Eozän von Algerien, ebenfalls eozäne, etwa 40 Millionen Jahre alte Funde von Seymour Island östlich der Antarktischen Halbinsel sowie oligozäne, etwa 32 Millionen Jahre alte Reste aus der Fayum-Provinz in Ägypten.

Die beiden letzten Funde stellen sicherlich nicht die erwünschten Nachweise dar. Denn das ägyptische Fossil zeigt nahe verwandtschaftliche Beziehungen zu eozänen europäischen Arten (auch zu den Messelern) und die Antarktis-Form zu alttertiären südamerikanischen Gattungen. Beide könnten demnach in einer Art Treibgut-Ausbreitung über Archipele von diesen Kontinenten gekommen sein.

Hingegen lassen nach Meinung von Jean-Yves Crochet von der Université des Sciences et Techniques du Languedoc in Montpellier einige – primitive – Merkmale des algerischen Zahns darauf schließen, daß die zugehörige Art auf eine erste Entfaltung der Beuteltiere in Südamerika und Afrika zurückgeht – noch vor der endgültigen Öffnung des Südatlantiks vor 90 Millionen Jahren. Andere Merkmale weisen auf eine dann lange endemische, also eigenständige Entwicklung in Afrika hin.

Für solche Schlüsse ist allerdings ein einziger Zahn eine noch recht schmale Grundlage. Doch basale Gondwana-Säugerfaunen aus Afrika und Antarktis sind noch nicht bekannt: Der Beutler von Seymour Island ist überhaupt der erste in der Antarktis entdeckte Landsäuger, und von Afrika sind so gut wie keine Kleinsäuger aus der Oberkreide oder dem Paläozän bekannt.

Die Messeler Beuteltiere sind also über Nordamerika oder Afrika eingewandert. Es handelt sich bei ihnen um Beutelratten mit unspezialisiertem Körperbau, die primitiven systematischen Gruppen zuzurechnen sind. Obwohl sie in Europa die beträchtliche Zeitspanne von etwa 45 Millionen Jahren überdauert haben, zeigen sie nur eine bescheidene Entfaltung mit wenigen Veränderungen. Sie sind erstmals vor etwa 60 Millionen Jahren im Mittelpaläozän von Hainin in Belgien nachzuweisen; vor etwa 14 Millionen Jahren im Mittelmiozän starben sie dann aus. Insgesamt kennt man nur drei Gattungen. Alle waren auf West- und Mitteleuropa beschränkt. Die östlichsten Funde stammen aus dem Geiseltal bei Halle und aus Eger in der CSSR. In Messel dürften zwei Arten vertreten sein, die noch nicht endgültig wissenschaftlich bestimmt sind (Bild 5).

Die Plattentektonik steckt zwar den weiten Rahmen, in dem die interkontinentalen Beziehungen der Messeler Säugetierfauna rekonstruiert werden müssen. Doch sei nachdrücklich betont, daß paläogeographische Karten nicht die ganze Geschichte erklären können. Sie geben im wesentlichen tektonische Großereignisse wieder – Bewegungen großer Kontinentalschollen –, und sie kümmern sich weniger um flache Nebenmeere oder kleinräumige und vorübergehende interkontinentale Landbrücken.

Zwei Beispiele sollen solche Widersprüche zwischen Paläo- und Biogeographie verdeutlichen: So geben Geophysiker für die Oberkreide eine breite marine Barriere zwischen den beiden Amerika an, während Paläontologen den Austausch von Landwirbeltieren zu dieser Zeit belegen können; ebenso zeigen paläogeographische Karten Indien zu Beginn des Paläozän isoliert und noch südlich des Äquators, während Paläontologen aus dieser Zeit einen landlebenden indischen Frosch nachweisen, der eine kennzeichnende Gruppe der Nordkontinente – die Krötenfrösche (Pelobatiden) – vertritt.

Letztlich spielen also immer die Organismen selbst eine entscheidende Rolle. Einige können auch kontinuierliche Landmassen aufgrund klima-ökologischer Sperren nicht durchgehend besiedeln, andere aber selbst tiefe Ozeane per Zufall überwinden.

Echte Europäer – ein Problem

Zu Lebzeiten der Messeler Säugetiere, vor etwa 48 Millionen Jahren, war die Landfauna Europas in bemerkenswerter Weise isoliert. Den Kontinent umgaben damals ringsum Meere: im Norden der Arktische Ozean, im Süden die Tethys, die Vorläuferin des Mittelmeeres, im Westen der Atlantik und im Osten die Ob-See und die breite Turgai-Straße, die – am Ostrand des Urals entlang – die Tethys mit dem Arktischen Ozean verband (Bild 3).

Zudem griffen flache Meeresarme vorübergehend aufs Land über. Solche epikontinentalen Meeresarme zergliederten ebenso wie ausgedehnte Lagunen-, Seen- und Sumpfgebiete die Landoberfläche, so daß Teile Europas mehr einem Inselarchipel als einem Kontinent glichen (Bild 4). Flache Nebenmeere im Norden trennten zudem Skandinavien ab und isolierten zusammen mit der von Süden eindringenden Tethys die Russische Plattform weitgehend.

Diese paläogeographische Situation spiegelt sich in der Säugerfauna wider, und zwar in einem hochgradigen Endemismus, also in stammesgeschichtlichen Entwicklungen, die auf Europa oder sogar nur auf Teilbereiche davon beschränkt geblieben sind. Aus diesem Grunde haben verschiedene europäische Fundstellen – obwohl räumlich und zeitlich eng benachbart – doch jeweils einen ganz eigenen Charakter und können sich in Einzelheiten ihrer Säugerfaunen unterscheiden. Dies zeigt sich selbst bei Fledermäusen, die als flugfähige Säugetiere noch am ehesten Barrieren wie Wasserstraßen oder Sümpfe hätten überwinden können.

In Messel beispielsweise ist die Art *Palaeochiropteryx tupaiodon* sehr häu-

Bild 5: Beuteltier-Funde aus der Grube Messel sind bisher sehr selten. Das abgebildete Exemplar mit einer Gesamtlänge von 32 Zentimetern ist wissenschaftlich noch nicht näher beschrieben, läßt sich aber schon jetzt dem Gebiß nach den Beutelratten zuordnen. Es sind dies primitive, relativ kleine Formen, deren Körperbau keine auffälligen Spezialisationen erkennen läßt. Beutelratten hatten in Europa über den beachtlichen Zeitraum von 45 Millionen Jahren gelebt, ehe sie vor etwa 14 Millionen Jahren ausstarben. In dieser langen Zeit veränderte sich ihr Bauplan offenbar nicht wesentlich. Die Frage nach dem Entstehungsgebiet der Beuteltiere und nach ihren Ausbreitungswegen über die Erde läßt sich mit Hilfe mobilistischer Modelle, welche die Bewegungen der Kontinentalschollen berücksichtigen, beantworten.

fig vertreten. Sie fehlt jedoch in der mitteleozänen Fauna des Geiseltals, keine 300 Kilometer Luftlinie von Messel entfernt, ebenso wie die fünf anderen von Messel bekannten Arten. Nicht einmal die entsprechende Gattung ist unter den reichen Fledermausfunden des Geiseltals vertreten. Diese Unterschiede beruhen nach heutigem Wissensstand nicht auf einem unterschiedlichen Evolutionsniveau: Messel ist biostratigraphisch zwar etwas älter als die Schichten der Geiseltal-Fledermäuse, aber dennoch findet sich hier mit *Hassianycteris* eine modernere Gattung als jene, wie sie vom Geiseltal bekannt sind. (Diese Gattung habe ich mit James Dale Smith 1981 am Senckenberg-Museum in Frankfurt wissenschaftlich beschrieben.)

Will man nun feststellen, welche der Messeler Säugetiere keine Zuwanderer sind, sondern auf vor-eozänen, bodenständig-europäischen Entwicklungen fußen, dann stößt man allerdings auf einige Schwierigkeiten. Denn die Fossildokumentation für den fraglichen Zeitraum ist teilweise mehr als dürftig: Die gesamte bekannte Fauna der Oberkreide besteht aus einem Backenzahn eines plazentalen Säugers aus Südfrankreich und ein paar Resten eines nicht näher beschriebenen primitiven „Insektenfressers“ aus Portugal; ein unteres Paläozän gibt es in der Fossildokumentation überhaupt nicht. Die Funde setzen im Mittelpaläozän mit der etwa 60 Millionen Jahre alten Fauna von Hainin in Belgien ein. Ihre Bearbeitung ist noch nicht abgeschlossen, doch zeichnen sich außer einem ziemlich endemischen Charakter systematische Beziehungen zu nordamerikanischen Formen ab.

Besser unterrichtet sind wir dann über das obere Paläozän, die Zeit vor ungefähr 58 bis 54 Millionen Jahren. Die relativ reichhaltigen Faunen von Cernay im Pariser Becken und von Walbeck in der DDR setzen in biogeographischer Hinsicht den Eindruck von Hainin fort und deuten einen schwachen interkontinentalen Austausch mit Nordamerika an.

Diese paläozänen Säugetiere waren primitiv, und keines gehörte einer Entwicklungslinie zu den modernen Familien an. Nach Ansicht ihres besten Kenners, Donald E. Russell vom Pariser Muséum National d'Histoire Naturelle, stellt diese archaische Landfauna die Kulmination von alten, kreidezeitlichen Formen und nicht die beginnende Entfaltung der heutigen Tierwelt dar.

Zu Beginn des Eozäns vor etwa 54 Millionen Jahren erfuhren die europäischen Säugetiere die einschneidendste und dramatischste Umschichtung in ihrer ganzen Geschichte. Die plötzliche

Bild 6: *Pholidocercus hassiacus* gehört zu den Igelartigen, einer sehr alten und primitiven Gruppe der Insektenfresser. In der Lebensweise dürfte er den heutigen Haarigeln Südostasiens geähnelt haben. Die gedrungenen Tiere mit einer Gesamtlänge von 35 bis 40 Zentimetern – die Hälfte davon entfällt allein auf den Schwanz – lebten am Waldboden und wahrscheinlich auch in Ufernähe des Messeler Sees. Hier stöberten sie als Allesfresser nach Nahrung, die sie mit Hilfe langer Hornkrallen auch ausscharren konnten. Ein umfassender Abwehrmechanismus zeichnet sie als hochspezialisiert aus: Der Schwanz war von einander schuppenförmig überlappenden Hautverknöcherungen umgeben, das Rückenfell lang und borstig, und tiefe Gefäßrinnen der Schädelknochen lassen auf eine Hornplatte über der Stirn schließen. Mit solchen außergewöhnlichen Anpassungen verkörpert *P. hassiacus* keineswegs einen „Urigel“. Er gehört zur Familie Amphilemuridae, die auf das Alttertiär Europas beschränkt war und nicht zur Vorfahrenschaft heutiger Haar- und Stacheligel zählt.

Masseninvasion einer modernen, biologisch ausbalancierten Fauna ließ die meisten „Oldtimer“ rasch verschwinden. So stammen nur etwa 10 Prozent der untereozänen Gattungen noch aus dem vorausgegangenen Oberpaläozän, und auch diese starben meist sehr rasch aus. Allein 10 der 14 Säuger-Ordnungen des Untereozäns sind nicht aus dem Paläozän bekannt.

Die Einwanderungswelle legte auch den Grundstock für die Entwicklung der heutigen Säugetierwelt. Zum ersten Mal überhaupt erschienen jetzt Vertreter von später so ungemein erfolgreichen Gruppen wie denen der Paar- und Unpaarhufer. Auch die 48 Millionen Jahre alte Fauna Messels ist grundlegend von diesem drastischen Wechsel gezeichnet. Trotz aller Überprägungen durch spätere endemische Entfaltungen bleibt das Erbe der untereozänen Immigranten in ihr deutlich erhalten. Die paläogeographischen Wurzel dieser Arten sind daher in anderen Gebieten zu suchen.

Die Einwanderer haben sich häufig nur auf Gattungsebene – manchmal auch nur als Arten – in der anschließenden Isolation verändert. Als „echte“ Europäer sollen daher nur höhere systematische Einheiten wie Familien gelten, die auf Europa beschränkt waren und keine irgendwie erkennbaren Wurzeln in außereuropäischen Einwanderern besitzen.

Bild 7: ***Macrocranion tupaiodon*, ein graziler igelartiger Insektenfresser, gehört zu den häufigeren Säugetieren der Grube Messel. Verglichen mit seinem igelartigen Verwandten *Pholidocercus hassiacus* (Bild 6) ist er weniger auf Schutz und Verteidigung als auf Flucht eingerichtet. Die Extremitäten – insbesondere die Hinterbeine – sind verlängert, und das Schienbein ist mit dem Wadenbein in halber Höhe verwachsen. *M. tupaiodon* war offenbar ein sehr schneller vierfüßiger Läufer, der auf der Flucht auch Sprünge ausführen konnte. Im Hinblick auf die Fluchtgeschwindigkeit war das Tier bereits höher spezialisiert als heutige vergleichbare Anpassungstypen unter den Insektenfressern. *M.tupaiodon* hat bei Nacht am Boden nach tierischer und pflanzlicher Nahrung gestöbert. Sein Gehör- sowie sein Geruchs- und Tastsinn waren besonders gut entwickelt, seine Augen hingegen sehr klein. Im Eozän war die Gattung *Macrocranion* in „Euramerika“ beiderseits des Nordatlantik verbreitet.**

Echte Europäer: Igelverwandte und archaische „Insektenfresser“

In Messel sind zwei solche Familien primitiver Säuger vertreten, die möglicherweise Beziehungen zu europäischen „Oldtimern“ haben. Die eine umfaßt die Amphilemuriden. Anhand ihrer Zähne, die von verschiedenen Fundstellen schon lange beschrieben waren, schob man diese Familie bis in die jüngste Zeit zwischen Affen (Lemuren) und Insektenfressern hin und her. Erst Messel mit seinen vollständig und vorzüglich erhaltenen Funden von *Pholidocercus hassiacus* (Bild 6) ermöglichte es mir 1983 zusammen mit Wighart von Koenigswald vom Hessischen Landesmuseum Darmstadt, die Amphilemuriden eindeutig zu den igelartigen Insektenfressern zu stellen. Igelartige zählen zu den ältesten bekannten Insektenfressern und sind auch schon im Paläozän von Hainin, Cernay und Walbeck belegt – allerdings nicht als Amphilemuriden, sondern in Form einer anderen Familie.

Wahrhaft archaische Säugetiere umfaßt die zweite Familie mit dem etwas komplizierten Namen Pseudorhyncocyonidae. In Messel ist sie durch die Gattung *Leptictidium* vertreten, die Heinz Tobien von der Universität Mainz entdeckt und beschrieben hat. In älteren, breit angelegten Konzepten wurde die Familie ebenfalls den Insektenfressern zugeschlagen und ihr – neben naheverwandten Gruppen – sogar eine bedeutende Rolle als Basis vieler anderer Säugerfamilien unterstellt. Die neuen vollständigen Messeler Funde von *Leptictidium nasutum* (sie wurden von mir und Adrian Mark Lister vom Department of Zoology der University of Cambridge 1985 beschrieben) belegen jedoch zahlreiche außerordentlich primitive Merkmale des Gebisses und Skeletts, die auf einen sehr früh in der Säugergeschichte abgespaltenen Zweig schließen lassen (Bild 8). Es besteht keinerlei nähere Verwandtschaft zu Insektenfressern. Ein weit zurückliegender Ursprung im Paläozän Europas ist daher nicht auszuschließen.

Die beiden echt europäischen Familien konnten einen gravierenden Faunenschnitt zu Beginn des Oligozäns, vor rund 37 Millionen Jahren, nicht überleben. Damals wanderte wieder einmal eine große Zahl neuer Säugerfamilien – diesmal von Asien und Südosteuropa – nach Westeuropa ein.

Asiatische Wurzeln: Schuppentiere und Nager

Zu Lebzeiten der Messeler Säuger war Europa, wie erwähnt, durch einen Meeresarm – die Turgai-Straße – von Asien getrennt. Ungefähr gleichalte Faunen in China, der Mongolei, Kasachstan und Kirgisien zeigen denn auch ein andersartiges, eigenständiges Gepräge.

Wenn wir auch keinen Anhalt für eine direkte Verbindung zwischen Europa und Asien unter den Messeler Säugetieren finden, so scheinen doch die paläogeographischen Wurzeln von zwei Gruppen, den Schuppentieren und den Nagern, in Mittel- und Ostasien zu suchen zu sein. Die Grube Messel hat mit *Eomanis waldi* – es wurde von mir 1978 beschrieben – das älteste und am vollständigsten erhaltene fossile Schuppentier geliefert, das wir kennen (Bild 9). Heute leben diese eigentümlichen, speziell an Ameisen- und Termitennahrung angepaßten Säugetiere in Afrika südlich der Sahara und in Südostasien. Fossil kennt man sie aber von vier Kontinenten: von Europa aus dem Eozän bis zum Obermiozän; von Asien (Innere Mongolei in China), Nordamerika (Wyoming in den USA) und Afrika (Fayum-Provinz in Ägypten) ab dem Unteroligozän.

Schuppentiere sind zahnlos. Daher lassen sie sich nicht – wie sonst üblich – schon anhand von Gebißresten nachweisen. Sie sind überdies auch in heutigen Lokalfaunen immer sehr selten; ihre fossile Überlieferung ist daher besonders unvollständig. Die Indizien reichen aber aus anzunehmen, daß die Schuppentiere in Eurasien entstanden sind. Trotz des derzeit ältesten Nachweises aus Messel könnte das Entstehungszentrum sogar durchaus in Asien

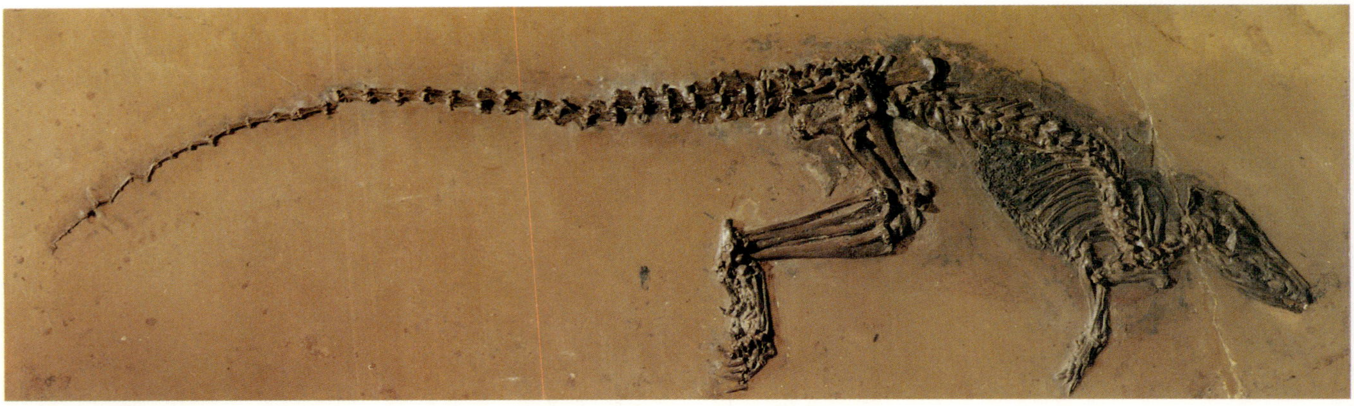

Bild 8: ***Leptictidium nasutum*** **vertritt die archaische Säugetier-Ordnung Proteutheria in Messel. Manche Gebiß- und Skelettmerkmale erinnern noch an primitive Säuger der oberen Kreidezeit. Das schließt aber keineswegs ungewöhnliche, ja bizarre Spezialisationen aus. Die etwa 75 Zentimeter langen Tiere weisen sehr auffällige Körperproportionen auf. Der Schwanz ist außerordentlich lang, die Vorderextremitäten sind extrem verkürzt, und der Körperschwerpunkt ist über den leicht verlängerten Hinterbeinen ausbalanciert. Das deutet auf schnelle zweibeinige Fortbewegung hin. Die geringe Fixierung des Sprunggelenks und des Kreuzbein-Becken-Gelenks schließen allerdings ein Hüpfen aus; dem Tier würden dabei Beine und Füße weggegrätscht sein. Vielmehr ist an zweibeiniges Rennen zu denken, eine Fortbewegungsweise, die es unter heutigen Säugern nicht mehr gibt!** ***L. nasutum*** **lebte als wendiger, spurtschneller Räuber am Waldboden, wo er – seinem Mageninhalt nach – kleine Wirbeltiere und Insekten jagte. Sein engerer Verwandtschaftskreis (Pseudorhyncocyonidae) ist nur aus dem Eozän Europas bekannt.**

selbst gelegen haben. (Die darauf hinweisenden Funde sind noch nicht publiziert.) Die Turgai-Straße, die als Faunenbarriere schon seit der Kreidezeit bestand, war im Untereozän begrenzt passierbar, als sich gelegentlich schmale Landverbindungen über den Kustanai-Isthmus in Nordkasachstan bildeten (Bild 3). Weiter westlich – an der marinen polnischen Senke – hätte ihr Weg nach Westeuropa dann teilweise über einen Archipel mit wechselnden Landverbindungen führen können.

Die zweite wohl asienstämmige Gruppe sind die heute weltweit verbreiteten Nagetiere. Die ältesten Reste sind allerdings ein paar vereinzelte Zähne aus gut 55 Millionen Jahre alten, spätpaläozänen Ablagerungen in den Rocky Mountains, also in Nordamerika. In Europa tauchen Nager etwas später – Anfang des Eozäns – auf, und sie werden im Laufe des Eozäns dann auf beiden Kontinenten zahlreich und recht vielgestaltig. Diese frühesten Formen gehören alle der primitiven Familie Ischyromyidae an, so auch die vier in Messel nachgewiesenen Arten (Bild 10). Das etwas spätere europäische Auftreten spricht dafür, daß sich die Ischyromyiden von Nordamerika über einen nordatlantischen Landkorridor nach Europa ausgebreitet hatten. Man hielt sie überdies für die ursprünglichsten Nager, aus denen dann alle späteren Gruppen hervorgegangen sind.

An dieser Sicht haben jetzt untereozäne Funde aus Asien ganz erhebliche Zweifel aufkommen lassen. Sie gehören zu einer anderen Nagergruppe und haben noch primitivere Gebißmerkmale als die Ischyromyiden. Sehr wahrscheinlich sind daher die Nagetiere in Zentralasien entstanden und die Ischyromyiden als eine frühe Primitivgruppe über die Beringbrücke zunächst nach Nordamerika und von dort nach Europa eingewandert (Bild 3). Schon das plötzliche Auftreten „fertiger" Nager – ohne plausible Vorfahren – auf diesen beiden Kontinenten zeigt an, daß sie hier allochthone, also zugewanderte Elemente sind.

Ischyromyiden können aber als Wurzelgruppe für viele der heutigen Nagerfamilien gelten. Die Gattung *Microparamys* aus Messel vertritt beispielsweise die wahrscheinliche Ursprungsgruppe der heutigen Schläfer oder Bilche (Bild 10).

Die untereozäne Revolution in Euramerika

Die gravierende Faunen-Erneuerung des Untereozäns ist in Nordamerika in gleicher Weise wie in Europa zu beobachten. Die Säugetiere beider Kontinente stimmen plötzlich derart stark überein, daß die Fachleute vielfach von einer einheitlichen zoogeographischen Region – Euramerika – für diesen Zeitbereich sprechen. Etwa 60 Prozent der Gattungen, die wir aus dem Untereozän Europas kennen, sind auch in Ablagerungen im Bereich der Rocky Mountains gefunden worden. Eine solch große Übereinstimmung ist später nie wieder erreicht worden – selbst nicht während des Eiszeitalters, als die Beringbrücke zwischen Alaska und Ostsibirien den ungehinderten Austausch einer holarktischen Tierwelt erlaubte. (Die Holarktis, eines der Faunenreiche des Festlandes, umfaßt die nichttropischen Gebiete der nördlichen Hemisphäre.)

Die untereozäne Umschichtung blieb aber auf Europa und Nordamerika beschränkt; sie ist in Asien als dem zwischengeschalteten Kontinent höchstens angedeutet. Dies bedeutet, daß wir eine direkte Landverbindung zwischen Europa und Nordamerika im Bereich des Nordatlantik annehmen müssen, die landlebenden Tieren eine fast ungehinderte Passage erlaubte.

Aufgrund geophysikalischer und ozeanographischer Befunde bieten sich zwei mögliche Routen an. Der nördliche Nordatlantik – die Grönländisch-Norwegische See – hatte bereits im obersten Paläozän (vor vielleicht 55 Millionen Jahren) aufzureißen begonnen. Eine bestimmte magnetische Anomalie und andere Datierungsmöglichkeiten bezeugen, daß zu dieser Zeit ozeanische Kruste gebildet wurde und der Meeresboden sich ausweitete.

Über die anfängliche Ozeanentwicklung hinaus blieben aber zwei Landbrücken bestehen: Die Grönländische Platte glitt bei Spitzbergen nach Norden an der europäischen Platte entlang und sorgte hier für eine Verbindungsmöglichkeit. Über sie führte die sogenannte De-Geer-Route: ostwärts über den damals aufgetauchten Barents-Schelf nach Norwegen und westwärts über Ellesmere Island nach Kanada (Bild 3). Sie wurde spätestens zum Oligozän hin unterbrochen, da sich dann zwischen Spitzbergen und Grönland Meeresboden zu bilden begann.

Weiter südlich waren in dem sich aufweitenden Nordatlantik ungewöhnliche Mengen von Basalt aufgedrungen. Sie formten den deutlich über den Wasserspiegel ragenden Grönland-Island-Färöer-Rücken. Er stellte – als sogenannte Thule-Route – ebenfalls eine landfeste Verbindung her: mit Europa über die Britischen Inseln und mit Nordamerika wiederum über Ellesmere Island.

Zwar legt die ehemalige Verteilung von Meereslebewesen den Schluß nahe, daß die Thule-Brücke noch weit bis ins Jungtertiär eine wirkungsvolle Barriere zwischen den Meeren gebildet hat. Als Ausbreitungskorridor für landlebende Tiere muß sie aber schon im Untereozän – also kurz nach ihrer Entstehung – an Schwachstellen wie dem Färöer-Shetland-Kanal zusammengebrochen sein.

Angelpunkt der europäisch-nordamerikanischen Faunengemeinschaft ist also für beide Landrouten Ellesmere Island, der nördlichste Bereich Nordamerikas. Und Ellesmere muß auch schon im Paläozän Durchgangsstation für euramerikanische Formen gewesen sein, denn weiter südlich waren Grönland und Kanada schon in der Oberkreide durch einen Seeweg (Labrador-See, Davis-Straße und Baffin-Bay) getrennt. Tatsächlich konnten 1975 amerikanische Paläontologen in der Eureka-Sound-Formation von Ellesmere Land-

Bild 9: *Eomanis waldi* ist das älteste bekannte Schuppentier und doch schon den heutigen Arten sehr ähnlich. Dies drückt ein hohes stammesgeschichtliches Alter dieser Säugetiergruppe aus, verbunden mit einer sehr frühen ökologischen Einnischung. Die unter Säugern einmalige Körperbedeckung mit großen Hornschuppen war zunächst aus anderen Körpermerkmalen und der Lage der Fossilien im Ölschiefer erschlossen worden, ließ sich später aber auch direkt nachweisen. Die halbmeterlangen robusten Messeler Tiere waren bereits an Termiten- und Ameisennahrung angepaßt. Mit massiven Vorderbeinen, an denen der Mittelfinger als „Spitzhacke“ beherrschend ist, wurden die Bauten aufgebrochen und die Insekten mit der langen Zunge aufgeleckt und unzerkaut geschluckt. Zähne fehlen dementsprechend völlig, und die Kiefer stellen dünne gestreckte Knochenspangen dar. Ohne ihren Schuppenpanzer wären die plumpen Tiere gegenüber Freßfeinden fast wehrlos gewesen.

wirbeltiere aus dem Unter- und frühen Mitteleozän entdecken.

Diese Säugerfauna zeigt erwartungsgemäß einen euramerikanischen Charakter, doch mit gewissen Unterschieden zu Faunen niederer Breiten in den Rocky Mountains und Westeuropa. Kennzeichnende Arten von dort fehlen in ihr, auch das Zahlenverhältnis ist anders. All dies zeigt klima-ökologische Filter in der hohen Arktis an, die eine absolute Übereinstimmung beiderseits des Nordatlantiks verhinderten.

Ellesmere hatte im Untereozän etwa die gleiche Entfernung zum Pol wie heute, lag also bei etwa 80 Grad nördlicher Breite. Fossile Überreste von Krokodilen, Waranen und bestimmten Pflanzenarten spiegeln aber ein warmgemäßigtes bis warmes, feuchtes Klima wider. Es gab wohl Jahreszeiten, Fröste kamen aber höchstens ausnahmsweise vor. Die hohe Arktis war damals sogar dicht bewaldet. Da eine andere Neigung der Erdachse unwahrscheinlich ist, bleibt die Frage, wie eine so vielgestaltige Säugerfauna die mehrmonatige Polarnacht überbrücken konnte. Vielleicht hat ein Teil Ausweichwanderungen nach Süden durchgeführt, vielleicht war ein anderer Teil zu langem Winterschlaf fähig.

Es wurde und wird noch vielfach angenommen, daß die merkliche weltweite Klimabesserung zu Beginn des Eozäns die nordatlantischen Korridore bewohnbar und zu Transitstrecken für „Nordamerikaner“ nach Europa gemacht hatte. Vereinzelt trifft dies wohl auch zu: Die Raubtiere (Carnivora) beispielsweise dürften in Nordamerika entstanden sein (Bild 3). Zumindest kennen wir die Stammgruppe der modernen Raubtiere, die Familie Miacidae, zuerst aus dem unteren Paläozän der Vereinigten Staaten. In Europa dagegen tauchte sie nicht vor dem untereozänen Faunenumbruch auf, und in Messel sind dann die beiden Miaciden-Arten *Paroodectes feisti* und *Miacis (?) kessleri* vertreten. Beide sind relativ kleine, primitive Carnivoren, mit noch sehr engen verwandtschaftlichen Beziehungen zu nordamerikanischen Formen.

Die Mehrheit der euramerikanischen Gattungen jedoch war auf beiden Kontinenten neu, denn wir kennen weder aus Europa noch Nordamerika geeignete direkte Vorfahren. Sie müssen also hier wie dort zugewandert sein. Vor allem nordamerikanische Paläontologen glauben, daß sich die potentiellen mittelpaläozänen Vorfahren dieser modernen Einwanderer während einer oberpaläozänen Klimaverschlechterung ins wärmere Mittelamerika zurückgezogen haben. Ihre Abkömmlinge sollen dann während der merklichen Erwärmung

Bild 10: Die heute weltweit verbreiteten Nagetiere sind mit über 1700 Arten die erfolgreichste Säugergruppe. In Europa tauchten sie erstmals zu Beginn des Eozäns vor etwa 54 Millionen Jahren auf. Diese frühen Vertreter waren zwar primitive, aber dennoch bereits „fertige“ Nagetiere mit immerwachsenden meißelförmigen Schneidezähnen und einer anschließenden Lücke zum Backenzahngebiß. In Messel sind bislang erst vier Arten gefunden worden, und *Microparamys parvus* ist davon – wie der Name bereits andeutet – die kleinste: Die Gesamtlänge des abgebildeten Skeletts beträgt 17 Zentimeter. Alle Arten gehören einer Stammgruppe an, der primitiven Familie Ischyromyidae, aus der viele der heutigen Nagerfamilien hervorgegangen sind. Die engsten verwandtschaftlichen Beziehungen zu *Microparamys* zeigen die Schläfer oder Bilche. In der Messeler Nagerfauna kommt auch ein europäischer Faunenprovinzialismus zum Ausdruck: Die Gattung *Masillamys* ist außerhalb der Grube unbekannt.

im Untereozän mit einem vorrückenden subtropischen Klimagürtel in hohe nördliche Breiten eingewandert sein. Fossilbelege aus dem angenommenen südlichen Refugium fehlen allerdings.

Eine andere Hypothese besagt, daß sich die untereozänen Neuankömmlinge in der hohen Arktis entfaltet haben. Sie stützt sich auf eine Datierung, wonach euramerikanische Formen auf Ellesmere Island früher als in mittleren nördlichen Breiten aufgetreten sein sollen. Inzwischen werden die Datierungsmethoden jedoch angezweifelt.

Rätselhafte Herkunft moderner Huftiere und Primaten

Wir wissen also nicht, woher die euramerikanischen Neulinge des Untereozäns gekommen sind, die für die Entwicklung unserer heutigen Tierwelt eine so entscheidende Rolle gespielt haben. Unter ihnen befinden sich auch die ältesten bekannten Vertreter von Paarhufern, Unpaarhufern und modernen Primaten, welche in der Fauna von Messel am Beginn einer zum Teil explosionsartigen Entfaltung stehen. Zwei Befunde europäischer Kollegen geben jedoch wichtige Fingerzeige.

So haben Marc Godinot von der Université des Sciences et Techniques du Languedoc in Montpellier und Jeremy J. Hooker vom Britischen Museum in London nachgewiesen, daß solche Stammgruppen wie die Paarhufergattung *Diacodexis* und die Urpferdegattung *Hyracotherium* in Europa in einem primitiveren Entwicklungsstadium und einem etwas tieferen biostratigraphischen Niveau auftreten als in Nordamerika. (Ein tieferes biostratigraphisches Niveau bedeutet, daß sie mit älteren Lebensformen vergesellschaftet sind.) Innerhalb Europas scheinen die Einwanderer überdies im Süden früher aufzutauchen als im Norden. Dies ist mit dem Vorrücken eines warmen Klimagürtels im untersten Eozän zu erklären.

Daraus ergibt sich als Arbeitshypothese: Die Mehrzahl der Säugetiere, die für die biologische Revolution im Untereozän entscheidend waren, hat sich von Europa nach Nordamerika ausgebreitet – und nicht umgekehrt, wie es auch bislang für die Pferdevorfahren angenommen wurde. Sie könnten sich zwar im äußersten Süden Europas entwickelt haben. Wahrscheinlicher noch aber ist, daß sie aus Afrika gekommen sind. Afrika galt schon vor diesen neuen Befunden als mögliche Wiege von zwei untereozänen Immigranten-Gruppen. Es sind dies die Familie der Adapidae, lemurenartige Halbaffen und zugleich die ersten Primaten mit modernen Zügen, sowie die Familie der Hyaenodontidae aus der Ordnung der Urraubtiere (Creodonta).

Die Säugetierfauna von Messel trägt jedenfalls noch deutlich den Stempel des untereozänen Umbruchs. In der anschließenden etwa 5 Millionen Jahre währenden Isolation Europas haben sich die meisten Säuger allerdings spürbar gegenüber den Erstankömmlingen und ihren nordamerikanischen Gegenstücken verändert. Sie lassen sich aber durch bodenständige Stammeslinien mit den Erstimmigranten verbinden.

Ein Beispiel findet sich innerhalb der berühmten Pferdereihe, also unter den Unpaarhufern. Die einzigartig erhaltenen Messeler Urpferdchen der Gattung *Propalaeotherium* (Bild 12) sind über *Propachynolophus* aus *Hyracotherium*, der ältesten bekannten Pferdegattung, hervorgegangen. Diese Messeler „Wappentiere" gehören einem ausgestorbenen Seitenzweig des Pferdestammbaumes an.

Der Paarhufer *Messelobunodon schaeferi* (Bild 11), von Jens Lorenz Franzen vom Senckenberg-Museum 1980 beschrieben, läßt sich auf die Gattung *Diacodexis* zurückführen. Beide gehören jener Familie an, die als Stammgruppe aller heutigen Paarhufer gilt.

Bild 11: Die Paarhufer-Art *Messelobunodon schaeferi* wurde anhand des abgebildeten Skeletts erstmals wissenschaftlich beschrieben. Paarhufer-Funde sind in Messel selten, die Unpaarhufer – vor allem in Gestalt der Urpferde – überwiegen bei weitem. Heute dagegen stellen die Paarhufer die Hauptmasse der Großsäuger. Sie haben als moderne Gruppe ihre Blütezeit erst in der geologischen Gegenwart erreicht, während die heutigen Unpaarhufer nur noch einen Rest einstiger Entfaltung verkörpern. *M. schaeferi* ist eine kleine primitive Art, die der Stammgruppe der Paarhufer angehört. Die Mittelfußknochen der dritten und vierten Zehe sind noch unverschmolzen und die Vorderextremitäten noch fünfzehig. Das Tier war ein graziler und leichtfüßiger Läufer, der mit Hilfe seiner gestreckten Schnauze den Waldboden nach Nahrung – Knollen, Pilzen, Früchten – durchsucht hat. *M. schaeferi* gehört zu den Arten, die aus einer Faunenumschichtung zu Beginn des Eozäns hervorgegangen sind.

Lemuren der Familie Adapidae sind aus Messel ebenfalls bekannt. Ein Teilskelett hat erstmals von Koenigswald bekanntgemacht. Später konnte Franzen einen weiteren Fund als *Europolemur* bestimmen, eine Gattung, die aus dem untereozänen *Protoadapis* hervorgegangen ist.

Andere – konservative – Säuger haben sich gegenüber den Erstankömmlingen und ihren nordamerikanischen Gegenstücken kaum verändert, so daß sie noch derselben Gattung angehören. *Macrocranion* beispielsweise, eine Gattung relativ kleiner igelartiger Insektenfresser, ist vom Untereozän an in Europa und Nordamerika bekannt und mit *M. tupaiodon* in Messel vertreten. Von dort hat man sogar mehrere vollständige Skelette (Bild 7).

Eurotamandua: ein Südamerikaner in Messel

Im Jahre 1974 wurde in der Grube Messel das vollständige Skelett eines Ameisenbären – *Eurotamandua joresi* – entdeckt (Bild 1). Es blieb trotz regelmäßiger Ausgrabungsarbeiten seither ein Einzelfund und bekundet wie andere nur mit einem oder zwei Stükken belegte Arten, daß weitere Überraschungen zu erwarten sind und die Messeler Säugerfauna noch lange nicht vollständig erfaßt ist.

Das Auftreten eines Ameisenbären in Messel wirkt auf den ersten Blick so unerwartet und exotisch, daß ich bei der wissenschaftlichen Beschreibung des Tieres meine eigenen Ergebnisse nur widerstrebend zur Kenntnis nahm. Grund hierfür waren vor allem auch paläobiogeographische Erwägungen: Ameisenbären sind mit Faul- und Gürteltieren die einzigen Überlebenden der einstmals formenreichen Ordnung der Edentaten oder Zahnarmen, die wie kaum eine andere Gruppe die fossile und heutige Tierwelt Südamerikas auszeichnet.

Die lebenden Zahnarmen haben derart primitive Körpermerkmale bewahrt, daß man sie vielfach für eine erste von den plazentalen Säugern abgespaltene Linie ansieht und in manchen Klassifikationen sogar den anderen „höheren" Säugern als gleichwertige Geschwistergruppe gegenüberstellt. Entsprechend hoch wäre ihr geologisches Alter anzusetzen: zwar geringer, als das der basalen Aufspaltung in Beuteltiere und plazentale Säuger während der Unterkreide, aber doch nicht sehr weit davon entfernt. Daß derart primitive Säuger in Südamerika so formenreich werden und so lange überdauern konnten, erklärt sich aus der gut 60 Millionen Jahre währenden geographischen Isolation des Kontinents.

Südamerika war fast das gesamte Tertiär über ein Inselkontinent – von etwa 65 bis 3 Millionen Jahre vor der Gegenwart. Seine tertiäre Faunengeschichte beginnt im Paläozän Patagoniens und Brasiliens mit einer bizarren, völlig unausgewogenen Gesellschaft. Sie setzt sich aus nur drei systematischen Gruppen zusammen – Beuteltieren, Edentaten und Huftieren – und läßt sich auf entsprechende Wurzeln in der Oberkreide Südamerikas zurückführen. In ihrer „splendid isolation" entfaltete sich eine ausgeprägt endemische Fauna.

Die Rolle der Raubtiere, auf anderen Kontinenten von plazentalen Säugern getragen, übernahmen hier Beuteltiere, große Laufvögel und terrestrisch lebende Krokodile. Die Huftiere, die sich dort unabhängig von den uns vertrauten Paar- und Unpaarhufern aus primitiven Urhuftieren (Condylarthren) entwickelt hatten, besetzten die Pflanzenfresser-Nischen und hatten Ähnlichkeit mit Hasen, Elefanten, Lamas, Nashörnern und Bibern. Doch handelte es sich bei all diesen Geschöpfen um unabhängig erfolgte Entwicklungen, also um Konvergenzen.

Ehe die Panama-Brücke vor etwa 3 Millionen Jahren gangbar wurde und einen breiten Faunenaustausch zwischen den beiden Amerika ermöglichte, störte fast nichts diese Idylle. Wahrscheinlich im Obereozän sind zunächst die Vorfahren der Neuweltaffen und der Meerschweinchen-Verwandten erschienen – als Treibgut von Afrika über den damals noch schmaleren Südatlantik. Im Miozän dann haben sich Waschbären-Verwandte und Hamsterartige als „Inselhüpfer" von Nord- nach Südamerika ausgebreitet, während bodenlebende Riesenfaultiere über Inselketten den umgekehrten Weg genommen haben.

Dieses tertiärzeitliche südamerikanische Szenario paßt schlecht zum Auftreten eines Ameisenbären in Messel mitten in Europa. Immerhin scheint es für einige Arten Wege gegeben zu haben, der „splendid isolation" zu entrinnen. Als sich Südamerika und Afrika trennten, öffnete sich ein Scharnierbereich zwischen Nordbrasilien und Westafrika langsamer als der übrige Südatlantik. Hier waren zudem Teile der ozeanischen Kruste – der Ceará- und der Sierra-Leone-Rücken sowie der Mittelatlantische Rücken selbst – über Wasser (Bild 3). Weiter südlich in Höhe der Insel Tristan da Cunha ragten die Rio-Grande-Schwelle und der Walfisch-Rücken weitgehend über Wasser. Sie gehen auf exzessive Lavaströme und Eruptionen des Mittelatlantischen Rükkens zurück, die beim Weiten des Südatlantiks Querrücken formten.

Über diese ozeanischen Schwellen hätten möglicherweise Landwirbeltiere noch bis zum Oligozän wandern können. Solche Routen wiesen aber sicherlich sehr starke ökologische Filter auf und waren zudem – da durch marine Barrieren zerteilt – nur mit Glück und Zufall zu überwinden. Es ist jedoch unwahrscheinlich, daß ausgerechnet Ameisenbären diese Routen bewältigt haben sollen. Sie stellen sehr spezifische Ansprüche, was Lebensraum und Nahrung anbelangt. Auch können sie nicht als übermäßig agil gelten.

Denkbar ist aber eine solche Passage für kleine, unternehmende und weniger einseitig spezialisierte Arten. Die französischen Paläontologen Bernard Sigé und Crochet vermuten, daß primitive Beutelratten (Didelphinae) im Oberpaläozän auf diese Weise von Südamerika über Afrika nach Europa gelangt sind.

Für den paläogeographischen Weg unseres Ameisenbären ist demnach eine geologisch ältere Alternative zu suchen. In Frage käme einmal eine Passage nach Nordamerika in der Oberkreide. Von dort gab es später freie Ausbreitungsmöglichkeiten nach Europa über die Arktis. Einen Faunenaustausch trockenen Fußes zwischen den beiden Amerika bezeugen jedenfalls Dinosaurierfunde aus dieser Zeit: So ist ein Angehöriger der Titanosauriden, einer typischen terrestrischen Gondwanagruppe, also des Südkontinents, aus den USA bekannt und umgekehrt ein Vertreter der in Nordamerika reich entfalteten Hadrosaurier auch aus der Oberkreide Patagoniens. Säugetiere könnten dem Fundmaterial nach diesen „Tauschweg" ebenfalls gewählt haben: die Beuteltiergattung *Peradectes* in Richtung Norden und ein primitives Huftier beispielsweise in Richtung Süden.

Für unseren Ameisenbären *Eurotamandua* ist aber auch diese Ausbreitungsmöglichkeit abzulehnen. Es gibt in dem wirbeltierpaläontologisch ausnehmend gut durchforschten Nordamerika keinen einzigen Fossilnachweis. Auch lassen sich die relativ geringe Mobilität und die relativ enge ökologische Fixierung des Tieres kaum mit einem derart langen Wanderweg vereinbaren. Was aber bleibt? Zunächst einmal gleichgelagerte Fälle: „Südamerikaner" im Alttertiär Europas und ohne jede Spur in der Oberkreide oder dem Paläozän Nordamerikas. Aus den berühmten obereozän-oligozänen Faunen des Quercy in Frankreich wurde 1981 von Cécile Mourer-Chauviré von der Université Claude Bernard in Villeurbanne die Vogel-Gattung *Ameghinornis* beschrieben. Sie gehört zur ausgestorbenen Familie der Riesenkraniche (Phorusrhaciden), die aus dem Alttertiär bislang nur von Argentinien und Uruguay bekannt war und dort mit räuberischen Riesenlaufvögeln ein charakteristisches Element darstellte.

Denselben französischen Faunen verdanken wir die Entdeckung von Hornfröschen (Ceratophryinae), die heute auf Südamerika beschränkt sind und auch schon im Teritär dort vorkamen. Eine fossile Gruppe landlebender Krokodile schließlich, die ziphodonten Mesosuchier, sind von der Oberkreide an in Südamerika und andererseits im Eozän von Messel und der Iberischen Halbinsel durch Funde belegt.

Der Wanderweg des Ameisenbären

Was zur Erklärung dieser paläobiogeographischen Muster und speziell des Auftretens eines Ameisenbären in Messel übrigbleibt, ist diese Hypothese: Zahnarme sind eine bodenständige (autochthone) Entwicklung aus einer alten Gondwana-Wurzelgruppe und vor dem endgültigen Auseinanderbrechen von Gondwanaland entstanden; zum ursprünglich einheitlichen Verbreitungsgebiet gehörte auch Afrika, und von dort wanderten die Zahnarmen über das Tethys-Meer nach Europa ein.

Anders aber als in Südamerika leben heute in Afrika keine Beuteltiere und Zahnarmen mehr. Das ist indes kein Gegenargument, denn Beutler sind auch in Europa und Nordamerika im Mittelmiozän ausgestorben, und auch die rein südamerikanischen Huftiere haben als eine der drei Westgondwana-Oldtimergruppen nicht überlebt. Es gibt aber durchaus andere Wirbeltiere wie die Zungenlosen Frösche (Pipiden) und die Salmler-Fische (Characoiden), die noch heute eine Westgondwana-Verbreitung (Afrika und Südamerika) als Ausdruck eines ehemals einheitlichen Areals aufweisen. Auch wird unter Paläontologen diskutiert, ob nicht die heutigen Schliefer (Hyracoidea) Afrikas auf archaische westgondwanische Urhuftiere zurückgehen und daher mit den ausgestorbenen rein südamerikanischen Huftieren verwandt sind.

Fossile Ameisenbären aus Afrika fehlen zwar bislang, doch kennen wir überhaupt so gut wie keine afrikanischen Landsäugerfaunen aus der Oberkreide und dem Paläozän. Die bekannten Faunen sind fast alle jünger und im Norden des Kontinents zu finden. Sie weisen überdies mit Gruppen wie Rüsseltieren oder Elefantenspitzmäusen einen recht endemischen Charakter auf. Nun hat aber zwischen Afrika und Eurasien im Alttertiär mehrfach ein Faunenaustausch stattgefunden. Daher könnten die einwandernden Vorfahren solcher typisch afrikanischen Formen die ursprüngliche Faunenschicht ersetzt haben. Bemerkenswert in diesem Zusammenhang ist jedenfalls, daß das erste ziphodonte mesosuche Krokodil außerhalb Südamerikas und Europas 1982 im Alttertiär von Südalgerien gefunden worden ist.

Als ein weiteres Gegenargument ließe sich das Fehlen rezenter und fossiler Zahnarmer in Australien vorbringen. Wie wir aber bereits gesehen haben, bestanden entlang der Südgirlande Südamerika-Antarktis-Australien marine Barrieren und ökologische Filter, die Australien wahrscheinlich aus einem gemeinsamen Verbreitungsgebiet ausgegliedert hatten und nach heutiger Kenntnis nur von Beuteltieren überbrückt werden konnten. Australien empfing seine ersten plazentalen Säuger erst von Südostasien her – also nach langer Nordwärtsdrift des Kontinents in niedere Breiten.

Ein allerletzter Schritt wäre für unseren Ameisenbären noch zu vollziehen: die Passage von Afrika nach Europa über die Tethys. Die Paläogeographie dieses Meeres ist bisher ungenügend bekannt, doch stellte es sicherlich keine solch absolute Faunenschranke dar, wie dies häufig unterstellt wird. In der Oberkreide und dem Alttertiär muß es Austauschmöglichkeiten über Landverbindungen gegeben haben. Salmler als Süßwasserfische tauchen beispielsweise in Frankreich zu Beginn des Eozäns auf, um dann etwa 4 Millionen Jahre später wieder auszusterben. Die französischen Fossilien sind die einzigen ihrer Art außerhalb Westgondwanalands und zeigen Beziehungen zu afrikanischen Formen. Auch kleine räuberische Säuger aus dem Unterpaläozän des Ouarzazate-Beckens in Marokko müssen die Tethys überwunden haben, denn ihre verwandtschaftlichen Beziehungen weisen nach den Nordkontinenten.

Wir können allerdings die Paläobiogeographie unseres Ameisenbären nicht beschließen, ohne zwei in der Wirbeltierpaläontologie heftig debattierte Fossilgruppen aus China anzusprechen. Schließlich ist das Auftreten gewisser

Bild 12: Die Urpferde sind die populärsten Messeler Säuger. Das abgebildete *Propalaeotherium messelense* ist mit einem halben Meter Gesamtlänge die kleinere der beiden bekannten Arten. Keine andere Fundstelle der Welt hat eine ähnlich große Zahl vollständiger Skelette aus der Frühzeit der Pferdeentwicklung hervorgebracht, darunter sogar die Überreste einer trächtigen Stute. Die Gattung *Propalaeotherium* vertritt einen frühen europäischen Seitenzweig des Pferdestammbaums; dennoch gibt sie einen guten Eindruck vom Aussehen der ältesten Pferdevorfahren. Die Vorderbeine trugen noch vier, die Hinterbeine drei Hufe, und im Erscheinungsbild ähnelten die Tiere Ducker-Antilopen. Die Messeler Pferdchen besaßen auch noch niederkronige, einfach gebaute Backenzähne. Der Übergang zu hochkronigen, kompliziert gefältelten Zähnen, wie heutige Pferde sie besitzen, wurde mit dem Wechsel vom mutmaßlich waldbewohnenden Laubäser zum grasfressenden Steppen-Savannen-Bewohner in Verbindung gebracht. Die Messel-Funde brachten die Bestätigung: Der Magen-Darm-Bereich enthält tatsächlich fossile Laubblätter.

Formen dort bei näherer Betrachtung ohne die für *Eurotamandua* getroffene Hypothese einer Westgondwana-Verbreitung kaum verständlich.

Im oberen Paläozän verleihen nämlich zwei „südamerikanische Oldtimergruppen" den chinesischen Faunen ein äußerst merkwürdiges Gepräge: Die Südhuftiere (Notoungulaten) als eine der bezeichnenden südamerikanischen Huftiergruppen sind mit fünf Gattungen belegt und die Zahnarmen durch *Ernanodon antelios* vertreten, eine Art, die 1979 von Su-yin Ding vom Institute of Vertebrate Paleontology and Paleoanthropology der Academia Sinica in Peking beschrieben wurde. *Ernanodon* ist zwar kein Ameisenbär, an seiner Zugehörigkeit zu den Zahnarmen wird aber kaum noch gezweifelt.

Im Paläozän gab es wahrscheinlich für kurze Zeit Landverbindungen zwischen Afrika und Asien über das Tethys-Meer hinweg. Eine dürfte östlich der Turgai-Straße gelegen und sich so in Europa nicht faunistisch bemerkbar gemacht haben. Über sie könnten Notoungulaten und Zahnarme als alte Westgondwana-Elemente nach Asien eingewandert sein.

Selbst für unseren Ameisenbären ist nicht völlig auszuschließen, daß er nicht den kürzesten Weg nach Europa gegangen ist: Womöglich hat er erst einen asiatischen Haken geschlagen.

Die wissenschaftliche Zukunft von Messel

Auf Einladung der Deutschen Forschungsgemeinschaft fand im März 1986 am Senckenberg-Museum ein Messel-Rundgespräch statt – mit etwa dreißig zuständigen Wissenschaftlern aus den Gebieten Geologie, Sedimentologie, Geochemie, Ingenieur-Geologie, Paläobotanik und Paläozoologie. Außer der Bewertung bislang erzielter Ergebnisse galt es, wesentliche Richtungen herauszuarbeiten, die zum umfassenden Verständnis dieser Fossillagerstätte notwendig sind, sowie weitere geplante Untersuchungen abzustimmen.

Hinsichtlich der Säugetiere sollen Fragen der Biologie, Ökologie, Systematik, Biogeographie und Stratigraphie verfolgt werden. Dies wird auch weiterhin in enger Zusammenarbeit aller an den Grabungen und Auswertungen beteiligten wissenschaftlichen Institute geschehen. Künftige Untersuchungen sind vor allem im Hinblick auf biologische Fragestellungen aussichtsreich und können noch grundsätzlich neue Erkenntnisse bieten. Auch die Entwicklung neuer Methoden, neuer technischer Einsatzmöglichkeiten und neue Fragestellungen lassen noch manche Überraschungen erwarten.

Endziel aller Bemühungen ist die umfassende Rekonstruktion einer 50 Millionen Jahre alten Umwelt. Eine konzentrierte Förderung dieser Forschungen ist notwendig. Diese sind nicht im Rahmen laufender Institutsmittel möglich, sondern setzen umfangreiche Unterstützung von Seiten Dritter voraus.

Autoren

Eric Buffetaut ist Paläontologe am französischen Nationalzentrum für wissenschaftliche Forschung (CNRS) und arbeitet im Labor für Wirbeltier-Paläontologie der Universität Paris. Dort hat er auch studiert. Seine Spezialgebiete sind die Evolution, Paläoökologie und Paläobiogeographie fossiler Reptilien, vor allem der Krokodile und Dinosaurier. Buffetaut war auf Ausgrabungen in Frankreich, Kanada, Tunesien, Mali, Pakistan, Malaysia, Südkorea sowie Thailand.

Toni Bürgin arbeitet zusammen mit Rieppel, Sander und Tschanz am Paläontologischen Institut und Museum der Universität Zürich in der Studiengruppe über fossile Wirbeltiere. Bürgin hat an der Universität Basel promoviert. Im Rahmen eines Projekts des Schweizerischen Nationalfonds bearbeitet er die Fischfunde vom Monte San Giorgio.

Preston Cloud ist emeritierter Professor für Biogeologie und Umweltforschung an der Universität von Kalifornien in Santa Barbara. Er studierte bis 1938 an der George-Washington-Universität und promovierte 1940 an der Yale-Universität. Von 1942 bis 1961 gehörte er zum Mitarbeiterstab des U. S. Geological Survey. Während dieser Zeit leitete er die Abteilungen Paläontologie und Stratigraphie. Später arbeitete er an der Universität von Minnesota und an der Universität von Kalifornien in Los Angeles, ehe er 1968 nach Santa Barbara überwechselte. Cloud interessiert sich hauptsächlich für die Wechselwirkungen zwischen den frühen Lebensformen und ihren physikalischen Umweltbedingungen. Er schreibt: „Wie vielzellige Tiere entstanden, wer ihre Vorläufer waren und wann sie erstmals auftraten – das war lange zentrales Thema meiner Forschungsarbeiten. Bereits 1948 nahm ich an, daß vielzellige Tiere am Anfang des Kambriums entstanden und sich in weniger als 100 Millionen Jahren in mannigfaltige Formen auffächerten – eine Meinung, die heute allgemein anerkannt ist. Mit Hilfe von Stromatolithen, sedimentären Strukturen, Mikrofossilien und den Methoden der Elektronenmikroskopie und Geochemie konnte ich mikrobielle Lebensspuren noch weit zurück in die Zeit vor dem heraufdämmernden Kambrium verfolgen. Auch habe ich die Erforschung der frühesten biosphärischen, atmosphärischen und chemosphärischen Evolution sowie deren Wechselwirkungen mit der primitiven Erde als Ganzes mit einbezogen."

Daniel Heyler arbeitet als Paläontologe am Museum für Naturgeschichte in Paris. Ihn interessieren – ebenso wie Poplin – insbesondere die Wirbeltiere des Jung-Paläozoikums. Heyler spezialisierte sich auf fossile Fische und Amphibien sowie auf die fossilen Fußabdrücke von Vierfüßern aus den kontinentalen Becken Westeuropas. Zu den Forschern, die die Funde von Montceau bearbeiten und im Artikel nicht erwähnt werden, zählen J. Doubinger, G. Gand, J. R. Langiaux und M. D. Sotty.

Rucha Ingavat-Helmcke arbeitet seit 1980 zusammen mit Eric Buffetaut an paläontologischen Ausgrabungen in Thailand. In Bangkok leitet sie die paläontologische Abteilung des thailändischen geologischen Dienstes. Sie studierte an der Chulalongkorn-Universität in Bangkok sowie an der Kiushu-Universität in Japan. Außer den fossilen Wirbeltieren gilt ihr Interesse auch den in Südostasien auftretenden Foraminiferen aus dem Perm.

Mark A. S. McMenamin ist Assistenz-Professor für Geologie am Mount Holyoke College in South Hadley, Massachusetts. Er studierte an der Stanford-Unversität und arbeitete dann fünf Jahre beim U. S. Geological Survey, ehe er an der Universität von Kalifornien in Santa Barbara promovierte. Die Feldarbeit führte ihn in verschiedene Regionen, darunter Alaska und Schweden. Besonders interessieren ihn Fossilien aus der Ediacara-Fauna sowie dem Kambrium.

Simon Conway Morris beschäftigt sich als Paläontologe mit den zahlreichen Fossilienfunden in den Burgess-Schiefern Britisch Kolumbiens (West-Kanada). Er ist Dozent für Geowissenschaften an der Universität Cambridge. Morris wurde in London geboren, studierte an der Universität Bristol und promovierte 1976 an der Universität von Cambridge. 1975 wurde er Assistent am St. John's College in Cambridge, danach Dozent am Funk- und Telekolleg in Milton Keynes, England.

David J. Mossman studierte an der Dalhousie-Universität in Neuschottland Geologie, promovierte jedoch an der Universität Otago in Neuseeland. Von 1971 bis 1982 gehörte er dem Lehrkörper der Universität von Saskatchewan an. Seitdem ist er Associate-Professor für Wirtschaftsgeologie an der Mount-Allison-Universität in Neubraunschweig, Kanada. Sein Hauptinteresse gilt den Lagerstätten von Mineralien.

Hans D. Pflug ist Professor für Geologie und Paläontologie an der Universität Gießen. Er hat in Bonn Geologie studiert und dort im Jahre 1952 promoviert, danach an der Technischen Universität Aachen ein Bergbau-Studium absolviert und auch dieses mit Promotion abgeschlossen. Nach zweijähriger Assistenzzeit in Köln hat er sich 1958 in Gießen habilitiert. Anschließend war er über mehrere Jahre als Gastprofessor im Ausland tätig, in den USA, in Südafrika und in der Türkei. Seit 1965 lehrt er an der Universität Gießen in den Fächern Historische Geologie, Paläontologie und Umweltgeologie. Seine Forschungsarbeiten betreffen Themen der Kohlengeologie, Fossilchemie und Stratigraphischen Geologie. Besonders interessiert ihn die Lebensgeschichte im Präkambrium.

Cecile M. Poplin ist als Paläontologin am Museum für Naturgeschichte in Paris beschäftigt. Sie interessiert sich für Wirbeltiere des Jung-Paläozoikums und erforscht vor allem die fossilen Fische Nordamerikas, aber auch europäische und chinesische Fische sowie primitive Säugetiere aus der Mongolei.

Olivier Rieppel promovierte an der Universität Basel. Als Privatdozent lehrt er dort Paläontologie der Wirbeltiere. Zudem leitet und koordiniert er die wissenschaftlichen Untersuchungen im Bereich Wirbeltiere am Züricher Paläontologischen Institut und Museum.

Dale A. Russell ist Leiter der paläobiologischen Abteilung des Kanadischen Naturwissenschaftlichen Nationalmuseums in Ottawa und Konservator im Bereich „Fossile Wirbeltiere". Er studierte an der Universität von Oregon, der Universität von Kalifornien in Berkeley sowie der Columbia-Universität, wo er 1964 promovierte. Anschließend war er ein Jahr an der Yale-Universität tätig. Er interessiert sich für die Ökologie terrestrischer Reptilienfaunen gegen Ende des Mesozoikums und die Evolution des Gehirns bei Dinosauriern.

P. Martin Sander erhielt sein Diplom an der Universität von Texas in Austin. Er hat in Zürich promoviert. Dort arbeitet er am Paläontologischen Institut und Museum der Stadt über Reptilien.

William A. S. Sarjeant hat in Sheffield (Großbritannien) Geologie studiert und in diesem Fach auch promoviert. Nach kurzen Aufenthalten am University College von North Staffordshire und an der Universität Reading kam er 1963 zur Universität Nottingham. 1972 übernahm er an der Universität Saskatchewan eine Professur in Geowissenschaften. Zu seinen Arbeitsgebieten gehört die Auswertung fossiler Sporen und Pollen.

Manfred Schidlowski ist Leiter einer Arbeitsgruppe in der Abteilung Luftchemie des Max-Planck-Instituts für Chemie (Otto-Hahn-Institut) in Mainz, die sich mit Fragen der Entstehung der Atmosphäre sowie der frühen biologischen und geochemischen Entwicklung der Erde befaßt. Er promovierte 1961 in Geologie, arbeitete danach mehrere Jahre im südafrikanischen Gold-Uran-Bergbau sowie als wissenschaftlicher Universitätsassistent und habilitierte sich später in Heidelberg. 1972/3 und 1979/80 verbrachte er längere Gastaufenthalte an der Harvard-Universität beziehungsweise an der Universität von Kalifornien. Seit 1976 gehört er der Fakultät für Geowissenschaften der Universität Heidelberg als außerplanmäßiger Professor an.

Hans-Joachim Schweitzer ist Professor für Paläontologie an der Universität Bonn. Er studierte bis 1953 Pharmazie und promovierte 1956 in Botanik an der Universität Frankfurt. Danach arbeitete er als Assistent am Geologisch-Paläontologischen Institut der Universität Bonn, wo er sich 1962 als Paläontologe habilitierte. Danach beschäftigte er sich hauptsächlich mit den ältesten Landpflanzen aus dem Devon und führte Expeditionen, davon eine internationale, nach Spitzbergen und zur Bäreninsel durch. Im Iran und in Afghanistan untersuchte er die Pflanzenwelt der erdmittelalterlichen Kohlelagerstätten, um anhand begleitender Fossilien das Alter und den Verlauf von Kohleflözen feststellen zu können. Bei diesen Arbeiten entdeckte er die fossile Blüte *Irania hermaphroditica*. Seit seinem achten Lebensjahr sammelt Schweitzer Pflanzen. So besitzt er unter anderem ein eindrucksvolles Herbarium mit den Pflanzen Deutschlands. Es enthält viele Arten, die in den letzten Jahren ausgestorben sind, und seltene Stücke, die selbst in Museen fehlen.

Steven M. Stanley schreibt: „Ich bin Professor für Paläobiologie an der Abteilung Erd- und Planetenwissenschaften der Johns-Hopkins-Universität in Baltimore (US-Bundesstaat Maryland). Nach Studien an der Universität Princeton promovierte ich an der Yale-Universität. Mein Interesse gilt den Überschneidungen von Biologie und Geologie; bisher habe ich mich hauptsächlich mit der Entwicklung und funktionellen Morphologie von Meeresorganismen und mit der Makroevolution beschäftigt."

Gerhard Storch ist Leiter der Sektion für fossile Säugetiere am Forschungsinstitut Senckenberg in Frankfurt. Er hat in Frankfurt, Darmstadt und Wien Biologie, Chemie und Physik studiert; 1967 promovierte er in Frankfurt im Fach Zoologie. Seine Beschäftigung mit fossilen Säugern schließt auch Ausgrabungen ein, so von jungtertiären Faunen in der Inneren Mongolei/China und von eiszeitlichen Resten auf verschiedenen Mittelmeerinseln. An Messel interessieren ihn außer der Biogeographie vor allem die Paläobiologie und Systematik der Säugetiere.

Karl Tschanz promovierte in Zürich. Er beschäftigt sich am Paläontologischen Institut und Museum der Universität Zürich insbesondere mit den Reptilfunden vom Monte San Giorgio.

Gonzalo Vidal ist seit 1980 Associate-Professor am Fachbereich Geologie der Universität Lund in Schweden. Er wurde in Spanien geboren, ging aber 1963 nach Schweden, wo er in Lund studierte. 1974, ein Jahr nach seiner Promotion, erhielt er ein Forschungsstipendium am Ministerium für wissenschaftliche und industrielle Forschung in Neuseeland. 1977 kehrte er als Forschungsassistent des Schwedischen Rats für Naturwissenschaftliche Forschung an den Fachbereich Geologie der Universität Lund zurück, wo er heute noch für präquartäre Mikropaläontologie zuständig ist.

Peter Ward ist Professor für Geologie an der Universität von Washington in Seattle. Er studierte an der Universität Washington und promovierte 1976 an der McMaster-Universität. Danach lehrte er Erdgeschichte und Paläobiologie an der Ohio State University, bevor er 1978 an die Universität von Kalifornien in Davis ging. 1983 schrieb er über seine Arbeit: „Ich beobachte zur Zeit den gekammerten Nautilus in Neukaledonien, auf den Fidschi- und den Palau-Inseln; dabei untersuche ich die Tiere mit elektronischen Methoden jeweils ununterbrochen für mehrere Tage und Nächte. Das Studium des lebenden Nautilus liefert wertvolle Informationen über die Funktion des gekammerten Gehäuses, vor allem aber über die Bedingungen, die ein solches Gehäuse dem Lebenszyklus von Nautiloideen und Ammonoideen auferlegt."

Peter Wellnhofer ist Hauptkonservator und Stellvertretender Direktor der Bayerischen Staatssammlung für Paläontologie und Historische Geologie in München. Er studierte Geologie an der Ludwig-Maximilians-Universität in München und promovierte dort 1964 in Paläontologie. Anschließend schlug er eine Konservatoren-Laufbahn an der Staatssammlung ein, wo er für die Sammlung der fossilen niederen Wirbeltiere und Vögel verantwortlich ist. Im Jahre 1972 weilte er auf Einladung des Carnegie Museum of Natural History zu einem sechsmonatigen Forschungsaufenthalt in Pittsburg (Pennsylvania) in den USA. Seine Forschungsschwerpunkte sind die Flugsaurier des Jura, insbesondere der Solnhofener Schichten Bayerns und der Unterkreide Brasiliens, sowie *Archaeopteryx*; von ihm stammen die Erstbeschreibungen des Eichstätter und des Solnhofener Exemplars. Über *Archaeopteryx* hat er mehrfach in der Zeitschrift *Spektrum der Wissenschaft* berichtet: Archaeopteryx*: Bodenläufer? Baumkletterer?* (Januar 1985); *Neues* Archaeopteryx*-Exemplar aus den Solnhofener Schichten* (August 1988); *Computertomographie bei* Archaeopteryx*: weiteres Vogelmerkmal* (Januar 1989). Er ist Herausgeber des *Handbuch der Paläoherpetologie/Encyclopedia of Paleoherpetology*.

Harry B. Whittington ist Professor für Geologie in Cambridge und Leiter der Abteilung für Geologie. Er studierte und promovierte an der Universität von Birmingham. Nachdem er dort von 1945 bis 1949 als Dozent gearbeitet hatte, wechselte er zur Geologischen Fakultät der Harvard-Universität. Dort war er bis 1967 Leiter der Abteilung „Paläontologie der wirbellosen Tiere" am Museum für Vergleichende Zoologie. Er nahm an mehreren Grabungen in den westkanadischen Burgess-Schiefern teil.

Literatur

Einführung: Evolution im Spiegel der Erdgeschichte

Campbell, K. S. W.; Marshall, C. R. (Hrsg.) *Rates of Evolution.* London (Allen & Unwin) 1987.

Carroll, R. L. *Vertebrate Paleontology and Evolution.* New York (Freeman) 1988.

Crepet, W. L. *Insect Pollination: A Paleontological Perspective.* In: *BioScience* 29/2 (1979) S. 102–108.

Crowley, T. J. *The Geologic Record of Climatic Change.* In: *Review Geophysics, Space Physics* 21/4 (1983) S. 828–877.

Fox, R. F. *Energy and the Evolution of Life.* New York (Freeman) 1988.

Futuyma, D. J. *Evolutionary Biology.* 2. Aufl. Sunderland (Sinauer) 1986.

Gensel, P. G.; Andrew, H. N. *The Evolution of Early Land Plants.* In: *American Scientist* 75 (1987) S. 479–489.

Grace, J. *Plant-Atmospheric Relationships.* London (Chapman and Hall) 1983.

Hay, W. W. *Paleooceanography: A Review for the GSA Centennial.* In: *Geol. Soc. America Bull.* 100 (1988) S. 1934–1956.

Hofmann, H. J. *Precambrian Biostratigraphy.* In: *Geoscience Canada* 14 (1987) S. 135–154.

Holland, H. D.; Schidlowski, M. (Hrsg.) *Mineral Deposits and the Evolution of the Biosphere.* New York/Berlin (Springer) 1982.

Klaus, W. *Einführung in die Paläobotanik.* 2 Bde. Wien (Deutike) 1986/1987.

Lowe, D. R. *Archean Sedimentation.* In: *Ann. Rev. Earth Planet Sci.* 8 (1980) S. 145–167.

McCrea, W. H. *Long Time-Scale Fluctuations in the Evolution of the Earth.* In: *Proc. R. Soc. London* A375 (1980) S. 1–41.

Nisbet, E. G. *The Geological Setting of the Earliest Life Forms.* In: *J. Mol. Evol.* 21 (1985) S. 289–298.

Panchen, A. L. (Hrsg.) *The Terrestrial Environment and the Origin of Land Vertebrates.* London (Academic Press) 1980.

Plumb, K. A.; James, H. L. *Subdivision of Precambrian Time: Recommendations and Suggestions by the Subcommission on Precambrian Stratigraphy.* In: *Precambrian Res.* 32 (1986) S. 65–92.

Ponnamperuma, C. (Hrsg.) *Cosmochemistry and the Origins of Life.* Dordrecht (Reidel) 1985.

Raup, D. M.; Jablonski, D. (Hrsg.) *Patterns and Processes in the History of Life. Dahlem-Konferenzen.* Berlin (Springer) 1986.

Retallack, G. J. *The Fossil Record of Soils.* In: Wright, V. P. (Hrsg.) *Paleosols.* Oxford (Blackwell) 1986. S. 1–111.

Salop, L. J. *Geological Evolution of the Earth During the Precambrian.* Berlin (Springer) 1983.

Simpson, G. G. *Fossilien.* Heidelberg (Spektrum der Wissenschaft) 1984.

Taylor, S. A.; McLennan, S. M. *The Continental Crust: Its Composition and Evolution.* Oxford (Blackwell) 1985.

Taylor, T. N. *The Origin of Land Plants: Some Answers, More Questions.* In: *Taxon* 37/4 (1988) S. 805–833.

Tiffney, B. H. (Hrsg.) *Geological Factors and the Evolution of Plants.* New Haven (Yale University Press) 1985.

Valentine, J. W. (Hrsg.) *Phanerozoic Diversity Patterns. Profiles in Macroevolution.* Princeton (Princeton University Press) 1985.

Walter, M. R. (Hrsg.) *Stromatolites.* Amsterdam/New York (Elsevier) 1976.

Worsley, T. R.; Nance, R. D.; Moody, J. B. *Tectonic Cycles and the History of the Earth's Biogeochemical and Paleo-Oceanographic Record.* In: *Paleoceanography* 1 (1986) S. 233–263.

Die Geschichte der Erdatmosphäre

(*Spektrum der Wissenschaft, 4/1981*, sowie *Die Dynamik der Erde*, Reihe „Verständliche Forschung“, 1987)

Breuer, G. *Geht uns allen die Luft aus? Ökologische Perspektiven der Atmosphäre.* Stuttgart (Deutsche Verlagsanstalt) 1978.

Budyko, M. J.; Ronov, A. B.; Yanshin, A. L. *History of the Earth's Atmosphere.* Berlin (Springer) 1985.

Holland, H. D.; Trendal, A. F. (Hrsg.) *Pattern of Change in Earth Evolution.* Dahlem-Konferenzen. Berlin (Springer) 1984.

Hudson, J. D. *Paleoatmospheres in the Phanerozoic.* In: *J. Geol. Soc. London* 146 (1989) S. 155–160.

Margulis, L.; Walker, J. G. C.; Rambler, M. *Reassessment of the Roles of Oxygen and Ultraviolet Light in Precambrian Evolution.* In: *Nature* 264 (1976) S. 620–624.

Nisbet, A. G. *The Young Earth. An Introduction to Archean Geology.* Boston (Allen & Unwin) 1987.

Schidlowski, M. *A 380 Million-Year Isotopic Record of Life from Carbon in Sedimentary Rocks.* In: *Nature* 333 (1988) S. 313–318.

Schidlowski, M.; Hayes, J. M.; Kaplan, J. R. *Isotopic Inferences of Ancient Biochemistries: Carbon, Sulfur, Hydrogen and Nitrogen.* In: Schopf, J. W. (Hrsg.) *Earth's Earliest Biosphere: Its Origin and Evolution.* Princeton (Princeton University Press) 1983. S. 149–186.

Walker, J. G. C. *Evolution of the Atmosphere.* New York (Macmillan) 1977.

Die Biosphäre

(*Spektrum der Wissenschaft, 11/1983*, sowie *Die Dynamik der Erde*, Reihe „Verständliche Forschung“, 1987)

Cloud, P. *Oasis in Space. Earth History form the Beginning.* New York (Norton) 1988.

Cloud, P.; Glaessner, M. F. *The Ediacarian Period and System: Metazoa Inherit the Earth.* In: *Science* 217/4562 (1982) S. 783–792.

Holland, H. D. *The Chemical Evolution of the Atmosphere and Oceans.* Princeton (Princeton University Press) 1984.

Hutchinson, G. E. *The Biosphere.* In: *Scientific American* 223/3 (1970) S. 44–53.

Margulis, L. *Symbiosis in Cell Evolution: Life and Its Environment on the Early Earth.* San Francisco (Freeman) 1981.

Ozima, M. *Geohistory: Global Evolution of the Earth.* Berlin (Springer) 1987.

Pflug, H. D. *Die Spur des Lebens. Paläontologie – chemisch betrachtet.* Berlin/Heidelberg (Springer) 1984.

Schopf, J. W. (Hrsg.) *Earth's Earliest Biosphere. Its Origin and Evolution.* Princeton (Princeton University Press) 1985.

Trendall, A. F.; Morris, R. C. (Hrsg.) *Iron-Formation: Facts and Problems.* Amsterdam/New York (Elsevier) 1985.

Windley, B. J. *The Evolving Continents.* 2. Aufl. New York (Wiley) 1984.

Die ältesten Eukaryonten

(*Spektrum der Wissenschaft, 4/1984*)

Barghoorn, E. S. *The Oldest Fossils.* In: *Scientific American* 224/5 (1971) S. 30–42.

Hofmann, H. J. *Precambrian Biostratigraphy.* In: *Geoscience Canada* 14 (1987) S. 135–154.

Knoll, H.; Butterfield, N. J. *New Window on Proterozoic Life.* In: *Nature* 337 (1989) S. 602.

Margulis, L. *Symbiosis in Cell Evolution: Life and Its Environment on the Early Earth*. San Francisco (Freeman) 1981.

Pflug, H. D.; Reitz, E. *Earliest Phytoplankton of Eucaryotic Affinity*. In: *Die Naturwissenschaften* 72 (1985) S. 656f.

Schopf, J. W. *The Evolution in the Earliest Cells*. In: *Scientific American* 239/3 (1978) S. 84–102.

Vidal, G.; Knoll, A. H. *Radiations and Extinctions of Plankton in the Late Proterozoic and Early Cambrian*. In: *Nature* 297 (1982) S. 57–60.

Zang, W. L.; Walter, W. R. *Latest Proterozoic Plankton from the Amadeus Basin in Central Australia*. In: *Nature* 337 (1989) S. 642–645.

Das Erscheinen der Tierwelt
(*Spektrum der Wissenschaft, 6/1987*)

Brasier, M. *Precambrian-Cambrian Boundary Biotas and Events*. In: Walliser, O. (Hrsg.) *Global BioEvents*. Berlin (Springer) 1986. S. 109–117.

Cowie, J. W. *Continuing Work on the Precambrian-Cambrian Boundary*. In: *Episodes* 8/2 (1985) S. 93–97.

Glaessner, M. F. *The Dawn of Animal Life – A Biohistorical Study*. Cambridge (Cambridge University Press) 1984.

House, M. R. (Hrsg.) *The Origin of Major Invertebrate Groups*. London (Academic Press) 1979.

Morris, S. C. *The Search for the Precambrian-Cambrian Boundary*. In: *American Scientist* 75 (1987) S. 157–167.

Pflug, H. D. *Die Spur des Lebens. Paläontologie – chemisch betrachtet*. Berlin/Heidelberg (Springer) 1984.

Rozanov, A. Y. *Problematica of the Early Cambrian*. In: Hoffmann, A.; Nitekki, M. H. (Hrsg.) *Problematic Fossil Taxa*. New York/Oxford (Oxford University Press/Clarendon Press) 1986. S. 87–96.

Sokolov, B. S.; Fedonkin, M. A. *The Vendian as the Terminal System of the Precambrian*. In: *Episodes* 7 (1984) S. 12–19.

Die Tierwelt der Burgess-Schiefer
(*Scientific American, 7/1979*)

Briggs, D. E. G.; Morris, S. C. *Problematica from the Middle Cambrian Burgess-Shale of British Columbia*. In: Hoffman, A.; Nitecki, M. H. (Hrsg.) *Problematic Fossil Taxa*. New York/Oxford (Oxford University Press/Clarendon Press) 1986. S. 167–173.

Briggs, D. E. G.; Whittington, H. B. *Terror of the Trilobites*. In: *Natural History* 12 (1985) S. 34–39.

Collins, D. *Life in the Cambrian Seas*. In: *Nature* 326 (1987) S. 127.

Gould, S. J. *Treasures in a Taxonomic Waste Basket*. In: *Natural History* 12 (1985) S. 22–31.

Gray, J.; Boucot, A. J.; Berry, W. B. N. (Hrsg.) *Communities of the Past*. New York (Van Nostrand) 1981.

Morris, S. C. *The Burgess Shale (Middle Cambrian) Fauna*. In: *Annual Review of Ecology and Systematics* 10 (1979) S. 327–349.

Morris, S. C. *Atlas of the Burgess Shale*. London (Paleontological Association) 1982.

Whittington, H. B. *The Burgess Shale*. New Haven (Yale University Press) 1985.

Die Fossilien von Montceau-les-Mines
(*Spektrum der Wissenschaft, 11/1988*)

Heyler, D. *Sur* Bourbonnellia sottyi, *un nouvel Aeduellidae (Poisson Actinoptérygien. Stéphanien du Bassin de Blanzy-Montceau*. In: *Compte rendu sommaire de la Société géologique de France. Bulletin supplément* 19/1 (1977) S. 21–23.

Heyler, D.; Poplin, C. *Actinoptérygiens du Stéphanien de Montceau-les-Mines (Saône-et-Loire, France)*. In: *Palaeovertebrata* 13/3 (1983) S. 33–50.

Meyen, S. V. *Fundamentals of Paleobotany*. London (Chapman and Hall) 1987.

Nitecki, M. H. *Mazon Creek Fossils*. London/New York (Academic Press) 1979.

Radinsky, L. B. *The Evolution of Vertebrate Design*. Chicago (University of Chicago Press) 1987.

Romer, A. S. *Vertebrate Paleontology*. Chicago (The University of Chicago Press) 1971.

Thailands mesozoische Wirbeltiere
(*Spektrum der Wissenschaft, 10/1985*)

Brolin, F. de; Ingavat, R.; Janvier, P; Sattayarak, N. *Triassic Turtle Remains from North-Eastern Thailand*. In: *Journal of Vertebrate Paleontology* 2/1 (1982) S. 41–46.

Buffetaut, É.; Ingavat, R. Goniopholis phuwiangensis *nov. sp., a New Mesosuchian Crocodile from the Mesozoic of Northeastern Thailand*. In: *Géobios* 16/1 (1983) S. 79–91.

Bunopas, S. *Paleogeographic History of Western Thailand and Adjacent Parts of South-East Asia: A Plate Tectonics Interpretation. Geological Survey of Thailand Paper No. 5*. Bangkok (Department of Mineral Resources) 1982.

Colbert, E. H. *Evolution of the Vertebrates*. 3. Aufl. New York (Wiley-Interscience) 1981.

Hallam, A. (Hrsg.) *Pattern of Evolution, as Illustrated by the Fossil Record*. Amsterdam/Lausanne/London/New York/Oxford (Elsevier) 1977.

Helmcke, D. *The Permo-Triassic „Paleotethys" in Mainland Southeast Asia and Adjacent Parts of China*. In: *Geologische Rundschau* 74 (1985) S. 215–228.

Ingavat, R.; Janvier P. Cyclotosaurus *cf.* posthumus *Fraas (Capitosauridae, Stereospondyli) from the Huai Hin Lat Formation (Upper Triassic), Northeastern Thailand, with a Note on Capitosaurid Biogeography*. In: *Géobios* 14/6 (1981) S. 711–725.

Padian, K. (Hrsg.) *The Beginning of the Age of the Dinosaurs*. Cambridge (Cambridge University Press) 1986.

Trias-Fossilien aus dem Ur-Mittelmeer
(*Spektrum der Wissenschaft, 8/1989*)

Carroll, R. L. *Vertebrate Paleontology and Evolution*. New York (Freeman) 1988.

Kuhn-Schnyder, E. *Die Triasfauna der Tessiner Kalkalpen. Neujahrsblatt der Naturforschenden Gesellschaft Zürich* 176 (1974).

Probst, E. *Deutschland in der Urzeit. Von der Entstehung des Lebens bis zum Ende der Eiszeit*. München (Bertelsmann) 1986.

Rieppel, O. *A New Genus of Shark from the Middle-Triassic of Monte San Giorgio, Switzerland*. In: *Paleontology* 25/2 (1982) S. 399–412.

Rieppel, O. *Die Gattung* Saurichthys (Pisces, Actinopterygii) aus der mittleren Trias des Monte San Giorgio, Kanton Tessin. In: *Schweizerische Paläontologische Abhandlungen* 108 (1985).

Sander, P. M. *A Fossil Reptile Embryo from the Middle Triassic of the Alps*. In: *Science* 239/4841 (1988) S. 780–783.

Fossile Fährten – den Dinosauriern auf der Spur
(*Spektrum der Wissenschaft, 3/1983*)

Haubold, H. *Die fossilen Saurierfährten*. Wittenberg (Ziemsen) 1974.

Kuhn, O. *Die Fährten der vorzeitlichen Amphibien und Reptilien*. Bamberg (Meisenbach) 1958.

Sarjeant, W. A. S. *Fossil Tracks and Impressions of Vertebrates*. In: Frey, R. W. (Hrsg.) *The Study of Trace Fossils: A Synthesis of Principles, Problems, and Procedures in Ichnology*. Heidelberg/Berlin/New York (Springer) 1975.

Die fliegenden Saurier
(*Spektrum der Wissenschaft, 4/1979*)

Bramwell, C. D.; Whitfield, G. R. *Biomechanisms of* Pteranodon. In: *Philosophical Transactions of the Royal Society of London* B 267 (1974) S. 503-581.
Stein, R. S. *Dynamic Analysis of* Pteranodon ingens*: A Reptilian Adaptation to Flight.* In: *Journal of Paleontology* 49/3 (1975) S. 534 –548.
Wellnhofer, P. *Die Pterosaurier.* In: *Die Naturwissenschaften* 64 (1977) S. 23–29.
Wellnhofer, P. *Pterosauria.* In: *Handbuch der Palaeoherpetologie*. Bd. 19. Stuttgart (Fischer) 1978. S. 82.
Wellnhofer, P. *Zur Biologie der Flugsaurier.* In: *Natur und Museum* 112/9 (1982) S. 278–291.
Wellnhofer, P. *Terrestrial Locomotion of Pterosaurs.* In: *Historical Biology* 1/1 (1988) S. 3–16.

Der Untergang der Dinosaurier
(*Spektrum der Wissenschaft, 9/1982*)

Alvarez, L. W. *Mass Extinctions Caused by Large Bolide Impacts.* In: *Physics Today* 40/7 (1987) S. 22–34.
Alvarez, L. W.; Alvarez, W.; Asaro, F.; Michel, H. V. *Extraterrestrial Cause for the Cretaceous-Tertiary Extinction.* In: *Science* 208/4448 (1980) S. 1095–1108.
Benton, M. J. *Dinosaurs' Lucky Break.* In: *Natural History* 6 (1984) S. 54–58.
Desmond, A. J. *Das Rätsel der Dinosaurier*. Köln (Kiepenheuer & Witsch) 1978.
Fachredaktion des Bibliographischen Instituts (Hrsg.) *Geheimnisse der Urzeit.* Bd. 3: *Amphibien und Riesensaurier.* Mannheim (Bibliographisches Institut) 1978.
Hallam, A. *End-Cretaceous Mass Extinction Event: Argument for Terrestrial Causation.* In: *Science* 228 (1987) S. 1237–1242.
Kerr, R. A. *Was There a Prelude to the Dinosaurs' Demise?* In: *Science* 239 (1988) S. 729f.
Nitecki, M. H. (Hrsg.) *Extinctions.* Chicago (University of Chicago Press) 1984.
Officer, C. B.; Hallam, A.; Drake, C. J.; Devine, J. D. *Late Cretaceous and Paroxymal Cretaceous/Tertiary Extinctions.* In: *Nature* 326 (1987) S. 143–149.
Smit, J.; Hertogen, J. *An Extraterrestrial Event at the Cretaceous-Tertiary Boundary.* In: *Nature* 285/5762 (1980) S. 198–200.
Thomas, R. D. K.; Olson, E. C. (Hrsg.) *A Cold Look at the Warm Blooded Saurs.* Boulder (Westview Press) 1980.
Wilford, J. N. *The Riddle of the Dinosaurs.* New York (Knopf) 1985.

Massensterben im Meer
(*Spektrum der Wissenschaft, 4/1984*)

Berggren, W. A.; van Couvering, J. A. (Hrsg.) *Catastrophes and the New Earth History.* Princeton (Princeton University Press) 1984.
John, B. S. (Hrsg.) *The Winters of the World: Earth under the Ice Ages.* New York (Wiley) 1979.
Larwood, G. P. (Hrsg.) *Extinction and Survival in the Fossil Record.* Oxford (Clarendon Press) 1988.
Newell, N. D. *Crises in the History of Life.* In: *Scientific American* 208/2 (1963) S. 76–92.
Simpson, G. G. *Leben der Vorzeit. Einführung in die Paläontologie.* Stuttgart (Finke) 1972.
Stanley, S. M. *Krisen der Evolution.* Heidelberg (Spektrum der Wissenschaft) 1988.
Walliser, O. H. (Hrsg.) *Global Bio-Events. A Critical Approach.* Berlin (Springer) 1986.

Nautilus und Ammoniten
(*Spektrum der Wissenschaft, 12/1983*)

Campbell, K. S. W.; Marshall, C. R. (Hrsg.) *Rates of Evolution.* London (Allen & Unwin) 1987.
Chamberlain, J. A. *Hydromechanical Design of Fossil Cephalopods.* In: House, M. R.; Senior, J. R. (Hrsg.) *Ammonoidea: Evolution, Classification, Mode of Life, and Geological Usefulness of a Major Fossil Group.* London/New York (Academic Press) 1980.
Lehmann, U. *Ammoniten. Ihr Leben und ihre Umwelt.* 2. Aufl. Stuttgart (Enke) 1987.
Raup, D. M. *Geometric Analysis of Shell Coiling: Coiling in Ammonoids.* In: *Journal of Paleontology* 41/1 (1967) S. 43–65.
Teichert, C. *Times of Crisis in the Evolution of Cephalopoda.* In: *Paläontol. Zeitschrift* 60 (3/4) (1986) S. 227–243.
Valentine, J. W. (Hrsg.) *Phanerozoic Diversity Patterns. Profiles in Macroevolution.* Princeton (Princeton University Press) 1985.
Ward, P. *Shell Sculpture as a Defense Adaptation in Ammonoids.* In: *Paleobiology* 7/1 (1981) S. 96–100.
Ward, P.; Greenwald, L.; Greenwald, O. E. *Der schwebende Nautilus.* In: *Spektrum der Wissenschaft* 12 (1980) S. 110–118.

Wie sah die Urblüte der bedecktsamigen Pflanzen aus?
(*Spektrum der Wissenschaft, 12/1980*)

Beck, C. B. (Hrsg.) *Origin and Early Evolution of Angiosperms.* New York (Columbia University Press) 1976.
Crepet, W. L. *Ancient Flowers for the Faithful.* In: *Natural History* 4 (1984) S. 39–44.
Dilcher, D. L. *Early Angiosperm Reproduction: An Introductory Report.* In: *Rev. Palaeobot. Palynol.* 27 (1979) S. 291–298.
Dilcher, D.; Crane, P. R. *An Pursuit of the First Flower.* In: *Natural History* 3 (1984) S. 57–60.
Doyle, J. A. *Origin of Angiosperms.* In: *Annual Rev. Ecol. Syst.* 9 (1978) S. 365-392.
Hickey, L. J.; Doyle, J. A. *Early Cretaceous Fossil Evidence for Angiosperm Evolution.* In: *Botanical Review* 43/1 (1977) S. 3–103.
Müller, J. *Significance of Fossil Pollen for Angiosperm History.* In: *Annales Missouri Botanical Garden* 71 (1984) S. 419–443.
Niklas, K. J. (Hrsg.) *Paleobotany, Paleoecology and Evolution.* Bd. 2. New York (Praeger) 1981.
Regal, P. J. *Ecology and Evolution of Flowering Plant Dominance.* In: *Science* 196 (1977) S. 622–629.
Stebbins, G. L. *Flowering Plants: Evolution above the Species Level.* Cambridge (Harvard University Press) 1974.
Takhtajan, A. *Evolution und Ausbreitung der Blütenpflanzen.* Stuttgart (Fischer) 1973.

Archaeopteryx
(*Spektrum der Wissenschaft, 9/1989*)

Beer, G. R. de. Archaeopteryx lithographica*: A Study Based on the British Museum Specimen.* London (British Museum Nat. Hist.) 1954.
Cracraft, J. *Early Evolution of Birds.* In: *Nature* 331 (1988) S. 389f.
Feduccia, A. *The Age of Birds.* Cambridge, Massachusetts (Cambridge University Press) 1980.
Feduccia, A. *Es begann am Jura-Meer. Die faszinierende Stammesgeschichte der Vögel.* Hildesheim (Gerstenberg) 1984.
Hecht, M. K.; Ostrom, J. H.; Viohl, G.; Wellnhofer, P. *The Beginnings of Birds. Proceedings of the International* Archaeopteryx *Conference Eichstätt 1984.* Eichstätt (Freunde des Jura-Museums) 1985.
Hoyle, F.; Rietschel, S.; Vieser, H. *Fälschung oder Original? Streit um den* Archaeopteryx. In: *Bild der Wissenschaft* 5 (1988) S. 50–83.

Sanz, J. L.; Bonaparte, J. F.; Lacasa, A. *Unusual Early Birds from Spain.* In: *Nature* 331 (1988) S. 433–435.

Wellnhofer, P. *Solnhofener Plattenkalk: Urvögel und Flugsaurier.* Maxberg (Museum beim Solnhofener Aktien-Verein) 1983.

Wellnhofer, P. *Ein neues Exemplar von* Archaeopteryx. In: *Archaeopteryx* 6 (1988) S. 1–30.

Die Säuger von Messel: Wurzeln auf vielen Kontinenten
(*Spektrum der Wissenschaft, 6/1986*)

Carroll, R. L. *Vertebrate Paleontology and Evolution.* New York (Freeman) 1988.

Eisenberg, J. E. *The Mammalian Radiations. An Analysis in Evolution, Adaption, and Behaviour.* Chicago (Chicago University Press) 1981.

Franzen, J. *Urpferdchen und Krokodile. Messel vor 50 Millionen Jahren.* Frankfurt (Senckenbergische Naturforschende Gesellschaft) 1982.

Hennig, W. *Die Stammesgeschichte der Insekten.* Frankfurt (Kramer) 1969.

Schaal, S.; Ziegler, W. *Messel – Ein Schaufenster in die Geschichte der Erde und des Lebens.* Frankfurt (Kramer) 1988.

Storch, G. Eurotamandua joresi, *ein Myrmecophagide aus dem Eozän der „Grube Messel" bei Darmstadt (Mammalia, Xenarthra).* In: *Senckenbergiana Laethaea* 61 (3/6) (1981) S. 247–289.

Storch, G. *Die alttertiäre Säugetierfauna von Messel – ein paläobiogeographisches Puzzle.* In: *Die Naturwissenschaften* 71/5 (1984) S. 227–233.

Thenius, E. *Die Evolution der Säugetiere.* Stuttgart (Fischer) 1979.

Thenius, E. *Grundzüge der Faunen- und Verbreitungsgeschichte der Säugetiere.* Stuttgart (Fischer) 1980.

* Die Schildkröte *Allaeochelys crassesculptata* ist ein Fossilfund aus der Grube Messel. Sie läßt sich systematisch den Anosteirinae zuordnen, einer Gruppe, die im Tertiär nicht allein auf Europa beschränkt war, sondern auch in Nordamerika und Asien vorkam. Der Panzer des abgebildeten Exemplars weist eine Länge von ungefähr 20 Zentimetern auf. Charakteristisch für diese Schildkröte ist die Umbildung ihrer Extremitäten zu Flossen, was sie als ein sehr gut an das Wasserleben angepaßtes Tier kennzeichnet.

Bildnachweise

Titelbild*: Natur-Museum Senckenberg. Photo: Haupt – **Einführung: Evolution im Spiegel der Erdgeschichte:** Bilder 1 und 11: Natur-Museum Senckenberg. Photo: Haupt; Bild 2: Verändert aus: Groves, D. J.; Dunlop, J. S. R.; Buick, R. *Frühe Lebensspuren.* In: *Spektrum der Wissenschaft* 12 (1981) S. 40–51; Bild 3: Verändert aus: Worsley, T. R. In: *Paleoceanography* 1 (1986) S. 237; Bilder 4, 5, 8 und 10: Hans D. Pflug; Bild 6: Verändert aus: *Transactions Acad. Nauk SSR, Geol. Inst.* 274 (1975), und *Precambrian Research* 29 (1985) Abb. 11; Bild 7: Verändert aus: *Lethaia* 4 (1971) S. 413–428, und *Journal of Paleontology* 55 (1981) S. 933; Bild 9: Hans-Joachim Schweitzer. In: *Palaeontographica.* B 189 (1983) Abb. 23 – **Die Geschichte der Erdatmosphäre:** Bild 1: Elso S. Barghoorn; Bilder 2 und 9: Tom Prentiss; Bilder 3, 5, 7, 8 und 11: Manfred Schidlowski; Bild 4: Harold L. James; Bild 6: Preston Cloud; Bild 10: Bunji Tagawa – **Die Biosphäre:** Bild 1: EROS Data Center; Bilder 2, 3 und 7: Preston Cloud; Bilder 4–6, 8 und 9: Patricia J. Wynne – **Die ältesten Eukaryonten:** Bilder 1–6, 9–11 und 13: Gonzalo Vidal, Universität Lund; Bilder 7 und 8: Patricia J. Wynne; Bild 12: Bonnie Bloeser, Texaco – **Das Erscheinen der Tierwelt:** Bild 1: J. Wyatt Durham; Bilder 2, 3, 6 und 7: Tom Prentiss; Bilder 4 und 5 (oben): Mark A. S. McMenamin; Bild 5 (unten): Geological Survey of Canada, Ottawa – **Die Tierwelt der Burgess-Schiefer:** Bilder 1, 3 (unten) und 5: Tom Prentiss; Bilder 2, 3 (oben) und 9: Simon Conway Morris; Bild 4: Albert Miller; Bilder 6 (oben) und 8: Royal Society of London; Bilder 6 (unten) und 10 (unten rechts): Palaeontological Association, London; Bild 7: Ellis L. Yokelsen; Bild 10 (oben und unten links): E. Schweitzerbart'sche, Stuttgart – **Die Fossilien von Montceau-les-Mines:** Bilder 1 (links), 2 und 3 (rechts): Laurie Burnham; Bilder 1 (rechts), 3 (links), 4 und 5: Daniel Heyler; Bild 6: Patricia J. Wynne; Bild 7: Joe Lertola – **Thailands mesozoische Wirbeltiere:** Bilder 1–4: Patricia J. Wynne; Bild 5: Eric Buffetaut und Rucha Ingavat-Helmcke – **Trias-Fossilien aus dem Ur-Mittelmeer:** Bild 1: Spektrum der Wissenschaft; Bilder 2, 4–8 (oben) und 9 (oben): Paläontologisches Institut und Museum der Universität Zürich; Bilder 3, 8 (unten) und 9 (unten): Tom Prentiss – **Fossile Fährten – den Dinosauriern auf der Spur:** Bild 1: Suzanne Swibald; Bilder 2–4 und 6–9: Patricia J. Wynne; Bild 5: American Museum of Natural History; Bild 10: Philip J. Curry; Bild 11: Giuseppe Leonardi – **Die fliegenden Saurier:** Bilder 1, 3, 4, 5 (unten), 7–11, 13, 14 und 16: Peter Wellnhofer; Bild 2: C. Collini; Bild 5 (oben): Senckenberg-Museum, Frankfurt; Bild 6 (oben links): Bayerische Staatssammlung für Paläontologie und historische Geologie, München; Bild 6 (oben rechts): Trustees of the British Museum, Natural History; Bild 12: N. Sinitshenkova, Moskau; Bild 15: A. G. Sharov, Moskau – **Der Untergang der Dinosaurier:** Bild 1: Walter Alvarez; Bilder 2 und 5–7: Patricia J. Wynne; Bild 3: Helen V. Michel; Bild 4: D. M. Jarzen – **Massensterben im Meer:** Bild 1: Steven M. Stanley, Johns Hopkins University; Bilder 2–9: Patricia J. Wynne – **Nautilus und Ammoniten:** Bild 1: William K. Sacco, mit freundlicher Genehmigung des Peabody Museum of Natural History, Yale University; Bilder 2–11: Tom Prentiss – **Wie sah die Urblüte der bedecktsamigen Pflanzen aus?:** Bilder 1, 2, 4d und 10–12: Hans-Joachim Schweitzer; Bild 3: nach Wieland und Delevorias; Bilder 4a–c und e–g: nach Nathorst und Zimmermann; Bild 5: nach Andrews und Thomas; Bild 6: nach Wilson; Bilder 7 und 9: nach Andrews; Bild 8: nach Andrews, Long, Zimmermann und Harris – ***Archaeopteryx*:** Bilder 1 (links), 2, 3 (unten), 4, 7, 8 und 11: Peter Wellnhofer; Bild 1 (rechts): Bayerische Staatssammlung für Paläontologie und historische Geologie, München. Photo Franz Höck; Bilder 3 (oben) und 6: Franz Höck; Bilder 5 und 13 (links): John H. Ostrom; Bild 9: Bayerische Staatssammlung für Paläontologie und historische Geologie, München. Photo: Renate Liebreich; Bilder 10 und 13 (rechts): Johannes Mehl; Bild 12: Geologisch-Paläontologisches Institut der Universität Basel. Zeichnungen: M. Reichel (1896–1984); Bild 14: José Luis Sanz, Madrid. Photo: Gerardo Kurz – **Die Säuger von Messel: Wurzeln auf vielen Kontinenten:** Bilder 1 und 6–12: Senckenberg-Museum, Frankfurt (Rekonstruktionen 1, 6, 8 und 9: Angelika Helfricht/Senckenberg-Museum); Bilder 2 und 4: Spektrum der Wissenschaft; Bild 3: Gerhard Storch/Spektrum der Wissenschaft; Bild 5: Landessammlungen für Naturkunde, Karlsruhe.

Index

CIP-Kurztitelaufnahme der Deutschen Bibliothek

Fossilien: Bilder frühen Lebens / mit e. Einf. von
Hans D. Pflug. – Heidelberg: Spektrum-der-Wissen-
schaft-Verlagsgesellschaft, 1989.
(Spektrum-der-Wissenschaft: Verständliche Forschung)
ISBN 3-922508-56-1
NE: Pflug, Hans D. [Vorr.]

© 1989
Spektrum der Wissenschaft Verlagsgesellschaft mbH
6900 Heidelberg

Alle Rechte, insbesondere die der Übersetzung in fremde Sprachen, vorbehalten. Kein Teil des Buches darf ohne schriftliche Genehmigung des Verlages photokopiert oder in irgendeiner anderen Form reproduziert oder in eine von Maschinen verwendbare Sprache übertragen oder übersetzt werden.

Lektorat: Merlet Behncke
Produktion: Jutta Liebau

Typographie, Umschlag- und Buchgestaltung:
Design Studio Henri Wirthner, Gengenbach

Gesamtherstellung: Klambt-Druck GmbH, Speyer